中国新材料
产业发展年度报告
（2019）

国家新材料产业发展专家咨询委员会　编著

北　京

冶金工业出版社

2020

图书在版编目（CIP）数据

中国新材料产业发展年度报告. 2019／国家新材料产业发展
专家咨询委员会编著. —北京：冶金工业出版社，2020.10
　ISBN 978-7-5024-8625-9

　Ⅰ. ①中… 　Ⅱ. ①国… 　Ⅲ. ①工程材料—研究报告—
中国—2019 　Ⅳ. ①TB3

中国版本图书馆 CIP 数据核字（2020）第 200607 号

出　版　人　苏长永
地　　　址　北京市东城区嵩祝院北巷 39 号　邮编　100009　电话　(010)64027926
网　　　址　www.cnmip.com.cn　电子信箱　yjcbs@cnmip.com.cn
策　　　划　任静波
责任编辑　夏小雪　李培禄　美术编辑　彭子赫　版式设计　孙跃红
责任校对　郑　娟　责任印制　李玉山
ISBN 978-7-5024-8625-9
冶金工业出版社出版发行；各地新华书店经销；三河市双峰印刷装订有限公司印刷
2020 年 10 月第 1 版，2020 年 10 月第 1 次印刷
787mm×1092mm　1/16；32 印张；770 千字；485 页
188.00 元

冶金工业出版社　　投稿电话　(010)64027932　投稿信箱　tougao@cnmip.com.cn
冶金工业出版社营销中心　电话　(010)64044283　传真　(010)64027893
冶金工业出版社天猫旗舰店　yjgycbs.tmall.com
（本书如有印装质量问题，本社营销中心负责退换）

前沿新材料组

张平祥　李义春　徐　坚　闫　果　吴鸣鸣　赵　宁
王　菲　于　璇

重点领域调研组

船舶与海洋工程材料

杨才福　姜尚清　谭乃芬　赵　捷　王明林　苏　航
韩　冰　张　波　宫旭辉　葛军亮　师仲然

稀有元素

熊柏青　刘晓鹏　尹向前　胡德勇　陈边防　陈　灏
林晨光　钟景明　李　峰　霍呈松　林　泉　孙本双
陈　杰　车小奎　郑　其

超超临界电站用关键新材料和部件

包汉生　唐广波　何西扣　赵吉庆　陈正宗　董树青
杜晋峰　赵海平　张　鹏　曹志远　李　其　梁宝琦
巩秀芳　陈　鸣

生物基材料

马延和　杨桂生　翁云宣

序

2019年国家新材料产业发展专家咨询委员会（以下简称专家咨询委）在工业和信息化部、科技部、中国工程院等有关部门指导下，围绕年度重点工作任务，开展了卓有成效的工作。

（一）奋发有为，开拓战略咨询新高度。专家咨询委有力支撑了中国工程院战略咨询研究，牵头的"新材料强国2035"重大咨询项目，参与的"中国标准2035"重大咨询项目均取得了丰硕的成果。同时，专家咨询委加强与国务院国资委、科技部、国家制造强国建设战略咨询委员会、国家科技咨询委员会等部门（机构）的对接，研究领域从新材料拓展到军民融合、标准、制造业、产业体系等宏观领域，研究能力不断提升，研究成果为国家应对中美贸易摩擦、提升新材料产业基础能力、提升科技创新能力提供了有力支撑，体现了决策咨询的参考价值。

（二）前瞻布局，谋划产业发展新路径。为加强新材料产业战略布局和发展路径研究，专家咨询委主要从两方面开展工作。一是开展《新材料产业"十四五"规划思路研究》课题。受工信部原材料司委托，专家咨询委秘书处依托中国工程院"新材料强国2035"项目组和专家咨询委员会，积极开展规划思路研究。二是开展《中国制造2025》重点领域技术创新绿皮书——新材料技术路线图（以下简称路线图）的修订。与《中国制造2025》2017版新材料领域技术路线图相比，2019版技术路线图把战略时间轴由原来的2025年延长至2030年；并结合新时期新材料面临的新需求、新趋势，对先进基础材料、关键战略材料及前沿新材料三大领域材料体系进行了调整和完善，由原先的71大类增加到94大类；立足我国中长期发展战略需求，立足支撑制造强国、科技强国建设，重新梳理各类材料2020~2030年需求、目标、发展重点、关键技术及装备、战略支撑与保障建议等内容。作为我国新材料产业发展的顶层设计，将对相关领域的发展发挥重要的指导作用。

（三）砥砺前行，认真落实国家新任务。专家咨询委积极落实各项重点任务。一是开展专题调研工作。开展稀有元素、集成电路材料、先进海工与高技术船舶材料和超超临界机组材料等重点领域专题调研。开展实地调研及专项研讨会议 30 余次，调研科研、生产、应用单位百余家。二是开展首批次目录修订及项目评审工作。开展首批次目录 2019 版编制工作，对 2018 年目录进行修改和删除，专家咨询委进行专题讨论提出新增目录并经公示后，最终形成目录 331 项。对新材料首批次保险申报项目组织技术评审和财务评审。三是编制颠覆性技术目录和长项技术目录。面向 2025 年和 2035 年国家中长期战略需求，组织专家咨询委和重点新材料协会共同编制了颠覆性材料/技术目录和长项材料产品目录，为国家有关部门提供政策参考依据。

（四）携手同心，协力推动新材料发展。专家咨询委积极关注和指导地方新材料产业的发展。对山东省新材料首批次目录开展评审、提出修改建议，推动长三角先进材料研究院正式成立，论证通过江苏首家国家制造业创新中心建设方案，指导四川内江人才活动周。为加快天水市第三代半导体材料及设备企业发展步伐，秘书处组织专家咨询委委员及相关重点企业，开展第三代半导体材料调研，对当地企业发展提出了指导建议。另外，钢研纳克上市深交所，中国钢研青岛研究院落户青岛市北区，有研稀土（荣成）有限公司揭牌，中国建材集团新材料产业园正式落户枣庄，长三角"双创"示范基地联盟新材料专业委员会成立，天津市新材料产业联盟成立，专家咨询委委员均有参与相关工作。

《中国新材料产业发展年度报告（2019）》（以下简称《报告》）是专家咨询委年度重要任务之一，旨在为有关政府部门、全国从事新材料相关单位的广大科技工作者和产业界人士提供一份具有参考价值的新材料产业资料。为力求内容详实、数据准确，具有前瞻性和指导性，在撰写《报告》过程中动员了大批包括专家咨询委在内的院士、专家。在此，对各位编写专家的支持和付出表示衷心感谢。

专家咨询委各项工作的开展都得到了各位委员的鼎力支持，得到了各部门、各级领导及业界专家的大力支持和协助。在此，向专家咨询委全体委员，向在工作中给予指导和帮助的各级部门、领导及材料学界的专家学者表示衷心感谢！

展望未来，新材料技术正加速发展、加快融合，材料基因组计划、智能仿生材料、超材料、增材制造等新技术蓬勃兴起，新材料创新步伐持续加快，"互联网＋"、氢能经济、人工智能等新模式快速发展，新材料与信息、能源、生物等高技术领域不断融合、创新迭代，催生新经济增长点。专家咨询委将不忘初心、牢记使命，群策群力，充分发挥智力支撑和决策咨询作用，继续对新材料领域前瞻性、战略性、长远性问题提出有价值的咨询建议，为新材料产业发展进步做出应有贡献。同时，也期望《报告》的出版发行能够为我国新材料产业发展贡献力量，期望关心和从事新材料产业发展的政府部门、专家学者及其他人士，更多地参与这项工作，为我国新材料产业发展献计献策，共同推动我国新材料产业发展迈向新的高峰！

国家新材料产业发展专家咨询委员会主任

中国工程院院士　干勇

2020 年 9 月

前　言

新材料是新一轮科技革命和产业变革的基石与先导，是世界各国科技经济发展的必争之地。习近平总书记指出："新材料产业是战略性、基础性产业，也是高技术竞争的关键领域，我们要奋起直追，迎头赶上。"新材料技术已然成为当前最重要、发展最快的科学技术领域之一。加快新材料产业发展，有利于推动传统产业转型升级和战略性新兴产业的发展，实现社会生产力和经济发展质量的跃升，对实施创新驱动发展战略，加快供给侧结构性改革，支撑国内大循环为主体、国际国内双循环相互促进的新发展格局具有重要战略意义。

为进一步加快新材料产业发展，聚焦产业发展重点，在工业和信息化部指导下，由国家新材料产业发展专家咨询委员会总体策划，组织相关院士、专家，历时半年多时间完成《中国新材料产业发展年度报告（2019）》（以下简称《报告》）。《报告》共分为5篇，第1~4篇主要是新材料"十四五"规划思路研究专栏，包括新材料产业"十四五"规划思路研究综合报告，先进基础材料、关键战略材料和前沿新材料领域各类材料"十四五"规划思路研究分报告；第5篇主要围绕海工与高技术船舶、稀有元素、超超临界机组材料和生物基材料等4个重点领域，研究相关材料发展政策、产业现状、技术水平、需求及应用、发展前景等，提出产业发展目标。这些内容对政府部门、行业组织、企业、金融机构等具有重要参考价值。

由于时间仓促，《报告》难免有不当之处，希望读者批评指正。我们热切希望各方面读者多提宝贵意见，也热烈欢迎关注我国新材料产业发展的学者、专家和企业家们积极参与讨论。

本书编委会
2020 年 9 月

目　录

第 1 篇　综合篇

第2篇　先进基础材料篇

第 3 篇　关键战略材料篇

第4篇　前沿新材料篇

第5篇　重点领域调研篇

第 1 篇

综合篇
ZONGHE PIAN

1 新材料产业"十四五"规划思路研究

加快新材料产业发展，是党中央、国务院着眼建设制造强国、保障国家安全做出的重要战略部署。加快新材料产业发展，有利于推动传统产业转型升级和战略性新兴产业发展，实现社会生产力和经济发展质量的跃升，对实施创新驱动发展战略、加快供给侧结构性改革、增强产业核心竞争力具有重要战略意义。为引导"十四五"期间新材料产业高质量发展，国家新材料产业发展专家咨询委特此组织开展《新材料产业"十四五"规划思路研究》编制工作。

1.1 全球新材料产业发展现状及趋势

1.1.1 全球新材料产业发展现状

1.1.1.1 全球各国新材料产业政策持续推出，纷纷抢占制高点

进入 21 世纪，世界各国特别是发达国家都高度重视新材料产业的发展，均制定了相应的新材料发展战略和研究计划。特别是 2008 年金融危机以来，发达国家纷纷启动"再工业化"战略，将制造业作为回归实体经济、抢占新一轮国际科技经济竞争制高点的重要手段。材料作为制造业的基石，其战略地位日益提升。此外，主要发达国家针对新材料重点领域，如高温合金、碳纤维及复合材料、新型显示材料、新型能源材料、第三代半导体材料、稀土新材料、石墨烯等还出台了专项政策。

1.1.1.2 产业规模不断扩大，地区差异日益明显

随着全球高新技术产业的快速发展和制造业的不断升级，以及可持续发展的持续推进，新材料的产品、技术、模式不断更新，应用领域不断拓展，市场前景更加广阔，对新材料的需求十分旺盛，产业规模持续增长。据统计，2010 年全球新材料市场规模超过 4000 亿美元，到 2017 年 2.3 万亿美元，2019 年 2.82 万亿美元，平均每年以 10%以上的速度增长。

表 1-1 列出了部分新材料行业全球市场规模和增长率，可以看出未来各新材料产业都将保持中高速增长，市场规模将进一步扩大。

表 1-1 部分新材料行业全球市场规模和增长率预测

行业	预测周期	市场预测/亿美元	年均复合增长率/%	预测单位
绿色建材	2016~2022	1580（2015）~2450（2022）	17	Market Research Future
车用轻量化材料	2016~2022	1207.1（2015）~2564（2022）	11.4	Stratistics MRC
轻量化材料		2253（2024）		Reportlinker
绝缘材料	2016~2022	600（2015）~925（2022）	6.2	Allied Market Research
智能材料	2016~2022	726（2022）	14.9	Allied Market Research

行业	预测周期	市场预测/亿美元	年均复合增长率/%	预测单位
3D 打印材料	2015~2020	5（2014）~14（2020）	15	Zion Research
3D 打印金属材料	2016~2022	1.6（2015）~8（2022）	32	Market Research Future
高温复合材料	2016~2021	33.6（2015）~50.1（2021）	8.41	Markets and Markets
碳纤维	2016~2021	19（2015）~33（2021）	9.8	Zion Research
高性能合金	2015~2020	90.5	3.5	Zion Research
车用复合材料	2015~2022	30.6（2014）~70.2（2022）	8.8	Persistence Market Research
玻纤增强塑料	2016~2021	440（2016）~603（2021）	6.47	Research and Markets
碳纤增强塑料	2016~2022	117（2015）~202（2016）	8.1	Research and Markets
超导材料	2014~2020	4（2013）~130（2020）	17.2	Transparency Market Research
软磁材料	2016~2021	281.5（2021）	7.8	Markets and Markets
先进碳材料		52.9（2024）		Grand View Research
压电材料	2016~2025	16.8（2025）	4	Grand View Research
热界面材料	2016~2022	35.9（2025）		Grand View Research
光伏材料	2016~2023	200（2015）~350（2023）	7	Global Market Insights
装甲材料	2015~2020	105（2020）	6.8	Markets and Markets

注：空白代表无数据。

（1）第一梯队。全球新材料产业发展地区差距明显。发达国家仍在国际新材料产业中占据领先地位，世界上新材料龙头企业主要集中在美国、欧洲和日本，拥有绝大部分大型跨国公司，在经济实力、核心技术、研发能力、市场占有率等方面占据绝对优势，形成全球市场的垄断地位。其中，美国凭借其强大科技实力，在新材料领域全面领先；日本在纳米材料、电子信息材料、精细陶瓷、碳纤维、工程塑料、非晶合金、超级钢铁材料、有机EL 材料、镁合金材料等方面保持着领先优势；欧洲在结构材料、光学与光电材料、纳米材料等方面有明显优势。

（2）第二梯队。中国、韩国、俄罗斯紧随其后，属于第二梯队。其中，中国在半导体照明、稀土永磁、人工晶体材料领域具有较强竞争力；韩国在显示材料、存储材料等领域占有优势；俄罗斯在航空航天材料、能源材料、化工材料、金属材料、超导材料、聚合材料等领域占据领先地位，近年来大力发展电子信息工业、计算机产业等对促进国民经济发展和提高国防实力有重要影响的材料领域。

（3）第三梯队。除巴西、印度等少数国家之外，大多数发展中国家的新材料产业比较落后。从全球新材料市场来看，北美和欧洲是目前全球最大的新材料市场，而且市场已经比较成熟，而亚太地区，尤其是中国，新材料市场正处在一个快速发展的时期。全球新材料市场的重心正逐步向亚洲转移。伴随新一轮科技革命和产业大变革的来临，全球技术要素和市场要素配置方式将发生深刻变化，地区差异将进一步加剧。

1.1.1.3　市场竞争日趋剧烈，关键材料成为焦点

信息技术是当前世界经济复苏和推动未来产业革命的重要引擎。信息化的发展水平主要取决于光电信息功能材料，其主流仍然是半导体材料。另外，以砷化镓、碳化硅和氮化镓等宽禁带半导体材料也将对光纤通信、互联网做出重要贡献。美国等发达国家在电子信息等关键材料领域占据主导地位。近两年，美国特朗普政府为巩固其全球霸主地位，蓄意挑起中美贸易争端，联手其他国家对我国材料产业实施打压。对钢铁、铝等优势基础材料产品实施高关税；对芯片、光刻胶等核心高端材料实施出口禁运，压制我国高技术产业发展。

随着5G商用化的步伐越来越近，世界各国都给予了极大关注。5G技术主要建立在高频、高带宽技术的基础上，需要高频射频元器件、高功率天线和更小型化的器件，而这些元器件对材料种类、性能提出了新的更高要求。目前，我国这些关键材料的技术不成熟、产业化水平不高，主要依赖进口。2018年的"中兴事件"主要针对芯片，而2019年的"华为事件"就是主要针对5G技术，抢占未来市场制高点。随着5G技术的普及，关键材料的竞争必将更加激烈。

1.1.1.4　集约化、集群化发展，高端材料垄断加剧

随着全球经济一体化进程加快，集约化、集群化和高效化成为新材料产业发展的突出特点。新材料产业呈现横向、纵向扩展，上下游产业联系也越来越紧密，产业链日趋完善，多学科、多部门联合进一步加强，形成新的产业联盟，有利于产品的开发与应用，但是也容易形成市场垄断。大型跨国公司凭借技术研发、资金、人才等优势，以技术、专利等作为壁垒，已在大多数高技术含量、高附加值的新材料产品中占据了主导地位。国际新材料企业呈现集团化、寡头化、国际化发展趋势。例如，半导体硅材料：日本德国的5家企业占据了80%以上的国际市场销售额；半绝缘砷化镓：日本德国的4家企业占有90%以上的市场份额；有机硅材料：基本由美国、韩国、德国及日本一些公司控制全球市场；有机氟材料：由美国、韩国、德国及日本的7家公司占据全球90%的生产能力；小丝束碳纤维：被日本和美国的4家公司垄断；大丝束碳纤维：被美国和德国的四家公司垄断；高强高韧铝合金材料：美铝、德铝、法铝等是全球航空航天、交通运输等领域轻质高强材料的供应主体；航空级钛材：美国的三大钛生产企业的总产量占美国钛加工总量的90%。

此外，为进一步加速对全球新材料产业的垄断，世界新材料主要生产商凭借其技术研发、资金和人才等优势，纷纷结成战略联盟，开展全球化合作，通过并购、重组及产业联盟，构筑系列专利壁垒，在高技术含量、高附加值的新材料产品市场中长期占据主导地位。

1.1.2　全球新材料产业发展趋势

1.1.2.1　新技术与新材料交叉融合加速创新

21世纪以来，全球新材料产业竞争格局发生重大调整，新材料、信息、能源、生物等学科间交叉融合不断深化，大数据、数字仿真等技术在新材料研发设计中的作用不断突出，"互联网+"、材料基因组计划、增材制造等新技术、新模式蓬勃兴起，新材料创新步

伐持续加快，新技术更新迭代日益加速，新思路、新创意、新产品层出不穷，国际市场竞争日趋激烈。

欧美日韩等发达国家逐渐意识到依赖于直觉与试错的传统材料研究方法已跟不上工业快速发展的步伐，甚至可能成为制约技术进步的瓶颈。因此，急需革新材料研发方法，加速材料从研发到应用的进程。基础学科突破、多学科交叉、多技术融合快速推进新材料的创制、新功能的发现和传统材料性能的提升，新材料研发日益依赖多专业合作。例如：固体物理的重大突破催生了系列拓扑材料的出现；材料与物理深度融合诞生了高温超导材料；高密度、低功耗、非挥发性存储器技术开发更是多专业合作的典范：物理学家提出阻变、相变等四种新的存储概念，材料学家找出合适的材料来实现相应功能，微电子专家设计相应的电路保证存储信号的写入、读取和擦除。

以材料基因工程为代表的一系列材料设计新方法的出现，不断突破现有思路、方法的局限性，以高通量计算、高通量制备、高通量表征、数据库与大数据等技术为支撑，立足把握材料成分—原子排列—相—显微组织—材料性能—环境参数—使用寿命之间的关系，推动新材料的研发、设计、制造和应用模式发生重大变革，大幅缩减新材料研发周期和研发成本，加速新材料的创新过程。

近两年，国外研究团队还开发出利用人工智能技术来发现新材料，开辟了开启材料研发的新方向，深刻改变了材料研究方式。例如，2016 年 10 月，美空军研究实验室材料和制造部将人工智能技术和机器人、大数据以及高通量计算、原位表征技术相结合，研制出材料自主研究系统（ARES），该系统能够自行设计、实施和评估试验数据，能够更快和更智能地开展试验，极大加速材料研发进程。2018 年 4 月，美国西北大学成功利用人工智能算法从数据库中设计出了新的高强超轻金属玻璃材料，比传统试验方法快 200 倍。

1.1.2.2　绿色化、低碳化、智能化成为新材料发展的新趋势

进入 21 世纪以来，面对日益严重的资源枯竭、不断恶化的生态环境和大幅提升的人均需求等发展困境，绿色发展和可持续发展等理念已经成为人类共识。资源、能源、环境对材料生产、应用、失效的承载能力，战略性元素的绿色化高效获取、利用、回收再利用以及替代等受到空前重视。为了顺应可持续发展与绿色经济的发展潮流，各国都重视绿色产品的开发和应用。

以新能源为代表的新兴产业崛起将引起电力、IT、建筑业、汽车业、通信行业等多个产业的重大变革和深度裂变，拉动上游产业如风机制造、光伏组件、多晶硅深加工等一系列加工制造业和资源加工业的发展，促进智能电网、电动汽车等输送与终端产品的开发和发展，促进节能建筑和光伏发电建筑的发展。欧美等发达国家已经通过立法要求必须或鼓励使用 LOW-E 等节能玻璃，目前欧洲 80% 的中空玻璃为 LOW-E 玻璃，美国 LOW-E 中空玻璃普及率达 82%。短流程、少污染、低能耗、绿色化生产制造，节约资源以及材料回收循环再利用，是新材料产业满足经济社会可持续发展的必然选择。

随着物联网、人工智能、云计算等新一代信息技术和互联网技术的飞速发展，以及新型感知技术和自动化技术的应用，先进制造技术正在向智能化的方向发展，智能制造装备在数控装备的基础上集成了若干智能控制软件和模块，使制造工艺能适应制造环境和制造过程的变化达到优化，从而实现工艺的自动优化，具有感知、分析、推理、决策、控制功能，实现高效、高品质、节能环保和安全可靠生产的下一代制造装备的支撑材料是未来材

料产业发展的急需。

1.1.2.3 新材料技术日益提升人类生活质量

伴随着新材料研究技术的不断延展，产生了诸多与人类生活水平提升息息相关的新兴产业。如氮化镓等化合物半导体材料的发展，催生了半导体照明技术；质子膜燃料电池（PEMFC）已用于交通示范运行，促进了新能源汽车产业的发展。生物医用材料的应用显著降低了心脑血管、癌症等疾病和重大创伤的病死率，极大地提高了人类的健康水平和生命质量，是保障全民医疗保健基本需求和发展健康服务的重要物质基础。基于分子和基因等临床诊断材料和器械的发展，使肝癌等重大疾病得以早日发现和治疗；血管支架等介入器械的研发催生了微创和介入治疗技术；生物活性物质（如药物、蛋白、基因等）的靶向/智能型控释系统及其载体材料的发展，不仅导致传统给药方式发生革命性变革，而且为先天性基因缺陷、老年病、肿瘤等难治愈疾病的治疗开辟了新的途径。

1.2 我国新材料产业取得的成绩

与发达国家相比，我国新材料技术与产业起步较晚、基础薄弱。新中国成立以来特别是改革开放以来，我国出台多项政策文件，在材料领域全面部署，对标发达国家奋起直追。经过四十年的不懈努力，我国在体系建设、产业规模、技术进步、集群效应等方面取得了较大进步，取得了举世瞩目的巨大成绩，为国民经济和国防建设做出了重要贡献。

1.2.1 国家及地方高度重视，产业政策密集出台

近些年，国家高度重视新材料产业发展，相关部委陆续推出了一系列政策文件，如《增强制造业核心竞争力三年行动计划（2018—2020 年）》《"十三五"先进制造技术领域科技创新专项规划》《"十三五"材料领域科技创新专项规划》《国家新材料生产应用示范平台建设方案》《国家新材料测试评价平台建设方案》《新材料标准领航行动计划（2018—2020 年）》《重点新材料首批次应用示范指导目录（2018 年版）》，这些政策加强对产业发展的统筹规划和顶层设计，引领新材料产业快速健康发展。2010～2018 年国家出台了新材料产业相关政策文件。同时，各地方政府和主管部门对新材料产业也十分关注，北京、内蒙古、安徽、河北、广东等多个省（区、市）及部门计划单列市也先后出台了新材料产业指导意见、发展规划、行动计划、实施方案，突出地方特色，推动新材料产业快速发展。

1.2.2 加强顶层设计，初步建立了新材料产业发展体系

2016 年 12 月成立了"国家新材料产业发展领导小组"（以下简称领导小组），2017 年 2 月，作为领导小组的咨询机构，国家新材料产业发展专家咨询委员会成立。按照"主体责任不变、资金渠道不变"的原则下分别编制形成了 2017 年和 2018 年度新材料产业"折子工程"，围绕着新材料产业"无材可用、有材不好用、好材不敢用"的关键问题，形成了"1+X"工作体系，新材料产业发展体系基本构建。

1.2.2.1 聚焦新材料产业发展重点

由专家咨询委张涛、徐惠彬、谢建新、李仲平、俞建勇等副主任和有关专家牵头，先

后组织了13个专业领域近百位专家对目录进行评审把关。目前，"三个目录"共收录重点产品206项，重点企业506家，重点集聚区34个。通过开展"三个目录"的编制工作，全面系统地梳理了新材料产业重点产品、优势企业和集聚区域，进一步健全新材料产业体系，切实提升新材料产业发展水平，增强新材料保障能力。

1.2.2.2 形成新材料应用技术开发及推广体系

围绕新材料的关键"一跃"的问题，工信部、财政部联合发布《国家新材料生产应用示范平台》，已启动建设了核能材料、航空发动机材料、航空材料、集成电路材料等10个平台（见表1-2），到2020年还将陆续启动建设5个以应用领域为目标，解决核心材料生产应用技术开发、应用技术服役环境评价、生产应用示范线建设、资源数据库共享、人才培训等问题的生产应用示范平台。

表1-2 已建设的国家新材料生产应用示范平台

序号	年份	名　称	牵头单位	建设期限
1	2017	国家新材料生产应用示范平台（核能材料）	国家电投集团科学技术研究院	3年
2	2017	国家新材料生产应用示范平台（航空发动机）	中国航发北京航空材料研究院	3年
3	2017	国家新材料生产应用示范平台（航空材料）	中国商飞上海飞机设计研究院	3年
4	2018	国家新材料生产应用示范平台（集成电路材料）	中芯国际北京创新中心	3年
5	2018	国家新材料生产应用示范平台（先进海工与高技术船舶）	中国船舶重工集团公司第七二五研究所	3年
6	2018	国家新材料生产应用示范平台（新能源汽车材料）	中国第一汽车集团有限公司	3年
7	2019	国家新材料生产应用示范平台（生物医用材料）	河南驼人医疗器械集团有限公司	3年
8	2019	国家新材料生产应用示范平台（高速铁路装备材料）	中车青岛四方机车车辆股份有限公司	3年
9	2019	国家新材料生产应用示范平台（新型显示材料）	合肥京东方卓印科技有限公司	3年
10	2019	国家新材料生产应用示范平台（卫星及空间探测材料）	北京空间飞行器总体设计部	3年

工信部、财政部、银保监会等联合发布了《重点新材料首批次应用示范指导目录》，专家咨询委组织完成2017年度和2018年度首批次应用申报项目评审，组织编制指导目录。总体上看，首批次工作试点以来，基本达到了预期效果。一大批国产新材料成功实现首批次应用示范，有效帮助企业转移风险。南山铝业的AMS板材实现了中国航空板材向国际顶尖飞机制造商波音的首次批量出口供货。

1.2.2.3 形成新材料测试评价体系

围绕新材料产业开发过程中测试评价资源分散、测试评价技术开发能力弱的问题，工信部、财政部联合发布《国家新材料测试评价平台建设方案》，已启动建设了新材料测试评价平台（主中心）、钢铁材料、有色金属材料、电子材料等7个行业中心和3个区域中心（见表1-3）。成立了国家新材料测试评价联盟，初步形成了以主中心为核心，行业中心为支撑，区域中心为网点的新材料测试评价体系。

表 1-3 已建设的国家新材料测试评价平台

序号	年份	名 称	牵头单位	建设期限
1	2017	国家新材料测试评价平台（主中心）	国合通用测试评价认证股份有限公司	3 年
2	2017	国家新材料测试评价平台（钢铁材料）	钢研纳克检测技术股份有限公司	3 年
3	2017	国家新材料测试评价平台（电子材料）	工业和信息化部电子第五研究所	3 年
4	2018	国家新材料测试评价平台（四川区域中心）	成都产品质量检验研究院有限责任公司	3 年
5	2018	国家新材料测试评价平台（先进无机非金属材料）	中国建材检验认证集团股份有限公司	3 年
6	2018	国家新材料测试评价平台（湖南区域中心）	湖南航天天麓新材料检测有限责任公司	3 年
7	2018	国家新材料测试评价平台（浙江区域中心）	中科院宁波材料研究所	3 年
8	2018	国家新材料测试评价平台（稀土材料）	包头稀土研究院	3 年
9	2019	国家新材料测试评价平台（先进高分子材料）	中国石油化工股份有限公司	3 年
10	2019	国家新材料测试评价平台（复合材料）	南京玻璃纤维研究设计院有限公司	3 年
11	2019	国家新材料测试评价平台（有色金属）	国标（北京）检验认证有限公司	3 年

1.2.2.4 初步形成产业支撑体系

历时三年，工信部、发改委和统计局联合组织编制新材料产业统计目录。工信部联合商务部、外专局、市场监管总局等部委开展多次新材料贸易救济培训班和人才培训班，连续组织高层次人才出国培训，学习国外新材料产业发展经验，出台新材料标准领航行动计划和新材料知识产权行动方案等。

1.2.3 产业规模不断壮大，部分材料进入世界前列

1.2.3.1 建成了品种门类较为齐全的材料产业体系

我国新材料研发和应用发端于国防科技工业领域，经过多年发展，新材料在国民经济各领域的应用不断扩大，基本涵盖金属、高分子、陶瓷等结构与功能材料的研发、设计、生产和应用各个环节。先进基础材料，目前能满足国民经济和社会发展基本需求。关键战略材料，为我国高速铁路、大飞机、载人航天、探月工程、风力发电、超高压电力输送、深海油气开发、资源节约及环境治理等重大工程的顺利实施做出了巨大贡献。前沿新材料当前以基础研究为主，产业尚处于发展初期，正经历从实验室向商业应用的过渡时期，我国前沿新材料许多领域处于与国际并跑阶段，但产业规模与体量较小，大规模应用尚未到来。

1.2.3.2 整体市场规模持续扩大

据统计，自"十二五"以来，我国新材料产业市场规模快速扩张，从 2011 年的 0.8 万亿元增长到 2019 年的 4.57 万亿元，比 2018 年增长 19.01%。

2010~2019 年中国新材料产业规模如图 1-1 所示。

1.2.3.3 部分新材料重点领域产业规模已位居世界前列

我国碳纤维产能和实际用量两项指标均跨入世界前三。在航空航天领域，以光威和中简科技为代表的主力企业完成了约 200t 国产碳纤维的销售（部分以织物和预浸料形式）。

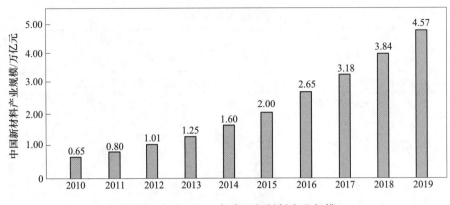

图 1-1 2010~2019 年中国新材料产业规模

芳纶纤维，烟台泰和新材年产能达到 7000t，中国新会彩艳年产量为 1000t，中国圣欧芳纶年产量为 3000t，中国浙江九隆年产量为 1500t。间位芳纶纤维产能超万吨/年，使得我国成为间位芳纶的主要生产国之一。多种电子陶瓷产品的产量在世界占首位，已经形成了一批在国际上拥有一定竞争力的元器件产品生产基地，同时拥有全球最大的应用市场。高性能膜材料，我国膜行业总产值已从 1993 年的 2 亿元人民币上升到 2016 年的超过 1200 亿元人民币，2017 年市场规模已高达 1500 亿元左右，在国家政策大力支持下，膜产业市场长期保持 15% 增长态势，已成为全球膜市场增长的主要引擎。新型显示材料，国内新型显示产值达到 3000 亿元人民币，拉动 GDP 规模超过 8000 亿元人民币，目前我国显示产业已投入 8000 亿元人民币，将有超过 16 条 G8.5 代线（及以上）投入使用，产业规模预计到 2019 年将成为全球显示第一大国。

1.2.4 创新能力不断提升，一系列核心技术取得重大突破

新材料产业发展始终坚持"需求牵引、创新发展"的原则，我国新材料产业研发能力在不断积累中逐步增强，自主创新能力不断提升，新材料品种不断增加。在一些涉及"受制于人"的重点、关键新材料从制备、工艺流程到新产品开发及节能、环保和资源综合利用等方面取得重大突破。在碳纤维及其复合材料方面，我国已经突破了 T300 级和 T700 级军用高性能碳纤维研制与应用系列关键技术，基本解决国防安全等的迫切需求问题。在碳纤维工程化及产业化关键技术、装备等方面取得较好进展。在高温合金方面，我国已形成研发应用体系，研制出 200 多个牌号的合金及其零部件。近年来，国家高度重视，高温合金技术进步加快，授权专利年均增长 30%，研发单位和生产企业的装备水平已进入国际先进行列。先进半导体材料方面，直径 200mm 以下硅材料已具备产业规模，掌握了满足 65~90nm 线宽集成电路用 300mm 硅片制备技术和无位错 450mm 硅单晶实验室制备技术；第三代半导体材料技术与国际先进水平落后 3~5 年，应用与国外同步；我国蓝宝石衬底产业化功率型 LED 器件水平在 150lm/W 左右，接近国际水平（160lm/W），应用国际领先。

1.2.5 产业集聚效应明显，区域特色产业集群初步形成

近年来，我国新材料产业正呈现出快速集聚并形成特色产业集群的趋势，各地根据自

身资源、人才、区位和产业基础，充分发挥比较优势，出台专项规划和行动方案，支持新材料产业特色发展，逐步形成了特色鲜明、各具优势的区域分布格局，产业集聚效应不断增强。京津冀、长三角、珠三角等沿海发达地区依托人才、市场优势，形成新材料研发与应用为主的新材料产业集群。以石墨烯为例，2018 年底长三角地区石墨烯相关企业数达到 2314 家，其中形成石墨烯业务的企业已超 894 家。第三代半导体方面，广东省产业规模约占全国 50%。广东省 LED 产业围绕深圳延伸到东莞、中山、惠州等地区，2018 年全省 LED 产业整体产值约为 4000 亿元。集成电路芯片方面，长三角地区为我国产业最成熟的地区，2018 年江苏半导体产业销售收入 1926 亿元，占全国的 29%，位居全国首位。江苏省已经涌现一批具有技术研发优势、产业发展优势、市场开拓优势、有一定影响力的 LED 骨干企业。

1.3 我国新材料产业发展存在的问题及分析

虽然我国新材料取得了有目共睹的成绩，但依然存在诸多问题。

1.3.1 短板问题突出，产业基础能力薄弱

从中国工程院对 26 类制造业产业开展的产业链安全性评估结果可以看出，我国与国外差距大的产业有 10 类，差距巨大的有 5 类。2 类产业对外依赖度高；8 类产业对外依赖度极高，占比 30.8%。尤其是集成电路产业的光刻机、通信装备产业的高端芯片、轨道交通装备产业的轴承和运行控制系统、电力装备产业的燃气轮机热端部件，以及飞机、汽车等行业的设计和仿真软件等，这些产业基础能力十分薄弱，存在一些明显的"短板"基础技术，如核心基础元器件和零部件、关键基础材料、基础检验检测设备、先进基础制造工艺和装备、基础软件和开发平台、工业基础软件和操作系统等，产业基础能力薄弱是当前最突出的短板。

1.3.1.1 重大应用领域用新材料严重受制于人

新一代信息、新能源等技术的出现，对材料提出了更高性能、更高纯度、零缺陷等要求，材料迭代速度加快。随着我国经济爆发式增长，材料能买则买，对材料的原创性、基础性、支撑性缺乏足够的重视。这些因素导致新材料成为我国"短板"中的重灾区，对产业安全和重点领域构成重大风险。

1.3.1.2 部分关键材料生产用装备短板明显

研发与生产脱节，材料、工艺与装备多学科交叉融合研究不足，流程和装备问题未受到重视，导致企业生产被迫陷入"依靠市场换技术"和"成套引进—加工生产—再成套引进—再加工生产"的怪圈，"天价的技术及装备"和"低端产品低价竞争"导致国内企业沦为国际产业链的底层打工仔，几乎无利润甚至经营困难，同时也面临着设备禁运、生产瘫痪的产业风险。如显示器件技术的创新往往是由材料与装备突破所带动，显示产业的竞争力依托于材料体系的建立与装备的成熟。但是新型显示材料发展过程中，依然存在材料与装备严重依赖进口设备的问题，有重演液晶显示发展历程的风险。人工晶体和电子陶瓷方面，高温烧结炉等核心装备仍基本靠进口保障。电子陶瓷材料如国内市场高端 MLCC 的需求主要依赖进口。由于缺少自主知识产权和先进工艺设备，高性能陶瓷粉体、电极浆

料、先进生产设备都大量依赖于国外厂商。

1.3.1.3　部分关键材料生产用原辅料严重依赖进口

关键原辅材料严重依赖国外进口，已成为制约我国新材料高性能化和高端元器件及零部件制造的重大瓶颈。如集成电路行业，生产硅单晶用 11-13N 超高纯多晶硅、大尺寸高档石英坩埚和石墨热场、光掩模用石英基板、高档光刻胶用成膜树脂、高端溅射靶材用超高纯金属、化学机械抛光（CMP）用高档磨料、特种电子气体用高品质阀门等都严重依赖进口。又如，铸造高温合金高精度型蜡等原辅材料主要境外采购。当前，我国新材料产业发展总体仍处于爬坡上坎的关键阶段，急需加快解决材料受制于人的问题，提升新材料支撑保障能力。

1.3.2　引领发展能力不足，难以抢占战略制高点

新材料的发明和应用引领着全球的技术革新，不仅推动了已有产业的升级，而且催生了诸多新兴产业。无论是 20 世纪 50 年代崛起的半导体产业，还是 90 年代崛起的网络信息技术产业乃至现在的信息通信技术产业，无一不是由于单晶硅、光纤等革命性新材料的发明、应用和不断更新换代所促成的。现代航空业的繁荣兴旺离不开以高温合金为代表的先进高温结构材料在航空发动机上的应用，高铁、飞机、汽车等现代交通工具的绿色化、轻量化发展也迫切需要以碳纤维增强树脂基复合材料为代表的一系列新型复合材料的支撑。例如，波音 787 梦想客机的复合材料用量达 50%，可实现整机减重超过 20t 和油耗降低 20% 以上。然而，在上述发挥引领作用的重大材料突破中，中国人的贡献乏善可陈。事实上，从 19 世纪 70 年代开始的第二次工业革命以来的近 150 年间，中国人在新材料引领产业发展方面基本上没有做出实质性贡献。我国在新材料领域的引领发展能力严重不足，更妄谈抢占战略制高点。

在引领材料自身发展的一些标志性新材料，无论是因瓦合金和艾林瓦合金（1920 年获诺贝尔物理学奖）、半导体材料（晶体管于 1956 年获诺贝尔物理学奖，快速晶体管、激光二极管和集成电路于 2000 年获诺贝尔物理学奖）、超导材料（金属超导体、陶瓷高温超导体分获 1972、1987 年诺贝尔物理学奖），还是高分子材料（合成塑料及高分子理论分别于 1950 年和 1953 年获诺贝尔化学奖）、催化剂（聚合物齐格勒−纳塔催化剂于 1963 年获诺贝尔化学奖）、液晶和聚合物（1991 年获诺贝尔物理学奖）、富勒烯和石墨烯（分获 1996 年和 2004 年诺贝尔化学奖）、光纤（2009 年获诺贝尔物理学奖）、蓝光 LED（2014 年获诺贝尔物理学奖）、拓扑相变与拓扑材料（2016 年获诺贝尔物理学奖）等，尽管我国科学家在相关领域也做出了一些重要贡献，但这些划时代的重大材料均不是我国科学家首先发现的。

目前，国际产业巨头不仅在多数高端领域占据垄断地位，还在不少前沿领域再次实现率先发展，未来我国可能处于更加不利位置。比如第三代半导体，富士通、英飞凌、三菱等跨国公司都已初步完成产业布局，并陆续开发出新一代产品，在高速列车、智能电网、5G 通信等领域实现了应用。与之比较，我国尚处于发展初期，仅在照明领域具备一定优势。石墨烯也是如此，目前欧、美、日、韩等国对石墨烯在信息、生物、光电等战略高技术领域的应用投入较大，已诞生了不少颠覆性产品原型，如射频电路、光纤调制器等；而我国还在进行初级开发和低端应用，产业主要集中在提升传统产业方面（作为添加剂，添

加到各种材料改善其性能），未形成在信息、生物、光电战略高技术领域的布局，高端研发明显滞后。

1.3.3 投资分散，初创期融资能力弱，缺少统筹

我国部分新材料领域的产业结构不够合理，新材料产业的投资和支持只看到一些"点"，尚未形成以点带线、以线带面的联动效应。国家更愿意把扶持资金发放到国有企业和科研院所，对民营企业设置的条件太多。以新型显示材料为例，近几年有 20 多家生产 OLED 材料的公司成立，主要来自私人投资或风投，但缺乏统一部署，研发力量薄弱，资金投入小而分散，没有长远规划，市场追逐短平快项目。

2013~2018 年上半年，从投资案例数看，新材料产业投资轮次主要分布在 A 轮、B 轮、新三板定增，占比分别为 34.2%、13.1%、15.7%，合计占比约 63%。从投资金额看，上市定增总金额 136.6 亿元人民币，占比高达 46.9%，单笔平均投资额过亿元；此外，A 轮、新三板定增的金额也较高，分别占 15.6%、13.0%，合计超过 80 亿元人民币，占比 28.9%。

由于新材料领域风险较大，社会资本投资较为谨慎。从投资案例数来看，2013~2018 年上半年，新材料产业投资阶段主要分布在成熟期、扩张期，占比分别达到 45.6%、39.2%，合计占比约 84.8%；而种子期、初创期累计分别为 19 起、64 起，占比均不到两成。

从投资金额来看，2013~2018 年上半年，光电芯片产业投资阶段集中在成熟期，累计金额达到 204.8 亿元，占比超过七成；其次是扩张期，金额为 58.7 亿元，占比 20.2%；种子期、初创期占比仅为 5.6%、3.8%。

1.3.4 管理支撑体系不健全，未形成良好生态

材料测试、表征、评价、标准等材料支撑体系贯穿材料研发、生产、应用全过程，是材料产业提质升级的基础。完善的材料综合性能测试和应用技术评价体系是持续支撑技术及行业发展的基石，统一、科学、规范的标准体系是产业上下游交互的基础，是实现降低产品成本、提升研发效率的关键。

我国虽然拥有众多的材料测试评价机构，但材料测试评价机构普遍规模较小，部分测试评价方法落后，高性能测试仪器设备未能完全自主掌握，长期依赖进口，部分高端仪器设备长期闲置，高水平测试评价人才不足，市场化服务能力弱。新材料测试评价数据积累不足、缺乏共享，应用企业对新材料生产企业的测试评价结果缺乏信任，导致产业链上下游良性互动通道受阻。大部分测试评价机构的国际话语权不足，难以提升产品的国际竞争力。

以稀土材料标准为例，截至 2018 年 10 月底，我国现行有效稀土国家、行业标准总数达 270 项，包括 189 项国家标准、80 余项行业标准。另外，还有 40 余项稀土国家标准样品，涵盖了从稀土矿、冶炼分离至稀土材料的若干重点领域。这些标准的建立对我国稀土工业的发展，规范我国稀土行业的生产及贸易起到了积极的推动作用，但是一些新材料关键技术环节仍旧缺少相关标准规范，部分重要稀土功能材料领域标准仍为空白，标准研究仍处于相对滞后的状态，标准对于产业发展的引导作用没有充分发挥，缺少标准交流与沟

通的国际渠道，国际标准水平难以确定。

如石墨烯，我国石墨烯产业标准化工作开始于 2015 年，但由于标准体系建立时间短，立项的标准较少。此外，随着石墨烯产业的迅速发展和石墨烯科学技术的进步，部分涉及石墨烯的新产品、新技术、新工艺以及管理标准尚未制定。因此，迫切需要建立科学的石墨烯标准体系，指导具体标准的制定。现有的和正在制定的石墨烯标准中，关于石墨烯产业应用的标准仅有几项，而其余均为术语和石墨烯原材料检测等标准，从石墨烯全产业链分析，有必要建立覆盖石墨烯资源、石墨烯应用、环境保护、加工设备等不同方面的标准体系。

统计虽然已经制定新材料统计目录，但尚未发布新材料相关统计数据，国家与地方统计数据存在严重的失衡。专利同样如此，新材料的专利数据也没能系统地开展。新材料技术成熟度作为衡量新材料产品成熟度的评价标准，对支持政府、社会、金融、企业决策具有非常重要的意义，目前国家标准已经发布一年，但仍然没有很好的推广，现有的试点研究成果也具有很大的局限性，需要加强创新和突破。

1.4 我国新材料产业发展面临的机遇及挑战

虽然我国新材料依然存在诸多问题，但我们可以清晰地看到，新材料产业发展也面临着机遇和挑战。

1.4.1 外部环境发生深刻变革

当今世界正面临百年未有之大变局，国际形势多变急变，黑天鹅、灰犀牛事件多出迭出，贸易保护主义、单边主义涌动躁动，全球投资贸易格局、科技创新格局、金融货币格局等都面临前所未有的大变革。贸易保护主义不断抬头造成外需增长难度加大。受贸易保护主义、经贸摩擦等因素影响，外需紧缩有可能成为我国经济发展的常态。出口紧缩与国内去产能、去杠杆等产生叠加效应，将给我国带来较大压力，部分对外依存度较高的地区、园区和企业面临的转型压力和风险加大。部分产业外迁或转移步伐加快，对我国产业发展产生诸多不利影响。受发达国家推动再工业化，部分新兴经济体加快制造业发展等"两头挤压"以及中美经贸摩擦、国内制造业成本快速上升、环保约束强化、"脱实向虚"等因素的影响，我国纺织服装、橡胶轮胎等传统产业领域出现了部分企业加速向外转移的现象。

1.4.2 中国不断开放的格局带来巨大机遇和挑战

2000 年，巴斯夫南京一体化生产基地是巴斯夫和中国石化按 50：50 股比组建而成。2019 年，德国化工巨头巴斯夫，其投资 100 亿美元的石化综合项目选址定在广东湛江市，这是中国首个外商独资石化综合项目。特斯拉建厂落地，中国首个外资独资的汽车工厂也已经启动。此外，埃克森美孚惠州独资项目、英国石油 100 万吨醋酸项目等重大外商投资项目都在近期加速落地。金融证券等更多领域向外资独资企业放开。在世界经济局势错综复杂之际，外商对中国市场一致看好，越来越多的跨国公司加大在华投资。2019 年，平均每天超过 100 家外企在中国诞生，每天约 25 亿元外商投资金额流入中国。截至目前，中国已经累计使用外资 2.1 万亿美元，连续 27 年成为吸收外资最多的发展中国家。

1.5 我国新材料产业"十四五"期间主要目标

面向在世界材料强国行列中占有一席之地的战略目标，围绕保障国家安全、产业安全、科技安全的重大需求，着力破解核心系统、补强重大工程和应用系统中器件的核心问题。以新材料产业高质量发展为目标，建立高效协同的常态化管理机制，进行合理分工协作，通过产业链、创新链、资金链三链合一，相互对接，相互融合，提升新材料产业治理体系能力、产业基础能力水平和现代产业体系发展水平。新材料产业总体水平与世界新材料强国差距大幅缩小，重点新材料领域总体技术和应用与国际先进水平同步，部分达到国际领先水平。

（1）先进基础材料。到 2025 年，先进基础材料产业结构调整显著，基础材料产品结构实现升级换代，保障能力超过 90%。实现先进基础材料的性能均匀一致、制造绿色智能、应用满足需求、标准引领发展的目标。

（2）关键战略材料。到 2025 年，关键战略材料总体上实现大规模绿色制造和循环利用，基本建成关键战略材料产业创新体系，整体水平并跑国际先进。

（3）前沿新材料。到 2025 年，前沿新材料实现全创新链的重点突破，规模化制备加工技术水平与产能达到世界前列，产业化总体水平达到国际领先水平。

（4）支撑体系。到 2025 年，国内材料领域第三方测试机构水平显著提高，基本完成评价体系建设，基本形成以"材料质量评价"为目的的材料产品质量评价体系和材料生产流程质量控制评价体系。

1.6 我国新材料产业重点任务

1.6.1 实施重点领域短板材料产业化攻关

继续推动"重点新材料研发及应用重大项目"启动。发挥举国体制优势，在新一代信息技术、国防军工、重点领域启动实施"短板材料产业化攻关行动"，集中突破一批关键短板材料。以 50 种有望在五年内实现规模化应用的新材料为突破口，组织重点新材料研制、生产和应用单位联合攻关，提升新材料产业基础保障能力。推动实施产业基础再造工程，提升产业基础能力。

1.6.2 加强新材料成果转化能力

夯实新材料创新体系薄弱环节，补齐新材料创新链条中科技成果转化成功率低的短板，构建 20 个以上规模逐级放大的新材料中试中心，加快整合各地创新资源，在此基础上成立 6 家以上"国家新材料工程转化中心"。继续优化首批次保险补偿机制，完善新材料生产及应用领域国有资本考核机制，加速新材料推广应用。

1.6.3 完善创新能力体系建设

建立起以企业为主体、市场为导向、产学研用紧密结合的自主创新体系，加快新材料创新平台布局。在应用端继续推动国家新材料生产应用示范平台，在材料开发端布局部分关键材料领域和前沿材料领域一批创新平台，推动数字研发中心建设。加强新材料人才培养，促进国际人才交流合作。鼓励新材料学科发展，注重培养基础扎实、视野开阔的研究型人才，培养有工匠精神、实践操作能力强的应用型人才。有序开展国际交流，提高交流实效。

1.6.4　提升新材料"精品制造"能力

针对如先进钢铁材料、先进有色材料、先进纺织材料、先进石化材料、先进建筑材料、先进轻工材料等量大面广的基础新材料产业，积极推进"精品制造工程"，促进企业由中低端产品制造向中高端产品制造转型升级，由价值链中低端向中高端转移。开展先进基础材料高端产品竞争能力大赛，积极推进企业开展智能制造、绿色制造。

1.6.5　推进新材料产业协同发展

加速推动新材料产业集聚区培育，支持建立产业集聚区培育平台，加强新材料产业链相关产业、科研机构、成果转化机构、高等院校、服务贸易机构、金融机构等各类业态与产业集聚区的融合协同，推动形成高效协同融合发展集聚区试点示范（现代产业体系试点示范）。

1.6.6　开展新材料领军能力建设

针对我国具有优势或潜在优势的新材料品种，实施"新材料长项技术和产品提升专项行动"，支持重点企业面向国内外市场需求，巩固和强化竞争优势，形成一批国际知名品牌和新材料行业巨头，以期在国际竞争中形成战略反制能力。

1.6.7　攻克一批新材料生产用核心装备及核心原辅料

实施"材料装备一体化行动"，组织新材料生产单位、装备研制单位、高校、科研院所等开展联合攻关，加快专业核心装备的研发和应用示范，解决新材料研发、生产、测试所需的核心设备、仪器、控制系统等不能自主生产、甚至高端装备面临国际禁运的现状。对新材料生产原辅料相关的国际国内矿产资源和加工生产技术，实施"新材料专用原辅料保障行动"，提升保障能力。

1.7　政策措施建议

1.7.1　加快完善宏观管理体系

统筹协调各部委资源，协同推进新材料产业发展。加快推动数字政务建设，建立国家、地方、企业、社会等协同联动统一的新材料数字化管理政务服务平台。积极引入区块链技术，推动在政务建设形成认证审核试点示范。推动 5G 技术及新一代信息技术在政务工作的融合发展。开展新材料产业链发展动态评估机制，摸清我国新材料产业发展的痛点、难点、热点。根据新材料产业发展规律，建立新材料技术成熟度评价管理体系，动态跟踪重点新材料发展水平。基本形成以"材料质量评价"为目的的材料产品质量评价体系和材料生产流程质量控制评价体系，能够以准确的材料性能质量评价体系和技术成熟度评价体系促进材料产业的高质量发展。定期梳理重点新材料产品目录、重点新材料企业目录，集聚区目录，颠覆性技术目录，加强政策评估，为政府对新材料发展精准决策提供依据，为社会和企业发展提供指引。

1.7.2 统筹协调财政金融支持

加强政、银、企信息对接，充分发挥财政资金的激励和引导作用，积极吸引社会资本投入，进一步加大对新材料产业发展的支持力度。通过中央财政、制造业转型升级基金，统筹支持符合条件的新材料相关产业创新及发展工作。利用多层次的资本市场，加大对新材料产业发展的融资支持，支持优势新材料企业开展创新成果产业化及推广。鼓励金融机构按照风险可控和商业可持续原则，创新知识产权质押贷款等金融产品和服务。鼓励引导并支持天使投资人、创业投资基金、私募股权投资基金等促进新材料产业发展。支持符合条件的新材料企业在境内外上市、在全国中小企业股份转让系统挂牌、发行债券和并购重组。研究通过保险补偿等机制支持新材料首批次应用。

1.7.3 加强资源共享能力建设

以国家战略和新材料产业发展需求为导向，建立和完善新材料领域资源开放共享机制，联合龙头企业、用户单位、科研院所、互联网机构等各方面力量，整合政府、行业、企业和社会资源，同时紧密结合政务信息系统平台建设工作，充分利用国家数据共享交换平台体系和现有基础设施资源，加强与各部门现有政务信息服务平台及商业化平台的对接和协同，结合互联网、大数据、人工智能、云计算等技术建立垂直化、专业化资源共享平台，采用线上线下相结合的方式，开展政务信息、产业信息、科技成果、技术装备、研发设计、生产制造、经营管理、采购销售、测试评价、金融、法律、人才等方面资源的共享服务。

1.7.4 营造产业发展良好环境

加快布局一批新材料重点领域标准体系组织，建立完善的标准体系，根据新材料发展阶段积极推进团体标准、行业标准、国际标准工作，加快推进新材料标准国际化，积极参与国际标准制修订工作。推进重点新材料专利布局工作，制定高价值专利目录，制定新材料专利指引。加快新材料统计工作，完善新材料统计工作开展机制，解决新材料统计困局。完善进出口政策体系，维护公平贸易环境。支持新材料企业运用贸易救济、反垄断等方式维护公平竞争秩序，引导并支持新材料企业做好贸易摩擦应对。支持新材料企业"走出去"。

1.7.5 协力推进国际开放合作

支持企业在境外设立新材料企业和研发机构，通过海外并购实现技术产品升级和国际化经营，加快融入全球新材料市场与创新网络。充分利用现有双边、多边合作机制，拓宽新材料国际合作渠道，结合"一带一路"建设，促进新材料产业人才团队、技术资本、标准专利、管理经验等交流合作。支持国内企业、高等院校和科研院所参与大型国际新材料科技合作计划，鼓励国外企业和科研机构在我国设立新材料研发中心和生产基地。定期举办中国国际新材料产业博览会。

第2篇

先进基础材料篇

XIANJIN JICHU CAILIAO PIAN

2 工程用钢"十四五"规划思路研究

2.1 各领域发展现状

先进钢铁材料是重要的基础材料，对现代交通、海洋工程、先进能源、航空航天、电子信息等高端制造业和战略新兴产业发展起支撑作用。经过改革开放40年来的快速发展，我国钢铁工业技术与装备水平获得极大提升，粗钢产量连续20年保持世界第一，为支撑我国经济社会发展和国防建设做出突出贡献。2018年我国粗钢产量约9.3亿吨，占全球粗钢产量的51%。当前我国钢铁工业的发展重点是，以提升钢铁产业科技创新能力和核心竞争力为出发点，重点开展高品质特殊钢、船舶与海工用钢、交通与建筑用钢、能源用钢等大宗钢材质量稳定性、可靠性和适用性，以及绿色化与智能化钢铁流程技术研究开发，满足国民经济建设、重大工程及高端装备制造等需求，支撑钢铁工业转型升级和可持续发展。

工程用钢领域先进钢铁材料主要包括重大基础设施、交通运输、船舶与海洋工程、能源石化等使用的高性能钢铁材料品种。下面按建筑用钢、交通运输用钢、船舶与海洋工程用钢、能源用钢四个主要领域来分别论述。

2.1.1 建筑用钢

重大基础设施建设是国民经济发展的重要支柱，也是我国钢铁材料消耗的最大市场，超过我国钢材消耗总量的一半以上。建筑用钢的品种升级对我国钢铁工业整体品种结构调整起到举足轻重的作用地位，其重要意义也是显而易见的。

我国的建筑业长期以来一直以钢筋混凝土结构为主导，建筑钢筋是我国所有钢材品种中用量最大、使用面最广的钢材产品，目前的年消耗量超过2亿吨，约占我国粗钢总量的25%。高强度化是我国建筑钢筋品种发展的主要技术方向。过去，我国的建筑钢筋主要使用屈服强度235MPa级Q235钢（Ⅰ级钢筋）和屈服强度335MPa级20MnSi钢（Ⅱ级钢筋），钢筋强度级别低，钢材消耗量大，与国外先进水平相比差距大。经过近20年的努力，我国高强度钢筋的研究开发、生产应用水平取得突飞猛进的进展，400MPa级以上钢筋（Ⅲ级以上）比例从2000年的1%左右增加到2017年的90%，在新修订的热轧钢筋标准中淘汰了强度级别较低的335MPa的Ⅱ级钢筋，形成了400MPa级（Ⅲ级）、500MPa级（Ⅳ级）、600MPa级（Ⅴ级）高强度钢筋系列，使我国的高强度钢筋生产应用达到了世界先进水平。高强度钢筋的普及生产和推广应用，解决了建筑行业"肥梁胖柱"，提高了建筑物的质量和安全可靠性，为我国建筑业快速发展以及以"高速铁路""大型水利工程"为代表的国家重大基础设施建设工程做出了巨大贡献。同时，用高强度钢筋替代低强度钢筋，大大节约了钢材消耗。以400MPa的Ⅲ级钢筋替代335MPa的Ⅱ级钢筋为例，用于房屋建筑设计平均节约14%的钢材消耗，按照目前1.5亿吨Ⅲ级钢筋的产量计算，可节约钢材用量超过 2000 万吨，大大减少资源、能源消耗及污染排放，保护环境，社会经济效益巨大。除了高强度化以外，钢筋品种也向着耐腐蚀、耐低温、复合化等各种功能性方向发展，以适应不同服役环境的特殊要求，如耐腐蚀性能的环氧涂层钢筋、低合金耐腐蚀钢筋、不锈钢钢筋等品种的开发，满足了不同腐蚀环境的建筑需求。其中，不锈钢钢筋的研制开发为港珠澳等跨海大桥建设、南海岛礁等苛刻腐蚀环境基础设施建设提供了可靠保障。为满足我国 LNG 储罐能源应用与储备的建设需要，我国自主研制开发的低温钢筋能够满足 -196℃ 的使用要求，已经批量化生产并应用于国内 LNG 储罐建设，打破了完全依赖进口的局面。

钢结构建筑的快速发展，大大促进了钢结构建筑用钢技术进步与品种开发。近年来，钢结构建筑用钢产量稳步增长，平均年增长率保持在 15% 以上，到"十二五"末，我国钢结构建筑用钢产量已达 5000 多万吨，占钢铁总产量 6% 左右。伴随钢结构建筑用钢数量的增长，品种结构调整也取得显著进展。在最新修订的"建筑结构用钢板"国家标准（GB/T 19879—2015）中，形成了系列强度等级，包括：Q235GJ、Q345GJ、Q390GJ、Q420GJ、Q460GJ、Q500GJ、Q550GJ、Q620GJ、Q690GJ 的钢结构建筑用钢体系，钢板的强度等级范围从 235MPa 到 690MPa，钢板的厚度规格扩大到了 150mm 的特厚钢板，有些钢种（如 Q345GJ）最大厚度扩大到了 200mm。同时，建立了我国宽翼缘（HW）、中翼缘（HM）、窄翼缘（HN）以及薄壁（HT）四大系列的热轧 H 型钢体系（国家标准 GB/T 11263—2016），使热轧 H 型钢的最大尺寸达到 1000mm，厚壁 H 型钢的最大壁厚达到了 70mm。除了高强度、大规格的发展方向外，功能化是钢结构建筑用钢的另一个重要发展方向。为了满足各种建筑防火、抗震、耐腐蚀的特殊性能要求，我国还开发了六大系列高性能建筑用钢，包括耐火建筑钢系列、耐候建筑钢系列、耐火耐候建筑钢系列、高韧性建筑钢系列、抗震建筑钢系列和极低屈服强度建筑钢系列，这些钢种在国家体育场（奥运"鸟巢"）、国家大剧院、中央电视台总部大楼、中国尊、首都新机场、上海中心大厦、上海环球金融中心、深圳平安金融中心、广州塔、西南地震带民居等重大建筑工程中得到广泛应用。

我国桥梁建设工程的巨大进步推动了桥梁结构用钢品种的不断升级发展。1957 年建设的武汉长江大桥，材料是苏联生产的 A3 钢（即 Q235 碳素钢），20 世纪 60 年代建设的南京长江大桥采用了鞍钢生产的 16Mnq 钢（即 Q345 钢），20 世纪 90 年代九江长江大桥的建设升级到了 420MPa 级的 15MnVNq 钢，受当时我国钢铁行业装备条件的限制，15MnVNq 钢存在强度波动、韧性较差、焊接困难等问题，造成生产使用过程中遇到了很多的困难，到 1997 年芜湖大桥设计建设时，采用了新开发的 370MPa 级 14MnNbq 钢。进入 21 世纪，我国桥梁建设有了新的飞跃，桥梁用钢的生产应用也取得突破。以京沪高铁南京武胜关大桥为例，采用了屈服强度 570MPa 级的 WNQ570 钢，满足了高强度、高韧性、低屈强比、良好焊接性的要求，实物性能达到了国际同类产品的先进水平。目前，我国的桥梁用钢已经形成了四个不同强度及质量等级高性能桥梁钢系统，列入 GB/T 714—2015 桥梁用钢国家标准中的牌号包括：（1）热轧或正火型 Q345q、Q370q 钢；（2）控轧控冷型（TMCP）Q345q、Q370q、Q420q、Q460q、Q500q 钢；（3）调质型 Q500q、Q550q、Q620q、Q690q 钢；（4）耐大气腐蚀的 Q345qNH、Q370qNH、Q420qNH、Q460qNH、Q500qNH 钢。钢的强度水平达到 345~690MPa，韧性等级包含 C（0℃）、D（-20℃）、E（-40℃），满足高强度、高韧性、耐腐蚀、抗震、易焊接等质量要求，为我国一系列重大桥梁工程，包括港珠澳跨海大桥、杭州湾跨海大桥、青岛海湾大桥、南京武胜关长江大桥等国家重点桥梁工程提高了材料保障。另外，为了满足缆索桥梁结构的发展要求，我国在桥梁用超高强度缆索钢丝用钢的研究应用方面也取得了长足进步。缆索桥梁用镀锌钢丝，是缆索桥梁结构的主要受力构件，对材料的强度、面缩率、弯曲、扭转等性能有很高的要求。2000 年以前，由于我国线材生产钢坯质量和轧制控制水平落后，所有桥梁缆索用镀锌钢丝的线材均采用进口材料。随着我国高洁净生产技术水平的不断提高以及线材轧制生产线装备、控制水平提升，线材制品产品质量显著改善，国产高强度桥梁缆索用钢丝质量等级稳步提高，已开发出不同强度等级，包括 1600MPa、1670MPa、1770MPa、1860MPa、1960MPa 等系列产品，并且开发出 2000MPa 和 2300MPa 级超高强度桥梁缆索钢绞线用钢。目前，国产高强度桥梁缆索钢绞线用钢已经替代进口实现了国产化，在湖北宜昌大桥、江苏江阴大桥、广西柳州红光大桥、浙江舟山西堠门大桥、江苏苏通大桥、杭州湾跨海大桥、青岛海湾大桥、贵州北盘江大桥等重大桥梁工程中获得广泛应用。

钢结构因其绿色环保、可持续发展的优势，被称为 21 世纪的"绿色建筑"，近年得到了国家政策的大力支持，同时，钢结构建筑的普及也有利于化解我国钢铁产能过剩的问题。近几年，我国的高层、超高层及大跨度钢结构建筑的建设进入了快速发展时期。随着钢结构建筑高度的不断增加、跨度的不断增大，一些构件所承受的约束力越来越大、越来越复杂，基于安全性、经济性、造型美观和空间利用效率等方面的考虑，对建筑结构用钢提出了高强度、高韧性、低屈强比、适应大热输入量焊接等高性能要求。为减薄结构厚度和质量，降低焊接成本及施焊难度，提高构件焊接节点可靠性，屈服强度 390MPa、420MPa、460MPa 高强度钢板在建筑结构中得到大量应用。当前建筑用钢正朝着具备耐候、耐火、抗震等功能性钢材方向发展。为满足建筑钢结构行业对建筑钢板不断提升的基本力学性能和特殊性能的要求，我国已开发了六大系列高性能建筑用钢，包括耐火耐候建筑钢系列、高韧性建筑钢系列、抗震建筑钢系列、耐火建筑钢系列、耐候建筑钢系列和极低屈服强度建筑钢系列。在国家大力推广钢结构的相关产业政策下，建筑用钢的研制开发和升级换代得到了极大地推动。2016 年以来，我国力推装配式建筑的发展，国家与各地地方政府频繁出台相关促进政策，对绿色建筑和装配式建筑予以补贴，打开了装配式建筑行业的市场空间。2016 年 2 月，中共中央国务院《关于进一步加强城市规划建设管理工作的若干意见》中明确"要大力推广装配式建筑，积极稳妥推广钢结构建筑，力争用 10 年左右的时间，使装配式建筑占新建建筑的比例达到 30%。" 2016 年 9 月，国务院办公厅《关于大力发展装配式建筑的指导意见》国办发［2016］第 71 号提出了"大力发展装配式混凝土建筑和钢结构建筑"，提出以"京津冀、长三角、珠三角"三大城市群为重点推进地区，常住人口超过 300 万的其他城市为积极推进地区，其余城市为鼓励推进地区，因地制宜发展装配式混凝土结构、钢结构和现代木结构建筑。2017 年 3 月，住建部发布《"十三五"装配式建筑行动方案》，指出"到 2020 年全国装配式建筑占新建建筑的比例达到 15% 以上，其中重点推进地区达到 20% 以上，积极推进地区达到 15% 以上，鼓励推进地区达到 10% 以上。"发展钢结构和装配式建筑已成为未来中国建筑业发展的重要方向。

钢结构桥梁用钢目前主要向高性能化方向发展，主要分为三大类：第一类为高强度、高韧性、易焊接桥梁用钢，第二类为高性能耐候桥梁用钢，第三类为低合金钢+不锈钢复合材料。第一类钢种是在原来热轧、正火等工艺生产的 Q345q（16Mnq）、Q370q

（14MnNbq）、Q420q（15MnVNq）的基础上，通过采用先进的冶炼工艺技术、微合金化技术、TMCP 工艺，大大降低钢中碳含量、夹杂物数量，实现多相组织调控，在提高强度的同时极大地改善了钢种的低温韧性、焊接性能。第二类为高性能耐候桥梁用钢。钢桥历来采用油漆来防锈防腐蚀，但由于油漆费用及人工刷漆费用昂贵，致使钢桥造价和全寿命周期的维护费用巨大。为此，无涂装的耐候钢桥梁受到了极大的关注。第三类为低合金钢+不锈钢复合材料。普通的焊接结构用钢板由于其耐腐蚀性能的局限性，如果作为永久性建筑使用，需要重防腐涂装，可靠性不佳。传统耐候钢及最近开发的高镍耐候钢，在岛礁的飞溅区、潮差区甚至近海大气区等苛刻的海洋环境条件下的耐蚀性难以实现 100 年寿命期限的结构耐久性要求。若全部采用不锈钢，除了成本问题之外，其焊接性能、力学性能等难以满足结构的承载能力设计。因此，不锈钢+低合金钢复合钢材在沿海及岛礁桥梁建设中将具有很好的应用前景。目前常见复合层不锈钢有 304、316L、2205 等，基材采用 GB/T 714 中桥梁钢 Q370q 等，在五峰山长江大桥、青山长江大桥等的桥面板上都已经采用了桥梁钢-不锈钢复合钢板。

2.1.2　交通运输用钢

交通运输用钢主要是指铁路（包括普通铁路、重载铁路、高速铁路等车辆及轨道等）以及汽车（包括轿车、客车、卡车及大型工程车辆等）制造、建设用先进钢铁材料。随着我国经济建设和现代交通运输行业的快速发展，安全、环保、高效、高速、轻量化、节能减排以及资源可循环的要求日显突出，交通运输用钢铁材料性能向着高强韧、高性能、长寿命、绿色化方向发展。

2.1.2.1　先进轨道交通用钢

轨道交通用钢主要包括铁路钢轨用钢、轮轴及轴承用钢、转向架系统用钢、车厢用钢等。近年来，随着我国铁路建设，尤其是高铁技术的飞速发展，我国铁路用钢材料技术及相关钢铁材料品种的发展也十分迅速。在钢轨钢方面，国产钢轨用钢的研制生产基本满足了我国铁路不同时期的发展需要，特别是我国铁路高速、重载、客货混运等不同运输条件对钢轨提出的特殊要求。世界各国铁路钢轨以珠光体型钢轨为主，同样，经过多年的研究开发，我国钢轨用钢也形成了强度等级从 880MPa 级到 1350MPa 级的珠光体型钢轨系列，钢种主要包括 880MPa 级 U71Mn 钢、980～1180MPa 级 U75V 钢和 U77MnCr 钢、1080～1300MPa 级 U78CrV 钢和 U76CrRE 钢等品种。在既有铁路上广泛使用的钢轨主要有强度等级为 880MPa 的 U71Mn 钢、980MPa 级的 U75V 钢；重载铁路主要使用 980MPa 以上级别的 U75V、U77MnCr、U78CrV 等材质钢轨。近年来，全长淬火钢轨、百米长轨的普及生产为我国高速、重载铁路的发展提供了保障。此外，贝氏体钢轨、过共析钢轨、道岔钢轨、耐腐蚀钢轨等新型钢轨用钢的开发和应用，可以显著改善钢轨耐磨性以及潮湿环境下耐腐蚀性等性能，延长钢轨使用寿命。我国铁路钢轨用钢已经完全实现国产化，全面应用于我国高速重载铁路中，如京沪、郑西、武广、温福等时速 250km/h 及时速 350km/h 的高速铁路，以及大秦铁路、陇海等干线重载铁路建设。

铁路车轮用钢主要以中碳铁素体-珠光体钢为主。我国普通客车和货车车轮材料主要为 CL60 钢，普通机车车轮材料略有不同，但基本与 CL60 相近。为了改善车轮磨损性能，重载车轮从 CL60 钢向 CL70 钢发展，国产 CL70 车轮钢在 30～40t 轴重重载列车上获得应用。自改革开放以来，经40年的发展，普通车轮的生产与应用已经相对成熟，国产车轮用钢与世界水平相当。但对于高速列车，当运行速度超过160km/h后，列车的动力学条件以及车轮的使用条件均发生显著变化，对车轮的综合力学性能和可靠性要求也明显提高。目前，我国高铁列车车轮全部依赖进口，现役动车组用高速车轮用钢以欧洲ER8车轮用钢为主，少部分使用日本的SSW-Q3R钢以及欧洲ER9钢和ER8C钢。随着我国高速铁路的快速发展，高铁车轮的国产化是一项十分急迫的任务。借鉴欧洲、日本高速车轮钢的发展经验，我国已经开发出V、Si合金化的高速车轮用钢，自主研发和生产的D1和D2高速车轮性能指标达到国际先进水平，与进口车轮同车装配于时速250公里和350公里的动车组，已经完成了100万公里以上的运行考核，具备了国产化应用的条件。此外，大功率机车用辗钢车轮以前也是主要采用进口产品，材质分别相当于欧洲车轮ER7、ER8和ER9。国产大功率机车用J1、J2、J3整体辗钢车轮已陆续开发成功，其中J1和J2车轮已在"和谐型"机车上投入批量使用，在中国大秦、京九、京沪等铁路主干线承担着客、货运任务，安全运行里程突破百万公里。

铁路客货列车车轴采用的主要钢种为LZ50中碳钢，机车车轴少量采用JZ45钢，以模铸居多，目前连铸工艺车轴钢坯也得到快速推广。而高铁车轴主要进口欧洲EA4T、30NiCrMoV12中碳合金调质高速车轴和日本S38C碳素表面中频淬火高速车轴。与高速车轮国产化进程同步，国产高速车轴也借鉴了欧洲中碳CrMo和NiCrMoV体系，发展了V微合金化的中碳CrMoV系和Ni合金化的中碳CrNiMoV系高速车轴，分别自主开发出DZ1和DZ2高速车轴，性能指标达到国际先进水平，与进口车轴同车装配于时速250公里和350公里的动车组，分别完成了50多万公里和60万公里的运行考核，具备了国产化条件。

货运铁路车辆大量使用耐候钢板。09CuPTiRe钢是我国自主开发的经济型耐候钢品种，屈服强度等级为295MPa，曾经广泛用于铁路车辆的制造。为了改善钢的耐腐蚀性能，提高车辆使用寿命，借鉴国际上耐候钢研究开发的成功经验，我国开发出了NiCrCu系高耐蚀性高强度铁道车辆用耐大气腐蚀钢技术，形成了345~550MPa系列强度等级的铁道车辆用耐大气腐蚀钢品种，包括Q345NQR、Q420NQR、Q450NQR、Q500NQR、Q550NQR等产品，成功应用于铁道车辆的建造。此外，为了进一步提高耐腐蚀性能，我国还开发出铁道车辆用的经济性不锈钢产品，并实际用于铁道车辆的示范建设。

2016年7月，国务院批准了新调整的《中长期铁路网规划》，描绘了中国高速铁路发展的美好蓝图。根据《规划》，到2025年中国高速铁路规模将达到3.8万公里，预计到2025年高速铁路装备国内需求量将翻番。目前，我国高速列车的最高运行速度已经突破350km/h，并正在向400km/h以上的目标发展。高铁轮对作为铁路列车关键部件之一，要保证在所规定的使用条件下，具有足够的安全性、可靠性和长使用寿命，进一步提速到400km/h以上将对轮对材料提出更高的性能要求。然而，我国时速200km/h以上动车组轮对仍主要依赖进口，极大制约着我国高速铁路技术的进一步发展，因此，急需推进高铁轮对材料国产化，加快实施自主化保障。

2.1.2.2 汽车用钢

2018年我国汽车产销量约为2800万辆，占全球总产量的30%左右。我国汽车产业的快速发展极大地推动了我国汽车用钢的研究开发和生产应用。汽车用钢主要包括汽车车身结构用钢、车轮用钢、汽车大梁用钢等品种。改革开放之初，受我国汽车、钢铁工业发展水平和装备技术条件的限制，我国只能生产 08Al 钢为代表的深冲用汽车用钢，对要求具有更好冲压成型性的 05Al、03Al 等超深冲汽车用钢还是非常困难的。一直到 20 世纪 80 年代，随着宝钢建成投产并引进日本、德国先进汽车用钢的生产技术，我国成功开发出超深冲 IF 钢产品，使我国汽车用钢的发展跨入世界先进汽车用钢的行列。进入 21 世纪，我国汽车工业进入快速发展阶段，从 2000 年的 200 万辆增长到 2018 年的 2800 万辆，汽车用钢需求急剧增长。紧跟我国汽车工业的发展步伐，我国汽车用钢品种开发和生产应用也引来高速发展的新阶段，品种结构不断优化完善。随着人们对环境问题认识和对安全性要求的不断提高，汽车车身轻量化成为当今汽车工业的一项关键技术。为了满足汽车轻量化的发展要求，国内外钢铁企业已经开发出一系列高强度汽车用钢（HSS 钢）和先进高强度汽车用钢（AHSS 钢）品种并成功应用于汽车建造。经过近年来的大力发展，目前我国汽车用钢已经形成了较为完善的品种系列。以典型的汽车面板用冲压成型钢板为例，国产汽车用钢从普通 IF 钢向高强度 IF 钢和 BH 钢发展，逐步形成了 340MPa、370MPa、390MPa、440MPa 系列高强度 IF 钢和烘烤硬化钢（BH 钢板）产品体系。在先进高强度汽车用钢（AHSS 钢）品种的开发方面，我国开发的高强塑积中锰钢，抗拉强度在 800~1500MPa、塑性为 20%~40%、强塑积达到 30GPa%~40GPa%；Q&P980 和 Q&P1180 淬火配分钢（Q&P 钢）；1500MPa 级和 1800MPa 级热成型钢等第三代汽车钢达到了世界先进水平。

汽车大梁用钢早期主要代表为 510L、610L。近年来，随着重型载重汽车的发展，对高强度汽车大梁用钢提出了迫切需求。为了满足重型载重汽车的发展要求，我国相关冶金企业采用 Nb、V/V-N、Ti 微合金化技术结合先进的 TMCP 工艺措施，开发出抗拉强度级别为 600~800MPa 的系列高强度汽车大梁用钢品种。在新修订的《汽车大梁用热轧钢板和钢带》国家标准中（GB/T 3273—2015），形成了强度级别从 370~800MPa 的汽车大梁用钢体系，包括：370L、420L、440L、510L、550L、600L、650L、700L、750L、800L 等 10 个不同强度水平的大梁钢产品。随着汽车发展对环境、能源、资源的影响日益突出，汽车轻量化、节能减排及行驶安全性的要求不断提高，标准更加严苛。因此，汽车用钢技术的发展在加速向高强韧、轻量化、长寿化、全生命周期低排放、节约资源及可循环利用的绿色化方向发展。

2.1.3　船舶海洋工程用钢

进入 21 世纪，中国船舶海工行业迎来高速发展时期。在 2001~2010 年的十年中，中国造船完工量从不足 400 万吨快速增长到 6500 多万吨，年均增长率达到 32.54%，使我国造船产量占到全球份额的 40% 以上，成为世界第一造船大国。伴随中国船舶海工行业的快速发展，我国造船和海洋工程用钢的生产应用也同步步入高速增长期。2001 年，我国船舶海工用钢的产量仅 168 万吨，到 2010 年我国船舶海工用钢的产量超过了 2200 万吨。然而，受全球经济的影响，中国船舶海工行业在"十二五"期间开始步入了下行通道，2018 年我国船舶完工量约为 3470 万吨，仅为 2011 年峰值水平的 45% 左右；相应地，我国船舶海工用钢的生产应用也不断下滑，2018 年我国船舶海工用钢的产量约 800 万吨，产能处于严重过剩状态。

虽然近年来我国船舶海工用钢的生产应用受到较大影响，但在船舶海工用钢品种开发取得很大突破并实现实船应用。世界各国船舶与海洋工程装备用钢的标准要求大体相当。

国外标准有欧洲的 EN10225、BS7191、NORSOK 标准，美国的 API、ASTM 标准，以及 ABS、DNV、CCS 等八大船级社规范。我国船舶与海洋工程装备用钢的标准为 GB 712—2011《船舶与海洋工程用结构钢》，分为一般强度船舶结构钢（235MPa）、高强度船舶结构钢（315MPa、355MPa、390MPa）和超高强度船舶结构钢（420MPa、460MPa、500MPa、550MPa、620MPa、690MPa），从标准的技术要求来看，我国船舶结构用钢的强韧性水平、表面质量、尺寸公差等控制水平与西方发达国家的先进水平相一致，船体结构用钢基本实现了国产化。随着船舶的大型化以及船体结构安全性要求的不断提高，船用钢板也由早期大多采用低强度级（235MPa）的碳素钢逐步升级到 315MPa 以及 355MPa 级的高强度船体钢。近年来，为了满足超大型油轮、大型集装箱船、LNG 低温运输船、特种化工运输船、破冰船等特种船舶的发展要求，我国还成功开发出油轮货油舱用耐腐蚀船板、大型集装箱船用高强度止裂钢厚板、LNG 船用 9Ni 低温钢以及 LNG 船用因瓦合金、LPG（液化石油气）和 LEG（液化乙烯气）船用 5Ni 低温钢等品种，并成功用于实船的建造。

在海洋平台用钢领域，西方发达国家早就开始了海洋石油平台用钢的研究，并开发了自己的钢种，其品种系列、强韧化水平、尺寸规格等指标均居于世界领先水平。如日本新日铁公司开发出 210mm 厚规格的 HT80 钢，用于制造自升式海洋平台齿条，其屈服强度 ≥700MPa，抗拉强度 ≥850MPa；利用 HTUFF 生产技术，开发出 WEL-TEN 系列、NAW-K 系列、COR-TEN 系列、MARILOY 系列、NAW-TEN 系列等诸多海洋平台钢品种，厚度规格为 16~70mm，最高强度可达到 950MPa，可满足不同用途要求。为了满足自升式平台桩腿结构的要求，开发了钢板厚度 127~256mm、屈服强度 620~730MPa 的高强度齿条钢，它也是海洋平台用钢中难度最大、技术含量最高的材料之一。我国海洋平台用钢的研究起步较晚，过去主要依赖于进口。1986 年在冶金部和中船总公司组织下开展了"海洋平台用抗层状撕裂钢的研制"，成功开发出海洋平台用抗层状撕裂钢 335MPa 级 E36—Z35。近年来，为满足我国海洋工程装备发展的需要，国内相关钢铁企业开发了强度级别涵盖 315~690MPa、最高质量等级达到 FH 级、钢板最大厚度达到 150mm 的高强度、高韧性海洋工程用钢，成功应用于"荔湾"深海平台、自升式钻井平台、第七代半潜平台等重大海洋石油平台工程的建造。目前，我国石油平台用钢已基本形成高强度系列，从海洋平台用钢用量方面来说，国产化程度已达到 90%，但是在高强度钢板（460~550MPa）推广应用、超高强度（≥690MPa）钢板研发、齿条钢特厚板研发等方面还存在一定差距，特别是自升式平台关键部位使用的 550~785MPa 级易焊接、高强度、高韧性、耐海水腐蚀的平台用钢还需依赖进口。

近年来，随着船舶大型化、高速化的发展趋势，对船舶用钢的性能要求也越来越高。如超大型集装箱船对高强度抗裂纹止裂厚钢板、北极航线低温船板、特种化学品船用双相不锈钢等。一些海洋平台关键部位所用高强度、大厚度材料仍需依赖进口。高强度、厚规格、耐海洋腐蚀和良好焊接性的海洋平台用高强钢的研发和应用是我国今后的主要研究方向之一。

2.1.4　能源用钢

改革开放以来，中国经济一直处于快速发展期，高速发展的中国经济对能源的需求日益迫切，对能源用钢提出了更高的要求。从我国能源结构来看，"富煤—少油—缺气"的自然资源储备情况决定了我国要多渠道发展多种能源,优化能源结构,实现资源的合理配置。能源用钢包括油气开采和储运、水电和核电工程建设中的结构用钢以及火电、水电、核电和石油化工中的特殊钢。这里主要涉及油气开采和储运的结构用钢品种。

2.1.4.1　管线钢

截至 2018 年底,我国输送石油天然气管道总里程达到 12.23 万公里,其中天然气输送管道长度 7.6 万公里。长距离石油天然气管线工程的建设,大大促进了管线钢品种开发及推广应用。20 世纪 90 年代起,国产 X60 管线钢用于陕京一线,并推动 X65 管线钢国产化,成功用于库鄯线。进入 21 世纪,西气东输一线设计采用 X70 管线钢,虽然当时钢管绝大多数依赖进口,但该工程促进我国 X70 管线钢研究开发和应用。之后,2008 年开工建设的西气东输二期工程采用大口径 1219mm、12MPa 高压力、X80 高钢级的技术方案,推动了我国 X80 管线钢的发展,全部实现了国产化,使我国管线钢的研究开发和生产应用达到了世界领先水平,标志着我国管道建设领域实现了从追赶先进技术到引领世界潮流,并在全世界拥有 X80 钢管施工技术标准的话语权。X80 管线钢还成功应用于中亚天然气管道、中俄原油管道、中哈原油管道、中缅原油管道、新疆煤制气天然气管道等重大工程建设中。

在深海海底管线领域,研制开发了 X65、X70 厚壁深海管线钢品种,钢管最大壁厚达到 31.8mm,成功用于建造我国南海荔湾 3 号深水气田的海底管线工程,最大水深 1500m,是目前我国首个深水气田。

2.1.4.2　低温压力容器用钢

大型石油、天然气储罐是保障国家能源安全的重要存储设备,需要采用易焊接、高强度、耐低温的压力容器用钢。为了满足我国大型石油储罐建设的需要,我国开发了适应大线能量焊接的低焊接裂纹敏感性钢,实现了大型石油储罐用钢国产化,钢种包括 12MnNiVR 和 08MnNiVR,钢板的屈服强度大于 490MPa,抗拉强度 610～730MPa。为了满足液化天然气(LNG)、液化乙烯气(LEG)、液化石油气(LPG)等低温液化气体的生产、加工、储存和运输,研制了 0.5Ni、1.5Ni、3.5Ni、5Ni、9Ni 等 Ni 系低温钢产品,成功用于广东、福建、浙江、上海、江苏、山东、辽宁等地 LNG 项目建设。

2.1.4.3　高耐蚀油井管

随着石油工业的不断发展,油井管的需求量也逐渐加大,目前,全球的油井管需求总量已经达到 1370 万吨,全球的总体油井管产能已经在 1700 万吨以上,达到了供大于求的局面。然而,即使是供大于求,也只限于部分地区,全世界除欧洲国家与中国之外,其他的国家和地区仍然处于供不应求的状态,随着经济在不断地发展,全球的油井管需求量在不断地上涨,需求量最多的是美国,其次是俄罗斯、中国、中东地区、非洲北部地区,占总体油井管消耗量的 85%。国内市场上,目前国内各大油田使用最多的产品是 J55、N80、P110,其中长庆油田以 J55 为主,占国内市场的 40%,大庆油田以 N80 为主,占国内市场的 16.8%,新疆油田以 J55 为主,占国内市场的 10.3%,青海油田以 P110 为主,占国内市场的 10.2% 等。国外市场上,目前使用较多的是 J55 产品,其中欧美市场主要使用 J55、N80、P110 油管和套管产品,其中进口比例占 15% 左右,中东市场主要使用 J55、N80、P110 油管、套管产品,进口占据总量的 95% 以上,不仅如此,这些地区都有一个共同的特点，生产油井管的能力比较差，但有着相对稳定的市场需求。

中国的油井管在产品的价格与质量方面有着很大的优势，有能力与世界先进企业竞争，应用市场广阔。东南亚市场的进口比例占80%以上，例如，印度尼西亚是油井管用量比较大的国家。但是，该国有明确的法律规定，只允许进口油井管的光管，在本国内进行成品的加工，这就致使很多的企业在萨半岛附近建立其成品加工厂，这些加工厂主要负责在印度尼西亚的油井管的成品加工工作，保证对该地区市场的控制。非洲市场，主要使用J55、N80、P110油井管，近年来，非洲有很多的石油蕴藏量大的发展中国家，与我国进行合作发展，中石化和中石油在这些国家进行合作开发和勘测。例如，阿尔及利亚、委内瑞拉以及苏丹等国家，这些国家大多不能自己生产油井管，即使生产，也处于供不应求的局面。国外的油井管最主要的生产企业是欧洲的 Grant 以及 V&M 公司、日本的 JEE 和住友金属公司，这些企业生产的油井管的钢级最高达到 1.14MPa，主要应用于深井以及超深井的使用，或者在寒冷的地区应用在石油和天然气的开采上。

2.1.4.4 深海油气钻采集输用钢

（1）钻井隔水管。钻井隔水管是海洋钻井工程中的必要设备，主要应用于钻井、采油、注水和油井维修等多个作业领域。钻井隔水管通常是一个大口径钢管，其主要功能是隔离海水，保护钻杆，为钻井船或钻井平台与海底井口之间钻井液循环提供回路，并为钻具送入海底井口进行导向。钻井液通过钻杆柱，流入井底，然后再经过隔水管柱内壁与钻杆柱之间的环隙，返回到海面工作平台上的泥浆池中。它是海洋深水油气勘探开发的重要装备单元。由于隔水管在海洋恶劣环境下工作，是一种具有高风险、高难度、高技术、高附加值的石油钻井装备，被喻为深水钻井开发的"咽喉"。目前，海洋隔水管因技术复杂，科技含量高，在我国的价格十分昂贵，从而严重制约了我国海洋石油工业的发展。以我国目前唯一一个自主开发的深海油气田项目荔湾油田为例，该区域平均水深 1500m，由于关键技术的欠缺，该项目 3-1 油气田与加拿大赫斯基能源合作开发，采用的关键装备连同材料均从国外进口。美国 GE-VetcoGray 公司和 Cameron 公司是当前世界上最大的海洋钻井隔水管生产制造厂家，且以生产制造深水钻井隔水管技术见长；法国于 20 世纪 80 年代由法国石油研究院（IFP）和 Framatome 公司联合开发了夹式隔水管；俄罗斯的 ZAO 公司于1996 年开始研究用铝合金隔水管来满足深水和超深水钻井。此外，挪威 AkerKvaerner 公司、美国国民油井公司也生产不同形式和规格的钻井隔水管。目前，国内隔水管全部依赖进口，一根 18m 长的管子进口价格上百万元；少量应用的进口耐蚀合金油套管则价格高得离谱，迫切需要解决国产化选材瓶颈。

（2）钢悬链线立管。钢悬链线立管集海底管线与立管于一身，一端连接井口，另一端连接浮式结构，无须海底应力接头或柔性接头的连接，大大降低了水下施工量和难度。它与平台的连接是通过柔性接头自由悬挂在平台外侧，无需液压气动张紧装置和跨接软管，节省了大量的平台空间。因此，与柔性立管和顶张力立管相比，钢悬链线立管的成本低，无需顶张力补偿，对浮体漂移和升沉运动的容度大，适用于高温高压介质环境。这些特点使得钢悬链线立管取代了柔性立管和顶张力立管而成为深水油气资源开发的首选立管系统。与顶张力立管相比，30~50cm 的张力腿平台外输钢悬链线立管可降低成本 1.5×10^6 英镑；15~20cm 的导管架平台集输系统可降低成本 1.0×10^6 英镑；15~25cm 用于浮式平台系统可降低成本 50%。与柔性立管相比，仅管材成本一项就可降低成本 90%。1994 年壳牌公司（Shell）在墨西哥 872m 水深的张力腿平台 Auger 上安装了世界上第 1 条钢悬链线立管。自墨西哥湾的第 1 条钢悬链线立管问世以来，已经有数 10 条钢悬链线立管在墨西哥湾、巴西坎普斯湾、北海、挪威海、印度海和西非投入使用，开创了深水立管系统的新纪元。钢悬链线立管被认为是深水立管的成本有效的解决方案，经过几十年的发展，钢悬链立管被认为是最适合应用于深水油气开发的深水立管，现在已经成功应用于张力腿平台、单柱平台、半潜平台以及浮式生产和储运系统（FPSO），目前钢悬链立管的适用水深已达到了 3000m 的超深水。

（3）Reel-Lay 挠性管线管。Reel-Lay（R-Lay）铺管是在陆地管线预制基地（Spoolbase），将单根 2″~18″（1″=2.54cm）管道在陆地上接成一根根管杆，再将管杆焊接连接并卷在 R-Lay 铺管船上的卷筒上，R-Lay 铺管船在海上进行连续铺管。R-Lay 铺管理念可追溯到 1944 年，英国为了战争需要，采用一个浮动式鼓缠绕 3″燃油钢管，将其铺设连接英国与欧洲大陆间英吉利海峡。在 1961 年，美国 Gurtler，Herbert & Co，Inc 公司开始 R-Lay 铺管技术研发，致力于服务海洋石油铺管业务，其子公司 Aquatic Contractors and Engineers，Inc 在 1961 年建造了第一艘浅水 R-Lay 铺管驳船 U-303，卷筒轴线与船体垂直，管线水平缠绕，配一个矫直机，在 1961 年 9 月在墨西哥湾开展第一次商业 R-Lay 铺管，至 20 世纪 60 年代，成功完成了管径不超过 6″的几百公里铺管。20 世纪 90 年代，McDermott-ETPM 改造 Norlift、Subsea 7，新建 SkandiNavica，以满足深水铺管业务需求；到 21 世纪，传统铺管速度及技术不能满足深水油田开发的快速发展需求，推动了海洋工程公司投资建设铺管船及配套关键设备，并快速促进了 R-Lay 铺管技术、铺管船及配套关键设备的发展成熟。在我国现有海洋石油开发硬质管线铺设中，仍为 S-Lay 铺管，尚未采用 R-Lay 铺管，国内也尚未投资建设 R-Lay 铺管船及 R-Lay 铺管系统。

2.1.4.5　油气开采压裂泵用钢

随着我国各类油气资源开发进入中后期阶段，石油、天然气供应缺口扩大，油气气井压裂作业越加频繁。油气开采专用压裂车是压裂施工的主要设备，属油气田钻采特种车辆设备，主要作用是向油气井内注入高压、大排量的压裂液，通过向地层泵液注压将地层压开，把支撑剂挤入裂缝，提高油气层渗透率和油、气井采收率。油气田现场施工对压裂车技术性能要求很高，压裂车须具有压力高、排量大、耐腐蚀、抗磨损性强等特点，而其中压裂泵是最核心关键的部件之一。

当前，全球经济复苏对常规油气能源消费需求总量日益增大，面临较严重的能源短缺和供求缺口，易于开采的常规石油、天然气资源储量正迅速耗尽，世界各国不得不寻找替代能源——如页岩气、页岩油、煤层气等非常规油气资源。我国经济持续稳定增长，对各类油气资源开采提出高产技术要求，非常规油气资源开发利用已成为我国油气工业关注热点。据国家能源局统计数据："十三五"期间，新增煤层气探明地质储量 4200 亿立方米，建成 2~3 个煤层气产业化基地。2020 年，煤层气（煤矿瓦斯）抽采量达到 240 亿立方米。未来我国适用于页岩气、页岩油、煤层气等非常规油气资源开采的专用压裂车设备作为独立新兴产业技术领域成为投资热点。

同时，我国原油、天然气每年形成大量产业资本技术开发投资，关联产业带动下会产生庞大的石油技术服务和油建工程市场。2010 年以来，我国页岩气勘查相继取得突破，加上国家《外商投资产业指导目录（2011 年修订）》将页岩气的勘探和开发（限于合资、合作）列入鼓励类，页岩气等压裂车设备投资开发前景良好。据科技日报报道，我国液压工业的规模在 2017 年已经成为世界第二，但产业大而不强，尤其是额定压力 35MPa 以上高压柱塞泵，90%以上依赖进口。可以说，高压柱塞泵是鲠在我国装备制造业咽喉要道的一根"刺"。

近年来，我国页岩气、页岩油、煤层气等非常规油气资源勘探开发尚处于起步阶段，难以达到规模化开采技术要求。油田专用压裂车属高技术密集、资本密集专用设备制造产业，行业进入技术与资本门槛高，资金投入大。现阶段我国具一定产能、专门针对页岩油、页岩气、煤层气等资源开采的专用压裂车生产企业数量很少，不足 10 家。主导品牌制造商如中国石化江汉石油管理局第四机械厂、烟台杰瑞石油服务集团股份有限公司、兰州通用机器制造有限公司、甘肃华腾石油机械制造有限公司、胜利油田东星石油技术有限公司、湖北中油科昊机械制造有限公司、兰州矿场机械有限公司等。其他一些制造商如南阳二机石油装备（集团）有限公司、河南南阳油田第四石油机械厂原产压裂车主要适用于常规油气田开采，近两年也开始制定投资战略，研制适合页岩气、页岩油、煤层气等特定工况环境压裂车或机组设备。

国产压裂车设备制造技术与国外先进水平存在差距，从总体来看，与欧美等发达国家比，我国适用于页岩气、页岩油、煤层气等专用压裂车制造技术还存在较大差距。如美国在开采技术上已实现全球领先，已掌握了从气藏分析、数据收集和地层评价、钻井、压裂到完井和生产的系统集成技术，产生了一批国际领先专业服务公司，向全球进行技术装备输出。目前，在我国油田专用压裂车市场上，占据强劲优势企业主要是国际大型石油设备或高端油田专用压裂车供应商，进口设备油气田专用压裂车价格昂贵（整套进口压裂车机组高达数千万甚至上亿元人民币），投资额巨大。国内压裂设备制造业由于基础工业和配套条件限制，核心设备关键制造技术、设备配套与国外相比有较大差距。另外，随着国内油田专用压裂车行业市场发展，部分有实力的油田专用压裂车生产企业产品竞争力、市场占有率不断提升。目前中国压裂车库存量 2000 台左右，其中 1800 水马力车型 850 台左右，2000 水马力车型 850 台左右，2500 水马力车型 300 台左右，合计 398 万水马力，远少于美国存量 2300 万水马力。目前，主流配置是 2500 型压裂车，2000 水马力以下车型主要用于常规井压裂。

受各国非常规油气资源开采市场成熟度、压裂车设备制造技术产业化程度影响，美洲地区（美国、加拿大）以及欧盟各国仍是全球油田专用压裂车最主要消费市场，美洲市场油田专用压裂车消费构成中，主要以美国、加拿大为主；欧洲消费市场主要以德国、法国、英国为主；亚洲压裂车市场中，日本及中国油田专用压裂车消费需求总量规模最大。美国是主要生产油田专用压裂车的国家，有哈里伯顿（Halliburton）、道威尔-斯伦贝谢、B.J（BYEONJACKSON）公司、西方公司、双"S"（STEWART & STEVENSON）斯图尔特-斯蒂纹森等公司。加拿大有戴尔公司、Crown 公司、Nowsco 公司，法国有道威尔公司。由于地缘关系，加拿大公司主要使用美国部件组装，产品性能参数与美国产品接近。

2.1.4.6 高强度耐低温石油吊环用钢

石油吊环是石油钻采钻机装备中的关键受力连接件，主要作用是提升，常见的有水龙头提环，双臂吊环和单臂吊环。其中，单臂吊环两头为模锻成型，中间杆自由锻拔长，锻件需经特殊热处理，产品 100%进行无损探伤检测，成对使用。单臂吊环主要在陆地井架和海洋平台的深井和超深井作业,是顶驱和吊卡之间的连接,主要是提升钻具,载荷在垂直方向。由于垂直方向载荷大,所以对吊环的质量要求苛刻。20SiMn2MoV 钢是一种高强度、高韧性的低碳马氏体钢,具有较好的淬透性、锻造工艺性能和焊接性能,其缺口敏感性和过载敏感性都较低,主要用于石油钻机的吊环、吊卡等受力部件。

目前在石油吊环行业领域,巨力索具是中国规模大、品种齐全、制造专业的索具制造公司,占据中国索具行业的引领品牌。江苏赛孚石油机械有限公司也是国内专门从事开发、制造和销售石油装备和石油钻采备品备件的企业。据报道,2016 年 3 月巨力索具自主研发的国内首批深水钻井用石油吊环顺利研发成功,石油吊环整体长度 13m,属于吊环类产品中的超长产品,应用于"海洋石油 981"深水半潜式钻井平台的提升系统。"海洋石油 981"钻井平台,是国内首座自主设计、建造的第六代深水半潜式钻井平台,是中国在海洋工程装备领域具备自主研发能力和国际竞争能力的标志。这标志着我国在吊环类产品的科技研发方面取得了重大突破。据悉,2016 年 4 月具有自主知识产权的我国首创的实际长度 13m 深水钻井用特长单臂吊环由江苏赛孚石油机械有限公司研发成功并投入市场,它打破了西方发达国家高端海洋装备技术对我国的长期封锁,标志着我国在吊环的科技研发取得了重大突破。此外,宝石机械、兰石机械、四川宏华等企业也能够生产石油吊环,占有一定市场份额。在国际市场上,美国杰根斯 JERTENS 是著名的安全吊环制造公司,生产和销售种类齐全的工装夹具标准件、液压部件、夹具部件、起重吊环、装配工具等,具有较大的市场份额。国内产品在性能稳定性,以及耐低温韧性等方面与国外产品仍有差距。

2.2　各领域发展趋势

2.2.1　建筑用钢

2.2.1.1　高性能钢结构建筑用钢

钢结构建筑因其自身重量轻、施工周期短、能解决大空间、资源可再生利用等优点受到了更广泛的重视。然而,普通建筑结构用钢耐火性和耐蚀性差,需要采用大量的耐火和耐蚀涂层来保障高安全性和耐久性,这大大提高了钢结构建筑初期的建造成本和长期的维护成本,严重制约了钢结构建筑的广泛应用。发展抗震、耐火、耐蚀功能复合化的高强度建筑结构用钢,实现少涂装甚至免涂装,对创建"资源节约"和"环境友好"的钢结构建筑体系具有极大的促进作用。

目前,国家正在大力推广和发展钢结构建筑。为了保证钢结构的质量和安全性,需要采用强度高、力学和加工性能更好、具有抗震耐火耐蚀的高性能建筑钢材。"十三五"国家重点研发计划围绕钢结构建筑用钢领域,开展了 460MPa 级、690MPa 级抗震耐蚀耐火钢的研制工作,实现我国 690MPa 级高性能建筑用钢的示范应用。随着钢结构建筑的不断扩大应用,还需要发展更高强度等级、更大厚度规格、适应高效焊接、抗震、耐腐蚀等系列品种。

2.2.1.2　南海岛礁基础设施用耐蚀钢

随着我国海洋战略的提出,我国海洋工程装备制造业发展取得了长足进步,特别是海洋油气开发装备具备了较好的发展基础,但是随之而来的面临材料腐蚀的问题日趋严重。

近年来，随着南海岛礁基础设施建设的推进，我国对南海的开发、利用及防御提升到前所未有的高度，最直观的就是表现在对海洋工程装备材料的研究、开发和使用上提出更严格的要求。我国于 2012 年提出了《海洋工程装备中长期规划（2011—2020）》，规划明确指出，到 2020 年使我国海洋工程装备制造业的产业规模、创新能力和综合竞争力大幅提升，形成较为完备的产业体系，产业集群形成规模，国际竞争力显著提高，推动我国成为世界主要的海洋工程装备制造大国和强国。我国南海海域面积有 356 万平方公里，其中有超过 200 个岛屿和岩礁。大规模进行南海海洋资源的开发，需要首先建设安全、可靠、具有一定防卫能力、服役寿命长的岛礁基础设施。国内外针对南海岛礁地区高湿热、强辐射、近海岸、高 Cl⁻ 特殊腐蚀环境的耐蚀钢研究基本处于空白状态，既没有产品技术标准，也没有设计使用规范。南海西沙和南沙群岛需要进行基础设施新建和改建的岛礁面积未来大约为 55 平方公里以上，填海、基础设施建设等未来总体投资将在 5000 亿元以上。南海地区岛礁建设急需开发新型合金体系的耐候钢、耐海水腐蚀钢、耐蚀钢筋等基础设施用钢。

美国在经济型高强度中高 Cr 耐蚀钢筋的品种开发、腐蚀评价、连接技术及使用设计规范等方面走在国际前列，其不锈钢复合钢筋的生产技术与装备在国际上也属于首创。日本在 Ni 系耐大气腐蚀钢结构用钢、MariloyG 耐海水腐蚀钢结构用钢以及不锈钢复合钢板、钛-钢复合板的开发和应用等方面均在全球处于领先地位。日本、韩国等国家先后开发了 Ni-Mo 系、3Ni-Cu 系、Si-Al 系、Ca-Ni 系等耐海洋大气耐候钢，设计使用寿命 25 年以上。我国在海洋性耐候钢等海洋工程基础设施用钢方面的研制还只是处于起步阶段，与国外有着较大的差距。由于南海地区气候、服役环境等的不同，目前还没有适合于我国南海地区岛礁建设的选材、用材体系。为保障我国南海岛礁基础设施稳步建设与长效安全，急需根据我国矿产资源和装备特点，开发出适应南海岛礁环境的新型经济型高耐蚀钢筋系列、耐大气腐蚀或耐海水腐蚀钢结构用钢及其配套防腐材料，以及相关应用连接技术、产品技术标准和使用设计规范。

2.2.1.3 钢结构建筑抗震阻尼器用特种合金

针对地震作用下钢结构断裂破坏的因素分析表明：其破坏机理十分复杂，就原因来说，有超载效应实际发生的地震作用远远超过设计预期值、荷载速度效应高应变速率、温度效应低温冷脆、钢材的尺寸效应厚板撕裂、构件和截面的形状效应变形约束、应力集中、加工效应冷加工和焊接缺陷等。虽然震后的研究探讨了究竟是哪些因素、在何种程度上实际支配了地震中钢结构的断裂破坏过程，但是我国至今还没有对抗震钢结构用钢材料的性能与地震大应变低周疲劳破坏机制的相关性进行系统深入的研究。一直是采取跟踪国外材料发展的方式，被动式模仿学习。以抗震吸能的低屈服点钢为例，如 LY100、LY160、LY225 等低屈服点钢是日本已经开发生产超过三十年的产品，我国目前在稳定化批量生产过程中依然存在性能不稳定和工业应用推广范围有限的局面。而日本新型疲劳应变加载圈数是现有低屈服点钢十倍以上并性能可恢复的抗震阻尼合金已经在工业生产和实际建设中得到应用，代表了抗震阻尼器用材料的发展趋势。

2.2.1.4 高强韧耐候桥梁钢板

高性能耐候桥梁钢在欧美以及日本已经得到广泛应用，我国在该领域的研究与应用开始于 2005 年前后。1990 年代，铁道部在九江长江大桥的建设中依托鞍钢开发并应用了 15MnVN 合金体系的 420MPa 级桥梁钢板。由于碳含量高，工艺控制不稳定，该类钢在焊接时遇到很多问题，合计设计及工艺路线等并不成功。此后，武钢通过采用 Nb 微合金化技术，在当时的工艺技术条件下发展了 14MnNb 合金体系钢，虽然强度只达到了 370MPa，但是由于采用 Nb 微合金化及控轧技术，材料的低温韧性大幅度提高，焊接性能得到了改善。14MnNb 合金成为我国长期以来重要的高强度桥梁钢。随着桥梁建设对高强度的需求，鞍钢、武钢等企业先后发展了 420MPa 级、500MPa 级等耐候桥梁钢。"十三五"重点研发计划项目开展了 690MPa 低屈强比耐候桥梁钢的示范应用。

从我国桥梁钢发展和未来方向分析，技术研发、工程化、产业化及应用等方面的发展趋势应主要体现在以下几个方面：

（1）高性能钢结构用钢的研发与生产：中国桥梁行业由于受设计水平、材料制造、配套部件、应用技术等因素限制，与美日等先进国家的差距还非常大。如美日桥梁钢板最高使用屈服强度已达 690MPa 级，并且广泛使用了耐候钢。其中，无涂装耐候钢使用已经占有相当高的比例。高强度桥梁钢板、耐候钢板、超高强度桥索、高强度螺栓等的大规模使用是实现我国钢结构桥梁行业快速升级与跨越式发展的重要标志，是我国钢结构桥梁行业处于世界领先水平的重要指标。高强化是国内外桥梁钢发展的一个必然方向。美日韩欧等国家和地区早在 2000 年左右就开发了 690MPa 级桥梁钢，有的已实现应用。但采用调质工艺生产 690MPa 级桥梁钢屈强比高（0.93 以上），无法为国内设计行业接受，并且焊接接头易脆化和软化，不适合埋弧焊接，使制造和建设困难。

（2）适应我国气候条件的耐候钢研发与应用：国外企业已开发和应用了一系列耐候建筑与桥梁钢板，我国正在大力推进耐候钢的应用。1989 年由武钢生产的 Q345 级别的耐候桥梁钢在巡司河上进行了裸露使用，但是耐候性能评价与应用数据不完善，使用效果不理想，甚至大大延缓了我国耐候钢的研究与应用。近年来，我国钢铁企业对耐候钢进行了较广泛的研究，开发出了 Q345～Q420 级别的耐候钢，但是这些产品由于没有形成体系、所针对的大气类型有限、对服役环境要求较高以及焊接性和强韧性难以兼顾的问题而没有得到广泛的应用。日本在耐候钢锈层稳定化控制技术方面研究较早。早在 20 世纪 50 年代，日本就利用表面涂层改性加速保护性锈层的形成。当时，住友金属工业公司为防止耐候钢的锈蚀以及锈蚀对环境的污染，在耐候钢表面涂带有磷化底漆和能使钢铁表面形成铬化膜成分的涂料。目前，国内还未开发出较成熟的广泛应用于耐候钢构件表面的锈层稳定化控制技术，耐候钢构件的保护主要以涂装或热浸镀锌、热浸镀铝及热浸镀锌铝合金为主。裸露耐候钢需要十年左右才能实现锈层稳定，期间存在锈液流淌、污染环境、锈层颜色不均（用户难以接受）等问题。日本等国家的锈层稳定化处理技术也需要一年左右实现锈层稳定，期间也经历过锈层颜色不均的尴尬问题。由于我国地域广阔，气候条件差异大，适应不同地理环境的耐候钢体系还未完全形成。

2.2.1.5　超高强度预应力钢绞线

近年来，预应力钢材产品向着超高强度、大直径及耐腐蚀方向发展。日本领先发展了 2230MPa 级以上超高强度低松弛的预应力混凝土用钢丝，并应用于东京秋叶原大桥。设计东京秋叶原大桥的时候，桥墩的数量是有限制的。因为这个限制，秋叶原大桥的最大桥跨达到 33.2m，最大的梁高 1.2m。为了满足这些要求，不能使用传统的预应力钢绞线。在这个建筑项目中，超高强预应力钢筋束在全世界范围内第一次被使用。使用 2230MPa 级预应力钢绞线，不仅可以解决大跨度结构设计难题，还可以节约钢材用量、降低结构重量。

2.2.1.6 大跨度超高强度钢筋品种

混凝土建筑结构方面，大跨度超高层混凝土建筑需要采用高性能混凝土和超高强度钢筋新材料。目前，我国已经开发出抗压强度达到 120~250MPa 级（C120~C250 级）的高性能混凝土品种，但还缺乏配套使用的钢筋，需要 690MPa（主筋）和 980MPa 级（箍筋）超高强度钢筋品种。

2.2.2 交通运输用钢

2.2.2.1 高速铁路用钢

2016 年 7 月，国务院批准了新调整的《中长期铁路网规划》，描绘了中国高速铁路发展的美好蓝图。根据《规划》目标，到 2020 年全国铁路运营里程达到 15 万公里，其中高速铁路 3 万公里；到 2025 年，中国高速铁路通车里程将达到 3.8 万公里，形成"八纵八横"的高铁网，比现在差不多要翻一倍。中国高铁"走出去"遍及亚洲、欧洲、美洲和非洲，跨界版图不断延伸——印尼雅加达至万隆高铁、俄罗斯莫斯科至喀山高铁、马来西亚吉隆坡至新加坡高铁等境外项目合作都已取得突破性进展。着眼于高铁"走出去"战略，研制时速 400~500km/h 以上高速铁路技术是未来发展方向。目前，国家重点研发计划"先进轨道交通重点专项"——时速 400km 及以上高速客运装备关键技术项目正式启动，该项目将以服务"一带一路"为目标。中国高铁的快速发展，对铁路用高性能钢铁材料不断提出新需求，总的趋势是性能上更强韧、更安全、更可靠，使用寿命上更长久，全生命周期更绿色，要求不仅要具有高强度和高韧性，还需要具有高的疲劳强度，条件疲劳极限的周次由 10^7 向 $10^8 \sim 10^{10}$ 发展。发展重点是时速 300km 以上高铁用钢的创新的冶金材料设计与控制理论，冶金洁净度及夹杂物高精度控制技术，热加工及热处理的尺寸形状及组织性能精准稳定控制技术、先进快捷的材料与结构疲劳、腐蚀失效数值模拟预测技术等。

2.2.2.2 汽车用钢

2017 年我国汽车产销量分别为 2902 万辆和 2888 万辆，成为世界第一汽车生产和消费国。据公安部交管局统计，截至 2017 年 3 月底，全国机动车保有量首次突破 3 亿辆，其中汽车达 2 亿辆，占机动车总量的 66.67%，49 个城市的汽车超过百万辆，19 个城市超过 200 万辆，其中北京、成都、重庆、上海、苏州、深圳 6 个城市的汽车超过 300 万辆。在未来十几年，中国将加快城镇化建设，预计到 2030 年，中国的城镇化率将达到 70% 左右，将新增 3 亿城镇居民，中国城镇人口将超过 10 亿，对汽车和交通将形成巨大的需求和压力。在汽车工业中，钢铁材料所占比重最大，约占 65%。从现代汽车的设计、制造、使用和市场要求来看，动力性能、安全、节能环保仍然是首要问题。为了减轻车重、降低油耗、减少排放和提高安全性，汽车轻量化、用材向高强度化发展成为必然趋势。因此，汽车及汽车材料的发展，必须与安全、环境、能源、资源及成本密切联系起来。

目前，汽车用钢材料的最高强度已经达到 1500~1800MPa，采用先进高强钢及超高强钢设计制造的汽车车体，是目前唯一可以使汽车达到五星级碰撞标准的材料。另一方面，随着汽车用高强、超高强钢的成功开发、生产和应用，常规的冲压、弯曲等成型工艺及设备已不能适应高强新材料的加工要求。对此，汽车用钢生产企业相继开发出一系列新的成型技术和解决方案并进行应用，其中包括：辊压成型，热成型，温成型，液压成型，激光拼焊成型，差厚度钢板（TRB）轧制及成型技术等。这些新的解决方案为高强、超高强钢板在汽车制造中的应用和轻量化，提供了关键的应用技术支撑。汽车零部件用钢产品技术质量发展方向是钢材高的强韧性、高洁净度、高均一性、细晶或超细晶粒、高表面质量、长疲劳寿命，以及耐腐蚀。

因此，汽车用钢材料的发展重点是进一步提高钢铁材料强韧性的同时，提高钢材性能稳定性、降低材料成本、为用户提供科学设计与选材、合理用材等一整套技术解决方案以及建立材料全生命周期的科学评价准则与方法。

2.2.3　船舶与海洋工程用钢

随着海洋资源开发日益走向深水，船舶及海工装备走向大型化、深水化、多功能化，对船舶及海洋平台钢的要求越来越高。船舶与海洋平台用钢一直是海工装备制造领域的支撑性技术，欧洲 Indu-steel、Dillingen 和日本新日铁、JFE 等企业一直处于本领域高端材料研发的前沿，不断开发出满足新型海工装备需求的材料和应用技术，例如：可用于 500 英尺以上作业水深的自升式钻井平台用 210mm 厚齿条板，半潜式平台结构用 690~890MPa 级超高强度钢，满足 200kJ/cm 以上大热输入焊接的热影响区韧化技术（HTUFF）等。目前，船舶与海洋平台用钢的主要发展趋势和重点如下：

（1）高强度和高韧性。在船舶用钢领域，早期大型船体结构多采用 235MPa 级以下的钢板，随着船体结构安全性要求的不断提高，船用钢板的强度在逐步提高，由 235MPa 逐步升级到 315MPa 以及 355MPa，钢的质量等级也从 A 级提高到 E 级甚至 F 级。到 20 世纪 90 年代，随着船舶的大型化、轻量化和高速化的要求，日本和欧洲率先开发出屈服强度为 390MPa 级的 TMCP 型高强船板（YP40K），主要用在船体受应力比较大的舷侧、舷缘顶板和强力甲板上。目前，在大型散装货船和集装箱船中，390MPa 级的高强度钢已占主导地位，而 TMCP 工艺生产的船体钢的强度级别已经达到 550MPa 级以上。一些低温油气储运用钢对低温冲击性能的要求更为苛刻，如储存 LNG 的 9Ni 钢要求考核 -196℃ 的低温冲击功达到 100J 以上，储运 LEG 的 5Ni 钢也要求考核 -120℃ 冲击功。

在海洋平台用钢领域，随着海洋资源开发的发展，355MPa 和 390MPa 级平台用高强钢已经不能满足需要，提高强度对于平台用钢的减重、降低成本和改善疲劳性能具有重要意义，半潜式钻井平台中的特殊结构部位几乎都要采用 420MPa 级以上的超高强钢，而海洋工程中自升式钻井平台的桩腿结构，如齿条板、半圆板和无缝支撑管等部位，均要求屈服强度 690MPa 以上的高强度低合金钢，同时对低温冲击韧性的要求也极为苛刻，即使在普通工况条件也要求考核 -40℃（E 级）的低温冲击性能，在寒冷或极寒条件下考核 -60℃（F 级）甚至 -80℃ 的低温冲击性能。

（2）优良焊接性。焊接在船舶与海洋平台是建造成本的 30%~40%，是其建造的关键施工工艺，也是其改造和维修的常用方法。焊接质量是评价船舶与海洋工程装备建造质量优劣的重要指标，合理的焊接方法能够提高装备制造效率，保证焊接产品的质量可靠性，提升装备制造整体水平。船舶与海洋平台作为大型、超大型焊接钢结构，焊接要求极为苛刻，特别是厚板和特厚板的焊接接头韧性及耐腐蚀开裂性等性能。在船舶用钢领域，国外广泛采用 100~500kJ/cm 大线能量焊接，如日本于 20 世纪 80 年代初期研制的 YP335 钢、90 年代中期研制的 YP390 钢和目前正在研制的 YP460 钢等。在海洋工程结构施工中国外广泛采用 100~200kJ/cm 的焊接线能量，平均比国内焊接线能量高 3~6 倍。

（3）船舶与海洋工程结构的耐腐蚀性。在船舶用钢领域，国际海事组织（IMO）先后通过了压载舱涂层防护标准（PSPC）以及货油舱用耐腐蚀钢性能标准（MSC87），这使得相关的研究工作变得更加紧迫。在压载舱环境下，船板钢经受高温、高湿以及氯离子的共同侵蚀，尤其在压载舱的潮差部位船板钢发生严重的局部腐蚀。JFE 钢铁公司开发出了可抑制船舶压载舱涂膜劣化的新型高耐腐蚀性压载舱用钢"JFE-SIP-BT"。由于找到可抑制涂装后涂膜劣化的元素，提高了基于腐蚀生成物的钢材保护性能，可将涂膜膨胀及剥离等涂膜的劣化速度减慢到原钢材的一半左右。新日铁等通过提高钢材的纯净度、添加 Ni、Cu、W、Mo 等耐蚀合金元素的方法研制开发的 D36 货油舱用耐腐蚀钢，将船体结构的使用寿命从 15 年提高到 25 年，该钢腐蚀速率约为传统钢的 1/4。

在海洋平台用钢领域，由于平台作业区域广泛，可能会遇到各种极端环境条件，面临服役安全的环境挑战，例如在极寒环境或热带海洋的高温高湿环境等。由于海洋工程用钢结构长期处于盐雾、潮气和海水等环境中，尤其是高温高湿环境下，受到海水及海生物的侵蚀作用而产生剧烈的电化学腐蚀，漆膜易发生剧烈皂化、老化，产生非常严重的结构腐蚀，不仅降低了结构材料的力学性能，缩短其使用寿命，而且又因远离海岸，不能像船舶那样定期进行维修和保养。所以，对其耐腐蚀性能的要求更高。未来研究的重点是利用不同元素、不同类型的组织对钢耐蚀性的影响，开发出经济、焊接性和低温韧性良好的耐海水腐蚀海洋工程用钢。

（4）高强度、厚规格海工用钢。在船舶用钢领域，虽然一般船体结构中对船体钢厚板规格最多要求到 40mm，但我国新船体钢标准 GB 712—2011 已将规格上限扩大到 150mm。厚规格船板和平台用钢重要的性能指标之一是抗层状撕裂性能。由于轧制变形量较小以及铸坯偏析的影响，厚板厚度方向性能一般显著低于纵、横向性能。GB 5313—2010 对有厚度方向性能要求的钢板进行了规定，其中最高级别的 Z35 钢要求断面收缩率≥35%。大型船体结构不仅对钢板提出了厚规格要求，也对船用型钢提出了厚规格要求。30 万吨级大型船舶舭龙骨部位要求使用 43 号大规格 D40 球扁钢，腹板厚度最大达 20mm，是目前研制型钢中强韧性要求最高、截面尺寸最大的型材。型材一般采用孔型轧制生产，由于道次变形量低、终轧温度高、轧后无法实现快冷等特点，因此大规格高强型钢较钢板技术难度更大。

在海洋平台用钢领域，GB 5313—2010 对有厚度方向性能要求的钢板进行了规定，其中最高级别的 Z35 钢要求断面收缩率≥35%。大型海洋工程结构通常使用厚度大于 50mm 的厚钢板，同时还使用大规格的型钢。如自升式海洋平台结构用钢板最大厚度达到 180~210mm，同时还要求使用 43 号大规格 D40 球扁钢以及壁厚超过 50mm 的厚壁 H 型钢，上述型材也是目前研制型钢中强韧性要求最高、截面尺寸最大的型材。

（5）抗裂纹止裂厚钢板。近年来，针对大型海洋工程结构、船舶等结构设施发生了一系列构件断裂性灾难事故，国际工程领域提出了生产和应用止裂性能良好的钢板的要求，且正在形成相关的国际标准规范。采用 TMCP 工艺可生产出表层具有超细晶粒组织的钢板，厚度方向性能均匀，具有良好的阻止脆性裂纹扩展的能力。这种船板已成功地用于液化石油气（LPG）船和散装货船剪切应力最大的部位。随造船工业的发展，船舶对止裂钢板的需求将越来越多。

（6）船板钢表面质量与厚度精度控制。船舶与海洋平台用钢的产品质量高精度控制包括表面质量控制以及尺寸公差的控制，高的表面质量与厚度精度控制是减轻海洋平台重量、提高平台建造水平的重要技术指标。随着船舶海洋平台结构的大型化发展趋势，对船舶和平台结构的重量控制要求日益精准。传统低的表面质量以及较低的尺寸公差控制水平都会带来平台结构增重、重心提高、降低使用性能等问题。

（7）结构功能一体化的减震降噪材料。在海洋装备领域，结构功能一体化材料是未来的重要发展方向之一，其不仅能够作为结构，而且应具有一定的应用功能性，如良好导电性、阻尼性、电磁屏蔽性等。在减震降噪研究方面，由于金属阻尼合金具有较高的内禀阻尼特性，采用具有高减振性能的金属材料制作噪声源的部件或结构件，能够将噪声、震动的机械能转化为热能，从而达到减振消声的目的。阻尼钢作为一种新型的铁基阻尼材料，要求具有较高的阻尼性能以满足船舶的减振降噪需求，同时具备作为结构材料应用所必需的优良力学性能，成为近期材料研究领域的研究热点之一。

（8）专用船舶与海洋平台用钢标准规范及应用规范。国外已经形成了完善的船舶海洋平台用钢标准，对平台钢的设计和制造都有相应的规范。同时，国外钢铁企业不仅严格遵循通用标准生产船舶与海洋平台用钢，还形成了性能要求更加严格、应用环境更加特殊的企业标准，促进了船舶与海洋平台用钢研发与应用的体系化发展。

2.2.4　油气钻采集输用钢

（1）钻井隔水管。目前，我国钻井隔水管系统完全依靠国外进口，这严重制约了我国海洋油气行业的发展。国内厂家从 2007 年开始逐步介入隔水管系统的研发，其中宝鸡石油机械有限责任公司已攻克了隔水管接头材料开发、隔水管接头设计、隔水管焊接、隔水管系统配套件设计、制造和试验等难题，完成了快接式、法兰式和锁块式隔水管单根、集成式安装试压工具、门式卡盘、万向节、整体式全液压张紧环和灌注阀等隔水管系统关键装备的研制和厂内试验，但距工业应用还有一定差距。

（2）钢悬链线立管。由于钢悬链线立管所处的极其复杂的服役条件，如海风、波浪、水流速、海底黏土、高温高压、浪涌、涡激振动、冰载荷、内载荷等，因此对于服役材料的性能要求极为苛刻：高的疲劳强度、大的塑性变形能力、优异的断裂韧性等。据报道，目前国外的钢悬链立管材料以低合金钢和碳钢为主，钢级主要为 X60 和 X65 水平。但随着水深的增加，为降低立管本身自重，降低壁厚，钢级和材料有待进一步提升。

（3）Reel-Lay 挠性管线管。目前，与 R-Lay 铺管配套的 Spoolbase 主要布置在墨西哥湾、北海、巴西等深水油气田附近的大陆，故 R-Lay 铺管是深水油气田开发铺管发展趋势之一。目前，我国已经具备了应用 R-Lay 铺管的两个必要条件之一，即专业的铺管船舶。中国海洋石油总公司已经拥有 5 条专业铺管船，分别是"海洋石油 201""海洋石油 202""蓝疆""滨海 106"和"滨海 109"。其中，"海洋石油 201"是我国首条深水铺管起重船，至今已完成多项深水铺管工作，"海洋石油 286"船是中国首艘作业能力达到 3000m

水深的世界顶级的海洋工程船舶,除了能够完成深水大型结构物吊装、饱和潜水作业支持和深水设施检验维护外,还可以完成脐带缆和柔性管道的铺设,其主甲板下配备直径为20.4m的转盘,可以一次性安装2500t的双金属复合管。因此,我国已经具备了专业的铺管船舶、专业的铺管作业团队以及丰富的海底管道铺设经验。而另一个必要条件就是基于深海油气采输卷管式铺设(Reel-Lay)用钢管的设计、制备及应用技术的研发。

(4)油气开采压裂泵用钢。随着油田的开发和发展,煤层气和天然气井的压裂作业,对压裂施工的排量和压力提出更高的要求,油田专用压裂车产品将根据下游市场的需求不断发展,需要高质量,长寿命的压裂泵用钢材料。近年来,我国常规、非常规石油天然气能源开采专用设备需求呈快速增长,带动国内油田专用压裂车产业技术与市场发展,我国适用于非常规油气田资源开采特定工况条件压裂车制造商数量少约不足10家,该产业投资规模较小,产品市场仍处于技术推广阶段。目前,世界油田专用压裂车制造厂商集中分布在美国、日本、德国、法国、加拿大等国家。至今,美国继续保持全球油田专用压裂车的霸主地位。

世界能源危机加剧、常规或非常规油气资源(如页岩气、页岩油、煤层气田等)以及复杂油气藏、低渗透油田开发市场的逐渐开拓、市场需求快速增长,带动我国非常规油气田开采专用压裂车制造业投资规模扩大。压裂车设备产品向大功率、大排量和高压力、多功能与施工流程集成化机组方向发展,对压裂泵材料的性能越来越严格,朝着高耐蚀、耐磨、长疲劳寿命发展。

(5)高强度耐低温石油吊环用钢。近年来,随着石油开采环境的逐渐恶劣,石油开采向低温环境的深入,使得石油钻采材料的低温脆断问题逐渐凸现,对石油钻采装备材料提出了非常高的要求,尤其是钻机装备中受力的关键部件如吊环、吊卡、泥浆泵中间拉杆、吊钳轴等,需要具备更佳的低温服役性能。而材料的强韧性不足会导致装备失效,造成严重损失,石油装备材料的低温韧性已成为低温环境石油开采的瓶颈之一。另外,现有的石油单臂吊环的两端均带环形孔,用以连接采油作业中的提升设备,随着石油开采设备的不断升级,要求传统吊环越来越长,已从最初的3m、5m发展到现在的10m、13m等,使得传统吊环的制作难度增加,单根吊环长度过长,会对锻造、机加工、热处理等各个环节的技术和加工设备要求提高,同时不易加工,精度难保证。目前,国内外石油吊环市场竞争日益激烈,适用于低温环境下的石油钻机成为市场的主导份额。我国低温钻机领域的技术水准与国外还有较大的差距,因此,要提高市场竞争力,研发高强度、耐低温性能的石油吊环用钢材料是关键,钢铁研究总院在这一方面结合企业需求开展了相关研究工作。预计未来几年,整个市场产值在百亿元以上。

(6)油气开采高耐蚀油井管。随着油田环境的苛刻,朝着向深井以及采用CO_2驱、注水驱等技术,例如在渤海油田注水井普遍采用碳钢管材,随注水量的增加,注水井及注水系统普遍存在腐蚀、穿孔等问题,严重影响作业时效。在线检测发现注入水中含一定的溶解氧、CO_2等腐蚀介质成分,现有的水处理工艺尚不能达到完全脱掉这些腐蚀气体,通过改善管材防腐是解决方式之一。而挪威和Vallource注水井选材标准成本过高,按国际标准选材需要13Cr以上级别,但高级别材质的使用会增加投资,降低开发效益。这类实际服役环境往往具有腐蚀介质复杂(高温高压、酸液、盐水、H_2S/CO_2腐蚀性气体)、载荷多变(恒定/交变、拉伸/弯曲/扭转)等特点,特别是随着近年来我国高温高压、高含硫、非常规油气资源的深入开发以及二次增产工艺（CO_2驱、空气驱、火驱、多元驱等）的应用，现有金属材料在苛刻服役环境方面已存在明显不适用的情况。因此，研发满足力学性能的基础上提高耐 CO_2 环境、低含硫环境及含氧环境的耐蚀能力的高性能耐蚀油井管成为新的发展趋势。

2.3　存在的问题

2.3.1　建筑用钢

我国钢铁工业缺乏针对复杂环境、复合载荷、综合性能要求条件下高性能结构钢的设计、制造和服役行为中的关键科学问题研究和共性技术研发，导致了我国钢材性能差、质量不稳定、使用寿命短等一系列问题，不能满足绿色建筑、绿色桥梁对高性能钢铁材料的迫切需求，严重制约了国家重大工程项目的需求和相关产业的发展。面临的主要问题为：

（1）创新体系亟待建设和完善。目前，高性能钢结构用钢主要以国外牌号和标准进行研发与生产，缺乏适用于我国特有环境和服役条件的自主材料体系，在装备技术方面，尚处于消化、吸收阶段。自主创新的材料、工艺研发及设备制造体系亟待形成和完善。长期以来，我国存在科研与经济建设严重脱节的问题，高校、院所与企业没有真正实现产学研协同合作。高校是基础研究的重要力量，如何利用高校的源头创新作用，形成政产学研用协同创新体系，加速企业自主创新的效率，降低研发成本和风险，是需要进一步策划和解决的问题。

（2）材料性能稳定性差。高强度、厚规格、低温环境应用的产品存在质量稳定性差的问题，一些关键的质量指标，如化学成分控制精度，钢材的洁净度、纯净度和组织均匀性，力学性能的稳定性等均与先进国家有较大差距，使得我国钢铁产品在国际竞争中处于劣势。精细化、均质化技术方面，国外先进国家钢铁材料的同批次或同板性能差可以控制在 100MPa 以内，而我国普遍在 150MPa 以上。

（3）应用数据需健全。建立完整的自主评价体系和技术标准，是钢材制造企业、设计单位、工程应用企业协同创新的基础。我国缺乏针对复杂环境、复合载荷、长寿命等综合性能的服役行为评价，钢材的性能评价数据和技术标准尚待完善。新材料研发与应用跟服役性能评价不同步，限制了新材料的应用与推广。同时，新材料过分依赖市场的牵引，没能有效地适应市场，存在等需求、靠政策的现状。

（4）设计规范与标准滞后。现行体制和利益冲突限制了跨行业、跨企业间的沟通与合作，也阻碍了钢铁企业与用户企业的协同创新，导致了新产品规范与标准滞后，有些新产品的开发存在跟风现象。在开发过程中并没有实际了解我国产业以及下游行业发展的规划以及需求现状，造成目标导向不明确，需求牵引不具体，下游用户不知情等问题。主要原因是冶金企业只顾产品研发，忽略产品评价以及应用性能研究，没有足够的应用与设计数据，协会以及联盟还没有充分发挥作用。

（5）绿色化意识缺乏。绿色意识渗透在各个环节、各个领域，绿色意识淡薄的主要原因是利益驱使的行为准则，单独考虑短期行为，没能从大局考虑。

2.3.2　交通运输用钢

从铁路及汽车交通运输用钢材料发展现状来看，存在的问题主要有以下几个方面：

（1）高铁车轮用钢、车轴以及轴承目前完全依赖进口，急需推动国产化应用工作。

（2）在交通运输用钢材料设计等基础研究方面，目前主要还是沿用传统的材料设计计算理论+经验，缺乏从材料服役条件与环境下所需要的性能进行基础的、系统的材料合金成分设计—组织结构设计—制备加工工艺设计—材料服役状态科学评价、寿命预测-材料回收循环再利用等一整套科学系统的理论、模型与方法，致使新材料研究周期过长，成本过高。

（3）交通运输用钢材料数据库、模型库比较零散，尚缺乏完整性、可靠性。目前，还没有建立起一整套完整可靠的已有交通用钢材料从基本物性到系列温度下的热物性、热塑性、力学性能、加工性能、服役性能（如疲劳蠕变性能、耐腐蚀性能、耐低温或高温性能、耐磨性等）数据库，如果建立起相对完整的交通用钢材料数据库、模型库，以此为基础，将会大大加快交通运输用钢新材料的研发速度。

（4）新型交通运输用钢材料研发需要在已有的较理想的材料成分结构、洁净度及均匀连续介质条件下的材料设计研发理论基础上，向同时考虑材料从原子尺度与结构（原子、空位及位错）—纳米尺度（纳米析出物、夹杂物)—微米尺度（微米尺寸晶粒、夹杂物、晶界、微裂纹、微缺陷）到宏观尺度（宏观缺陷、尺寸形状、裂纹、偏析等）的实际结构、连续非稳态的制备加工工艺过程、实际服役环境条件下的材料变化的全过程、系统的材料研发理念与方法发展。由此可见，研发过程中面临的理论与实际难度是十分巨大的。

（5）虽然我国交通运输用钢材料研发水平、产业化、市场占有率、推广应用方面已取得巨大成效，一些成果已达到国际先进或国际领先水平，但还存在部分钢种的产业集中度不高、材料性能不稳定、个别高品质特殊钢尚依赖国外进口的状况。

2.3.3　船舶与海洋工程用钢

在各类高端海洋装备的设计制造中，高技术船舶和海洋工程装备关键钢材的开发和应用都是核心技术，甚至是"瓶颈"技术。目前从用量上看，我国90%的海洋平台用钢可以自给，但从品种规格上看，占牌号数量70%的高端海洋平台用钢，要么尚属空白，要么严重依赖进口。这其中最典型的包括420~690MPa海洋工程用超高强度钢、殷瓦钢、厚度150mm以上的齿条钢特厚板等关键材料。我国和世界上先进的船舶制造及海洋工程装备设计制造技术相比，还存在很大差距。我国在船舶与海洋平台用钢的研究、生产和应用等方面存在的主要问题有：

（1）关键船舶与海洋平台用钢及配套焊接材料缺失，无法满足海洋工程装备建造需求。从整体上看，虽然我国船舶与海洋工程材料对海洋运输、海洋资源利用及沿岸及离岸工程建设等方面起到了支撑作用，但是在关键及核心材料上远没有实现自主保障，特别是涉及高技术船舶、海洋平台、油气管线以及离岸建筑方面使用的高性能大规格结构钢、高品质钛合金、复合材料级防护涂料、配套焊接材料等严重依赖进口，相当一部分国产材料质量不稳定。以上关键材料的缺失导致海工装备发展受制于人，削弱了我国开发海洋、保护海洋的能力，致使我国海洋权益管控能力不足，国家利益得不到充分的保障。海洋工程装备"欧美设计、亚洲制造、中国承接低端技术产品"的局面难以打破，严重阻碍我国建设海洋强国的步伐。

（2）立项和研发过程用户参与度低，材料科研与装备需求脱节。影响国产船舶与海洋工程用钢应用的另一重要原因是上、下游行业的衔接不好。国内研发创新缺乏用户需求引导，往往只能跟进国外先进技术进行研仿、导致制造业高端材料研发与应用陷入"研仿—落后—再研仿—再落后"的死循环，总是落后需求一步，落后国外一代。在新材料研制立项过程中更多的是材料研制单位从自身研制角度出发，提出的技术指标没有和最终的用户单位进行深入沟通，部分研制指标离工程化应用还存在一定距离。

（3）基础研究和应用研究不足，新材料及先进材料需求低迷。我国船舶与海洋工程用钢长期实行跟踪仿制的发展模式，这一方面缩短了与世界先进水平的差距，但同时也导致基础研究不足，创新能力不足，减缓了创新发展步伐。此外，我国对材料的应用技术研究缺少宏观的指导和有效的管理机制，主要表现为应用研究经费投入不足，实验室成果不能有效转化为产品。同时，设计、生产、研究、应用部门缺少工程装备中采用新材料的共同意愿与目标，工程化研究与考核验证方面的问题突出，导致新材料的成熟度低，设计、加工、制造标准缺失，对国产先进材料应用需求不足。

（4）船舶与海洋工程用钢标准规范滞后，影响装备设计和性能。影响我国船舶与海洋平台用钢应用的一个重要原因是标准规范滞后，不能随装备和技术的发展而更新。以海洋工程用钢的厚度尺寸公差为例，我国海工装备建造过程中的实际重量普遍高于日本、韩国，这是我国海工制造企业长期存在的弱势。主要原因之一是日、韩海工制造企业多采用负公差交货，而我国海工制造企业普遍使用正公差船板，大大增加了钢材用量，导致同一型装备，我国建造的比日、韩的要重，运营成本增加。

（5）尚未建立完整的海洋工程装备材料体系。我国至今没有严格意义上的船舶与海洋工程用钢体系，缺乏完整、严谨的海洋环境以及材料腐蚀、服役性能数据库，对新材料需求不足，限制了国产先进材料在设计中的选用。缺少船舶与海洋工程用钢的腐蚀和服役研究的专业机构，缺少以海洋工程应用为背景的材料基础研究单位，导致船舶与海洋工程用钢的发展无标准可依、无规律可循。

2.3.4　油气钻采集输用钢

（1）钻井隔水管。深海油气田开采环境十分恶劣，开采难度大、风险高，海水腐蚀、浪涌、洋流环境、海洋涡激振动和深水压力等对深海钻井装备提出了严格的要求。目前，我国钻井隔水管系统完全依靠国外进口，国外典型的深海钻井隔水管有：Cameron 公司的 LoadKing 隔水管系统，法兰式连接，隔水管连接强度大，适用于深海钻井；Aker Kvaerner 公司设计的 CLIP 卡箍连接式钻井隔水管，接头上、下两层拨盘式的法兰等分凸凹扣压入后旋转定位安装，可快速装卸，设计满足 API 16R 的要求；GE-Vetco Gray 公司设计和开发的 MR-6H SE 钻井隔水管曾获得 2007 年美国 OTC 奖，卡扣式的固定连接方式，能实现快速和便捷的连接，结构简单且质量轻，能适用于深海环境下的钻井作业。国内厂家从 2007 年开始逐步介入隔水管系统的研发，其中宝鸡石油机械有限责任公司已攻克了隔水管接头材料开发、隔水管接头设计、隔水管焊接、隔水管系统配套件设计、制造和试验等难题，但距工业应用还有一定差距。

（2）钢悬链线立管。国外在钢悬链线立管的应用研究方面已经积累了二十几年的经验和成果，其中很多成果至今仍没有公开发表，相关技术垄断在几大公司手中。目前，国外生产的钢悬链线立管在酸性环境下使用钢级可以达到 X70，在非酸性环境下可使用的钢级达到 X100，高的钢级降低了管道壁厚从而可以减轻柱体的重量。此外，由于平台移动、涡激振动和海流等的原因，钢悬链线立管极易受到疲劳破坏，需要较高的疲劳强度。相比之下，我国的研究开发起步较晚，钢悬链线立管技术基本处于空白。

（3）Reel-Lay 挠性管线管。海上油气田开发进入深水后，海上施工必须更注重提高焊接速度和焊接质量，减少施工周期，以降低施工成本。海底管道铺设方法中，国际上主流的铺设方法包括 S-Lay、J-Lay 和 R-Lay 等 3 种。R-Lay 与 S-Lay、J-Lay 相比，具有在陆上完成管道接长、适合深水管道铺设、铺设速度快和受环境条件影响小等优点，成为（尤其是深水）海底硬质管线铺设发展的主要方式之一。在我国现有海洋石油开发硬质管线铺设中，仍为 S-Lay 铺管，尚未采用 R-Lay 铺管。随着国家向深海进军战略部署的深入实施，以及石油寒冬带来的降低投资成本的迫切需求，应用 R-Lay 铺设钢管将会带来巨大的经济效益，因此，急需研发基于深海油气采输卷管式铺设（R-Lay）用钢管，摆脱国外技术垄断，不受制于国外施工船舶的高昂费用。目前，存在的主要问题有：1）硬质管线在卷管及矫直铺管卷曲应力较大等限制了 R-Lay 管径不能太大，目前 R-Lay 管径不超过 18″（1″=2.54cm），而深水油气田开发中，有些硬质管线管径超过 30″。在增加管径的同时要保证力学性能要求。2）挠性管线管铺设过程中的弯曲力学特性一直是亟待解决的问题。管道在铺设过程中至少经历了两次塑性变形，管道不可避免的产生残余应力，过大的残余应力会降低管道的抗疲劳性能和耐蚀性能。

（4）油气开采压裂泵用钢。从我国油田专用压裂车（适于非常规油气田工况环境）品牌市场结构看，我国国内油田专用压裂车（特别针对页岩气、页岩油、煤层气开采研制的压裂车设备）制造产业起步较晚，品牌产品单一、技术含量低，导致国产品牌该特定技术领域市场份额较低。我国压裂车行业市场中，外资品牌跨国公司进口压裂车或机组等约占 68%，国产主导品牌压裂车或机组销售额仅占 32% 左右。随着开采环境的苛刻，对压裂车的性能也提出了更高要求。对于这类压裂泵，我国多采用 Cr-Ni-Mo 系合金结构钢材料（如 40CrNiMoA）来制造。而传统的 Cr-Ni-Mo 系合金结构钢组织为回火索氏体，该组织状态下材料的强韧性难以满足在超高压、循环应力、强冲蚀等苛刻服役条件要求，材料往往易发生孔蚀、甚至开裂失效，造成设备服役寿命短，经济效益损失。同时，这类材料因含有较多的合金元素 Ni、Mo 等，成本价格也相对较高。总体来说，该类材料存在综合性能和经济性不足的问题，我国油田专用压裂车生产企业，由于缺少规模化技术改造，生产工艺水平低，关键材料上性能不足，导致产品技术功能升级，制约了油田专用压裂车制造业发展。随着服役环境的日趋复杂和苛刻，研发低成本、高强韧抗疲劳的合金结构钢成为这类材料未来重要的发展方向之一。

（5）高强度耐低温石油吊环用钢。20SiMn2MoV 钢由于具有良好的淬透性和锻造性能，作为传统石油吊环用钢，使用历史已有几十年，能够满足常规工况使用。然而，随着石油开采装备的不断升级以及朝着低温工况发展，石油装备在低温环境中使用时，材料的低温脆性往往会导致装备失效，并会造成严重的经济损失。因此，采用常规的热处理工艺得到的石油钻采装备材料已不能满足低温环境的使用要求。解决石油开采装备中遇到的瓶颈问题，研发出高强度、耐低温性能的石油吊环用钢已迫在眉睫。

（6）油气开采高耐蚀油井管。近年来，随着石油开采朝着深井超深井环境发展，所需的油井管的服役条件相较以前更为恶劣，随之对钢的质量要求更为苛刻。目前，国内的油井管生产企业所生产的油套管产品全面覆盖了 API 5CT—2011《套管和油管规范》，在此基础之上，还开发了一系列的其他油井管。国外的油井管最主要的生产企业是欧洲的 Grant 以及 V&M 公司、日本的 JEE 和住友金属公司，这些企业生产的油井管的钢级最高达到 1.14MPa，主要应用于深井以及超深井的使用，或者在寒冷的地区应用在石油和天然气的开采上，拥有高强度的性能，还能够保持很高的冲击韧性。有些油井管甚至还具有一定的抗硫化氢的腐蚀能力以及二氧化碳腐蚀能力。国内在含高 H_2S、高酸度、高 CO_2、高 Cl^-、高温等环境下使用油井管的研发具有重要意义。

2.4 "十四五"发展思路

2.4.1 发展目标

（1）建筑用钢领域：推动钢结构建筑大发展、大力倡导绿色化钢结构，在提高强韧性、丰富产品规格的同时，发展结构功能一体化的复合型钢种，包括强度、耐腐蚀性、耐火性、抗震性复合，高强度与低密度复合，高强度钢与不锈钢复合，实现减量化、低成本，通过新材料设计规范、产品标注的完善以及服役性能的数据完善加快实现示范及批量应用。为了实现上述目标，应从数据积累和数据分析出发，提出绿色化的具体指标，为标准和规范的制定提供完整数据。重点方向包括：1）高强度、耐腐蚀、耐火钢结构建筑用钢系列；2）南海岛礁基础设施用耐蚀钢；3）抗震阻尼器用特种合金；4）超高强度预应力钢绞线钢；5）高性能混凝土配套用超高强螺纹钢筋。

（2）交通运输用钢领域：围绕我国高铁发展的重大需求，突破我国时速 350km 和 400km 以上高铁车轮、车轴用钢高强韧、抗疲劳及超长寿命等设计及制备技术，解决目前高速车轮在服役中容易多边形化、踏面剥离严重、出现脆性异常组织等技术难题，建立高铁车轮、车轴用钢设计、制造及应用技术共性平台、标准与规范体系，实现国产化应用，引领全球高铁技术发展。

（3）船舶与海洋工程用钢：突破一批国家建设急需、引领未来发展方向的关键材料和技术，形成一批核心技术、重要工艺、关键装备和标准体系，提升船舶及海洋工程用关键材料的技术成熟度及质量稳定性，弥补配套焊接材料及应用技术缺失，开展关键材料示范应用工程。重点方向包括：1）在新品种开发领域，针对腐蚀、疲劳和断裂等服役安全行为开展研究工作，提升现有船舶及海洋工程装备的服役安全性；2）在质量提升领域，重点突破船舶及海洋工程用钢的表面质量和尺寸公差控制技术，提高国产钢板的表面质量，显著收窄现有材料公差带；3）在配套焊接材料及高效焊接技术研发领域，弥补配套焊接材料缺失，提升船舶及海洋工程用钢的焊接效率，降低建造成本；4）在重点品种示范应用方面，重点开展 LNG 船用殷瓦钢、大线能量焊接用特厚海工钢、超高强度海工钢等关键品种的示范应用。

（4）油气钻采集输用钢：针对油气开采特别是深海油气开发过程中存在的关键材料问题，重点方向包括：1）钻井隔水管。针对深海油气钻采装备的需求，完成 X65～X80 钢级深海隔水管的材料研发和生产技术研究，产品的关键服役性能达到或超过同类型进口产品，并在 1500m 以上深海工程中实现示范应用。2）钢悬链线立管。针对深海油气开采装备的需求，完成 X70～X80 钢级钢悬链立管的材料研发和生产技术研究，产品的关键服役性能达到或超过同类型进口产品，并在 1500m 以上深海工程中实现示范应用。3）Reel-Lay 挠性管线管。围绕深海油气采输用卷管式铺设（Reel-Lay）对钢管强塑性和疲劳性能的特殊需求，以大幅提升海上作业效率为目标，揭示小 D/t 钢管在卷管和铺设过程中的塑性变形机制和疲劳损伤机理，突破 Reel-Lay 铺设复杂工况条件下管材的设计和制备技术，开发出 Reel-Lay 铺设专用的碳钢管和双金属复合管，实现国产化，为我国深海能源战略的顺利实施提供强有力的材料保障。4）油气开采压裂泵用钢。针对苛刻服役工况下压裂车装备的需求，实现国产压裂泵材料性能达到或优于进口材料水平，满足供给率 80% 以上，国产压裂车装备市场占有率 50% 以上，带动相关产业达上百亿元。5）高强度耐低温石油吊环用钢。针对石油开采装备升级及朝着低温环境作业等需求，开发出具有高强度、耐低温性能的高性能石油吊环用钢，实现现有产品质量的升级。6）油气开采高耐蚀油井管。针对油气开采环境趋于苛刻等需求，开发出满足在高 CO_2、低含硫环境及含氧环境下使用的高性能耐蚀油井管材料。

2.4.2　重点任务

（1）重点发展的材料品种。"十四五"期间重点发展的材料品种，见表 2-1。

表 2-1　"十四五"期间重点发展的材料品种

重点材料品种	关键技术指标	产业发展目标
抗疲劳裂纹扩展用船体结构用钢	较传统船体结构的裂纹扩展速率降低 50% 以上，VLCC 侧加强筋的疲劳寿命提高 80% 以上	突破材料关键制备技术，建立构件级疲劳性能评价方法，完成工业试制，开展综合性能及应用性能评价工作，进行实船示范应用工作
纵向变截面船体结构用钢	强度级别分别为 AH-EH32、AH-EH36，厚度规格范围 10~80mm，最大宽度 5000mm，最大厚差 55mm	突破材料关键轧制工艺技术，完成工业试制、综合性能及应用性能评价工作，开展实船示范工作
极地低温船体结构钢	屈服强度大于 315MPa，韧脆转变温度低于 -60℃，具备良好的焊接性	突破材料关键成分设计及轧制工艺技术，开展工业试制及综合性能评价，建立极地环境下实验评价体系，开展极地环境下材料的低温疲劳行为、低温断裂、腐蚀行为研究，开展实船示范工作
液化石油气船用低温钢	设计使用温度为 -60℃，最大强度级别为 355MPa，最大厚度规格为 40mm；25mm 以下的钢板，要求 -60℃ 纵向冲击功不低于 41J，横向冲击功不低于 27J	突破材料关键成分设计及轧制工艺技术，开展工业试制及综合性能评价，开展实船示范工作
船舶管路耐流动海水腐蚀钢管	15 年内的腐蚀量小于 7mm	突破材料关键成分设计及轧制工艺技术，开展工业试制及综合性能评价，建立流动海水腐蚀评价方法，研究流动海水条件下管路腐蚀行为，开展实船示范工作

重点材料品种	关键技术指标	产业发展目标
大线能量焊接用船体结构钢及配套焊接材料	焊接线能量不低于 100kJ/cm，焊接接头力学性能与母材相匹配	突破材料关键成分设计及轧制工艺技术，开发配套焊接材料，开展工业试制及综合性能评价，开展实船示范工作
压载舱用耐蚀钢	找到可抑制涂装后涂膜劣化的元素，提高基于腐蚀生成物的钢材保护性能，将涂膜膨胀及剥离等涂膜的劣化速度减慢到原钢材的一半左右	突破材料腐蚀防护成分设计技术，建立压载舱用耐蚀钢腐蚀评价方法，形成相关标准规范，开发配套焊接材料及应用技术，开展实船示范工作
大规格 H 型钢和球扁钢	球扁钢：非调质，DH36 和 EH36，规格 34 号以上；H 型钢：屈服强度≥355MPa，腹板高度大于 500mm、翼缘厚度 50mm 以上	突破材料关键成分设计及轧制工艺技术，开展工业试制及综合性能评价，开展实船示范工作
免预热或低焊接预热高强韧特厚海工钢	母材力学性能满足 GB 712 的要求，实现 0℃焊接不预热或者低预热焊接，焊接接头 -40℃冲击功≥50J，焊接接头 CTOD（-10℃）≥0.15mm	突破材料关键成分设计及轧制工艺技术，开展工业试制及综合性能评价，开展实船示范工作
大线能量焊接用特厚海工钢及配套焊接材料	厚度规格 50~100mm；正火态供货状态；焊接热输入：100~200kJ/cm；屈服强度≥355MPa，抗拉强度 490~630MPa，断后伸长率≥21%，焊接接头及母材 -40℃冲击功≥50J，-10℃的 CTOD≥0.15	突破材料关键成分设计及轧制工艺技术，开发配套焊接材料及焊接工艺技术，开展工业试制及综合性能评价，开展实船示范工作
船体结构用低密度钢	力学性能满足 GB 712 的技术要求，比常规钢的密度降低不低于 10%，具备良好的焊接性和综合力学性能特性	突破材料成分设计、冶炼、连铸及轧制系列关键技术，开发配套焊接材料及焊接工艺技术，开展工业试制及综合性能评价，开展实船示范工作
减震降噪用阻尼钢	厚度规格 5~100mm，屈服强度≥235MPa，伸长率≥20%，断后收缩率≥15%，0℃冲击功≥40J；材料本征阻尼值≥0.013，50~100Hz 应用环境下阻尼值≥0.03；与普通钢相比降低空气噪声 5~20dB，降低结构噪声 1~2dB	突破材料关键成分设计及轧制工艺技术，建立阻尼特性评价测试方法，开展工业试制，完成综合性能和应用性能评价，开展实船示范工作
钻井隔水管	满足 1500m 以上深海工程中实现示范应用	试制部分钢级的深海钻井隔水管，产品的关键服役性能达到或超过同类型进口产品
钢悬链线立管	满足于国外同类产品高的疲劳强度、大的塑性变形能力、优异的断裂韧性	开发出钢悬链线立管用钢系列产品，实现 X65~X80 级钢悬链线立管用钢系列化生产
Reel-Lay 挠性管线管	满足 1500m 以上水深 Reel-Lay 铺设对管材的性能需求	开发出 Reel-Lay 铺设专用的 X65 和 X70 级碳钢管和双金属复合管材
油气开采压裂泵用钢	压裂泵使用寿命比现有产品的提高 50% 以上	实现压裂泵材料完全国产化，市场占有率 50% 以上

重点材料品种	关键技术指标	产业发展目标
高强度耐低温石油吊环用钢	抗拉强度≥1375MPa，屈服强度≥1050MPa，伸长率≥10%，面缩率≥40%，-20℃冲击功 KV8≥42J	实现高性能石油吊环的高强度、耐低温性能，带动百亿元以上产值
油气开采高耐蚀油井管	力学性能达到 API 标准 L80 钢级，耐蚀性能适用于 90℃、1.5MPa 分压 CO_2 环境、低于 0.01MPa 分压 H_2S 环境	满足在高 CO_2、低含硫环境及含氧环境下使用的高性能耐蚀油井管材料
时速 400km 以上高铁车轴用钢	抗拉强度≥750MPa，-60℃横纵向 KU2-2mm 缺口冲击功≥40J，光滑试样和缺口试样 $2×10^8$ 周次旋转弯曲疲劳强度极限分别≥350MPa 和 215MPa	建立时速 400km 以上高铁车轴用钢设计、制造及应用技术共性平台、标准与规范体系，研制出高安全性和高可靠性车轴并实现应用，国产化率 100%，引领全球高铁技术发展
高速列车用抗多边形化抗剥离车轮钢	抗拉强度≥950MPa，断裂韧性≥70MPa·$m^{1/2}$，10^7～10^8 拉压疲劳极限不下降，高速车轮多边形化和踏面剥离程度较抗拉强度 900MPa 级高速车轮减轻 20% 以上	时速 350km 高速车轮实现国产化率 100%，时速 400km 高速车轮实现示范性应用
高强高性能混凝土配套用超高强螺纹钢筋	（1）梁柱主筋用超高强度钢筋：屈服强度≥690MPa，断裂伸长率≥10%，屈强比≤0.85（柱用）≤0.81（梁用），保证 2d（柱用）/4d（梁用）的 90°弯曲性能；（2）抗剪承载力箍筋：屈服强度≥980MPa，断裂伸长率≥8%，屈强比<0.95，保证 1.5d 的 90°弯曲性能	完成产品 690MPa 和 980MPa 级别超高强度钢筋的产品研发和产业化生产，建立相应标准和应用技术标准指南
超高强度预应力钢绞线	1500MPa 级超高强度高塑性低松弛热轧盘条，面缩率达 20% 以上；2230MPa 级超高强度钢绞线，伸长率达 6.5% 以上	开发出 1500MPa 级超高强度高塑性低松弛热轧盘条、2230MPa 级超高强度钢绞线的成套加工技术及应用配套材料与技术，制定产品标准和应用设计指南或规范，完成示范应用
海洋岛礁基础设施用合金化耐蚀钢	高强度耐候钢海洋大气腐蚀环境下年腐蚀速率≤0.015mm，高强度耐蚀钢筋耐氯离子腐蚀性能达到 20MnSi 系列钢筋的 4 倍以上，满足 50 年以上服役寿命要求；兼用于飞溅带和全浸带的耐海水腐蚀钢，年海水腐蚀速率≤0.03mm，满足 25 年以上服役寿命要求	形成南海岛礁基础设施用耐蚀钢产品标准和应用设计指南或规范，填补国内空白，为南海新一代全寿命周期经济型岛礁基础设施建设提供材料基础，实现示范应用
建筑抗震阻尼器用特种合金	（1）低强度阻尼合金：屈服强度≥280MPa，抗拉强度≥670MPa，屈强比≤0.45，断后伸长率≥70%；（2）高强度阻尼合金：屈服强度≥540MPa，抗拉强度≥1000MPa，屈强比≤0.55，断后伸长率≥50%	完成实验室开发，建立系统完善的阻尼合金系列品种，实现示范性应用

（2）"十四五"重大工程项目。"十四五"重大工程项目，见表 2-2。

表 2-2　"十四五"重大工程项目

重点材料领域	"十四五"重大工程	重大工程预期目标及相关建议
关键基础材料—先进钢铁材料	船舶及海洋工程用钢质量精度提升工程	从船舶及海洋工程用钢全流程生产制备工艺出发，研究表面质量和尺寸公差控制关键因素，形成相关标准规范；提高国产材料的表面质量，显著收窄现有交货公差带，有效降低修磨率及装备超重
关键基础材料—先进钢铁材料	极地勘探及科考用船舶及海工钢服役应用特性评价工程	研究极地环境下材料安全服役特性，建立极地环境下的材料评价标准及使用规范，对国产材料的极地环境下的腐蚀、疲劳和断裂行为开展综合研究；实现我国极地船舶及海工钢的工程化应用，为我国两极战略提供关键材料保障
关键基础材料—先进钢铁材料	深水海洋工程装备用高效焊接技术示范应用	针对导管架平台及海上风电用正火态特厚板提升焊接效率的需求，研制正火态大线能量焊接用钢及配套焊接材料，实现高效焊接技术在海洋工程领域的首次批量应用
关键基础材料—先进钢铁材料	LNG 船用殷瓦钢工程化考核及示范应用工程	目前，宝钢特钢已经打破国外企业在 LNG 船用殷瓦钢的垄断，但由于没有供货业绩，并不被船东认可；应尽快结合中俄亚马尔项目对天然气运输船的需求，推动国产 LNG 船殷瓦合金宽薄带及配套焊材的国产化应用和工程示范工作，实现我国 LNG 船用殷瓦钢的工程化应用，打破国外垄断
关键基础材料—先进钢铁材料	南海油气资源开发工程	实现钻井隔水管、钢悬链线立管、Reel-Lay 挠性管线管产品的国产化
关键基础材料—先进钢铁材料	高端油气钻采装备项目	实现油气压裂泵用钢、高性能耐蚀油井管材料的国产化，市场占有率 50% 以上，石油吊环满足高强度、低温韧性要求
关键基础材料—先进钢铁材料	时速 400km 以上高铁	围绕我国时速 400km 以上高铁自主研制重大需求，通过超高强韧化与超长疲劳寿命化新型合金化设计，突破高洁净度高均质化冶金制备、高强韧热处理及部件制造、超长疲劳寿命表面处理等关键技术，建立时速 400km 以上高铁轮对用钢设计、制造及应用技术共性平台、标准与规范体系，研制出高安全性和高可靠性轮对并实现应用，国产化率 100%，引领全球高铁技术发展
关键基础材料—先进钢铁材料	装配式建筑与桥梁工程	填补我国非预应力超高性能混凝土结构用超高强度钢筋的品种空白，建立超高强度钢筋技术标准和设计规范；针对预应力混凝土结构超高承载和轻量化的需求，研发 2230MPa 级超强度预应力钢丝用热轧盘条及其加工技术，建立完善的应用配套材料与技术，制定产品标准和应用设计指南或规范，完成示范应用，推动预应力技术发展；突破现有建筑结构用低屈服点钢大变形几圈后严重加工硬化而导致吸能失效瓶颈，满足桥梁或建筑隔震层的大变形需求，其疲劳应变加载圈数是现有低屈服点钢十倍以上，实现小震屈服，大震依然耗能
关键基础材料—先进钢铁材料	新一代海洋岛礁工程	围绕新一代海洋岛礁工程的高安全、长寿命、易维护等重大需求，形成适用于南海岛礁的高强度高耐蚀钢的成分体系和微观结构原型，建立南海岛礁腐蚀环境模拟平台及高耐蚀钢耐大气腐蚀性能、抗混凝土氯离子腐蚀性能的快速评价方法，完成全寿命周期经济型南海岛礁基础设施用高耐候钢及耐蚀钢筋产品的设计、制造与评价，制定南海岛礁基础设施用耐蚀钢产品标准和应用设计指南或规范，为南海新一代全寿命周期经济型岛礁基础设施建设提供材料基础

（3）构建新材料协同创新体系。在"十三五"期间，我国已经逐步建立了制造业重

点领域新材料生产应用示范平台以及公共测试评价平台、资源共享平台和参数库平台，逐步弥补我国新材料在生产应用过程中的应用考核评价、测试评价方法、资源共享等方面的缺失和不足。为了进一步提升我国新材料的原始创造力，加强新材料的基础研究及应用基础研究，应及时总结各平台运行的成功经验，通过国家项目的定向支持，建立可持续的发展模式，形成"产—学—研—检—用"全产业链条新材料协同创新体系，推动我国新材料的研发、创新能力追赶并超越国外先进水平，服务业中国制造业转型升级的战略目标。

2.4.3 支撑保障

（1）以示范应用工程项目带动新材料产业化发展。新材料产业化难度大，一方面研制周期长、投入大、批量化周期长、效益差，另一方面往往是研究与应用脱节、缺乏应用性能数据、配套材料不齐全，导致使用风险大，设计和用户不敢选用。为了解决研制与应用研究脱节的难题，对重大行业的关键新材料品种，国家应加大研发投入，通过大型示范应用工程项目，形成材料研发—应用技术研究—工程化研发—用户服务一体化的"产、学、研、检、用"全产业链合作模式，解决新材料产业化发展的难题。

（2）充分发挥国家新材料生产应用示范平台的作用。"十三五"期间，我国已经建立了一系列制造业重点领域国家级新材料生产应用示范平台。"十四五"期间，应当在总结各平台运行经验的基础上，通过国家项目的定向扶持，探索建立"国家新材料生产应用示范平台"可持续发展运行模式。

（3）实施人才战略工程、加强原始创新能力。在政府支持下，打造具有高水平新材料的行业专家人才，发挥其在行业中的作用，加快生产企业对高水平技术人才的培养，提高职业教育院校对技能人才的培养水平，做好海外以及跨行业人才的引进工作。通过人才培养与引进，强化原始创新能力，占领技术高地。

（4）完善标准化体系，提高标准水平。建立新材料的标准体系、评价认证体系，提高基础标准的技术水平，以标准带动产业技术提升，淘汰落后产能，促进品种结构升级。鼓励建立行业、协会、联盟等形式材料标准，积极提高国际标准化工作的参与和对接。

（5）加快材料产品标准与工程应用标准衔接。标准滞后是影响新材料产业化应用的主要障碍，特别是应用行业中设计使用规范在新材料纳标更为缓慢。

（6）国家财政、税收、保险政策支持。建议国家对在重点领域关键材料研发的科研机构、企业实行税费减免政策；实行新材料生产企业自主投保，中央财政适当补贴投保企业保费制度；扩大科研人员的经费自主使用权；加快落实重点新材料首批次应用保险补偿机制；力争引入社会资本，如天使投资、风险投资等。

3 先进有色金属材料"十四五"规划思路研究

3.1 发展现状

近年来，我国有色金属工业认真落实供给侧结构性改革，加强行业自律，市场环境明显改善，产业运行向好的积极因素增多，呈现生产平稳、市场活跃、结构优化、效益改善等主要特点。依靠科技进步和自主创新，有色行业国际竞争力和影响力不断增强，部分产品基本满足了战略性新兴产业及国防科技工业等重点领域对高精尖产品的需要。

目前，有色金属冶金主要向强化熔炼、富氧熔炼、连续熔炼方向发展，铜冶炼装备主要向双闪速熔炼炉、双侧吹熔炼炉、底吹熔炼炉等强化冶金装备等发展；锌冶炼主要向电解装置自动化发展，实现自动剥锌；铅冶炼主要向底吹、顶吹等强化熔炼方向发展。铜及其合金加工的发展向着高强度、高导电性、高综合性能方向发展；铝及其铝合金加工朝着大卷重、宽幅、高速度、高自动化的方向发展；轧制装备向高速、高质量、高配置、高性能、高精度，以及过程控制与高度自动化方向发展。有色金属资源再生呈现金属再生与有色金属冶金合并冶炼发展趋势，金属再生技术装备与有色冶金工艺装备一致。随着国家环保政策越来越严，有色金属过程废气、废水、废渣的治理与综合回收，已成为有色行业发展的必经之路，越来越受到政府、企业和社会的重视。

在铝合金方面，2018 年我国铝材产量达到 4554.6 万吨，居世界首位。近年来，我国自行研制的新型高强高韧铸造铝合金、第三代铝锂合金、高性能铝合金型材的性能均达到国际先进水平。西南铝、北京有色金属研究总院、中南大学等单位突破了大规格铸锭制备、强变形轧制、强韧化热处理及残余应力控制等一系列关键技术，研制出了全厚度范围的 7050 铝合金预拉伸超厚板，形成了质量稳定的高强高韧 7050 铝合金厚板工业化制造技术，进入了国际先进行列。中国中车联合相关高校针对高性能铝合金型材的挤压成型工艺与装备开展攻关，开发出了高性能铝合金材料的熔炼精炼、铝液纯净化、锭坯均匀化处理等技术，研制出了大型挤压模具和设备，使得相应的铝合金型材开发周期缩短 25%，成本降低 15% 以上，成品率提高到 62%，高于国际同类技术水平。此外，在液态模锻大尺寸铝合金车轮、铸造-旋压铝合金汽车轮毂、航空航天用新型超强高韧耐蚀铝合金型材、海洋石油钻探用高强耐蚀铝合金管材、轨道交通与公路货运用超大规格铝合金型材等方面也取得了重要进展。多种高性能铝合金实现了稳定化批量生产，中铝东北轻合金有限责任公司、西南铝业集团、南山铝业股份有限公司等企业生产研制的几十个品种，上百个规格的高精度、高性能铝合金管材、棒材、型材、线材、板材和锻件已成功应用于我国重大航空装备、载人飞船及运载工具等领域，为我国航空航天的发展做出了重要贡献。由中铝东北轻合金有限责任公司、西南铝业集团、西北铝业有限责任公司提供的关键铝合金材料装备的大批先进武器亮相点兵沙场。

在镁合金方面，中国原镁产能持续增长，2018 年产量达到 86.3 万吨，为全球产量的

84%，为世界镁工业大国。近年来，我国针对国际上镁合金存在力学性能较差的弱点，开展了高性能镁合金的研制，在稀土镁合金、大尺寸铸棒、大型复杂件的工程技术方面取得重要突破，研制的部分高强镁合金大尺寸复杂铸件、高强耐热镁合金大规格挤压型材/锻件等达到世界先进水平。重庆大学等研制出40多种新型镁合金，其中16种合金成为国家标准牌号，十几种合金得到工程应用和产业化推广。VW84M、VW93M超高强高塑性变形镁合金强度和塑性等综合性能达到国际领先水平；VW92M高强度高塑性铸造镁合金、AQ80M中强耐热变形镁合金综合力学性能达到国际领先水平，在航空航天关键装备中获得成功应用；ZE20M、ZM61M、AZ30M等高成型性低成本镁合金挤压件、锻件等材料在汽车、3C、航天、兵器等领域获得成功应用。原北京有色金属研究总院联合西南铝业（集团）有限责任公司研制生产了VW75、ZM51、AZ40、AZ80、ZK60等一系列高性能变形镁合金材料，其中VW75高强耐热变形镁合金板材已在我国最新型防空导弹上得到批量应用，填补了我国在超高强变形镁合金及其在重点工程应用的空白，目前已累计供货7000余件，基本形成了高强耐热变形镁合金板材产品的批量供货能力。西安理工大学在镁合金表面防护方面开展了大量的应用开发工作，已完成微弧氧化设备与工艺技术推广40余条生产线，并应用于一汽、东风、嘉瑞集团等20余家内外资企业和国防军工研究机构。东北大学自主研发了外场镁合金熔体处理技术，并在工程化条件下制备出了高表面质量的大规格镁合金锭坯。上海交通大学、中南大学和长春应用化学研究所等单位开发出高强高韧稀土镁合金、高性能压铸镁合金和稀土镁合金批量生产技术，也成功应用于航空航天、国防军工、汽车等领域，并大幅降低了稀土镁合金产品的成本，提升了产品的市场竞争力，填补了国内相关领域的空白。国内镁合金的发展趋势是大规格新型超高强高韧镁合金、结构功能一体化电磁屏蔽镁合金、新型高导热镁合金、大功率镁合金电池、耐疲劳抗冲击镁合金等。

在铜合金方面，2018年我国精炼铜产量902.9万吨，铜材产量1715.5万吨，同年我国铜材进口总量为55.1万吨，根据各种常用铜材在内的总体产量和进口量计算，我国通用铜材的国内满足度达到96%，但用于高技术和国防重大工程的高性能铜合金材则严重依赖进口，主要包括高强高导铜合金带材、超细丝材和超薄带材等。

高强高导铜合金材料与构件在我国国防安全、重大工程和经济建设中具有重要战略地位。近年来，我国针对新一代极大规模集成电路、高端电子元器件、动力电池等高端制造业对高性能、高精度铜及铜合金带材和箔材的重大需求这一问题，开展了基础理论、关键技术、工程应用方面的研究。现已开展了基于数据挖掘和人工智能模型的合金设计；建成了年产1万吨的高端接插件用超强、高弹、高导带材生产线；研发了动力电池集流体用超薄9μm铜箔，建设了示范生产线；研发了电磁铸造技术、热冷组合铸型水平连铸（管材/棒材/板材）技术、连续退火/淬火/时效技术。已开始工业生产热交换白铜管，工业中试纯铜管材，工业中试大口径白铜管，工业中试铜合金带材，实验室研究铜合金棒材/线材。大连理工大学发明了非真空下Cu-Cr-Zr合金的成分调控与电磁成型新方法，开发了非真空下多腔熔炼和渣-气分段保护的微量活性元素成分调控技术，以及大盘重Cu-Cr-Zr圆坯水平电磁连铸技术，解决了含微量Zr等易氧化元素铜合金非真空水平连铸生产的技术难题，与企业合作建立了世界首条高强高导铜铬锆合金水平电磁连铸生产线，生产的合金接触线成品性能在国内外报道中最高，应用于京沪高铁，在冲高段列车速度达到486.1km/h，刷新了世界铁路运营试验最高速度。中南大学开发了高强高导可焊、抗应力松弛铜铬系合金的控制强化技术、高强高导铜合金大厚度构件的搅拌摩擦焊技术，突破了磁轨炮用超长水冷轨道的高强异种铜合金搅拌摩擦焊接技术。压延铜箔是铜加工材中少有的增量市场产品，国内于 2015 年开始压延铜箔生产研发，相继建设完成了中铝华中铜业、山东天河、河南金源朝辉、中色奥博特四家压延铜箔生产线，总产能 1 万吨。受制于国内压延铜箔起步晚、技术先进程度不高、专业技术人员无储备等现实因素，产品结构仍以中低端 FPC、灯条板、屏蔽材料为主，高端 FPC 用超薄（12μm）、超低轮廓度、微合金化压延铜箔产品（HA 系列产品）、合金化压延铜箔（Cu-Ni-Sn 箔材系列产品）仍需全部进口，2018 年全年进口量为 8000t，全部由日矿金属垄断。随着我国第 2 代、第 3 代半导体材料的发展，高功率芯片日益增多，对铜基复合热沉材料的需求量也呈现逐年增长态势，北京有色金属研究总院、北京科技大学、上海交通大学、中南大学等单位对金刚石/铜复合材料进行了相关研究，研发的铜基复合热沉材料热导率最高可到 $800 \sim 900 \text{W}/(\text{m} \cdot \text{K})$ 以上，领先国外市场同类产品，线膨胀系数可达 $4 \sim 7 \text{ppm/K}$，与国外同类产品性能相当。但国内相关产品并未形成产业化，产品规模小、成本高，性能只是在实验室水平，改进方向在于：优化工艺，提高热导率；提升铜基复合热沉衬底表面质量；优化镀金工艺等。

在稀有稀贵金属方面，国内钽铌金属制备工程技术与优化再提升仍然缺乏基础理论研究的支撑。机理认识不清，工艺技术可控性不强，产品均匀性、稳定性、一致性差。对钽铌生产新方法、新工艺、新技术探索不足，导致产品更新换代节奏跟不上应用领域发展需求，钽铌产品关键技术指标与国际逐渐拉开差距。钽铌精深加工类产品方面，钽靶坯溅射性能及其机台适应性，12 英寸钽靶坯的认证与推广，超导用高纯铌材 RRR 稳定与提高，以及超导腔、高温抗氧化涂层的规模化、批量化生产加工技术等均有待提高；国内贵金属工业应用研发始于 20 世纪 60 年代初，经过几十年的艰苦奋斗，在贵金属提取冶炼、二次资源回收及综合利用、贵金属材料的研究开发等方面取得了丰硕成果。经过半个世纪的发展，以贵研铂业为代表的企业已建立起较为完整的贵金属学科体系及产业制造平台，对支撑我国航天、航空、电子等高技术领域的发展起到了很大的促进作用。经过多年发展，我国贵金属行业在材料研究、开发、评价与应用方面取得了较大的成果，贵金属材料已广泛涉及高纯材料、合金功能材料、电子浆料、前驱体材料、催化材料等领域，在贵金属钎焊材料、高纯蒸镀材料等少数细分产品领域具有一定的优势和特色。

国内钨及硬质合金企业通过多年持续不断的投入和国家科技重大专项的支持，创新能力逐渐提升。株洲硬质合金有限公司、厦门金鹭特种合金有限公司、自贡硬质合金有限公司等企业在硬质合金切削工具、地质采掘工具和耐磨零件等领域技术不断突破，装备日益完善。从产品开发上看，目前切削工具的车削、铣削、孔加工、工具系统四大系列产品已基本齐全，标准产品系列与日韩产品相比各有千秋，产品质量的稳定性也逐步提升，标准产品性价比较欧美品牌有明显优势。铣刨工具由于国内起步晚，技术水平不高，产品质量参差不齐，与维特根、肯纳等成熟企业相比较，质量还有一定差距。

在推动绿色制造方面，国内铜、铝、铅、锌冶炼等领域取得积极进展。国内大型骨干铜冶炼企业均采用国际先进的冶炼技术，闪速熔炼技术、氧气底吹（侧吹）炼铜技术、奥斯迈特（艾萨）熔炼技术等先进工艺的铜冶炼产能已占全部产能的 90% 以上。同时，拥有国内自主知识产权的氧气底（侧）吹熔炼技术，具有投资省、原料适应性强等特点，成为中小企业淘汰落后首选替代工艺;拜耳法成为我国氧化铝生产主体技术,其流程简单、投资省、产品质量高,其产量占全国冶金级氧化铝总产量的90%以上。但由于我国铝土矿资源主要是中低品位的难于处理的一水硬铝石铝土矿,造成我国氧化铝生产关键技术的开发和推广应用难度大,生产能耗高,生产成本总体缺乏竞争力。同时氧化铝生产过程自动化控制水平偏低,与世界先进氧化铝生产企业还存在差距。低温低电压铝电解技术、新型结构铝电解槽等新技术的应用,电解铝综合电耗进一步降低。但在电解槽过程控制智能化、废槽内衬固体渣资源化技术、与国家最新环保标准和欧洲及美洲严格的环保要求仍有差距;传统烧结-鼓风炉炼铅法已逐步淘汰,代表世界铅冶炼先进技术水平的基夫赛特法、水口山法(SKS法)、氧气顶吹浸没熔炼法在国内应用广泛。国内锌冶炼采用火法炼锌占比逐渐缩小,湿法炼锌技术发展迅速,除常规炼锌技术外,还采用世界先进的富氧直接浸出工艺。但是国内铅锌冶炼行业仍存在初级产品过剩、高级产品严重短缺,技术装备落后,环境污染矛盾突出等缺点,国内铅锌冶炼行业绿色制造与国际相比才刚刚起步,任重而道远。

3.2 发展趋势

从国际看,新一轮科技革命和产业变革蓄势待发,新的生产方式、产业形态、商业模式和经济增长点正在形成,有色金属行业仍将继续保持增长态势。"一带一路"倡议实施,发展中国家积极承接产业和资本转移,将为我国有色金属行业发挥技术及装备优势,开展国际产能合作提供新空间。同时,世界经济和贸易形势低迷,主要经济体经济增速放缓,有色金属加工材需求萎缩、产能过剩成为全球性问题。国际贸易摩擦加剧,影响铜、铝、镍等大宗资源供应的不确定性因素增加。有色金属具有较强的衍生金融商品属性,各国货币政策分化将引发有色金属金融市场价格波动,弱化供需对有色金属价格的影响,使得价格波动更为复杂,企业投资和生产决策难度加大。全球气候变化和碳排放形势将日益严峻,产业运行总体压力将明显上升。

近年来,全球新一轮产业变革为材料产业结构调整提供了重要的机会窗口。有色金属冶炼领域整体技术水平已经发展到一个新的阶段,传统工艺逐渐被现代强化冶炼工艺所取代,绿色可持续成为行业发展的愿景,冶炼技术的安全、环保、高效、低耗、循环利用成为绿色发展的基本要求和总体趋势,发展重点主要表现为:工艺流程简短化;工艺过程连续化;资源能源利用高效化;核心装备与过程管控自动化、网络化、智能化;二次资源再生利用比例加大。电解铝方面,美国铝业公司和挪威海德鲁铝业公司正在开发直流电耗11000kW·h/t-Al电解铝技术。铜冶炼方面,国外奥托昆普等公司采用先进的闪速炼铜技术,金属回收率、二氧化硫捕集率、自动化程度等处于国际领先。铅冶炼方面,基夫赛特法、QSL法等方法在降低烟气量、提高热能利用率、自动化控制和控制有害物质排放等方面代表当前国际先进水平。

有色金属材料领域研发面临新突破,新材料和新物质结构不断涌现,成为各国竞争的热点之一。目前国际上材料领域全面领先的国家仍然是美国,日本在纳米材料、电子信息材料,韩国在显示材料、存储材料,欧洲在结构材料、光学与光电材料、纳米材料,俄罗斯在耐高温材料、宇航材料方面有明显优势。

铝合金方面,发达国家在新产品、新技术、新装备的研究和开发上仍处于领先地位。

铝加工生产技术向着高效率、低成本、低能耗、短流程、低碳环保方向发展；铝加工装备向着高速、高稳定性、高可靠性、高自动化和智能化方向发展；铝加工产品向着高精度、高性能、高均一性、高表面质量和超宽、超厚、超薄方向发展；高性能铝合金结构材料向着高强高韧、高损伤容限、耐候及耐腐蚀的趋势发展。特别是航空航天用高性能铝合金材料和交通运输轻量化铝材料制备技术发展迅速：国外已完整掌握航空航天第五代合金材料、最大厚度 300mm/最大重量 3900kg 的模锻件、最大厚度超过 200mm 的预拉伸板、最大长度近 30m 的大断面复杂截面型材的加工制造技术与相关成套装备，以及系统成套的强韧化热处理技术；欧洲、美国、日本汽车平均用铝量均已高于 160kg/辆，但受铝合金车身板生产成本较高、性能尚显不足的限制，其在汽车制造中的应用仍受到很大的制约，高性能铝合金材料的研制已成为轻量化铝合金车身制造面临的瓶颈。

镁合金方面，日本、北美、欧洲等发达国家和地区加大对镁合金轻质材料开发与应用研究的投入，其中包括现有的应用镁合金、新开发中的镁合金和新型镁基复合材料，对镁合金的冶炼、成型工艺、机械加工性能、表面处理等进行了全方位的研究，镁合金应用和研究重点开始从汽车、电脑和家电等扩展到航空航天和兵工等国防领域。解决耐蚀性问题是国际镁合金界关注的焦点，除了合金设计和添加涂层，工程师也通过连接设计、过程控制和维护等手段降低腐蚀。通过添加稀土元素提升材料的强度也是国际上高品质镁合金的研究热点。

铜合金方面，发达国家的板、带、管、棒、丝加工技术仍处于领先地位。铜合金材料向着高强度、高导电性、高综合性能方向发展；加工工艺向着精细化、高效率、低成本、低能耗、连续化、清洁化和资源再生方向发展；生产装备向着自动化、智能化方向发展。美国奥林公司在高性能铜及铜合金板带材的开发和生产方面居世界领先地位，研发了多种电气和电子工业用的高性能铜合金新品种，开发出的奥林高性能合金（HPA）系列，被广泛用于汽车端子板、接线装置及包覆塑料的集成电路。奥托昆普公司铜制品部是世界主要铜材生产公司之一，铜加工材产量约占全球加工材的 10%。目前，国际上又开发成功一批新型铜合金材料，如海水淡化用高性能铜合金材料、动力电池负极载流体用铜合金材料等。

稀有稀贵金属向高技术领域应用不断拓宽。美国、俄罗斯、欧洲、日本稀有金属工业发达，具有规模大、产品种类多、应用面广、技术装备领先的特点：钽和铌高端产品的生产也主要集中在美、俄、日、韩、西欧等国家。国际上钽铌行业共性技术发展趋势是：钽电容器小型化和片型化；钽粉的比容不断提高（最高比容已达到 $200000\mu FV/g$）；电容器用钽丝的研发直径已到达 0.06mm；不断提高钽靶材的利用率和研制大面积溅射靶材；国外钽、铌高温合金发展快，已大量用于高性能军用和民用航空发动机。

贵金属新材料在电子信息产业、环保、汽车、新能源、医药等新兴产业应用发展快速，贵金属领域技术和产业在全球范围内属于相对垄断行业，国际上有英国庄信（Johnson Matthey）、德国贺利氏控股（Heraeus Holding）、日本田中贵金属集团、优美科（Umicore）公司、巴斯夫股份公司（BASF SE）等 5 大专业贵金属公司的市场份额占了全球市场份额的 90% 以上。

硬质合金是钨的主要应用领域。世界上已形成了中国、瑞典、美国和日本四大硬质合金产业大国。其中，瑞典和美国的硬质合金制造技术代表了行业最高水平。国际硬质合金技术的发展趋势是：资源节约、循环利用；深入研发纳米化、涂层化、复合化技术以不断提高产品的综合性能。

依靠科技进步和自主创新，我国有色金属行业国际竞争力和影响力不断增强，部分产品基本满足了战略性新兴产业及国防科技工业等重点领域对高精尖产品的需要。我国在纳米材料、非线性激光晶体、第三代半导体、半导体照明、稀土材料等方面的研究水平和成果与国际先进水平属同一发展阶段，部分处于领先水平。在碳纤维及其复合材料、高温合金、高密度信息存储材料、显示技术等方面与国外先进水平还存在较大差距。

3.3　存在的问题

在新的国内外形势下，我国有色金属工业仍存在大宗产品产能过剩、附加值低，高端材料创新能力弱，一些下游高端应用领域尚不能得到国产材料的自主保障等突出问题，亟待通过科技创新驱动提高中高端材料有效供给能力和技术水平，推动有色金属行业高质量发展，促进转型升级、提质增效。此外，行业发展不平衡、不充分的状况仍然突出，资源与环境的双重约束、供给过剩和成本上升的双重挤压、科技创新和拓展应用的双重短板，短期内仍难以根本性改变。党的十九大提出，加快生态文明体制改革，建设美丽中国推进绿色发展，着力解决突出环境问题，坚持全民共治、源头防治，持续实施大气污染防治行动，打赢蓝天保卫战。新时代对有色金属行业节能环保和清洁绿色生产提出了新要求。

在节能环保领域，国内企业之间发展很不平衡。国内企业清洁生产、环保意识有待进一步加强；一些低效、高耗能工艺和装备仍在使用；先进环保技术、高端装备及核心技术依赖进口。自 2018 年 10 月起，京津冀及周边地区大气污染传输通道城市铜、铝、铅、锌等企业将执行大气污染物特别排放限值（二氧化硫、氮氧化物均小于 $100mg/m^3$，颗粒物小于 $10mg/m^3$），企业环保达标面临极大挑战。同时，冶炼过程产生的固体废物特别是危险固体废物，无害化率低、处理成本高，目前仍没有合理解决途径，环境风险较大。

在材料加工领域，产能利用率低、产品结构不合理，以初级加工和低附加值产品为主（全行业平均利润率不足 3%）的局面没有得到改观。产业技术和应用数据及评价体系支撑不足，导致下游高端应用领域不能实现国产高端材料的自主保障。下游用户从成本、采购等角度考虑，侧重于国外产品，不利于国内技术产品的稳定有序良性发展。当前我国有色金属材料产业总体处于国际产业链的中低端，难以获得合理利润；原创性成果不多，科技成果转化和新技术推广率低；关键新材料开发能力不足，特别是其高端加工装备几乎全部依赖进口，受制于人，难以支撑战略性新兴产业发展，在国际竞争中处于被动地位。

我国在未来较长时期内都将是高性能有色金属材料的需求大国，对高性能有色金属材料的数量和种类的需求将持续增加。如航空航天、轨道交通、新能源汽车、轻型货车对轻合金结构材料的需求。航空航天、海洋工程、电子信息和轨道交通等对新一代高性能铜合金材料的需求。如 C919 大飞机结构件与材料 80% 依靠进口；大飞机，高档数控机床，海洋工程装备，舰船等在海水或酸性、油气环境下以及高负载条件下需要的超高强、耐蚀、耐磨减磨轴承、轴套及液压系统耐磨部件材料，80% 需要进口。制备高性能变形镁合金大规格承力构件是实现新型航天飞行器轻量化目标的重要手段，目前国内镁合金生产设备落后，高性能变形镁合金的大规模批量化生产技术仍不成熟，导致当前主要使用镁合金铸件用于各类非承力构件或次级承力构件，实际使用量占比很小。

3.4　"十四五"发展思路

3.4.1　发展目标

推进量大面广的有色金属材料技术提升,实现典型材料产品关键共性技术突破,着力解决有色金属材料产业面临的产品同质化、低值化,环境负荷重、能源效率低、资源瓶颈制约等重大共性问题,推进有色金属工业结构调整与产业升级。通过有色金属材料的设计开发、制造流程及工艺优化等关键技术和国产化装备的重点突破,掌握一批精深加工技术和衔接下游的工程化技术,加快开发基于互联网与工业大数据的智能制造技术,推动一批先进有色金属材料的应用,实现重点大宗材料产品的高性能和高附加值、绿色高效低碳生产。有色金属材料高端产品平均占比提高 15%,航空铝材、高精度电子铜带等精深加工产品综合保障能力超过 70%,有色金属生产综合能效提高 10%。建立完备的知识产权和标准体系,完善有色金属材料产业链,提升产业整体竞争力,满足"一带一路"、战略性新兴产业创新发展,以及航空航天和国防军工等领域的需求。

3.4.2　重点任务

(1)重点发展的材料品种。"十四五"期间重点发展的材料品种,见表 3-1。

表 3-1　"十四五"期间重点发展的材料品种

重点材料品种	"十四五"关键技术指标	"十四五"产业发展目标
高强韧 7××× 系铝合金	面向大型客机上翼面应用的超高强高韧耐蚀 7××× 系铝合金厚板,抗拉强度 ≥650MPa,伸长率 ≥9%,压缩屈服强度 ≥610MPa,剥蚀性能不低于 EB 级,室温断裂韧性 K_{IC} ≥25MPa·$m^{1/2}$,疲劳性能和抗应力腐蚀性能与 7255 铝合金相当	形成工程化批量生产能力,实现装机应用
高强耐损伤 2××× 系铝合金	材料技术指标满足 AMS 标准,技术成熟度达到 6 级以上	2324-T39 厚板、2624-T351 厚板、2624-T39 厚板等,形成工程化批量生产能力,实现装机应用
高性能铝锂合金	综合性能与第三代铝锂合金相比提高 15% 以上,强度达到 600MPa	发展新一代低密度、高强高损伤容限、可焊铝锂合金材料及其制备加工技术并实现产业化应用
高性能 6××× 系铝合金	技术成熟度达到 7 级以上	开发新一代高性能 6××× 系铝合金车身板、型材/锻件,以及可焊接型 6××× 系铝合金超大截面挤压材,发展我国自主研制 6××× 系铝合金材料品种,建立合金应用性能评价体系,形成工业化批量生产能力,实现推广应用
中宽幅镁合金板带材	突破中宽幅镁合金板带双辊铸轧技术、卷式轧制技术,实现宽 600~1200mm、厚 1~2mm 镁合金卷板产业化;开发宽幅镁合金板带双辊铸轧工艺技术和卷式轧制工艺技术,实现宽 1800~2000mm、厚 1~2mm 镁合金卷板产业化	形成工业化批量生产能力,实现产业化应用

续表 3-1

重点材料品种	"十四五"关键技术指标	"十四五"产业发展目标
高性能变形镁合金	抗拉强度>350MPa、屈服强度>250MPa	工程化批量应用
超高强弹性铜合金	抗拉强度大于 1000MPa，弹性模量大于 130GPa	建立示范生产线，实现高强弹性铜合金带材产业化生产，形成高强高弹铜合金带材 1 万吨/年的工业化规模生产能力，在典型产品上进行示范性应用
高性能铜合金带材	成分均匀，第二相颗粒细小、弥散均匀分布，高致密性，高表面质量，可省略铣面，冷加工性能优良	
高强高导铜合金	导电率 74%IACS	
高强耐蚀耐磨铜镍锡合金	强度达 1350MPa 以上	
5G 领域用压延铜箔	毛面粗糙度 R_z 值均低于 1.1μm	
高性能硬质合金	开发高端硬质合金原材料，研究多种晶形（单晶、球形等）和超细 APT，高质量超细粒、纳米和超粗级钨粉碳化钨粉，发展金刚石复合、硬质耐磨材料及钢基体复合、聚晶材料、复合材料制备技术，抗弯强度 ≥3000MPa，断裂韧度 K_{IC} ≥ 22MPa·m$^{1/2}$；梯度成分硬质合金抗弯强度 ≥3200MPa，冲击韧性 a_K ≥ 6J/cm^2，金刚石涂层后硬质合金的抗冲击强度、抗弯强度、抗扭强度等力学性能衰减 ≤20%	材料自给率达到 90%以上；新增产值 10 亿元
电子产业用高纯稀贵金属	稀贵金属材料产品纯度 5~6N，放射性元素（U、Th）小于 5ppb，C、H、O、N、S 满足电子行业要求	建设年产高纯铂粉 500kg、高纯钯粉 500kg、高纯钌粉 200kg、高纯铱粉 200kg、高纯钨粉 1000kg 和高纯钽粉 1000kg 的生产线

（2）"十四五"重大工程项目。"十四五"重大工程项目，见表 3-2。

表 3-2 "十四五"重大工程项目

重点材料领域	"十四五"重大工程	重大工程预期目标及相关建议
高性能铝合金	CR929 宽体客机	
超高温结构材料	高超音速飞行器	耐 3000℃以上的高温烧蚀

4 钛及钛合金"十四五"规划思路研究

4.1 钛及钛合金发展现状

4.1.1 钛及钛合金的性能及应用领域

钛及钛合金是最重要的结构金属之一。从在地壳中的含量来说，钛的储量非常丰富，在结构金属中仅次于铝、铁、镁，位列第四位。在性能方面钛具有密度小、比强度高、耐腐蚀性好以及卓越的高温和低温性能等特性。20 世纪 50 年代开始，由于解决了钛的工业规模生产问题以及航空和宇航技术的迫切需要，钛工业获得了迅速的发展。钛及钛合金已经被广泛地应用于航空航天工业、兵器工业、核工业、石油化工、冶金工业、机械工业、舰船工业及海洋开发，以及医疗卫生等领域。目前，钛已经成为继钢和铝之后的第三大金属，被誉为"现代金属、战略金属""海陆空金属""宇宙金属""崛起的第三金属""未来金属"等。

4.1.2 钛及钛合金材料（钛材）的市场需求及产业规模

从海绵钛到各种钛及钛合金材料商品需经过熔炼、锻造、轧制、机加等多个步骤，这些加工步骤即是钛加工产业链的附加价值所在，投入产出比低，目前全球钛材产能主要集中在中国、美国、俄罗斯、日本，可谓"四强称雄"，美国和俄罗斯是全球民用航空钛材主要供应商，日本是民用钛大国以及高品质海绵钛的生产国。全球民用商业航空的消费比例达到 46%，军用钛及钛合金材料比例为 9%（主要为军用航空），整个航空领域消耗钛材比例超 50%；工业消耗钛材比例为 43%，新兴市场消费钛材比例为 2%。2010 年，我国超越美国成为世界第一大钛材生产国，但我国大部分钛材都应用于工业领域，技术含量相对不高，航空航天领域高端需求占 15% 左右，相较于美国 79% 以上的钛材应用于航空航天，我国钛材行业大而不强，整体竞争力较弱。钛材的生产工艺主要是先对海绵钛熔铸加工，制取钛锭，再对钛锭进行锻造、挤压、轧制或拉伸，得到可供下游使用的钛或钛合金棒材、管材、板材、饼材、环材等制品。钛材成材率低，加工过程中产生大量废屑残料，致使生产成本较高。目前，我国 1t 钛材约需要 1.7t 海绵钛原料。

随着我国迈入军工现代化的加速阶段，我国钛材在高端军用装备上应用的逐步渗透将带动国内钛材需求结构的不断优化，高端钛材的占比有望得到快速提升，且钛材行业稳步增长的需求规模和显著改善的需求结构将是未来中国钛产业需求的两个最大看点。从国内近 3 年钛材市场供需统计数据显示，中国传统钛材销量占比下降，高端钛材销量占比提升，其中航空航天、船舶、海洋工程和医疗就是国内有代表性的新兴产业需求领域，在这些行业的需求牵引下，我国钛材行业连续第二年呈快速增长的势头，且 2018 年钛原料价格上涨了 26%，这反映出了国家的产业发展方向以及我国钛加工材在高端领域的市场需求发展趋势，表现在：需求一航空航天业的高成长可期；需求二船舶与海洋工程是加速成长的蓝海领域；需求三推动医疗用钛低基数高增长；需求四化工用钛呈周期性波动。

随着国内实际需求结构的持续改善，钛材市场总需求量有望从 2018 年的 5.7 万吨快速上升至 2021 年的 7.3 万吨，进而提高至 2025 年的 11.2 万吨，其中高端需求的航空航天用钛材 2021 年上升至 1.4 万吨以上，进而提高至 2025 年的 3 万吨以上；船舶用钛量有望从 2018 年的 1481t 上升至 2021 年的 2312t，进而提高至 2025 年的 4674t；海洋工程用钛量有望从 2018 年的 2253t 上升至 2021 年的 3796t，至 2025 年有望达到 8273t；医疗用钛量有望从 2018 年的 2352t 快速上升至 2021 年的 3393t，进而提高至 2025 年的 6250t；化工用钛量从 2018 年的 2.6 万吨稳步提升至 2021 年的 2.8 万吨，达到顶峰后逐步滑落至 2025 年的 2.2 万吨。

4.1.3 国内钛及钛合金材料的质量技术水平现状

我国钛工业与美国、俄罗斯、日本相比还是后进者，特别是金融危机急剧时，更凸显出我国钛工业缺陷与不足。2014 年在世界经济继续处于弱增长格局、全球钛行业持续低迷的大背景下我国钛工业也难以独善其身，进入了"高产能、微利润、低需求"的严冬期。自 2017 年开始，随着"军民融合国家战略""中国制造 2025""一带一路"以及工业强基的实施，推动我国钛产业结构迈向中高端市场，加快我国钛材行业从制造大国转向制造强国，中国钛工业已步入发展的新常态。2018 年中国钛工业已逐渐摆脱过去几年去库存的压力，行业结构性调整已见端倪，产业结构已由过去的中低端化工、冶金等行业需求，逐步转向中高端航空航天、医疗和环保等行业发展，钛行业主要生产企业的产品需求方向逐渐清晰，钛冶炼企业稳步增长，高中低端钛加工材生产企业间利润水平逐步拉大。

2018 年我国共生产钛加工材 63396t，同比增长了 14.4%，钛材的总销售量 57441t，净出口量为 10397t，国内销售量为 47044t，同比增长了 0.6%。在进出口贸易方面，2018 年海绵钛的进口量增长了 27.9%（4918t），出口量则减少了 35.4%，这反映出国内因高端需求增长，对国外高端海绵钛的需求出现爆发式增长；2018 年国内钛加工材进出口量均同比有两成以上的增长，在进口方面主要是航空航天等高端领域用钛合金板、棒材和丝材的进口量大幅增长（30%以上），这也反映出国内在高端领域的钛材生产还难以满足国内需求。

我国高端钛及钛合金产品供给不足，市场依赖进口。行业需持续提升研发创新能力，提高产品性能，开发新功能产品，加快高端钛合金市场开发步伐。未来钛合金行业进入技术壁垒将持续提升。

4.1.4 重大典型成果

（1）全产业制造链在聚焦，上游海绵钛主要聚焦在攀钢钛业、洛阳双瑞万基、宝钛华神、朝阳金达等八家制造企业，其中朝阳金达被指定为海绵钛罗罗指定供应商；随着国内钛材应用结构与国际化的接轨，将势必带动国内海绵钛质量的提升，高品质海绵钛需求向好。钛材制造企业方面高端产品主要聚焦宝钛集团、西部超导、宝武特冶、湖南金天、西部材料，是具有一定钛材生产历史积淀的成熟企业。

（2）我国航空航天的需求量逐步稳定提升。2015~2018 年航空航天钛材消费量分别为 6862t、8519t、8986t、10295t，分别同比增长 41%、24%、5%、12.7%。这与我国航空航天高速发展密切相关，大运量产，太行发动机稳定量产。从材料角度国内目前航空航天钛材产品及其技术水平有显著的提升，且可满足当前的量产需求。

（3）高端纯钛焊管领域。钛焊管和钛带的进口量较为稳定，这也反映出由于近两年中国钛加工企业的产品质量提升，部分替代了电站用进口焊管和板式换热器用钛带；在出口方面，除钛制品和钛丝外，其余产品的出口量均同比有一定的增长，其中钛管、钛带和钛板的出口量均同比增长四成以上，钛棒材的出口量也同比增长了 8.9%，这也反映出中国生产的上述钛产品中钛管、钛带和钛板材在国际市场上已具有一定的性价比优势，正不断走进国际市场。国内钛焊管、钛带的产品质量经过多家企业近年来不懈的努力，正逐步与国外优质产品靠拢，已在国际市场上崭露头角。

（4）重点工作的启动：《“十三五”国家科技创新规划》提出的“科技创新 2030 重大项目”深海空间站，已经明确立项，正在推进下一步工作。而空间站主要建造材料为钛合金，初步测算一个主站建设将消耗 4000 多吨毛料；钛的下游应用突破口之一是管材，石油管道、船舶管道上都会用到，通常一口井油井管有 50t、60t 重，对钛合金的应用量较大；国内的核电项目建设也将推动钛材市场快速增长，目前我国的核电发电量仅占发电总量的 1%，计划 2020 年达到 4%，核电方面的钛材需求量会有所增长。

4.1.5　重大应用突破

目前，我国钛合金材料的研发应用水平得到了大幅提升，经过“仿制、改造＋创新”的研究历程，在高强及损伤容限钛合金、高温钛合金、阻燃钛合金、低温钛合金、船用钛合金和耐腐蚀钛合金等领域成功开发出大量高性能新产品，一些新合金已批量生产，满足国家工程的需求。航空航天用钛合金板材、3D 打印钛合金复杂结构件、船舶与海洋工程用钛合金等均取得突破进展，为我国航空航天和国防军工提供了关键材料。宝钛集团有限公司成功研制出 4500m 深潜器用 TC4ELI 钛合金载人球壳，填补了多项国内空白，整体技术达到国际先进水平，其中球壳的半球成型和组织性能均匀性以及电子束焊接技术均国际领先。西北有色金属研究院等单位依据国家工程需求，研制出 30 多种新型钛合金，众多合金获得实际应用。TC21 高强高韧损伤容限钛合金及 TC4-DT 中强高韧损伤容限钛合金综合性能达到国际领先水平，大规格棒材已工业化稳定生产，在新型飞机上获得成功应用；CT20 低温钛合金综合性能达到国际领先水平，多种规格材料在航天工程中获得成功应用；超高强韧钛合金 Ti-1300 及 Ti-12LC 低成本钛合金锻件等材料在航天、兵器等领域获得成功应用。苏州三峰激光科技有限公司、北京工业大学等单位成功建成 EIGA/VIGA 双炉头高端金属 3D 粉末生产平台，解决了形状不规则、粒度分布差异大、杂质含量高、含氧量不可控、球形度低等问题，可制备 3D 打印用高品质钛及钛合金粉末，所生产出的粉末可满足航空航天、医疗植入等高端领域的应用需求。我国在金属粉末激光成型技术等一些尖端领域已经走在世界前列，诸如飞机钛合金大型复杂整体构件激光成型技术已经成功应用到大型飞机零件的制造上。国内钛及钛合金产业未来发展趋势是在保障国内供给以及自有体系完整的同时，积极参与国际竞争，推动产业整体工艺技术达到国外先进水平。降低钛及钛合金材料的综合生产成本，扩大在关键领域的用量，不断改善以低端消费为主的产业结构，以市场的力量推动落后产能的退出。产品的质量稳定性和批次稳定性要综合应用管理和技术手段尽快提高，以满足民机适航要求。

4.2　钛及钛合金发展趋势

钛及钛合金可以在民用、国防、经济、科技等多领域进行广泛运用，且钛产业的发展状况一定程度也体现了一个国家高新材料技术应用水平和制造业的发展状况，因此对其质量的稳定性、锻造及压延加工的技术的要求相对较高，要形成规模化、产业化生产，就需要解决工艺流程控制技术问题和对整个工艺流程中的管理问题，否则造成资源浪费，生产成本大幅增加。未来高端钛材的生产战略意义更为重大，产品结构向高端转移成为其发展的必然趋势，国内航空航天、船舶与海洋工程、高端医疗、高端化工等行业对高品质钛产品的需求继续保持旺盛，同时计算机等高科技产业对钛的需求增长点也在不断涌现，促使钛产品向高端领域发展。国内钛产业向高端化发展已经具有政策和市场双重导向的支持，并且与经济实力提升相匹配的国防建设也会促进我国钛产业向高端领域转移，逐步提高产业链优势。

目前，国内外的钛工业发展趋势为：

（1）航空工业是钛合金的主要应用领域，在飞机结构设计中，为延长飞机寿命、提高结构效益和安全性，大量采用钛合金大型锻件、承力结构件和连接件，钛合金材料在规格上向两极发展，即更大、更薄、更宽、更厚。

（2）在钛的冶炼、熔炼、锻造、轧制及其他的加工成型、热处理过程中采用计算机自动控制，并向系统化、集成化方向发展，体现在产品的质量稳定性、一致性及生产效率需大大提高。

（3）开发先进的冶炼、熔炼、加工技术，其目的在于提高质量或降低成本，形成均质、稳定的钛加工材批量供应链，把质量控制分散到每一个加工环节，形成高端钛材加工材供应体系。

（4）开发新型/低成本合金牌号及其产品，开拓钛及钛合金的新应用领域。

（5）钛的熔炼—加工—性能—组织计算机模拟的预测应用能力的提升。

（6）钛冶金及加工过程的节能降耗和清洁化生产。

4.3　存在的问题

4.3.1　高品质海绵钛的产能不足

中国钛工业的原料主要以钒钛磁铁矿为主，基本属于低品位岩矿，其钙镁（杂质）含量高（≥2%），工艺流程长，生产成本高（电费等），环保压力大，尤其是生产航空级钛合金，大部分用于硫酸法钛白粉的加工生产，金属钛工业需求量只占7%左右，高端航空级金属钛生产原料90%依赖于进口（澳大利亚和越南等），这就造成了中国高端领域用钛原料的长期不稳定供应，难以满足未来中国高端领域用钛合金原料的长期稳定需求。我国是以化工应用为基础的中国采选原料生产工艺，主要是通过镁还原四氯化钛生产海绵钛的过程，国外广泛采用的是多极电解槽和无隔板镁电解槽，国内镁电解是个薄弱的环节，一方面会电耗和氯耗偏高，存在高品质原料海绵钛生产批量少、批次质量不稳定等因素。目前国内"90"级海绵钛产量占生产总量的"40%"，"95"级海绵钛占比更小，为8%～10%；而在日本和俄罗斯，"90"级海绵钛所占比例是70%，而"95"级则可达

30%~40%。

4.3.2　钛合金铸锭的冶炼"高纯净化"控制水平还需整体提高

铸锭熔铸是将海绵钛（包括残料）、合金元素（中间合金）熔炼并凝固成铸锭的重要工序，它起到合金化和成分均匀化的作用。要进入民用航空及发动机和高端医疗领域，纯净化控制钛合金熔炼只会要求越来越高，永远不会有"质量过剩"的说法。必须杜绝高低密度夹杂的发生，现场的高纯净化控制技术管理则是迈入航空门槛的最基本条件。行业内熔炼钛合金铸锭的真空自耗炉主要还是由美国的康萨克与德国的 ALD 垄断，对炉体技术的应用技术还需提升；在纯净化控制方面我国与国外钛材企业还存在技术上的差距，美国改进了熔炼方式，采用一次等离子冷床炉+真空自耗熔炼，有效降低了高低密度杂质发生的概率，同时还能合金返回料回收。因此，国内企业在拓展航空用钛合金产品需要两步走：第一步提升内部铸锭冶金质量，做好真空自耗熔炼均匀化和纯净化技术管理，汇集方方面面风险防控点，将技术与管理相结合，打造系统的纯净化控制技术集成。产品质量更可靠，企业才能占据更多的市场份额。第二步即是推广等离子冷床炉的应用以及一次冷床+真空自耗工艺技术的革新，为国家航空发动机可靠性提供支持。

4.3.3　材质均匀性、批次稳定性的"高均质化""高稳定化"控制水平存在较大的差距

我国钛行业的技术装备已居世界前列，也生产了大量的优质钛合金材料来满足国民经济发展的需要，但是在均质化、可靠性、稳定性方面还与国际强国存在一定的差距。在美国民用航空领域中 TC4 钛合金占主导地位，在飞机的不同部位采用何种类型的 TC4 成分体系、组织形貌、热处理制度都开展了系统的研究，甚至采用铸锭高温退火方式促进微区成分的均匀性。俄罗斯等国在设计许用应力、安全系数选取、合金系研究、腐蚀、抗爆冲击、断裂及疲劳、加工工艺特别是焊接工艺等技术方面领先中国二十年，现在只能少量生产几种发动机用钛合金牌号和规格，占发动机用量 30% 左右的钛合金大部分还需要进口或进口发动机。再者为了保障钛材质量高稳定化控制，有关钛的成分—工艺—组织—性能精准控制能力不足，数值模拟预测能力远低于美国。目前国内钛合金牌号众多，对于单一材料系统性、权威性的研究比较缺乏。在飞机零部件的选材上，仍大部分是参照美国或者俄罗斯，很多时候只知道追求材料的最终性能组织结果，而不关注过程本身。在材质均匀性控制手段方面，国内各家都有自己的工艺技术方法，水平相当，但整体水平与美国还存在一定差距。国内目前介入对应用技术研究的深入程度不够，影响到钛材的研发和应用。

4.3.4　钛材产品及其工程化应用的缺项

我国钛材产品在诸多领域还存在缺项，急需的钛合金短板产品有：

（1）大型钛合金锻件：用于制造大型构件，属于机身结构中的关键件，其结构形式、材料及锻件的性能与质量，直接关系到飞机的可靠性、寿命与成本。大型锻件的结构整体化成为先进飞机的重要发展方向，在装备和技术水平方面，我国与美、俄等先进国家有较大差距。

（2）钛合金大规格管材：国外对于钛合金大规格管材采用挤压及热轧的工艺进行生产已进入成熟阶段，而国内目前还是起步阶段。

（3）深海装备用钛合金大规格材料及大型部件、高强高韧钛合金材料。发达国家仅海洋应用的钛及钛合金材料标准就达 400 余种，国内以仿制为主，自主创新的产品很少，应用数据积累还不够，在新合金和新材料的系统研究方面严重不足。

（4）高端医疗用的钛合金高品质棒丝材、低成本控制的武器装备用钛合金产品等。

4.4 "十四五"发展思路

4.4.1 发展目标

从目前国内外政治经济形式来看，国内将以钛合金高端需求发展的方向作为重点，在国家目前供给侧改革和国家大力倡导军民融合的大好形势下，如大飞机、空间站计划、嫦娥计划、舰船建造计划以及核电规划等，钛行业企业运营抓住千载难逢的机遇，积极参与环保、智能制造军民对口配套等产品的研制和生产，提供企业生存和核心竞争力，通过资本市场，在市场竞争中谋求更大的发展。总体发展目标为：

（1）上游海绵钛需要从钛矿入手，通过引进国外先进技术和工艺，提升海绵钛质量，形成满足高端钛材需求的高品质海绵钛原料和批次稳定的供应渠道。

（2）引进国外先进的钛合金加工工艺和装备，整合目前的国内钛加工企业，从熔炼、锻造、轧制、挤压、开坯等每个环节完善钛合金加工生产工艺，形成均质、稳定的钛加工材批量供应链，把质量控制分散到每一个加工环节，形成高端钛及钛合金加工材供应体系。聚焦钛材企业，发挥规模效益优势。

（3）大力推进科技进步，在"十三五"钛材产业结构高端产品优化调整的基础上，进一步开发钛及钛合金的高端产品，实现材料的国产化，填补空白，满足国内外需求，提升我国的综合国力。主要领域体现在：航空航天、海洋工程（舰船、油气开采、深海探测、海上核电装置）、武器装备、其他高端医疗以及高端化工等为主。

4.4.2 重点任务

（1）梳理"十四五"期间重点发展的材料品种。

1）满足高端钛材需求的高品质海绵钛。

2）钛加工材产业主要任务。

① 在全面掌握钛及钛合金真空自耗电弧炉熔炼技术基础上，需要发展等离子冷床炉熔炼技术，生产出符合国际航空转动件技术标准的大型钛锭，并优化钛材废料的回收处置方法。

② 钛材品种急需填平补齐，实现关键材料的国产化。与国际对标结合成本控制的高端民用钛材产品，民用航空用的钛合金棒材、自由锻件、等温锻件、中厚板、板材等；油气开采用的大口径钛合金型材；核电行业用的薄壁异性管材、深海探测用的 70mm 以上宽幅/超宽幅厚板产品、钛钢复合板等。

③ 满足国内军用航空及航天需求的新机型机体及其发动机用钛材和锻件产品。

④ 结合智能制造，大力发展高附加值的钛深加工产品：等温锻造产品、精密铸造、模锻产品等。

⑤ 600℃以上使用高温钛铝材料产品。

"十四五"期间重点发展的材料品种，见表 4-1。

表 4-1 "十四五"期间重点发展的材料品种

重点材料品种	"十四五"关键技术指标	"十四五"产业发展目标
钛合金返回料回收及综合利用	钛及钛合金残料实现可靠高效回收，添加返回料的钛及钛合金产品各类材料及应用标准规范齐全完备，在全部钛加工材料中占比不低于 30%	建立专业的钛及钛合金返回料处理企业，全国年处理能力不低于 8000t
钛合金挤压型材、导管与丝棒材		实现各类钛合金挤压型材年产 5000 支，导管年产 30 万米，紧固件用丝棒材年产 200t 的生产能力，满足国内重点工程型号需求
超高强韧钛合金	强度在 1350MPa，断裂韧性为 60MPa·m$^{1/2}$ 以上；突破 1350MPa 级超高强高韧钛合金成分设计及强韧性能匹配调控技术，突破 1350MPa 级超高强高韧钛合金超大规格棒材及锻坯制备工艺技术，突破 1000MPa 高强韧耐蚀钛合金厚板轧制工艺技术；1350MPa 级超高强高韧钛合金可制备出直径 450mm 棒材或相应截面锻坯，棒材或锻坯单重达到 2t 以上，成熟达到 6 级，实现典型应用示范	相关产品的年产量达到 10000t，产品质量的稳定性及批次质量一致性与国外产品相当，满足民用飞机的适航要求

（2）针对发展目标和重点方向，研究提出"十四五"重大工程项目。钛及钛合金产品及其先进加工技术开发：

1）体现化学成分高纯净化及高缺陷预防能力的钛合金铸锭熔炼及全过程管控的集成技术开发，体现在真空自耗炉的全流程过程控制技术改进、冷床炉熔炼技术的开发及工程化实际应用。

2）体现高均质化、高稳定化控制的军用航空航天领域机体及发动机用钛合金材料的研发及工程化应用。

3）结合国内军用航空航天钛材需求，等温锻产品工程化能力提升及智能化制造技术开发，新型号新领域产品开发以及锻件产品质量稳定性的提升技术。

4）民用航空体系稳定化控制的钛合金棒材、板材、自由锻件、等温锻件新产品的开发及工程化应用。

5）钛及钛合金型材产品及其技术开发，生产出满足航空航天、舰船、海洋油气开发、海洋核电所需的管材产品，满足国内降低成本控制、国产替代进口、且部分钛材受制于国际经济形势出现钛材短缺情况的急需。

6）开发满足深海探测（深潜器、深海空间站）用高性能需求的宽幅厚板产品。

7）体现低成本控制具有自主知识产品的武器装备用钛合金板材产品研发及工程化应用。

8）高性能医疗器械用钛合金丝材产品、成型、组织及表面处理技术的研发及工程化应用。

9）高温先进材料的研发和工程化应用。

（3）研究构建新材料协同创新体系。在已有的生产应用示范平台、测试评价平台、资源共享平台和参数库平台基础上，根据产业发展实际，研究提出"十四五"应创建的新平台思路。围绕提升新材料创新能力，提出发展思路。

民用航空、油气开采、深海探测、高端医疗、核工业及武器装备等领域产品的工程化应用刚起步，材料基本上依赖于进口，材料技术标准、评价标准及其工程化应用等方面尚不完善，需要钛材原材料、下游钛构件制造企业、零件应用单位共同合作来实现材料的稳定化工程应用控制水平。

（4）其他重点任务。

4.4.3　支撑保障

（1）钛是市场前景非常好的战略金属，我国钛产业有了相当突破的发展，但是产品应用领域处在低端低附加值阶段，与国际上钛材强国相比竞争力不强，行业总体处于不稳定阶段，存在较高的技术风险、市场分析和投资风险。为使我国从钛材大国转变为钛材强国，需要国家对钛产业给予稳定的支持。

（2）我国钛产业近期已处在一个较高的新历史起点，把技术创新、提升产品质量、开发新品种、优化技术经济指标，作为产业发展的主要方向，产业链需要整体策划，提升产品质量和优化产业结构当前一定优先于产业规模的扩张。

（3）在提升军用航空钛材产品，进一步提升产品质量及其产品质量稳定性的基础上，把全行业企业建成学习型企业、科技型企业。重点大中型企业要建立完善的技术创新体系，成立企业的专业研究院或开发中心，重点开发钛的新技术、新产品、新应用。大企业努力建成产业健全、上下游结合的企业集团，中小企业则做强专业化技术及产品，形成差异化发展，有序竞争的格局。

（4）钛材需要开发的格局，需要引进和消化国际上的先进材料及其技术，应鼓励企业自主开发创新。

5 化工新材料产业 "十四五" 规划思路研究

5.1 化工新材料发展现状

化工新材料是指目前发展的和正在发展之中具有传统化工材料不具备的优异性能或某种特殊功能的新型化工材料。与传统材料相比，化工新材料具有性能优异、功能性强、技术含量高、附加值高等特点，是化学工业中最具活力和发展潜力的新领域，代表着未来化学工业的发展方向，包括特种工程塑料、高端聚烯烃树脂、高性能纤维、高性能橡胶、聚氨酯材料、功能膜材料、电子化学品、石墨烯、3D 打印材料、纳米材料等（见表 5-1）。

表 5-1　化工新材料重点产品

序号	产业细分	具体范围
1	工程塑料与特种工程塑料	聚碳酸酯、聚甲醛、聚甲基丙烯酸甲酯、聚酰胺、聚苯醚、聚对苯二甲酸丁二醇酯、聚萘二甲酸乙二醇酯等特种聚酯；聚酰亚胺、聚砜、聚醚砜、聚苯硫醚、聚醚醚酮、液晶聚合物等其他特种工程塑料
2	高端聚烯烃树脂	聚乙烯辛烯共聚物、乙烯-醋酸乙烯树脂、乙烯-乙烯醇树脂、超高分子量聚乙烯树脂、透明减薄用茂金属聚烯烃（茂金属聚乙烯、茂金属聚丙烯）、高透明环烯烃树脂、透明包装用复合热收缩膜芯专用树脂、低温管道用聚 1-丁烯树脂、聚异丁烯（PIB）等
3	高性能纤维	碳纤维、芳纶纤维、超高分子量聚乙烯纤维、聚对苯二甲酸丙二醇酯纤维、聚酰亚胺纤维、聚苯硫醚纤维、聚对亚苯基苯并二噁唑纤维等
4	特种橡胶和热塑性弹性体	卤化丁基橡胶、乙丙橡胶、硅橡胶、氟橡胶、氟硅橡胶、氟碳橡胶和全氟醚橡胶、丁腈橡胶、氢化丁腈橡胶、聚氨酯橡胶和异戊橡胶等；可注塑加工新型聚烯烃弹性体（POE，POP，TPV，SEBS）
5	氟硅树脂	聚四氟乙烯、聚偏氟乙烯、聚全氟乙丙烯、可熔融聚四氟乙烯、聚乙烯-四氟乙烯、聚三氟氯乙烯、四氟乙烯-六氟丙烯-偏氟乙烯共聚物、聚乙烯-三氟氯乙烯等氟树脂；硅树脂
6	聚氨酯材料	MDI、TDI、HDI、IPDI、HMDI 等异氰酸酯为原料的硬泡、软泡、喷涂泡沫、复合材料、弹性体、整体发泡
7	功能性膜材料	水处理用膜、特种分离膜、离子交换膜、节能领域用膜、新能源用膜（光伏、锂电和燃料电池用）、光学膜
8	电子化学品	半导体集成电路用化学品、装连工艺化学品、PCB 用化学品、液晶显示器用化学品、OLED 用化学品、电子纸（ED）用化学品等
9	其他	石墨烯、3D 打印材料、纳米材料等

"十二五" 以来，我国化工新材料发展取得了重大进展，一批重大关键技术取得了突破性进展。其中，自主开发的二苯基甲烷二异氰酸酯（MDI）、间位芳纶等生产技术已达到或接近国际水平。T800 及以上级碳纤维、聚碳酸酯、聚苯硫醚、氢化苯乙烯异戊二烯共聚物（SEPS）、聚丁烯-1、耐高温半芳香尼龙 PA10T、ADI 全产业链技术等打破国外垄

断，先后实现产业化生产。世界首套高强高模聚酰亚胺纤维百吨级装置率先在中国建成。聚氨酯及原料基本实现自给，氟硅树脂、热塑性弹性体、功能膜材料等自给率近70%，高性能树脂、高端超高分子量聚乙烯、水性聚氨酯、脂肪族异氰酸酯、氟硅树脂橡胶等先进化工新材料国内市场占有率大幅提升，部分产品实现出口。

在激烈的市场竞争中，一批领军型企业加快成长，焕发出强大的生机活力。万华化学自主研发了第六代MDI生产工艺，成为全球技术领先、产能最大、质量最好、能耗最低、最具综合竞争力的MDI制造商，并打破了国外公司对ADI系列产品全产业链制造技术长达70年的垄断，建成了世界上品种最齐全、产业链条最完善的ADI特色产业链。鲁西化工在消化吸收国内外先进技术的基础上，开发了具有自主知识产权的聚碳酸酯技术，建设了年产20万吨聚碳酸酯产业化装置，产品质量加快向国际先进水平靠拢。浙江新和成开发了具有自主知识产权的聚苯硫醚技术，建设了万吨级工业化装置，产品基本达到国际同行水平。东岳集团在成功开发出第一代国产氯碱膜基础上，又成功研制出"高电流密度、低槽电压"新一代高性能国产氯碱离子膜并实现了数万平方米的工业应用。中复神鹰集团完成的干喷湿纺碳纤维生产技术，成功建成了国内第一条千吨级规模T700/T800碳纤维生产线。

2018年，我国化工新材料产业规模达到4800亿元，较"十二五"末增长2.5倍，市场总消费规模约为8000亿元，化工新材料进口额约3200亿元，占化工产品总进口额的25%（化工产品进口额达1.3万亿元）。按产量统计，2018年国内产量约为2210万吨，较"十二五"末提高60%，消费量达3410万吨，自给率仅为65%，其中工程塑料产量306万吨，自给率仅为56%；高端聚烯烃产量为527万吨，自给率为43%；高性能合成橡胶产量380万吨，自给率约83%；聚氨酯材料产量为760万吨，自给率为88%；氟硅材料产量为58万吨，自给率为121%；高性能纤维产量4万吨，自给率仅为50%；高性能膜材料产量40万吨，自给率仅为67%；电子化学品按重量和销售额计的国内自给率分别为60%和55%（见表5-2）。

表5-2 2018年我国化工新材料总体情况

序号	产品类别	产量/万吨	消费量/万吨	自给率/%
1	高端聚烯烃塑料	527	1236	43
2	工程塑料	306	548	56
3	聚氨酯	760	860	88
4	氟硅材料	58	48	121
5	高性能橡胶	380	460	83
6	高性能纤维	4	8	50
7	功能性膜材料	40	60	67
8	电子化学品	60	90	67
9	其他	75	100	75
	合　计	2210	3410	65

化工新材料已成为我国化学工业发展最快、发展质量最好的重要引领力，培育了上海化工园区、南京化工园区、江苏张家港国际化工园、江苏高科技氟化学工业园、中国化工

新材料（嘉兴）园区、山东济宁新材料产业园等一批专业特色突出的化工新材料产业园区。但总体看，我国化工新材料产品仍处于产业价值链端的中低端水平，中高端产品比例相对较低，现有产品技术含量、附加值低，与发达国家相比差距较大。茂金属聚丙烯、聚醚醚腈、发动机进气歧管用特种改性尼龙、可溶性聚四氟乙烯、聚酰胺型热塑性弹性体、PVF 太阳能背板膜等部分产品仍未实现大规模工业化生产。聚甲醛、溴化丁基橡胶、碳纤维、芳纶、聚酰胺、聚苯硫醚、高纯电子气体和试剂、太阳能电池背板等高端产品仍需进口。尤其是高纯磷烷特气、CMP 抛光垫材料、大规模集成电路用光刻胶等电子信息领域所需的关键材料完全依赖进口。同时，部分化工新材料品种及其原料开始出现结构性过剩问题。TDI、MDI、环氧丙烷、己内酰胺、己二酸、聚醚多元醇、有机硅甲基单体、硅橡胶、氢氟酸、氟聚合物、含氟制冷剂等表现出不同程度的产能过剩，产能利用率快速下降。

5.1.1　高性能树脂

我国高性能树脂严重短缺，国内企业技术和生产均不能满足市场需求，严重依赖进口。

（1）高端聚烯烃塑料。高端聚烯烃品种包括茂金属系列聚烯烃材料、高刚性高抗冲共聚聚丙烯、乙烯-乙烯醇共聚物等，这些品种或国内产量较少，或质量未能完全符合用户的要求，仍以进口为主。2018 年，我国高端聚烯烃塑料的国内自给率仅为 43%，己烯、辛烯等高碳 α-烯烃依赖进口是制约高碳 α-烯烃共聚聚乙烯发展的重要原因之一。在高端聚烯烃树脂领域，EVOH 树脂国内无法生产，完全依赖进口；POE、mPE 和 mPP 自给率严重不足，仅为 10% 左右；EVA 树脂自给率也不到 50%。

（2）工程塑料和特种工程塑料。我国工程塑料起步较晚，但发展迅速，目前已逐步形成了具有树脂合成、塑料改性与合金、加工应用等相关配套能力的完整产业链，产业规模不断扩大，并且出口不断增长。2018 年，我国工程塑料产量 306 万吨，表观消费量为 548 万吨，自给率仅为 55.9%，其中消费量最大的聚碳酸酯国内自给率仅为 43%，主要由外资企业生产，近年来随着国内技术突破，新建项目迅速上马。我国工程塑料产能过度集中于低端产品，而高端产品的产能受制于技术等因素而导致对进口的依赖严重。

在五大通用工程塑料领域，我国均已建成大型工业装置，新增产能主要集中在聚甲醛、PBT、聚碳酸酯。目前，国内主要生产共聚甲醛，产品以中低端为主，高端产品主要依赖进口，均聚甲醛仍难突破，作为聚酰胺树脂的原料，己二腈国内尚无法实现产业化，聚酰胺树脂产能产量受国外市场影响比较严重。

在特种工程塑料领域，聚苯硫醚、聚酰亚胺、聚醚醚酮及下游制品产业化发展提速，聚砜类、聚芳酯、特种聚酰胺等多数品种处于技术开发和应用研究阶段。

（3）降解塑料。PBS/PBAT、PLA、PHA 是三大主流降解塑料。PBS/PBAT 树脂韧性好，加工性能优异，可广泛应用于购物袋、地膜、保鲜膜、片材等产品应用，是膜类降解产品最重要基础原材料，也是当前使用量最大的降解塑料品种。中国科学院理化技术研究所、清华大学、四川大学等都拥有技术的知识产权，其中中科院的技术在国内已经广泛产业化。PLA 树脂是全生物基材料，树脂强度好，透明性好，应用十分广泛。目前，我国中国科学院长春应用化学研究所、同济大学、南京工业大学等都拥有 PLA 的合成技术，国内已经形成 7 万吨产能。PHA 树脂是全生物合成制备，产品包括 PHB、PHBV、

PHBVXX、P(3.4)HB、PHBD 等品种，具有优异的力学性能，尤其是具有降解塑料中少有的良好气体阻隔性，在包装中有其独特的应用。目前，天津国韵已经实现了万吨级 P(3.4)HB、宁波天安已经实现了千吨级 PHBV 的生产。国内清华大学、汕头大学等拥有 PHA 的生产技术，但因成本高，与聚烯烃相比处于劣势，需要国家政策支持。

5.1.2 高性能橡胶

高性能橡胶指除乳聚丁苯橡胶和通用型顺丁橡胶外的其他合成橡胶，包括溶聚丁苯橡胶和稀土顺丁橡胶，也包括各类热塑性弹性体。在新技术开发方面，由于缺乏相应的加工应用技术支持，加之下游企业应用配方开发动力不足，致使高性能橡胶新产品推广受阻。2018 年，我国高性能橡胶装置总能力达 600 万吨，消费量为 460 万吨，其中净进口量 80 万吨，自给率约 82.6%。2018 年国内丁基橡胶装置总能力达 39.5 万吨/年，产量 16.6 万吨；丁腈橡胶国内产能 24 万吨/年，产量 15.6 万吨。

2018 年，丁苯热塑性橡胶、丁腈橡胶和氯丁橡胶的国内产品市场占有率达到 60% 以上，需要进一步增加高档适销产品；而丁基橡胶、乙丙橡胶和异戊橡胶三个品种因装置建成时间不长，目前国内产品市场占有率还很低。2018 年，丁基橡胶和乙丙橡胶的产能和消费量大致持平，但是因天然橡胶价格冲击，国内装置开工率低，市场消费大量依靠进口，需要进一步稳定产品质量，开发市场，尽快达到正常生产，满足国内市场需要。

热塑丁苯橡胶是国内市场占有率最高的品种，我国已成为世界热塑丁苯橡胶最大生产和消费市场，热塑性丁苯橡胶的生产技术分别向意大利 EniChem 公司和中国台湾合成橡胶公司进行了转让，开创了国内石油化工技术的出口先例。

5.1.3 聚氨酯

我国是世界最大的聚氨酯原料生产基地，异氰酸酯（MDI，TDI，HDI）、聚醚多元醇、己二酸等产能发展迅猛，下游加工企业多，产业规模迅速扩大，但低端产品同质化严重、产能过剩、高端产品不足且竞争力弱。2018 年，我国聚氨酯消耗量超 1110 万吨，各类聚氨酯制品产量达 973 万吨以上，折合聚氨酯树脂产量 750 万吨。除个别特种聚氨酯制品外，聚氨酯制品以及大宗品种的原料 MDI、TDI、脂肪族异氰酸酯和聚醚多元醇均已实现或基本实现国内自给。

（1）异氰酸酯。经过 30 多年的引进、消化吸收、自主创新开发，特别是近 10 年来快速创新发展，我国异氰酸酯形成了以 MDI、TDI 为主体品种的坚实产业基础，国内产量不断提高，进口量逐渐减少，出口量逐渐增加，已成为全球异氰酸酯主要生产和消费国。2018 年，我国 MDI 总产能 329 万吨/年，产量 260 万吨；TDI 总产能达到 119 万吨/年，产量达 85.9 万吨；TDI 消费量约为 84.2 万吨；HDI 总产能 7.5 万吨/年，产量 6 万吨，净进口量近 1 万吨，自给率为 80%。

（2）聚醚多元醇。聚醚多元醇生产的技术壁垒不高，中国生产企业较多。2018 年，我国聚醚多元醇产能约 505 万吨/年，产量 271 万吨。

（3）聚氨酯制品。聚氨酯制品按照其形态和应用，可分为聚氨酯泡沫、弹性体、鞋底原液、氨纶、合成革浆料、涂料和胶黏剂/密封剂等。2018 年，我国聚氨酯制品的消费量约为 1114 万吨（含溶剂），增速约 5%。其中，TPU 由于原料价格的下降和优良的机械及加工性能，成为增速最快的聚氨酯产品。

5.1.4　氟硅有机材料

氟硅材料是化工新材料领域我国最具资源和原料优势的领域，但目前萤石、工业硅等稀缺资源和高耗能基础原料大量出口，而氟硅树脂等深加工产品出口量相对较少。

（1）有机氟材料。有机氟材料主要包括氟氯烷烃，氟硅橡胶、氟硅油、氟硅树脂、含氟烷烃等。目前，我国已形成以氟氯烷烃为配套原料支撑的从氟单体合成到聚合物制造的较为完整的体系，主要产品产能、产量、出口规模已处于世界前列，为我国航天航空、新能源、环保、交通等战略性新兴产业的发展提供了强有力的支持。2018 年，国内含氟聚合物总生产能力 25.6 万吨左右，产量 14.7 万吨左右。通用型氟树脂产品已有部分出口，但高性能产品仍依赖进口。我国氟橡胶生产能力达 2 万吨，通用型产品产能过剩，装置开工率低。国内含氟聚合物产业与国际先进水平相比，主要差距体现在：产品低端，缺少高性能品种；产品单一，缺乏满足各种不同用途加工需求的专用化、系列化产品；产品稳定性不够，给下游加工带来不便。因此，结构性短缺现象比较突出。

（2）有机硅材料。我国有机硅原料生产规模大，产业链条完备，生产要素供应充足，生产效率较高，原材料综合生产成本较欧美发达地区具有明显优势，产业集中度较高，产能发展迅速，技术水平得到大幅提升，出口量呈逐年增加趋势，已成为世界最主要的硅氧烷出口国。从原料硅块、氯甲烷纵向延伸至硅橡胶、硅酮胶，横向扩展至各类有机硅分支产品已经成为企业发展的主流趋势，培育了一批具有上下游一体化程度高、竞争优势明显的龙头企业，但仍存在结构性不足，下游深加工产品发展严重不足，下游高附加值产品与国外大型企业存在较大差距。

5.1.5　高性能纤维

我国高性能纤维产品覆盖碳纤维、间位芳纶、对位芳纶、超高分子量聚乙烯纤维、聚酰亚胺纤维等。2018 年国内高性能纤维产能 9 万吨/年，产量约 4.3 万吨，自给率为72.4%。其中，T300、T800 级碳纤维已实现产业化，M40、M40J 等高强高模碳纤维已具备了小批量制备能力，已经涵盖高强、高强中模、高模、高强高模四个系列碳纤维。间位芳纶、聚苯硫醚纤维和连续玄武岩纤维等实现快速发展，产能突破万吨。对位芳纶、聚酰亚胺纤维、聚四氟乙烯纤维等实现千吨级产业化生产，填补国内空白，打破国外垄断。聚芳醚酮纤维、碳化硅纤维等攻克关键技术，为实现产业化奠定基础。

2018 年，我国碳纤维产量约 0.9 万吨，装置开工率约为 37.5%，国内自给率仅为29%，主要原因是国内通用型碳纤维的生产成本高于进口产品价格，国内碳纤维企业单线最高产能是 1000t，规格在 12K 以下、24K 及以上的碳纤维产品质量不稳定，生产运行速度慢、运行工位少、装备保障能力弱、实际产量低、导致产品均匀性和稳定性差，生产成本高，市场竞争力差。

2018 年，我国芳纶总产能为 2.25 万吨/年，总产量 1.13 万吨，平均开工率 50%，其中间位芳纶有效产能 1.35 万吨/年，产量 0.9 万吨，平均开工率 67%；对位芳纶产能9000t/年，产量 2300t，平均开工率 25%。我国间位芳纶已能基本自给，但是对位芳纶仍严重依赖进口。

2018 年，我国 UHMWPE 纤维国内市场产能为 2 万吨左右，产量 1.3 万吨，消费量 2 万吨，自给率约 65%，形成了较为完善的规模化生产能力。UHMWPE 纤维是我国唯一具有国际竞争力的高性能纤维，也是获得专利最多的品种。国内部分厂家相关产品的单丝强度可达到 45cN/dtex，产品均匀性好，纤度不匀率可控制在 2% 左右，总体技术制备已经基本达到国际先进水平。

5.1.6　高性能膜材料

高性能膜材料主要包括水处理用膜、特种分离膜、离子交换膜、锂电池和太阳能电池用特种膜、光学膜等。2018 年底，我国膜材料产值约 600 亿元，自给率为 55%，各类功能性膜材料产能合计 66.58 亿平方米/年，产量 49.7 亿平方米，平均开工率 75%。消费量 61.8 亿平方米，自给率 80%。设计开发出 30 种膜产品，其中 10 种膜材料在国际上处于先进或领先地位。

（1）水处理用膜。国内随着排水及供水标准的不断提高，膜法水处理技术在给排水处理设施升级改造中得到了大规模应用，"十三五"市场空间超过 2000 亿元。目前，我国 RO 膜仍以进口为主，微滤膜、超滤膜的国产率也仅有 50%。超滤膜作为目前最有效的水预处理方法，在国内市场开始迅速增长，进入发展关键期。我国企业已突破 TIPS 法生产聚偏氟乙烯中空纤维膜技术，开发了具有完全技术知识产权的 TIPS 法聚偏氟乙烯中空纤维膜制备工艺，建设了一条 TIPS 法高性能 PVDF 中空纤维膜生产线（135 万平方米）；热致相分离（TIPS）技术已实现大规模工业化，建成了国内首条年产 200 万平方米的 TIPS 法 PVDF 中空纤维膜生产线，产品性能达到国际先进水平，环境及经济效益非常显著。

（2）离子交换膜。我国对高性能离子交换膜材料需求强劲，特别在燃料电池、液流电池、电渗析、氯碱等方面，每年都要花费巨资进口，尤其是全氟磺酸离子交换膜及磺化芳香族聚合物等材料。目前，我国氯碱行业对全氟离子交换膜的年需求量在 30 万~40 万平方米，几乎全部依赖进口。我国市场上离子膜主导产品的年产量达 $5 \times 10^5 m^2$ 左右。一些企业和研究院所除在含氟的离子交换膜研究取得进展外，也在经济型的离子膜方面开展了大量的基础研究工作，虽然部分研究成果已形成了中试规模的生产，但还没能形成规模化的应用及产品的系列开发。

（3）特种膜。主要有渗透汽化膜和无机陶瓷膜。我国渗透汽化膜自给率仅为 40%。无机陶瓷膜是高性能膜材料的重要组成部分，属于国家重点大力发展的战略新兴产业，近年来稳步增长。2018 年，中国无机膜市场需求超过 200 亿元，占世界总量的 10%~15%。

5.1.7　电子化学品

电子化学品的应用领域主要是集成电路、平板显示器、新能源电池和印制电路板。2018 年我国电子化学品消费量约为 90 万吨。目前，我国为新一代信息产品配套的电子化学品主要依靠进口，无法满足信息产品快速更新换代的配套需求。由于进入门槛高，国产电子化学品和材料在国内市场占有率低，且多在中低端市场，高端市场仍由日本、欧美、韩国及中国台湾地区的厂商垄断，部分产品进口依存度高达 90%。

（1）半导体集成电路用化学品和材料。半导体集成电路用化学品市场主要由硅晶片占主要份额，其他包括高纯特种气体、光掩模板、CMP 抛光剂、光致抗蚀剂和辅助材料、湿法工艺化学品（超净高纯试剂）和溅射靶材等。

目前，光刻胶国内年消费量约 1400t，对外依存度 80%以上。国内可生产一些中低端分立器件和集成电路产品，但在高端市场，国内生产光致刻蚀剂还暂时无法在大尺寸（≥8 英寸）生产线和要求较高的平板显示行业替代国外先进产品。

2018 年，我国超净高纯化学试剂需求量 25 万吨，国内一部分产品可满足需求，但企业的市场占有率不到 20%，生产企业分散，产品纯度不高，主要集中在中低端市场，研发和生产技术水平与国际尚有一定的差距。

我国电子气体生产工艺技术水平也有了较为长足的进步，在 NH_3、NF_3 等产品的生产工艺上取得了一定的突破，产品品质基本满足国内半导体产业需求。但从整个电子气体产业来看，国内与国际先进水平仍然具有巨大的差距：产品品质不稳定、国产化率低、无法支撑国内半导体产业的发展。下游产业技术进步对电子气体的种类、品质等方面的要求都要发生相应变化，因为电子气体企业缺乏与其联合开发的理念和能力，难以提供符合产业发展要求、尤其是先进制程要求的产品与技术。

封装行业包括半导体集成电路和晶体管的封装，目前 80%以上都用高分子材料封装，其余为陶瓷、金属等。我国封装材料在研究和应用上都与国外有差距，高折光、黏结性好、吸水率低、可靠性好的封装材料主要依赖进口。IC 卡封装框架及生产过程中所用的基础材料主要依靠进口。多官能环氧树脂、DCPD、高柔性聚氨酯环氧树脂正在研发，尚不能实现产业化，其他环氧树脂仍需进口。

（2）PCB（印制线路板）生产用化学品。受益于 PCB 行业产能不断向我国转移，加之通讯电子、消费电子、计算机、汽车电子、工业控制、医疗器械、国防及航空航天等下游领域强劲需求增长的刺激，近两年我国 PCB 行业增速明显高于全球 PCB 行业增速。国内从事 PCB 生产用化学品生产的企业超过 150 家。目前我国中低端 PCB 生产用化学品，包括剥除剂、消泡剂、除油剂、垂直化学沉铜、显影液、褪膜液、OSP、棕化液、微蚀液等均实现了国产化，国产化率已达 80%；而高端 PCB 生产用化学品的国产化率仅有 30%左右，如 VCP 通孔电镀化学品、VCP 盲孔电镀化学品、水平化学沉铜、超粗化、退锡液等目前还依赖进口。

（3）FDP（平板显示器件）用化学品和材料。我国 TFT-LCD 产业每年至少需要 250吨液晶材料、1.0 亿平方米基板玻璃（含彩膜用玻璃）、1.0 亿平方米偏光片、5000 万平方米彩色滤光膜、十几亿平方米光学薄膜、几亿背光源组件以及数以亿计驱动 IC 等。其总价值将接近千亿元。目前国内偏光片企业大多只能批量供应中低端 TN-LCD 和部分 STN-LCD 用偏光片，主要用于中小尺寸的显示器，大部分产品依赖进口。我国偏光片生产企业用的原材料仍主要靠进口。我国大陆产光学膜主要是台资在大陆设立的薄膜拉伸成型加工企业，基膜从国外进口，近年随着光学薄膜需求急增，国内膜加工企业大量涌现；国内补偿膜供不应求，基本完全需要进口。

（4）新能源材料。锂电池材料主要由正极材料、负极材料、电解液和隔膜构成。正极材料是锂电池最为关键的原材料，占锂电池成本的 30%以上。锂电池正极材料呈现中、日、韩"寡头聚集"的格局。日本和韩国的锂电正极材料产业起步早，整体技术水平和质量控制能力要优于我国锂电正极材料产业，占据锂电正极材料市场高端领域。由于我国大型锂电正极材料近十年迅速发展，产品质量大幅度提高，并具备较强的成本优势，近年来日韩锂电企业开始逐步从中国进口锂电正极材料，目前中国锂电正极材料市场份额已占据全球一半左右。锂电池负极材料国内技术成熟，以碳素材料为主，成本比重最低，在5%~10%。中国和日本是全球主要的负极材料产销国，为接近石墨资源、降低制造成本考虑，日本的主要负极材料企业也纷纷将产能转移到我国。目前，电解液以六氟磷酸锂为主，2018年电解液消费量17.3万吨。新型电解质不断涌现，如双（氟磺酰）亚胺锂和双（三氟甲基磺酰）亚胺锂已实现工业化生产。新能源电池材料统计见表5-3。

表5-3　新能源电池材料统计

序号	产品类别	产能/万吨·年$^{-1}$	产量/万吨	销售额/亿元	主要生产企业情况
1	正极材料	48.4	32.4	322	天津斯特兰、杉杉股份、当升科技、湖南瑞翔新材料、宁波金和、中信国安、盟固利、天津巴莫科技、北大先行、天骄科技、烟台卓能、北京锂先锋、苏州恒正、合肥国轩、深圳贝特瑞、新乡华鑫、新乡创佳、云南汇龙
2	磷酸铁锂	18	10		斯特兰、比亚迪、烟台卓能、北京锂先锋、苏州恒正、北大先行、合肥国轩、深圳贝特瑞、新乡华鑫、新乡创佳
3	钴酸锂	6	5		北大先行、杉杉股份、当升科技、湖南瑞祥、盟固利
4	锰酸锂	8	5.4		中信大锰、河北强能、淄博科源、云南汇龙、湖南振兴、新乡华鑫、杉杉股份、当升科技、湖南瑞祥、盟固利
5	三元材料	22.6	12		容百锂电、长远锂科、杉杉股份、当升科技、厦门钨业、格林美、天力锂能、振华新材料
6	电解液	28	17.3	64	天赐高新、多氟多、杉杉股份、国泰华荣、珠海赛纬电子、深圳新宙邦、天津金牛、汕头金光等
7	负极材料	25	19.2	100	杉杉、贝特瑞、紫宸、东莞凯金、斯诺
8	隔膜	40亿平方米	20.7亿平方米	80	深圳星源、佛山金辉、新乡格瑞恩、ENTEK、SK能源、佛山塑料、新时科技、河南新乡、南通天丰电子、大连伊科能源
	合计			566	

5.1.8　前沿新材料

（1）石墨烯。近年中国石墨烯行业呈井喷式发展态势，企业和产品雨后春笋般大量涌现，行业整体还处于技术概念阶段，虽已初步具备一些产能，但产品应用还很有限，销量还未打开。2018年，我国石墨烯产业产值约100亿元，目前已形成一些石墨烯研发机构、生产企业基地和产业联盟，着力进行产业化转化。

2013 年 1 月，中科院重庆绿色智能技术研究院利用化学气相沉积法在铜箔衬底上成功生长出国内首片 15 英寸单层石墨烯，成功将其完整地转移到柔性 PET 衬底上和其他基底表面，并且通过进一步应用，制备出了 7 英寸的石墨烯触摸屏，2013 年成立重庆墨希科技公司，2015 年 3 月与嘉乐派科技公司联合发布了全球首批采用石墨烯触摸屏、电池和导热膜的石墨烯手机影驰"开拓者 α"，产量 3 万台。2013 年 5 月，中国首条年产 3 万平方米石墨烯薄膜生产线在常州二维碳素科技有限公司投产，4 英寸石墨烯触摸屏手机已小批量试生产。

（2）3D 打印材料。3D 打印材料主要包括：有机高分子材料、金属材料、陶瓷材料和复合材料等。其中有机高分子材料占比接近 50%。2018 年，全球 3D 打印产值达到 145 亿美元，2023 年将达到 350 亿美元，复合年增长率达 28%。我国 3D 打印光聚合材料主要分为光敏环氧树脂、光敏乙烯醚、光敏丙烯树脂等。根据中国增材制造产业联盟公布的数据，2018 年我国 3D 打印产业规模 126 亿元，在 3D 打印原材料中，只开发出钛合金、高温合金等 30 余种金属和非金属材料。3D 打印聚合材料行业消费量超过 1200t，主要集中在设计（400t）、汽车（350t）和医疗领域（380t）。工程塑料、生物降解塑料、热固性塑料、光敏树脂、碳纤维及复合材料是重点品种。

5.2　存在的主要问题

在国家政策支持及市场驱动下，我国新材料产业通过近几年的发展，不论是经济总量还是年均增长速度，都保持了世界领先的发展地位。但是从总体来看，我国化工新材料产品仍处于产业价值链端的中低端水平，中高端产品比例相对较低，现有产品技术含量、附加值低，与发达国家相比差距较大，由于受技术水平的制约，国内产品质量和价格与国外相比存在较大差异，如聚甲醛、溴化丁基橡胶、碳纤维、芳纶、聚酰胺、聚苯硫醚、高纯电子气体和试剂、太阳能电池背板等高端产品仍需进口。同时，部分化工新材虽然迅猛发展，但是也开始出现部分化工新材料品种及其原料结构性过剩问题。TDI、MDI、环氧丙烷、己内酰胺、己二酸、聚醚多元醇、有机硅甲基单体、硅橡胶、氢氟酸、氟聚合物、含氟制冷剂等表现出不同程度的产能过剩，产能利用率快速下降。

存在的问题如下：

（1）化工新材料产品不论从质量还是数量上均不能满足国内需求。部分化工新材料产品目前国内仍未实现大规模工业化生产。茂金属聚丙烯、聚醚醚腈、发动机进气歧管用特种改性尼龙、可溶性聚四氟乙烯、聚酰胺型热塑性弹性体、PVF 太阳能背板膜等部分产品仍未实现大规模工业化生产。尤其在电子化学品领域，高纯磷烷特气、CMP 抛光垫材料等电子信息领域所需的关键材料完全依赖进口。不少化工新材料产品虽已国产化但产品质量与进口产品差距仍较大，只能满足中低端需求。有些化工新材料的生产装置运行情况不理想，产品不能稳定供应。加快实现关键化工新材料国产化、提升重点化工新材料自给能力仍是我们当前非常急迫的首要任务。

（2）化工新材料关键配套原料产业化程度有待提高。部分化工新材料的关键配套单体国内尚未工业化生产，严重制约化工新材料的发展。在高性能树脂领域，高碳 α-烯烃（八碳及以上）完全依赖进口，严重制约共聚聚乙烯的发展；己二腈完全依靠进口，制约聚酰胺工程塑料的发展；CHDM 低成本供应问题制约 PCT 和 PETG 等特种聚酯的发展。化工新材料的发展急需各行业配套发展。

（3）核心技术受制于人、市场主体小而分散。与国际领先化工新材料企业相比，我国化工新材料企业规模小，创新能力弱，产品单一，生产技术和设备大多依靠引进。普遍存在技术更新慢、经营分散、产品成本高、科技研发投入不足等问题，企业创新能力不足严重制约了我国化工新材料产业持续健康发展。

（4）规划不科学，产业布局不合理，部分产品出现产能过剩局面。由于我国化工新材料产业起步晚，底子薄，加上化工新材料产业链非常长，如果对于化工新材料产业调研不深入，就会在产业布局和投资领域存在误区，导致政府和园区在规划时存在偏差，企业在投资时盲目追投热点，影响化工新材料产业的长远发展。部分热门化工新材料产品如聚碳酸酯、高吸水性树脂等都出现产能过剩的局面。目前，我国虽已形成一些较大的化工新材料产业聚集区，但是在产业布局上仍然存在误区。不少省市在做产业规划的时候都会将战略性新兴产业作为重点产业，而化工新材料也是提及率最高的方向之一，然而目前就全国化工新材料产业规划来说，鲜有"创新"多为"模仿"，化工新材料产业发展方向的雷同化比较严重。例如，就碳纤维而言，全国有上海、浙江、江苏、山东、宁夏等省直辖市都在布局，但是企业规模和产业水平却参差不齐，造成资源的不必要浪费。

（5）创新体制、机制不健全，自主创新体系亟待完善。企业是技术创新的主体，院校、院所是技术创新的基础和支撑，市场引导技术创新的方向，政府创造良好创新环境，法治提供自主创新的保证，五个环节有机融合、协调发展是提升技术创新能力的体制和机制保障。目前来看，化工新材料行业仍存在着鼓励创新的法律政策体系不完善、激励机制不到位、创新机制不灵活、人员配备不合理、创新人才尤其领军人才缺乏、知识产权保护意识淡薄等问题。有的企业对科技创新规律缺乏足够的认识，创新风险意识不强，仍习惯用粗放发展传统产业的办法投资高新技术产业，不仅导致创新效率低，而且也造成不必要的资源浪费。企业、科研单位合作沟通不紧密，往往存在低水平重复研究和"孤岛化"现象，导致合作效率不高、成果转化率低。建立健全法治保证、政策引领、企业主体、科研支撑，政产学研用相互配合、互为支撑的职责清晰、责权利明确、运作高效的自主创新体系将是我们新材料行业高质量发展的关键。

（6）部分产品产能出现结构性过剩。随着国产化技术的不断完善和突破，一些长期短缺的化工新材料产品成为企业和地方争相追逐的热点项目，部分产品开始出现低端产品供应过剩的倾向，急需引起我们的重视。氟硅材料、聚氨酯原料、高性能纤维等领域技术进步相对较快，新建装置能力快速增长，"十三五"期间，产能扩张达到阶段性顶峰。同时，由于产品质量和价格与国外相比存在较大差距，聚甲醛、碳纤维等呈现一边大量进口、一边国内装置开工严重不足的现象。再如聚碳酸酯，多年来依赖外资企业和进口满足需求，直到2015年实现国产化，近几年产品产能快速增长，根据公开发布的拟在建项目统计，预计2020年产能达到160万吨，2022年将超过350万吨，可以预见，如果这些项目全部如期建成，聚碳酸酯也将陷入过剩的局面。我们不能再重复过去的老路，用今天的投资制造明天的过剩。

5.3 化工新材料产业发展的战略和任务

习近平总书记在视察万华化学时强调，要坚持走自主创新之路，要有这么一股劲，要有这样的坚定信念和追求，不断在关键核心技术研发上取得新突破。我们要认真学习领会习近平总书记的重要指示精神，铭记"核心技术靠买是买不来的"这一事实，坚定信心、保持定力，努力营造有利于创新的政策和市场环境，扎扎实实推进技术创新，做好我们自己的事，以不变应万变，全面用好我国经济发展的重要战略机遇期、围绕化工新材料产业发展，着力抓好以下重点工作：

一是面向国家和行业重大需求，努力攻克一批补短板技术。结合我国新能源汽车、轨道交通、航空航天、国防军工等重大战略需求，聚焦产业发展瓶颈，集中力量补长"短板"，攻克一批关键核心技术，推动产业供给侧结构性改革。开发 α-烯烃及聚烯烃弹性体（POE）、茂金属聚乙烯（mPE）、耐刺薄膜专用树脂等高端聚烯烃材料生产技术；开发己二腈、聚苯醚、热塑性聚酯（PBT）等通用及特种工程塑料关键中间体和产品；研制纤维用大丝束腈纶长丝等新型（特种）合成纤维；开发子午胎用高极性与高气密性溴化丁基橡胶等新型（特种）合成橡胶；开发 5G 通信基站用核心覆铜板用树脂材料等高端电子化学品。

二是紧跟国际前沿，抢占一批制高点技术。密切关注国际科技前沿，加强超前部署，构建先发优势，在更多关键技术上努力实现自主研发、自主创新，努力形成一批具有自主知识产权的国际领先的原创核心技术。我们要加大研发投入和科技成果转化力度，加强理论研究和基础研究，突破一批新型催化、微反应等过程强化技术，开发一批新材料技术，抢占一批科技制高点。大力发展聚砜、聚苯砜、聚醚醚酮、液晶聚合物等高性能工程塑料，电子特气、电子级湿化学品、光刻胶、电子纸等高端电子化学品，加强石墨烯材料和3D 打印材料的研发和应用研究。努力为我国石化行业高质量发展打下坚实基础。

三是围绕提高自主创新能力，建设一批高水平创新平台。要利用国际、国内创新资源，积极培育和组建一批国家级和行业级创新中心。按照行业科技创新规划，将领先科研院所和创新型企业组织起来，建设一批高水平的产学研用创新平台；积极开展同国外跨国公司和科研机构的交流合作，为突破行业发展关键技术和行业转型升级提供新鲜土壤，为产学研优势集聚提供更大空间。进一步加快科研技术产业化速度和成果转化，形成对行业转型升级发展的有力支撑。

四是深化科技体制机制改革，积极营造有利于创新的发展环境。党的十九大以来，国家连续出台了一系列鼓励创新的法律和政策文件，包括在产学研合作中的知识产权、成果转化效益中的相关分配原则等各个方面，可以说有利于创新的法律政策环境正在不断改善。我们建议有关部门进一步听取企业和科研单位的意见，进一步出台更加细化、更可操作的实施细则。特别是要进一步强化知识产权保护，建立健全技术资料、商业秘密、对外合作等法律法规，增强企业守法意识，切实保障知识产权所有者的合法权益，促进自主创新成果的产权化、商品化、产业化，提升行业知识产权创造、运用、保护和管理的能力，从体制机制上充分释放广大企业和科技工作者的创新活力和创新动力。

5.4　发展目标

"十四五"期间，化工新材料产业主营业务收入、固定资产投资保持较快增长，力争到 2025 年产业实现高端化和差异化初步成型，发展方式明显转变，经济运行质量显著提升。做到基础、大宗有保障、自给率得到明显提升，部分优势产品实现出口；高端差异有突破，形成产学研用一体协同发展。

（1）经济总量平稳增长。全行业主营业务收入年均增长 12%左右，到 2025 年达到 1 万亿元左右。

（2）产业结构调整取得重大进展。化工新材料整体自给率超过 75%；产能布局更趋合理，园区化、集约化发展水平进一步提升，形成 10 个左右年产值超百亿元的化工新材料化工园区；企业规模持续扩大，产业集中度不断提高，形成一批具有引领作用的化工新材料企业集团。

（3）创新能力显著增强。科研投入占主营业务收入的比例达到 3%。产学研协同创新体系日益完善，重点突破一批重大化工新材料关键技术和重大成套装备，抢占一批科技创新制高点，建成一批国家级化工新材料研发平台，形成转型升级的新动力和新优势。

（4）高端化和差异化发展取得切实成效。有机硅、氟聚合物、特种橡胶、工程塑料、电子化学品等化工新材料实现多品种、系列化发展，部分高端品种取得重大突破，填补空白，并成功实现在高端领域的应用。

到 2025 年，力争解决 20 个左右上游关键配套原料的供应瓶颈，实现 50 个左右填补国内空白的高端应用领域化工新材料产品产业化，优化提升 80 个左右高端化工新材料产品质量，提升产品档次，形成化工新材料实施一批、储备一批和谋划一批的可持续发展模式。培育 50 家左右具有较强持续创新能力和市场影响力的化工新材料企业，部分企业创新能力和市场影响力达到国际先进水平。

5.5 "十四五" 化工新材料发展重点

（1）大力实施技术改造，提高国内装置的开工率（聚甲醛、聚碳）。围绕优化原料结构、提高产品质量、降低消耗排放、促进本质安全，利用清洁生产、综合利用、智能控制等先进技术装备对现有生产装置进行改造提升，与国外先进工艺技术水平进行对标，确定差距，对症下药，推动化工新材料产业降本增效，提高综合竞争能力，提高国内装置的开工率。提升化工新材料自身的发展水平，降低能源和物料消耗以及污染物排放，提高产品的国际竞争能力，重点提高国内已有品种的质量水平，实现产品差异化高端化。

（2）积极推进重大工程项目建设。围绕满足国家重大工程及国计民生重大需求，以《中国工业制造 2025》为导向，以满足国内高端市场需求为重点，以产业联盟的方式，加快延伸发展下游高端制品并加快化工新材料在新应用领域的推广。

针对高端产品制造、生物化工、节能环保产业培育等重点领域，突破一批共性技术、关键工艺、成套装备。有序推进汽车轻量化化工新材料工程、高性能膜工程和电子化学品自给率提升工程。

（3）优化调整化工新材料产业布局。按照全国主体功能区规划、区域产业布局规划、城市发展规划以及园区产业定位要求，优化化工新材料产业园区布局，依托园区已有的化工基础原料产业和现有的化工新材料产业特色，重点打造 20 个左右以分领域为特色的化工新材料产业园区，引导产业资本集中投资，避免化工新材料园区遍地开花，产业松散，缺乏综合竞争力。

（4）强化知识产权意识，提升行业知识产权创造、运用、保护和管理能力。积极贯彻实施《国家知识产权战略纲要》，强化知识产权的创造、运用、保护和管理。加强对外科技和产业交流与合作，注重引进技术的消化吸收再创新，全面赶超国际先进水平。强化企业知识产权意识，加强知识产权保护，建立健全技术资料、商业秘密、对外合作知识产权管理等法律法规，保障知识产权所有人的合法权益，促进自主创新成果的知识产权化、商品化、产业化，提升行业知识产权创造、运用、保护和管理能力。

5.5.1　重点产品

"十四五"期间，化工新材料应围绕汽车（包括新能源汽车）、现代轨道交通、航空航天、节能环保、电子电器等产业，重点发展工程塑料、聚氨酯、氟硅材料、高性能橡胶、高性能纤维、功能性膜材料、电子化学品等产品。

工程塑料重点发展聚碳酸酯、聚甲醛、聚苯硫醚、尼龙（包括长碳链尼龙、耐高温尼龙等特种尼龙）、聚酰亚胺、聚醚醚腈、聚萘二甲酸乙二醇酯、聚对苯二甲酸 1,4-环己烷二甲酯等品种及其改性、复合材料。

聚氨酯重点发展脂肪族异氰酸酯、高端热塑性聚氨酯弹性体、环保功能性聚醚、聚氨酯树脂基复合材料、环保型聚氨酯泡沫稳定剂、硅改性聚氨酯密封胶、水性、无溶剂型聚氨酯树脂等。

氟硅材料重点发展苯基有机硅单体及聚合物、高端氟聚合物、含氟功能性膜材料、高品质含氟、硅精细化学品和低温室效应的 ODS（消耗臭氧层物质）替代品等。

高性能橡胶重点发展溶聚丁苯橡胶、稀土顺丁橡胶、异戊橡胶、卤化丁基橡胶、氢化丁腈橡胶及聚烯烃、聚酯、聚氨酯等新型热塑性弹性体。

高性能纤维重点发展高强和高模碳纤维、对位芳纶、超高分子量聚乙烯纤维、聚苯硫醚纤维、聚酰亚胺纤维、聚对苯二甲酸丙二醇酯纤维等产品。

功能性膜材料重点发展离子交换膜、高性能双极膜、锂电池隔膜、液流电池隔膜、气体分离膜、水处理膜等。

电子化学品重点发展 248nm 和 193nm 级光刻胶、PPT 级高纯试剂和气体、聚酰亚胺和液体环氧封装材料、高档 TFT（薄膜晶体管）液晶材料、TFT-LCD（薄膜晶体管-液晶显示器）用偏光片、大屏幕彩色荧光粉及聚氟乙烯（PVF）背板膜、聚酰亚胺薄膜、特种聚酯薄膜、导电涂料。

根据化工新材料产业发展重点和方向，建议列入"十四五"期间重点新材料产品目录的化工新材料产品见表 5-4。

表 5-4　鼓励发展的化工新材料产品品种表

序号	分类	具　体　产　品
一、高性能树脂		
1	基础原料	CHDM（1,4-环己烷二甲醇）、萘二甲酸二甲酯（NDC）、1,4-环己烷二甲醇（CHDM）、丁二烯法己二腈、己二胺生产
2	工程塑料	均聚法聚甲醛、聚苯硫醚、聚醚醚酮、聚酰亚胺（尼龙 11、尼龙 1414、尼龙 46、长碳链尼龙、耐高温尼龙等新型聚酰胺）、聚砜、聚醚砜、聚芳酯（PAR）、聚苯醚及其改性材料、液晶聚合物等产品，高端牌号聚碳酸酯、聚甲醛等；PEEN（聚醚醚腈）、PEN（聚萘二甲酸乙二醇酯）、PCT（聚对苯二甲酸 1,4-环己烷二甲酯）等；特种工程塑料合金

续表5-4

序号	分类	具 体 产 品
3	高端聚烯烃塑料	高碳α-烯烃共聚聚乙烯、茂金属催化聚乙烯和聚丙烯；配套发展己烯-1、辛烯-1等高碳、α-烯烃共聚单体；聚异丁烯（PI）和超高分子量聚乙烯等特种聚烯烃
4	其他高性能树脂	高性能涂料，高固体份、无溶剂涂料，水性工业涂料及配套水性树脂，可降解塑料；乙烯-乙烯醇树脂（EVOH）、聚偏氯乙烯等高性能阻隔树脂开发与生产；特种环氧树脂、聚酰亚胺树脂、双马来酰亚胺改性三嗪树脂、热固性聚苯醚树脂、聚氰酸酯树脂等为刚性板配套的特种树脂
二、聚氨酯材料		
1	基础原料	万吨级脂肪族异氰酸酯，过氧化氢氧化丙烯法环氧丙烷、发展脂肪族异氰酸酯等短缺的聚氨酯原料；人造板用聚氨酯无醛黏合剂和全水/化学环保型聚氨酯发泡剂
2	聚氨酯材料	高端热塑性聚氨酯弹性体、环保功能性聚醚、聚氨酯树脂基复合材料、特种聚醚、水性、无溶剂型聚氨酯树脂，高性能、环保型的聚氨酯材料如有机硅改性聚氨酯弹性体、水性聚氨酯材料等
三、氟硅材料		
1	基础氟材料	苯基有机硅单体和乙烯基氯硅烷及衍生物
2	氟材料	高性能氟硅聚合物和精细化学品；低温室效应的ODS（消耗臭氧层物质）替代品；高端氟、硅聚合物（氟、硅树脂，氟、硅橡胶）、含氟功能性膜材料和高品质含氟、硅精细化学品（高纯电子化学品、含氟、硅表面活性剂、含氟、硅中间体等），高性能氟膜材料，医用含氟中间体，环境友好型含氟制冷剂、清洁剂、发泡剂
3	硅材料	航空航天、电子电器、新能源等高端装备领域和医药领域的特种有机硅产品；发展苯基硅油、氨基硅油、聚醚改性型硅油，苯基硅橡胶、苯撑硅橡胶和高性能的硅烷偶联剂和硅树脂；LED、光伏组件、电动汽车等新能源产业以及3D打印、可穿戴设备、移动能源等新兴领域的有机硅橡胶产品
四、高性能橡胶材料		聚氨酯橡胶、丙烯酸酯橡胶、氯醇橡胶，以及氟橡胶、硅橡胶等特种橡胶；溶聚丁苯橡胶和稀土顺丁橡胶；卤化丁基、氢化丁腈等具有特殊性能的橡胶；聚烯烃、聚酯、聚氨酯等新型热塑性弹性体；聚丙烯热塑性弹性体（PTPE）、热塑性聚酯弹性体（TPEE）、苯乙烯-异戊二烯-苯乙烯热塑性嵌段共聚物（SIS）、热塑性聚氨酯弹性体
五、高性能纤维		
1	配套原料	纤维级聚苯硫醚、生物法丙二醇和聚对苯二甲酸丙二醇酯树脂等
2	纤维材料	高强和高模碳纤维（T800级、T1000级）、低成本大丝束T300级碳纤维、对位芳纶、超高分子量聚乙烯纤维、聚苯硫醚纤维、聚酰亚胺纤维、聚对苯二甲酸丙二醇酯纤维等高端产品
六、功能性膜材料		水处理用高通量纳滤膜、高性能反渗透膜以及污水治理和海水淡化用特种膜如MBR（膜生物反应器）专用膜；太阳能电池用PVDF背板膜和EVA封装胶膜、薄膜型太阳能电池用柔性聚合物膜；光学显示器用偏光膜、特种光学聚酯膜；为电动汽车配套的动力锂电池用隔膜、燃料电池用含氟磺酸膜；工业用特种气体分离、净化膜；离子膜烧碱等电解工艺用强离子性、低电阻值全氟离子交换膜；为柔性板配套的聚酰亚胺薄膜、特种聚酯薄膜以及导电涂料

序号	分类	具　体　产　品
七、电子化学品		
1	湿化学品 （高纯试剂）	乳酸脂类产品、丙二醇醚及其醋酸酯类产品、3-甲基-3-甲氧基丁醇、甲氧基丙醇、甲氧基丁基醋酸酯等； 各类酸：硫酸，盐酸，硝酸，磷酸； 各类碱：氨水，氢氧化钾； 有机溶剂：丙酮，异丙酮； 氧化试剂：双氧水
2	CMP（化学研磨抛光）浆料	彩色等离子体显示屏专用系列光刻浆料
3	光刻胶 （光致抗蚀剂） 及辅助化学品	环化橡胶型紫外负型光刻胶；紫外 g 线正型光刻胶；紫外 i 线正型光刻胶；深紫外 248nm 光刻胶；深紫外 193nm 光刻胶；极紫外光刻（EUV）；电子束光刻胶
4	高纯特种气体	高纯硅烷（SiH_4）、磷烷（PH_3）、锗烷（GeH_4）、甲烷、氨、氧化亚氮（N_2O）、氯化氢、氯气、二氯二氢硅、三氯化硼、丙烯，以及三氟甲烷、四氟甲烷、八氟丙烷、六氟化硫、六氟化钨等含氟气体；高纯砷烷、特丁基砷、三乙基砷、特丁基磷、乙硼烷、HBr、二乙基硅烷、四乙氧基硅烷、四甲基环四硅氧烷、六氟乙烯等
5	光学膜	反射膜、导光板、扩散膜、增亮膜、PVA 膜材料，EVA，EVOH 膜
6	触摸屏及其材料、衬垫材料	ITO 膜、导电性聚合物、石墨烯、碳纳米管、ATO（氧化锑锡）等
7	封装材料	环氧基 IC 卡封装框架，无铅化电子封装材料；聚酰亚胺和液体环氧封装材料；透明脂环族环氧树脂，大功率管封装用有机硅或有机硅改性树脂，高纯超细硅微粉
8	覆铜板用材料	耐高温双酚 A 酚醛环氧树脂、双环戊二烯-苯酚环氧树脂
9	高性能液晶材料	平板显示器用电子化学品重点发展高档 TFT（薄膜晶体管）液晶材料和 TFT-LCD（薄膜晶体管-液晶显示器）用偏光片等，以及等离子体显示器用大屏幕彩色荧光粉
10	新能源电池配套的电子化学品	锰酸锂、磷酸铁锂等正极材料、碳硅负极材料，锂离子电池隔膜、六氟磷酸锂、聚氟乙烯（PVF）背板膜和含氟质子交换膜
八、高端精细化学品		酶、稀土材料、农药助剂、营养品原料、香精香料、油漆及涂料添加剂、化妆品用化学品、阻燃剂、催化剂新产品、造纸化学品，皮革化学品（N-N 二甲基甲酰胺除外），油田助剂，表面活性剂，水处理剂，胶黏剂，无机纤维、无机纳米材料生产，颜料包膜处理深加工

5.5.2　重大工程

5.5.2.1　汽车及轨道交通轻量化化工新材料工程

近年来，我国汽车工业持续快速发展，汽车保有量大幅增加。随着能源供应日趋紧张及天气雾霾现象日益严峻，汽车的节能绿色发展成为突出要求。通过降低汽车自重，减轻燃油消耗，是汽车工业节能减排的重要途径之一。因此，汽车轻量化越来越受到汽车行业的高度重视。要实现汽车轻量化，高分子塑料及复合材料的大量使用是解决问题的根本。

汽车用塑料从 20 世纪 80 年代进入高强度、质量轻的材料体系，90 年代向功能件、结构件方向发展。塑料在汽车上的用量及比例逐年上升。塑料及其复合材料是最重要的汽车轻质材料，它不仅可减轻零部件约40%的质量，而且还可以使采购成本降低40%左右，因此在汽车中的用量迅速上升。20世纪90年代，发达国家汽车平均用塑料量是100~130kg/辆，占整车整备质量的7%~10%；到2011年，发达国家汽车平均用塑料量达到300kg/辆以上，占整车整备质量的20%；预计到2020年，发达国家汽车平均用塑料量将达到500kg/辆以上。

目前，汽车用高分子塑料及复合材料品种十分广泛，大多为工程塑料（包括特种工程塑料）和特种纤维及其复合材料。包括：PC（聚碳酸酯）、PP（聚丙烯）、ASA（丙烯酸酯类橡胶体与丙烯腈、苯乙烯的接枝共聚物）、PBT（聚对苯二甲酸丁二醇酯）、PET（聚酯）、热塑性弹性体、PPE（聚苯醚）、ABS（丙烯腈-丁二烯-苯乙烯共聚物）、PE（聚乙烯）、PA（聚酰胺/尼龙）、PVC（聚氯乙烯）、PMMA（聚甲基丙烯酸甲酯）、POM（聚甲醛）、PVOH（聚乙烯醇）、丙烯酸系列光缆纤维、碳纤维等，部分品种通过改性、复合等增强性能，使之符合汽车零部件的性能要求。

另外，上述材料也广泛用在新能源汽车、航空航天、高铁等领域。因此，加快汽车轻量化材料发展既具有广阔的市场，对我国汽车及航天等工业的提升也具有重要意义。

由于起步晚及汽车工业发展落后，目前我国汽车用高分子材料发展十分落后，国产塑料产品在汽车上的使用较少。尽管上述不少产品国内已掌握基础生产技术，但是汽车应用的品种和牌号多数仍无法生产。即使部分企业能生产出相应型号来，但由于汽车企业出于安全考虑供货采购程序普遍十分复杂，时间也很长，导致新型企业很难打入汽车市场，影响了产品市场的推广。因而急需国家建立专项工程，对关键品种牌号进行攻关，对新型产品市场帮助推广，从而提高我国汽车轻量化化工新材料的整体发展水平，也进一步助推国内汽车工业发展水平的提升。

主要内容：汽车用基础树脂的突破和提升，树脂改性、复合技术研究，材料加工成型技术研究，新材料首批次应用推广。

5.5.2.2 高性能膜工程

高性能膜材料是世界各国重点发展的高新技术，是解决水资源、能源、环境问题和传统产业技术升级的战略性新材料，是支撑水污染和雾霾治理、节能减排、民生保障的共性技术之一。发展高性能膜材料的重要意义在于：

高性能膜材料是解决沿海地区和城市缺水的有效手段。通过海水淡化的方式解决沿海城市的缺水已成为国际主流技术，膜法海水淡化的成本已降到5元以内，全球日产淡水量已超过数千万吨，我国日产淡水约为数十万吨，其中起淡化作用的反渗透膜材料90%以上依赖进口。根据国家海水利用专项规划，到2020年我国海水淡化能力将达到250万~300万立方米/日，发展高性能反渗透膜材料，将有助于解决沿海地区的缺水问题。我国城市缺水十分严重，尤其是西部城市的缺水更为严重，采用高性能膜材料实现城市污水净化处理，以达到回用到工业生产过程的标准，将可极大缓解我国城市的缺水问题，也将大幅降低城市污水带来的环境污染问题。据预测，海水淡化与城市污水回用技术将形成数千亿元的市场规模，开发高性能水处理膜材料对推动我国环保产业和水产业的发展具有重要意义。

膜材料是先进的环境治理材料，支撑过程工业节能减排。高性能膜材料在废水、废气处理等领域中可发挥重要作用。在工业废水处理方面，化工、冶金、电力、石油等行业均可采用膜材料，实现废水处理回用，降低吨产品的耗水量和排放量。在废气处理方面，我国每年有数百万吨的有机溶剂进入大气，不仅污染大气而且造成每年上百亿元的直接经济损失，采用高性能膜材料可以回收易挥发有机物达 95% 以上，这对减少化石资源的消耗和改善大气生态环境有重要意义。高性能膜材料对过程工业节能有着重要作用。我国过程工业用能占全国工业能源消耗总量的 70%，单位产值的能耗是世界平均水平的 2~4 倍。以膜材料为核心的分离技术用于过程工业中恒沸体系的分离，可节能 50% 以上；用于化学品和医药产品等的脱水过程，与多效蒸发技术相比较，可以降低能耗 40% 左右。因此，开发高性能特种分离膜对过程工业节能降耗减排具有重要意义。

膜材料在我国能源结构调整和能源清洁利用中发挥重要作用。天然气、煤的清洁利用以及生物质燃料等都是我国能源结构调整的重要方向。天然气与生物沼气中都存在脱二氧化碳的问题，膜材料用于二氧化碳脱除，投资与操作费用只有化学吸收法的 50%；煤燃烧和煤化工等过程中均需要在高温下脱除气体中的微小颗粒，利用耐高温气体分离膜，直接在高温条件下实现气体的反应和净化，成为煤清洁利用过程经济性的核心技术之一；生物质乙醇、丁醇的生产过程中，提高发酵产醇的效率、降低醇水分离的能耗是重要的技术途径，高性能的透醇膜和透水膜可有效提高发酵效率两倍以上，降低脱水能耗 50% 以上。因此，开发高性能的气体分离膜材料，对我国能源结构调整有着重要意义。

主要内容：膜材料理论和原创技术研究，高性能膜材料的规模化技术，膜装备及集成应用技术。

5.6　政策建议

（1）加强对化工新材料产业的政策扶持。通过技术改造、强基工程、新材料研发和产业化、国家重点研究计划等专项，支持化工新材料的研发、产业化及示范应用，支持公共服务平台的建设。推动新材料科技重大专项的设立，将先进高分子材料和电子化学品作为重点支持方向。制定扶持化工新材料首批次应用的财税、保险、金融等政策。

（2）实施创新驱动，突破关键核心技术。整合资源，加快建立以市场为导向、企业为主体的"产学研用"技术创新体系，建立重点化工新材料的国家级产业发展研究院，突破一批核心、共性和关键技术，支持精细化和专业化产品研发，提升全产业链的技术实力和产业化水平。推动建设知识产权联盟，鼓励科研院所和重点企业加强知识产权创建和运用合作。

（3）发挥产业联盟作用，推动与下游产业密切合作。充分发挥市场配置资源的决定性作用，以应用为导向，推动与下游产业密切合作，充分发挥产业联盟的作用，促进上下游产业融合发展。重点面向新型城镇化、电子信息产业、汽车和高端装备制造业，加强化工新材料与下游领域的结合。

（4）创造公平市场环境，完善财税、金融政策。通过制订标准、规划和政策，加强政策执行的监管力度，积极运用反倾销等国际公平贸易手段，为企业创造公平、透明的市场竞争环境。提高高端化工新材料的出口退税率，引导行业向产业链高端延伸。

6 先进建筑材料"十四五"规划思路研究

6.1 发展现状

建材工业是国民经济的重要基础产业，是改善人居条件、治理生态环境和发展循环经济的重要支撑，是支撑国防、航空航天以及战略性新兴产业发展的重要产业。经过多年的不断发展，我国建材工业发展取得巨大成就，满足了国民经济发展和人民生活水平不断提高的需要。但在经济新常态下，建材工业长期积累的结构性矛盾和问题日益凸显。

6.1.1 产业规模居世界首位

目前，我国已是世界最大的建筑材料生产国和消费国，其中，水泥、平板玻璃、建筑卫生陶瓷、玻璃纤维、墙体材料五大产业生产总量均占到全球总产量的50%以上。2018年水泥产量22.07亿吨，平板玻璃产量8.68亿重量箱，陶瓷砖产量91.9亿平方米，卫生陶瓷产量2.34亿件，玻璃纤维产量450万吨。

混凝土及水泥制品行业主营业务收入超过1万亿元，成为建材工业最大产业，规模以上技术玻璃制品制造业销售额为平板玻璃制造业的两倍以上，玻璃深加工、石材加工、复合材料及制品等行业平均增速超过20%。2018年前十家水泥和平板玻璃企业集团生产集中度均达到59%。新型墙体材料、建筑部品、玻璃、陶瓷、石材等产业园区和产业聚集区发展迅速，日益成为支撑行业创新、延伸产业链的有效载体，许多产业园区或聚集区正成为区域经济发展的支撑。

6.1.2 产业结构明显优化

近年来，我国加大了建筑材料产业结构调整。截至2018年，全国累计淘汰落后水泥产能6.6亿吨、平板玻璃产能1.7亿重量箱。

以水泥工业为例，2018年全国新点火水泥熟料生产线共有14条（全部为产能置换项目），合计年度新点火熟料设计产能2043万吨，与2017年基本持平。据中国水泥协会初步统计，截止到2018年年底，全国新型干法水泥生产线累计1681条（注：剔除部分2018年已拆除生产线），设计熟料产能维持在18.2亿吨，实际年熟料产能依旧超过20亿吨（产能总量与去年相当）。水泥熟料生产线平均规模继续提升，从2017年的3424t/d提升至3491t/d。

最新数据显示，2018年水泥新型干法比重达95%，浮法玻璃比重达96%，玻纤池窑拉丝比重达94%，新型墙材比重达到18%；分别比2010年提高14.2、9.1、9.5和23个百分点。

6.1.3 绿色发展取得显著进展

节能减排取得阶段性成果。预计到2020年全国万元国内生产总值能耗比2015年下降

15%，能源消费总量控制在 50 亿吨标准煤以内；全国化学需氧量、氨氮、二氧化硫、氮氧化物排放总量分别控制在 2001 万吨、207 万吨、1580 万吨、1574 万吨以内，比 2015 年分别下降 10%、10%、15% 和 15%。全国挥发性有机物排放总量比 2015 年下降 10% 以上。

生态产业功能更加完善。2018 年建材工业资源综合利用量超过 12 亿吨。全国 20 多个省份已建成或正在推进建设水泥窑协同处置生活垃圾、市政污泥、危险废物等 100 多条水泥熟料生产线。2018 年水泥、平板玻璃行业余热发电普及率分别达到 80% 和 60%；煤矸石烧结砖隧道窑余热发电项目在山西、吉林、河北等省建成投产成功发电，取得显著的社会和经济效益。

6.1.4　创新能力不断增强

随着行业技术创新推广力度的不断加大，一批支撑行业发展的技术成果得到较大程度的提升和应用。第四代篦冷机、高效能熟料烧成技术和水泥窑氮氧化物减排等关键技术装备取得重大突破并得到推广应用。低温余热发电技术与装备、高效粉磨（立磨、辊压机）、大型立磨及其配套减速机、变频调速、大型袋式除尘技术装备等已推广应用；利用中国浮法技术和成套装备已建成日熔量 1200t 的世界最大的浮法玻璃生产线；大型高效节能窑炉、抛光砖和大规格建筑陶瓷薄板生产技术达到世界先进水平，节水型卫生陶瓷生产技术等日趋完善并推广；高熔化率大型池窑生产线设计、玻璃原料检测及配方开发、浸润剂改性与回收、大漏板开发与铂金损耗、生产线智能化建设、余热回收利用等推动池窑技术不断完善和提升。

建材行业各层面的科技创新平台建设取得新进展，在基础理论研究、新材料、工艺技术装备、工程技术、生产技术、节能减排等方面基本形成了比较完善的技术创新支撑体系。目前，建材行业已拥有科技部认定的 10 个国家重点实验室、9 个国家工程研究中心、国家发展改革委等认定的 5 个国家工程实验室、4 个国家工程研究中心和 34 个国家企业技术中心及 7 个分中心。

6.1.5　国际竞争力进一步提高

我国已与世界 200 多个国家和地区保持贸易往来，开辟了产品出口、对外工程总承包、技术服务、劳务合作等业务，形成了全方位、多层次、宽领域的对外开放新格局。2017 年建材商品出口额达 499.17 亿美元，是 2010 年的 2.61 倍。从出口产品种类看，2017 年建筑用陶瓷、石材、建筑与技术玻璃等产品占建材商品出口总额的 52%。

随着我国建材主要技术装备水平的全面提升，水泥、平板玻璃、陶瓷、玻璃纤维等产业的成套技术装备已达到世界先进或领先水平，在国际市场占有举足轻重的地位。特别是水泥技术装备工程市场份额和品牌影响力不断提升，目前我国水泥建设工程服务已占全球 50% 以上的市场份额，服务总包和投资建设的海外水泥生产线熟料产能已超过 8000 万吨。

大型建材企业对外投资力度不断加大，在境外收购企业、投资建厂步伐明显加快，境外投资建厂已涉及水泥、平板玻璃、玻璃纤维、墙体材料、石材等多个行业。以中国建材集团、海螺集团、华新水泥、福耀集团等为代表的大型企业在国外投资与合作项目已达 33 个，投资总额达 46 亿美元。

6.2 各领域发展趋势

6.2.1 大宗传统建筑材料

传统的建筑材料工业是我国国民经济发展的重要基础原材料工业，是改善民生的基础性产业。主要包括外围护结构、装饰装修材料、生态建材等。

传统建筑材料的功能复合化、智能化将是热点议题。例如：据统计，在主动集聚能源、智能建筑用围护结构材料方面，国际上共有相关专利超过 5000 件，国内仅占同类专利总数的 10%，国际上有少量可主动集聚能源围护结构材料的标准，但没有智能建筑用围护结构材料的标准。可见，我国在知识产权、标准等方面与国外仍存在不小差距，因此，开展外围护结构材料的绿色化和功能复合化提升研究，是实现由跟跑、并跑向领跑转变的关键节点。

使用安全性和环境安全性是传统建材发展的重要内容。玻璃幕墙等外围护材料的现有安全评价存在风险无法预测、人为误判、精度低等缺点，国外无公开专利报道，相关标准仅提供了定性检测方法，缺乏运维阶段实时监检测技术。运动场地面层相关文献和专利报道集中于产品开发和工艺管理，由于缺乏数据支撑，教育部和各地政府牵头制定的国家/地方标准相关指标参考玩具和室内材料环保标准，适用性差。"十四五"期间急需通过"补短板"进行相关产品的安全性基础研究，实现安全风险早期溯源、预警和产品质量提升。

传统建材的绿色发展是未来发展的主题。尽管我国已开展了大量利用固体废弃物制备绿色建材的研究和应用，粉煤灰、建筑垃圾、尾矿等已大量用于建材生产过程；但与发达国家相比，仍存在固废分类应用原则不明确、协同利用方法不健全，适用的产品研发不够，附加值不高，环境安全、经济评价标准不完善等问题，制约了固废在建材行大宗高附加值利用。2019 年 1 月国务院办公厅印发了《"无废城市"建设试点工作方案》，拟通过推动形成绿色发展方式和生活方式，持续推进固体废物源头减量和资源化利用，最大限度减少填埋量，将固体废物环境影响降至最低。该目标的实现需要长期探索与实践，现阶段要通过统筹经济社会发展中的固体废物管理，大力推进源头减量、资源化利用和无害化处置，形成可复制、可推广的建设模式。该方案对城市及其周边的固废治理提出了新的挑战，原有的单点处理已经不能满足发展的需要。

6.2.2 新型功能建材

新型功能建筑材料由于其优异的性能，被广泛应用于国防军工、航空航天、海洋工程、先进轨道交通、新能源、新型汽车等重要战略领域，成为不可或缺的重要保障材料，未来市场规模巨大，具备较好产业化基础的一些新材料其单体投资和创造的产值往往达到几十亿元甚至数百亿元，完全可以成为建材工业未来发展的重要支撑。

进一步提高相关材料的功能性，是新型功能建筑材料的重要发展趋势。以功能玻璃为例：高端石英玻璃由于其极低的线膨胀系数，较高的耐温性，极好的化学稳定性，优良的电绝缘性，较低而稳定的超声延迟性能，最佳的透紫外光谱性能以及透可见光及近红外光谱性能，因而它是近代尖端空间技术、原子能工业、国防装备、自动化系统，以及半导体、冶金、化工、电光源、通信、轻工、建材等工业中不可缺少的优良材料之一，用于制作半导体、电光源器、半导通信装置、激光器，光学仪器，实验室仪器、电学设备、医疗设备和耐高温耐腐蚀的化学仪器等。再如先进陶瓷，由于其性能优异，广泛应用于高温、腐蚀，电子、光学领域。其中结构陶瓷主要用于切削工具、模具、耐磨零件、泵和阀部件、发动机部件、热交换器等。功能陶瓷主要用于氧化物导体、固体电解质、压电、非线性光学材料、铁氧体、记忆材料、太阳能电池、高温氧化物超导体等。

进一步加速与传统建材的融合，是新型功能建材产业化发展的重要方向。TFT-LCD 液晶玻璃基板生产线单线年产值可达 20 亿元，目前国内市场规模为 100 亿元，全球为 300 亿元，预计到 2020 年市场规模国内达 300 亿元，全球达 500 亿元。而太阳能薄膜电池用玻璃基板目前市场规模国内约 40 亿元，全球约 160 亿元，预计到 2020 年国内市场规模将达近 300 亿元，全球近 700 亿元。而传统的普通平板玻璃生产线，其所消耗的自然资源往往比先进玻璃基材料多，但单条生产线投资规模和创造的产值仅仅数亿元。其价值的巨大差异主要不是来自对自然资源消耗量的差异，而是来自其技术装备的科技含量不同，来自其产品的使用领域和价值不同。未来通过新型功能建筑材料等建材新兴产业的加快发展，必将促进建材工业的产品结构、技术结构和企业组织结构的调整，实现建材工业转型升级向纵深转折并向高端发展。

6.3　存在的问题

（1）建筑材料的绿色发展任重道远。绿色化已成为新常态下经济发展的新任务、推进生态文明建设的新要求。建材工业的绿色发展是生态文明建设的重要组成部分之一，建材行业的生存和发展面临严峻的资源能源和环境约束，建材行业的烟粉尘、二氧化硫和氮氧化物排放量仍位居全国工业部门前三位，加快提升行业自身的绿色发展、循环发展和低碳发展能力迫在眉睫。

（2）核心关键技术和材料持续创新支撑体系建设仍需加强。国外材料强国都高度重视研发平台对新材料发明、发现、开发、应用、推广的极端重要性。目前，国内初步形成了较为完整的新材料创新体系。大型企业（集团）建立了技术研发中心，但多数中小企业尚未建立有效的研发创新体系，企业层面的技术开发投入严重不足，基础理论研究不够深入，材料性能难以有重大突破。规模以上建材企业科研投入占比与国外同类企业相比差距明显。同时，由于自主创新不足且缺乏连贯性和系统性，难以引发或推动产业链的整体创新。

（3）建材生产的信息化技术应用不足。尽管近年来建材行业加大了淘汰落后产能力度，落后产能淘汰也取得了一定成绩。但随着信息技术、大数据等新兴技术的发展，对传统技术的智能化升级以及"工业互联网"等新兴技术的应用水平目前仍尚待提高，技术仍待加速发展。同时，与现代数字制造方法相结合的 3D 打印技术与装备和国外仍存在较大差距。

（4）国际化水平有待进一步提升。近年来，我国建材产业"走出去"步伐不断加大，建材企业在海外投资和运营取得了一定成绩，国际竞争力不断提高。但总体看，实施"走出去"、开展国际产能合作仍处于起步阶段，政府引导和扶持政策体系、境外投资服务体系等尚不健全；主要处于产业投资和资金输出的初级阶段，关键技术、标准体系等核心竞争力输出程度低。因此，建材产业国际化水平有待进一步提升。

6.4 "十四五"发展思路

6.4.1 发展目标

面对全球信息技术与新材料不断交融、人工智能快速渗透、环境保护日益严苛、人民对居住功能需求不断攀升的新形势，针对国家新型城镇化快速发展、"一带一路"建设、"川藏高铁""深远海"-"深地"工程等重大基础设施建设需求，以绿色化、智能化和国际化为基本目标，坚持创新驱动，面向新时期城镇化高质量发展需求，积极推动绿色建材领域与人工智能、新材料、新能源等领域的深度融合与科技创新，突破建材由单一向多功能复合关键技术、建材智能生产技术与装备等系列关键技术，建成绿色建材生产、应用示范园区，提升绿色建材生产和制造过程的绿色度及产品的功能和智能水平，创建具有中国特色的和世界影响力的绿色建材制备与应用技术标准体系，为城镇化的绿色发展提供有力支撑。

6.4.2 重点任务

（1）梳理"十四五"期间重点发展的材料品种。围绕建筑材料绿色化、智能化、国际化的需求，同时考虑市场需求、关键短板等因素。筛选出我国"十四五"期间重点发展的材料品种，见表 6-1。

表 6-1 "十四五"期间重点发展的材料品种

重点材料品种	"十四五"关键技术指标	"十四五"产业发展目标
光伏和光热建筑一体化建材及应用体系	光伏建筑一体化玻璃幕墙使用寿命>20 年，转化率>10%（薄膜电池）。非晶硅组件转换效率不（得）低于 6%，输出功率衰减率 2 年内不高于 4%、10 年内不高于 10%、25 年内不高于 20%；用于采光屋顶、幕墙等部位的光伏玻璃材料应符合《建筑安全玻璃管理规定》要求	扩大建筑光伏一体化制品的应用领域，在新建公用建筑及工业厂房上推广应用，到"十四五"末推广率达到 25%以上，支持平板太阳能集热器建筑一体化系统及其应用技术的开发和推广应用
功能化外围护建材	固态全无机电致变色玻璃颜色呈中性提高视觉体验，着色态透过率小于 1%，提高隐私性，同时循环寿命大于 20 年；研发高可靠抗耐冲击防火功能复合真空玻璃，传热系数 k 值小于 0.45W/(m²·K)，耐火完整性不低于 0.5h，使用寿命大于 30 年；申请国家发明专利 50 项以上，编制国家、行业、团体标准 10 项以上，推动标准国际化；形成绿色度与质量分级综合评价技术标准、选材技术规范并应用示范	形成防火真空玻璃、生态墙材部品等产业升级，形成生产线 50 条以上（其中"一带一路"或其他海外地区建成墙体材料智能生产示范线 1 条）；在国家可持续示范区、"一带一路"等地区实现共产应用超过 100 万平方米
智能建材	开发绿色建材信息感知技术在施工和运行阶段的软件平台，研究建材信息化与智能化软件平台所需的通信基础设施平台，解决 5G 在角落的覆盖问题；利用平台以及边缘计算，使得整体提升工作效率 20%~30%	研究适宜建材应用的高效低耗 5G 物联网传感器，开发信息感知在绿色建材中的规模化应用技术，建立绿色建材信息通用数字化模型及数据库

续表6-1

重点材料品种	"十四五"关键技术指标	"十四五"产业发展目标
新型显示用显示屏关键基板玻璃、高强触摸屏盖板玻璃		彻底打破国外企业的垄断，实现高世代 TFT-LCD 显示屏用玻璃基板产业化、高铝触屏盖板玻璃性能和功能的进一步优化，良品率达到国际先进水平，产品具有一定竞争力；跟随 OLED 显示产业发展，推进 OLED 屏玻璃基板的产业化进程，具备 OLED 屏玻璃基板供给能力
高强高模玻璃纤维及复合材料	开发航空航天领域用高性能玻璃纤维，大力发展玻璃纤维制品深加工，加大风电用复合材料、汽车用复合材料、轻质建筑用复合材料、电气绝缘用复合材料和农牧养殖用复合材料的研发与应用，扩大热塑性玻璃纤维复合材料的应用领域和市场规模，通过对玻璃配方调整、专用浸润剂、专用漏板制造技术、纯氧燃烧等技术的研发，攻克高性能复合材料所需的原料制备、工业化生产技术及配套装备等共性关键问题	扩大玻璃纤维及复合材料制品在中高端应用领域的市场规模，提升产品质量和附加值
生态环保用非金属矿物材料	围绕推进节能环保工作的需要，利用膨润土等具有选择性吸附有害及各种有机和无机污染物的功能，突破环保用非金属矿物材料的规模化精加工技术，大力开发环保用非金属矿材料，扩大在防渗材料等应用领域中的市场份额	加大环保矿物材料在循环利用、性能指标等方面的优化提升，提升产品用途，增加附加值

（2）针对发展目标和重点方向，研究提出"十四五"重大工程项目。具体见表6-2。

表6-2　"十四五"重大工程项目

重点材料领域	"十四五"重大工程	重大工程预期目标及相关建议
先进建筑材料	先进建筑材料与工业互联网融合发展的技术	在水泥、玻璃、陶瓷、石膏等主要建材生产过程中形成较为系统的智能制造、工业互联网融合技术，降低人工成本 20% 以上，提高资源、能源利用效率 20% 以上
先进建筑材料	先进建筑材料超低排放技术	在水泥、玻璃、陶瓷、石膏等主要建材制造过程中降低气体、固体、水体排放，达到超低排放要求，形成 10~20 个示范工厂
先进建筑材料	"川藏高铁""深地"工程用建材	形成具有地域性特点的高性能基础设施建设用水泥基材料与构件制造体系，满足"川藏高铁""深地"建设需求
先进建筑材料	大型海上风电叶片一体化成型工艺及智能制造	相比传统工艺重量减轻 10%，单支叶片用人数量可减少 50%，生产效率提升 60%，形成具有国际竞争力的风电叶片智能制造基地
先进建筑材料	"无废城市"固废建材化技术	对地铁渣土、城市搬迁污染土壤等新型固废，研发就地建材化利用技术，形成 3~5 个核心装备制造企业，带动建成 20 个以上示范应用基地；在战略性新兴产业固废方面，建成 5~10 个固废大规模转化建材的示范基地；在垃圾焚烧飞灰、生活垃圾等方面建立固废制备建材示范基地、中试线与示范生产线 20 个以上，并实现技术在无废城市进行示范应用

（3）研究构建新材料协同创新体系。目前，建材行业已拥有科技部认定的 10 个国家

重点实验室、9个国家工程研究中心，国家发展改革委等认定的5个国家工程实验室、4个国家工程研究中心和34个国家企业技术中心及7个分中心。"十四五"期间，在已有的生产应用示范平台、测试评价平台、资源共享平台和参数库平台基础上，根据产业发展实际，应重点发展以下平台。

1）生产性服务平台：发展壮大面向建材工业的研发设计、第三方物流、节能环保、检验检测认证、电子商务等生产性服务业，建设一批生产性服务业公共服务平台。在玻璃深加工制品、建筑卫生陶瓷、石材、新型房屋等行业推广创意设计和制造。在装饰装修材料等行业建立设计、选材、配送、施工一体化网络平台。推进建材行业电子商务、专业物流网络配送体系建设。在碳纤维、玻璃纤维等高性能无机纤维及其增强复合材料、精细陶瓷、人工晶体、矿物功能材料等行业建立研发、设计、检验检测、标准、认证等服务平台。完善并加快发展从非金属矿地质勘查、工程咨询、工程设计、工程建设、设备安装到工程总承包的建材工程建设服务产业链。

2）两化融合服务平台：构建建材行业信息技术应用的共性技术研发，关键技术突破及公共服务体系的平台搭建；推广应用物资集中采购电子交易平台，加大大宗原燃材料和重要物资的网上集中招标采购力度；推动中小企业应用第三方电子商务平台，在玻璃、陶瓷、市场、家居建材、备品备件等领域推动行业电子商务平台建设；以建材企业信息技术应用的主要支撑技术为重点，加快建材行业信息化标准体系的研究制定，推动行业信息化标准、行业生产技术与管理标准的有效衔接，实现信息共享。

6.4.3 支撑保障

（1）健全协同推进机制。围绕《中国制造2025》对建材工业的发展要求，明确行业投资重点领域和方向，将提高基础能力和技术改造作为行业转型升级的重要抓手之一，在政府部门、行业协会、科研院所等机构健全协同推进机制，成立工作组，负责推进行业基础能力提升工作的具体组织实施，指导建材工业强基和技术改造专项工作的开展。

（2）优化产业发展环境。充分发挥市场配置资源的决定性作用，培育良好的、有利于行业基础能力提升的投资环境，形成有效的激励机制，引导资金投向有利于建材行业基础能力提升的重点领域和方向。大力组织实施建材工业基础能力提升重点工程建设和技术改造，发挥基础能力提升重点工程和产业技术改造的引领带动作用，加快促进科技创新成果产业化和推广应用，促进产业竞争力的全面提升。

（3）加大财政支持力度。积极争取国家资金对建材工业投资重点领域的支持，加大在技术创新、智能制造、绿色制造和产业技术基础服务平台建设等方面的财政支持。同时，引导地方政府、企业和社会资本加大对建材产业基础能力提升的资金投入，促进产业转型升级。

（4）完善产业政策。深入贯彻落实《中国制造2025》《工业强基工程实施指南（2016—2020年）》《国务院办公厅关于促进建材工业稳增长调结构增效益的指导意见》《建材工业发展规划（2016—2020年）》等文件精神，充分发挥政府部门、行业协会等组织的引导作用，完善建材产业政策体系，研究制定建材工业投资指南，发布重点投资导向目录。支持关键基础材料、先进基础工艺的研发与推广应用，推进产业技术基础服务平台建设，加快建材产业基础能力的进一步提升。

（5）加强人才培养。加快建立多层次的适合建材产业基础能力提升的人才支撑体系，加大行业专业技术人才、经营管理人才和技能人才的培养力度，形成政产学研用联合人才培养机制。统筹组织高等院校、科研院所、职业院校、社会培训机构承担与分享培训成果，强化创新型、应用型、复合型、技术技能型人才开发培训并优化配置。建立动态、静态的人才数据库，供行业、企业选择与录用，建立市场化的人才交流和竞聘服务平台，提高平台的公信力。积极引进产业发展所需的高层次人才和紧缺人才，强化职业教育和技能培训，为行业技术创新和可持续发展提供人才支撑。

7   先进纺织材料"十四五"规划思路研究

7.1   先进纺织材料发展现状

纺织材料是指纤维及纤维制品，具体表现为纤维、纱线、织物及其复合物。先进纺织材料具有突出的一个或多个特征：物理机械性能和品质优良，物理机械性能满足应用同时具有特定功能，制造过程的清洁生产特征突出，全生命周期绿色化水平提升。先进纺织材料范围十分广泛，基于材料制造的关键核心技术，兼顾材料生产、细分行业现状等因素，分为功能纤维、高性能纤维、生物基纤维、非织造纤维材料、织造材料、纺织复合材料等6大类。

7.1.1   差别化功能纤维

功能纤维是一个总体概念，是指纤维自身具备特定的性质和功能，并且主要因为纤维的这些特点，赋予了纺织品、复合材料等制品特定的性质和功能。

按照纤维自身的性质，功能纤维分为两类：第一类是对通用化学纤维改性，或者原有的性能、功能显著改善，或者增加新的性能、功能，称为差别化功能纤维，这类产品是产业的重要基础和重要主体；第二类是纤维本质上具有特定的性能或功能，这些纤维是聚合物通过熔体纺丝或溶液纺丝制备而成，比如具有阻燃性能的聚苯硫醚纤维、间位芳纶、聚酰亚胺纤维等，多数品种通常被视为高性能纤维。

功能纤维已成为国民经济的重要基础原材料，它们的物理化学性质和功能属性各异、应用广泛，不仅应用于传统的纺织服装行业，而且已广泛应用于建筑、交通、国防、医疗卫生等行业。

经过近十年的重点推进，我国差别化功能纤维已经取得了长足的发展，建立了产业链完整、品种齐全的功能纤维产业体系，与日本、美国和欧盟等发达国家和地区的差距明显缩小。

2017年差别化功能纤维的产量约为1000万吨，品种还主要集中于原液着色纤维、阳离子染料可染纤维、高性能聚酯与聚酰胺工业丝、低熔点复合短纤维等附加值相对较低的常规功能纤维品种，包括超仿真纤维、抑菌纤维、阻燃纤维、远红外纤维等在内的高附加值的功能纤维品种的占比还相对较低，生产工艺及技术还不够完善，产品品质不高，还难以大批量用于高端面料和制品。

7.1.2   高性能纤维

在过去十年间我国的碳纤维产业实现了"从无到有"，工艺技术不断提升，工艺装备不断优化，应用领域不断拓展。T300、T700、T800、T1000级碳纤维已全部实现产业化，M40、M40J、M55J等高强高模碳纤维已具备了小批量制备能力。2017年，国内PAN基碳纤维产量约为 5400t，较 2016 年增长 1400t，生产显著好转并实现大幅增长。国内市场对碳纤维的需求保持增长，总消费量超过 2 万吨。

2017 年国内间位芳纶产量约为 8500t，总体达到国际先进水平。近年来我国对位芳纶产业发展也比较迅速，2017 年国内对位芳纶产量实现小幅增长，约为 1700~1800t，产品主要包括 K29、K129、K49 三种型号。目前国产芳纶主要应用于高温过滤、防护材料、密封材料等领域，在航空航天及国防军工等高端领域与国外产品相比尚缺乏竞争力，在一定程度上制约了我国航空航天及国防军工的发展。

近年来，我国制备 UHMWPE 纤维技术得到广泛发展，产品质量大幅提升，部分性能指标达到甚至超过 DSM 提供的同类产品性能。但是高端纤维产品对我国仍采取多种限制措施，例如关系到我国航空航天、远洋深海作业、医用材料等领域，仍然对我国采取限制出口等多种措施。国内目前约有 30 家企业生产高强高模聚乙烯纤维，产能已经超过 2 万吨，但是产能在千吨级的企业数量不多。

我国聚酰亚胺（PI）纤维产业快速发展，相关科研机构重视 PI 纤维及其纤维的研究与开发。耐高温型聚酰亚胺纤维已商品化生产，高强高模聚酰亚胺纤维已走出实验室，断裂强度达到 3.5GPa，模量 130GPa，在环境保护、航空航天、尖端武器装备及个人防护等领域发挥重要作用，也使得我国高性能聚酰亚胺纤维生产技术位居世界前列。

袋式除尘技术的快速发展培育了国内纤维级聚苯硫醚树脂生产企业，2017 年国内聚苯硫醚纤维产量约为 5000t，产品仍多集中在 2.0dtex，主要应用在滤料行业，总体需求保持稳定。纤维级聚苯硫醚树脂合成产业化技术不断优化，成本降低，有望进一步扩大产量，提升国产品种的市场份额。

7.1.3　生物基纤维

中国纺织科学研究院 1.5 万吨/年莱赛尔纤维生产线于 2016 年底全线贯通并成功开车。保定天鹅新型纤维制造有限公司引进国外连续薄膜推进蒸发溶解-干喷湿纺技术建设的 1.5 万吨/年莱赛尔纤维生产线于 2014 年投产；山东英利实业有限公司引进的 1.5 万吨/年莱赛尔纤维生产线于 2015 年投产。以上三家万吨级国内生产企业的单线设计产能均为 3 万吨/年，与兰精公司已达到的 6.7 万吨/年单线产能相比，有待于进一步的技术升级。

我国在 2000 年前后开始研发聚乳酸生产技术，目前我国聚乳酸产业正处于工业化起步阶段，未来 5 年产能发展很大程度上取决于市场的发展。2006 年浙江海正与中科院长春应化所合作建成了国内首条"两步法"中试生产线，现有产能为 1.5 万吨/年，中粮科技、安徽丰源等也都建设了产业化生产线。恒天长江拥有一条 2000 吨/年连续聚合熔体直纺生产线，开发了聚乳酸双组分纤维及其无纺布，用于一次性卫材。

国内盛虹集团、美景荣等企业自 2010 年起突破了生物基 1,3-丙二醇（PDO）的关键技术，实现了 PDO 万吨级生产；在 PTT 聚合方面也连续攻关，初步实现了产业化，正在攻克大容量连续聚合、熔体直纺等关键技术，有望实现我国生物基 PTT 纤维的稳定化、规模化生产与应用。

国内在 2010 年前后才启动 PA56 相关研究。凯赛生物公司实现了生物基 1,5-戊二胺和 PA56 的中试，处于世界先进水平；正在新疆乌苏建设 5 万吨/年生物基 1,5-戊二胺及 10 万吨/年生物基 PA56 生产基地。

7.1.4　非织造纤维材料

非织造纤维材料是由纤维直接连接而成的网状多孔纤维介质材料，是产业用纺织品重点发展的材料之一。2016 年全球非织造布的产量在 1240 万吨左右，我国非织造布的产量为 535.4 万吨，同比增长 10.38%，约占全球产量的 43%，和欧洲、北美、日本三个发达经济体的比重基本相当，是名副其实的非织造材料生产大国。

目前，我国纺黏、熔喷、水刺、针刺、化学黏合、热黏合、气流成网、湿法等各种加工方法俱全，其中，聚合物直接成网法（纺黏法）占到 49%，排在第一，针刺法占 23%，排第二，水刺法非织造材料有益于卫生保健市场的强劲需求，发展迅速，占 10%，排在第三位，与欧美相当。

当前，我国水刺非织造行业正处于高速增长阶段，如何围绕民生与健康、医疗与卫生、气/固与液/固分离、汽车与装饰、高密度人工革基材等新材料领域开发，水刺非织造新工艺新技术，智能化制造技术与装备的提升，对行业的健康发展已十分关键。

7.1.5　织造材料

纺织结构材料是指通过纺纱、织造工艺加工而成的纤维聚集排列、相互依存的纤维集合体材料。按照加工技术可分为线、绳、带类，机织物（平纹、斜纹、缎纹、提花等），针织物（经编、纬编两大类）；按照纤维集合体空间排布结构，可分为一维的线、绳、带，二维单向、两向、三向和多向织物，三维编织、间隔、角连锁、正交织物等。

目前，碳纤维布的主要形式包括单向布、机织布和多轴向经编织物。2018 年我国碳纤维布消费量 1.2 万吨，比 2017 年增长 26%。单向布和机织布是航空飞机机身和机翼结构、航天飞行器主结构的主要增强材料。多轴向经编织物是大型风电叶片的主要结构材料，也是新能源汽车和高速列车轻量化的关键材料。与国外同类技术相比，我国碳纤维布的品种、规格比较齐全，但由于国产碳纤维的可织性能不足，编织时强度损伤较大，导致了国产碳纤维布性能偏低。

2018 年全球三维编织预制体消费量 2400t，比 2017 年增长 20%，预计到 2020 年达到3000t。我国三编织预制体的研究开始于 20 世纪 70 年代，经过 40 年的发展，已形成了针刺织物、缝合织物、三维机织、立体编织等多种产品，基本满足了我国航空航天部门的需求，热场部件和刹车盘已进入国际市场。与国外同类技术相比，我国高质量三维编织预制体受限于高端装备技术，研制周期长，成本高，限制了推广应用。

2018 年我国年生产各类防护产品 30 万件（套），销售额近 2 亿元，比 2017 年增长15%，预计到 2020 年达到 40 万件（套）。我国从 2000 年左右开始重视防刺材料开发，目前初步形成了一定规模，防刺材料主要选用的结构包括机织物、针织物、无纬布及多种结构的铺层叠加，可达到公安部 GA 68—2003 防刺服标准的要求。与国外同类技术相比，我国防刺材料在功能性和舒适性匹配方面仍需要重点研发。

2018 年我国编织土工材料产量 99.6 万吨，比 2017 年增长 7%，预计 2020 年 115 万吨。受国家"一带一路"倡议推进，编织土工材料行业得到快速发展，种类以聚丙烯编织土工布、丙乙纶编织土工布、玻璃纤维编织土工布为主。与国外同类技术相比，我国在具有信息反馈、监控预警功能的智能型土工材料方面有较大差距。

我国高强绳缆生产处于稳定增长并出口国外，2018 年产量 80 万吨，收入超过 300 亿元，比 2017 年增长 5%，预计 2020 年 90 万吨。我国目前采用尼龙、丙纶、芳纶、高分子量聚乙烯生产绳缆技术成熟，编织结构有三股至四十八股多种规格及多层编织，用于电力牵引绳、环形吊索、系泊缆绳、直升机防滑网等。与国外同类技术相比，我国高强绳缆的耐候性及耐摩擦性仍有所欠缺，特种环境下使用的高强绳缆的研究亟待加强。

7.1.6　纺织复合材料

纺织刚性复合材料方面，我国 2018 年纤维增强塑料制品主营收入较去年同期增长 12.2%，利润总额 27.45 亿元，较去年增长 6.69%。在航空航天领域，在过去的十年波音公司和空客公司在 Dreamliner 和 A350 XWB 机型上使用了超过 50% 的复合材料。四代战机中，复合材料尤其是热固性树脂基复合材料的比重明显上升，高达 20%~40%。在风电领域，2017 年低风速风场和海上风电共同推进了叶片的大型化发展，碳纤维在风电领域持续高速增长。我国近年来风电用复合材料领域是玻纤复合材料发展最好的领域之一，另外碳纤维复合材料凭借优良的性能也在迅速占领风电复合材料市场。

纺织柔性复合材料方面，2017 年全球涂层工业市场达到约 1510 亿美元，其中亚洲市场约占 45%，占据着主导地位。篷盖材料作为柔性复合材料中的一个大类，在我国产业用纺织品中占据非常重要的地位，约占 1/4，但国内高档篷盖材料很少，与国外存在一定的差距，而且在宽幅膜材方面还没有较大突破。而对于高端柔性膜材及充气结构材料，我国在这一领域的研究起步较晚，纤维原料、关键技术和加工水平都相对落后，尤其在高端功能性充气结构产品方面，如平流层飞艇、充气式飞机、充气式空间站的蒙皮材料等，长期受制于发达国家的技术垄断，是关系到国家重大需求和航空航天等行业发展的关键问题。

7.2　先进纺织材料发展趋势

21 世纪初，常规化学纤维等纺织材料产业从发达国家转移到韩国、中国等发展中国家。常规品种的高品质、低成本化，材料的差别化、功能化、高性能化成为市场竞争的关键。随着社会和经济发展的需要，材料全生命周期的绿色化、制造过程的清洁化也成为重要的发展趋势。

7.2.1　差别化功能纤维

高品质、高功能、绿色化是差别化功能纤维产业化技术发展的方向。高品质是指纤维本身的不匀率低，性能/功能稳定，同时纤维在纺织、染整、涂层、复合加工过程及纺织品使用过程中性能/功能稳定。高功能是指材料基本的物理性能（强度、模量、弹性、线密度等），与改善纺织品舒适性、防护性等密切相关的性能/功能，与纺织品和服装的智能化密切相关的性能/功能的显著提升。绿色化是指聚酯纤维材料从原料获取、纤维制造、应用到废弃产品回收处理的全生命周期的物耗、能耗、有害物质排放、废弃物垃圾及其处理成本的显著降低。面向量大面广需求，超仿真纤维、低温染色纤维、吸湿速干纤维、低熔点纤维等是重点品种。面向作战、特种防护、智能纺织品等特种需求，阻燃纤维、导电纤维、抑菌纤维、高耐磨纤维等是重点品种。

7.2.2 高性能纤维

目前，碳纤维的低成本化和高性能化已成为先进基础材料的发展趋势。通过开拓新型的、廉价的、可替代的碳纤维前驱体以及开发新的工艺方法，以降低碳纤维生产成本。

当前国际上对位芳纶的发展特点是以技术先进性推进应用产品升级换代。杜邦公司开发了超高强型、超高模量型、高黏结型、用于防弹以及警用防弹衣织物超细芳纶等系列化产品。

目前，UHMWPE 纤维的发展趋势是开发高端领域用的差异化产品。高端应用领域的UHMWPE 纤维一直由荷兰 DSM 公司引领，已开发的具有更高力学性能的 SK90，其强度达40cN/dtex 以上，针对耐蠕变性能，DSM 的 SK78 已用于高强抗蠕变绳索，最近又成功研发超低蠕变纤维 DM20，其在标准条件下长期使用蠕变伸长仅为 0.5% 左右，成功用于海上采油平台的系泊缆绳。

PI 纤维发展趋势为降低生产成本，途径主要有两条：一是在单体合成及聚合方法上寻找途径；二是利用 PI 的高性能改进其他聚合物以发展一类新的性能比芳香 PI 稍低，但却高于被改性聚合物的新品种。例如，充分发挥 PI 纤维本质阻燃特征，制备 PI/黏胶高阻燃复合纤维。

PPS 今后的发展趋势是提高纤维品质，开发差异化产品，包括细旦高强纤维（<1.5dtex）、异形截面纤维、高卷曲纤维等差异化 PPS 纤维等重点产品。

7.2.3 生物基纤维

莱赛尔纤维是典型的绿色产品，其性能具有黏胶纤维无法比拟的优势。莱赛尔纤维产业发展重点是通过大容量技术实现高品质、低成本，实现量大面广应用；同时，莱赛尔功能纤维也将得到快速发展，如阻燃纤维，抗起球等功能品种，使其具有高附加值。

目前，聚乳酸原料乳酸的生产以玉米淀粉等粮食作物为主，发展受到制约。同时，以粮食作物为原料生产聚乳酸的成本也较高，不利于推广应用。突破利用玉米芯、秸秆等非粮食作物生产乳酸的技术瓶颈，可有效规避粮食安全矛盾并降低原料成本，这是我国聚乳酸产业化的重要因素之一。

近年来，国际上 PTT 除了用于制备纤维以外，着力于工程塑料、薄膜领域应用，杜邦公司推出了 Sorona EP™，目标市场为汽车零部件；杜邦与帝人合作开发 PTT 薄膜。

生物基 PA56 的关键原料戊二胺国内已取得产业化突破，开发了包括生物法制备戊二胺和生物基聚酰胺等国内外领先的产业化技术和装备，建立了国内外首套生物基聚酰胺产业化中试试验生产线并成功运行。单体需要进一步降低成本，PA56 聚合重点要突破连续化、规模化，并实现熔体直纺；同时下游新应用领域的拓展也是关键。

7.2.4 非织造纤维材料

双组分、异形截面纺黏技术及应用新聚合物的纺黏技术取得进展，根据产品的应用领域的不同，向细旦和粗旦化两个方向发展。细旦化的关键是高纺丝速度。粗旦化方向，包括发展 PET/COPET（低熔点）、PET/PA6、PET/PP 等双组分皮芯型、混纤型、并列型等纺黏热风固结非织造材料。

在国际上复合纺黏非织造布技术有向后道工序集成的发展趋势，由目前的复合纺黏热轧固化逐步延伸，与针刺、水刺、热风等工序连接，形成纺黏非织造布连续化生产线。复合纺黏装备走向柔性化，先进的复合纺黏设备不仅可以生产 PP 纺黏非织造布而且也可以加工 PET 纺黏非织造布。

复合纺黏趋向多模头技术，在同一套生产线上采用两组或多组独立的纺丝-牵伸系统，将它们单独牵伸出的纤维以双层或多层的形式成网，然后再形成布。双模头和多模头技术是纺黏法技术发展的必然方向。

非织造布后整理设备向功能化方向发展，通过功能添加剂或功能性整理使产品获得阻燃、抗静电、抗紫外线、抗菌、抗老化、亲水、除湿、耐洗涤、耐光等功能。

7.2.5　织造材料

碳纤维布的发展趋势是轻薄化和宽幅化，厚度小于 0.1mm 的超薄轻质碳纤维布和幅宽大于 2mm 的宽幅碳纤维布是发展的方向，超高强纤维编织技术和宽幅三向机织布编织技术是研究的重点。

三维编织材料朝着结构/功能一体化方向发展，细密化、高效化的超高强纤维编织预制体是发展重点，回转结构编织预制体的低成本高效编织方法是亟待解决的难题。

防刺材料的发展集中于柔性防刺材料，既具有优异的防刺性能又具有良好的柔软舒适度，拓展防弹/防爆/防刺一体化材料，开发多层功能结构复合和智能防护材料。

编织土工布的发展重点在于高强度、耐环境型的土工材料研发，发展多功能复合结构土工布和极端环境下使用的土工材料。

高强绳缆领域将重点发展轻质高强绳缆，开发新型高性能纤维绳缆、发展耐环境型特种绳缆。

7.2.6　纺织复合材料

由于结构、功能、组分的可设计性，纺织刚性复合材料在追求高性能、多功能与低成本上有着独特的优势，大力发展先进复合材料成为共识。为了满足不同领域的需求，预制件形式从单向发展到多向、三维、异形，成型方式有缠绕、平铺、机织、针织、非织、编织及缝纫等。随着人工智能技术的发展，复合材料工艺也在向智能化、数字化、自动化发展，此外设计—制造一体化、整体成型一体化也是重要发展方向。

纺织柔性复合材料重点朝着多功能柔性膜结构材料、宽幅高强柔性复合材料、三维充气柔性膜结构材料、网格结构柔性复合材料等方面重点发展。如囊体蒙皮材料是三维充气柔性复合材料中的重要代表，目前国内高性能的囊体蒙皮材料都未实现批量应用，其增强织物结构、功能层复合技术、材料质量均一性和稳定性批量生产技术、部分系统的技术水平与总体需求相比仍存在较大差距，急需攻关突破，未来几年仍需要开展大量基础研究、应用关键技术等工作。

7.3　先进纺织材料存在的问题

在纺织材料产业国际分工调整、国际竞争日趋激烈，智能制造快速发展等背景下，我国纺织材料急需解决一些突出问题，主要表现在：

（1）通用纤维材料及其生产装置的同质化现象突出，大规模工业装置上新工艺、新设备缺乏坚实的中试验证基础，技术风险高，成为制约通用纤维材料的功能化、高品质化的瓶颈。

（2）高技术纤维材料工程化技术开发能力薄弱，缺乏对重要工程基础问题的系统、深入研究，中试验证环节薄弱，缺乏对制造过程的深入研究，重要的有机中间体、助剂等产业配套能力弱，不能有效支撑生产装置规模化、核心装备国产化、产品高品质化。

（3）高端纺织材料的应用研究薄弱，缺少针对实际应用场景的标准和技术规范，普遍缺乏针对性的制品加工技术及装备研发，下游应用过程中，不敢用、用不好的现象较为普遍。

（4）缺乏长期深入的基础研究、竞争前技术研究，与工业催化技术、虚拟仿真技术、材料基因工程技术、生物技术等交叉融合能力薄弱，原创成果和重大创新成果缺乏。

（5）"两化融合"不深入，数字化、智能化制造技术与国际先进水平的差距日益加大。

7.4 "十四五"发展思路

7.4.1 发展目标

建成布局合理的产业技术创新体系，形成一批具有自主知识产权的原始创新成果，建成科技成果高效率转化机制，涌现一批具有国际影响力的实验室和人才团队，在高品质功能纤维、高性能纤维、高端产业用纺织品的重点领域培育出有国际竞争力的骨干企业和标志性产品，使我国中高端产品占比，纺织材料的绿色化、智能化水平达到国际一流，带动整个纺织产业总体进入价值链中高端。

7.4.2 重点任务

7.4.2.1 突破关键核心技术发展重点产品

（1）差别化功能纤维。研发分子结构设计与可控聚合、新型催化体系、大容量原位连续聚合、大容量液相增黏、超细纤维形态结构精确控制等关键技术与核心装备，实现超仿真、原液着色、阻燃、抗静电、可降解等差别化功能纤维的品质、功能的升级换代和规模化、柔性化制备，满足高端纺织品和工业领域的需求。

2025年突破万吨规模功能聚酯、聚酰胺原位连续聚合技术，非重金属等新型催化体系关键核心技术，可降解聚酯单线产能≥3万吨/年；高端产品产量达到1200万吨，聚酯纤维等重要品种实现全流程智能化。

（2）生物基纤维。突破高效生物发酵、精制技术，实现高纯度生物法呋喃二甲酸、丙交酯等原料的规模化高效制备；突破Lyocell国产化装备大型化技术、低成本原纤化控制技术，PLA立构复合技术，生物基合成纤维大容量连续聚合直纺技术，海藻、壳聚糖、蛋白纤维等低成本、高品质制备技术，实现高品质生物基纤维的规模化制备与应用。

2025年Lyocell单线溶解能力≥3万吨/年，万吨规模丙交酯国产化，聚乳酸、生物基聚酯、生物基聚酰胺连续聚合单线产能≥3万吨/年，生物基纤维总量达到100万吨，在高端产品中得到广泛应用。

（3）非织造纤维材料。突破静电纺、闪蒸纺等超细纤维、纳米纤维高效率制备，多工艺、多组分、多规格复合，特种纤维湿法均匀成网，制造过程高效、节能、柔性化、智能化等关键技术与核心装备，实现超细、高强、耐温、长效驻极、可降解、粗旦等非织造纤维材料品质、功能的升级换代和规模化、柔性化制备，满足过滤、分离、医疗、防护、土工建筑、电池、包装等领域的高端需求。

2025 年突破双组分的纺熔复合、纺黏水刺的规模化制备，纺熔复合幅宽 $\geqslant 3200 mm$，速度 $\geqslant 600 m/min$，纺黏水刺纤维直径 $\leqslant 6\mu m$；闪蒸纺、静电纺的规模化技术。

（4）高性能纤维及其织造材料。研发碳纤维、对位芳纶、超高分子量聚乙烯纤维、聚酰亚胺等特种纤维规模化、高性能化关键核心技术与装备；突破特种纤维的超宽幅编织、多层多轴向编织、超大间隔编织、经编 3D 成型、可穿戴智能纺织品用编织技术等关键技术，开发碳纤维三维仿形预制体，高强膜结构、高温过滤用基体编织材料，植入型医用编织材料等，发展柔性化、集成化、智能化制造技术，满足航空航天等高技术产业领域对高性能、多功能编织材料的需求。

2025 年百吨规模超高分子量聚乙烯纤维模量 $\geqslant 1800 cN/tex$，低成本聚酰亚胺、超细高强聚苯硫醚等实现规模化生产，间位芳纶建成万吨规模生产线；三维正交结构碳纤维仿形预制体，纤维体积含量 $\geqslant 30\%$，幅宽 $\geqslant 2000 mm$，厚度 $\geqslant 100 mm$；可穿戴电子、传感功能纺织品，疲劳寿命 $\geqslant 200$ 万次，碳化硅纤维等脆性材料的低损伤高效编织技术。

（5）纺织复合材料。研发复合材料设计、制造一体化技术，热压预定型技术，高精度混合注射技术，飞艇蒙皮等材料的多层结构与功能涂层复合技术，囊体等宽幅材料的多层涂层及稳定控制技术等，开发出疫情防控、危险化学品、核工业、疫情等救援的高阻隔材料，消防救援的防火隔热材料，安全事故应急处理的防刺防爆材料，汽车车身、飞机壳体、大型船舶、临近空间等应用领域的复合材料产品。

2025 年膜结构等复合材料幅宽 $\geqslant 5500 mm$，使用寿命 > 25 年；飞艇蒙皮等气密性材料克重 $\leqslant 140 g/m^2$、强力 $\geqslant 1000 N/cm$；阻燃抑烟材料，损毁炭长度 $\leqslant 50 mm$、续燃时间 $\leqslant 10s$。

7.4.2.2　实施重大工程提升整体竞争力

（1）纺织材料智能制造工程。智能制造的发展目标为新一代纺织材料智能制造基础和支撑技术、智能制造新模式技术、智能纺织材料技术等实现全面突破；人工智能驱动和使能下的新一代纤维智能制造平台体系初步完善，建成纺织材料产业智能制造科技创新中心；形成国际化的纤维智能制造工程科技人才高地。

加强纺织产业领域智能制造技术研发和工程化应用。以纺织产业智能制造标准、共性技术、装备等技术为基础和支撑；围绕纺织产业链布局发展纺织制造智能车间（工厂）技术、大规模个性化定制技术、网络化纺织制造和纺织装备远程运维等纺织智能制造新模式技术；面向纺织产业智能化拓展，布局发展智能纺织材料技术，构建纺织产业智能制造技术体系。

建设纺织产业智能制造平台体系，布局建设涵盖智能制造基础和支撑技术、智能制造新模式技术、智能纺织材料技术等的纺织产业智能制造国家重点实验室；布局建设纺织产业智能制造标准和共性技术国家工程技术研究中心；构建面向纺织各行业的纺织工业物联网和纺织产业大数据平台；在纺织产业集聚区建设若干面向企业的纺织智能制造云平台。

2025 年纺织材料的智能制造达到国际先进水平，行业内的应用比例达到 60%。

（2）纺织材料绿色制造提升工程。大力发展生物基原料和可生物降解纺织材料，开发并积极推广先进绿色制造工艺技术、节能减排和循环再利用技术，加快推动淘汰高能耗、高污染、低效率的生产工艺和设备。进一步完善清洁生产评价指标体系，建立健全评价制度和标准，加强清洁生产审核和绩效评估，扩大适用领域。

2025 年，纺织材料绿色制造水平进一步提升，化学法再利用纤维产量 500 万吨；高品质原液着色纤维产能 1000 万吨，生物基纤维产能 120 万吨。

7.4.2.3　提升自主创新能力

目前，我国纺织材料产业科技创新体系不强、不完整的矛盾突出，产业发展存在的突出问题长期不能有效解决：一是企业自主研发能力薄弱，二是产业关键共性技术供给不足，三是面向中小企业的技术创新服务严重缺乏，四是产业创新发展缺乏系统谋划，创新资源配置分散。针对此，需要加强以下工作：

（1）完善国家纺织材料产业技术创新发展战略。成立由政府相关部门、骨干企业、科研院所代表组成的国家纺织产业技术创新战略委员会，深入研究产业技术创新战略、技术路线、发展规划，提出政策建议，指导产业发展。

（2）建立国家级的纺织材料创新中心，布局国家重点实验室和工程技术研究中心，重点解决颠覆性、竞争前技术创新能力薄弱，纺织材料制造数字化、智能化技术滞后等突出矛盾，占领科技制高点。

（3）进一步发挥政府资源的引导作用，鼓励和支持化纤产业技术创新战略联盟和新一代纺织设备产业技术创新战略联盟等优化运行机制、完善产业技术创新链。

（4）建设完善产业集聚区技术创新服务平台。发挥东华大学和中国纺织科学研究院等科研院所的作用，以地方政府和企业投入为主，在长三角、珠三角、福建等产业集聚区或工业园区建设完善专业化的技术创新服务平台。政府通过购买服务等方式，支持平台为中小企业提供高效率、低成本的专业化服务。

（5）支持骨干企业提升技术创新能力。在新材料重点品种、装备等重点领域，支持和引导骨干企业加大科技投入、加强研发机构和研发体系建设、加强产学研合作，增强企业自主创新能力。推动有条件的骨干企业在全球范围内吸纳创新资源，提升国际竞争力。

（6）完善材料应用技术评价和标准体系。建立纺织材料标准实验室，重点开发材料测试标准与产品标准。建立产品应用技术评价中心，通过规范产品及其评价测试方法为市场应用推广和技术转移提供支撑，促进纺织材料产业化应用。突出标准在产品创新工作中的基础性支撑和推动作用，提高标准国际化水平，增强国际话语权。

7.4.3　政策建议

根据我国纺织产业发展的国内需求和国际竞争状况，针对先进纺织材料发展存在的突出问题，提出以下对策建议。

（1）加强产业发展战略研究。集聚科研、生产、规划研究、行业管理、金融投资等专业人才，建立一支结构合理、稳定的高水平产业发展战略研究队伍，针对先进纺织材料产业发展中的科技创新、产融结合、现代产业链和产业集群、产业转移与国际竞争等重要现实问题，开展持续、深入的系统研究，跟踪、评估发展状况和规划实施情况，及时调整、持续完善规划，为我国宏观决策，以及生产企业、金融投资机构、科学研究机构等决策提供可靠的指导。

（2）完善产业科技创新体系建设。按照"围绕产业链部署创新链、围绕创新链布局产业链"的总体要求，完善国家、部委重点实验室布局和实验室之间的协同机制，部署一批纺织材料与工程的重大科学问题，加大政府资金支持力度，稳定一支从事高水平基础研究人才团队，产出一批原始创新成果；发挥政府资金引导和政策保障作用，吸引风险基金、产业基金，提升工程研究中心中试研究、工程研究能力，创新成果转化机制，加快形成一批重大产业化技术成果；支持、鼓励产业技术创新战略联盟发挥在产业链协同创新上的重要作用，加快科技成果的市场应用；支持、鼓励中介服务机构不断提升服务能力和公信力，在标准研制，知识产权服务，科技成果评估、转化，品牌建设等方面发挥作用。

（3）加强科技对产业发展的支撑和引领作用。围绕产业基础高级化和产业链现代化全面部署创新链。重点在聚合物及纤维制造技术及装备领域，整合行业重点实验室、工程中心和骨干企业的科技资源，围绕重点品种开展产学研合作，确保重点品种具有自主知识产权和持续的技术迭代升级能力。

围绕创新链布局产业链。推动纺织材料产业基金和风险投资，加大对原始创新纤维品种开发与应用的资金支持，占领科技高点，培育优势产业。

推动工程公司向解决方案服务商转型发展。通过增强工程公司的科技研发、工程转化等综合能力，创新经营模式，整合科技资源，构建全方位的产业链、供应链管理服务模式，建设高水平的科技服务型企业。

（4）支持骨干企业的国际化。支持行业大型骨干企业延伸产业链，产能和创新资源全球布局，加大支持骨干企业为核心的产学研合作，引导产业基金等社会资本投入，形成具有国际竞争优势的跨国企业。

（5）材料与高端装备及智能制造统筹发展。顺应先进纺织材料高品质、高功能化、绿色化，与智能制造技术融合的发展趋势，先进纺织材料与高端装备融合发展，突破关键技术与装备，推进国产装备与智能制造系统的应用，推动行业制造水平全面提升。

增加智能化、差异化、功能化设备及高性能纤维设备的原创研发能力，增强重大技术与成套装备研发和产业化能力，提升产品的附加值，通过设备技术进步引领化纤产业的深度转型升级。

加快突破化纤制造过程的数字化、智能化关键技术，扩大国产装备与智能制造系统在行业骨干企业中的应用，确保我国数据和产业安全，提升纺织材料企业国际竞争力。

8 先进轻工材料之表面活性剂产业 "十四五" 规划思路研究

8.1 表面活性剂领域发展现状

表面活性剂是一大类化合物，具有在界面上富集、能明显改变界面性质的特点，尤其是能够显著降低水溶液的表面张力。同时，此类物质能够在溶液中和界面上形成多种分子有序组合体，这些聚集体显示出许多单个分子不具有的特性。无论何种表面活性剂，其分子结构均由两部分构成。分子中的一部分为非极性亲油的疏水基，有时也称为亲油基；分子中的另一部分为极性亲水的亲水基。两类结构与性能截然相反的分子碎片或基团分处于同一分子的不同部位并以化学键相连接，形成了一种不对称的、极性的结构，因而赋予了该类特殊分子既亲水、又亲油，但又不是整体亲水或亲油的特性。表面活性剂的这种特有结构通常称之为"双亲结构"，表面活性剂分子因而也常被称作"双亲分子"。

表面活性剂具有的亲水亲油不对称特殊结构，使其可以显著改变所在体系界面性质，是一类功能负载型有机化工原材料。根据所需要的性质和具体应用场合不同，有时要求表面活性剂具有不同的亲水亲油结构和相对密度。通过变换亲水基或亲油基种类、所占份额及在分子结构中的位置，可以达到所需亲水亲油平衡的目的。经过多年研究和开发，已派生出许多表面活性剂种类，具有润湿或抗黏、乳化或破乳、起泡或消泡以及增溶、分散、洗涤、防腐、抗静电等一系列物理化学作用及相应的实际应用，成为一类灵活多样、用途广泛的精细化工产品。表面活性剂除了作为日常生活中洗涤剂的主要原料外，在其他许多工业部门都有广泛的应用，被喻为"工业味精"。

经过几十年的发展，表面活性剂已经从扮演传统日用化工产品如洗涤用品中主活性物的单一角色，逐渐扩展到成为在国民经济的各个重要产业部门中不可或缺的功能负载型材料，并正在快速渗透到各高新技术领域。事实证明，表面活性剂能提升大多数国民经济重要产业部门的技术水平，并能对信息技术、生物技术、能源技术、新材料等高新技术发展构成强力支撑。在人类面临资源、能源、水源危机的产业转型期，节能减排、增收节支成为开发产业技术的重要导向。在许多主要产业部门如建筑材料、纺织印染、原油开发、农药、造纸及皮革、高分子材料、食品加工等产业中，表面活性剂已经成为支撑其科技进步和产业发展的必需功能负载型有机化工原材料，如果没有表面活性剂支撑这些产业已经不可能从事正常生产，而这些相关产业规模超过国民经济总产值的20%。

表面活性剂作为功能负载型有机化工原材料应用于相关领域，带来几十倍甚至百倍于自身价值的国民经济产出，是加快发展我国表面活性剂行业最为重要的意义所在。表面活性剂行业的技术提升和发展对于相关的工业和民用洗涤产品、食品、建材、原油开采等行业的发展具有重要意义，通过对这些下游应用行业的支持，为我国经济社会协调发展提供支撑，对国家的科学技术和国民经济可持续发展至关重要。

我国具有工业化意义的表面活性剂的生产和合成洗涤剂同步，刚开始生产装置规模只有几千吨，品种限于石油磺酸钠和石油基苯磺酸钠等少数产品。合成洗涤剂工业的发展，带动了作为合成洗涤剂主要原料的表面活性剂生产。随着科学技术的发展，表面活性剂的应用已经进入了许多传统产业。它能有效地改进工艺、降低单耗、节约能源、改善环境和提高产品质量，因而广泛地应用于国民经济各领域，例如日用化工、食品、能源、冶金、建材、纺织、塑料等都是表面活性剂应用非常广泛的行业，并且有越来越深入的趋势。发达国家表面活性剂在除日用化学品以外的其他工业中的应用占总产量的 60% 以上。表面活性剂的工业应用更促进了其从规模到质量的发展。改革开放前表面活性剂产量已超过 10 万吨。

改革开放以来，我国表面活性剂工业发展迅速，20 世纪 80 年代中期年产量只有 30 万吨，2018 年达到 420 万吨，约占世界表面活性剂年总产量的 20%，实现本行业销售额 600 多亿元。应用领域不断拓展，工业用表面活性剂份额逐年上升。30 年间我国表面活性剂产量增长了十几倍，且还在以每年 5%~6% 的速度增长，明显高于国外同期 2%~3% 的增长速度，充分说明了我国表面活性剂行业的技术进步充满活力。国民经济和高新技术持续快速发展，对表面活性剂品种和产量提出了更大的需求。仅以使用表面活性剂为主要原料的日用化工行业计，2018 年销售额超过 4000 亿元。

近几年，国内表面活性剂的技术创新亮点还包括插入式乙氧基化技术进一步拓展，改性油脂非离子表面活性剂的产业化实施和催化氧化法制脂肪醇聚氧乙烯醚羧酸盐（AEC）千吨级生产性实验的完成，由中国日用化学工业研究院和中轻日化科技有限公司共同组织实施。

国际上表面活性剂领域的发展一直延续绿色化、功能化的方向，注重产品、工艺及原料的安全性和产品的高效高质化发展。近年来，表面活性剂的重大创新是插入式乙氧基化催化技术的成功开发及产业化。该技术的应用使得非离子表面活性剂的制备流程明显缩短、节能减排和降低成本，并且可以制备一些传统工艺无法制备的产品，具有明显的经济和社会效益。这项技术在 2017 年得到了进一步的发展和应用的拓展，如液态催化剂的开发与产业化应用，使得反应产品不需要进行催化剂分离，彻底解决了固体催化剂在产品中悬浮的问题。国内表面活性剂行业在技术创新方面紧跟世界发展趋势，取得明显进步。

8.2　发展趋势

表面活性剂产品及其原料是精细化工领域的代表性产业，大量应用于洗涤用品行业，是构建洗涤用品产品体系的基础。改革开放以来，中国表面活性剂行业通过技术引进与自主研发已建立起相对完整的表面活性剂工业体系，技术水平和装备国产化水平大幅提升，技术更新速度不断加快，能够生产包括阴离子、阳离子、非离子、两性离子及特种产品在内的 4 大类、130 个小类的 1600 多个品种，2018 年产量达 420 万吨。除洗涤用品、化妆品、牙膏等日化产品外，表面活性剂产品还广泛应用于纺织印染化学品、造纸化学品、农药助剂、石油开采、塑料添加剂、橡胶助剂以及水泥添加剂等多个行业，对表面活性剂产品都有刚性需求。

随着国民经济的高速发展，人口增长和人民生活水平不断提高，与人民生活密切相关的洗涤剂、化妆品都将得到较快地发展，必将促进其主要的活性组分表面活性剂的较快发展；另外，表面活性剂在各个工业应用领域的拓展，也将大大增加表面活性剂的市场需求，刺激表面活性剂的创新与发展。随着我国表面活性剂产量的增加和全球经济一体化进程的加快，表面活性剂产品的出口量也将有所增长，国际竞争力将得到进一步提高。我国表面活性剂的生产与消费将会持续稳定增长，总体市场前景看好，具有以下趋势。

（1）表面活性剂的绿色化。表面活性剂绿色化发展的核心是可持续发展、环境友好。近年来，随着"绿色化学"的呼声日益高涨，以天然可再生资源为原料的温和性表面活性剂的理论研究和应用开发不断取得进展。2013 年在巴塞罗那召开的第 9 届世界表面活性剂会议提出，应根据产品的原料来源来标定产品的生态化程度，并建议将此方面的要求体现在产品标准中。在可预见的将来，表面活性剂行业的发展仍将围绕绿色化（生态化）来进行，对人体温和性、环境和生态适应性的新型表面活性剂仍将成为国际表面活性剂的研究热点和发展方向。

（2）表面活性剂的高值化。随着社会经济的快速发展，表面活性剂的应用越来越广泛，在石油、建筑、原油开发、钢铁、食品、医药、农用化学品等领域中，对表面活性剂的要求也越来越高，而化妆品、医药、电子行业等特殊行业要求高纯度的表面活性剂，盐含量的要求必须特别低，通过合成工艺的优化结合、提纯、分离等关键技术的突破，提升产品的高纯及高效将成为表面活性剂行业提升利润空间的必然手段，也将成为表面活性剂的发展趋势。

（3）表面活性剂的精细化。表面活性剂行业经过多年的培育，其应用领域已从扮演传统日用化学品（如洗涤用品）中主活性物的单一角色，逐渐扩展成为在国民经济的各个重要产业部门中不可或缺的功能负载型材料，并正快速渗透到各高新技术与工业领域，提升了各个经济领域的效率。发达国家表面活性剂总量的近 60%用作工业助剂，随着应用领域的拓展，各领域对表面活性剂的细分化、专业化要求也越来越高，如高泡沫、高耐碱性、低泡易漂洗性、高耐电解质性、高润湿性、高乳化性等，过去表面活性剂大多根据表面活性剂的类型从学术上进行划分，而未来，对其性能上、功效性上及其应用领域上进行划分，强化构效关系研究从而在工艺路线上进行分子设计研究开发，将成为表面活性剂的发展趋势。

8.3　存在的问题

改革开放以来，我国表面活性剂工业发展迅速，20 世纪 80 年代中期年产量只有 30 万吨，2018 年达 420 万吨，约占世界表面活性剂年总产量的 20%，实现本行业销售额 600 多亿元。应用领域不断拓展，工业用表面活性剂份额逐年上升。30 年间我国表面活性剂产量增长了十几倍，且还在以每年 5%~6%的速度增长，明显高于国外同期 2%~3%的增长速度，充分说明了我国表面活性剂行业的技术进步充满活力。国民经济和高新技术持续快速发展，对表面活性剂品种和产量提出了更大的需求。表面活性剂行业得到良好发展的同时，也存在比较明显的问题，主要有：

（1）行业重复建设现象普遍，产能严重过剩。以规模求发展是"十二五"期间表面活性剂行业企业发展的主要现象之一，长期以来粗放式的发展方式未得到根本转变，表面活性剂行业产能过剩。磺化、乙氧基化、胺化等主要工艺装置均出现了显著的产能过剩，尤其是乙氧基化产能已超过了 450 万吨/年，而磺化的产能也已超过了 300 万吨/年，且还有多家单位正在扩产。绿色表面活性剂烷基多苷（APG）目前的产能也形成了供大于求的现状，导致行业近年来的利润空间越来越小，企业风险越来越大。

（2）天然油脂需要进口，一些关键原料紧缺，制约行业发展。表面活性剂行业所需原料主要是烷基苯、脂肪醇、脂肪酸和环氧乙烷。

在这些表面活性剂主要原料中，目前国内只有烷基苯的供应没有问题，有 88 万吨的产能，产品品质优良，完全满足生产需求。

脂肪醇和脂肪酸来源于天然油脂，尤其是椰子油、棕榈仁油和棕榈油，几乎需要全部进口，主动权完全掌握在东南亚产油国的手里，严重制约国内表面活性剂行业的发展。本来脂肪醇还可以走发展合成醇的路子，20 世纪 90 年代在抚顺和吉林也分别建有年产 5 万吨羰基合成醇和 10 万吨齐格勒醇的生产装置，但由于种种原因都早已停车，目前国内 C_{10} 以上合成脂肪醇需要 100%进口。

环氧乙烷是表面活性剂行业不可或缺的原料，国内也有不小的产能，但市场上环氧乙烷供应经常紧缺，价格波动大，其根本问题在于乙烯缺口，大部分环氧乙烷都用于生产乙二醇，导致商品环氧乙烷供应严重不足，直接影响到表面活性剂行业的发展。

如上所述，表面活性剂行业的主要原料大多存在来源和供应问题，而且这些问题靠表面活性剂行业自身难以很好解决，是制约行业发展的主要问题之一。

（3）行业自主创新能力不强，技术创新体系有待加强。经过十几年的发展，我国表面活性剂/洗涤剂行业初步形成了自主发展的技术创新体系，主要由三部分组成：1）生产企业尤其是大型生产企业在自身发展过程中形成的研发机构；2）行业所属专业性研究院所；3）由高等院校的相关专业构成的技术创新力量。三部分技术创新力量互相补充，在创新活动中求得自身发展，同时也为行业的发展提供了新的技术源泉，是行业进一步发展的重要基础。

虽然我国表面活性剂行业目前已基本形成了自主发展的技术创新体系，但与外资跨国公司相比，仍有一定差距，而多数企业仍存在创新能力不足的问题，行业技术水平参差不齐。主要体现在：技术创新人才和资金投入不足，新产品产出速度与数量不足，相关分析检测方法工作相对不足。与国外尤其是国际跨国公司相比较，整个行业自主创新能力不强，更多的品种是跟踪国外技术，自主创新方面相对较少，在一定程度上制约了我国表面活性剂行业的自身发展以及同国际跨国公司的竞争能力。

8.4　"十四五"发展思路

8.4.1　发展目标

解决我国 3 种以上关键原料、2~5 类新的大宗表面活性剂，开发 50 种以上功能性表面活性剂新品种，以及受限制类重要表面活性剂的升级换代。由基础理论、共性关键技术及应用示范构成全链条设计，多途径、多方向重点突破 C8-14 脂肪酸及脂肪醇的替代，开发研究油脂及其他可再生资源制备阴/非/阳离子表面活性剂的短流程技术并达到大宗表面活性剂的品种需求，整体降低表面活性剂行业的能耗、物耗以及废水排放。强化研究绿色催化以及生态安全型功能表面活性剂的清洁生产工艺，整体提升我国表面活性剂领域的技术水平，促进表面活性剂行业的转型升级。

8.4.2　重点任务

（1）"十四五"期间重点发展的表面活性剂品种。根据"十三五"期间已有的研发基础，在"十四五"期间有可能达到 5000t 以上的表面活性剂新品种作为发展重点，见表8-1。

表 8-1　"十四五"期间重点发展的表面活性剂品种

重点材料品种	"十四五"关键技术指标	"十四五"产业发展目标
FMEE（脂肪酸甲酯乙氧基化物及丙氧基化物）	催化剂单耗<5kg/t，PEG 含量<3%，FMEE-09 反应时间<5h/批	市场应用规模达 5000t 以上
油脂乙氧基化物及其改性产品	凝固点<-10℃，反应时间<4h/批次，PEG 含量<3%，泡沫<20mL	市场应用规模达 5000t 以上
改性油脂乙氧基化物磺酸盐	二噁烷含量<30ppm，冻点<0℃，泡沫<30mL	市场应用规模达 10000t 以上

（2）"十四五"重大工程项目。根据表面活性剂行业疏水基原料供应存在的问题，应重点发展合成脂肪醇，且应达到万吨以上规模。建议将羰基合成醇和仲醇装置建设作为表面活性剂领域"十四五"重大工程，见表8-2。

表 8-2　"十四五"重点材料领域和重大工程项目

重点材料领域	"十四五"重大工程	重大工程预期目标及相关建议
表面活性剂原料	羰基合成醇生产装置	产业规模>5 万吨/年
表面活性剂原料	仲醇生产装置	产业规模>1 万吨/年

（3）表面活性剂协同创新体系的构建。日化院是国内表面活性剂/洗涤剂行业中唯一的大型专业化研究单位。依托中国日化院建立的活性剂国家工程研究中心、中国轻工业表面活性剂重点实验室、全国洗涤用品质量监督检验中心、全国表面活性剂/洗涤剂标准化中心、中国日用化学工业信息中心、表面活性剂和洗涤用品生产力促进中心以及全国表面活性剂和洗涤用品标准化技术委员会秘书处构成了比较完备的包括研究开发、中试及产业化、标准检测和信息服务等内容的行业服务体系。"十四五"期间可考虑联合行业内其他单位的类似机构如中国轻工业胶体与界面化学重点实验室、中国轻工业洗涤剂重点实验室、中国轻工业磺化重点实验室及中国轻工业化妆品重点实验室等，进一步整合资源，建设为行业服务的开放式的综合技术创新平台。

8.4.3　支撑保障

（1）完善产业政策。研究制定表面活性剂行业产业发展政策，加强产业政策与财税、环保等政策的衔接，积极利用国家相关政策，促进结构调整，鼓励和引导企业可持续发展。

（2）加大科技投入。积极利用国家技术创新激励政策，鼓励和引导企业加大科研投入，提高研发水平和自主创新能力，保护知识产权，支持有条件的企业建立国家工程实验室、企业技术中心等创新平台，加快科技成果产业化步伐。引导企业和社会资本，围绕产品升级、节能减排、安全生产、两化融合，加大技术改造投入，提高行业技术装备水平，促进产业转型升级。

（3）加强质量管理、诚信建设。健全质量信用评价体系，实施质量信用分类监管；加强质检监管方式制度化、规范化、程序化，提高监管效能；推进企业质量信用信息向社会公开公示。加大对质量违法行为的惩戒力度，优化质量发展环境。

（4）构建行业公共服务平台。建立开放性和共享性，为行业内企业提供信息查询、技术创新、质量检测、法规标准、管理咨询、设备共享，应用主导、面向市场、网络共建、资源共享等服务的公共服务平台。

鼓励科研机构和高等院校面向企业开放共享科技资源的公共技术平台和科技创新平台，提升企业核心竞争力。推进研发资源互利共享，科研设备共享，减少中小企业设备投资负担，增强自主创新能力；为行业科研、生产、后备等方面提供服务支持的对接平台。

（5）建立人才队伍。坚持以人为本，积极引导各类人才在系统内有序流动，促进人力资源服务供求对接；强化行业生产性服务业所需的创新型、应用型、复合型、技术技能型人才的开发培训，重点培养集聚一批发展急需的高素质人才以及具有敏锐市场洞察能力、分析能力和市场开拓能力的人才。

第 3 篇

关键战略材料篇

GUANJIAN ZHANLÜE CAILIAO PIAN

9 高性能纤维及其复合材料"十四五"规划思路研究

9.1 高性能纤维及其复合材料领域发展现状

高性能纤维是新材料产业的重要组成部分，其主要成员包括碳纤维、芳香族聚酰胺纤维、超高分子量聚乙烯纤维、聚酰亚胺纤维和陶瓷纤维等。

高性能纤维及其复合材料因其优异的综合性能已经成为国防与国民经济建设，尤其是高端制造业不可或缺的战略性关键材料，是世界各国发展高新技术、国防尖端技术和改造传统产业的物质基础和技术先导，对国防现代化建设和国民经济发展具有非常重要的基础性、关键性和决定性作用。《中国制造 2025》提出的诸多重点领域发展都离不开高性能纤维及其复合材料，它已经成为我国转型期推进制造强国战略的重要支撑。

9.1.1 市场需求

经过多年的发展，我国高性能纤维及复合材料制备与应用技术不断取得突破，装备能力得到加强，产学研用格局初步建立，已成为推动我国各新兴产业升级换代、融合创新的材料基础。

9.1.1.1 碳纤维及其复合材料领域

市场需求持续旺盛，国际主要厂家这两年均在扩大产能。碳纤维"价降量放"的产业转化过程越来越明显，低成本碳纤维技术的创新与推广应用，将会极大地激活工业领域新的需求。全球碳纤维需求将以 10%~15% 的速度高速增长，碳纤维产业正迈入发展的快车道。

相比于国际市场的稳步增长，中国市场对碳纤维的需求增长幅度更大，根据《2019全球碳纤维复合材料市场报告》统计，2019 年中国碳纤维的总需求为 37840t，相比 2018 年的 31000t，同比增长了 22%。2018 年的同比增长率为 32%，2017 年的同比增长率为 20%，均大于国际增长速度。2019 年需求的 37840t 碳纤维中，进口碳纤维为 25840t，比 2018 年增长了 17.4%，占总需求的 68%；国产碳纤维供应量为 12000t，同比增长 33.3%，占总需求的 32%，市场占比持续保持在 30% 左右，在碳纤维应用需求保持高速增长的同时，国产碳纤维产量也保持同步提升，行业发展迅速。

9.1.1.2 高性能有机纤维领域

芳纶行业发展总体保持平稳，国内实际用量超过 2 万吨，其中间位芳纶在高温过滤、阻燃防护、电气绝缘和蜂窝材料等领域用量保持平稳，对位芳纶在光缆通信、防弹材料、汽车工业等领域用量逐渐增长。超高分子量聚乙烯纤维在绳网、手套等若干民用市场领域用量保持增长，其中手套制品仍以出口为主。采用聚酰亚胺纤维开发的防护面料已成功应用于森林武警防护服。

9.1.1.3　高性能陶瓷纤维领域

以连续碳化硅纤维增强碳化硅基体复合材料（SiC/SiC，简称"CMC"）为代表的陶瓷基复合材料，采用高强度、高模量纤维与成分相同或相近的陶瓷基体相互复合，形成"1+1>2"的效果，在航空发动机上的应用已成熟。以连续 SiC 纤维为代表的国产陶瓷纤维还处于工程化技术研究阶段，研制的 SiC/SiC 复合材料已开始工程应用考核，但总体的市场需求尚需培育。

9.1.2　产业规模与质量技术水平

9.1.2.1　聚丙烯腈基碳纤维

经过半个多世纪的发展，国际上以日本东丽和美国赫氏为代表的先进碳纤维企业已经实现了聚丙烯腈基碳纤维的全系列化技术，产品包括高强标模型（拉伸模量小于 260GPa）、高强中模型（拉伸模量 260~320GPa）、高模型（拉伸强度小于 3.0GPa，拉伸模量 320~400GPa）和高强高模型（拉伸强度大于 3.5GPa，拉伸模量大于 370GPa）等，丝束规格不仅有 1K、3K、6K、12K、24K 等小丝束，还有 48(50)K、100K、320K 等大丝束产品，齐全的品种规格，为不断拓展的复合材料应用提供了坚实的材料基础。

2013 年以来，日美各碳纤维企业先后推出了拉伸强度在 7.0GPa、拉伸模量为 320GPa 级别的新一代高强中模碳纤维，品种有日本东丽的 T1100、美国赫氏的 IM10、日本三菱的 MR70、日本帝人的 XMS32 等。2018 年日本东丽推出了 M40X 碳纤维，拉伸强度为 5.7GPa，拉伸模量为 377GPa。与以往产品相比，M40X 碳纤维在保持拉伸模量的同时，成功提高了拉伸强度，打破了以往碳纤维难以兼顾模量和断裂延伸的传统认知，这也是世界范围内首次兼顾这两个性能指标并量产的碳纤维。2019 年 3 月，美国赫氏也推出了其 HM50 新产品，碳纤维拉伸强度达到 5.86GPa，拉伸模量 345GPa，显示出其高性能碳纤维强大的研发实力。新型碳纤维的应用，有可能使碳纤维树脂基复合材料的拉伸与压缩性能得到更合理的均衡发展，有利于碳纤维复合材料的综合性能提升。

20 年前，在国家科技计划支持下，研发成功基于二甲基亚砜（DMSO）体系的原丝新技术，开启了建设以 DMSO 原丝工艺为主的国产化技术发展进程。经过二十年的协同攻关，形成了以 DMSO 原丝工艺为主、二甲基乙酰胺（DMAc）和硫氰酸钠（NaSCN）原丝工艺参与的聚丙烯腈碳纤维原丝国产化技术体系，单线碳纤维产能由十吨级、五十吨级，逐渐提高到百吨级、五百吨级和千吨级，到 2019 年中国大陆已建设起 12 条千吨级单线产能的碳纤维生产线，总产能达到 27000t 左右。产品涵盖高强型（GQ3522 和 GQ4522）、高强中模型（QZ5526 和 QZ6026）、高模型（GM3035）和高模高强型（QM4035 和 QM4050）等品种。自主创新的基于 DMSO 湿法纺丝工艺制备的新型高强碳纤维，已经成为我国若干关键型号的主干材料。

在应用需求牵引和技术推动双重作用下，碳纤维骨干企业积极开展产业化技术研究。工艺技术方面，在 3K 碳纤维原丝生产线上突破 300m/min 湿法纺丝技术，12K 原丝生产线上突破 500m/min 干湿法纺丝技术；在千吨级产能的 25K 碳纤维生产线，预氧化碳化速度达到 12m/min 以上。在产品方面，先后突破 24K 和 48K 碳纤维产业化技术，丰富了国产碳纤维的规格系列。

科研院所积极攻关碳纤维高性能化技术，新一代高强中模（拉伸强度≥7000MPa，拉伸模量≥320GPa）、高强高模高延伸（拉伸强度≥5700MPa，拉伸模量≥370GPa）和超高模高强（拉伸模量≥650GPa，拉伸强度≥3600MPa）碳纤维的技术研发已经启动，关键技术不断取得突破，国产碳纤维的高性能化发展进入有序快速发展轨道。

关键装备的国产化研制取得显著进展，通过国际合作和再创新，千吨级碳纤维生产线已实现国产化，500~1000mm口宽的高温石墨化炉也已研制成功，投入运行。

我国在碳纤维复合材料的成型加工能力方面也有所突破，领头企业如中航工业、中航复材、中复神鹰、江苏恒神等，在航空以及汽车领域均有扩展。在航天领域，中国航天科工集团研发的固体运载火箭以及发动机地面试车圆满成功，成为国内应用碳纤维复合壳体技术尺寸最大、装药量最多的固体火箭发动机，代表着国产碳纤维复合材料在该领域的新突破。在复合材料制备工艺方面，我国已具备成熟的热压罐成型技术，实现了复合材料机翼、尾翼等大尺寸复杂承力构件制造，如SMC、SMC/BMC、LFT-D热压工艺及其装备生产线，主要应用于汽车零部件、轨道交通、通讯电力、建筑建材、电力/电器、市政基础设施、新能源开发等领域。纤维缠绕工艺技术与设备等已成规模。风机叶片年均需求量超过1.4万套，制造能力迅速提高，液体成型生产线约350条，目前已可设计7MW级风电叶片并生产。在交通领域中，碳纤维复合材料已应用于磁悬浮车车体，我国建造的全世界最长的（18.6km）中低速磁浮运营线于2016年5月正式投入运营。

9.1.2.2 聚芳族纤维

高性能聚芳族纤维包括芳纶、聚对苯撑苯并双噁唑纤维（PBO纤维）、聚对苯并咪唑纤维（PBI纤维）、聚苯撑吡啶并二咪唑纤维（M5纤维）和聚酰亚胺纤维（PI纤维）等。

在芳纶领域，间位芳纶（芳纶1313）的主要生产国有美国、中国和日本，其中美国杜邦的产能规模大于3万吨/年，中国的总产能也已超过万吨，品种和质量接近国际水平，具备了参与国际竞争的能力。对位芳纶（芳纶1414）的生产主要集中在美国杜邦、日本帝人、韩国及中国。其中美国杜邦和日本帝人各有约3.5万吨/年的产能，二者合占世界产能的90%。近年来韩国发展较快，也有数千吨产能。受产业化工艺与装备技术的制约，国内对位芳纶的产业化进程一度进展较慢，这几年随着关键技术的突破，产业化建设进入快速发展轨道，五百吨级、千吨级产业化生产线先后建成运行，接近2000t的产量主要应用于防弹、光缆、绳缆、体育用品、汽车等领域，在航空航天及国防军工等高端领域，与国外产品相比尚缺乏竞争力。

国产对位芳纶产品属于普通高强型，受市场需求快速增长的牵引，在经历多年的蛰伏与积累后进入快速扩产扩能的发展阶段，2019年国内有3家企业分别提出了3000~5000t产品的扩产规划，2020年第三季度，3000t产业基地建成，生产线投料运行，另一个5000t级的基地，也计划今年第四季度装置运行。但高模型、高韧型等高性能化、差别化对位芳纶产品与技术尚需要进一步研发。通过第三单体改性的新型芳纶（芳Ⅲ）工程化研制进展显著，已形成五百吨级的生产能力，可满足高端装备的需要，未来一段时间主要以应用研究拓展为主。

聚对苯撑苯并二噁唑（PBO）纤维领域，日本是主要的生产国，生产能力保持着一个相对稳定状态。随着关键技术的突破，国产化能力建设近几年发展较快，形成了百吨级的生产能力，小批量产品已陆续进入工程应用验证阶段。

聚酰亚胺（PI）纤维领域，与国际上只有耐热型产品不同，国产聚酰亚胺纤维形成了高耐热型、耐热易着色型、高强高模型三大系列，覆盖超细、常规、粗旦多种规格，首创原液着色聚酰亚胺纤维，扩大了在工业和民生领域的应用范围。

高强高模聚酰亚胺纤维是我国特有的自主技术，在"十二五"期间突破基本型产品的关键制备技术，纤维拉伸强度 3.5GPa、拉伸模量 120GPa，建成了百吨级工程化生产线，产品进入工程应用验证。

9.1.2.3　超高分子量聚乙烯纤维

超高分子量聚乙烯纤维是我国产业化程度相对较高的一种高性能纤维，在国际市场拥有一定的定价权。以荷兰帝斯曼、美国霍尼韦尔、日本东洋纺等为代表的国外企业的发展已趋于平稳，主要工作集中于应用推广，通过并购与合作来保证可持续发展。而我国在这一领域的发展一直在稳步推进，生产能力建设方面，采用平行扩量模式，常规型号产品的产量不断提高，年产量超过 9000t，可部分替代进口，且具备一定出口创汇能力。近几年在超高强、高模、细旦、耐热、抗蠕变新品种及新一代纤维专用树脂等方面陆续实现新突破，技术均处于国际先进水平。

9.1.2.4　陶瓷纤维

陶瓷纤维成员主要有碳化硅（SiC）纤维、氮化物纤维等非氧化物陶瓷纤维和氧化铝等氧化物陶瓷纤维。

非氧化物陶瓷纤维领域，经过多年发展，日本碳公司研发出 Nicalon 系列的碳化硅三代产品，成为碳化硅纤维质量的代表。日本宇部兴产公司和美国 Dow Coring 公司也是国际碳化硅纤维领域具有显示度的企业。在应用需求牵引下，国产碳化硅纤维的技术研发与工程化研究已取得显著进展，第二代碳化硅纤维已形成十吨级工程化制备能力，第三代碳化硅纤维的工程化研究正在进行中。其他非氧化物陶瓷纤维，如氮化硼、硅硼氮、硅硼碳氮等纤维处于关键技术研究阶段。

在氧化物纤维领域，连续氧化铝纤维是典型代表，代表世界最先进水平的是美国 3M 公司的 Nextel 系列和日本住友化学公司生产的纤维。连续氧化铝纤维的国产化研究近几年取得实质性突破，根据应用需要，连续纤维、纤维织物等多种形式产品不断应市，在工程应用的有力牵引下，有望短期内实现工程化技术与产品的稳定提升。

9.1.2.5　树脂基复合材料

美欧等发达国家自 20 世纪 70 年代以来一直把复合材料技术列为国家和国防建设关键技术予以优先发展，近年来液体成型、缠绕成型和自动铺放等高效工艺逐渐取代手工铺敷成型工艺，复合材料质量与性能显著提高，在军用及高端装备领域的应用技术日趋成熟，用量逐年提升。应用于树脂基复合材料的高性能纤维以碳纤维为主力，2019 年，全球 10.5 万吨的碳纤维绝大部分都以树脂基复合材料的形式应用于各行各业，其中在航空航天、风电和体育用品的用量占比 60% 以上。

在需求牵引下，我国航空航天领域的碳纤维树脂基复合材料设计制造与应用技术研究起步较早，基于进口碳纤维开展了复合材料范畴内的各类技术研究与构件制备，积累了较丰富的经验。随着国产碳纤维技术的发展，碳纤维产业化技术不断成熟、产品质量与性能一致性不断提高，支撑了碳纤维树脂基复合材料应用的快速发展。2019 年，中国（含台湾省）各行业使用不同品种规格的聚丙烯腈碳纤维37840t，占全世界用量的37.6%，表明我国碳纤维树脂基复合材料的成型加工和终端产品制造能力具备相当基础。

经过多年的积累，国产树脂基体的韧性、应用工艺性和耐热性不断提高，环氧树脂、双马树脂、氰酸酯树脂和聚酰亚胺树脂等新品种不断出现，基本形成了国内自主研制的树脂体系。有机无机杂化树脂等新的树脂体系研究水平与国外基本相当，但是应用水平和产业化能力明显不足。在复合材料设计与成型方面，形成了多种成型工艺手段，构建了较为完备的复合材料成型加工、检测一体化体系。但复合材料设计水平，尤其是工业领域的复合材料应用设计水平亟待提升，导致复合材料创新应用技术与产业发展相对滞后。

9.2 各领域发展趋势

9.2.1 聚丙烯腈基碳纤维

在技术进步和市场培育双重作用下，全球碳纤维及其复合材料产业与市场规模不断扩大，持续拉动市场需求。在大飞机领域应用碳纤维复合材料热之后，以输电与风电为主的能源领域和以汽车与轨道运输为主的交通领域为碳纤维产业发展注入了新的活力，成为拉动碳纤维产业发展的主要引擎，推动碳纤维产业发展跨入到以工业应用为主的新阶段。从碳纤维复合材料的全球市场需求分析可以发现，2019年碳纤维复合材料在风电叶片领域应用占比26%、航空航天领域约23%、体育休闲用品领域约14%。这三个产业是碳纤维需求的支柱产业，尤其波音、空客商用客机的大规模成熟应用碳纤维复合材料，以及国际风电巨头（VESTAS）强势驱动，这些领域碳纤维复合材料的用量均将达到2万多吨。

产能扩大化、应用联合化。产能扩大方面，东丽于2018年将碳纤维产能提升20%，实现年产52000t碳纤维的目标；三菱化学也于2017年将其总产能提升三成，达到13300t；帝人与2016年投资2.8亿美元在美国设立新的碳纤维工厂，总产能提升至1.45万吨。在民用航空、交通运输、新能源等领域需求的牵引下，各国碳纤维企业不断扩大产能，以期获得更多的市场份额。应用合作方面，东丽公司与空客（Airbus）达成了关于碳纤维及预浸料供应量提升的协定，与美国Space X飞船公司签署了长期供应碳纤维的合约，同时与美国一家公司在碳纤维强化高压储氢罐方向上展开合作；三菱化学则与兰博基尼达成合作，为汽车用碳纤维的大规模生产做准备；此外，东丽与丰田合作共同推进碳纤维的循环再利用。2016年8月，美国成立了一家有着美国橡树岭国家实验室技术支持的新型碳纤维企业——LeMond复合材料公司（LeMond Composite），该公司致力于生产低成本碳纤维。英国主营回收碳纤维的新型公司ELG（ELG Carbon Fibre）也在2016年崭露头角，宣布将在德、美开设新工厂。复合材料传统强势企业美国赫氏（Hexcel）延续了其与空客的供应合同。为满足高速发展的市场需要，国际主要厂家近两年持续扩大产能，如美国HEXCEL扩产后，预计2020总产能达1.5t；日本东丽分别在墨西哥、匈牙利扩产大丝束碳纤维生产能力，预计完工后大丝束碳纤维生产能力将超过2万吨；日本东邦帝人在美国的碳纤维工厂已动工，同时韩国、印度、俄罗斯也在不断建设碳纤维生产线。

在高性能化方面，为了提高竞争力以及满足更高性能复合材料对碳纤维的要求，自2013年开始，各国际碳纤维龙头企业相继推出更高性能的碳纤维产品，美国赫氏的IM10、日本东丽的T1100、三菱的MR70、东邦的XMS32，都是强度在7GPa左右、模量在

320GPa 左右的超高强度中模量碳纤维。这类超高强度中模量碳纤维不仅能提供更高的抗拉强度，同时还能保持其他性能更为均衡，从而使设计者在强度和刚度的平衡中获得较高的安全边际。2018 年东丽公司宣布了 M40X 碳纤维产品，在高模量特性基础上，大幅度提升了碳纤维的断裂延伸性能，碳纤维及其复合材料性能的显著提升更有利于结构减重设计，以满足下一代航空航天飞行器主结构等高端装备领域的需求。

在低成本化方面，针对应用细分市场，开发差别化产品以降低成本成为各企业提高竞争力的重要举措，如东丽的 T720、T830、Z600 等型号，属于原产品的亚型号系列，优化了某一特性，使得碳纤维复合材料的性价比更加合理。同时，各大公司相继加大了大丝束碳纤维的研制和生产，基于腈纶技术的纺织级原丝制备技术、新型聚合体的开发以及新型的预氧化碳化工艺都相继推出。高效低成本生产工艺技术不断成熟，立足于纺织级原丝的低成本碳纤维生产技术成为工业级碳纤维的主流技术。

9.2.2　聚芳族纤维

对位芳纶领域，随着光纤通讯的不断发展和安全防护领域需求的提升，围绕上述主干领域应用的芳纶研究与生产规模扩大成为本行业的特点。为满足芳纶Ⅲ在不同领域的用途，根据其三元共聚分子链结构的可设计性特点，可以生产高强、高模、高韧、高复合性能规格长丝；同时利用其耐温性和复合性能特点，近年来有企业已在锂电池隔膜、芳纶蜂窝、功能用芳纶蜂窝等方面开展研究，使用日趋差异化和多元化。而为了实现芳纶Ⅲ的低成本制备，近年来传统芳纶Ⅱ生产龙头企业日本帝人和美国杜邦投入了专项研究。其中美国杜邦采用 NMP/CaCl$_2$ 体系进行非均相聚合，制得的聚合物需要经过提纯干燥，再用浓硫酸重新配浆进行干-湿法纺丝，纺速可达到 100m/min 以上，纤维强度可达到 37g/d 以上，相较于俄罗斯采用的低固含量的 DMAC/LiCl 均相体系直接纺丝，低纺速（10~30m/min），生产效率大幅度提高，缺点是对装置设备的要求较高，目前还未产业化。

在聚酰亚胺纤维领域，俄罗斯科学家在聚合物中加入嘧啶单元，采用两步法湿纺制得的聚酰亚胺纤维的强度达到了 5.8GPa，模量为 285GPa，降低了环境污染的压力，这对实现航空航天飞行器轻质高强具有重大意义。

9.2.3　超高分子量聚乙烯纤维

荷兰 DSM 公司根据防护领域需求的增长，于 2018 年在荷兰和美国北卡罗来纳州的纤维和 UD 布的产能各提高 20% 以上，并于 2019 年下半年正式投产。现产品有纤维、带材和 UD 布等，应用于医疗缝合线、渔业和水产养殖网、缆绳、吊索、耐切割手套和衣料、高功能材料、车辆和人体防冲击材料等。

9.2.4　陶瓷纤维

连续 SiC 纤维的发展趋势主要围绕降低成本和提高性能。降低成本将显著扩大 SiC 纤维的应用范围，而提高 SiC 纤维的高温性能（例如抗高温蠕变性能、高温强度保持率）是进一步提高航空发动机燃烧温度的关键。

通过提高纤维丝束规格、提高纤维不熔化处理效率和发展纤维制备过程中的一步热处理工艺实现 SiC 纤维的低成本。在 SiC 纤维表面制备厚度小于 1μm 的界面层，起到裂纹偏转、载荷传递、应力缓冲及保护纤维等作用，实现 SiC/SiC 复合材料力学性能，尤其是高温力学性能的提升。通过连续 SiC 纤维的化学组成、密度和晶粒尺寸在纤维径向的梯度分布调控，解决纤维高温环境下的纤维内部热应力，实现耐超高温连续 SiC 纤维的制备。

9.2.5　树脂基复合材料

复合材料液体成型工艺是继热压罐成型工艺之后开发最成功的复合材料成型工艺，也是最成功的非热压罐低成本复合材料成型工艺，包括 RTM、VARI 和 RFI 等，树脂基复合材料的发展将重点围绕液态成型工艺的推广应用，尤其是在大型复杂外形复合材料构件的成型方面，将不断发挥其特别的优势。随着热塑性树脂基复合材料的发展，增材制造技术的引入也将成为未来树脂基复合材料成型的一个值得关注的热点。

结合新型树脂基体的研发，复合材料快速成型技术将成为未来发展重点，以适应不断增长的工业领域用复合材料低成本、规模化制备的要求。

9.3　存在的问题

国内碳纤维产业发展存在以下主要问题：

（1）产业链建设明显滞后。国内碳纤维行业大多在产业链的中间环节，运行与盈利风险大；单纯的纤维制造商、单一产品的纤维制造商生存难度加大。尤其是近一段时间，中安信、浙江精功碳纤维等碳纤维生产企业面临经济问题，极大制约其发展。

（2）产业化技术成熟水平偏低。碳纤维（新材料）产业化过程分为 5 个阶段：1）预先研发阶段（从 0~1）；2）小试研发阶段（从 1~2）；3）中试产业化阶段（从 2~3）；4）精益量产阶段（从 3~4）；5）精益研发阶段（从 4~10）。中试阶段有的是装备具有中试规模，有的就是产业化规模装备，只是生产负荷没有达到（≤3）。

（3）关键技术落后，成本过高。碳纤维是一种新型高科技材料，其发展应用需要与下游市场接轨，最终需要得到用户的认可。由于行业技术落后，虽然国内碳纤维企业众多，但基本上没有核心竞争技术，低水平重复建设严重。受自身技术水平限制，产品成本居高不下，质量稳定性差，造成产品市场认同率低。与国外产品相比，国产碳纤维需求冷淡，而进口产品供不应求。这种现状导致国内企业生产规模无法扩大，限制了成本的下降，使各企业亏损严重。

（4）工程实践创新能力不足，技术设备更新滞后。国内碳纤维行业大多采用引进、联合的技术发展路线，高校或科研院所拥有雄厚的技术实力，通过转让或合作的方式实现国内碳纤维产业化。但从实验室到产业化过程力量薄弱，特别是产业化过程中关键设备的设计制造能力不足，未形成低成本的连续/连续-非连续纤维复合材料自动化量产制造技术和制造装备的自主研发与设计能力。工艺装备落后，没有形成集成连续化、智能化的自动生产线系统。相关工艺技术及设备研究人才缺乏，创新能力严重不足。这也是国内碳纤维企业长期以来技术发展缓慢，质量无法突破，经营难以为继的一个重要原因。

（5）产业结构单一、缺乏整体布局和规划。碳纤维产业结构的单一性首先表现在产业链短。国内碳纤维相关企业以碳纤维产品生产开发为主，主要集中在聚丙烯腈原丝和碳丝的生产环节。有些企业仅生产原丝，一旦市场需求降低，企业就面临停产或转产的局面。其次表现在工艺技术单一。国内碳纤维企业自吉林碳化公司采用硝酸法失败后，全部转向二甲基亚砜法，具体分二甲基亚砜湿纺法和二甲基亚砜干湿纺法两种，其中前者占 90% 以上，呈现出明显的单一性产业结构。再次，产业结构的单一性还表现在产品构成上，目前国内碳纤维企业只能生产小丝束规格碳纤维，而且主要集中在 1～12K 范围，对市场前景更好的 24K 及更大丝束型号，尚不具备相关技术。以 GQ3522 高强型碳纤维（相当于东丽公司 T300）为例，国内碳纤维生产企业的单线产能最高 1000 吨/年（以 12K 当量计），规格集中在 12K 以下，而 24K 及以上碳纤维尚无产品上市。

（6）国际行业巨头蓄意打压，国内企业发展举步维艰。从全球范围来看，国际市场对华销售碳纤维产品的价格总体呈下降趋势。2010 年 12K 的 T300 产品市场价为 24 万元/吨，2012 年价格大幅降低至 12 万元/吨。国产碳纤维刚刚走向市场，便遭到国外产品的价格打压。目前，受国外低价倾销和恶意竞争的影响，国内碳纤维企业基本处于全线亏损状态。国内每生产 1t 碳纤维就要亏损 3 万～4 万元，大部分企业只好大幅减产，甚至停工停产。从碳纤维的成本与应用来看，国外产品价格的大幅跳水明显有悖常理，其背后隐藏着打压我国碳纤维产业的动机。

（7）尚未建立各领域配套复合材料的原材料体系技术标准、品种规格和经济指标，以及复合材料的标准和规范、质量控制体系等。复合材料零件的设计技术、性能验证和评估体系等均不完善，没有建立统一的标准，严重缺乏相关的经验和数据。需要结合各应用领域的行业标准，制定相应的轻量化技术标准和检测方法等。

总之，我国碳纤维产业呈现出"四多四少"的尴尬状况：（1）企业多龙头少；（2）产能多产量少；（3）用量多国产少；（4）跟踪多原创少。我国碳纤维产业发展"前有堵截后有追兵"，不仅面临日美的高端禁运和低端挤压，也面临韩国、土耳其、印度等后发国家的快速追赶，生存环境严峻。

9.4　"十四五"发展思路

9.4.1　发展目标

开展高性能纤维及其先进复合材料的高性能化、低成本化制备技术攻关，突破先进复合材料设计、制备、评价和应用面临的瓶颈问题，提升国产化装备的设计制造和装备二次改造升级能力，实现高性能纤维及其复合材料制备技术从跟踪发展到创新发展的跨越，建立起具有中国自主知识产权的高性能纤维及复合材料制备与应用技术体系，完成国产高性能纤维品种系列化、工艺多元化、产能规模化、应用高端化等建设，全面实现国产高性能纤维及其复合材料对国防武器装备研制生产的自主保障、对工业高端装备与民生领域的有力支撑，满足国家科技发展、社会进步的需求，形成具有国际竞争力的高性能纤维及其复合材料制造和产业化能力。

到 2025 年，高性能碳纤维及其复合材料制备、表征以及复合技术的进步和关键技术将全面突破，主要技术指标步入国际前列水平，国产碳纤维的高性能化、低成本化取得进展，实现国产碳纤维产业的健康和可持续性发展，同时为国家安全和国民经济重大领域提供关键基础材料保障；建立碳纤维完整的产业链条和发展体系，以企业为创新主体，扶植一批碳纤维及其复合材料优势企业，在国际市场上具有一定竞争性；培养一批高素质创新研究团队和研发基地，加快高性能、低成本碳纤维先进技术向产业化转变。

9.4.2 重点任务

（1）"十四五"应重点发展的材料品种。紧密结合国家安全和社会经济发展的目标，紧跟国家和市场需求，借鉴国际发展趋势分析，遵循"应用牵引，技术推动""发挥优势，体现特色"的发展规律，重点突破高性能纤维高性能化关键技术、高性能纤维复合材料设计制备关键技术，高效拓展复合材料应用，满足国家安全和国民经济发展的迫切需求（见表9-1）。

表 9-1　"十四五"期间重点发展的高性能纤维及复合材料品种

重点材料品种	"十四五"关键技术指标	"十四五"产业发展目标
高强高模高延伸碳纤维	拉伸模量≥370GPa，拉伸强度≥5700MPa，断裂伸长率≥1.5%	二十吨级工程化制备技术
超高强中模碳纤维	拉伸强度≥7000MPa，拉伸模量≥324GPa	百吨级产业化技术
大丝束高强型碳纤维	48K 及以上丝束规格，重点突破 48K（50K）品种，拉伸强度≥4200MPa	千吨级产业化技术
超高模量高强碳纤维	拉伸模量≥650GPa，拉伸强度≥3600MPa，断裂延伸≥0.6%	十吨级工程化制备技术
大直径高强中模碳纤维	拉伸强度≥5500MPa，拉伸模量≥290GPa，碳纤维当量直径≥6.5μm	制备关键技术
高导热中间相沥青碳纤维	导热系数≥800W/（m·K）	二十吨级工程化制备技术
高性能复合材料基体树脂	树脂拉伸强度≥150MPa，拉伸模量≥5GPa	吨级制备技术
高强高模碳纤维复合材料	碳纤维复合材料拉伸强度≥1900MPa，拉伸模量≥340GPa，层间剪切强度≥60MPa	技术成熟度 7 级
高压拉比碳纤维复合材料	0°拉伸强度≥2800MPa，0°拉伸模量≥210GPa，0°压缩强度≥2100MPa	技术成熟度 4~5 级
高模量高 CAI 碳纤维复合材料	0°拉伸强度≥2800MPa，0°拉伸模量≥190GPa，冲击后压缩强度（CAI）≥310MPa（6.67J/mm）	技术成熟度 4~5 级
高性能杂环有机纤维	拉伸强度≥7.0GPa，容器特性系数≥50KM（ϕ150）	十吨级工程化制备技术
高模型对位芳纶	拉伸强度≥3.0GPa，弹性模量≥105GPa	十吨级工程化制备技术
高强高模聚酰亚胺纤维	拉伸强度≥4.0GPa，拉伸模量≥120GPa，5%热分解温度≥550℃	百吨级产业化技术
低成本大丝束碳纤维	拉伸强度≥3.53GPa，拉伸模量≥230GPa；丝束规格>24K；批内批间 cV≤5%	百吨级连续化稳定制备技术；在工业领域实现应用

续表 9-1

重点材料品种	"十四五"关键技术指标	"十四五"产业发展目标
车用低成本碳纤维复合材料（CFRP）	CFRP 成本<100 元/公斤； CFRP 拉伸/弯曲强度>1000MPa，拉伸/弯曲模量>100GPa，压缩强度>800MPa，压缩模量>90GPa； 热固性 CFRP 零部件生产效率不低于 12 件/小时，热塑性 CFRP 零部件生产效率不低于 20 件/小时	汽车、轨道交通上的年用量大于 2 万吨； 具备开发制备、批量生产 CFRP 车体的成套技术和能力，形成具有国际竞争力的龙头企业
热塑性工程塑料/碳纤维预浸料	开发出 PP、PA、PC 等典型工程塑料/碳纤维预浸料； 预浸料厚度<0.25mm； 树脂含量≤40%； 幅宽>1m； 连续长度>200m； 表面光滑，无裂纹； 年产量>1 万吨	民用领域年用量大于 1 万吨； 具备开发制备、批量生产热塑性工程塑料/碳纤维预浸料的成套技术和国产化量产装备
特种热塑性工程塑料/碳纤维预浸料	开发出 PEEK、PI、PPS 等典型特种工程塑料/碳纤维预浸料； 预浸料厚度<0.25mm； 树脂含量≤40%； 拉伸强度≥1200MPa，拉伸模量≥110GPa； 表面光滑，无裂纹； 幅宽>300mm； 连续长度>200m； 年产量>100t	军民领域年用量大于 100t； 具备开发制备、批量生产特种工程塑料/碳纤维预浸料的成套技术和国产化量产装备
高性能连续-非连续热塑性纤维复合材料	开发出典型军用、民用连续-非连续热塑性纤维复合材料零部件； 成型周期<60s/件，年产量>10 万件	军民用领域年用量大于 5000t； 具备开发制备、批量生产连续-非连续热塑性纤维复合材料的成套技术和国产化量产装备
热塑性工程塑料-碳纤维用上浆剂	开发出 PP、PA、PC 等典型工程塑料-碳纤维用上浆剂； 界面剪切强度>60MPa； 层间剪切强度>50MPa	实现上浆剂吨级批量制备； 在国产碳纤维上实现规模化应用
特种热塑性工程塑料-碳纤维用耐高温型上浆剂	开发出 PEEK、PEKK、PI、PPS 等典型特种工程塑料-碳纤维用上浆剂； 界面剪切强度>90MPa； 层间剪切强度>90MPa	实现上浆剂吨级批量制备和应用； 在国产碳纤维上实现规模化应用
超高强/高模 UHMWPE 纤维及其高抗冲击复合材料	纤维：强度≥42cN/dtex； 　　　模量≥1600cN/dtex； 复合材料：软体防弹材料面密度≤5.0kg/m² 下防 17gr. 破片 V50 值≥680m/s，减重 10%，达到美军 TEP 指标；防弹插板材料减重 6%～10%、防 820m/s、7.62mm 穿甲燃烧弹，达到美军同类装备水平	纤维：产能≥5000 吨/年； 复合材料：产能≥100 万平方米

（2）"十四五"建议设立的重大工程。建议设立"高性能纤维及其复合材料制备与应用""十四五"重大工程项目，紧密围绕高性能纤维及其复合材料国产化这一重大目标，注重原始创新，以"夯实基础、突破关键、提升产业、支撑发展"为主线，从科学问题、关键技术问题、产业集成与应用示范完整的创新性产业链，点面结合、以点带面，着力提升我国高性能纤维及其复合材料领域的科技创新能力和产业核心竞争力。"十四五"重大工程项目建议及预期目标见表9-2。

表9-2 "十四五"重大工程项目建议及预期目标

重点材料领域	"十四五"重大工程	重大工程预期目标及相关建议
高性能纤维及其复合材料	高性能纤维及其复合材料制备与应用	国产高性能纤维年产量超过5万吨，复合材料具备8万吨/年生产能力，创造新增产值500亿元/年，带动相关行业产值5000亿元/年。 （1）高性能增强体制备技术。突破超高强中模、超高模高强碳纤维制备及工程化技术，创新研制压拉性能均衡发展、抗冲击性能优异的第三代复合材料用碳纤维技术；突破高强、高模有机纤维制备及工程化关键技术，实现关键材料的工程应用。 （2）极端环境用高性能复合材料。解决高性能纤维及其复合材料在超低温领域应用的重大基础科学问题，研发出具有自主知识产权的适用于超低温环境的国产碳纤维复合材料体系。 （3）高结构效率/多功能一体化设计技术。创新发展出兼具轻质高强、导热、导电、电磁屏蔽等优良性能的纳米增强复合材料结构功能一体化技术，建立具有创新性、竞争性的新型材料体系。 （4）热塑性复合材料连续成型技术。揭示热塑性树脂在纤维中的流动机制，探索热塑性复合材料成型过程中纤维变形与取向的控制方法。研发出连续成型热塑性复合材料工艺新方法，实现快速在线模压整体成型及应用技术。

（3）新材料协同创新体系与平台构建思路。在科研团队及学科建设方面，目前国内建成了4个国家重点实验室、4个国家工程实验室、1个国家碳纤维工程技术研究中心以及若干家省部级实验室和地方企业技术中心。总体构建思路如下：

以高校和科研院所为主体，建立一批高水平碳纤维及其配套材料科研平台，相关优势单位包括中国科学院山西煤炭化学研究所、北京化工大学、中国科学院宁波材料技术与工程研究所、中国科学院化学研究所、山东大学、复旦大学、中国科学院上海有机化学研究所、哈尔滨工业大学等；以军工科研院所和大型军工企业为主体，建成一批高水平碳纤维复合材料设计与应用研究平台，如航天材料及工艺研究所、中国航发北京航空材料研究院、中国兵器工业集团第五三研究所、航空工业西安飞机工业（集团）有限责任公司、沈阳飞机工业（集团）有限公司等；以大型国有企业和部分重点民营企业为主体，建成一批较高水平的碳纤维工程化及产业化平台，如中国石油吉林石化公司、威海拓展纤维有限公司、中复神鹰碳纤维有限公司、中国石化上海石油化工股份有限公司等。

围绕产业化关键技术研发攻关，开展"跨学科合作""大兵团作战"，实现高性能碳纤维及复合材料各创新环节紧密衔接，组成以企业为主体、科研院所为支撑的产学研联合体的科研团队及创新服务平台，可以打造一批国家级和省部级技术研发基地，涌现一批碳纤维制备和复合材料应用的学术带头人与工程技术领军人才，形成一定规模的基础研究和新技术研发人才队伍,可为碳纤维及其复合材料技术的后续发展提供人力资源保障。

在高性能纤维及其复合材料领域,建设了若干"国家工程技术研究中心""国家工程实验室",成立了创新战略联盟,为国产高性能纤维及其复合材料的技术研发与产业化建设提供了技术、人才与交流协作的坚实支撑,为进一步发展国产高性能纤维及其复合材料产业,真正发挥"引领结构材料革命"的历史角色,发挥推动技术进步与产业发展的"底盘"技术功能,建议在现有技术研发、合作服务的创新平台基础上,再重点建设一批针对性的创新平台。"十四五"协作创新平台与体系建设见表 9-3。

表 9-3 "十四五"协作创新平台与体系建设

平台或体系名称	"十四五"建设目标
碳纤维及其复合材料创新中心	围绕碳纤维及其复合材料全技术链和产业链开展关键技术协同攻关,开展创新型人才培养
有机纤维及其复合材料创新中心	围绕高性能有机纤维及其复合材料全技术链和产业链开展关键技术协同攻关,开展创新型人才培养
高性能纤维性能在线快速评价技术及评价平台	建立一套面向生产线的高性能纤维性能在线快速评价技术及评判标准,开发高性能纤维在线表征平台,实现快速高效、量化的纤维结构、性能表征功能,形成快速在线检测能力,提升国产碳纤维的质量和性能稳定性
国产碳纤维复合材料仿真设计与应用验证体系	建立起针对 2~3 个应用领域的国产碳纤维复合材料数据库,建立相应的仿真设计、应用验证体系
碳纤维复合材料全寿命周期应用保障体系	建立国产碳纤维复合材料健康监测、连接修补、无损检测技术等共性应用技术体系

9.4.3 支撑保障

(1) 加强顶层设计、全局优化;加强政府引导,强化组织保障。加强政府在发展我国高性能碳纤维复合材料中的引导作用,顶层设计创立我国碳纤维复合材料研发与工程化自主创新体系,整合中央、地方、企业和国际资源,引导低成本碳纤维复合材料的研发和产业化布局,使得各类投入和管理更加科学、有目的性及效益性,促进国产纤维的大批量应用和复合材料在工业装备和社会发展等领域的应用。

(2) 强化用产学研结合,重视基础材料研发能力和技术创新能力的培育,确保全产业链的稳固衔接。通过政策和协会机构对整个行业加以正确引导,加强各部门之间的协调,做到科研院所和企业有所分工,即术业有专攻。不断完善政府引导、企业主体、产学研结合的技术创新体系,以用户需求为牵引,做好基础研究、工程化研制、产业化建设和工程应用之间的有效衔接,强化"产研学用"模式,确保相关关键技术的有效突破,以实现工程应用为最终目标。

(3) 除了直接的科技投入外,税收豁免和优惠等是政府支持科研和科研成果产业化的重要手段。除此之外,政府应加大对新兴市场的培育,建立并实行买方信贷支持,使新材料、新产品在开拓市场时占据优势和主动,可有效减少企业技术创新及市场开发的风险,真正起到营造和培育市场需求的作用。

(4) 加强产业人才培养与队伍建设,建立高校或研究院所向企业输送专业性强的技术新人才。同时建立联合培养机制,培养兼具材料、机械和自动化的复合型人才,促进纤维复合材料产业人才队伍的建设。

（5）知识产权战略，加大纤维复合材料自主知识产权的创新力度，鼓励加快创新专利技术在国外的申请，为本国自主创新产品走出国门做好产权铺垫。

（6）深化国际与区域交流，开展广泛合作。在高性能纤维复合材料的基础研究、应用开发、性能评价和标准建立等方面广泛开展国际和区域交流与合作，建立通畅的国际及区域交流与合作渠道和长效机制，全面促进高性能碳纤维复合材料科研、生产和应用产业链整体水平的提升，实现高性能碳纤维复合材料产业向战略性新兴产业快速转变。

10 稀土功能材料"十四五"规划思路研究

10.1 本领域发展现状

稀土是战略资源，也是不可再生资源。我国稀土资源储量丰富，稀土元素具有独特的光、电、磁、催化等性质，被誉为工业的"维生素"及"新材料的宝库"，是当今世界各国发展高新技术和国防尖端技术、改造传统产业不可缺少或替代的战略物资，并且随着国民经济的高速发展和国家安全的重大需求，稀土功能材料对国民经济建设和国防安全的作用日益凸显。

我国稀土科学技术的整体水平与国外相比还有相当大的差距，目前已实用化的稀土高新技术产品中，具有我国自主知识产权的不多。稀土功能材料开发和后处理工艺、自主研发能力远落后于发达国家。我国稀土材料主要是发光材料、催化材料、能源材料和永磁材料等中低端产品，缺少高附加值产品。国外企业采取附带自主开发的方式，用其稀土技术专利对我国进行覆盖和限制，给我国稀土产业科技创新和自主研发带来很大阻力。美国、日本、欧洲等发达国家掌握了稀土高技术功能材料的核心和关键技术，垄断了系列专利，利用其专利技术优势对中国稀土产业的发展进行扼制。稀土高新技术材料的发展需要长期的积累和国家对该领域研究力量的整合，需要集中优势力量、利用优势资源解决当前国际前沿领域关注的重大基础和技术问题，解决我国经济发展中的可持续发展的实际问题。

目前，我国稀土永磁材料产量已经超过全球的85%，成为全球最大生产基地。在我国稀土应用领域中，新材料大约占到62%，而在新材料应用中，稀土永磁材料占到了63%。我国的稀土永磁产业产量已稳居世界第一，但产品质量大多为中低档，产品附加值低，市场竞争力低。节能减排的迫切需要和飞速发展的低碳经济对永磁电机的强烈需求刺激了永磁材料新兴市场的增长，同时也对稀土永磁材料的发展和技术革新提出了更高的要求。此外，直驱永磁式风力发电机技术已经进入成熟期，目前欧美市场渗透率在25%以上，而中国只有10%。但业内专家认为，未来中国的风电电机中，直驱永磁风力发电机的渗透率将会超过欧美发达国家，成为主流风力电机，这将直接拉动对中国高性能钕铁硼永磁材料的需求，年复合增长率将超过20%。

美国的稀土产业除军用稀土永磁的研发生产外，已经不再进行民用稀土永磁材料的研发和生产；欧洲只有两家烧结钕铁硼的生产厂商，德国的真空冶炼公司和芬兰的 Neorem 公司；日本钕铁硼企业主要有 NEOMAX、TDK 及信越化工。除了欧洲和日本两地三家企业外，其余的烧结钕铁硼磁体生产企业全部集中在中国。NEMOAX、TDK 和 Neorem 在中国已建立磁体后加工基地。德国 VAC 与中科三环合作，2005 年在北京成立了烧结钕铁硼合资企业。黏结磁体方面，全球的生产能力大部分集中在日本。精工爱普生和大同公司是有代表性的两家企业，在计算机硬盘驱动器（HDD）的主轴电机应用方面，两家企业占据了整个市场份额的90%以上。精工爱普生磁材生产已经全部转到上海爱普生磁性器件有限公司,2002年底中科三环参股,目前已持有该公司70%的股权,成为其第一大股东。中国台湾的海恩公司在深圳建有科技水平很高的黏结磁体工厂,2003年3月被安泰科技收购。至此,黏结磁体企业除日本的大同外,其余基本在中国。

稀土永磁材料研究领域方面。日本的研究组利用降低粉末颗粒度的办法获得磁体晶粒的显著细化,从而使磁体矫顽力大幅增加,他们采用$1\mu m$的磁粉制备的磁体晶粒尺寸可达到$1.5\mu m$左右,制备的无重稀土钕铁硼磁体的矫顽力达到20kOe,达到了节省重稀土的目的。但在节约重稀土的同时,提高稀土的综合利用率,实现稀土资源的有效利用仍是稀土永磁长期发展的方向。在热压/热变形稀土永磁体的研究方面,美国、欧洲和日本早在1985年前后就已经投入相当规模的人力和财力,从事前期的基础研究工作和产业化技术与装备的研制。在基础研究方面从磁体成分、材料体系、磁性能、微观结构、各向异性形成机制等方面均进行了深入而系统的研究。日本Daido公司热变形磁环产品的磁能积已经达到43MGOe,并已应用于汽车助力转向系统的电机中。

在稀土永磁材料生产装备方面,近年来我国生产装备也有长足的进步,特别是在满足一些新的生产工艺方面的装备有了突破,如国产连续烧结炉和速凝薄片炉已经广泛投入使用。但与日本和德国等国家的技术水平仍存在一定差距,如日本开发出的氢气气流磨技术、无氧线工艺、无压烧结等工艺在开发高性能烧结钕铁硼磁体方面具有非常大的技术优势,我国在稀土永磁材料制造装备上与国外企业仍存在不小的差距。

目前,实现商品化的黏结稀土永磁材料主要是各向同性永磁材料,各向异性黏结永磁材料由于制备工艺及取向成型技术复杂等原因,未能实现大规模生产,是稀土永磁材料一个亟待开发的重要分支。我国黏结钕铁硼磁体产业规模位居世界第一,国内从事黏结钕铁硼磁体生产的大小厂家有20余家,其中年产量在300t以上的企业仅有成都银河磁体股份有限公司和上海爱普生磁性器件有限公司两家。黏结稀土永磁材料虽然磁性能显著低于烧结磁体,但制备工艺简单、易于制备结构复杂或薄壁产品、材料利用率高、一致性好,在计算机、办公自动化、汽车、节能家电等领域具有应用优势。黏结钕铁硼磁体的磁粉的专利被美国麦格昆磁公司(MQ)独家垄断多年,造成磁粉价格昂贵,被认为是黏结钕铁硼磁体发展缓慢的重要原因。

钐钴永磁材料温度稳定性好,主要用于国防、航天及精密仪器等对稳定性要求苛刻的应用领域。我国主要的烧结钐钴磁体生产企业有宁波宁港永磁材料有限公司、杭州永磁集团有限公司、成都航磁科技有限公司和绵阳西磁磁业有限公司等。

10.2 本领域发展趋势

我国稀土资源储量占世界的23%以上,且矿藏分布广,元素品种齐全、品位高,已成为国际上最大的稀土生产和出口国。然而随着稀土资源的过度开发,我国稀土储量优势逐渐丧失,稀土低附加值产品重复生产、恶意竞争、高端稀土功能材料主要依赖进口的矛盾逐渐凸显。如何获得高性能、高附加值稀土功能材料,提升稀土行业竞争力,解决核心材料问题,已经成为一项迫在眉睫的国家战略。解决这些材料形成过程中的关键科学与核心技术问题,阐明这些过程的本质与机理,并实现精确的动态调控,是获得稀土功能材料高性能化的关键,也是稀土功能材料领域未来发展所面临的重大科学前沿,更是高性能材料精准合成的基础。

为保障稀土永磁材料的可持续发展、满足新形势下的应用需求、提高产业技术水平和产品竞争力，在发展新型稀土永磁化合物、提高磁体使役性和发展节约资源型稀土永磁产业化技术是稀土永磁未来发展的必然趋势。未来的一段时期内，磁性材料应在以下几个关键技术领域实施突破：（1）高性能烧结钕铁硼永磁材料关键技术。依托科研院所与地方龙头企业开展联合研发，突破技术障碍，提升材料制备关键技术难点，开发高性能的烧结钕铁硼磁体。（2）低成本高丰度稀土钕铁硼磁体制备关键技术。通过成分设计、优化制备工艺等方面的技术突破，加大磁体中高丰度稀土 La/Ce 的使用量，降低磁体成本，增强企业竞争力，促进稀土资源平衡利用。（3）加快开发低/无重稀土高性能磁体制备技术。通过超细晶粒技术、晶界扩散技术，以及开发新型工艺方法，减少高矫顽力磁体对重稀土的依赖性。（4）超高性能、高使役温度衫钴烧结磁体。优化衫钴永磁成分设计，开发新型制备工艺，重点开展矫顽力机制研究，突破超高性能、超高使役温度衫钴永磁体关键制备技术。

10.3　存在的问题

高性能稀土功能材料亟待解决高性能稀土发光材料、绿色制造与环境保护和高效能量存储与转换用高效稀土催化材料的关键科学问题，稀土发光材料涉及晶核的形成与形貌的控制机理以及激发态电子在不同环境下的能量转移及调控问题；稀土催化材料方面涉及催化材料的设计与制备，表界面的化学反应过程与机理，配体的立体结构和电子效应对催化活性与立体选择性的影响，多尺度与多层次微结构与底物间的作用规律。实现新型高性能稀土功能材料的设计与调控，进而获得具有自主知识产权的功能材料及其关键制备技术，制备出技术含量高、附加值高的高性能稀土发光材料、高效稀土催化材料和能源材料，推动其在照明、显示、信息、汽车尾气净化、节能环保、生命科学等领域的应用，满足创新型国家前列对稀土功能材料领域的重大需求。

（1）原始创新能力弱。目前，我国稀土永磁材料的研究及产业发展面临的挑战仍非常艰巨。近年来我国的稀土永磁研究开发仍以跟踪国外居多，原始创新明显不足，因此虽然我国在稀土永磁材料领域的专利申请量快速上升，但绝大部分属于改进型专利或边缘专利，真正原创性的思想、概念、理论及核心技术较为缺乏，拥有核心自主知识产权的成果尤其是具有原创性的国际专利还不多，技术和产业发展在一定程度上受制于人。目前，烧结钕铁硼和黏结钕铁硼的成分专利主要掌握在日立金属和美国 MQ 等公司的手中，我国目前几大主要永磁材料生产企业，如中科三环、宁波韵升、安泰科技等均需支付专利使用费。虽然钕铁硼成分专利 2014 年过期，但国内在黏结磁粉制备工艺、装备等方面与国外仍有相当差距，个别技术仍受国外专利制约。从钕铁硼永磁材料发明专利的地区分布来看，钕铁硼永磁专利申请的优先权国家分布主要集中在日本、中国、美国这三个稀土利用和资源大国，以这三国为优先权国申请的专利数量占全球 80% 以上，其中日本占 45% 以上。中国自 2006 年超过日美，成为全球钕铁硼发明专利年申请数量最大的国家，特别是 2008 年，全球一半以上的钕铁硼永磁专利申请以中国为优先权国家，表明中国已经逐渐成为全球重要的钕铁硼生产制造与研发中心。此外，近年以德国和韩国作为优先权国家的专利申请数量也有明显上升。从专利涉及的技术领域分布来看，烧结制造工艺、表面防护、电机、音圈电机、磁传动、磁分离、电声器件等是钕铁硼永磁专利申请的热点领域。进一步分析发现新能源汽车（电机以及其他重要部件）、音圈电机以及其他新型高端电机等是近年来钕铁硼永磁研发和应用的主要方向。1982~2009 年间，钕铁硼永磁相关专利申请数量在 20 件及以上的主要专利权人中，除了中国的中科三环和美国的通用汽车外，其他都来自日本，其中大部分都是以日本为母国的大型跨国公司；2000~2009 年间，钕铁硼永磁相关专利申请数量在 10 件及以上的主要专利权人中，有 4 件来自中国，1 件来自德国，其余都来自日本。这充分显示出日本企业对钕铁硼永磁技术及其应用的高度重视，以及在该领域的领先地位。

我国大部分企业都受制于国外专利，使得企业在国际高端市场拓展、企业上市等诸多环节受到影响。专利问题是制约企业发展的老问题，大部分企业除了消极等待国外专利到期以外别无良策。其次，科研投入仍显不足。虽然近年来企业在不断增加高性能钕铁硼的科研投入，但与下游市场的需求相比仍明显不足。如目前新能源汽车驱动电机、风力发电电机、变频空调用节能电机等新兴领域的发展对高性能钕铁硼潜在需求大幅增加，但尚不能够全面提供符合要求的高标准钕铁硼。与潜在需求市场相比，我国企业的科研投入总体上还是显得不足。

（2）技术水平参差不齐。材料综合性能较低，技术水平参差不齐，产品附加值低，产业链向下游高端延伸不够，产业链深度有待开发。近年来，我国钕铁硼烧结永磁材料和钐钴永磁材料得到了快速发展，几家大型钕铁硼稀土永磁企业的产品已经可以覆盖现有的高端牌号，磁性能与美、日、欧的产品同处于国际先进水平，但在产品的一致性、耐蚀性、抗冲击及强韧性、磁电热特性及在材料的机加工工艺、生产装备水平等方面与国外先进水平相比仍存在一定差距；而且，稀土黏结磁粉应用领域很广，但一直受 MQ 公司专利制约，其产业发展速度慢；另外，国内在低重稀土、低氧、渗镝技术装备，以及烧结、成型工艺装备等钕铁硼永磁制备技术前沿领域也落后于日本，影响了高性能、高服役特性以及特种需求稀土永磁材料的研究开发。

（3）资源利用率偏低，稀土元素应用不平衡问题。包头矿是世界最大的稀土资源，富含 La、Ce、Pr、Nd 等轻稀土；南方离子吸附型稀土矿中 Dy、Tb 等中重稀土配比高，是我国具有绝对竞争优势的战略资源。随着我国烧结 NdFeB、SmCo、黏结 SmFeN、NdFeB、NdFeN 和热压 NdFeB 等永磁材料的快速增长，以及国外对稀土永磁及其他稀土材料需求量的迅速增加，导致稀土元素在稀土材料中的需求不均衡。由于稀土是伴生矿，从而导致对镨、钕、铽、镝等资源紧缺稀土元素的需求量大幅增加，而铈、镧、钇、钐等高丰度稀土元素大量积压。

在稀土材料加工及应用环节，资源利用率低主要表现在稀土二次资源的回收利用率较低。目前，稀土永磁生产过程中产生废料基本回收利用，但在稀土永磁报废器件的回收利用方面，我国还未形成较成熟的产业。稀土二次资源的回收利用是资源节约、实现循环经济的重要举措。如何利用现有稀土产品生产企业的富余产能，以及稀土冶炼分离厂家的现有技术实现稀土二次资源的高效清洁回收利用，已成为目前稀土行业迫切需要解决的问题。国家实施稀土储备战略后，稀土原料价格持续上涨，这对稀土永磁产业产生一定影响，促使我国稀土永磁企业开展钕铁硼永磁体全周期的资源回收二次利用开发。

（4）成本优势逐渐丧失。在稀土开采、冶炼等环节中，还存在着资源浪费严重，废水、废气、废渣及氨氮排放超标等问题，导致生态环境恶化。随着公民环保意识的上升和国家对企业生产中的各种废弃料管控越来越严格，导致原材料开采成本和企业生产成本高升。且我国将来可能取消稀土配额政策，下调关税，稀土出口闸门放开等，意味着国内稀土永磁行业的原材料低成本优势逐渐丧失，降低了与外企的竞争优势。同时，随国内社会生活的飞速发展，劳工成本近年来大幅增加。国外企业开始将生产基地转移至人工成本相对低廉的越南、印尼等发展中国家。这些变化标志着我国长期以来依赖的生产成本优势的丧失，国内企业面临更加严苛的竞争环境。

10.4　"十四五"发展思路

10.4.1　发展目标

从我国稀土资源均衡化和高值化利用出发，以高端产品的产业化为导向，发展高性能稀土发光材料、稀土催化材料、稀土能源材料及其关键制备技术与器件，研究新型高性能稀土功能材料的形成机理及其微环境变化对性能影响的本质规律。通过理论与实验紧密结合，开展基础研究、终端应用与产业化关键核心技术的研发，揭示高性能稀土发光材料、高效稀土催化材料和稀土能源材料在制备过程中的构效关系与形成机制，解决稀土功能材料研发与产业化生产过程中的关键科学与核心技术问题，构建新型稀土配合物及其新型有机光电子器件设计准则，获得具有自主知识产权的高性能稀土配合物及有机光电子器件，设计研制新型医用光学成像设备，带动高性能稀土发光纳米材料和光学成像技术在单分子示踪、多通道时间分辨成像和超分辨成像等方面的高端应用，开发高效环境保护稀土催化材料，实现对各种途径排放气体的活化、转化和净化，实现高端稀土功能材料的产业化与稀土资源的高值化利用。

根据当前国家战略需求和国民经济生活的需要，结合目前国内外稀土永磁材料研究领域发展趋势，在开展的稀土永磁材料及其制备、应用技术的基础之上，部署新一代纳米稀土永磁材料、新型高性能稀土永磁材料、稀土资源高效平衡利用、稀土永磁材料关键制备技术与新型应用技术等研究方向，通过对稀土永磁材料基础物理问题的研究，重点发展具有自主知识产权的新型稀土永磁材料及其制备技术和装备，并开拓新型的稀土永磁材料应用技术，为优化我国稀土产业格局，拓展稀土产业链奠定基础。经过 5~10 年的努力，把稀土永磁及其关联产业打造成核心产品实力优、研发能力强、下游延伸长，达到上千亿元经济规模（该产值目标主要指核心环节和新兴关联环节），具有世界影响力的国家级战略性新兴产业集群。

10.4.2　重点任务

（1）梳理"十四五"期间重点发展的材料品种。"十四五"期间重点发展的材料品种见表 10-1。

表 10-1　"十四五"期间重点发展的材料品种

重点材料品种	"十四五"关键技术指标	"十四五"产业发展目标
钕铁硼稀土永磁材料	综合磁性能达到（BH）$_{max}$+H$_{cj}$≥85 的高品质磁体	进一步优化产业结构，发展具有国际竞争力的高端永磁材料，提高钕铁硼产业 10% 高端应用领域的占比；实现纳米晶钕铁硼磁体产业生态链建设；开发出废旧钕铁硼磁体绿色回收技术；建成钕铁硼稀土永磁材料研发数据库

重点材料品种	"十四五"关键技术指标	"十四五"产业发展目标
烧结衫钴永磁材料	(1) 超高使役温度≥600℃； (2) 高性能衫钴磁体磁能积 $(BH)_{max}$ ≥35MGOe	增加烧结衫钴磁体在民用领域渗透率 5%，拓展应用领域至轨道交通、民用航空航天航海等
稀土上转换发光材料	粒径 5~100nm 可控；上转换量子效率 E_r >4.0%，T_m >6.0%	稀土上转换发光材料宏量制备达到百克级；按需可控制备高性能稀土上转换发光材料；研究增强稀土激活离子发光的新途径及可控的光谱范围和荧光寿命调控方式，提升稀土发光性能以满足光学成像的需求
稀土配合物	稀土配合物能隙 3.5eV、玻璃化温度 300℃，所得稀土敏化白光器件功率效率 60lm/W，工作寿命 12000h	实现稀土配合物十公斤级合成能力、公斤级提纯能力，实现稀土敏化白光 OLED 面板在照明领域的示范应用
高效稀土催化材料	低温室温净化排放物，汽车尾气实现室温国Ⅵ标准；脱硝催化剂 NO_x 转化率大于 95%，排放指标达到环保部标准	开发具有自主知识产权的新型储氧材料，优于国Ⅵ排放标准的要求；稀土脱硝催化剂材料实现 1000 吨/年的量产，以及在多个领域进行脱硝工程应用示范
环保型稀土着色剂材料	着色力达到国外同类产品 100%以上，耐温性能≥500℃，遮盖力≤35g/m²，耐光性不小于 5 级（灰卡）	建设不少于 2 家稀土着色剂生产企业，实现年产高品质环保型稀土着色剂 10 万吨的生产能力，产值超 100 亿元
特种稀土耐温钢	稀土含量大于 50ppm，稀土改性 300 系耐温钢 1000℃/17MPa 下，持久时间>30h	年销售收入超 300 亿元，可有替代日本、德国同类进口产品的 70%
超高纯稀土氧化物	绝对纯度：5~6N（对于 20 个其他金属杂质，S、Cl、P、Si 含量低于 0.2ppm，以及铀钍铜放射性元素低于 0.1Bg/g）	年销售收入超 2 亿元，可有替代日本、德国同类进口产品的 90%
高纯稀土金属（含靶材级）	绝对纯度：4~5N（W、Ta 必检，且小于 20ppm），含氧量低于 150ppm	年销售收入超 10 亿元，可有替代日本、德国同类进口产品的 85%
高性能稀土发光材料	适合近紫外至可见光激发的近红外稀土发光材料，内发光量子产率不低于 80%，150℃时发射强度较 25℃时下降超过 20%；适合蓝光激发的窄带绿光发光材料，内发光量子产率不低于 80%，发射峰半高宽小于 30nm，150℃时发射强度较 25℃时下降不超过 20%	产品具有自主知识产权，年销售收入超 20 亿元，占据 80%以上市场份额
溴化镧闪烁晶体	器件相对光产额≥60000ph/MeV，衰减时间常数≤18ns，能量分辨 $\Delta E/E$ (FWHM) <3.5% (¹³⁷Cs 源)，时间分辨（FWHM）<300ps	稀土闪烁晶体单元器件尺寸：φ4 英寸；成品率达 75%以上；成功开发出新一代溴化镧射线探测器件及用于核医学成像设备器件，年销售额 5 亿元以上
1.5μm 波段 YAB 激光晶体	晶体尺寸达到 45×45×30mm³，从单块晶体中能切出 2 块 10×10×5mm³ 的高光学质量晶体元件，满足光电子器件企业的产业化制造需求；1.55μm 波段连续激光输出功率高于 3W，斜率效率高于 30%	1.55μm 可实现高脉冲能量和高重复频率输出，在三维成像、远距离测距和测速、激光雷达等领域获得广泛应用，年销售额 10 亿元以上

续表 10-1

重点材料品种	"十四五"关键技术指标	"十四五"产业发展目标
高性能烧结钕铁硼磁钢	可批量生产综合指标>80 的产品；生产线产品性能一致性接近 100%；高性能钕铁硼 Dy<0.5% 或 Tb<0.25% 含量，实现 Nd、Pr、Dy、Tb 元素的平衡利用	为我国诸如高铁、风电、电动汽车、航空航天、军事等高端制造业提供电机必需的高性能烧结钕铁硼磁钢，产量超 10 万吨，产值超 500 亿元
环保型阻燃工程塑料	极限氧指数 LOI≥32；贮存寿命≥10 年，紫外老化寿命≥5 年等	研制出 10 款以上稀土功能助剂并实现产业化应用率 80% 以上，产品综合保障能力达到 70% 以上
高分子用稀土热稳定剂	要求达到主要性能指标如下：稀土含量≥5%；加热减量≤1%；刚果红时间≥22min；200℃静态老化时间≥72min；色差变化 ΔE≤3	研制出 1~2 款符合 RoHs 指令要求的稀土复合热稳定剂，并实现产业化应用率 80% 以上
稀土功能涂料	附着力 1 级；食盐（5%，25℃），180 天，不起泡，不脱落，不生锈；耐盐雾试验，24000h，不起泡，不脱落，不生锈；耐候性综合评定达到优	研制出 3 款以上涂层材料并实现产业化应用，产品综合保障能力达到 70% 以上
急性心肌梗死诊断试剂盒	试剂盒线性在（0.02~30）ng/mL 范围内，最低检测限 0.02ng/mL，线性相关系数≥0.9900；试剂盒检测批内精密度：同一批试剂盒的 CV≤15.0%；批间精密度：3 个批号试剂盒之间的 CV≤15.0%	全面占据主要市场（医院等）并进入社区、家庭普及人工智能诊疗，带动实现产值约 30 亿元
持久高温服役稀土铝合金	室温抗拉强度≥550MPa；350℃抗拉强度≥180MPa；350℃、5000h 热暴后，室温强度残留率≥90%	制备工艺成熟、稳定、可靠，具有低成本特点；建成 5000 吨/年生产示范线
高性能金属间化合物储氢材料	最大储氢容量≥6.5wt.%；可逆储氢容量≥3.5wt.%（-20~100℃）；循环寿命≥1000 次	氢气的存储和运输装置开发；规模化储氢站建设；储氢罐-氢燃料电池系统开发应用
新型高性能镍氢电池材料	负极比容量≥400mA·h/g；正极比容量≥300mA·h/g；电池电压≥2.8V；电池比能量≥300W·h/kg	建立新型镍氢电池产业化中试线
高性能硅酸盐发光材料	相对光效达到 100%（以日本同类产品为参考），1000hrs 高温高湿老化，亮度维持率大于 95%，色漂 Δuv<1%	解决产业化过程中关键科学与技术问题，建成年产能达 20t 以上的生产线，掌握量产的关键技术及全过程质量控制标准，材料的整体性能达到世界先进水平
宽色域氮氧化物发光材料	相对光效达到 100%（以日本同类产品为参考），1000hrs 高温高湿老化（85℃，85RH），亮度维持率大于 97%，色漂 Δuv<1%；发射峰波长 529~540nm 可调，满足不同色域背光需求	解决产业化过程中关键科学与技术问题，建成年产能达到 10t 以上的规模化生产线，掌握量产技术及全过程质量控制标准，材料的整体性能达到世界先进水平
氟化物红色发光材料	在背光应用方面，相对光效达到 100%（以日本美国同类产品为参考）1000hrs 高温高湿老化（85℃，85RH%），亮度维持率大于 97%，色漂 Δuv<7‰；在照明应用方面，1000hrs 高温高湿老化（85℃，85RH%），亮度维持率大于 95%，色漂 Δuv<1%	解决产业化过程中关键科学与技术问题，建成年产能达到 10t 以上的规模化生产线，掌握量产技术及全过程质量控制标准，材料的整体性能达到世界先进水平

重点材料品种	"十四五"关键技术指标	"十四五"产业发展目标
全光谱发光材料	光效达到 150lm/W, Ra>95, Ri>90, 1000hrs 高温高湿老化（85℃, 85RH%）亮度维持率大于 95%和色漂 Δuv<1%, 冷热态色漂幅度小于 3‰	解决产业化过程中关键科学与技术问题，建成年产能达到 100t 以上的规模化生产线，掌握量产技术及全过程质量控制标准
激光照明与显示发光材料	在高光密度为 60000W/m² 以下时，荧光粉的光效随光密度上升保持同步上升，即荧光粉的激发饱和阈值达到 60000w/m²（为常规 2835 结构灯珠的 30 倍以上）	开发量产所需的生产装备，建成年产能达到 10t 以上的规模化生产线，掌握量产技术及全过程质量控制标准
高性能锂空气电池用稀土正极催化剂材料	比容量>5000mA·h/g, 放电平台≥2.6V, 能量密度达到 1000W·h/kg	实现材料的可控批量化规模制备，建立新型高比能锂空气电池产业化中试平台
超长寿命水系锌离子电池用稀土掺杂的锰基正极材料	比容量>300mA·h/g, 循环寿命>30000 圈，能量密度达到 300W·h/kg	实现材料的规模化生产，建立低成本、长寿命水系锌离子储能体系
温和条件电解液氨阴极析氢材料	电流效率 80%以上；在 100mA/cm² 电流密度下，平均产氢速率≥0.5mL/min, 寿命≥1000h	实现高效能量利用效率，获得高活性、高稳定性、高选择性催化材料
温和条件水溶液体系电化学合成氨稀土催化材料	催化 N₂ 还原，电流效率≥60%, NH₃ 产率≥10mmol/h·g_{cat.}, 寿命≥1000h	可再生能源电力（光电、风电、水电等）驱动；实现高效能量利用效率；获得高活性、高稳定性、高选择性催化材料
高温热障涂层材料	耐温超过 1200℃, 热导率<1.56W/(m·K)	在高超声速飞行器，高推动比发动机上获得广泛应用，并推广的民用隔热、刀具等领域
高温封严涂层材料	耐温超过 1200℃, 表面硬度 HR45Y<40	在高超声速飞行器，高推动比发动机上获得广泛应用，并推广到民用燃气轮机、蒸汽机的封严

（2）针对发展目标和重点方向，研究提出"十四五"重大工程项目。具体见表 10-2。

表 10-2 "十四五"重点材料领域和重大工程项目

重点材料领域	"十四五"重大工程	重大工程预期目标及相关建议
光学成像用高性能稀土上转换发光材料	高性能稀土上转换发光材料在生物医学诊断领域的应用	通过高性能稀土上转换发光材料和光学成像技术的结合，实现不同荧光生物窗口的高穿透深度、高分辨率的荧光成像，充分发挥稀土发光在生物领域的优势，为疾病的临床诊断提供有力的工具
有机发光二极管用稀土配合物	稀土配合物作为敏化材料在照明用白光 OLED 产品中的应用	获得高纯稀土配合物，纯度不低于 99.99%, 能隙 3.5eV、玻璃化温度 300℃；实现稀土配合物十公斤级合成能力、公斤级提纯能力；获得稀土敏化白光器件，功率效率 60lm/W、工作寿命 12000h；实现稀土敏化白光 OLED 面板在照明领域的示范应用，面板均匀性误差 5%以内
高效稀土催化材料	绿色高效稀土催化材料的研发与应用	实现机动车汽车尾气催化剂在国内外汽车上规模化应用，排放指标优于国Ⅵ标准；经稀土催化剂脱硝后，NOₓ 浓度小于 20ppm, NOₓ 转化率大于 96%；实现稀土脱硝催化剂在火电、钢铁、化工、有色、水泥行业以及锅炉等行业全面脱硝

重点材料领域	"十四五"重大工程	重大工程预期目标及相关建议
环保型稀土着色剂材料	环保型稀土着色剂绿色、规模化生产及应用基地建设	建成国内最大稀土着色剂生产及应用基地,实现单条生产线年产高品质稀土着色剂产品 100t,开发着色剂产品数量不少于 5 种,应用产品数量不少 10 种,并制定相应生产工艺标准
高性能固态储氢材料及其装置	各种便携式电源——储氢罐-氢燃料电池系统开发应用(适合单兵作战、大型发电装置、野外作业等)	储氢材料最大储氢容量 ≥10wt.%;储氢罐最大储氢容量 ≥6wt.%;放氢温度 ≤100℃;燃料电池工作时间 ≥5000h
高端装备用特种合金	高性能稀土铝合金及其粉末挤压、粉末锻造技术开发与产业化研究	以耐高温、耐热、耐腐蚀为有色金属的重要关注点,大力发展高性能、低成本粉末冶金稀土合金;完成以粉末挤压为特色的高性能铝合金棒材、管材、型材制备与一体化加工技术;形成以粉末锻造为示范的高性能铝合金零部件制备工艺包
稀土发光材料	全光谱照明白光 LED 及其应用	开发有利于改善近视眼以及人体生物节律的高效发光材料及其全光谱照明产品,形成大规模产业化应用,使其整体性能处于国际先进水平
稀土发光材料	宽色域发光材料研发与应用	开发出宽色域绿色与红色发光材料关键制备技术,实现产业化大规模生产,使其整体性能处于国际先进水平
稀土发光材料	激光照明与显示发光材料	开发出高效激光照明与显示用发光材料,实现产业化大规模生产,使其整体性能处于国际先进水平
稀土能源材料	超高比能锂空气电池技术	建立高容量稀土催化剂正极规模化制备生产线,完成 1000W·h/kg 超高比能锂空气电池示范应用
稀土能源材料	超长寿命水系锌离子电池技术	建立稀土掺杂的锰基正极材料制备技术,实现批量生产,完成 30000 次超长循环寿命的水系锌离子电池的示范应用
稀土能源材料	电催化氨制氢、储氢材料	研发出具有国际领先水平的催化材料,降低制氢、储氢成本,推动我国液体储氢相关产业良性发展。为"十四五"计划产业化做准备
稀土催化材料	离子液体强化稀土催化材料制备与应用示范	采用环境友好的离子液体介质强化稀土催化材料的创制,实现其结构的精准调控和制备工艺的绿色化;建立百吨级稀土催化材料成套生产线及相应配套催化剂评价装置平台
烧结钕铁硼永磁材料	高稳定性稀土永磁材料示范工程	组织攻关具有高性能高稳定性稀土永磁材料,开发具有高综合磁性能($(BH)_{max}$(MGOe)$+H_{cj}$(kOe)≥ 85)的磁体,通过研究稀土永磁材料结构、磁性、腐蚀机理、矫顽力机理和力学特性,解决其在应用中的基础科学问题,以提高材料环境使役特性,促进稀土永磁材料的发展,提高稀土永磁材料在节能减排及新能源应用领域使用的稳定性,取得一批国际领先、应用前景明确的创新性研究成果
近净成型热压钕铁硼磁体	高性能纳米晶磁粉/磁体示范工程	开发利用高丰度稀土的低成本快淬磁粉($(BH)_{max}$ 15MGOe,H_{cj} 9kOe)、高剩磁的纳米双相耦合磁粉($(BH)_{max}$ 16MGOe,H_{cj} 7kOe)及高温度适用性的快淬磁粉($(BH)_{max}$ 14MGOe,H_{cj} 20kOe);针对热压磁体应用,开发具有优良热压致变性的快淬磁粉($(BH)_{max} \geq 45$MGOe),开发新型无重稀土高矫顽力高稳定性热压磁粉($(BH)_{max} \geq 45$MGOe,$H_{cj} \geq 20$kOe);通过关键设备的改造、研制和优化配置,建成一条包括熔炼、快淬、晶化和分级的快淬磁粉中试线,具有年产百吨以上的生产能力

重点材料领域	"十四五"重大工程	重大工程预期目标及相关建议
烧结钐钴稀土永磁材料	高品质钐钴永磁材料工程	组织推广磁能积 35MGOe 以上高磁能积、高矫顽力钐钴永磁材料、高稳定性（零剩磁温度系数）钐钴永磁材料、耐高温（600℃以上）钐钴永磁材料、高机械强度钐钴永磁材料、高丰度稀土钐钴基永磁材料等高品质绿色环保型钐钴永磁材料，提高钐钴永磁材料高温磁性能、抗热磁衰减、机械加工特性，加快高品质钐钴永磁产业发展，扩大应用范围，推动传统钐钴永磁材料向新型高效节能环保钐钴永磁材料跨越

（3）研究构建新材料协同创新体系。针对三个面向，以终端应用拉动高附加值的稀土功能材料的研发，从资源和环境的角度促进节能减排和低碳经济发展。要把稀土深加工列为重中之重，特别是制备出高技术含量、高附加值稀土功能材料。加强稀土专利知识产权保护机制研究，构建产业化导向的稀土技术核心专利和专利包。加强与国内外有研究实力的科研单位和大学进行合作与交流，形成共赢的效果，把我们跻身于国际稀土研究和新材料开发的先进行列。提高研究队伍的学术竞争力和学术活力，形成一支以战略科技专家领衔，以中青年学术带头人为中坚、优势互补、知识结构合理，具有高素质、高学术水平和团队凝聚力的研究队伍。

按照建设创新型国家和"自主创新、重点跨越、支撑发展、引领未来"科技发展方针的总要求，加强自主创新能力建设，着力提升原始创新能力、工程化和成果转化能力，形成更多具有自主知识产权的创新技术。把稀土永磁材料产业发展与国家发展战略、经济社会发展目标紧密结合起来，加强稀土永磁科学基础研究、技术创新、产业发展相结合，重视科学基础研究和应用研究相结合，重视材料工程化研究和科技成果的转化，着力突破核心技术、关键技术和共性技术，提高稀土永磁材料产业的核心竞争力。

1）加强材料到器件、装置、装备及仪器的应用研究，培育、拓展应用领域，促进稀土资源的高效平衡利用。由于稀土用量最大的永磁材料产业快速发展消耗了大量镨钕金属，进一步加剧了镧铈等高丰度稀土的过剩。因此，大力开发利用高丰度稀土，应用技术、中重稀土元素的减量化应用技术，以及废弃稀土材料及器件回收利用技术，不但有利于稀土原材料成本降低，促进规模化应用，而且将在一定程度上缓解镧铈应用不足、镨钕供应紧张的局面，促进稀土平衡利用。同时，针对我国稀土资源的特点、地位和开发利用现状，确定客观正确的发展思路，保护和发挥我国中、重稀土资源和产品的优势地位，大力推进稀土资源绿色高效开发利用，彻底改变资源利用率低和破坏环境的粗放型管理现状，促进行业健康可持续发展。

2）加强产学研之间的联系，共建科研创新平台，促进技术创新和产品创新；通过招商引资、外引内联，不断延伸并形成完整产业链条，提高产业集聚效益。发展高性能烧结钕铁硼永磁材料关键技术。依托高等院校、科研院所，把重点放在烧结钕铁硼磁体一次成型技术产业化。研究高性能黏结钕铁硼磁体产业化关键技术。通过钕铁硼磁粉的成分设计、黏结磁体制造工艺等的研究、突破钕铁硼磁粉的关键技术和相关设备的改造，实现连续化生产，打破国外对我国在该项技术上的垄断。发展稀土永磁材料的表面防护技术，重点发展烧结钕铁硼气相沉积镀膜技术产业化。推动气相沉积镀膜技术在烧结钕铁硼表面防护领域的应用。加强发展纳米复合钕铁硼永磁材料及其制备技术研究，以获得高性能的新一代磁体材料，实现低成本高性能纳米复合磁体材料与器件的产业化，实现稀土永磁材料的可持续发展。

3）尽快申报国家级战略性新兴产业基地，布局一批重点项目。在节能环保的新能源经济时代，稀土永磁材料是关键材料，将发挥难以替代的战略作用。凭借稀土永磁产业的生产规模和研发优势，有效组织发改、科技、外经贸、国资等部门的相关力量，着力推动稀土永磁产业发展。

10.4.3　支撑保障

建议以产业发展走向及市场需求为导向，采用企业引导、研学跟进的合作方式有针对性地解决产业竞争面临的关键技术问题；在合作过程中，明确企业及科研机构的各自职责，拆分任务、细化路线，同时建立沟通渠道、奖惩问责制度；人才方面引入竞争和激励机制，注重现有人才的稳定与培养工作，广泛开展国际间的学术交流，采取请进来、走出去的双向方针，引进高端人才。

我国稀土永磁材料产业仍处于高速发展阶段，稀土永磁产品的生产技术、装备、研究水平以及产品的种类、质量等都有了很大的提高及改善，并逐步接近世界同行先进水平。在资源优势、劳动力优势、市场优势以及技术科研优势的带动下，我国已确定成为世界稀土永磁材料的生产和应用的发展中心。同时应注意到我们目前仍存在一些问题，如产品的性能与国外发达国家仍具有一定的差距，产业发展模式不完善，管理工作比较薄弱等问题，因此提出以下建议。

（1）加强创新能力，建立相关大数据库，提升产业技术创新能力和技术转化能力。为保障我国稀土永磁材料健康和可持续发展，应依靠协会、学会、研究单位等权威机构建立真实、准确的行业统计数据运行情况分析和预警工作，建立相关技术与统计的大数据库，为政府、行业和企业决策提供参考，并在其指导下加强行业重大问题的研究，包括共性关键技术问题、重大关键技术问题的分析与研发，提升企业技术创新和技术转化能力，着重促进高性能、高附加值的产业化技术发展及高端应用，提高自主创新能力，打破国外专利壁垒，逐步建立我国稀土永磁材料知识产权保护体系，推动形成一批具有国际竞争力的稀土磁性材料研发及生产企业。

（2）提高产业集中度，压缩过剩产能。建议政府给予合法企业政策支持，在财税资金支持、资源配置等方面予以倾斜，营造一个生存、盈利和发展的空间。同时加强政府监管和监督，在行业协会等相关部门的调研、指导下，制定相关行业标准，设立准入门槛，同时呼吁行业自律，建立诚信平台，进一步依法强化市场调节作用，促使企业通过公平、公正市场竞争实现优胜劣汰，提高产业集中度，压缩过剩产能，逐步扭转行业同质化严重，竞争环境恶劣的状况。

（3）完善产学研用一条龙的产业发展模式，大力发展稀土永磁装备制造业，实现产业技术的实质性突破与产品结构优化。推广两化融合深刻植入企业，使企业逐步实现生产过程控制优化、计算机模拟仿真等功能，应用于研发设计、数据分析、质量控制、环境管理、集成应用、协同创新，成为企业战略决策、行业创新发展的新常态。加强企业与研究机构、高等院校的合作研发，给予实质性的产学研合作更大的政策支持，完善产学研推动创新机制，实现技术研发产业化；加强研究机构科研成果转移转化能力，加大对原创性技术转化的支持力度。加快关键设备的开发，使我国在真空快淬炉、自动压机、连续烧结炉等关键设备方面达到世界先进水平；实现高性能磁体关键技术的突破，提升我国稀土永磁行业的整体技术水平和国际市场竞争力。

11　电子陶瓷"十四五"规划思路研究

11.1　本领域发展现状

　　电子陶瓷是指具有电、磁、光、声、热等特性而在电子、信息、能量转换与存储等领域起关键作用的一类先进陶瓷材料。电子陶瓷的主要种类包括铁电压电陶瓷、微波介质陶瓷、敏感陶瓷、电光陶瓷、导电陶瓷等,是电子元器件制造不可或缺的基础材料,在通信、计算机、能源、家用电器、汽车、精密机械、航空航天、军事等领域有非常重要的应用。近年来受益于无线通信、物联网、新能源汽车、特种装备技术及各种系统的信息化、智能化发展,电子陶瓷元器件的市场需求日益增长。

　　从市场格局来看,电子陶瓷的很多核心技术由欧、美、日厂商掌握,其中日本在电子陶瓷材料领域中一直以门类最多、产量最大、应用领域最广、综合性能最优著称,占据了世界电子陶瓷市场约50%的份额。我国正向电子陶瓷材料生产大国迈进,近年保持着较快的增长速度。近年来,在"工业强基专项行动"和"中国制造2025"等政策的大力支持下,我国电子陶瓷产业正积极追赶,部分领域有所突破,但是在许多高技术领域应用的关键电子陶瓷及器件仍然强烈依赖进口。下面分别就相关领域发展现状总结简述如下。

11.1.1　压电陶瓷材料

　　压电材料具有"一体多能"的特征,是电子信息、人工智能、医疗健康等领域不可替代的关键材料,压电材料的典型应用包括微位移驱动、超声探测、加速度/力传感、电声转换、滤波等,按其应用场景可简单划分为高灵敏、高温、高稳定、高频、中功率、大功率等一系列型号。美国APC、丹麦Ferroperm、德国PI陶瓷、日本富士、日本村田等公司研制生产的压电陶瓷规格型号较为齐全、应用范围广,尤其是在高端高性能压电陶瓷的研发方面具有较大优势。在国内,中国科学院上海硅酸盐研究所在高性能压电陶瓷的研制和工程应用方面一直处于领先地位,昆山攀特、江苏江佳、无锡惠丰等公司主要专注于民用领域压电陶瓷的批量生产。近些年,通过我国从事压电陶瓷研究和生产的科研单位坚持不懈的努力,在高居里温度、大应变、低损耗、宽带宽等压电陶瓷方面取得了一系列重要突破,研制的压电陶瓷材料已经得到了实际应用,但在高性能压电陶瓷材料的研发力量投入还要进一步加强。

　　在压电复合材料(压电陶瓷和聚合物复合而成的压电材料)研究和应用方面,美国一直走在世界前沿。美国MSI公司(Materials Systems Inc.)已将1~3型压电复合材料用于轻型鱼雷收、发阵列上,提高了整个声呐系统的探测能力和精度。美国海军海上系统司令部利用压电复合材料的独特柔韧性,将曲面压电复合材料应用于无人水下航行器(AUV/UUV),海底图像清晰度得以显著提升。美国海军实验室将压电复合材料用于水下智能主动消声瓦的制备,实现了良好的低频吸声与减振降噪效果。除了在水声方面应用,Philips公司将压电复合材料用于制备B超探头,显著提高了带宽和图像清晰度。在DAPPA项目支持下,压电纤维复合材料被用于制作智能蒙皮,用于飞行机翼的主动减震。我国在压电复合材料方面的研究还刚刚起步,在组成设计、制备技术、集成工艺和批量化制造等方面和国外差距明显,远远不能满足国防建设和国民经济高技术发展所提出的应用需求。

无铅压电材料的应用基础及产业研发是国际国内相关科研院所和企业长期关注的战略性方向。经过多年攻关,无铅压电材料,特别是压电陶瓷的研发在近年来取得系列突破性进展,材料敏感性指标压电系数 $d33$ 的优值被提升到 $400\sim700dC/N$,达到铅基高灵敏度型压电陶瓷(P-5系列)的水平,我国科研工作者在其中起到了关键作用,相关统计显示近五年来无铅压电领域的十大进展中有6项出自我国相关科研单位。无铅压电材料的代表性应用集于 $300\sim400℃$ 以上的高温、超高温环境,铋层状(BLSF)结构和钙钛矿层状结构(PLS)无铅压电材料是高温振动传感器的核心材料。其他方面,德国PI公司于2014年推出过一款钛酸铋钠(NBT)基低频超声换能器(PIC 700),无铅压电材料较低的密度特征也十分利于其高频超声换能;此外,我国淄博宇海电子陶瓷有限公司推出过系列钛酸钡(BT)基压电瓷片。然而就整体而言,无铅压电材料在敏感性、稳定性等方面的特性明显弱于铅基压电材料,因此在高灵敏、高稳定、高频、中/大功率等应用中屈指可数,这些领域也成为无铅替代的主战场。

微位移器是一种典型的压电器件,日本研究者在国际上最早开始压电微位移驱动器的研究。由于此类材料及器件在工业中具有重要的应用价值,西方公司很快开展了压电微位移驱动器的研制工作。目前国外从事压电微位移驱动器研制的单位主要包括德国PI公司,日本NEC TOKIN公司及丹麦Noliac公司等,这些公司研制的压电微位移驱动器占领了世界绝大部分市场份额。国内中科院上海硅酸盐研究所率先开展压电微位移驱动器的研究工作,并承担了相应的国家"863"项目。目前包括中科院上海硅酸盐研究所、清华大学等研究机构,以及潘特电陶等公司都在开展压电微位移驱动器的研究与生产。

11.1.2　反铁电介质陶瓷材料

反铁电材料结构与铁电材料类似,但相邻晶格中偶极子成对地按反平行方向排列,宏观上无自发极化,总电矩为零;但在电场作用下,偶极子发生反转,反铁电相诱导成铁电相,当电场撤除后,介稳铁电相又回到反铁电相。在此过程中,可实现能量的快速存储和释放,具有储能密度高、放电电流大、充放电速度快等优点,在国防、高新技术、民用等领域具有广泛应用前景。反铁电陶瓷的储能密度可达 $10J/cm^3$ 以上,远高于常用的线性介质材料和铁电材料,非常有利于元器件的高功率化和小型化,是新一代高性能脉冲电容器的重要材料,但存在较高的技术壁垒。现阶段国际上仅美国NOVACAP公司和TRS公司成功推出了相关产品,据公开资料显示,美国Sandia国家实验室将NOVACAP公司的反铁电多层陶瓷电容器用于武器系统的点火装置,体积大大缩小;TRS公司也开发了多款反铁电多层陶瓷电容器产品,他们研制的相同电压等级和储能容量的铁电陶瓷和反铁电陶瓷电容器对比显示,体积只有前者的大约1/10;利用10个反铁电多层陶瓷电容器组装的逆变器模块与有机膜电容器相比体积减小76%,重量减小68%,小型化和轻量化效果明显。

另外,反铁电介质材料具有正电压系数,考虑直流链路电容器需要在高偏置电压下获得高容值的使用特点，反铁电电介质具有显著优势。EPCOS 公司于 2014 年率先推出了基于 PLZT 反铁电材料的高容值密度直流链路电容器，具有 $2\sim5\mu F/cm^3$ 的高容值密度，$2.5\sim4nH$ 的超低等效电感（ESL），最高温度可使用到 150℃ 的优异高温耐受性，其超低的介质损耗使得高温下可耐受 100kHz 的 $12A/\mu F$ 的纹波电流吸收能力。不同于传统陶瓷电容器，反铁电电容器的电容值在应用电压时达到最大，甚至随纹波电压的占比成比例增加，借助新型设计可使直流链路的体积缩小 $3\sim4$ 倍，特别适用于新型高速逆变器技术。相关产品应用于 Infineon 公司的 EASY 汽车系列，使电容器、电路板空间、磁性元件、散热装置等明显缩小，解决方案总成本降低 40% 以上，可满足电动汽车中车辆中紧凑、轻型且高性价比驱动的需求。

11.1.3　微波介质陶瓷材料

微波介质陶瓷是一类应用于微波频段电路中作为介质材料并完成一种或多种功能的陶瓷材料，主要用于制作谐振器、滤波器、介质基片、介质天线、介质导波回路等；微波介质基板则是一类应用于电子电路中传输和处理信号、连接和支撑电子元器件的一种功能复合材料。近年来，卫星通信、移动通信等向小型化、高品质化、高频化和高可靠性的方向飞速发展，要求材料有超低的介电损耗、超高 Q 值、系列化介电常数。超高 Q 微波介质陶瓷主要用于高频下的军用雷达、卫星通信系统中作为介质谐振器、滤波器、多工器等，要求材料的介电常数 $\varepsilon_r = 10\sim20$，品质因数 $Q_f \geqslant 200000GHz$，且具有近零的谐振频率温度系数 $\tau_f = (0\pm10)ppm/℃$。

超高 Q 微波介质陶瓷的制备技术主要被日本以及欧美等国家掌握。日本村田公司、法国 TEMEX 以及加拿大 COMDEV 公司均拥有成熟的超高 Q 微波介质陶瓷产品，Q_f 值达到 180000GHz 以上，共占据了全球 80% 以上的市场。国内虽然有众多微波介质陶瓷生产厂家，但是仍未突破超高 Q 微波介质陶瓷生产的关键技术，导致该类关键材料在国内仍然是空白，不得不依赖进口。因此，在"十四五"期间，我国急需突破超高 Q 微波介质陶瓷材料制备的关键技术瓶颈，掌握该类材料的批量化生产工艺；这不仅对占据这一巨大的市场具有推动作用，同时对实现我国在该类关键材料的自主可控具有重要意义。

在高频微波复合基板方面，主要是以聚四氟乙烯为基体，用于各类雷达系统、卫星通信等，生产厂家主要为美国的 Rogers、Taconic 以及日本的松下、日立等。Rogers 公司是世界最著名的高频微波基板生产厂家，已成为目前世界上微波基板研制水平最高的生产厂家。"十四五"期间，我国对高频高介微波复合基板需求将持续增长，然而随着中美贸易战的全面打响，该类通信领域最关键的基础材料必将受到全面的技术封锁和禁运，况且国内无成熟的高介微波复合基板产品。因此，我国急需掌握介电常数 $\varepsilon = 10.0\sim16.0$、低介电损耗 $tan\delta \leqslant 0.0025$ 的高性能高频高介微波复合基板国产化的核心技术及批量化生产的控制技术，对占据国内高频微波复合基板市场，保障我国对该类基础、关键材料的自主可控具有重要意义。

微波器件的小型化、集成化推动了微波介质材料的低温烧结和多层共烧技术发展，更进一步推动了低温共烧陶瓷（LTCC）微波介质材料的需求。LTCC 介质材料是微波集成器件开发的核心基础材料，美日欧企业占据全球大部分 LTCC 材料市场，DuPont、Ferro、ESL 等都可以提供系列化的 LTCC 膜带和配套的电极浆料；Murata、Kyocera 等元器件生产企业都有自己的材料供应链；德国的 Heraeus 也能够提供系列化的 LTCC 粉体和电极浆料。目前，国内各 LTCC 生产单位使用的商用化 LTCC 流延膜带主要有 Ferro A6 系列和 Dupont 951 系列等。我国在 LTCC 材料领域前期有一定的研究开发布局，虽然 LTCC 材料产业链还没有建立起来，但在 LTCC 介质材料粉体、LTCC 流延膜带、LTCC 电极浆料及 LTCC 器件开发生产等方面都取得了较好进展。一些 LTCC 介质材料已逐渐进入市场，开始在 LTCC 分立器件开发中应用，如中国科学院上海硅酸盐所在开发的高介电常数、低介电损耗的 K70（介电常数 70）材料已具备稳定生产能力并已获得应用；LTCC 介质材料配套电极浆料开发方面，贵研铂业等在金电极浆料研发上已取得了突破，基本达到了商业化水准。

11.1.4 敏感陶瓷材料

敏感陶瓷材料种类众多，如正温度系数（Positive Temperature Coefficient，PTC）热敏陶瓷材料、负温度系数（Negative Temperature Coefficient，NTC）热敏陶瓷材料、电压敏感陶瓷材料、气体敏感陶瓷材料等。PTC 陶瓷材料具有独特的电阻-温度、电流-时间和电压-电流特性，是实现电子和电气系统中过热/过流保护、恒温加热、延时启动和自动消磁等功能的一类重要的电子陶瓷材料，广泛应用于消费电子、家用电器、通信、汽车、输变电工程等民用领域。随着现代智能家居和新能源汽车等新兴产业的快速发展，对高可靠的智能控温和加热技术提出了明确的应用需求，PTC 陶瓷材料及其相关应用技术也将迎来新一轮的重大发展机遇，根据美国 GOS 咨询公司报告，目前，全球仅加热用 PTC 陶瓷的市场规模已超过 40 亿美元，且近几年一直以 10% 以上的速度高速增长。国内 PTC 热敏陶瓷的年生产量已超过 30 亿片，其中空调和汽车等辅助加热器元件占市场的 70% 以上。

国内 PTC 热敏陶瓷的生产企业主要集中在珠三角、长三角及华中区域，重点企业包括东莞市龙基电子有限公司、上海欣帕热敏陶瓷有限公司、华工科技产业股份有限公司等。中科院上海硅酸盐所是国内最早开展 PTC 陶瓷材料研究的科研单位，近年来针对国家重要型号研制任务需求，成功将 PTC 陶瓷应用到多种航空飞行器中，并形成了差异化产品设计和多品种小批量生产供货能力。但是，与日本和美国等国外先进的电子陶瓷产业相比，国内企业生产的大部分 PTC 陶瓷产品附加值相对较低，很多电子整机中技术含量高的 PTC 元件仍需要大量进口。作为电子陶瓷和元器件行业的国际巨头公司，日本村田在片式化 PTC 陶瓷材料和元器件制造技术方面在全球居于领先地位，并长期引领着片式化 PTC 陶瓷的发展。此外，日本 TDK 公司在无铅高居里温度 PTC 陶瓷材料组分和制备技术方面具有独特的优势，形成了多项核心专利。

以氧化锌陶瓷为代表的电压敏感陶瓷材料主要以压敏电阻的形式用于电路过压保护。对于压敏电阻而言，国外产品以 EPCOS、松下、力特（telfuse）、TDK 等公司为代表。国产压敏电阻有兴勤（TKS）、舜全（CNR）、国巨、华星（MYG）、西无二、风华（FNR）、鸿志（FEL）、商盈（SYD）等公司。国内（包括台湾地区）产量巨大，占国际市场的 50%~70%，但产品主要集中在中低档。其主要原因在于国内原材料质量和一致性差、材料研究和器件制作技术相对落后。如 EPCOS 等公司已开发出了多层片式 ZnO 压敏电阻器尺寸发展到 0201（$0.6nm \times 0.3nm$）型，压敏电压低至 2.5V，实现了多层片式 ZnO 压敏电阻器的微型化。据美国 Paumanok Publications Inc. 调研公司对于市场预测，压敏电阻全球市场需求率将保持在 15%以上。截至 2017 年底，我国电阻器的总产量约达 3600 亿只，其中压敏电阻产业规模已超过 10 亿美元，但我国产品主要集中在中低档。其主要原因在于国内原材料质量和一致性差、片式电阻的体积较大，不利于产品的小型化过程，材料研究和器件制作技术相对落后。

11.1.5　特种玻璃材料

由于具有耐高低温、高绝缘以及与各类金属材料（如高温不锈钢、铁镍合金）具有强的结合力等优异性能，欧美发达国家各类航天、航空发动机的密封材料都采用高性能封接玻璃。目前，国外已形成耐极低温度、匹配不同金属基材和膨胀系数系列化的系列技术或产品，广泛应用在大推力火箭发动机和航空矢量发动机等航天航空领域中，并对我国实行禁运与技术垄断。随着我国空间站建设推进、深空探测以及高性能航空发动机技术的快速发展，对适用于各类特殊场合下的接插件、分离器、馈通件以及温度传感器的密封材料提出严苛要求，高性能封接玻璃成为技术首选。目前，我国使用的高可靠性封接玻璃多从美国康宁公司、德国肖特及日本旭硝子等进口，但大多还是次等产品，高端产品很难进入国内市场，目前国内还未有可替代产品。

11.1.6　其他电子陶瓷材料

电光陶瓷材料：美国在国际上最早研制出透明电光陶瓷 PLZT，开启了铁电陶瓷在电光领域的应用。随后日本及中国也相继研制出此类材料。目前，美国、中国等多国科研机构均有能力研制 PLZT 电光陶瓷。2004 年，美国 BATI 公司又率先研制出性能更加优异的 PMN-PT 电光陶瓷，并基于此材料设计了多种电光器件。该公司利用透明 PMN-PT 电光陶瓷设计的可变光衰减器已经在我国"神光"高功率激光系统中获得应用。目前，美国 BATI 公司是国际上唯一有能力生产商品化 PMN-PT 电光陶瓷的企业，因此国内许多高技术应用强烈依赖进口。除了 BATI 公司外，美国 Lightwave2020 公司也利用 BATI 公司制备的 PMN-PT 电光陶瓷研发各种高性能光电器件。中科院上海硅酸盐研究所在国内首先制备出透明 PLZT 电光陶瓷，目前此类材料已经在防核爆闪光护目镜中获得应用。2010 年，上海硅酸盐所继美国之后研制成功透明 PMN-PT 电光陶瓷，且其二次电光为国际报道的最高值。除了上海硅酸盐研究所外，国内青岛大学也在从事相关研究工作。目前在 PMN-PT 电光陶瓷研究方面，虽然国内部分性能指标已经处于国际领先地位，但在透过率等方面与国外公司产品相比仍然有一定差距。

线性氧化物电阻材料：我国现已完全掌握了传统电阻（绕线电阻、金属膜电阻、水介质电阻和 Al_2O_3-黏土-碳基电阻）生产技术，产品性能达到国外同类产品水平。但这些传统电阻本身存在性能不稳定，易被腐蚀，通流能力差的问题。日本日立公司已经开发出了新一代 ZnO 线性电阻材料来替代传统的线性电阻材料。ZnO 线性电阻材料不仅能有效地降低成本，实现小型化，而且能显著提升产品性能的稳定性和可靠性。日本已经将其应用于超高压输电系统及储能器件中。由于我国在此方面的研究较晚，目前尚无生产相关产品的企业，只有少量的研究机构如中国科学院上海硅酸盐研究所、等离子体所、华南理工大学、电子科技大学等高校院所从事相关科学研究，且其性能仍然落后于国外先进水平，尤其是军用线性电阻材料差距更大。由于我国高端 ZnO 线性电阻材料的严重缺失，高性能

ZnO 线性电阻被日本垄断，严重影响了我国军用和民用航空线性电阻材料行业的发展水平。

11.2　本领域发展趋势

压电材料在航空航天、海洋、能源、医疗、气象和电子信息等领域有重要应用，压电陶瓷材料的总体发展趋势为大发射功率、高居里温度、大应变、优异的极端环境适应性（极高温和极低温）、高温度稳定性、绿色环保（有铅到无铅）以及与多种功能/结构器件、系统形成的高度集成智能化系统；压电复合材料将向着超高频/超低频、曲面化、智能化、精细化以及满足极端服役环境方向发展；压电微位移驱动器朝着大位移、低滞后、宽使用温区、高可靠、低成本及无铅化等方向发展。随着国际国内对环境保护重视程度不断升级，发展环境友好材料成为各领域重要的科学前沿和技术竞争焦点。2017 年 8 月，欧盟 RoHS 2.0 版指令规定 2021 年欧盟市场可能对部分铅基压电产品不再豁免。无铅化已成为压电材料产业发展的必然趋势，产-研结合，开发具有产业应用价值的无铅替代材料并快速推动其产业应用是 5~10 年无铅压电领域的工作重点。

反铁电介质陶瓷及器件方面，美国 NOVACAP 公司产品涵盖电压等级有 800V、1000V、1200V、1400V、1600V、2000V、2500V 和 3000V 等，尺寸规格有 3530、3640、5440 和 7675 等，其反铁电陶瓷材料的储能密度在 $0.5~7J/cm^3$。TRS 公司也开发了多款反铁电多层陶瓷电容器产品，其反铁电陶瓷材料最高储能密度也可达到 $6J/cm^3$ 以上。另外，贱金属化也是反铁电多层陶瓷电容器的发展趋势。为了满足电动汽车对电容器高性能、低成本的发展要求，EPCOS 公司推出的 PLZT 反铁电电容器包括 500V、700V 和 900V 三种规格，均采用铜电极，成本较银钯电极和纯钯电极大幅降低。

微波介质陶瓷材料领域，我国大容量通信卫星技术的飞速发展，对卫星系统处理实时音频、视频能力的要求大幅提升，要求星载滤波器、多工器等有效载荷具有较低的介电常数 $\varepsilon = 10~30$ 和超高的品质因数 $Q_f \geq 200000GHz$ 甚至更高。目前，国内外鲜有 Q_f 达到 200000GHz 以上的超高 Q 微波介质陶瓷，因此在"十四五"期间，本研究团队拟将微波介质陶瓷的 Q_f 值提高到 200000GHz、达到国际先进水平。在高频微波复合基板方面，随着我国军用武器装备朝着小型化、高集成化和高可靠性的方向发展，对基板介电常数提出了更高的要求。目前 Rogers 公司的高频基板的介电常数最高为 $\varepsilon_r = 13.0$。在"十四五"期间，本团队拟将高频微波复合基板的介电常数提高到 $\varepsilon_r = 16.0$，同时保证基板在高频下具有低介电损耗 $\tan\delta \leq 0.0025$。随着"互联世界"概念的兴起，特别是用于 5G 通信、车联网及智能网络等技术逐渐投入使用，通信系统用的模块、器件和基板等的巨大的需求将带动微波毫米波 LTCC 介质陶瓷材料的快速发展。

敏感陶瓷材料领域，整机正向着智能化、微型化、集成化、低功耗以及绿色生产的方向快速发展，这对 PTC 热敏陶瓷材料也提出了片式化、无铅化和高可靠性的要求。为适用于表面贴装和高密度集成技术，高端的 PTC 元件大都已采用多层片式结构，PTC 陶瓷的低温烧结及其与金属内电极的匹配共烧是获得片式化 PTC 陶瓷元件的关键技术。同时，为了适应环保和电子元件无铅化的要求，开发可以实用化的无铅 PTC 陶瓷材料是重要的发展方向，在新能源汽车和智能绿色家居等领域有着非常广泛的应用需求。此外，由于 PTC 热敏陶瓷具有无明火的安全性，自控温的智能性，以及长期稳定工作的高可靠性等技术优势，围绕其性能特点出现的一些新应用方向同样值得关注，特别是在军用技术领域，例如，红外探测和校准系统、大面积复杂构件加热以及极端环境下的智能控温等。PTC 陶瓷材料及元器件在以上军用领域进一步拓展应用时面临的挑战包括超高居里温度的 PTC 陶瓷材料设计与制备技术、大面积曲面 PTC 加热组件电绝缘与散热一体化集成技术以及超低温和超高压等极端环境下的 PTC 效应提升及寿命验证等。

反铁电材料领域我国研究开展较早，但是目前对反铁电材料用于多层电容器的研究仍处于起步阶段，针对高功率半导体直流链路电容器应用还处于空白。存在的主要问题是：高性能反铁电材料的开发（包括高储能密度、长充放电寿命、高温度稳定性等关键科学技术问题）、反铁电材料的还原气氛烧结、反铁电材料与多层电容器技术的匹配等。

电光陶瓷材料相对于电光晶体具有大电光系数、偏振无关、高抗激光损伤阈值等优点，在电光器件中有着重要的应用前景。随着电光陶瓷应用领域的扩大，电光陶瓷朝着高电光系数、低调制电压、高透过率、高激光损伤阈值及大尺寸等方向发展。

特种玻璃材料领域，在我国快速崛起的大环境下，特殊材料实现国产化已是大势所趋，高端封接玻璃也不例外。特别是应用于各类高膨胀的高温不锈钢、铁镍合金，新型膨胀可控性硅铝合金等材料的密封与封装玻璃材料。目前，国内使用的高端封接玻璃被德国、美国所垄断，国内没有专业公司进行此类材料研发，属于关键核心材料，我国必须实现国产化。特种封接玻璃材料需要面对更加恶劣的工作环境，同时还具有高可靠性。

11.3　存在的问题

我国电子陶瓷材料产业总体体量虽然很大，但产能、产品种类都很分散，体量大而强的企业很少；总体技术水平不高，以业内中低端产品为主。以压电陶瓷材料为例，目前国内从事压电陶瓷及元器件生产的企业约 60 家，产业规模仅次于日本。同国外知名企业相比，我国压电陶瓷与元器件生产企业普遍投资规模偏小，产品品种少、产量低、质量水平不高，在国际市场特别是利润率高的高端应用领域所占份额很低；原材料性能不稳定，导致产品一致性、重复性、稳定性均较差；国内企业生产线工艺装备和测试手段落后，且自动化水平不高；企业研发尤其是自主创新的能力较弱，基本上还处于对国际同行先进产品的模仿、追赶阶段；同时，国内企业环境保护的意识普遍有待加强。未来发展需要解决的关键问题有：

（1）加强材料与器件方面的基础性研究工作。当前国内特种功能陶瓷材料整体处于全球价值链中低端，根本原因在于基础研究积累不够、原始创新能力不强。要实现材料及器件迈向中高端水平，必须巩固基础，增强底气，才能抢占未来制高点。要特别关注新材料的组成设计、计算与表征，微结构调控技术及其对性能影响规律，器件设计方法等，为新材料体系或新器件结构创新提供源泉，加快特种功能陶瓷材料及元器件的产品升级。

（2）加强行业内研究机构和企业间的产学研合作。目前，国内材料研究机构与材料应用单位相对比较孤立，研究机构往往偏重理论基础研究，忽视材料应用需求；而应用单位只重视器件设计或选用国外现成产品，往往忽视材料本征特性，导致国内研发材料用不上，同时出现需求单位找不到材料的窘境，总体上研究内容与实际需求契合度不高。因此，需要大力加强材料研究单位与应用单位结合，各自发挥优势，解决材料应用的技术难题，为国家关键材料的国产化提供支撑。

（3）推进合作平台、加强自身创新能力建设。鼓励科研院所、高等院校、企业建立一批国家级、省部级特种功能陶瓷材料技术研究中心和公共技术平台，开展具有国内领先水平和自主知识产权的技术开发创新，攻克行业发展和企业生产中的共性关键技术和技术工艺难题。鼓励相关单位自主创新功能陶瓷材料领域的核心技术、关键技术和共性技术，增强自主创新能力；积极组织功能陶瓷材料领域国际性、区域性的合作交流活动。

在具体的技术层面，我国超高温压电陶瓷材料、压电复合材料、高性能压电器件、无铅压电陶瓷材料应用技术储备等方面与国际先进水平有较大差距；压电材料基础研究与产业应用之间存在信息不对称问题，压电基础研究通常着重于材料个别关键指标（如压电系数 $d33$）的突破，对材料在各典型应用中的具体工作模式以及实际指标需求缺乏客观认识，致使材料研发缺乏针对性，大量优秀成果（包括一些已经在某些应用中具备实用价值的材料体系）止于论文、专利，未能实现最终的应用替代。国内在压电微位移驱动器等器件领域的研究及开发主要集中在部分大学及研究所，缺乏大批量生产能力，这也导致了国内研制的压电器件品种少、性能的稳定性及可靠性较差，无法与 PI 及 NEC TOKIN 等国际知名公司竞争。未来需要集合国内在材料及器件方面的优势力量，开展压电微位移驱动器等的产品化研究，解决产品的一致性、可靠性及稳定性等问题。

在超高 Q 微波介质陶瓷研制方面，国内生产厂家主要存在高 Q 值组成设计困难，单相难制备，以及材料的 Q 值、介电常数与频率温度系数难以平衡、批量化制备中一致性控制技术差等难题，与日本村田、法国 TEMEX 等国外公司存在较大的差距。在"十四五"期间，需要重点解决以下关键问题：（1）阐明微波介质陶瓷超高 Q 值形成机制与设计方法；（2）超高 Q 微波介质陶瓷物相合成化学反应机理研究；（3）微波介质陶瓷介电性能设计及其影响因素；（4）微波介质陶瓷批量化制备控制技术。在高频高介微波复合基板方面，主要存在树脂基体和制备工艺路线单一、填料性能一致性差、填充比例受限、基板介电损耗高等突出问题，导致国产基板在高频介电性能、一致性、可靠性方面难以满足军用要求。在"十四五"期间，需要重点解决以下问题：（1）发展全新的高频复合基板体系，提高基板介电性能设计的灵活性；（2）突破高性能球形陶瓷填料制备的关键技术；（3）开发复合基板制备的新工艺，突破陶瓷填充阈值；（4）阐明复合基板界面介电损耗形成机制与调控机理；（5）大尺寸、高一致性复合基板制备工艺贯通等。

PTC 热敏陶瓷一些高端产业领域中，我国对进口 PTC 陶瓷产品依赖程度较高，尚未形成具有自主知识产权的高性能 PTC 陶瓷材料和元器件制备技术优势，主要原因是国内 PTC 陶瓷企业对全球电子产品无铅化发展趋势重视不够，仍然以含铅 PTC 陶瓷材料生产为主，普遍缺乏对无铅化的 PTC 陶瓷新材料和新制备技术的开发投入。针对目前 PTC 陶瓷材料及相关应用的发展趋势，未来必须首先开展 PTC 陶瓷材料的无铅化配方设计和制备技术研究，解决无铅 PTC 陶瓷材料半导化与高升阻比协同调控等深层次的科学与技术难题；其次，为实现 PTC 陶瓷元器件的片式化，必须突破 PTC 陶瓷与金属内电极的匹配共烧技术。压敏陶瓷研究方面，我国对于晶界势垒的调控方法、伏安特性调控机理、陶瓷致密化烧结理论以及调控电阻温度系数的机制尚不明确。总体而言，我国研制的 ZnO 导电陶瓷存在明显的非线性伏安特性，电导率较低，通常在 $10^3 s/m$ 以下，电阻温度系数为负值，性能与国际领先水平存在较大差距。

特种玻璃方面，由于封接玻璃材料具有需求多品种、需量少的生产特点，而在研发方面又需要投入大量的人力物力，导致国内大型玻璃企业对此类玻璃材料不感兴趣，小型企业无力开发新产品。另外，此类玻璃材料研究与应用在国内严重脱节，高校研究多集中在玻璃材料本身性能与结构的研究，很少有针对其与某种特定金属材料的封接匹配性、实际应用环境下玻璃与金属封接界面存在的问题发现、分析与解决。而需要封接玻璃材料的企业在国内无法找到对应的可生产并一起研发、改进的该材料的企业与高校。

11.4 "十四五"发展思路

11.4.1 发展目标

压电陶瓷材料：研制出在"空天地海"网络中苛刻服役环境（高低温、高电场、高压力、强辐射等）下，用于结构健康监测、智能驱动与传感的具有高压电性能、抗高低温循环冲击、高抗疲劳、大应变、低损耗等特性的压电材料，总体研究水平处于和国际先进水平"并跑"阶段。重点突破压电陶瓷的使用温度极限，将可靠使用高温从 482℃ 提升到 650℃，突破大尺寸、可共形压电复合材料关键制备技术，并在水声和医疗超声等领域实现应用验证。针对高灵敏、高稳定、高频、中/大功率等典型应用场景，尽快实现满足基本应用需求的系列化材料体系储备，由点向面地推动无铅压电材料的产业替代；另一方面集中优势力量，打破常规、创新思路，推动满足高端应用需求的材料体系研发，争取在"十四五"期间获得实质性突破。

反铁电陶瓷材料：针对高性能脉冲电容器对反铁电材料的需求，经过一两年解决反铁电材料的温度稳定性、与 MLCC 工艺的匹配性等关键技术问题，再经两年左右与 MLCC 企业一起实现反铁电多层电容器的产品化；针对直流链路电容器对反铁电材料的需求，经过两年时间解决反铁电材料的组成设计、气氛烧结、与铜电极匹配等关键技术问题，再经三年左右与 MLCC 企业、汽车企业一起实现反铁电多层电容器在电动汽车上的验证，初步实现产品化。

微波介质陶瓷材料：在超高 Q 微波介质陶瓷研制方面，研制介电常数在 10～20 以内的超高 Q 微波介质陶瓷，满足我国新一代大容量通信卫星发展的迫切需求。2025 年达到国际先进水平，具备年产各型超高 Q 微波介质陶瓷材料 10000 件的批量化能力，全面实现超高 Q 微波介质在我国新一代卫星的应用。在高频微波复合基板研制方面，在"十四五"期间，重点突破大尺寸、超高介电常数高频复合基板制备的关键技术，构建集高频复合基板及元件的基础研究和应用研究于一体的技术创新平台，建立高频复合基板生产线，实现各型基板年产达到 1000m²，以满足我国新一代武器、装备研制的迫切需求，保障国防安全。解决 LTCC 微波介质材料大批量稳定性瓶颈问题，LTCC 微波介质材料国产化取得突破，使自主 LTCC 微波介质材料占市场需求的 30% 以上，初步实现 LTCC 微波介质材料国产化目标。

敏感陶瓷材料：针对新能源汽车、智能终端及特种高技术领域的未来应用需求，重点开展无铅化 PTC 陶瓷材料及片式化关键技术研究，掌握无铅化 PTC 陶瓷组分设计和批量化制备工艺，突破片式化 PTC 陶瓷制备中的关键技术，形成具有自主知识产权的无铅化 PTC 陶瓷材料及片式化元器件制备技术，满足我国新兴产业和高新技术发展对高性能 PTC

陶瓷材料和元器件的应用需求。大力开展新型线性氧化物电阻材料、新型压敏电阻材料等新型高性能敏感陶瓷材料及器件研究，获得高性能线性氧化物电阻材料，为我国民用及国防领域提供关键的材料及器件支撑。

特种玻璃材料：面向各类特殊场合下的接插件、分离器、馈通件以及温度传感器对玻璃密封材料高质量封接要求，开展新型高可靠玻璃材料的设计与制备、与不同金属基材和膨胀系数封接匹配性研究、封接机制及失效行为分析。研制出具有膨胀系数系列化（$3 \times 10^{-6} \sim 16 \times 10^{-6}/℃$）的新型封接玻璃材料，满足国防安全的应用要求，并形成一套特种封接玻璃设计与制备、性能测试与应用的方法，建立封接效果评价标准。

11.4.2 重点任务

（1）梳理"十四五"期间重点发展的材料品种。"十四五"期间重点发展的材料品种见表 11-1。

表 11-1 "十四五"期间重点发展的材料品种

重点材料品种	"十四五"关键技术指标	"十四五"产业发展目标
超低温使用压电陶瓷及微位移驱动器	低温压电驱动器使用温度$\leqslant -150℃$，压电常数（$-150℃$）$d31 > -100pC/N$	形成压电微位移驱动器的高可靠批量化制备能力，研制的超低温使用压电微位移驱动器在 $1 \sim 2$ 个领域获得应用
超高居里温度压电陶瓷	最高使用温度：$650℃$；压电系数 $d33$：$\geqslant 6pC/N$	
压电复合材料	使用温度：$\geqslant 230℃$；低频：$\leqslant 50kHz$；高频：$\geqslant 50MHz$	
高储能密度反铁电材料	转折电场$>25V/\mu m$，储能密度$> 6J/cm^3$，介电损耗$<1\%$，在$-55 \sim +25℃$温度系数$< 3000 \times 10^{-6}/K$，在$+25 \sim +125℃$温度系数$<5000 \times 10^{-6}/K$，烧结温度$<1150℃$	实现高储能密度反铁电材料的批量化生产，年产 3t
高介反铁电材料	介电常数>800，介电损耗$<1\%$，还原气氛下烧结温度$<1000℃$，容值密度$>2\mu F/cm^3$	基本实现高介反铁电材料的批量化生产，年产 1t
系列敏感器件用无铅压电陶瓷材料（P-5 系列材料替代）	（1）对应工作模式下压电系数：$T_C \geqslant 250℃$，$d31 > 120pC/N$，$d33 > 300pC/N$；（2）对应工作模式下机电耦合系数：$k_p > 0.50$，$k_t > 0.40$；（3）介电损耗 $\tan\delta \leqslant 0.03$	满足电声器件、水声换能器、传感器、振荡器、加速度传感器以及系列非振动型驱动器等的应用市场基本需求，实现部分产业替代，降低相关法令生效带来的市场波动

续表 11-1

重点材料品种	"十四五"关键技术指标	"十四五"产业发展目标
系列功率器件用无铅压电材料（P-4，P-8系列替代）	（1）对应工作模式下压电系数：$d31>80pC/N$，$d33>200pC/N$； （2）对应工作模式下机电耦合系数：$k_p>0.45$，$k_t>0.40$； （3）机械品质因数 $Q_m>1000$； （4）介电损耗 $\tan\delta\leqslant0.01$； （5）居里温度 $T_c>250℃$	满足水声发射换能、超声换能、超声马达以及各类高频、高功率振动换能器件的市场基本需求，实现部分产业替代，降低相关法令生效带来的市场波动
高性能无铅 PTC 陶瓷材料	居里温度系列化：150~240℃ 室温电阻率：$\leqslant103\Omega\cdot cm$ 电阻温度系数：$\geqslant20\%/℃$ 片式化 PTC 陶瓷烧结温度：950~1200℃	形成自主无铅 PTC 陶瓷材料的批量生产能力，突破片式化 PTC 陶瓷关键制备技术，满足国内新能源汽车和智能终端对低成本高性能自主 PTC 陶瓷材料的应用需求
新型压敏电阻材料	尺寸发展到 0201（0.6nm×0.3nm）型；压敏电压低至 2.5V	制备出地压敏电压的微型化的片式 ZnO 压敏电阻，尝试取代现有的片式 ZnO 压敏电阻材料
线性氧化物电阻材料	电导率：$\sigma\geqslant1\times10^5 S/m$；电阻温度系数：$0\leqslant k\leqslant10^{-3}/℃$；电流密度：$\geqslant1200A/cm^2$（脉冲3μs）；使用温度范围：$-50\sim250℃$	制备出满足应用需求的 ZnO 线性电阻；在 1~2 应用中尝试取代传统线性电阻材料
超高 Q 微波介质陶瓷	$\varepsilon_r=10\sim20$，$Q_f\geqslant220000GHz$，$\tau_f=(0\pm5)$ ppm/℃，技术成熟度达到 7 级以上	实现超高 Q 微波介质陶瓷年产 10000 件，替代进口率达到 95% 以上
高频高介微波复合基板	$\varepsilon_r=10\sim16$，$\tan\delta\leqslant0.0025$，基板尺寸达到 457mm×610mm，技术成熟度达到 7 级	实现高频微波复合基板年产 1000m²，替代进口率达到 50% 以上
低介电损耗 LTCC 介质材料	烧结温度 $\leqslant900℃$；介电常数 $\leqslant6.3$（@1~100GHz）；介电损耗 $\leqslant1.5\times10^{-3}$（@1~100GHz）	建立吨级 LTCC 粉体生产线
PMN-PT 基高性能电光陶瓷	二次电光系数 $\geqslant30\times10^{-16}$（m/V）²；透过率 $\geqslant68\%$	形成 PMN-PT 基电光陶瓷的批量化制备能力；开发出 1~2 中基于 PMN-PT 电光陶瓷的应用
新型硅铝合金用高质膨胀可控型低熔点封接玻璃	（1）膨胀系数：（$5\times10^{-6}\sim18\times10^{-6}/℃$，30~300）； （2）低封接温度 $\leqslant500℃$； （3）气密性：$10\sim3Pa\cdot cm^3/s$，1MPa； （4）绝缘电阻：室温条件下，$\geqslant2\times10^8\Omega$（500V DC）； （5）满足常规电镀工艺的耐酸碱性； （6）满足盐雾实验（GJB548）	（1）实现自主可控的批量化生产，满足国内军工企业需求； （2）完成玻璃材料研发—封接工艺—产品密封效果检测—技术服务全产业链的建立

重点材料品种	"十四五"关键技术指标	"十四五"产业发展目标
面向封装连接件、接线座等具有高可靠性超高线膨胀系数封接玻璃材料	（1）膨胀系数与不锈钢或合金材料膨胀系数匹配（20~400℃）； （2）绝缘电阻：室温条件下，$\geqslant 2 \times 10^{8}\Omega$（500V DC）；（350±50）℃时，$\geqslant 2 \times 10^{7}M\Omega$（500V DC）； （3）高低温气密性：高温 150℃，低温液氮（-196℃）中浸泡，循环 10 次，不漏气；压差为 1 个大气压时，泄漏率不大于 $10^{-3}Pa \cdot cm^{3}/s$	（1）实现自主可控的批量化生产，满足国内军工企业需求； （2）完成玻璃材料研发—封接工艺—产品密封效果检测—技术服务全产业链的建立

（2）针对发展目标和重点方向，研究提出"十四五"重大工程项目。具体见表 11-2。

表 11-2 "十四五"重点材料领域和重大工程项目

重点材料领域	"十四五"重大工程	重大工程预期目标及相关建议
关键战略材料	高介电常数反铁电陶瓷材料工程化研制	技术指标：介电常数>800，介电损耗<1%，转折电场>8V/μm，还原气氛下烧结温度<1000℃，容值密度>2μF/cm³，基本实现高介反铁电材料的批量化生产，年产 1t 反铁电材料能力

（3）研究构建新材料协同创新体系。

1）在现有压电材料常规性能测试平台基础上，建立极端环境下压电材料性能评价技术及平台，形成极端环境下压电材料性能测试评价体系，开展超高/低温、强电场、强冲击、强振动、强辐射及多场耦合等环境下压电材料性能测试，以满足第四、第五代战机航空发动机、深水 YL、核反应堆、超音速飞行器等极端环境应用的压电新材料研究需要。

2）重点支持产业化中试大平台建设，打通新材料科技成果从实验室到生产线转移转化之路。鼓励科研院所、高等院校、企业建立一批国家级、省部级技术研究中心和公共技术平台，开展具有国内领先水平和自主知识产权的技术开发创新，攻克行业发展和企业生产中的共性关键技术和技术工艺难题。

3）针对不同应用领域对新型高性能电子陶瓷的应用需求，建立从粉体制备、陶瓷生产到器件制备与测试的完整产业链，实现我国电子陶瓷产业质的飞跃。

11.4.3 支撑保障

电子陶瓷的研制、生产及应用涉及众多不同的领域，为了迅速提升我国在电子陶瓷领域的水平，摆脱对国外的进口依赖，应该在国家政策的引导下，鼓励相关的企业联合合作，对产业链上下游的难题开展协同攻关，以实现快速突破，做大做强相关产业。

重点提出以下几个方面的措施建议：保证军用材料与基础机电产品按体系发展的政策措施建议；提高自主创新和自主保障能力的政策措施建议；推动军民融合深度发展的政策措施建议；协同创新机制及高效管理模式的措施建议。

12 特种陶瓷"十四五"规划思路研究

12.1 本领域发展现状

12.1.1 市场需求

特种陶瓷材料具有优秀的力学、热学及化学抗腐蚀等特性，虽然用量不多，但均作为关键核心部件，其性能决定装备乃至总体系统水平的高低。主要涉及材料包括碳化硅、氮化硅、氧化铝、氧化锆、氧化钇以及陶瓷基复合材料等。主要产品包括天基遥感用大尺寸轻量化光学部件、飞行器耐热耐冲击防护部件、光刻机等精密装备用结构部件及光学镜头、半导体产业用高纯部件、高功率元器件基板、单兵及武器装备用 FD 装甲部件、绿色能源化工用热交换部件、生物环境处理用膜过滤部件、汽车高铁用刹车部件、高速轴承用自润滑部件、机械用密封部件以及其他用以耐高温、耐腐蚀、耐磨等部件。

12.1.2 产业规模

伴随特种陶瓷材料的发展及功能开发，其在微电子工业、能源、化工、生物环境、自动化控制和未来智能化技术等方面作为支撑材料的地位日益显著，市场容量也进一步提升。根据市场研究，全球特种陶瓷材料市场规模从 2015 年的 410 亿美元增长到 2018 年的 500 亿美元，实现飞速发展；预计 2020 年接近 600 亿美元，到"十四五"末全球特种陶瓷市场规模将达 830 亿美元。

12.1.3 质量技术水平

目前，我国几乎涉猎了所有特种陶瓷材料研究、开发和生产，在某些尖端陶瓷的理论研究和实验水平已经达到国际先进水平；许多陶瓷产品，例如陶瓷原料粉体、陶瓷密封部件、FD 护甲部件、陶瓷刀具等，在我国已能大批量生产，产品质量较稳定，并能占领一定的国际市场，部分产品市场占有率超过 80%。

12.1.4 重大典型成果

"十三五"期间在重大型号的牵引下，国内研发的超轻量化碳化硅反射镜对地观测卫星实现了应用，该部件也是目前国际上口径最大的碳化硅单体光学部件，各项技术指标均超过之前最大的阿拉丁空间望远镜 1500mm 碳化硅主镜，具有国际领先水平；研制 GC 热冲击防护材料 C/SiC 复合材料，保障国内 GC 飞行器防护需求；研制碳化硅热交换管，打破了 Saint-Gobain 近 20 年的技术垄断，实现绿色智能化工核心部件突破，带领国内化工能源装备行业提升；研制的 1000mm 量级氧化铝、碳化硅结构部件在国产高端光刻机中得到应用，助力国产微电子装备发展。

12.1.5 技术水平、产业发展与国外比较分析

目前，国外特种陶瓷发展处于领先地位的主要有日本、美国、欧盟等。在技术水平上，我国特种陶瓷与国际先进水平总体存在差距，主要涉及陶瓷材料尤其是复合陶瓷材料性能设计调控、3D打印成型等陶瓷先进成型技术以及陶瓷高精密后加工技术。由于技术水平相对落后，国内特种陶瓷产业虽然产能较大，但民用产品类型与日本和欧盟相比较为低端，产品种类较为单一；国内科研院所主要负责尖端领域方面，与美国、欧盟相比产业规模较小。

12.2 本领域发展趋势

特种陶瓷材料可承受苛刻的力、热、辐照、辐射环境，是发展众多先进装备、器件的关键核心部件，受到广泛的重视。目前，特种陶瓷材料从结构上，向着大尺寸、轻量化、结构功能一体化等方向发展；在功能上，向着高性能化、多功能化、智能化、低维化与复合化方向发展，同时越来越注重高温、高应力、高电场和高频等极端环境的使役性能。

国内在原材料、制备技术等方面面临挑战：在关键基础原材料方面，高纯、超细、高活性陶瓷粉体以及高强度、低离散陶瓷纤维比较薄弱；在陶瓷先进制备方面，大尺寸复杂构件的高效成型、精密加工、特种连接与装配集成、可靠性评价等共性关键技术研究仍需攻关；在特种陶瓷材料的应用方面，国外企业在初期采用技术封锁，后期研制成功后低价倾销限制国内产品的测试、应用。

12.3 存在的问题

近年来国内特种陶瓷材料取得了一定的成绩，但总体来说，我国目前特种陶瓷材料的研制与应用水平与发达国家还有较大差距：基础性研究认知深度不够，未建立完整的知识体系，缺乏高水平的原材料研发、生产能力平台，关键基础原材料依赖进口；在复杂形状构件的高效成型、精密加工、特种连接与装配集成、可靠性评价等共性技术上与国外尚有不小差距；部分配套产品通用化程度低，配套产品的标准化、系列化有待加强；尚未形成产学研用相结合的协同创新体系，集成攻关有待加强，部分材料工程化能力不够，稳定批量化生产能力不足，关键部件在国外企业的商业打压下，用户缺乏应用验证支持。

未来发展的主要目标和方向：

（1）聚焦重大方向，立足重大任务配套，突破一批制约武器装备和国家战略产业关键装备发展的重点关键技术以及陶瓷共性关键技术，为自主创新和跨越发展提供技术储备。

（2）解决我国先进陶瓷基础原材料"受制于人"的问题，强化自主创新，逐步建立和完善原材料体系。

（3）强化原始创新，提前布局先导性、探索性新技术及新材料，实现关键材料的技术储备。

（4）强化产学研用结合，注重新材料器件的应用验证，稳步提高材料研究的工程化水平，逐步建设一批具有稳定材料供应能力和新材料开发能力的研究生产基地，全面实现材料自主可控。

12.4　"十四五"发展思路

12.4.1　发展目标

从材料发展的角度，立足特种陶瓷材料研究基础，跟踪、研判材料领域科技发展总体趋势，通过原材料性能、组分及微观结构调控、复合增强等手段提升陶瓷材料性能，扩展应用领域，适应高温、高压、强冲击等极端苛刻条件应用需求；深入研究陶瓷材料发展面临的瓶颈技术，注重发展陶瓷材料的智能制造、增材制造等先进制造技术，实现陶瓷材料大尺寸、轻量化、复杂形状部件的高效、低成本制造；扩展特种陶瓷材料关键制备技术应用，注重通过以点带面兼顾武器装备与军民两用产品的研究，尤其是微电子装备、大飞机等重点领域关键部件的研究，为特种陶瓷材料的发展提供基础，促进技术成熟。

重点方向及目标如下：

（1）开展陶瓷连接技术、一体化成型技术、超精密加工技术以及智能制造技术研究，突破碳化物陶瓷大尺寸、复杂形状制备技术，实现超大尺寸部件的高效制备，技术成熟度达到 6~7 级。

（2）开展碳化物陶瓷裂纹扩展与抑制机理、材料-结构损伤机理、防护性能表征与试验评价技术研究，开发满足高性能防护要求的碳化物能效层部件，技术成熟度达到 6~7 级。

（3）攻克异型陶瓷部件共性关键技术，搭建陶瓷行业的共性关键技术平台。瞄准 3~5 种半导体装备急需的碳化硅或氧化铝陶瓷部件，开发研究共性关键技术，并在典型产品上获得初步验证，技术成熟度达到 6~7 级。

（4）针对绿色化工、能源以及环境处理等传统行业的可持续发展需求，开发 2~3 种适用于高效传质、传热或膜分离特种陶瓷核心部件及其高效制备关键技术，技术成熟度达到 6~7 级。

12.4.2　重点任务

梳理"十四五"期间重点发展的材料品种。"十四五"期间重点发展的材料品种见表 12-1。

表 12-1　"十四五"期间重点发展的材料品种

重点材料品种	"十四五"关键技术指标	"十四五"产业发展目标
航天遥感用超大尺寸一体化轻质碳化硅陶瓷光机结构材料	光学口径≥3900mm；主镜面密度≤100kg/m²	覆盖我国遥感光学需求，全流程制备周期≤12 个月，技术成熟度达到 6~7 级
超硬陶瓷防弹装甲材料	单片防护面积≥200mm×200mm；战车及军舰装备用，质量防护系数≥3.0；单兵及飞行器用，质量防护系数≥5.0	性能满足我国武器装备及单兵防护需求，实现小批量规模生产；技术成熟度达到 5~6 级
半导体装备用碳化硅或氧化铝陶瓷部件材料	尺寸≥2000mm；工作区平面精度≤5μm	覆盖满足我国半导体装备研制、生产需求；技术成熟度达到 6~7 级

重点材料品种	"十四五"关键技术指标	"十四五"产业发展目标
先进光源及 EUV 光刻机用碳化硅光学部件材料	尺寸≥300mm； 工作区面型 PV≤6nm	性能满足我国先进光源装置下一代先进光刻机发展需求； 技术成熟度达到 5~6 级
环境处理用碳化硅膜支撑体材料	尺寸≥1500mm； 碳化硅含量≥98%	性能满足我国环保领域对特种过滤净化材料要求，实现小批量规模生产； 技术成熟度 6~7 级

12. 4. 3 支撑保障

（1）建议深化军民融合，实现军民科技成果双向转移转化。打破国防工业和民用科技之间的藩篱，促进军用技术和民用技术体系融合，推动统一的国防科研体系建设和经济产业化进程。一方面通过市场竞争方式让更多的综合实力较强的优势民品企业进入 JPPT 领域，广泛引入和充分利用社会优势资源参与国防建设。另一方面发挥国防军工高科技对经济的促进和强大牵引作用，鼓励采取技术转让、合作开发、二次开发等方式，推动军工尖端技术向民用领域转移转化，将军工企业的"技术优势、研发优势、集成优势"和民品企业的"投资优势、市场优势"结合起来，打通军用高技术向现实生产力转化的"最后一公里"。

（2）建议产学研用结合，加强应用验证，实现集成攻关。围绕型号需求和技术需求，建议充分整合本领域国内高校、科研院所、优势企业的资源，完善产学研用相结合的协同创新体系，开展"设计—材料研制—应用考核—改进设计"全技术体系的协同攻关，加大扶持国内应用及评价环境，实现材料研制及应用同步螺旋提升。

13 催化材料"十四五"规划思路研究

13.1 催化材料领域（汽车尾气处理）发展现状

催化是通过催化剂改变反应物的化学反应速率，反应后催化剂理论上没有损耗的过程。自从 1836 年瑞典化学家 Berzelius 提出催化概念以来，催化科学就一直在发展，现代化工的生产过程，80%～90%以上都使用了催化技术。例如：在化工生产中合成氨使用的 Fe 基催化剂；石油化工中的催化重整和催化裂化；开发节能减排的技术；环境污染物的消除和治理等（如图 13-1 所示）。尤其是目前环境污染的问题日益加重，现代环境催化技术的发展显得更为重要。

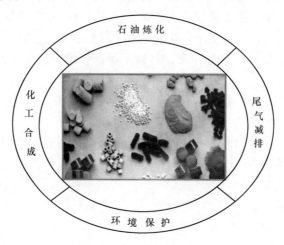

图 13-1 工业催化剂应用

随着现代科技的迅猛发展，汽车已成为工农业生产和日常生活中的重要组成部分。据生态环境部统计，2017 年全国机动车保有量达到 3.10 亿辆，其中汽车保有量达到 2.17 亿辆。随着汽车保有量的持续增加，汽车尾气排放引发的环境污染等问题也日益突显，其排放的主要污染物一氧化碳（CO）、氮氧化物（NO_x）、碳氢化合物（HC）和颗粒物（PM）已成为空气污染的主要来源之一，因此各国政府不断提高机动车尾气排放标准（如图 13-2 所示）。

为了治理汽车尾气污染空气的问题，2016 年 12 月 23 日，我国环境保护部发布《轻型汽车污染物排放限值及测量方法（中国第六阶段）》简称国六，设置国六 a 和国六 b 两个排放限值方案，规定轻型车国六标准采用分步实施的方式。自 2020 年 7 月 1 日起，轻型汽车要符合 6a 限值要求；自 2023 年 7 月 1 日起，轻型汽车要符合 6b 限值要求。国六限值标准相较国五更加严苛。国六标准在测试循环以及测试程序等方面都提出了更严格的要求，并且限值要求更加严苛，一氧化碳（CO）、氮氧化物（NO_x）、碳氢化合物（THC 和

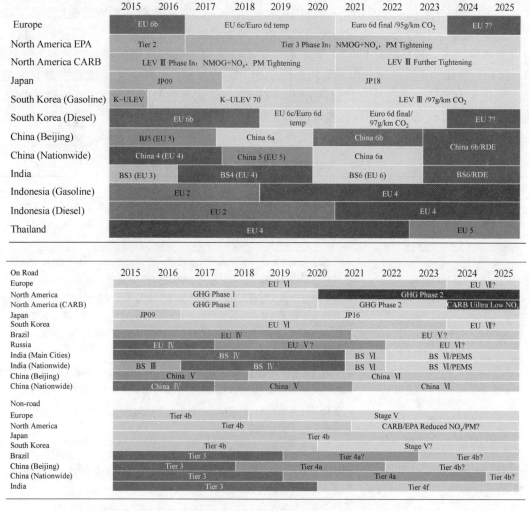

图 13-2　各国政府不断提高机动车尾气排放标准

(资料来源：Johnson Matthey)

NMHC）以及颗粒物（PM）等污染物排放的限值分别降低 30%~50% 不等，此外还增加了控制 N_2O 气体的排放要求，对于粒子数量（PN）的限值应用范围也有所扩大。国六标准限值要求见表 13-1。

表 13-1　国六标准限值要求

排放物 /mg·km^{-1}	国五标准		国六标准	
	汽油车	柴油车	国内 a	国内 b
CO	1000	500	700	500
NMHC	68	—	68	35
NO_x	60	180	60	35
PM	4.5	4.5	4.5	3
PN/km^{-1}	—	6×10^{11}	6×10^{11}	6×10^{11}

目前，汽车尾气的处理技术分为机内处理和机外净化两大技术，机内处理主要从发动机燃烧室结构、点火系统、进气系统和燃油电子喷射系统方面采取措施，予以控制。机外净化是指利用发动机外净化反应装置在尾气排出气缸进入大气之前，将气态污染物 CO、HC 和 NO_x 转化为无害气体、削减颗粒态污染物 PM 的含量。机外净化采用的主要方法是催化净化和过滤，主要包括三效催化技术（TWC）、催化氧化技术（DOC）、选择性催化还原技术（SCR）、柴油车颗粒获捕集技术（DPF）等。表 13-2 详细列举了汽油车和柴油车尾气排放后处理技术。

表 13-2　汽油车和柴油车尾气排放后处理技术

配置车型	技术	处理对象	原理/用途
汽油车	TWC 三效催化剂	CO HC NO_x	当尾气流经 TWC 时，涂层中的催化剂铂和钯就会促使 HC 与 CO 发生氧化反应生成 H_2O 和 CO_2；Rh 基催化剂促使 NO_x 发生还原反应生成氮气和氧气
	GPF 汽油颗粒捕捉	PM	通过交替封堵蜂窝状多孔陶瓷过滤体，排气流被迫从孔道壁面通过，颗粒物分别经过扩散、拦截、重力和惯性四种方式被捕集过滤
柴油车	DOC 氧化催化器	CO HC SOF	一般以金属或陶瓷作为催化剂的载体，涂层中主要活性成分是铂系、钯系等贵重金属与稀有金属，低温下促进尾气中的 HC 和 CO 等与氧气快速反应，生成无污染的水和二氧化碳，此外 DOC 也能够促进 NO 发生氧化反应转换成 NO_2
	SCR 选择性催化还原器	NO_x	通过尿素喷射系统（俗称尿素泵）将尿素水溶液雾化后喷入排气管中与发动机尾气混合，尿素水溶液经过热解和水解反应生成氨气（NH_3），在催化剂的作用下氨气将柴油机尾气中有害的氮氧化合物（NO_x）转化为无害的氮气（N_2）和水
	DPF 柴油颗粒捕捉器	PM	通过载体孔内壁（带微气孔）具有的过滤特性来降低排气中颗粒物的捕集器；DPF 由柴油颗粒捕集器与再生装置组成，再生装置是安装于柴油车发动机排气系统中 DPF 之前，通过电加热或将车用柴油喷入排气管内或燃烧一部分柴油提高 DPF 入口温度，加快 DPF 载体内部颗粒氧化反应的装置
	POC 颗粒氧化催化器	PM	由一个新型的低温涂层和一种称作 ECOCAT 的金属载体构成；它可以减少 60% 的颗粒物，低于 DPF 对颗粒物 90% 的转化率
	ASC 氨泄漏催化器	NH_3	装在 SCR 后端，通过催化氧化作用降低 SCR 后端排气中泄漏出的氨

为满足国六标准要求，汽油车除优化传统的 TWC 技术以提高 CO、HC、NO_x 的处理效果，必须加装 GPF，应对国六标准新增的对 PM 和 PN 的限值要求。未安装 GPF 的汽油机 PN 排放水平很难达标，故必须在三元催化器后加装 GPF 汽油颗粒捕捉器。GPF 是降低汽油机排气中颗粒物排放的主流技术，由于低膨胀系数、抗热冲击性优，堇青石载体的 GPF 应用较为广泛。

国六标准下适用于汽油车的后处理系统（TWC+GPF）如图 13-3 所示。

相较于汽油车，柴油车的尾气成分更加复杂，NO_x、颗粒物和黑烟排放十分突出，需要使用的催化剂种类较多。为应对国六，柴油车则需要使用 DOC+DPF+SCR+ASC 的综合配置方案，强化对 NO_x 和 PM 的处理效果使之达标国六标准要求 PN 的排放符合 $6×10^{11}/km$ 的限

图 13-3 国六标准下适用于汽油车的后处理系统（TWC+GPF）

值要求。柴油尾气控制的方案为车辆排放的尾气依次经过 DOC、DPF、SCR、ASC 排出达到净化去除尾气中污染物的效果。

目前，重型柴油车主要采用尿素 SCR 技术降低氮氧化合物，该系统主要包括催化剂、尿素喷射系统以及各种传感器。尿素喷嘴将尿素水溶液定量地喷入排气管中，尿素经分解生成氨气，氮氧化合物在 SCR 催化剂表面被氨气还原生成氮气，这样就达到处理氮氧化合物的效果。由于排放标准对氮氧化合物的要求特别严格，所以一般会采用较多的尿素喷射量，为减少氨气的排放，使用 ASC 氨泄露催化器配合 SCR，装置在 SCR 后面，通过催化氧化作用降低 SCR 后端排气中泄漏的 NH_3（如图 13-4 所示）。

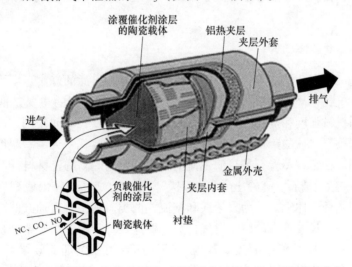

图 13-4 由载体、涂层、助剂、活性成分四部分组成的尾气催化剂

13.1.1 汽车涂覆用铈锆固溶体

铈锆固溶体应用于汽车尾气催化的助剂（主要是贫氧时供氧，富氧时吸氧）性能。作为稀土催化助剂，铈锆复合氧化物中 CeO_2 的主要功能是提供储氧能力，CeO_2 在贫氧区放出 O_2，氧化 CO 和 HC 烃类，在富氧区储存 O_2，从而控制贵金属附近的气氛波动，起到扩大空燃比窗口的作用，保持催化剂的催化活性。此外，铈锆固溶体还具备较高热稳定性以及优异的低温催化性能，为解决尾气净化催化剂的工作窗口窄、起燃温度高等缺陷提供可能性。

铈锆市场需求增长稳定。根据中汽统计，2017 年我国汽车产量 2994 万辆，同比增长 6.20%，其中汽油车产量约 2488 万辆，柴油车产量约 322 万辆，但柴油车用不到铈锆。汽油车 1L 排量对应 0.8~1.2L 催化剂，每升催化剂约需消耗铈锆复合物 200g。保守估计汽油车平均排量为 1.2L，经测算，2017 年全国燃油汽车对铈锆复合氧化物的需求量达到 5970t。按照均价 15 万元/吨计，2017 年的市场规模为 9 亿元左右，未来随着汽车产量的稳定增长，按照每年的汽车增速，预计到 2020 年铈锆需求量为 7150t，而到国六标准下由于汽油车三效催化剂体积翻倍，对铈锆的需求量将翻倍，预计到 2020 年铈锆需求量为 14300t，市场规模约为 21.4 亿元。

目前我国的催化技术相对落后，铈锆固溶体复合氧化物催化材料竞争力也较弱，目前全球铈锆固溶体复合氧化物催化材料的技术和生产主要掌握在比利时 Solvay、日本 DKKK、加拿大 AMR 等国际巨头手中，国际巨头的市场占有率超过 70%。国瓷公司于 2016 年收购江西博晶科技股份有限公司，现为国瓷博晶科技股份有限公司，是一家专业生产机动车尾气净化用稀土催化材料的高科技企业，核心产品包括：（1）铈锆固溶体复合氧化物系列；（2）氧化铝负载型铈锆复合氧化物系列；（3）改性氧化铝系列；（4）大比表面积氧化铈系列。拥有年产 1500t 稀土催化材料生产线及配套齐全的环保处理设施。国瓷博晶以高技术起点进入稀土催化材料市场，现有技术水平已经达到国内一流，目前产能已位居全国同行业前三位。并且在收购后技术中心配套研发，升级产品，所研发的铈锆性能已向 Solvay 尖端产品靠拢。

13.1.2　汽车用蜂窝载体

蜂窝陶瓷是一种多孔性的工业用陶瓷，其内部是许多贯通的蜂窝形状平行通道，具有线膨胀系数小、气孔率高等特性。应用于机动车尾气排放控制的主要是低表面积陶瓷载体，其具有较高机械强度和抗热冲击性能，较高温度下可以长时间使用，制作材料有莫来石、尖晶石、锆英石、钛酸铝反受堇青石等。因线膨胀系数几乎为零、温度急剧变化下架构与力学性能相对稳定，堇青石是目前主流的尾气催化用蜂窝陶瓷材料（$2MgO \cdot 2Al_2O_3 \cdot 5SiO_2$）。堇青石一般由滑石、高岭土和氧化铝等为原料合成，经挤出成型后制造出陶瓷整体式载体。蜂窝陶瓷载体大致分为直通式和壁流式两类。其中，直通式蜂窝陶瓷可用于汽油车或者柴油车尾气排气管中以减少尾气排放；壁流式蜂窝陶瓷用于柴油机或汽油车尾气排气管中，通过过滤掉尾气中的碳烟颗粒，进而达到消除黑烟的效果。以柴油机为例，DOC、SCR 使用直通式蜂窝陶瓷载体，而 DPF 则使用壁流式蜂窝陶瓷载体。

尾气处理相关材料和应用对照表见表 13-3。

表 13-3　尾气处理相关材料和应用对照表

种类	介　　　绍	用　途	应　用
直通式	由于其比表面积大，可以负载足够的贵金属等催化活性组分，在高温的汽车尾气通过时，废气中的 CO、HC 和 NO_x 三种气体，会进行氧化还原化学反应，生成无毒的水（H_2O）、二氧化碳和氮气，使汽车尾气得以净化，使排除的尾气达到排放标准	可用于汽油车或者柴油车尾气排气管中减少尾气排放	DOC 氧化催化器、SCR 选择性催化还原器、TWC 三效催化器等

种类	介 绍	用 途	应 用
壁流式	柴油车发动机排出的尾气中含有的主要成分是碳的微粒,壁流式蜂窝陶瓷的工作原理是通过交替堵住蜂窝状多孔质陶瓷的孔两端,利用陶瓷的壁孔来过滤除去微粒;其对碳粒的过滤效率可达 90%以上,可溶性有机成分 SOF(主要是高沸点 HC)也能部分被捕集	用于柴油机或柴油车尾气排气管中,过滤掉尾气中的碳烟颗粒,进而达到消除黑烟的效果	DPF 柴油颗粒捕捉器、POC 颗粒氧化催化器、GPF 汽油颗粒捕捉器等

蜂窝陶瓷全球新增市场约为 3.0 亿升,主要来自中国等亚太国家,国内企业面临重要机遇。从全球市场来看,由于欧美已经实行国六同等标准,不存在因排放标准升级带来的新增市场,其尾气处理催化器使用的陶瓷载体主要是存量市场;而亚太和东南亚、印度等有环保政策升级要求的其他地区,因排放标准升级导致催化装置相应升级,催化器数量增加或体积增加(对应催化剂用量增加),在原标准对应的存量空间的基础上,环保政策趋严为蜂窝陶瓷带来了增量空间。国五、欧五或同等标准下,以陶瓷载体的用量为汽油车排量体积的 1.3 倍、柴油车排放体积的 1.6 倍(柴油车尾气成分更复杂,对催化剂的需量大),升级后由于汽油车需在原有 TWC 的基础上加装 GPF,汽油机陶瓷载体用量翻倍,而柴油车需在原有钒基 SCR 的基础上加装 DOC、DPF、ASC,柴油机陶瓷载体由 DOC+SCR 变到 DOC+SCR+DPF+ASC,用量增加至原来的 2~3 倍。以 2017 年的全球分地区的汽车产量为基础,结合车型排量数据,可以测算出全球蜂窝陶瓷存量市场空间为 4.12 亿升,新增市场空间为 2.35 亿升,最主要的增量来自即将推行国六标准的中国(见表 13-4)。

表 13-4 全球陶瓷载体需求量

车辆类型	地区	2017 年产量/万辆	陶瓷载体用量/万升	
			存量	新增
轻型卡车	北美	1130	5424	—
	欧洲	207	994	—
	亚太	503	—	2414
	其他	99	—	475
乘用车	欧洲	1845	9594	—
	其他	5500	14300	14300
重型车	北美	45	2970	—
	欧洲	42	2646	—
	亚太	329	5264	5264
	其他	30	—	1080
全球汽车	合计	9730	41192	23533

受益国六标准,中国蜂窝陶瓷市场新增空间广阔。以 2017 年汽油车和柴油车的产量为基础进行测算,国五标准下,国内蜂窝陶瓷的市场空间为 0.6 亿升。如国六实施,仍以 2017 年的汽车产量为测算基础,蜂窝陶瓷的市场空间将达到 1.5 亿升,国六标准实施带来的蜂窝陶瓷市场空间增量超过 0.9 亿升。此外,如果考虑国内淘汰国三标准以下柴油车,

即蓝天保卫战提到的 2020 年底前要淘汰国三及以下排放标准营运中型和重型柴油货车 100 万辆以上，即便按照柴油车每辆配置蜂窝陶瓷载体 30L，将驱动陶瓷载体的市场容量新增 3000 万升，保守估计国六标准下蜂窝陶瓷的市场容量将达到 1.8 亿升。以单升 50 元价格测算，届时我国尾气催化蜂窝陶瓷载体规模将达到 90 亿元。中国蜂窝陶瓷需求量见表 13-5。

表 13-5　中国蜂窝陶瓷需求量

车型/万升	国五标准-2017	国六标准-2017	新增-2017	国六标准-2020
柴油商务车	1497	5989	4492	5989
柴油乘用车	22	88	66	326
汽油商务车	163	326	163	93
汽油乘用车	4487	8973	4487	9522
合　计	6169	15376	9208	15930

长期以来车用蜂窝陶瓷市场由外资品牌占主导，蜂窝陶瓷企业一般为发动机制造商的二级供应商，通常先通过催化剂、封装厂等一级供应商进行一系列实验认证，再由整车厂商考虑质量、供货稳定性及价格等多重因素后，公告进入其名录（部分情况由催化剂企业指定），从而实现产品的后续销售。目前市场上主流的尾气净化器用蜂窝陶瓷材质是堇青石，主要供应商为美国康宁公司和日本 NGK 公司，两者垄断了 90% 的市场份额。其中，康宁蜂窝陶瓷和吸附剂的收入连续三年超过 10 亿美元。国内厂商众多，有宜兴王子（国瓷）、奥福、宜兴非金属等，目前国内厂商在国际市场上的份额很少，有较大的发展潜力。国产厂商长期缺席，一方面因在原料、专利、技术标准、行业规则等方面遭遇外资厂商的制约，另一方面因起步较晚，工艺差距较明显，并且蜂窝陶瓷技术要求苛刻。蜂窝陶瓷技术要求见表 13-6。

表 13-6　蜂窝陶瓷技术要求

主要参数	应　用　意　义
线膨胀系数（$\times 10^{-6}$）/℃	高温环节下陶瓷载体物理变形程度
比表面积/cm^{-1}	一定体积下比表面积大小，可承载更多活性组分
孔密度/cpsi	孔密度越大则尾气通过效率越高，避免阻塞及增加内压
壁厚/mm	高孔密度、高孔直径、薄壁厚
抗热震性/℃	抵抗温度突变而不破坏的能力，一般以 20℃作为起点

宜兴王子制陶成立于 2004 年，经过近十年发展在国内分散的陶瓷载体供应商中处于市场领先地位。公司产品已入国五排放标准车型汽油车目录，为北汽、华晨、力帆等整车制造商提供配套，其第一大客户为无锡威孚，威孚是国内催化剂产业的绝对龙头。2017 年国瓷全资收购王子制陶，同时配套催化材料事业部，升级换代向 NGK、康宁主流薄壁产品靠近，未来有望打破大公司垄断的格局。

13.1.3 高纯氧化铝是性能优异的涂层材料

汽车尾气催化剂载体主要分为颗粒式和整体式两类。颗粒型具有更高的比表面积，但是因为颗粒堆积密集，在尾气通过时会引起较大的压力降，产生较高的背压，从而降低引擎工作效率，很快被整体式取代。为了解决整体式载体比表面积较小，不能有效实现气-固接触的缺点，一般会在其表面涂覆一层具有高比表面积的活性涂层。在氧化铝的各晶型中，$\gamma-Al_2O_3$ 具有较强吸附能力和大比表面积，是目前主要使用的涂层材料。$\gamma-Al_2O_3$ 涂层一般占载体重量的 5%~15%，涂覆氧化铝涂层可使载体比表面积增大到 $50~150m^2/g$ 以上，从而提供催化剂足够大的表面积，确保催化反应高效进行；但是 $\gamma-Al_2O_3$ 热稳定性较差，高于 1000℃时会相变成比表面很小（$<10m^2/g$）的 $\alpha-Al_2O_3$，催化剂活性将会下降。因此为防止 $\gamma-Al_2O_3$ 高温劣化，通常加入 Ce、La、Ba、Sr、Zr 等稀土或碱土元素氧化物作为助剂增强热稳定性能。

国六标准下，氧化铝应用于汽油车的三效催化器，以及柴油车的 DOC 和 DPF 催化器。以 2017 年国内汽车产量及蜂窝陶瓷测算数据为基础，以 100g/L 的涂覆量测算氧化铝的市场空间，则我国汽车催化剂市场氧化铝的市场容量为 1.08 万吨。而国五标准下只有汽油车三效催化器使用氧化铝，以 2017 年数据测算存量市场空间为 4650t，则国六标准实施将驱动氧化铝获取 6108t 的新增市场空间，预计 2020 年中国市场氧化铝的市场容量将超过 1.1 万吨。不同汽车尾气排放标准下氧化铝需求量变化见表 13-7。

表 13-7　不同汽车尾气排放标准下氧化铝需求量变化 （t）

2017 年产量测算	国五标准	国六标准	新增	国六标准-2020
柴油商务车	0	1437	1437	1437
柴油乘用车	0	21	21	22
汽油商务车	163	326	163	346
汽油乘用车	4487	8973	4487	9522
合　计	4650	10758	6108	11328

国瓷催化粉体材料主要产品为氧化铝粉体、勃姆石粉体，并且研发的纳米多孔氧化铝已经在申请国际标准，该产品用于催化涂覆性能优异，未来随着氧化铝需求的激增，将会得到放量增长的需求。

13.1.4 汽车用分子筛 SSZ-13

沸石分子筛具有独特的规整晶体结构，其中每一类都具有一定尺寸、形状的孔道结构，并具有较大比表面积。大部分沸石分子筛表面具有较强的酸中心，同时晶孔内有强大的库仑场起极化作用，因而成为性能优异的催化剂。沸石分子筛作为催化剂或催化剂载体时，晶孔和孔道的大小和形状可以对催化反应起选择性作用，对反应方向起主导作用，呈现择形催化性能应用于柴油发动机尾气后处理的 SCR 催化剂以钒基催化剂和沸石催化剂为主。

柴油机排放控制系统中的柴油微粒过滤器加热再生会使尾气温度达到 650℃以上，正常的柴油引擎中的尾气温度在低负荷下是 150~250℃、高负荷下是 200~350℃，燃料利用率高的先进柴油机的尾气温度可能会更低。目前，广泛使用的钒基催化剂在 550℃以上活性会快速下降，且具有生物毒性，柴油机尾气催化要求使用更具有水热稳定性的不易失活的催化剂。在 DPF 与 SCR 耦合模式下，DPF 装置位于 SCR 装置前，由于 DPF 再生会产生短时高温导致钒基催化剂失活，沸石型分子筛的转化效率则更高。采用铜铁复合的沸石催化剂可以提高尾气净化效果，综合铜、铁沸石催化剂分别在低温和高温性能好的优点。国六标准下对于柴油机 NO_x 和颗粒物方面的排放标准非常严格，原先采用钒基 SCR 即可满足国四、国五的排放要求，但是要满足国六排放要求，需要使用沸石型分子筛作为 SCR 的催化剂，并且装置 CSF（DPF）强化颗粒物的捕集。

国六实施使得分子筛成为柴油车尾气催化处理的主流材料，全球新增市场约为 1.5 亿升，主要增长因素为排放政策升级。以蜂窝陶瓷使用量为基础，按照分子筛对应每升蜂窝陶瓷涂覆用量约 150g 计算，考虑各地区执行率和实际应对方案差异，以及各地区柴油车占比差异，按 2017 年全球汽车产量数据测算，分子筛的存量市场空间为 1.19 万吨，新增市场空间超过存量市场空间，达到 1.51 万吨。全球分子筛需求量见表 13-8。

表 13-8　全球分子筛需求量

车辆类型	地区	2017 年柴油机体量/万台	分子筛需求量/t	
			存量	新增
轻型卡车	北美	226	2440.8	—
	欧洲	149.04	1922.616	—
	亚太	301.8	—	3042.144
	其他	59.4	—	598.752
乘用车	欧洲	922.5	4964.895	—
	其他	880	—	3432
重型车	北美	45	2004.75	—
	欧洲	42	595.35	—
	亚太	329	—	7501.2
	其他	30	—	540
全球汽车	合计	20465.8	11928.411	15114.096

中国是分子筛的全新市场，超过 6000t 增量为国内催化剂企业创造机遇。国六标准下，汽油车不需要使用分子筛，柴油车为满足国六对氮氧化合物的严苛的排放要求，催化器必须升级至沸石型 SCR，并且加装 ASC，二者都需要使用分子筛。以 2017 年柴油车的产量为基础进行测算，基于蜂窝陶瓷在柴油发动机方面的市场空间，按照每升蜂窝陶瓷涂覆用量约 150g 分子筛计算，考虑实际执行因素，国六实施后分子筛在中国将开拓 6066t 的巨大市场，并且伴随国六标准的阶段性深入，分子筛的用量也会相应增加，届时市场需求将进一步兑现。此外，如考虑 2020 年底前要淘汰的国三及以下排放标准的 100 万辆营运中、

重型柴油货车以上,按照陶瓷载体 3000 万升的保守配置,以 150g/L 的涂覆率计算,对应的分子筛应在 4000t 以上,则因两项政策驱动,国内分子筛的市场容量会超过 1 万吨。按照 20 万元/吨的价格测算,届时我国分子筛的市场规模将达到 20 亿元的规模。中国分子筛需求量见表 13-9。

表 13-9　中国分子筛需求量

(t)

2017 年产量测算	国五标准	国六标准	新增	国六标准-2020
柴油商务车	0	6019	6019	6019
柴油乘用车	0	44	44	47
合　计	0	6063	6063	6066

全球汽车尾气催化剂市场处于寡头竞争态势,SCR 催化剂专利保护形成壁垒使得行业格局非常稳定,保障市场份额。分子筛的国际供应商主要是庄信万丰、科莱恩、东曹、巴斯夫,国内供应商有万润、中触媒、国瓷。庄信万丰是全球汽车尾气催化剂寡头,2017 年催化剂年销售额达到 24.54 亿欧元。目前汽车尾气催化领域呈现寡头垄断竞争格局,庄信万丰、巴斯夫、优美科占据全球市场份额超过 70%,其中庄信万丰在柴油车尾气催化领域优势明显,占据超过 60% 的市场份额,据此算,在全球存量的 1.2 万吨分子筛市场中,庄信万丰占据 7000 余吨的份额,在新增的 1.5 万吨分子筛市场中,庄信万丰将占据超过 9000t 的市场份额。而目前也有多家企业开始涉足该领域,本土企业也在积极寻求和巴斯夫、庄信、优美科等大公司合作,特别是烟台万润,早在 2013 年就与庄信万丰合作,每年供应 800t 以上的分子筛在欧洲投入使用。

13.2　本领域发展趋势

目前,汽车尾气的处理技术分为机内处理和机外净化两大技术,机内处理主要从发动机燃烧室结构、点火系统、进气系统和燃油电子喷射系统方面采取措施,予以控制。机外净化是指利用发动机外净化反应装置在尾气排出气缸进入大气之前,将气态污染物 CO、HC 和 NO_x 转化为无害气体、削减颗粒态污染物 PM 的含量。机外净化采用的主要方法是催化净化和过滤,主要包括三效催化(TWC)、催化氧化(DOC)、选择性催化还原(SCR)和柴油车颗粒捕集(DPF)等。

为满足国六标准要求,汽油车除优化传统的 TWC 技术以提高 CO、HC、NO_x 的处理效果,必须加装 GPF,应对国六标准新增的对 PM 和 PN 的限值要求。未安装 GPF 的汽油机 PN 排放水平很难达标,故必须在三元催化器后加装 GPF 汽油颗粒捕捉器。GPF 是降低汽油机排气中颗粒物排放的主流技术,由于低膨胀系数、抗热冲击性优,堇青石载体的 GPF 应用较为广泛。

相较于汽油车,柴油车的尾气成分更加复杂,NO_x、颗粒物和黑烟排放十分突出,需要使用的催化剂种类较多。为应对国六,柴油车则需要使用 DOC+DPF+SCR+ASC 的综合配置方案,强化对 NO_x 和 PM 的处理效果使之达标国六标准要求 PN 的排放符合 $6×10^{11}$/km 的限值要求。柴油尾气控制的方案为车辆排放的尾气依次经过 DOC、DPF、SCR、ASC 排出达到净化去除尾气中污染物的效果。

2011 年我国尾气催化剂市场超过 2800 万升,根据新装车量以及替换需求测算,2016~

2018 年车用催化剂市场年均增速 17%。国六排放新规要求柴油机氮氧化物以及非甲烷碳氢物的排放量大幅降低，新规有望促使 SCR 分子筛迎来重大发展机遇，利好国内分子筛催化剂载体企业，也可为各类催化器尤其是 SCR、DPF、ASC 等装置带来发展机遇。而国五改国六对材料厂商的机遇主要体现在：

（1）重型柴油车需使用沸石型 SCR 催化剂，打开国内沸石分子筛市场空间。

（2）催化装置更为复杂，蜂窝陶瓷、氧化铝、铈锆涂层等基础材料用量面临大幅增长机遇。

13.3　存在的问题

13.3.1　当前产业发展存在的主要问题

（1）融资方面。受当前金融环境影响，企业普遍面临融资难，建议政府相关机构督促银行加大对新材料企业的融资支持，同时建议各级政府产业引导基金加大对新材料产业的支持。

（2）人才方面。建议出台针对新材料产业的高层次人才引进奖励办法，研究针对高层次人才的个税奖励办法，加大技能型人才的培育，鼓励职业院校开设服务新材料产业发展的相关专业。

（3）科技创新方面。建议成立新材料方面的研究平台及公共研发平台、中试平台和应用平台，出台专项扶持政策，支持企业相关的研发活动。鼓励企业进行研发过程中的知识产权和标准布局，出台相关政策。

（4）产业准入方面。国家鼓励的新材料产业方向中很多类别与化工类别有所交叉，受现行产业政策的影响，一些新材料项目无法落地，为进一步延伸产业链条，实现集聚发展，建议调整优化产业准入政策，允许符合新材料产业发展方向的化工项目中试并落地。明确产业发展目标和定位，加快制定新材料产业发展规划，更好的指导产业发展和项目实施，强化五个方面的工作，推进资源集聚，打造有竞争力的新材料产业集群。一是加强产业空间布局规划，为新材料产业各重点发展领域划定发展空间，配套完善基础设施等软硬件条件。二是加强公共服务平台建设，整合政府、企业和社会各界资源共同建设公共检测、公共研发、中试基地、公共应用等产业公共服务平台。三是加大政策支持，从金融、人才、创新、项目建设等多个方面研究更有针对性的支持政策，打造产业发展的政策洼地。四是创新产业运营模式，引进新材料产业发展基金，通过产业基金支持产业快速发展。五是完善产业推进机制，建立产业推进领导指挥机构，争取设立各级政府职能部门层面的新材料产业推进机构，全力推进新材料产业发展。

13.3.2　未来发展需要解决的关键问题

新材料是现代社会发展的三大支柱之一，是决定一国高端制造及国防安全的关键因素。我国高度重视新材料产业政策体系构建，“十三五”以来已经通过制定规划、出台专项措施等方式，形成了一批政策措施。特别是国家新材料产业发展领导小组成立以来，已形成以新材料产业发展折子工程为抓手，各部门协同配合、国家新材料产业发展专家咨询委员会提供决策支撑的工作体系。但也要看到，我国新材料产业政策总体仍待完善，政策内容相对零散，财税、人才、知识产权、进出口、保险等政策有待加强。

（1）系统梳理和评估现有政策体系。梳理总结各国支持鼓励新材料产业发展政策，具体包括规划战略、资金税收、政府采购、研发及成果转化、知识产权、智能制造等。结合产业发展特点和重点企业成长路径，着重分析相关政策对新材料产业发展的促进作用，总结形成若干经验及规律。

分行业总体规划、资金支持、税收优惠、平台建设、标准及知识产权、人才团队等方面整理新材料领域相关政策措施，形成拟评估的政策措施清单。选取政策评价模型，对相关政策效果进行评估。根据评估结果，按照实施效果划分不同层次：效果较好的政策，建议继续实施；效果不佳的，建议调整完善。同时，对比国家集成电路、智能制造等产业政策，总结新材料产业政策特点薄弱环节，为下一步形成政策建议奠定基础。

（2）建设政策体系框架。推进新材料产业体系的建立，必须明确产业政策的驱动力、目标和依据、政策工具、政策主要载体和具体政策措施等。即以实现支撑产业升级和加快技术创新为驱动，以支撑建设制造强国为目标，综合运用包括财政、税收、金融等经济性政策工具，以及包括法规、技术标准、行政指导、业绩考核、文化教育、职业培训等非经济性政策工具，以产业联盟或创新平台为主要政策载体，坚持实施有针对性的政策措施。灵活有效地在各级政府建立政策性产业基金，搭建引导转型升级的政策体系。

（3）国内政策逻辑可以延伸的建议。随着全球制造业和高技术产业的飞速发展，新材料的市场需求日益增长，新材料产业发展前景十分广阔。美日欧等国家均高度重视新材料产业的发展，我国也把新材料产业纳入国家大力培育发展七大战略性新兴产业之一。

我国政府高度重视新材料产业的发展，随着《国家战略性新兴产业发展规划》和《新材料产业发展规划》等国家层面战略规划的出台，工信部、发改委等有关部委相继发布了新材料产业及其他战略性新兴产业的相关发展规划。科技部发布了相关科技发展专项规划，其中绿色制造科技发展、半导体照明科技发展、绿色建筑科技发展、洁净煤技术科技发展、海水淡化科技发展、新型显示科技发展、国家宽带网络科技发展、中国云科技发展、医学科技发展、服务机器人科技发展、高速列车科技发展、制造业信息化、太阳能科技发展以及风力发电、智能电网重大科技产业化工程等，都包含了新材料的研发和应用内容。

13.4　"十四五"发展思路

13.4.1　发展目标

（1）指导思想。以习近平新时代中国特色社会主义思想为指导，全面贯彻党的十九大和十九届二中、三中全会精神，坚定践行新发展理念，按照高质量发展的要求和"补短板、强优势、促提升"总体思路，坚持高端定位、对标一流，以满足产业转型升级和重大装备、重大工程需求为导向，以突破新材料关键领域核心技术为重点，以人才、项目、企业、园区、质量标准为支撑，大力实施人才智力培育、项目创新示范、领军企业培育、特色集群壮大、质量标准提升等五大专项工程，努力推动新材料产业质量变革、效率变革、动力变革，实现高质量发展。

（2）发展目标。围绕国家新材料资源战略需求，建设一流的新材料技术创新平台，以

"创新、产业化"方针为指导，提高自主创新、集成创新和消化吸收再创新能力，在材料行业共性、关键技术上取得突破；形成一批具有国际先进水平和市场竞争力的高新技术产品，影响和带动整个新材料产业的发展，推动工程化成果向相关行业辐射、转移与扩散，增强我国新材料制造企业的国际竞争力，使我国关键战略新材料制造业整体达到国际先进水平；建成国内高水平人才集聚基地，培养一支具有国际竞争力的新材料创新团队。

——政策和市场双重需求导向。面向国家战略和市场需求，遵循市场经济规律，强化企业主体地位，改变传统"跟着走"思想做法，积极发挥政府部门在组织协调、政策引导、市场环境改善中的作用，营造良好的新材料产业发展环境。

——产业链带动创新。围绕产业链部署创新链，激发新材料企业创新积极性，形成以企业为主体的"政产学研金服用"紧密合作体系。通过原始创新、集成创新和引进消化吸收再创新，突破核心技术，提升新材料产业的创新水平，形成自有自主知识产权的核心竞争力。

——深化合作，融合发展。加强上、下游产业的相互衔接，促使新材料产业与原材料工业融合发展，通过工业转型升级，催生新材料，不断带动材料工业升级换代。加快军民共用材料技术双向转移，促进新材料产业军民融合发展。市场放眼全球，加强国内外企业的深度合作，积极参与外部竞争，形成内外联动新格局。

——绿色低碳、循环发展。牢固树立节能环保的发展理念，高度重视新材料研发、制备和使役全过程的环境友好性，提高资源、能源利用效率，促进新材料全生命周期绿色、安全发展。坚持走节能、环保、高效、循环的发展道路，加强上下游企业衔接，提升自主创新能力，促进产业循环发展。

13.4.2　重点任务

（1）梳理"十四五"期间重点发展的材料品种。"十四五"期间重点发展的材料品种见表 13-10。

表 13-10　"十四五"期间重点发展的材料品种

重点材料品种	"十四五"关键技术指标	"十四五"产业发展目标
MLCC 用介质陶瓷材料	（1）钛酸钡粒径：$60 \sim 120nm$； （2）MLCC 介质厚度：$0.50\mu m$； （3）圆片介电常数（K）：$1500 \sim 2000$； （4）圆片介电损耗（DF）（10^{-4}）：$\leqslant 80$； （5）圆片绝缘电阻（IR）：$\geqslant 10^{10}\Omega$； （6）温度特性：X5R/X6S/X7T/X7R 系列	"十四五"期间，国内 MLCC 用钛酸钡粉体需求量达到 20000 吨/年，产值达到 10 亿元； 　MLCC 用介质陶瓷材料需求量达到 2000 吨/年，产值达到 2 亿元
汽车用蜂窝陶瓷载体	（1）直通式蜂窝陶瓷载体（TWC、DOC、SCR）：筛孔目数：$600 \sim 750$；壁厚：$\leqslant 4mil$；线膨胀系数：$\leqslant 0.5 \times 10^{-6}/℃$；耐热冲击性：$\geqslant 650℃$； （2）颗粒捕捉器（GPF、DPF）：孔隙率：GPF（$60\% \sim 70\%$）；DPF（$50\% \sim 60\%$）；线膨胀系数：$GPF \leqslant 0.5 \times 10^{-6}/℃$，$DPF \leqslant 0.5 \times 10^{-6}/℃$；颗粒捕捉效率：$\geqslant 90\%$	"十四五"期间，国内汽车用蜂窝陶瓷需求量达到 15000 万升/年，产值达到 180 亿元

（2）针对发展目标和重点方向，研究提出"十四五"重大工程项目。具体见表13-11。

表 13-11 "十四五"期间重点材料领域和重大工程项目

重点材料领域	"十四五"重大工程	重大工程预期目标及相关建议
电子陶瓷领域	超微型 MLCC 用钛酸钡粉体及介质材料研发与产业化	（1）产品技术水平达到国际先进水平，项目实施后，超微型 MLCC 用介质配方粉介电常数：1500~2200；介电损耗（10^{-4}）：≤80；绝缘电阻：≥$10^{10}\Omega$；温度特性：X5R；可用于 5G 智能终端、平板电脑、GPS 导航仪、无线数据卡、射频识别（RFID）等领域超微型 MLCC 的制作； （2）实现年产 3000t 超细钛酸钡基础粉以及年产 1000t 超微型 MLCC 用介质配方粉的生产能力； （3）项目新增产值 5 亿元，利润 1.5 亿元，税收 5000 万元
	高可靠车载 MLCC 用介质材料研制	（1）产品技术水平达到国际先进水平，项目实施后，高可靠车载 MLCC 用介质材料介电常数：1800~2800；介电损耗（10^{-4}）：≤80；绝缘电阻：≥$10^{10}\Omega$；温度特性：X7R；可用于车联网、新能源汽车等领域 MLCC 的制作； （2）实现年产 3000t 超细钛酸钡基础粉以及高可靠车载 MLCC 用介质材料 1500t 的生产能力； （3）项目新增产值 6 亿元，利润 2 亿元，税收 1 亿元
催化材料领域	内燃机后处理蜂窝陶瓷关键技术研发与产业化	（1）实现年产 4000 万升蜂窝陶瓷载体的生产能力，填补国内汽油车三元催化器载体（TWC）和汽油颗粒捕捉器（GPF）的空白，整体技术处于国际先进水平，打破柴油车柴油氧化催化器载体（DOC）、选择性催化还原载体（SCR）和柴油颗粒捕捉器（DPF）市场垄断； （2）项目新增产值 10 亿元，利润 2.5 亿元，税收 1 亿元

（3）研究构建新材料协同创新体系。

1）借鉴国外企业发展培育的先进经验。加强产业规划，为科技型企业留足发展空间。科技产业规划是创新发展的先行之举。如美国硅谷依托斯坦福、伯克利等名校，集结着美国各地和世界各国的科技人员达 100 万人以上，美国科学院院士在硅谷任职的就有近千人，围绕技术开发重点发展电子信息、软件开发，打造成为重技术、轻资产型的全球最好的高新技术产业园。

保障要素供给，奠定企业成长基石。科技型企业的关键要素是技术、人才、资金、政策要素，这决定了企业的创新能力和成长能力。例如在政产学研合作上，美国组建面向产业的研究中心，加速大学院所研究成果产业化，引导企业与科研院所共同开发技术项目，这些活动政府都拿出真金白银。日本政府拨付政策性金融机构大量资本金，为企业发放低息贷款。

政府加大扶持力度，担当企业成长保姆。科技型企业需要政府支持与行业支撑，这有赖于完备的科技服务体系，发达国家政府提供的经验完全可以学习借鉴。例如，美国早在 1953 年就成立了小企业管理局，设立私人经营的小型企业投资公司（SBIC）。日本 1953 年也成立了企业金融公库，鼓励设立投资育成公司，为科技型企业提供全方位服务。

加强科技政策支持，为企业创造良好发展环境。科技型企业成长需要良好的宏观政策环境，其中的关键因素是精准的科技政策支持。比如，美国 1953 年就出台了《小企业法》《小企业投资法案》，美国小企业投资公司发起人每投资 1 美元到风投项目中，就能从政府获得 4 美元借款（利率仅为 2%）。美国还建立了世界上最多的科技企业孵化器。日本号称是产业政策的创造者，为科技型企业制定了各种税收优惠政策。

2）转变企业培育的思维与观念。要重视科技型企业的培育。由于科技型企业的创新性、技术性、高成长性等特性决定，科技创新的主体就是这类企业，因此通常说抓科技型企业，本质上就是抓住了创新发展的主线。在创新驱动发展的国家战略布局下，这一思想观念应毫不动摇，并且要贯穿到区域技术创新和产业创新的始终。

做好科技型企业的育苗工作。科技型企业具有鲜明的生命运行规律，美国的企业寿命达到 4 年的只有 50%，达到 8 年的仅占 30%，在我国生命周期可能更短（我国工业部门统计平均寿命约 4 年、寿龄在 10 年以上仅占 15%），因此必须强调企业数量，只有发动"大众创业、万众创新"，最大限度实施科技成果产业化，做大做强科技企业数量，才有可能保存一批科技企业精英。

把创新"苗子"培育成科技创新"参天大树"。科技型企业从星星到月亮、到恒星，需要一个持久的发展过程，一方面企业自身要沉得下心思、耐得住寂寞、守得住"煎熬"，专心致志抓好技术创新及产业化；另一方面政府要全力扶持，充分运用各种资源配套帮助，将企业培育成华为、中兴这样的参天大树。

舍不得孩子套不着狼，加大投入。没有投入就没有产出，没有科技投入就没有创新回报。国际经验表明，完全靠政府投入，肯定是会失败的，但政府不投入又肯定是不行的。要加大对创新的投入。在创新产出的长周期内，务必要构建一个投入体系，以确保创新的可持续，直到投入与产出达到良性循环为止。

由产值增长转向价值提升。产值增长是指一个经济体在静态条件下按照既定增长路径而出现的产品与服务的数量型增长，其增长途径基本上依靠各类要素的大量投入，短期增长效应明显，因此比较受到地方政府的青睐。而价值驱动是一个经济体在动态条件下以价值增值形态出现的质量全面提升，其增长途径是依靠知识与技术创新推动。价值驱动型模式表现为 4 种方式：技术领先型、品牌主导型、人才保障型、知识管理型。科技型企业可以选择各自的优势特色发展，最终从产值增长型模式向价值驱动型模式转型。

3）因地制宜制定科技型企业发展路线图。

①内部积累+企业家治理。实施有效科技管理，激发科技型企业创新内部治理结构，开创全新的企业成长发展模式：一方面依靠自身资源进行积累，用好用活科学家、内部技术人员等各类人才资源，发挥技术创新的内生优势作用；另一方面则引进职业企业家、职业经理人进行专业化的运营治理，实现两者相得益彰、协作发展。

②并购提升+联动发展。企业除了实现内部积累成长，大力开展并购及联动也是成长的途径。在实际操作中，企业可以形成产业链联盟，打造有竞争力的产业链，通过与合作伙伴的协同发展，更好地规避企业成长过程中的市场、技术创新、财务及人力资源风险；企业也可以建立同业联盟，在联动中实现资源共享、优势互补、双赢驱动；企业还可以建立生态系统，建立垂直型、水平型合作关系，确立良好的供应链、销售链、市场中介链等营商生态系统。

③特色品牌+全球链接。在开放成长中，要求企业具备良好的创新素质，整合自身及他方品牌资源。同时也要求政府集聚全球创新资源，把在发展外向型经济中所形成的人才、资本、管理和市场优势，转化为促进自主创新的优势。

④科技金融+风险投资。一是狠抓创新型科技金融。打造高素质的科技金融体系，实施"科技产业+金融驱动"计划，用金融的手段做大做强企业。二是狠抓特色型风险投资。要打造有特色的风险投资体系，引领各类风投机构发展，造就硅谷一样的风投环境。坚持市场化导向、全链条服务、全过程跟踪的原则，成功建立了全国性、开放性、线上线下服务相结合的双创金融投资服务平台。

13.4.3 支撑保障

（1）政策的发展方向。从发达国家的新材料产业政策发展来看，均作为了国家战略来规划，发展逻辑也是由共性的新能源材料、节能环保材料、纳米材料、生物材料、医疗和健康材料、信息材料等大方向，到结合自身发展的具有核心技术的重点产业。实施针对性的突破。

美国：重点发展轻质现代金属和复合材料；

日本：超高端材料、3D 打印等技术；

欧盟：低碳材料、石墨烯材料；

德国：可再生能源材料、新能源汽车材料；

韩国：纳米材料、信息材料；

俄罗斯：新能源材料与纳米技术。

由发达国家的战略政策可以看出，在国际公认的发展大方向基础上，壮大和发展自身的核心技术特色，是各个国家的战略路线，保持已有的高端材料一直领先，同时发展共性的产业研究。

（2）结合我国的能源和产业优势，进行政策规划。美国的信息技术材料、石油能源材料、生物医药、照明技术，德国的光伏、汽车产业材料，英国的航空材料，欧盟的石墨烯材料，俄罗斯的新能源和可再生材料，日本和韩国的电子材料，巴西的现代农业材料等来看，重点性的发展和提出本国能源和行业优势发展的材料政策尤为重要。比如稀土产业链、石油、煤炭、生物医药以及汽车产业等，利用现有的能源优势发展新材料，政策的导向性显得非常重要。

（3）环保和低碳材料应是国家政策持续考虑的方向。新材料的发展与绿色发展紧密结合，政策的方向应高度重视新材料与资源、环境和能源的协调发展，大力推进与绿色发展密切相关的新材料开发与应用。比如，生物医药、空气污染、汽车尾气、水资源治理等。政策发展低碳材料，如先进碳材料、石墨烯、锂电池材料、工业污染治理材料等。

（4）可再生能源材料政策。国家政策的方向应引导协同创新，发展可再生能源材料，应对未来可能出现的能源危机。

（5）智能材料。政策坚定不移的发展智能材料的研究，使现行的一些工程问题和安全可靠性检测的概念发生了根本的变化，甚至可能萌发划时代的技术革新。智能材料的研究已经取得了许多重要进展，以具有传感、执行等功能的电子陶瓷集成在一起而制作的机敏材料及相关结构系统，已在高级轿车和家用电器中获得应用。

（6）发展军民融合以及知识产权政策体系。军民融合，开拓军民两用产品市场是新材料政策发展的趋势。建议建立研发过程中的知识产权政策扶持体系。

（7）高端优势材料技术制备政策。建立健全具有国际领先的高端核心技术的产业链政策，发展独有核心技术的同时，从生产链、供应链、市场链、质量链等多角度，发展产业链政策。

（8）材料再制造和保险保护政策延伸。中国新兴产业的发展，往往容易在产业化一段时间后，进入瓶颈阶段，以致产业过剩、资源浪费、落后产能不断出现，建立价值产业、知产保险机制以及共性政策研究机制，做产业的循环研究，发展新材料再制造循环政策，探讨高端产业的延伸政策研究，使自主技术不断被延伸和政策性保护。

14 人工晶体"十四五"规划思路研究

14.1 本领域发展现状

人工晶体材料是光电子、微电子、通信、航天等高科技领域不可或缺的基础材料，是新材料领域的研究热点和发展前沿，是一个国家科学技术和工业化水平的综合标志之一，对我国信息、先进制造和国防科技等高技术领域长期可持续发展具有重要支撑作用，也是我国为数不多的在国际上处于引领水平的研究领域，特别是非线性光学晶体、激光晶体、闪烁晶体等长期占据国际主要市场。在非线性光学晶体方面，以 BBO、LBO、KBBF 为代表的"中国牌晶体"仍然保持领先优势，在大尺寸、高品质晶体制备上取得新的突破：LBO、YCOB 晶体元件尺寸超过 100mm，支撑我国 OPCPA 超强超短激光输出功率达到数百瓦；KDP 晶体制备周期和生产效率持续提高，满足了激光聚变国家重大工程的需求。激光晶体方面，Yb/Nd:YAG 晶体的尺寸持续取得新的突破；大尺寸钛宝石实现国际最高水平的 10PW 激光输出；Nd:CaF$_2$ 晶体率先实现百飞秒量级的超快激光输出。闪烁晶体方面，超长 BGO 晶体作为核心元件成功应用于我国第一颗暗物质探测卫星。

我国人工晶体产业渐趋稳定，其中非线性光学晶体的产业已成国际市场的主体，占有 80% 以上的市场份额。激光晶体除供国内产业需求外，还出口国外。据中国光学光电子行业协会统计，我国在各类工业领域中，全固态激光器的用量急剧增加，仅激光医疗、打标、材料加工、激光雕刻和军事等五个领域的应用产品规模在 2012 年就超过 60 亿元。以最常用的 YAG 晶体为例，据统计，近几年国内 YAG 系列激光晶体市场销售额平均增速超过 30%，这主要得益于全固态激光技术、固体大功率脉冲激光焊接技术和设备的普及。我国非线性晶体产业发展多年，BBO、LBO 和 KTP 晶体的生产量占国际市场的 80%，整体水平处于国际产业链中的前端，所生产的产品多为原晶或经简单加工的一般器件。以蓝宝石为代表的衬底晶体产业发展很快，国内有多家企业投产，规模和产量较大，并不断有新的企业建立和投产，形成一个新的产业热点，并经历了一个马鞍形发展的过程。

"十三五"期间我国所取得的重大典型成果有：

典型成果一："悟空"号暗物质粒子探测卫星用 BGO 闪烁晶体

中国科学院上海硅酸盐研究所为"悟空"号暗物质粒子探测卫星（DAMPE）研制并批量提供了 650 根 600mm 长的锗酸铋（Bi$_4$Ge$_3$O$_{12}$，BGO）闪烁晶体，为我国 DAMPE 卫星有效载荷的成功研制、如期发射提供了探测材料保障。在 DAMPE 卫星中，BGO 晶体是最关键核心的探测材料，650 根晶体的重量占整个卫星的有效载荷的 59%（重量比）。根据 DAMPE 卫星的总体需求，上海硅酸盐研究所在国际上率先开展了 600mm 长 BGO 晶体的制备研究与技术探索，解决了原料处理、生长设备、生长工艺、加工工艺以及性能表征等一系列关键科学技术问题，成功研制与批量制备了 600mm 长晶体，持续保持生长 BGO 晶体长度的世界纪录（国际上已报道最长的 BGO 晶体为 400mm），并是世界上能批量制备该长度 BGO 晶体的唯一单位。

典型成果二：系列电光晶体

"十三五"期间军品配套领域支持了铌酸锂（LN）晶体、磷酸氧钛铷（RTP）晶体、磷酸氧钛钾（KTP）晶体等项目，围绕晶体生长、加工及装备等关键技术开展创新研究工作，解决了电光晶体消光比和激光损伤阈值偏低、温度特性较差等问题，项目成果在航空、兵器、电子、船舶等领域得到推广应用，其中：

（1）铌酸锂电光调 Q 晶体在中电 27 所、航空 613 所、航空 625 所、中物院 1 所、中物院 10 所、长虹电子、兵器 205 所、中电 11 所等国防工业部门得到批量应用，其产品装备在辽宁舰、护卫舰、驱逐舰、XXX 车、HQ-X、X 型坦克、X 型直升机等装备及 33 基地、27 基地等。

（2）磷酸氧钛铷电光调 Q 晶体已经替代进口，在中电 11 所、兵器 209 所、兵器 5308 厂、中电 27 所等国防工业部门得到批量应用，相关产品装备有 XX 型无人机、X 型直升机、X 型坦克、X 型巡航导弹等。

（3）桂林矿产地质研究院（桂林百锐光电技术有限公司）研制的水热法高电阻率 KTP 晶体及其电光调 Q 开关器件，性能良好，特别是高温性能优于进口产品，可在 -40 ~ +65℃ 的宽温度范围内正常工作，达到国际领先水平，解决了军用激光测距机最后一个核心器件的国产化问题，为该整机完全国产化做出了突出贡献。如今水热法 KTP 电光调 Q 开关已在 5308 厂、中电 11 所、209 所等军工企业得到推广应用，列装于彩虹、翼龙等察打一体无人机、某新型战略轰炸机、某新型武装直升机、某新型坦克等装备。

典型成果三：钛宝石激光晶体

超强超短激光能在实验室内创造出前所未有的超高能量密度、超强电磁场和超快时间尺度综合性极端物理条件，在激光质子加速、阿秒科学、激光聚变、等离子体物理、核物理与核医学、实验室天体物理、高能物理等领域具有重大应用价值，是当前国际科技重要前沿与竞争重点领域之一。大尺寸钛宝石激光晶体是超强超短激光装置的核心关键材料之一，我国自主研发成功国内首台热交换法生长大尺寸钛宝石晶体装备，突破大尺寸钛宝石晶体生长关键技术，打破国外技术垄断，研制成功国际上最大口径 235mm 的钛宝石激光晶体，并应用在上海超强超短激光装置上，实现了 10.3PW 的激光放大输出，处于国际领先水平。以 LBO、KBBF 为代表的"中国牌晶体"长期垄断国际紫外非线性光学晶体市场。

在人工晶体及其激光产业方面，市场体量最大、对国民经济驱动作用最强的泵浦源、光纤材料和激光器产业整体处于跟跑状态。国际上，德国的激光产业实力最强大，从基础材料、激光器研发到激光器集成智能制造系统，形成了综合优势，在半导体激光器、光纤激光器以及碟片激光器等方面均处于国际领先地位。在光纤材料方面，美国公司 Nufern 是全球大功率激光光纤最大的供应商，市场份额高达 80% 左右。在半导体激光器产业方面，德国 OSRAM、Dilas，美国 IPG、Ⅱ-Ⅵ 及 nLight 占据国际市场的 80% 以上，形成了从外延材料、器件到泵浦模块全系列产品。当前欧美国家正在大力发展超快激光产业。未来十五年，我国激光产业进一步创新发展，进一步巩固人工晶体领域长期积累的技术基础和优势地位，为我国高端制造业、新一代信息技术和人工智能的发展以及国防安全产生重要的积极影响。

14.2　本领域发展趋势

一是晶体向更大、更完整、更高质量方向发展。比如，作为激光惯性约束核聚变的核心材料，大尺寸晶体生长研究一直经久不衰，目前 KDP、LBO 和 YCOB 非线性光学晶体器件口径分别达到 400mm×400mm、150mm×150mm、80mm×80mm，钛宝石激光晶体直径达 235mm，Nd/Yb:YAG 晶体直径达 150mm，均处于国际领先水平。

二是应用领域需求推动晶体材料持续快速更新换代。以闪烁晶体为例，其作为 X-ray、γ-ray、中子等高能射线或高能粒子探测的重要材料，随着核医学影像诊断、高能物理、安全检查、无损检测等应用领域的发展，一系列性能优良的新型闪烁晶体被陆续研发问世，氧化物晶体先后诞生了 BGO、LYSO、GAGG 等，卤化物晶体则先后诞生了诸如 NaI:Tl、CsI:Tl、BaF_2、$LaBr_3$:Ce 等，其中 CsI:Tl、BGO、LYSO 晶体已实现大规模应用。

三是人工晶体材料在国民经济主战场的发展势头良好。人工晶体是信息、能源、航空航天等高技术领域和国防建设不可或缺的关键基础材料，其种类繁多，用途广泛，其研究和发展已成为国际材料科学与工程的前沿和热点，正形成一个规模宏大的高技术产业群，在国民经济和社会发展中起着越来越重要的作用。

四是人工晶体研究和应用持续保持国际"先进/领跑"水平。以非线性光学晶体为代表，从 1970 年代起，我国人工晶体逐步从跟踪到独立自主发展，提出和逐步完善了"阴离子基团"等理论，发现了 BBO、LBO 和 KBBF 等"中国牌"晶体，有力地支撑了国家的大科学工程和前沿技术研究。

当前面临的挑战有：人工晶体材料向"低维化""复合化""材料功能器件一体化"方向发展，以全固态激光器为代表的光电器件向扩展波段、高频率、短脉冲和复杂极端条件下使用的要求，因此要求人工晶体材料在恶劣和复杂的环境下长时期服役，对晶体提出了更高的要求。要求获得一些在扩展（新）波段，如中远红外和敏感波段有特殊功能性质的晶体材料，注重功能晶体在高功率和复杂条件下的应用。同时，还需要发展新的高性能光电功能晶体以满足国家经济、社会发展，国防和国家安全的需求。

14.3　存在的问题

我国人工晶体研发和产业急需提升，主要是高端产品技术能力和制造能力同国际先进水平仍有较大差距，产业发展缺乏规划。原创性不成体系，点多面少，与发达国家在新材料制备技术有较大差距，功能晶体研发处于产业链初端，国家急需的功能晶体需求和供应能力不匹配：受加工、镀膜、检测等限制，产品多为原晶或初加工器件，整体处于国际产业链的初端；现有产业普遍规模小，产品低水平重复，产能过剩、产品竞相压价，加工、镀膜的先进设备发展相对滞后，工业化生产和装备制造能力较弱；尤其在新波段和新概念材料方面缺乏自主创新，型号装备急需的关键晶体材料供货保障能力不足，我国急需高性能晶体仍然需进口；现行政策不利于为国家重大需求服务评价标准重文轻材，难以形成集中力量攻关的团队和机制；同时，军民融合信息不对称，交流合作不足，对国家重大需求了解不足，合作渠道没有完全打通。信息沟通渠道不畅，信息不对称，军口对民口了解不足，顾虑重，不信任；门槛高，壁垒厚，相对封闭，良好公平竞争机制尚待建立；民口承担的多为硬骨头项目；加之政策保障不足，补偿低，资源配置合理性不足，挫伤民口热情。

14.4 "十四五"发展思路

14.4.1 发展目标

瞄准全球技术和产业制高点，以高质量材料开发、高性能材料研发为核心，以非线性光学、激光、闪烁、铁电压电等晶体材料等为重点，通过研发技术革新，构建新晶体探索研究、优质晶体材料技术攻关、典型晶体材料应用示范的全创新链。

将我国在功能晶体、科技成果和研发优势转换为产业优势，发展相关器件和前沿装备产业化。突破大尺寸、高质量非线性光学、闪烁、衬底和其他功能晶体制备关键技术，满足国家重大工程、通信和电力等产业需求，发展医疗和安全检测等仪器产业，打破国外对我国高技术和国防重大关键装置、关键材料的限制和禁运，形成有我国自主知识产权的功能晶体和相关装备的高附加值产业体系，支撑产值达千亿元的全固态激光器及相关前沿装备的高技术产业。

通过本规划的实施，我国人工晶体将向更大、更完整、更高质量方向发展，满足国家重大工程需求；快速高效研发新型晶体材料，实现"研发周期缩短一半、研发成本降低一半"战略目标，满足新兴科技与产业领域需求。通过本规划的构建和实施，使我国人工晶体材料的研究和产业水平将达到国际领先，晶体材料将在多个新兴产业领域获得广泛应用，推动和支撑产业规模超过千亿；同时，将培养一批具有晶体材料研发新思想和新理念，掌握新模式和新方法，富有创新精神和协同创新能力的高素质人才队伍。

解决（超）大尺寸人工晶体生长、加工、检验和探测的关键技术，形成满足国家重大工程急需的晶体材料与光学元器件供货能力；围绕新一代高功率激光器件对大尺寸激光和非线性晶体的要求，突破关键激光晶体和非线性晶体的研制和工程化技术；实现闪烁晶体器件及相关医疗探测仪器产业化，基本建成功能晶体高技术产业群；围绕国家重大工程和民用领域对声、磁等特殊探测要求，开展特种压电/铁电系列晶体的研究。重点开发超强超短激光、激光惯性约束核聚变等国家重大工程所需的大尺寸激光增益介质（YAG、Ti：Al_2O_3、CaF_2、YLF 等）和非线性光学晶体材料（KDP、LBO、YCOB 等），满足数十 PW 级强激光等应用领域需求，奠定我国超强激光技术处于国际领先地位的材料基础。

14.4.2 重点任务

（1）梳理"十四五"期间重点发展的材料品种。"十四五"期间重点发展的材料品种见表 14-1。

表 14-1　"十四五"期间重点发展的材料品种

重点材料品种	"十四五"关键技术指标	"十四五"产业发展目标
KDP Ⅰ类晶体元件；70%氘化率 DKDP Ⅱ类晶体元件	KDP 晶体的损伤阈值达到 30J/cm^2（3ω，3ns）；DKDP 晶体的抗损伤能力达到 16J/cm^2（3ω，3ns）；氘化率>99%以上	彻底解决 KDP/Ⅱ类 DKDP 晶体元件的质量问题，使 KDP/Ⅱ类 DKDP 晶体的光学性能达到国家点火工程的使用要求

重点材料品种	"十四五"关键技术指标	"十四五"产业发展目标
大尺寸高质量非线性晶体（LBO，KBBF）	LBO 晶体尺寸>200mm，KBBF 晶体尺寸达到毫米量级	满足国家重大科学工程等战略需求
新一代闪烁晶体和器件（LaBr$_3$，高纯锗）	直径达 76mm、厚度达 76mm；相对光产额≥60000 ph/MeV，衰减时间常数≤18ns，能量分辨 $\Delta E/E$（FWHM）<3.5%(137Cs 源)，时间分辨（FWHM）<300ps	达到射线探测，医疗影像的应用标准
高性能铁电压电晶体	高温压电单晶 高温电阻率：≥$10^6\Omega\cdot cm$； 压电系数温度稳定性：≤15%； 弛豫铁电单晶 压电系数 d_{33}≥1300pC/N，d_{32}≥1500pC/N； 相变温度 T_{rt}≥110℃； 压电性能波动<10%	研制出直径 4~6 英寸高质量压电晶体和弛豫铁电晶体，并制备出高温压电晶体元件和弛豫铁电晶体元件，应用于发动机高温传感器和潜艇水声换能器
磁光晶体材料（YIG、TGG、CeF$_3$、TbVO$_4$等）	TGG/TAG 单晶 晶体尺寸：毛坯口径≥ϕ50mm，元器件口径≥ϕ40mm； 菲尔德常数>45Rad/mT@1064.5nm； 损伤阈值：3GW/cm^2； 激光损耗：≤0.15%/cm； 消光比：>32dB； 材料均匀性：优于 10^{-5}； 加工指标：透射波前优于 1/6λ@633nm（95%口径）； RIG 单晶外延片 外延片尺寸：≥ϕ75mm； 波长系数：≤0.09（°）/nm； 温度系统：≤0.05（°）/℃； 居里温度：300℃	发展新型性能优异磁性金属氧化物、氟化物高功率磁光晶体材料，选择具有优异磁光性能的 TbF$_3$ 和 CeF$_3$ 磁光晶体的应用研究，实现大口径的掺杂高质量铽铝石榴石（TAG）、掺铈铽铝石榴石（Ce:TGG）晶体生长和磁光晶体外延片的国产化制备，并研制优质磁光器件，满足高功率激光器对磁光材料的需求
高功率激光晶体（YAG、YSGG、GGG）	晶体尺寸：≥100mm，光学均匀性≥10^{-5}/cm，激光输出功率达到 kW 量级	用于激光测距、激光医疗、光通信等
周期极化晶体（PPK-TP）	晶体尺寸：≥1mm(T)×6mm(W)×20mm(L)；损伤阈值：≥100MW/cm^2（10ns，10kHz@1064nm）；腔内频率转换效率≥35%	周期极化晶体及器件用于高功率激光频率转换，是中远红外、紫外激光的核心元器件，打破美国和日本等国家垄断，每年在国内的市场规模预计达 1000 万元以上
第三代半导体衬底（GaN、碳化硅、金刚石）	LiGaO$_2$ 单晶晶棒：≥3 英寸；生长获得自支撑 3 英寸非极性多面、多孔 GaN 单晶晶体	制作合格的 GaN 器件，用于新能源汽车、轨道交通、智能电网、半导体照明、5G 通信、消费类电子等领域
超热导晶体	热导率：达到百 W/(m·K) 量级；均匀性：10^{-5}	完善相应的科学问题和理论问题，开辟新的新兴高科技应用领域

续表 14-1

重点材料品种	"十四五"关键技术指标	"十四五"产业发展目标
声光电光晶体（TeO$_2$ 等）	晶体尺寸：≥75mm； 放射性杂质 U、Th 等含量≤10^{-13} g/g；声光优值达到 200×10^{-18} s^3/g	为大型中微子探测项目（CUORE）提供合格产品
超短超强激光用非线性单晶	LBO 晶体器件：250mm×250mm×10mm； 晶体器件平面度：λ/6（633nm）； 晶体器件表面光洁度：20/10； 晶体抗激光损伤阈值：>10J/cm^2； 晶体光学均匀性：1.0×10^{-6}； OPCPA 输出能量：>100J； YCOB 晶体器件：200mm×200mm×10mm； 晶体器件平面度：λ/6（633nm）； 晶体器件表面光洁度：20/10； 抗激光损伤阈值：≥J/cm^2@1064nm； 晶体光学均匀性：1.0×10^{-5}； OPCPA 输出能量：>80J	突破超大尺寸硼酸盐晶体（LBO、YCOB）生长瓶颈技术，解决基于大口径晶体实现超高功率高能激光放大过程中的关键难题，为"后点火时代"提供关键晶体材料和高能激光技术储备；产生我国在该领域完全自主的知识产权；从而实现我国从晶体材料的优势到器件直至激光技术领域的全面优势，走出一条属于中国人的创新之路，奠定我国在聚变能源及军事核技术方面的领先地位
中远红外激光晶体	晶体尺寸：>100mm； 均匀性：>10^{-5}； 激光波长：3~7μm； 激光功率：>10W 量级； 晶体上下端 掺杂离子浓度偏差：<5%	突破中远红外激光晶体大尺寸、高均匀性的技术瓶颈，实现批量化、装备化供应，为中远红外激光提供关键晶体元件；实现 10W 级以上输出；用于激光医疗、遥感、军事对抗等
应用于高温光纤温度传感器的倍半氧化物晶体光纤	倍半氧化物晶体光纤 直径<0.5mm，长度>400mm； 光纤传输损耗约 1dB； 温度测量范围：600~2000℃	倍半氧化物晶体光纤的熔点在 2400℃以上，可以应用于 2000℃左右的光纤温度传感器；针对航空发动机等恶劣环境下高温温度的测试难题，通过梳理相关测试需求，开展适用于高温光纤温度传感器使用的倍半氧化物晶体光纤生长和性能研究，完成物理样机研制及相关测试方法分析，并在相关部件上进行测试验证
长波红外非线性光学晶体	CdSe 单晶尺寸：大于 φ80mm×100mm； 吸收系数<0.1/cm； BGSe、BGGSe 单晶尺寸：大于 φ40mm×100mm； 吸收系数<0.1/cm； OP-GaAs 晶片尺寸：≥50mm； 厚度：≥3mm； 基于上述晶体实现长波红外激光 8~12μm 的 10W 级以上输出	以长波红外激光输出为主要发展背景，以拓展光谱域、提高光谱分辨精度和增大功率能量为主要技术发展方向，重点突破长波红外非线性光学晶体 CdSe、BGSe、BGGSe 及准相位匹配 OP-GaAs 晶体大尺寸、高均匀性的技术瓶颈，实现批量化、装备化供应，为长波激光提供关键晶体元件；实现长波红外激光 10W 级以上输出

（2）针对发展目标和重点方向，研究提出"十四五"重大工程项目。具体见表14-2。

表14-2　重点材料领域和重大工程项目

重点材料领域	"十四五"重大工程	重大工程预期目标及相关建议
人工晶体	激光与非线性晶体材料基因工程技术	通过高通量计算和大数据分析等手段，建立非线性光学晶体和全波段激光晶体数据库；建立并完善晶体材料的高通量制备技术，并发展晶体材料成分、结构、性能的高通量表征方法；探索获得新型的可见波段激光晶体并发展全固态可见波段激光；突破低成本超快激光晶体及器件批量化制备技术，实现其规模应用，突破超快激光晶体高功率、短脉冲激光产生及应用技术；开发出可同时实现高功率和高效率的红外和中红外波段激光运转的晶体；开发出具有更高非线性光学系数的大尺寸高质量的紫外和深紫外非线性光学晶体，开发依托深紫外非线性光学晶体的高端装备；开发出大尺寸、高激光损伤阈值的中远红外直至太赫兹波段非线性光学晶体；开发可实现批量化高通量制备的新型激光自倍频晶体和可满足黄光、青光等特殊急需波段应用的器件
人工晶体	新一代全固态激光器关键晶体材料与器件制备技术	掌握超强超快大功率激光器关键晶体材料制备技术，薄片激光器关键晶体材料与器件技术，拉曼频移激光器基质晶体材料，突破全固态激光器发展的关键技术；发展深紫外非线性光学晶体制备技术和器件制作技术，以及高抗光损伤阈值的光纤激光器频率转换晶体材料与器件技术；掌握新一代大尺寸激光晶体、磁光晶体、拉曼晶体、铁电压电、电光声光等功能晶体的生长与器件技术
人工晶体	"超热导"人工晶体的设计及创制研究	探索具有长声子自由程的普适结构规律，建立导热物理模型，揭示人工晶体热导率微观机理；探索超高热导率与人工晶体结构、适用条件等的关联机制，发展适合于新型超热导人工晶体的制备技术，实现"超热导"人工晶体创制，将现有晶体的热导率提高一个数量级以上；建立具有超高热导率人工晶体功能化数据库，发展热导率快速评估数值方法，筛选和预测新型超热导人工晶体
人工晶体	中远红外激光晶体的波段拓展、多声子共振耦合效应基本科学问题与物理模型	揭示限制中远红外波段激光中的光子-电子-声子间耦合机理，研究不同时间尺度下声子对电子偶极矩和电子跃迁及光子产生的调谐机理，研究中远红外激光产生过程中的能量和动量传递过程及其调控技术；发展中远红外波段激光晶体筛选新技术，获得综合性能优异的中远红外激光介质；突破低声子能晶体对生长条件的限制，获得高质量大尺寸中远红外激光晶体；探索光子"循环转换"的可行性，突破中远红外激光辐射的"斯托克斯"效率瓶颈，获得高功效中远红外波段激光输出
人工晶体	超强激光晶体材料	围绕超强超短激光、激光惯性约束核聚变等国家重大工程的迫切需求，针对大尺寸激光和非线性晶体材料与器件制备中基础科学和关键技术问题，开展材料设计、晶体生长、器件制备的全链条研究工作，研究晶体微观结构缺陷与宏观物理性能的相互关系规律，开发大尺寸晶体生长过程的热、质场梯度调控以及界面生长动力学过程低吸收、大尺寸、高光学质量晶体的关键生长新技术、新方法，实现超大尺寸低散射损耗 YAG、YSGG、GGG、$Ti:Al_2O_3$、CaF_2、YLF 等激光晶体和 KDP、LBO、YCOB 等非线性光学晶体的制备，最终实现超强激光材料的"人工设计""智能化制备"和"按需定制"

重点材料领域	"十四五"重大工程	重大工程预期目标及相关建议
人工晶体	激光与非线性晶体材料基因工程技术	通过高通量计算和大数据分析等手段，建立非线性光学晶体和全波段激光晶体数据库；建立并完善晶体材料的高通量制备技术，并发展晶体材料成分、结构、性能的高通量表征方法；探索获得新型的可见波段激光晶体并发展全固态可见波段激光；突破低成本超快激光晶体及器件批量化制备技术，实现其规模应用，突破超快激光晶体高功率、短脉冲激光产生及应用技术；开发出可同时实现高功率和高效率的红外和中红外波段激光运转的晶体；开发出具有更高非线性光学系数的大尺寸高质量的紫外和深紫外非线性光学晶体，开发依托深紫外非线性光学晶体的高端装备；开发出大尺寸、高激光损伤阈值的中远红外直至太赫兹波段非线性光学晶体；开发可实现批量化高通量制备的新型激光自倍频晶体和可满足黄光、青光等特殊急需波段应用的器件

14.4.3　支撑保障

　　将人工晶体和激光器列入国家战略新兴产业指导目录。人工晶体和激光器是我国为数不多、目前在国际上处于领跑（并跑）地位的有影响力的行业，虽然规模不大，但是意义深远、影响重大，而且在未来的发展中不仅是各国必争之地，而且是日益发展壮大的行业。但是由于行业新兴，发展迅速，有关部门对之了解不深，目前尚未列入国家新兴产业目录。建议将其列入国家战略新兴产业指导目录，与其他行业一样获得支持与发展。

15　激光显示材料"十四五"规划思路研究

15.1　本领域发展现状

15.1.1　激光显示概述

显示技术作为现代社会人们获取信息的主要方式和交互平台，从 20 世纪以来，一直在不停的进步与发展，先后经历了从黑白显示到彩色显示，从 CRT 显像管电视到等离子电视，再到当今社会已经广泛应用的 LCD、OLED 显示技术。在显示技术的道路上，其追求的目标始终没有改变，即一直致力于寻找更高亮度、更大显示画面、更加轻质便携、更长寿命、更广色域、更高分辨率的显示技术路线。伴随着目前信息技术领域中半导体技术、通信技术、软件技术的蓬勃发展，更加先进的显示技术需求日益迫切。

投影显示作为显示技术的一个分支路线，不同于 LCD、OLED 等平板显示技术，其具有小尺寸大画面的优势，可以通过小体积、轻质化的投影器件实现上百寸甚至更大的显示画面，给予了显示技术更大的想象空间和更广泛的应用场景。20 世纪以来，投影显示技术主要经历了三方面技术的变革和发展：一是记录和显示技术的进步，数字记录和数字显示全面代替了胶片显示；二是光源技术的进步，从白炽灯到 LED 灯，进而发展到激光光源；三是通信、媒体、信息技术（TMT）的跨界融合。其中，采用激光光源的投影显示技术，具有亮度高、色域广、寿命长、节能、环保、小尺寸大画面、便携移动等优势，已经在包括激光影院放映、激光工程投影、激光商教投影、激光微型投影、家用激光电视在内的多个领域取得应用。此外，得益于激光投影显示技术极致便携、极致效率等优势，在实现下一代超级便携的终端增强现实（AR）显示器件以及未来的全息光场显示技术中具有极高的潜力。因此，激光显示是现阶段国内外高度重视、大力争夺的新一代显示技术，近年来获得了国内外市场的广泛关注。根据 Markets and Markets 产业预测（2018 年），激光显示市场整体将保持 18% 以上的年复合增长率，并于 2023 年实现超过百亿美元的市场。激光显示是《国家中长期科学和技术发展规划纲要（2006—2020 年）》中信息产业及现代服务业重点领域的优先发展主题之一。在 2016 年国务院下发的《"十三五"规划》中，将激光显示列为新一代信息技术新型显示项目的重要方向，要求继续扶持激光显示产业，加速激光显示的产业化进程。此外，面对如此巨大的市场潜力，欧美日韩等国家也都投入了大量人力物力开发激光显示技术，意欲争夺下一代显示器件的国际市场和技术制高点。

15.1.2　激光显示系统原理简介

激光显示系统如图 15-1 所示，主要由激光光源、微显示芯片、成像镜头、屏幕以及相配套的光学元件和软硬件系统等主要部分组成。光源发出的光经过匀光器件和光学透镜的作用，提供均匀的照明光照亮微显示芯片。微显示芯片可以对照明光进行像素化的光强调控，从而在微显示芯片上形成显示图像。该显示图像经过成像镜头进行放大成像，在白墙或者专用屏幕上形成大尺寸显示画面。由于激光显示的原理是将微显示芯片的图像进行放大成像，因此小尺寸的微显示芯片即可实现大尺寸的显示画面，具有"以小搏大"的优势。以目前市面上一款高销量的激光电视为例，采用 0.47 英寸的微显示芯片，即可实现超过 150 英寸乃至 300 英寸的显示画面。得益于激光显示的独特机理，小体积、轻质量的激光显示整机即可实现超大尺寸的显示画面。如上述提到的激光电视，其体积仅为 10L、重量仅为 7kg。激光电视可以在普通白墙或者专用屏幕上显示画面，后者可以有效抵抗环境光的干扰，实现高对比度、高亮度的显示效果。该专用屏幕是表面具有微米光学结构的塑料薄膜，质量较轻，并可以进行卷曲包装和运输。激光电视和专用屏幕分体安装和运输，在成本、质量、运输、安装、易用性方面，都具有非常明显的优势。

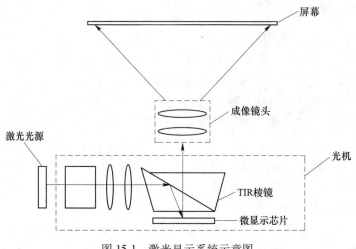

图 15-1　激光显示系统示意图

15.1.3　激光显示材料发展现状

激光光源是激光显示系统核心材料器件，直接影响着整机的性能，其主要有两种技术路线：一种是采用多波段、窄波长半导体激光器的 RGB 三色激光光源技术，另一种是采用单波段半导体激光器结合稀土发光材料的荧光激光光源技术。

RGB 三色激光光源采用红、绿、蓝三基色半导体激光器作为光源，在色域和最高亮度方面具有突出的优势，但是存在红绿激光器件成本偏高、电光转换效率偏低的问题。其中，绿激光效率约为 14%，红激光效率约为 38%，但是红激光器热稳定性较差，需要额外的控温装置，导致其整体效率小于 20%。此外，由于半导体激光光源具有强相干性，会使得显示画面呈现亮暗不一的颗粒状结构，即激光散斑现象。激光散斑会严重影响显示效果，因此在显示系统中需要额外的设计和器件，增加了系统的复杂程度和整机成本。

我国率先提出的荧光激光光源方案，采用技术成熟、成本较低、性能优良的半导体蓝激光器激发高性能、低成本、耐高功率的荧光轮器件，经过波长选择器件实现广色域的三基色光源。相较于 RGB 三色激光光源，荧光激光光源具有可媲美的最高亮度，并且在成本上有明显优势，突破了三基色激光光源在产业化方面的瓶颈。蓝光半导体激光器的材料、工艺、加工设备等与 LED 产业有大量共同之处，得益于成熟的 LED 产业基础，蓝光半导体激光器具有较低的成本、较高的电光转换效率（40%以上）和较好的热稳定性。同时，得益于国内丰富的稀土资源和荧光粉产业基础，荧光粉材料的成本和性能具有显著优势。更重要的是，得益于荧光自发光的机理，经过特殊设计的荧光激光光源天然具有无散斑现象的优势，无须额外散斑消除的设计和器件，进一步保证了显示效果和成本优势。蓝色激光激发荧光材料是现阶段激光显示领域的主流光源技术。

在荧光激光光源中，荧光材料的性能在很大程度上决定了荧光激光光源的性能，进而影响了最终的显示效果。目前，激光显示领域中主要采用以稀土离子掺杂的石榴石体系、氮化物体系、硅酸盐体系等基质为主的蓝光激发荧光粉材料。在荧光粉基础材料领域，其材料配方、制备工艺等核心技术掌握在少数国外公司手中，包括日亚化学、三菱、GE 等，具有一定的技术壁垒。尤其是在高亮度、高效率、高性能荧光粉方面，国外企业具有较大优势，我国仍处于落后地位。近年来，得益于政府部门的正确引导和大力支持，我国在荧光粉基础材料领域取得了一定的成绩和进步，但是主要以中低端荧光粉材料、材料应用以及工艺修正等方面为主。在我国现阶段的激光显示领域，所采用的荧光材料仍基本上沿用LED 领域所用荧光粉材料。由于蓝光激光器的发光功率密度相较于蓝光 LED 提高了几个数量级，因此，为了充分发挥激光显示在高亮度应用方面的绝对优势，对荧光粉材料的性能要求有大幅度的提高。这使得我国在激光显示领域的后续进步与发展中，将面临核心发光材料受制于人的窘迫局面。

此外，基础荧光粉材料领域的核心专利也主要掌握在日本和欧洲企业手中，而我国专利的价值与含金量有限。近年来，随着激光显示领域市场需求的大幅度增长以及技术的快速进步，这些国外企业对中国企业的知识产权诉讼意愿日益强烈，也阻碍了我国在激光显示领域的进一步突破。

综上所述，我国激光显示技术历经多年技术创新与产品开发，在光源架构、光学引擎、整机系统等产业环节具备了相当的技术积累，并处于国际领先的地位。但是，在激光发光基础材料方面，尤其是在高亮度、高效率、高性能荧光粉方面，仍然落后于国际领先水平，限制了我国在激光显示领域进一步的快速发展。因此，我国亟待在核心基础荧光材料方面进行创新研发，实现我国高性能荧光材料的全面国产化，并且建立完善的知识产权体系，有效建立从核心发光材料到整机系统的全产业链，助力我国荧光稀土材料的产业升级，确保我国在全球范围新一代显示技术——激光显示领域获得并保持绝对的领先优势。

15.2 本领域发展趋势

国内企业在激光荧光显示技术领域，具有世界领先水平，在应用领域，也占有主要的市场份额，这都得益于国内企业在激光显示材料封装技术及工艺方面获得的突破性进展，因此需要持续大力发展激光显示产业，投入力量研究新型激光显示材料。随着激光显示行业向着高亮度、广色域方向发展，荧光材料所承受的蓝激光激发功率密度越来越高，荧光材料特别是窄带荧光材料，将呈现明显的光饱和效应和热猝灭效应，因而对荧光材料的耐高功率激光的发光效率和稳定性提出极高的要求。因此，一方面，需要开发激光显示应用的新型高亮度、广色域荧光材料。目前，Y(Lu)AG:Ce 石榴石结构黄（绿）光材料发光峰较宽，色域较小；(Sr,Ca)AlSiN$_3$:Eu 氮化物红光材料在高功率密度激光激发下发光效率和稳定性较低，红光亮度较低，成为制约激光显示行业进一步发展的技术瓶颈。而新型窄带荧光材料则处于研发阶段，暂时没有可用的荧光材料产品。另一方面，需要开发高耐热、高导热激光显示材料——发光陶瓷。发光陶瓷大体可以分为黄光陶瓷、绿光陶瓷和红光陶瓷三类。其中，黄光陶瓷的研究最多，发展较为成熟，因为黄光陶瓷可以出白光，比较契合传统激光荧光显示技术的应用；绿光陶瓷和红光陶瓷可分别发出单色绿光和红光，结合蓝激光的蓝光，可以契合 RGB 三基色的应用，是未来激光荧光技术与 RGB 三基色技术相融合时的理想激光显示材料。目前，绿光陶瓷的研究已有少量厂家介入，但是红光陶瓷效率仍然很低，无法满足产业需求，在产品上还是空白，挑战很大。

与欧美日等传统材料强国相比，我国核心基础材料领域在研发投入、技术水平、经验积累、人才储备等方面还有着不小的差距。我国在激光显示领域的领先，主要依靠激光荧光基础架构的突破、系统集成经验与激光显示材料封装技术自主研发等多方面的有机结合，欧美日等材料强国也看到了激光显示材料对激光显示技术和产业未来发展的影响，欧美日多家老牌材料公司在新型激光显示材料研发中投入了大量的资源，追击的脚步越来越近。我国要保持继续领先，必须加大力度投入激光显示荧光材料的研发。

15.3　存在的问题

（1）自主创新能力不足使我国激光显示材料长期跟跑。荧光激光显示技术经过近十年的发展，目前我国激光显示材料仍然普遍采用传统的 YAG：Ce 黄粉方案及 LuAG：Ce 绿粉、$(Sr,Ca)AlSiN_3$：Eu 红粉组合方案，这些荧光材料及其应用封装专利主要来自日本。由于蓝激光的功率密度比 LED 高一个数量级以上，激光显示对 YAG：Ce 黄粉、LuAG：Ce 绿粉和 $(Sr,Ca)AlSiN_3$：Eu 红粉性能要求远高于 LED 领域，而这些材料中的高端品类也主要来自日本厂家，国内研究机构和厂商主要处于跟随的状态。对于新型激光显示用高亮度、广色域荧光材料的研究和开发，目前欧洲正在逐渐兴起，并不断扩大投入。而对于我国企业来说，这类材料的开发对设备要求高、研发时间长，投入高、见效慢，因此大部分的国内企业都无意愿或无力投入，相关研发人才较少，自主创新能力严重不足。目前，我国的激光显示材料创新开发能力与我国荧光激光显示技术的市场领先地位严重不相称。

（2）材料系统集成能力差限制我国激光显示材料国产化替代。材料的系统集成能力是将创新思维设计转化成实际产品的必备能力，原材料、设备、加工工艺等三个方面对产业集成能力有决定性影响。首先，激光显示用荧光材料性能要求远高于 LED 应用，对荧光材料纯度及其结晶缺陷浓度要求极高。此外，在满足原材料纯度与设备精度的情况下，加工工艺对生产成本、生产效率以及产品性能起到了决定性作用。而我国荧光材料合成所需的高纯原料、高端氮化物荧光粉的高温高压合成设备以及发光陶瓷的精密研磨抛光加工设备三个方面都主要依靠进口。材料的系统集成能力的提升是一项综合性工程，复杂程度及难度导致我国激光显示材料产业在短期内难以实现国产化替代。

（3）产学研严重脱节导致激光显示材料技术转化能力欠缺。我国激光显示技术的快速发展，激光显示材料也开始受到国家、省、市的财政资金的支持，但是其技术转化成果仍然有限。主要原因在于我国产学研衔接不畅，高校和科研院所科技供给能力不足，技术研发方向与企业产业化要求严重不匹配，加上我国材料及其装备企业整体研发能力较弱，无法支撑技术升级和向价值链高端爬升，导致企业前沿产品产业化进程推进缓慢，国产化替代动力严重不足。需要进一步规范产学研关系，开展跨区域、跨组织合作，大力支持激光显示材料相关企业及其科研院所进行核心基础材料的研究，将基础材料的研发和应用紧密结合；积极引进先进人才及其技术，先消化再创新，才能在与传统材料强国的竞争中取得优势。

15.4 "十四五"发展思路

15.4.1 发展目标

到 2025 年，激光显示技术的关键核心——新型激光显示材料及其发光陶瓷的研究、制备和产业化获得突破，主要技术指标达到国际领先水平，掌握一批核心基础荧光材料的知识产权，相关材料配套技术国产化率达到 80% 以上；激光显示荧光材料创造新增产值 100 亿元/年。

15.4.2 重点任务

（1）梳理"十四五"期间重点发展的材料品种。本项目面向国家激光显示关键战略新材料发展的需求，基于荧光激光显示光源技术方案相对于传统三基色激光光源方案具有低成本和高效率的优势，针对现有荧光激光光源技术领域存在的主要瓶颈：亮度低；显示色域小；发光效率低；光学系统效率低。"十四五"期间拟从新型激光显示用高亮度发光材料研究与开发、新型激光显示用广色域发光材料研究与开发、激光显示材料——发光陶瓷的技术开发及远程激光荧光材料技术四个方面进行研究。

1）新型激光显示用高亮度发光材料研究与开发。研究高功率蓝色激光激发下发光材料的发光猝灭行为、热稳定性质、发光饱和特性以及荧光寿命等，设计和开发高结构刚性、短荧光余辉和低缺陷密度的新型超高亮度黄色、红色发光材料。如利用具有高热稳定性的氮化物体系荧光粉，突破传统 $YAG:Ce^{3+}$ 材料的黄光亮度限制；通过氮化物结构调节实现短余辉、高亮度红光，突破（Sr,Ca）$AlSiN_3:Eu$ 材料体系红光亮度限制，实现激光显示基础荧光材料的突破。

2）新型激光显示用广色域发光材料研究与开发。开展荧光材料的发光特性与基质结构关系研究，包括发光半峰宽与配位结构的关系、荧光材料的热猝灭特性与基质能带结构关系的研究；开发新型高结构刚度、短余辉和高热稳定性的激光显示用广色域红光和绿光材料，例如，极端高温高压下高结晶质量、低缺陷密度窄带红光和绿光材料的合成，以及荧光颗粒高稳定性包覆技术的研究。结合高导热、高耐热无机化封装技术，同时实现荧光材料的广色域和高亮度的技术突破。

3）激光显示材料——发光陶瓷的技术开发。多种体系的发光陶瓷技术开发，涵盖黄色、绿色和红色发光陶瓷；发光陶瓷的精密加工技术开发，包括陶瓷的切割、研磨、抛光等加工工艺，特别是对精密尺寸的发光陶瓷的加工能力；发光陶瓷的表面处理技术开发，包括镀膜、蚀刻、亲水疏水等处理工艺；发光陶瓷的精密封装技术开发，发光陶瓷可以应用于未来的新型大功率激光光源，也可以应用于器件化的小型甚至微型精密激光光源，因此掌握发光陶瓷的精密封装技术尤其重要。

4）远程激光荧光材料技术的开发。激光远程激发荧光材料，使得荧光材料远离高激发源，可以实现对荧光材料的散热封装，提高激光光源的发光亮度和效率。系统分析荧光材料和激光器的材料特性，结构特性和热学特性，设计和开发高反射膜层材料、低热阻热界面材料和高效热沉材料，实现荧光材料与激光器两个热源的一体化散热封装，将同时实现激光远程激发发光模块的高效率散热和小型化封装。"十四五"期间重点发展的材料品种见表 15-1。

表 15-1　"十四五"期间重点发展的材料品种

重点材料品种	"十四五"关键技术指标	"十四五"产业发展目标
激光显示用新型高亮度荧光材料	新型黄光材料，光功率密度 100W/mm² ，效率达到 220lm/W	2025 年末，激光显示荧光材料的国产化率达到 80% 以上，创造新增产值达到 100 亿元/年
激光显示用新型高亮度红光材料	新型红光材料，光功率密度 40W/mm² ，效率达到 60lm/W	
激光显示用新型广色域红光材料	新型红光材料，颜色达到 DCI-P3 标准，光功率密度 40W/mm² ，效率达到 50lm/W	
激光显示用新型广色域绿光材料	新型绿光材料，颜色达到 DCI-P3 标准，光功率密度 40W/mm² ，效率达到 120lm/W	
激光显示材料-黄色发光陶瓷	封装后可在固定状态承受 300W 激光照射，效率达到 180lm/W，可出光 54000lm 以上	
激光显示材料-绿色发光陶瓷	封装后可在固定状态承受 200W 激光照射，效率达到 180lm/W，可出光 36000lm 以上	

（2）针对发展目标和重点方向，研究提出"十四五"重大工程项目——高亮度广色域荧光材料 8K 超高清激光显示示范应用工程。开发新型高结构刚性、短荧光余辉和低缺陷密度的新型超高亮度黄色荧光材料，着力突破其亮度和效率限制，结合高导热高耐热无机化封装技术，实现新型激光显示用荧光材料产业化技术突破，推动材料标准化、器件化、组件化，提高产业配套能力，实现在广色域 8K 超高清激光显示光源示范性应用。具体见表 15-2。

表 15-2　"十四五"期间重点材料领域和重大工程项目

重点材料领域	"十四五"重大工程	重大工程预期目标及相关建议
激光显示荧光材料	高亮度广色域荧光材料 8K 超高清激光显示示范应用工程	新型激光显示用高亮度广色域荧光材料产业化技术获得突破，提高相关配套材料国产化水平，满足高亮度广色域 8K 超高清激光显示光源产品需求

（3）研究构建新材料协同创新体系——基于大数据的新型激光显示材料设计开发与产业应用平台。作为战略新兴产业的激光显示行业严重依赖于荧光材料技术进步，而新材料从研发到产业应用需要反复试验和论证，有的需要几年甚至数十年的时间，因此需要大力鼓励新材料的创新性开发，积极建立和利用荧光材料晶体学数据库，针对激光显示用荧光材料所需的基质晶体的能带结构、结构刚度以及发光中心的荧光寿命特性和吸收位置，采用态密度理论进行高通量晶体结构设计模拟计算，快速找到适合激光显示的高光效、低光饱和以及低热衰减的荧光材料；然后用可量产的方法进行快速制备和验证，大幅度提升新材料开发效率和质量。在这个过程中，积极联合科研院所和相关企业，整合国家超算平台

资源，进行新材料高效协同创新性开发。

（4）其他重点任务。

1）激光显示材料关键工艺与专用装备配套工程。组织激光显示材料装备生产企业与材料生产企业开展联合攻关，加快荧光材料所需的高纯合金熔炼、高纯金属氮化原料合成、超高压高温合成、材料表面可控处理、发光陶瓷的高通量切割和高精密抛光等先进工艺技术与专用核心装备开发，实现材料生产核心原料与关键工艺装备配套保障。突破新材料组织成分设计、性能控制、加工成型、建模测试、应用模拟等数字化技术，开发材料制备、表面处理和加工成型等成套生产装备及专用软件。做好新材料科学仪器设备研究开发，发挥计量测试对工艺控制的作用，加快工业在线检测和控制技术开发应用；实现激光显示材料关键工艺与专用装备配套达到国际先进水平，支撑我国激光显示材料产业向高价值链高端发展。

2）建立激光显示荧光材料的行业标准。加快联合高校科研院所进行激光显示荧光材料性能测试标准研究，积极推动激光显示代表企业对其荧光材料企业标准进行充分讨论和论证，升级为行业标准，规范和引导行业快速发展；将标准化列入激光显示材料产业重点工程、重大项目考核验收指标，及时将科研创新成果转化为标准。推动激光显示材料产业标准化试点示范，建设一批激光显示材料产业标准化示范企业和园区，加速激光显示材料技术产业化进程。

15.4.3　支撑保障

（1）推动建立激光显示材料行业协会，优化行业管理。联合激光显示材料技术优势企业和相关科研院所，推动建立激光显示材料行业协会，建立和完善激光显示材料产业的内容和指标体系，制定激光显示材料产品目录，加强对激光显示材料产业发展状况的预警监测，把握行业运行动态，及时发布相关信息，避免盲目发展与重复建设，引导和规范产业有序发展。建立激光显示材料技术成熟度评价体系，制定其材料技术成熟度通用分级标准；积极推动行业协会开展学术交流和行业合作，根据各高校科研院所的研究方向和水平以及激光显示材料上下游企业技术开发能力，依据激光显示材料发展要求和趋势，全国一盘棋、协调分工进行核心技术公关，实现行业快速发展。

（2）加大财税金融支持，推动行业快速发展。充分利用当前我国激光显示技术的知识产权和市场地位，加强对激光显示材料核心技术的财政支持力度，加大对激光显示材料制造业创新中心、性能测试评价中心、生产应用示范平台、应用示范项目的支持力度。落实支持材料产业发展的高新技术企业税收优惠政策。利用多层次的资本市场，加大对激光显示材料产业发展的融资支持，支持优势材料企业开展创新成果产业化及推广。

（3）充分利用国际创新资源，深化国际合作交流。基础荧光材料的知识产权主要在日本，而广色域激光显示荧光材料的研究热点在欧洲，要积极利用这两方的国际创新资源，与其研究机构开展人才与学术交流，引进境外人才队伍、先进技术和管理经验。鼓励境外企业和科研机构在我国设立激光显示材料研发机构，支持符合条件的外商投资企业与国内新材料企业、科研院校合作申请国家科研项目。支持企业并购境外新材料企业和技术研发机构，参加国际技术联盟，申请国外专利，开拓国际市场，加快国际化经营。

16 新型显示材料"十四五"规划思路研究

16.1 新型显示材料发展现状

新型显示产业规模达万亿元，是我国信息电子产业的重要支柱，同时也是我国战略性新兴产业重点发展方向之一。新型显示主要分为蒸镀 OLED、印刷显示（OLED/QLED）、激光显示、Micro/Mini-OLED 显示、3D/全息显示、AR/透明显示、反射式显示等几大类，相应的关键/共性材料主要包含以下七大类：

（1）OLED 材料（蒸镀 OLED、印刷 OLED 材料）；

（2）QLED 材料；

（3）Micro/Mini-LED 材料（μLED 材料）；

（4）激光显示材料；

（5）TFT 材料；

（6）显示基板材料；

（7）反射式显示材料。

16.1.1 OLED 材料（蒸镀 OLED、印刷 OLED）

16.1.1.1 蒸镀 OLED 材料

未来 3~5 年，全球 AMOLED 产线预计将达到近 30 条，OLED 材料的需求量将持续增加。根据 Omdia 预测，2021 年 OLED 材料的市值将超过 33 亿美元。

目前，全球 OLED 材料的市场主要被日本、美国、欧洲企业所占有，包括 UDC（美国）、陶氏化学（美国）、出光（日本）、Merck（德国），以及在三星和 LG 两大 AMOLED 面板厂商的大力支持下逐步成长起来的韩国企业，包括 SDI、LG 化学、SFC、德山等，其市场份额正在逐步增加。

近年来，国际 OLED 材料厂商的研发投入持续增加。UDC 2019 年的财报显示，其研发费用为 0.71 亿美元，在新一代 OLED 材料——TADF 材料的开发方面，日本 Kyulux 和德国 Cynora 两家公司均获得了超过 5000 万美元的资本注入；在韩国，三星和 LG 两家面板企业为韩国 OLED 材料厂商的发展提供了支持，两家公司大胆使用韩国国内材料，减少国外材料的进口。

我国在 AMOLED 和产业生态链建设方面也进行了快速布局，产业核心竞争力不断增长，与国际先进差距逐渐缩小。我国企业规划的产线全部投产后产能总量上将接近韩国企业现有产能。

2022 年全球中小尺寸 OLED 产能分布见表 16-1。

表16-1 2022年全球中小尺寸OLED产能分布

地区	中国大陆	韩国	其他
年面积产能/km²	13279	13441	885
全球占比/%	48	49	3

同时我国在OLED材料等领域实现了一定突破,但与世界先进水平还有较大差距,目前OLED材料配套率为13%。具有自主知识产权国产蒸镀OLED发光材料还未能实现规模化的生产,国内相关企业主要从事OLED中间体/粗单体的生产,目前中国已成为全球OLED中间体/粗单体的主要生产国。我国OLED中间体和单体粗品相关企业见表16-2。

表16-2 我国OLED中间体和单体粗品相关企业

公司	主要产品	核心客户
万润股份	OLED中间体、单体粗品	DOOSAN、LG华星、DOW
瑞联新材	OLED中间体、单体粗品	日韩贸易商(JNC、Doosan、SDI)、Merck、IDEMITSU
濮阳惠成	OLED中间体	韩国贸易商
北京阿格蕾雅	OLED中间体	Merck
吉林奥来德	OLED中间体	CS-ESOLAR
莱特光电	OLED中间体	韩国企业

国产OLED发光材料的缺乏使我国在OLED显示技术发展过程中缺乏话语权,OLED面板企业很大程度受到国外材料公司的制衡。借助OLED显示产业快速发展的黄金期,国内OLED材料企业,如鼎材科技、华睿、三月光电、奥莱德等企业也实现了一定规模的量产实绩,如鼎材科技所开发的电子传输材料、发光辅助层材料及华睿开发的红绿主客体材料、三月光电开发的光取出层材料,能够达到与国外材料厂商相同的性能,已经被少数国内面板厂商所采用。

总体来说,我国作为全球最大的OLED应用市场,对OLED材料需求相当可观,产业发展潜力巨大。随着国产材料厂商持续的研发,完成具有自主知识产权的高性能材料的开发,我国OLED材料将逐步成为新型显示产业的安全支柱。

16.1.1.2 印刷OLED材料

在印刷显示产业布局上,国际知名厂商起步较早,已取得一定的成绩。

美国陶氏-杜邦公司,投入了6亿美元的研发,专利总申请与授权543件。杜邦公司红色、蓝色印刷OLED材料在稳定性与寿命方面在同行业中表现最为突出,陶氏-杜邦已于2018年将该业务转让至LG化学。

日本住友化学致力于高分子印刷OLED材料开发,其材料性能是高分子印刷材料领域的佼佼者,其材料已被日本JOLED公司用于小批量量产,并提供给索尼医疗用于高端医疗显示屏。

日本JOLED公司采用松下的"印刷式"工艺技术,于2016年下半年设置G4.5代印刷OLED面板的试产线,完成20英寸/230PPI样机开发。于2018年开始G5.5量产线建设

（政府资金占股 85%），2020 年 Q2 开始量产。

德国默克集团目前主要开发小分子印刷 OLED 材料，其红色、绿色印刷 OLED 材料性能优异，其效率、色域、稳定性与寿命方面在同行业中表现最为突出。

近十多年来，我国在国家重大专项、"863""973"支撑计划及其他国家科技计划的支持下，多家高校与科研院所在印刷显示相关材料的基础研究方面开展了大量的工作，积累了很好的理论基础，尤其是在印刷聚合物发光材料、电子墨水材料技术等方面取得了突出的研究成果，如华南理工大学、中国科学院长春应用化学研究所、天津大学分别在荧光材料、磷光材料和载流子传输材料方面在国内外知名期刊上发表大量的相关研究成果，特别是华南理工大学与广州新视界公司在印刷 OLED 材料与技术方面取得了国际领先的研究成果，基于自主发展的聚合物发光材料及印刷阴极材料，成功的制备了我国首个全喷墨打印的彩色显示器件。然而，我国印刷显示与材料体系的整体发展与国际水平还有一些差距，但差距不大。

16.1.2　QLED 材料

量子点材料在显示领域的应用包括光致发光和电致发光。

光致发光材料已实现商业化应用，主要用于量子点增强背光源。量子点背光膜片厂商主要包括纳晶科技、韩国 SKC、日本日立化成。三星、TCL、海信、美国 Vizio 等公司推出高端量子点背光源液晶电视产品中，三星占据全球市场份额的 90%。

在电致发光材料方面，还面临着材料性能、寿命等关键技术亟待突破，为此，各国均投入大量的人力物力展开研发。

在美国，MIT 的 Bawendi 教授和 Berkley 的 Alivisatos 教授作为量子点材料的研究先驱，发明了金属有机前体合成方法，分别衍生出了 QD Vision 和 Nanosys 两家在量子点行业有影响力的创新企业。Florida 大学在 QLED 方向也有一些开创性的研究，衍生出 NanoPhotonica 公司。

在韩国，量子点方面的研究以三星公司为核心，首尔大学、韩国技术研究院等科研单位提供支持的形式进行。三星公司于 2016 年并购了美国 QD Vision、入股 NanoSys、入股 NanoPhotonica，进一步加强它们在量子点显示方面的国际地位。三星的这一系列运作，实际上等价于整合了美国与韩国两股力量，与中国进行直接竞争。

国内量子点显示应用的研究起步比美国晚，近年来经过学术界浙江大学彭笑刚等课题组以及产业界纳晶科技公司、TCL、BOE 等大力推动，我国在量子点材料、QLED 原型器件、打印技术等方向处于国际领先地位。因此，为我国显示产业突破国外现有技术路线的专利封锁，同时在下一代技术竞争中崛起提供了难得的历史机遇。

浙江大学——纳晶科技在量子点材料的产业化具有雄厚技术实力，已建成大规模低成本的光致量子点浓缩液生产基地（达 150 吨/年）。纳晶科技的量子点背光膜片的技术已经和国外厂商持平且成本更低，建成年产 50 万平方米的量子点膜生产线，2019 年生产量子点膜 44 万平方米，达到设计产能的 88%，2020 年预计打样及生产销售量子点膜 135 万平方米。另外，广东普加福作为我国量子点和其他纳米金属氧化物半导体新材料的核心企业，在量子点材料方面拥有完整的产业链优势，量子点材料和量子点膜一体化量产生产能力。首条年产量 60 万平方米高广色域光学膜生产线于 2016 年投入运行。

在 2014 年后，国内科研院所在量子点材料研究方面投入快速增加，华南理工大学、南方科技大学、福州大学、河南大学、南京理工大学、北京理工大学、长春应化所、长春光机所、吉林大学等 20 多家科研机构纷纷投入到该方向。可以说，中国在量子点材料研究方面已经有了一定的宽度与积累。如浙江大学结合量子点材料和器件结构的设计，取得了高效率和长寿命的量子点发光器件，相关研究结果在 Nature 上发表。福州大学成立了国内首家"量子点"专业研究机构——量子点研究院，在量子点发光器件和印刷工艺方面取得了重要的进展；南方科技大学研发了 InP/ZnS 量子点的无 Cd 白光 QLED 器件，并在顶出光 QLED 器件与柔性 QLED 器件等方面做出了创新工作；东南大学在电子传输层和新型空穴传输层材料的制备和器件工程方面取得一定进展。此外，福州大学还开发可制作大面积、高效率 QLED 器件的刮涂技术；中国科学院北京化学研究所绿色印刷实验室、苏州纳米研究所在印刷工艺和技术上做出了很多有特色的工作。

TCL 华星、BOE 等国内显示巨头纷纷加快布局电致发光 QLED 显示领域。TCL 研发团队在 QLED 器件寿命开发尤其是蓝色器件寿命突破、打印器件结构和工艺开发等方面取得了重要的进展，加速布局更高世代印刷量产线、向产业化应用推进，同时在 QLED 领域的公开专利申请数量已跃居全球第二，紧追三星；BOE 于 2017 年在全球首家推出 5 英寸印刷全彩 AM-QLED 样机，TCL 与广东聚华于 2018 年及 2019 年先后推出全球首款 31 英寸 UHD 印刷 H-QLED 样机及全量子点 QLED 样机。

16.1.3 Micro/Mini-LED 材料（μ-LED 材料）

μLED（微米级 LED，包括 Micro-LED 和 Mini-LED）显示技术在十余年前引起人们的关注，期间世界上多个项目组发布成果并促进相关技术进一步发展。

法国 CEA-LETI 研究中心推出了 iLED matrix，采用量子点实现全彩显示，像素点只有 10μm，侧重于 VR/AR 显示应用；X-celeprint 获得 John A. Rogers 教授独家授权 Micro-Transfer-Printing（μTP）技术，专注于 μLED 转印技术及设备解决方案的研发和销售；美国 Mikromesa、中国台湾錼创（PlayNitride）则专注于基于 TFT 背板的 μLED 芯片技术及巨量转移技术开发，以期实现大尺寸 μLED 应用。

日本 Sony 公司在 2012 年发布的 55 寸"Crystal LED Display"对比度可达百万比一，色饱和度可达 140%NTSC，无反应时间和使用寿命问题。2016 年 Sony 在原产品的基础上推出了"模块化拼接"的概念，经多片模组拼接成大尺寸显示屏。

2014 年，美国苹果就收购了 μLED 开发公司 LuxVue Technology，在中国台湾龙潭设立了 μLED 研究所，并投入巨资开发 μLED 技术，希望在未来几年内将 μLED 显示技术应用到 iPhone 或 Apple Watch 等产品中。

2018 年 CES，三星也成功推出大尺寸 μLED（LED 尺寸在 100～200μm）的显示墙样机和产品。我国的 TCL 电子和海信也推出相应的显示墙样机。同期国外一些科研机构和科研团队已开发出不同尺寸和阵列的 μLED 显示器件。

跟欧美日韩等发达国家相比，中国 μLED 基础研究方面起步较早并且一直保持与国际水平并跑的局面。但在 μLED 产业化方面，中国大陆的反应稍显滞后。随着未来 μLED 商业化步伐逐步加快，在产业链中领先布局的企业有望受益于新一代显示技术量产热潮，实现业绩的新一轮增长，也必将使中国在新一代 μLED 技术与产业化发展后发制人，最终实现技术和产业的引领。

在 LED 芯片外延方面，三安光电和乾照光电公司已投入 μLED 芯片研发，并与知名高校和企业合作开发产品。在驱动方面，中国台湾的和莲光电在 CMOS 芯片方面投入较大，工艺较为成熟，与美国 Glo 公司合作已实现了 0.5 英寸全彩 μLED 显示样机开发；华星光电、天马微电子、京东方、维新诺、中电熊猫等单位在 TFT 驱动技术方面已取得了一定进展。TCL 集团和华星光电联合三安光电、中国台湾錼创（PlayNitride）、乾照光电及国内 LED 封装厂家，分别开发成功 3.3″透明 μLED 显示样机和 8″ 柔性 μLED 显示样机开发；天马集团与中国台湾錼创合作，已完成 7 英寸，100PPI 的 LTPS-TFT 透明 μLED 显示。福州大学联合乾照光电、中科院微电子所、中科院长春光机所、广东省半导体产业研究院合作成功研制出 0.55 寸 1323PPI 单色（间距 19.2μm，分辨率 640×360）AM μLED 显示样机；南方科技大学数年前已经成功制备出分辨率为 846PPI 的 WQVGA 有源寻址 μLED 显示样品。

μLED 背光（Mini-LED 背光）这几年引起了显示面板和显示终端厂家的关注。μLED 背光可实现多分区局域动态调光，具有寿命长、稳定性好、产业链成熟等优势，主要集中在 100 寸以下的 LCD 显示，应用包括电视、手机、电竞、车载 LCD 背光等。群创光电在 2018 年初 CES 展会推出了 12.1″有源驱动 μLED 背光，分区数达 7200 分区，用于车载显示；友达、华映等面板厂家也推出了搭配 μLED 背光笔记本电脑显示器、电竞显示器样机，峰值亮度均达到 1000cd/m²，对比度达到 1000000∶1。

2019 年美国 SID 展，TCL 集团展出了有源矩阵驱动的 65 寸 μLED 背光电视，采用主动式驱动全彩 RGB μLED，分区数高达 5184 区，峰值亮度高达 2000cd/m²，色域达到 90% BT.2020，结合超精细动态调光，对比度高达到 1000000∶1。

除了 TCL 集团，国内面板厂家华星光电、京东方、天马电子等也纷纷在各大展会推出搭配 μLED 背光的样机。

16.1.4　激光显示材料

显示技术的发展方向之一是要"走向视觉极限"，现有的显示技术中激光显示可以实现双高清、大色域、高观赏舒适度的高保真图像再现，可以满足目前超高清国际电视标准 BT.2020 的要求，预计可实现超过千亿元/年级的产业规模，是国际业界竞相发展的新型产业。

在三基色激光光源方面，北美地区，Novalux、Soraa、Cree 等公司投资累计超过 50 亿美元，从事相关开发；Christie（科视）、Imax、LLE 积极进行产业链整合，大力开展激光数字影院的开发；Microvision、摩托罗拉等公司正开展手机激光显示关键技术攻关；TI 在激光显示图像处理芯片方面已经形成了垄断地位。亚洲，日本日亚、三菱、三洋、住友电气、Oclaro 等公司共投入不少于 32 亿美元用于红绿蓝三基色半导体光源的研发，并处于国际领先地位；此外，日本企业还积极开发各种激光显示产品，已先后开发出 65/75 英寸激光背投电视（三菱）和激光数字影院技术（Sony）、激光工程投影机（NEC）等样机和产品在各类博览会展示。欧洲，欧盟制定了 Orisis 计划，Barco、Philips、OSRAM 等联合承担激光显示技术的开发；欧洲企业（Barco，Cinemeccanica，Projection Design 等公司）

积极投入超过 1.3 亿欧元开展激光显示产品开发。

在三基色 LD 材料和器件方面，国外处于垄断地位，其性能指标均可满足激光显示产品的应用需求。红光 LD 基于 InP（磷化镓）材料体系，采用 InGaP/AlGaInP 量子阱结构，日本的索尼、日立、Oclaro 和三菱等公司处于领先地位，单管功率可达 750mW，使用寿命超过两万小时，TO 封装的红光 LD 单管器件价格低于 10 美元/W。蓝绿光 LD 基于 GaN 材料，采用 (In)GaN/InGaN 多量子阱体系，日本 Nichia 公司、德国欧司朗公司在 GaN 基蓝、绿光 LD 研究方面处于领先地位，蓝光 LD 单管输出功率已经达到了 4W，绿光 LD 单管超过 1W，均可以满足在激光显示领域应用的要求，预示着激光光源全半导体化的激光显示时代的来临。

我国激光显示总体水平与国外同步，整机关键技术方面已处于国际领先水平，但在三基色 LD 光源材料器件尚与国外有 3~5 年差距，主要原因是起步较晚。我国相继出台多项政策支持发展激光显示这一国家战略性新兴技术和产业，将重点发展基于三基色 LD 为光源的激光显示产业化关键技术，抢占技术制高点，以期自主可控发展我国的激光显示产业。

红光 LD 方面，中科院半导体所、深圳瑞波公司以及山东大学等单位代表国内最高水平；山东华光光电子公司已经实现了 650nm 红光 LD 器件的规模化生产。蓝绿光 LD 方面，中科院苏州纳米所、中科院半导体所、北京大学、清华大学等代表着国内的最高水平。深圳瑞波光电有限公司与夏普公司开展了长期、深度的技术合作开发，成功研发了大功率蓝绿光芯片和器件，其中蓝光激光芯片功率达到 3.5W，绿光激光芯片功率达到 0.5W。

在 LD 模组方面，杭州中科极光科技有限公司突破了高效率、小型化、高可靠性、大色域、可自动化组装的红绿蓝三基色激光模组研发及生产关键技术，自主研制出高功率、高效率一体化红绿蓝三基色激光模组，输出功率分别可达 7.7W、7.1W 和 32.5W，通过了国军标 GJB150A 的高低温、震动、冲击等各项测试，防水性能达到 IP66，寿命超过两万小时，可满足三基色 LD 激光显示整机应用需求，达到了国际的领先水平。

整机方面，中科院许祖彦团队 2005 年在国内首次研制成激光全色投影显示原理样机（全固态激光源），2006 年 1 月通过信产部和中科院联合鉴定，"总体水平世界先进，色域覆盖率等关键技术国际领先，并拥有多项核心技术发明专利为代表的知识产权"。另外，海信、TCL、长虹也分别有不同的激光显示整机上市。

16.1.5　TFT 材料

当前已量产的 TFT 技术可分为非晶硅（a-Si）TFT、低温多晶硅（LTPS）TFT 和金属氧化（MO）TFT。其中，非晶硅 TFT 和低温多晶硅 TFT 已经在平板显示面板工艺中实现了大规模产业化。非晶硅 TFT 由于迁移率较低（$<1cm^2/Vs$），无法满足新一代高规格的平板显示的驱动要求，低温多晶硅 TFT 由于大面积均匀性较差、无法大尺寸以及成本高等原因，现主要面向小尺寸显示屏的应用中。而氧化物 TFT 具有迁移率较高（$10cm^2/Vs$）、大面积均匀性较好、制备工艺简单以及温度较低等诸多优势，在大尺寸电视以及中小尺寸显示屏上有广泛的应用前景。表 16-3 是三种不同的 TFT 技术对比。

表 16-3　三种不同的 TFT 技术对比

有源层	迁移率/cm² ·(V·s)⁻¹	I_{on}/I_{off}	稳定性	均匀性	工艺温度/℃	掩膜数	成本	基板尺寸
非晶硅	0.1~1	10^7	差	好	250~350	4~5	低	10G
低温多晶硅	50~200	$5×10^8$	好	中	450~500	9~12	高	5.5G
金属氧化物	10~70	约 10^9	好	好	150~350	4~6	低	10G

近年来氧化物 TFT 受到了产业界和学术界的高度关注，并被普遍认为是最有希望应用于新一代平板显示中的 TFT 技术。

国际上，目前金属氧化物 TFT 材料及技术专利主要由日本厂商拥有，日本夏普公司的金属氧化物 TFT 技术（IGZO）最为领先，该公司早在 2012 年前就已经将 IGZO 技术用于驱动 LCD 显示，实现了中小尺寸的显示屏量产。韩国的 LG 公司于 2014 年成功将 IGZO 技术应用于 OLED 电视中，实现了大尺寸 OLED 电视量产。三星电子也早在 2012 年就采用 IGZO-TFT 技术开发了 70 英寸液晶显示屏；2019 年，他们进一步宣布，未来将用氧化物 TFT 技术实现量子点（QLED）电视的产业化。中国台湾的友达也已经发布 65 英寸 4K×2K IGZO 超高解析液晶电视屏，其 6 代线和 8 代线都已经具备生产 IGZO 的能力。全球面板巨头都在加速布局金属氧化物技术，介入氧化物 TFT 技术的研发，专利申请量大幅增长。

国内，第一代非晶硅（a-Si）TFT 经过京东方、华星光电等面板厂十多年的发展，通过面板引进、消化、再吸收，现在技术已经领先，同时我国面板产量、产值已经跃居世界第一。第二代低温多晶硅 LTPS 技术也通过国内龙头面板厂的努力，相关技术水平也赶上国外龙头企业，正处于齐头并进状况，也有相关产品产出。第三代金属氧化物 TFT 技术，国内则刚处于起步阶段，并且大部分都是走技术授权路线（IGZO 氧化物技术），京东方研发的首块金属氧化物的 18.5 英寸高清（HD）液晶屏、17 英寸 AMOLED 彩色显示屏以及大陆第一块 65 英寸 4K×2K 液晶显示屏均采用的是 IGZO-TFT 技术。2013 年，京东方在重庆建设基于氧化物技术的 8.5 代面板生产线，也是采用 IGZO-TFT 技术。与此同时，南京熊猫液晶显示科技有限公司、华星光电以及天马微电子等企业都在开发或者建立产线，也都是基于 IGZO 的 TFT 技术。

16.1.6　显示基板材料（玻璃基板、柔性基板材料）

16.1.6.1　显示基板材料（玻璃基板）

基板玻璃的发展驱动力主要来自于显示面板。大尺寸高效生产、精细化、柔性是显示面板乃至基板玻璃当前和未来共同的发展方向。G8.5 面板生产线成为市场主流，更前端的 G10.5/G11 已实现了产业化；LTPS/OLED 等高分辨率显示技术在 G5.5/G6 世代已趋于成熟，LGD 显示正在进行 OLED 升级到 G8.5/G10.5 世代的尝试；可卷曲、可折叠等柔性显示技术正在兴起等。

目前显示用基板玻璃市场仍处于由美国康宁、日本旭硝子和日本电气硝子等三家美日企业高度垄断的局面。其中美国康宁在溢流法工艺、日本旭硝子在浮法工艺上技术优势明显，两家约占全球份额的近 80%，并通过在中国申请大量专利、与上下游企业签订了绑定服务协议等手段进行严密封锁。尽管中国大陆显示面板供应能力已经跃居全球首位，但是基板玻璃的市占率依然很低，存在很大的技术被动性和产业风险。

国内基板玻璃产业起步晚、积累浅，技术上仍处于跟跑状态，在产品结构、生产品质、成本控制等方面差距明显，特别是高端用途产品仍无批量供应能力。基板玻璃看似容易，好像只需要把玻璃做薄、做平、做洁净就可以，但其实技术壁垒极高，因为 TFT-LCD 用基板玻璃对玻璃表面平整度和杂质含量要求都是微米级的，在生产工艺中对准确调整温度、流速等参数的要求极高，这也是目前国内生产基板玻璃厂商面临的技术壁垒之一。

国内基板玻璃产业起步于 2008 年彩虹建成的首条 G5 基板玻璃试验生产线，比国际垄断巨头晚 30 多年。彩虹历经十多年的不懈努力，先后于 2008 年、2013 年、2016 年和 2017 年率先实现 G5、G6 和 G7.5 基板玻璃的产业化技术突破和升级，实现了 3 条 G7.5 横拉 G6 基板玻璃的高效生产，使基板玻璃产业化技术日益成熟，产品生产和用户应用能够与国际垄断巨头相抗衡、竞争；发展的诸多技术已经过验证、具备了高世代（G8.5 以上）基板玻璃的产业化技术能力。彩虹溢流法 G8.5 基板玻璃生产线建设项目已于 2018 年 9 月开工建设。东旭光电已在液晶玻璃基板领域实现 G5 至 G8.5 产品全覆盖，两条 G8.5 代线已实现后段量产。凯盛科技依托蚌埠玻璃研究院建设的 G8.5 浮法生产线也已投产。国内高世代基板玻璃产业化技术即将突破。与此同时，彩虹还依托国家工程实验室开发 OLED/LTPS 玻璃产品和研发设计产业化技术，并积极进行柔性玻璃的前瞻性研究。

十年来，国内企业技术进步显著，迫使国外寡头大幅降价，有效地提升了下游面板厂商对关键材料采购的话语权和利润水平。但是价格战使国内基板玻璃企业盈利难、资金无法回流，研发投入的资金压力巨大，产品制造经验累积、技术进步步履艰难，大尺寸高世代基板玻璃技术发展与高端精细显示产业发展需求的匹配度远不适应。从体量上看，现阶段我国平板显示产业规模已位居全球第一，但是国内基板玻璃产业占有全球市场的比例还很小。

16.1.6.2　显示基板材料（柔性基板材料）

据 IHS 预测，柔性显示市场规模从 2015 年的 11 亿美元至 2020 年将增长到 420 亿美元，约占整体平板显示市场的 16%。柔性显示器件的出货量预计由 2018 年的 2.35 亿台到 2023 年将快速增加至 5.6 亿台。

国际上 PI 材料研发主要的生产厂家有：美国杜邦公司（Dupont），日本宇部兴产（Ube）、钟渊化学（KANEKA）、三菱瓦斯化学（MGC）、三井化学（Mitsui Chemicals）、东洋纺（TOYOBO），韩国 SKC KOLON 等。

PI 材料技术属于高技术壁垒行业，目前 PI 材料的产能主要被杜邦、宇部兴产、钟渊化学等公司垄断，各公司年产能都在二三千吨左右。

目前国内所开发的 PI 材料为低端应用材料，而高端 PI 浆料材料仍然全部依赖进口。国内有厂家开展高端 PI 浆料技术开发，如上海华谊、武汉柔显、华烁科技、欣奕华材料等企业，以及上海大学、长春应化所、天津大学等科研单位都开展了 PI 材料的技术开发，但是量产化应用还需要一定开发周期。

目前国内 PI 浆料材料研究集中在耐高温黄色 PI 膜材料、高透明背板 PI 膜材料。

16.1.7　反射式显示材料

根据国外统计报告，目前全球电子纸显示器及后端产品市场产值超过 60 亿美元。目前国际上主流的反射式显示技术路径包括电泳电子纸（Electrophoretic Display/EPD），电润湿电子纸（Electrowetting Display/EWD）、胆甾相液晶电子纸（Cholestic Display）等。主要的电子纸类后端产品种类包括电子书、移动终端显示、辅助显示屏及智能电子标签等。

当前电泳电子纸技术依然占据反射式显示屏幕的绝大部分市场，主要被元太（E-ink）把控乃至垄断。在电润湿显示技术方面，美国亚马逊、德国 ADT、荷兰 Etulipa 处于电润湿显示产业化第一梯队，该技术目前已经处于量产前夕的冲刺阶段。

国内，以华南师范大学为代表的一批高校、企业，在电子纸研发及产业化方面，已取得一系列国际领先的原创性成果：2015 年 7 月建成全球首条专有 2.5 代面板中试线，成为全球彩色视频电子纸制造技术的领跑者和最具活力的创新研发及工程化中心。全球首次实现基于三层叠加垂直混色的电润湿显示彩色化方案验证，获得目前报道的最优光学表现的反射式彩色视频电子纸显示器件。

16.2　新型显示材料发展趋势

16.2.1　发展趋势

近年来国内显示面板企业通过大力投资建设 TFT-LCD 面板产线建设，新型显示产业快速崛起，形成了我国大陆及台湾、韩国、日本的"三国四地"产业竞争格局。全球显示产业正加速向我国转移，新型显示已经成为我国后续发展的优势产业，截止到 2019 年 10 月，我国新型显示产业总投资已超过 1.3 万亿元，有超过 19 条 G8.5 代线（及以上）TFT-LCD 以及 12 条 G6 AMOLED 量产线将投入使用，2019 年我国新型显示销售超过 3000 亿元，成为全球最大的面板生产基地。另外，我国激光显示产业也已开始呈现出多点开花的局面，珠三角、长三角、京鲁晋、西部陕西和四川、中国台湾等地区具有超过 30 家厂家布局。

随着"互联网+"、人工智能、可穿戴设备等信息技术的极速进步，对于作为信息窗口的显示器件提出了柔性、轻薄、省电、可折叠卷曲、超大尺寸等要求。从技术路径来看，会从现有的半导体/真空技术，发展到印刷技术，其具有轻薄、柔性、大面积、低成本、节能等特点，是从显示材料、器件、装备到制造技术等整个显示产业链的一次全面的技术革命。涉及整个显示产业链的显示技术全局图如图 16-1 所示。

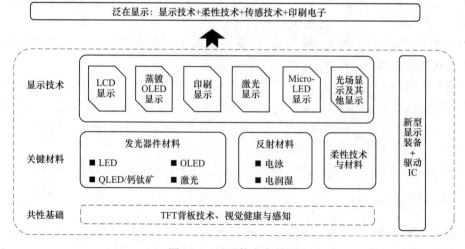

图 16-1　显示技术全局图

在 SID 2019 展会上，参展的新产品、新技术如图 16-2 所示。

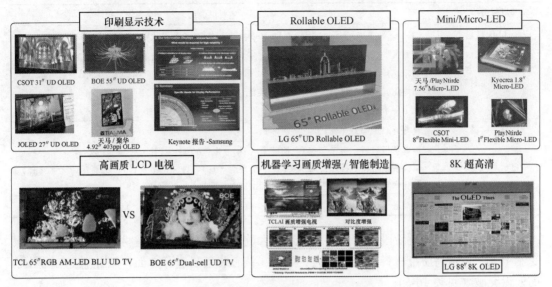

图 16-2　SID 2019 展会展示产品

由参展的产品可以看出，在小屏方面，OLED 已有部分市场并且呈现出从高端手机应用扩展到中低端手机的趋势，JOLED 正小批量生产小尺寸印刷 OLED 屏；在大屏方面，LG Display 有一款 OLED 产品在批量生产。整体来看，未来 3~5 年，印刷 OLED、柔性显示、Micro/Mini-LED、超高清显示等技术将各自占据一定的市场份额，不断丰富显示场景应用，光场显示也在发展之中。

未来 15 年将是显示产业升级换代期，新型显示技术与产业将快速发展：OLED、QLED、Micro/Mini-LED、激光显示等新型显示技术正在蓬勃发展。反射式显示、3D/全息显示、AR/VR 显示等新兴显示也将有一定的市场。

16.2.2　面临挑战

新型显示材料已经成为我国显示发展中的"短板"，对产业安全和重点领域构成重大风险。越来越多高新技术问题体现在新型显示材料上。其中，国内关键材料对外依存度非常高，达到 70% 以上，而具有完全自主知识产权（FTO）的几乎为零。2018 年和 2019 年中兴事件和华为事件告诉我们，核心材料和技术必须掌握在自己手中。

新型显示材料领域是日韩欧美的天下，各类材料主要供应商见表 16-4。

表 16-4　各类材料主要供应商

材料分类	国外主要供应商
蒸镀 OLED 材料	UDC（美）、陶氏化学（美）、出光（日）、Merck（德）、SDI（韩）、LG 化学（韩）、SFC（韩）、德山（韩）
印刷 OLED 材料	陶氏-杜邦（美）、LG 化学（韩）、住友化学（日）、默克集团（德）
QLED 材料	光致发光：三星/Hansol（韩）、Nanosys（美）、Nanoco（英） 电致发光：Nanosys（美）、NanoPhotonica（美）、三星（韩）、Nanoco（英）

续表 16-4

材料分类	国外主要供应商
μLED 材料	CEA-LETI（法）、Sony（日）、LuxVue Technology（美苹果收购）、三星（韩）
激光显示材料	三基色 LD 材料和器件：日本索尼、日立、Oclaro、三菱、Nichia；德国欧司朗等 显示芯片：美国 TI、日本索尼等 超短焦光学镜头材料：日本理光、美能达等 光学屏幕材料：日本 DNP 等
TFT 材料	夏普（日）、LG（韩）、三星（韩）
显示基板材料	玻璃基板材料：康宁（美）、旭硝子（日）、电气硝子（日） 柔性基板材料：杜邦公司（美）、宇部兴产（日）、钟渊化学（日）、三菱瓦斯化学（日）、三井化学（日）、东洋纺（日）、SKC KOLON（韩）
反射式显示材料	亚马逊（美）、ADT（德）、Etulipa（荷兰）

新型显示材料是现阶段我国与国外差距较大的领域，在许多关键材料加工技术上仍然受制于人，包括高质量材料生长、检测、掺杂、核心装备制造等方面，因此急需在以下方面取得突破（见表 16-5）。

表 16-5　材料分类及突破方向

材料分类	突　破　方　向
蒸镀 OLED 材料	红绿光主体材料及客体材料、蓝光主体及客体材料、空穴注入及传输材料、电子注入及传输材料、p 型掺杂材料、阴极覆盖层材料
印刷 OLED 材料	红绿光主体材料及客体材料、蓝光主体及客体材料、空穴注入及传输材料
QLED 材料	提升电致蓝色发光量子点器件的稳定性，加大研发环保型的无镉电致发光量子点；量子点墨水及打印工艺开发以实现电致发光原型器件性能在打印端的继承； 适合 QLED 器件的其他功能层材料，包括空穴传输材料、空穴注入材料、电子传输材料、电子注入材料等； 量子点材料研发的时候重点考虑与喷墨打印技术的适配性； QLED 柔性显示面板
μLED 材料	μLED 显示芯片与高性能单色器件关键技术； μLED 与 CMOS/TFT 背板键合关键技术
激光显示材料	红绿蓝三基色 LD 发光材料器件及其他发光材料； 超高清成像材料器件； 激光显示产业化关键材料、技术及装备
TFT 材料	新型的氧化物半导体材料
显示基板材料	国内大尺寸（G8.5 以上）液晶基板玻璃； 高分辨率显示基板玻璃； 柔性显示用基板玻璃； 高端 PI 浆料
反射式显示材料	彩色化、交互性、柔性化

16.3　存在的问题

尽管我国新型显示产业已经进入全球第一阵营，在产业链上游的玻璃基板、偏光片、液晶材料、薄膜材料等方面也获得局部突破，但仍存在关键材料国产化率低、核心技术自主创新能力不足、产能结构性过剩等问题，依然面临着"大而不强"的局面。由于技术起步较晚以及长期以来跟随发展的模式，我国新型显示产业创新积累、人才储备和基地平台不足，产业链布局主要集中在中下游，上游关键材料技术被日本、韩国、美国、欧洲等国外显示巨头牢牢把控，产业自主可控性差。在国际贸易保护主义抬头的形势下，我国新型显示产业发展安全时刻面临威胁。

（1）技术起步较晚，积累不足。全球新型显示材料的供应权目前掌握在海外厂商手中的原因：首先，国外厂商较早开展新型显示材料技术的研究，申请了较多的基础专利，而国内的材料企业开展相对较晚，受到其专利限制；其次，国外厂商能够持续的投入大量的研发资源和研发成本，能够不断地开发出性能领先竞争对手的材料；此外，国外材料厂商已经积累了丰富的新型显示材料的生产技术，而量产实绩则是面板企业普遍关注的方向。

我国的新型显示材料公司在2010年左右才开始相关的研究，与国外公司相比晚了10年以上，在研发投入、专利数量上与国外材料企业相比存在显著差距。这导致我国的新型显示材料本土化配套明显不足，主要集中在新型显示材料中间体和单体粗品的生产领域，在技术壁垒更高的发光材料单体升华技术等领域依然依赖进口。

（2）新技术开发投资分散，各自为政。在全球新型显示产业竞争已提升到国家级的"战争"之关键时刻，我国在新型显示产业的开发依然各自为政，进行了大量的重复性战略布局，各自依靠自身有限的人力/财力/资源组织技术攻坚，造成了大量的重复投资与资源浪费，并且不能取得理想的成效。

因此，急需建立一个国家级的公共平台，联合行业内一切力量，统一进行规划与布局，结合各家自身优势资源，组织全国性的协同技术攻坚，可以起到事半功倍的效果，对我国新型显示产业的发展起到无比巨大的推进，有助于我国实现产业技术弯道超车，从以往的技术跟随角色，成为国际新型显示产业的领导者。

（3）关键材料发展相对滞后，国产化率较低。新型显示材料是新型显示技术最核心的部分，但现阶段我国与国外差距较大，国内关键材料对外依存度非常高，达到70%以上，而且具有完全自主知识产权（FTO）几乎为零。新型显示关键发光材料仍是日韩欧美的天下，如蒸镀OLED材料主要掌握在出光兴产、保土谷化学工业株式会社、美国UDC公司以及一些韩国公司的手中，国内市场自给率不足13%；印刷OLED材料由陶氏-杜邦（美）、LG化学（韩）、住友化学（日）、默克集团（德）等垄断、TFT玻璃基板由康宁（美）、旭硝子（日）、电气硝子（日）垄断，此两类材料国内市场自给率不足5%。

（4）高端专业人才和技术创新平台缺乏。显示产业的竞争依赖于技术的竞争，技术的竞争归根到底是人才的竞争。在产业发展中前期，我国LCD产业为从国外获得转移技术，曾经付出了高额的代价。总结过去发展经验，专业人才的缺乏和开发平台的不足，也是制约我国新型显示技术可持续发展的重要因素之一。为了避免走过去的老路，我国在新型显示产业一定要在人才培养和研究平台建设上好好"补上一课"，以科技创新人才战略为核心，不断培育壮大科技队伍，支持产业创新平台的建设，全面提升产业创新能力。

16.4 "十四五"发展思路

16.4.1 发展目标

(1) OLED 材料(蒸镀 OLED、印刷 OLED 材料)。推动 OLED 材料厂商的快速成长，实现 OLED 材料 60%以上的国产材料配套，并力争在 OLED 材料新机制、新结构、新概念等方面抢占前沿高端技术制高点，构筑具有国际引领性的核心技术先发优势，实现我国材料领域跨越式发展。

加快我国显示产业链国产化进程，突破 OLED 显示行业重大关键技术，解决制约我国 OLED 产业问题，实现上下游显示产业协同发展，融合上下游国际领先研发技术和创新人才团队，建立我国新型显示产业化应用材料开发平台，建立我国拥有自主知识产权的材料和器件产业化体系。

发展自主知识产权的蒸镀 OLED 材料，包括红绿光主体材料及客体材料、蓝光主体及客体材料、空穴注入及传输材料、电子注入及传输材料、p 型掺杂材料、阴极覆盖层材料，实现自主 IP 材料的批量供货。

性能指标如下：

1) 蓝光：在 CIE-y≤0.05、亮度 1000cd/m² 条件下，效率>8cd/A，寿命 LT97>200h；

2) 绿光：在 CIE-y>0.70、亮度 10000cd/m² 条件下，电流效率>140cd/A，寿命 LT97>350h；

3) 红光：在 CIE-x>0.68、亮度 5000cd/m² 条件下，电流效率>45cd/A，寿命 LT97>400h。发展自主知识产权的印刷 OLED 材料，包括红绿光主体材料及客体材料、蓝光主体及客体材料、空穴注入及传输材料，以及上述材料的墨水配方及工艺，自主 IP 印刷墨水性能满足产业化需求。性能指标：墨水黏度：8~12cP，墨水表面张力：30~40dyn/cm；红光(@1000nits)：电流效率>18Cd/A；器件寿命 T95>8000h；绿光(@1000nits)：电流效率>60Cd/A；器件寿命 T95>10000h；蓝光(@1000nits)：电流效率>5Cd/A；器件寿命 T95>1000h。

(2) QLED 材料。利用我们目前在量子点材料(含光致发光材料和电致发光材料)基础研究的领先优势，以"原始创新驱动产业应用"的思路，整合有实力、有特色的科研单位和我国显示产业链形成产学研联盟，同时充分量子点材料创新平台的基础支撑作用，从而不断源头创新，发展出覆盖材料、器件结构、生产装备和工艺的全产业链自主知识产权体系，最终实现国际先进水平的量子点印刷显示产业集群。

产业的体系完整度超过 60%，产业集中度达到 50%，实现高性能电致发光量子点材料和印刷 AM-QLED 显示屏的量产化。开发面向产业化应用的高效率、长寿命、窄峰宽 QLED 量子点发光材料，重点突破高性能蓝光量子点材料的开发。红绿蓝量子点器件发光效率分别达 38cd/A、100cd/A 和 8cd/A，1000cd/m² 下 T95 寿命分别达 7000h、6000h 和 300h(满足量产整机需求)。实现 QLED 关键材料与装备国产化，构筑自主知识产权体系及行业标准。研发高性能无镉量子点发光材料，实现在量子点光致发光和电致发光显示中的应用。

(3) Micro/Mini-LED 材料(μLED 材料)。实现 μLED 关键材料、关键技术、核心装

备 40%国产化，培养 μLED 核心技术人才。

μLED 显示芯片与高性能、高良率单色器件关键技术。研究适用于 μLED 在 $0.1A/cm^2$ 及更小电流密度工作条件下提高光效的外延及芯片技术，30μm 以下单色（R/G/B）μLED 芯片制备技术，探索不同加工技术对 μLED 器件光电特性的影响规律，解决微尺寸 LED 芯片"边界效应"对 μLED 器件的发光效率，发光波长、可靠性、寿命等的影响规律，研究外延、芯片工艺对芯片良率的影响，开发高效芯片端检测和修补技术，建立单颗 μLED 发光器件评价和测试体系，实现高度一致和均匀的单色 μLED 器件。

μLED 转移及与 μLED 与 TFT 背板/CMOS 背板键合关键技术。针对不同的转移技术开发适合转移的 μLED 结构，设计 R/G/B 三基色 μLED 芯片与 TFT 背板/CMOS 背板键合的电极结构及微米级凸点微结构，以及背板电极与凸点互联的混合集成技术，突破 μLED 芯片与 TFT 背板/CMOS 背板转移与键合技术瓶颈，开发具有自主知识产权的高效、高良率芯片巨量转移和缺陷检测与修复设备，开发适用于 μLED 光电特性的驱动技术和补偿技术，开发适用于大尺寸 μLED 显示的多种不同方案的拼接技术，开发 μLED 高透明显示和全彩化 μLED 显示。

适合于 μLED 背光的大电流 TFT 背板，开发满足驱动 μLED 的大电流 TFT 背板的关键材料，开发大电流 TFT 背板结构及制造工艺，开发基于 TFT 背板的多发区 Mini-LED 背光驱动架构。

（4）激光显示材料。突破红绿蓝三基色 LD 等发光材料/器件/工艺设备关键技术，建成发光材料器件生产线。

指标：红绿蓝三基色半导体激光器（LD）分别实现 2W、1W 和 5W 功率输出，寿命>2 万小时，满足激光显示整机应用需求；绿色固态激光器输出功率超过 15W，寿命超过 2 万小时。研发激光显示用稀土发光材料和量产工艺。

突破三基色 LD 激光显示整机设计、8K 超高清显示芯片、消相干以及关键配套材料器件等关键技术，形成完整的技术创新链。

指标：开发超大尺寸、4K/8K 超高清激光电视、高亮度（十万流明级）工程机等系列化激光显示产品；100 英寸级激光超高清家庭影院成本降低到 2 万元（基于 2019 年价格不变原则）。

开展高效能、大色域三基色激光全息显示技术总体设计研究；探索超高分辨、快响应、大视场的空间光调制器设计理论、制备方法；建立散斑对比度、散斑尺寸和图像对比度等散斑关键参数的表征评价理论和方法。

（5）TFT 材料。TFT 材料：通过面向产业应用的前沿技术突破，掌握自主关键氧化物 TFT 材料制备，突破国外技术壁垒和知识产权保护，整体提升我国 TFT 显示产业技术水平和创新研发能力。

1）开发满足中小尺寸柔性 OLED 显示以及 Micro-LED 等用高迁移率、高稳定的氧化物半导体材料。

2）开发可溶液加工的新型金属氧化物半导体材料，以及用于电子标签（ESL）、X 射线（X-Ray）平板探测，射频识别（RFID）等领域的低成本的氧化物材料与器件技术。

（6）显示基板材料。

1）显示基板材料（玻璃基板）：国内市场争取能够实现 G8.5、G10.5 自主产能达到 2 亿平方米，品质具备国际竞争力，能满足国内 50%以上的市场需求；高分辨率显示用基板玻璃的自主产能达到 500~1000 万平方米，性能与国外产品相当，能满足国内 40%以上的市场需求；实现柔性显示基板玻璃产业化，产品性能达到国际同行水平；实现基板玻璃产品结构完整，能与国际上同步开发新功能用途产品，使我国成为基板玻璃制造强国。截止到 2035 年，进一步实现超越，使我国基板玻璃无论是研发能力、技术水平还是产业化规模均达到全球领先，占据全球份额 35%以上，国内配套具备 70%的能力，配合显示行业全面实现在全球的龙头地位。

2）显示基板材料（柔性基板材料）：首先在性能上完全可以替代国外产品，具体性能为耐高热聚酰亚胺薄膜的玻璃化转变温度高于 450℃，线膨胀系数≤5ppm/K，可耐加工温度>500℃，拉伸强度>150MPa，杨氏模量>2.5GPa，吸水率≤1%，并可实现百吨级生产。透明聚酰亚胺的性能指标为玻璃化转变温度高于 400℃，透过率>90%，可实现百吨级生产，并形成完善的产业链，产品占市场规模 20%左右。最终，新型显示产业用柔性材料实现 100%国产化，具备完全自主可控的量产化前驱体基础材料。成功开发具备高端柔性材料生产制造能力的配套国产化装备，国产化率超过 90%，获得国际话语权。

（7）反射式显示材料。聚焦反射式显示产业前沿，抓住反射式显示向彩色化、柔性化、视频化技术转型和视觉健康重大民生工程、物联网等产业爆发需求的历史机遇，以关键反射式显示材料器件为核心，以反射式显示整机集成技术、驱动技术、器件光电性能科学设计为重点，构建贯穿材料、器件工艺、集成与驱动到产线的下一代反射式显示完整创新链；并积极推动相关标准制定，在全球反射式显示领域形成技术创新与产业制高点。

电润湿电子纸显示器件：尺寸≤6 英寸，显示色域≥60%NTSC，反射率≥40%，响应速度≤20ms，柔性电子纸曲率半径≤1cm。

电泳电子纸显示器件：显示色域≥40%NTSC，尺寸≥15 英寸，年产量≥10 万平方米，响应速度≤100ms。

16.4.2　重点任务

（1）"十四五"重点发展的材料品种，见表 16-6。

表 16-6　"十四五"重点发展的材料品种

重点材料品种	"十四五"关键技术指标	"十四五"产业发展目标
红绿光主体材料及客体材料、蓝光主体及客体材料、空穴注入及传输材料、电子注入及传输材料、p 型掺杂材料、阴极覆盖层材料	实现自主 IP 材料的批量供货。性能指标如下： （1）蓝光：在 CIE-y≤0.05、亮度 1000cd/m² 条件下，效率>8cd/A，寿命 LT97>200h； （2）绿光：在 CIE-y>0.70、亮度 10000cd/m² 条件下，电流效率>140cd/A，寿命 LT97>350h； （3）红光：在 CIE-x>0.68、亮度 5000cd/m² 条件下，电流效率>45cd/A，寿命 LT97>400h	（1）为保障 AMOLED 新型显示产业的健康发展，推动 OLED 材料厂商的快速成长，突破 AMOLED 显示应用的关键 OLED 材料的国外专利限制；实现 OLED 材料 50%以上的国产材料配套； （2）力争在 OLED 材料新机制、新结构、新概念等方面抢占前沿高端技术制高点，构筑具有国际引领性的核心技术先发优势，实现我国材料领域跨越式发展

重点材料品种	"十四五"关键技术指标	"十四五"产业发展目标
具备自主 IP 的可溶性红绿光主体材料及客体材料、蓝光主体及客体材料、空穴注入及传输材料，以及上述材料的墨水配方及工艺	（1）墨水黏度：8~12cP，墨水表面张力：30~40dyn/cm； （2）红光（@1000nits）：电流效率>18Cd/A；器件寿命 T95>8000h； （3）绿光（@1000nits）：电流效率>60Cd/A；器件寿命 T95>10000h； （4）蓝光（@1000nits）：电流效率>5Cd/A；器件寿命 T95>1000h	开发具有自主知识产权的印刷型 OLED 材料、墨水、器件、驱动补偿及显示屏制造等技术，初步实现印刷显示材料及墨水 30%以上的国产化材料配套，实现对国外技术的赶超，在印刷显示领域占取主导地位
高耐热聚酰亚胺材料	柔性衬底用高耐热聚酰亚胺薄膜 $T_g>450℃$，CTE<5ppm/K（50~450℃），拉伸强度>400MPa，伸长率>15%，1%热失重>500℃	形成千吨聚酰亚胺浆料的产能规模，打通全工艺流程并实现批量生产；实现聚酰亚胺浆料在柔性 AMOLED 产线的应用，完成大规模量产导入应用
高透明聚酰亚胺薄膜	（1）柔性盖板用高透明聚酰亚胺薄膜性能达到 $T_g≥350℃$，透过率≥90%（550nm 波长/50μm 厚度下），雾度≤1%，色度 b 值≤1，耐热性 250℃； （2）开发耐高温透明聚酰亚胺材料，兼顾高耐热性能、高透光率和优良的力学性能，实现工程化制备技术	突破高透明聚酰亚胺专用树脂批量化制备和光学级薄膜产业化制备关键技术，建成柔性显示应用光学级聚酰亚胺薄膜产线；形成硬化层涂布/油墨印刷/模切综合方案解决能力
薄膜封装材料	在柔性显示的无机层/封装材料/无机层结构中实现薄膜封装水氧渗透率低于 $10^{-6}g/(d·m^2)$；热稳定性>300℃、室温存储寿命≥6 个月、使用寿命≥45 天	实现高透光、低体积收缩率、高水氧阻隔特性、可紫外固化的聚合物材料；在薄膜封装材料与技术领域形成拥有自主知识产权的相关产业公司若干，能够实现柔性 AMOLED 封装材料国产化
金属掩模版	应用于 AMOLED 蒸镀工艺的高可靠性金属掩模版国产化突破	突破因瓦合金（Invar，含有 36%镍的镍-铁低膨胀合金）原材料被日本独家垄断的局面，进行材料国产化培育；实现中尺寸、新张网工艺以及刻蚀型掩膜版图形补偿量算法的专利布局；实现电铸型/混合型生产工艺的国产方案布局
光学胶（Optically clear adhesive，OCA）	透过率≥98%；雾度≤1%；黏性≥1500g；油墨填充性≥25%	实现具有自主知识产权的环氧树脂型、丙烯酸酯型、有机硅型等新型光学胶的国产化，突破光学胶生产核心技术
高分辨率光刻胶	（1）解析度≤1.5μm；线膨胀系数≤60ppm/K；水分含量≤1%； （2）力学、电学等性能满足柔性 AMOLED 面板要求	开发出具有自主知识产权的柔性 AMOLED 面板用图形化高解像度光刻胶材料，性能达到进口材料水准，成本可控
正性有机胶	（1）残膜率≥70%； （2）热稳定性 Td1%>300℃，Td5%>320℃； （3）Outgas≤500ppm（250℃）； （4）Taper 角 PDL<45°；PLN 45°~65°； （5）玻璃转化温度 $T_g>230℃$； （6）单种离子（Na、Fe、Cu、Ca、Cr）含量<1ppm	（1）AMOLED 显示产品用于像素分隔和绝缘作用的正性有机胶，知识产权突破国外专利限制，实现国产化配套，配套比例达到 80%以上； （2）形成持续的正性有机胶开发能力，满足市场需求

重点材料品种	"十四五"关键技术指标	"十四五"产业发展目标
彩色光刻胶	（1）色浆关键技术指标： 红色色浆（R177）：R_x（fix）= 0.6450，R_y = 0.3335，RY = 21.7； 红色色浆（DPP）：R_x（fix）= 0.6500；R_y = 0.3062. RY = 15.08； 绿色色浆（G58）：G_y（fix）= 0.500，G_x = 0.2472，GY = 60.43； 蓝色色浆（B15：6）：B_y（fix）= 0.1002，B_x = 0.1350，BY = 11.19； 黄色色浆（Y138）：Y_x = 0.4143，Y_y = 0.4980，YY = 94.75； （2）彩色光刻胶关键技术指标： 红色光刻胶：R_x（fix）= 0.6508，R_y = 0.3162，RY = 17.23； 绿色光刻胶：G_y（fix）= 0.550，G_x = 0.285，GY = 65； 蓝色光刻胶：B_y（fix）= 0.1034，B_x = 0.1349，BY = 11.6	新型显示用彩色光刻胶及彩色光刻胶制造配套的上游关键原材料的高端颜料、色浆，实现全部种类的国产配套，从国内采购的比例达 80%；形成持续的彩色光刻胶开发能力，满足市场需求
高纯度溅射靶材（Ag 靶材/ITO 靶材等）	突破超高纯金属提纯、晶粒晶向控制、精密加工等高纯度溅射靶材生产过程中的关键技术，掌握均匀化、高密度高端靶材制备能力	实现溅射靶材产业从低端向高端产品升级，实现高端国产 ITO 靶材、Ag 靶材的产业化应用
含镉发光量子点	量子点打印器件发光效率分别 > 38cd/A、>100cd/A 和 8cd/A，在 1000cd/m² 下的 T95 寿命分别>7000h、>6000h 和>300h；印刷 AM-QLED 显示面板色域≥85%BT2020，T50 寿命>3 万小时，功耗≤300W	完成印刷 QLED 显示面板中试量产验证（G4.5 代或以上）
无镉发光量子点	（1）红、绿、蓝无镉量子点材料的发光半峰宽分别<36nm、<34nm 和<32nm，光致发光量子效率分别>90%、>90% 和>80%； （2）无镉量子点原型器件发光效率分别>18cd/A、>70cd/A 和>4cd/A，在 1000cd/m² 下的半衰寿命分别>1 万小时、>1 万小时和>1000h	实现 5 英寸或以上小尺寸和 55 英寸或以上大尺寸无镉量子点 AM-QLED 显示屏样机，分辨率 4K 或以上
μLED 显示芯片与高性能器件关键技术	（1）在 0.1A/cm² 电流密度驱动条件下，蓝光 EQE>40%，绿光 EQE > 30%，红光 EQE > 15%；T50 达到 3 万小时@10μA/chip； （2）支持微显示技术，微显示分辨率达到 2000PPI 或以上； （3）开发基于 TFT 背板的大尺寸拼接显示器，分辨率 3840 × 2160 或以上，μLED 芯片尺寸≤25μm×25μm；亮度>400nits，1/2 亮度视角>60°灰阶 256，NTSC>115% 或 BT2020>90%	（1）实现批量 μLED 显示用外延片、芯片材料的国产化，实现 μLED 显示关键材料、关键技术、核心装备 50% 国产化； （2）突破 μLED 微显示技术及大型化显示技术，同时建立完善的专利壁垒与高度集成的技术障碍

重点材料品种	"十四五"关键技术指标	"十四五"产业发展目标
有源驱动 μLED 背光材料及 μLED 背光	（1）开发适用于驱动 μLED 背光的 TFT 背板或混合驱动 TFT 背板，每分区驱动电流≥5mA；耐压：≥24V；$\Delta I \leqslant 0.5mA$ @5mA（1000h、60℃、90%RH）； （2）开发 μLED 芯片与 TFT 背板键合的微米级凸点微结构，以及 μLED 芯片与 TFT 背板电极键合的关键材料和工艺，实现 μLED 芯片与 TFT 背板电性连接，连接电阻≤0.5Ω	开发超多分区 μLED 显示背光模组及产业化技术，实现超多分区 μLED 背光模组产业化；搭配超多分区 μLED 背光，提升 LCD 显示画质，使 LCD 画质接近甚至超越 OLED 显示，实现换道超车
红绿蓝三基色半导体激光材料器件（LD）	红绿蓝三基色 LD 分别实现 2W、1W 和 5W 功率输出，寿命>2 万小时，生产成本分别降到 15 元/W、70 元/W 和 15 元/W 以下，满足三基色激光显示整机应用需求	自主发展铟镓磷（InGaP）红光、铟镓氮（InGaN）蓝绿光半导体激光器（LD）材料、器件、工艺设备关键技术，全面掌握可控制备、稳定生产、高成品率和低生产成本的三基色半导体激光器（LD）材料设计、生长、器件制备与量产技术和工艺，达到国际领先/先进水平，并在激光影院/电视等显示产品上得到应用，解决核心光源材料受制于人的问题，确保产业发展自主可控
激光显示超高分辨成像材料	分辨率 8K，帧频速度≥120Hz，支持 12bit 颜色数	面向显示产业转型升级重大需求，自主发展面型超高清激光显示产业应用需求的 8K 投影显示控制芯片、快响应/大视场的空间光调制器等超高分辨成像材料器件设计理论、制备方法与整机融合关键技术，形成超高清激光显示成像技术的完整创新链，支撑激光显示整机规模量产
高迁移率稀土氧化物半导体材料	电子迁移率>50cm²/Vs，光照、电压、加热条件下输出电流稳定，阈值电压漂移<0.5V，稀土氧化物有源层材料可用于 8 代及以上面板线，并实现批量生产应用	具有自主知识产权的稀土氧化物材料替代传统的非晶硅技术，全面超越目前依靠国外专利量产的 IGZO 材料体系的性能： （1）高亮度 LCD 驱动背板应用领域，使用具有高光稳定性的金属氧化物 TFT 替代 a-Si TFT 开关阵列；解决 a-Si 背板高亮度背光照射下稳定性、驱动线路周边集成等问题，满足车载以及户外商显对高亮度，高对比度显示屏的要求。 产品目标： TFT 迁移率>25cm²/Vs，亚阈值摆幅（S.S.）<0.2V/dec，阈值电压 V_{th} 范围−1～1V，开关比（$R_{on/off}$）>10^9； 稳定性要求：PBTS/NBTS：ΔV_{th}<0.5V @V_{gs} = +/−20V，V_{ds} = 0.1V，温度 60℃，应力时间 3600s；NIBTS：ΔV_{th}<1.5V @V_{gs} = +/−20V，V_{ds} = 0.1V，温度 60℃，光照强度>5000nits，应力时间 3600s；

续表 16-6

重点材料品种	"十四五"关键技术指标	"十四五"产业发展目标
高迁移率稀土氧化物半导体材料	电子迁移率>50cm^2/Vs，光照、电压、加热条件下输出电流稳定，阈值电压漂移<0.5V，稀土氧化物有源层材料可用于 8 代及以上面板线，并实现批量生产应用	LCD 显示屏（diagonal）≥5inch，像素密度≥200PPI，亮度≥1500cd/m^2，100h 连续工作下，显示屏无残影。 （2）Mini 背光源驱动背板技术，目前 Mini 背光技术通常采用 PM 驱动方式，面临成本高，功耗高，分区数低等问题；目前可以基于成熟的 FPD 工艺，采用 AM 驱动方式，利用高迁移率 MOTFT 技术，实现低成本，高分区数的 Mini 背光产品化。 产品目标： TFT 迁移率>50cm^2/Vs；亚阈值摆幅（S. S.）<0.2V/dec；阈值电压 V_{th} 范围 -1~1V；开关比（$R_{on/off}$）>10^9；TFT 器件电流输出能力>100mA，同时保证漏电流 I_{off}<10^{-13} A； 稳定性要求：PBTS/NBTS：ΔV_{th}<0.8V @V_{gs} = +/$-$20V，V_{ds} = 0.1V，温度 60℃，应力时间 3600s；NIBTS：ΔV_{th}<2.0V @V_{gs} = +/$-$20V，V_{ds} = 0.1V，温度 60℃，光照强度>5000nits，应力时间 3600s； 基于 TFT 驱动的主动控制 Mini 背光板：背光尺寸（diagonal）≥5inch，LED 数量≥30000 颗，分区数≥8000 区，背光亮度≥60000cd/m^2。 （3）LTPO 阵列背板技术，目前移动显示对低功耗要求越来越高，因此对于显示变频技术越来越受到重视，利用金属氧化物极低漏电流的特点，结合成熟的 LTPS 工艺技术，诞生了 LTPO 技术，该技术预期可实现显示屏刷新频率在 1~240Hz 之间根据工况进行变换，进而在保证显示效果的同时实现了节能，而由于目前 IGZO 材料迁移率较低，稳定性较差，所以在实现更高刷新频率的要求下，能力不足，因此需要开发具有更高刷新频率的金属氧化物技术，满足 LTPO 柔性 AMOLED 低功耗显示需求。 产品目标： 迁移率 > 30cm^2/Vs，亚阈值摆幅（S. S.）< 0.2V/dec，阈值电压 V_{th} 范围 -1~1V，开关比（$R_{on/off}$）>10^9，漏电流 I_{off}<10^{-14} A；

重点材料品种	"十四五"关键技术指标	"十四五"产业发展目标
高迁移率稀土氧化物半导体材料	电子迁移率>50cm^2/Vs，光照、电压、加热条件下输出电流稳定，阈值电压漂移<0.5V，稀土氧化物有源层材料可用于 8 代及以上面板线，并实现批量生产应用	稳定性要求：PBTS/NBTS：ΔV_{th}<0.3V @V_{gs} = +/- 20V，V_{ds} = 0.1V，温度 60℃，应力时间 3600s；NIBTS：ΔV_{th}<1.5V @V_{gs} = +/-20V，V_{ds} = 0.1V，温度 60℃，光照强度>5000nits，应力时间 3600s； LTPO-AMOLED 显示屏（diagonal）≥2 inch；像素密度≥300PPI，显示屏最低刷新频率≤1Hz，亮度≥300cd/m^2。 （4）高世代自发光显示驱动背板，自发光显示技术将会是未来显示技术发展的主要方向，比如 OLED 技术，Mini/Micro-LED，印刷 OLED/QLED 技术等，自发光技术的特点均为电流型驱动器件，因此对驱动 TFT 就提出了高迁移率和高稳定性的要求，而目前 IGZO 材料体系迁移率较低，稳定性差，不足以满足未来驱动电路要求。 产品目标： 迁移率>50cm^2/Vs，亚阈值摆幅（S. S.）<0.2V/dec，阈值电压 V_{th} 范围-1~1V，开关比（$R_{on/off}$）>10^9； 稳定性要求：PBTS/NBTS：ΔV_{th}<0.8V @V_{gs} = +/-20V，V_{ds} = 0.1V，温度 60℃，应力时间 3600s；NIBTS：ΔV_{th}<2.0V @V_{gs} = +/-20V，V_{ds} = 0.1V，温度 60℃，光照强度>5000nits，应力时间 3600s； 显示屏（diagonal）≥32inch，像素密度≥80PPI，亮度≥600cd/m^2，色域≥98%
玻璃基板材料	开发适用于 G8.5、G10.5 玻璃基板及高分辨率显示用基板玻璃	取得国产化突破
柔性基板材料	（1）重点开发具有自主知识产权的柔性显示用 PI 单体材料，具体性能为耐高热聚酰亚胺薄膜的玻璃化转变温度高于 450℃，线膨胀系数≤5ppm/K，可耐加工温度>500℃，拉伸强度>150MPa，杨氏模量>2.5GPa，吸水率≤1%，并可实现百吨级生产； （2）重点发展满足 OLED 柔性封装用水汽高阻隔膜，满足 OLED 的使用寿命大于 10000h，阻隔材料的水汽透过率（MVTR）和氧透过率（OTR）分别优于 10^{-6} g/m^2/d 和 10^{-5} cm^3/m^2/d，弯折半径低于 1mm，弯折次数大于 20 万次，实现规模化量产	取得国产化突破

续表 16-6

重点材料品种	"十四五"关键技术指标	"十四五"产业发展目标
彩色反射式显示墨水材料	开发高性能青、品红、黄三基色彩色墨水材料和黑色墨水材料；墨水材料寿命≥3万小时（LT80，500lux）；电导率≤1×10^{-9}S/m，彩色化因子 FoM≥5000cm^{-1}	墨水材料年产量≥1t；墨水材料自给率≥80%；国产替代率≥90%
介电润湿功能材料	静态水接触角≥115°，介电常数达到3~6，击穿场强≥50V/μm，介电损耗≤0.1	介电润湿功能材料年产量≥0.5t，自给率≥30%，国产替代率≥40%
新型像素墙材料	静态水接触角≤40°，热失重≤0.5%（200℃，1h），透光率≥99%，色差值 ΔE≤0.5	像素墙材料年产量≥50t，自给率≥80%，国产替代率≥90%
极性导电流体材料	工作温度范围：−20~60℃，黏度≤200mPa·s（25℃），电导率≥30μS/cm（25℃），极性导电流体对墨水材料的溶解度≤2%	极性导电流体材料年产量≥30t，自给率≥60%，国产替代率≥80%
反射式显示器件	显示屏尺寸≥6英寸，响应时间≤20ms，反射率≥40%，对比度≥15，分辨率≥130PPI，彩色电子纸显示色域≥60%NTSC，显示屏寿命≥2万小时	显示屏年产量≥20万平方米

（2）"十四五"重大工程项目。具体见表 16-7。

表 16-7　"十四五"重点材料领域和重大工程项目

重点材料领域	"十四五"重大工程	重大工程预期目标及相关建议
关键战略材料：显示材料	印刷 OLED/QLED 显示材料、墨水、器件、工艺及整机技术重大工程	（1）初步实现印刷显示材料及墨水30%以上的国产化材料配套，实现印刷 OLED 显示技术产业化，实现印刷 OLED 显示器件批量化生产； （2）性能指标如下： 墨水黏度：8~12cP，墨水表面张力：30~40dyn/cm；红光（@1000nits）：电流效率>18Cd/A；器件寿命 T95>8000h；绿光（@1000nits）：电流效率>60Cd/A；器件寿命 T95>10000h；蓝光（@1000nits）：电流效率>5Cd/A；器件寿命 T95>1000h
	蒸镀型 OLED 材料技术产业化重大工程（含 OLED 发光材料、各功能层材料）	（1）突破蒸镀 OLED 材料核心专利，掌握自主知识产权，实现自主 IP 材料产业化生产、高质量品质控制及材料导入，实现国产 OLED 材料50%以上国产化配套； （2）性能指标如下： 蓝光：在 CIE-y≤0.05、亮度 1000cd/m^2 条件下，效率>8cd/A，寿命 LT97>200h； 绿光：在 CIE-y>0.70、亮度 10000cd/m^2 条件下，电流效率>140cd/A，寿命 LT97>350h； 红光：在 CIE-x>0.68、亮度 5000cd/m^2 条件下，电流效率>45cd/A，寿命 LT97>400h

重点材料领域	"十四五"重大工程	重大工程预期目标及相关建议
关键战略材料：显示材料	（1）1000t 级柔性显示基板用聚酰亚胺浆料量产应用生产线； （2）透明盖板用聚酰亚胺薄膜量产应用规模线	（1）能够实现在第六代柔性 AMOLED 产线上批量应用，形成国产化材料替代格局； （2）形成透明柔性盖板用薄膜生产线 10 条以上，透明盖板国产化材料占有率超过 20%
	薄膜封装技术与核心聚合物材料产业化	形成自主知识产权若干，以及实现薄膜封装技术中核心工艺与技术，最终实现薄膜封装材料与技术国产化
	OCA 光学胶国产化配套	突破 OCA 光学胶核心技术，扩大产能规模，建立健全 OCA 光学胶研发、生产、模切、涂层加工本土化配套体系，同时开发具有自主知识产权的应用于可折叠显示屏的 OCA 光学胶
	高精细金属掩膜版材料与工艺重点研发工程	开展原材料因瓦合金材料基础研究，突破 FMM 材料制作工艺，包括刻蚀工艺、电铸工艺，重点开展混合工艺研究，突破高 PPI 技术瓶颈
	高解析度热稳定光刻胶开发与产业化工程	突破专利壁垒并布局新型光刻胶材料，形成国产化高解析度光刻胶生产能力
	新型显示高纯溅射靶材制备关键技术开发工程	重点突破 Ag 靶材、ITO 靶材等生产制备核心技术，掌握高端靶材制备能力，实现国产化配套
	含镉量子点电致发光显示关键材料及显示技术产业化	（1）基于含镉量子点发光显示关键材料的印刷器件性能达到产业化应用需求，完成印刷 QLED 显示面板中试量产验证（G4.5 代或以上）； （2）相关建议：加强国产化功能层材料、TFT 基板等国内产业链各环节协同和共同开发，重金属镉的毒理机制、职业病防护等需同步开展相关研究布局
	无镉量子点电致发光显示关键材料的开发	（1）基于无镉量子点发光显示关键材料，实现材料和原型器件性能接近含镉量子点水平，实现 5 英寸或以上小尺寸和 55 英寸或以上大尺寸无镉量子点 AM-QLED 显示屏样机（分辨率 4K 或以上）； （2）相关建议：对无镉量子点开发涉及的特种原料如膦源等能够对原料进口政策宽松化，同时加强培育国内特种原料供应商
	巨量微米级 LED 芯片转移技术及 μLED 显示器全彩化与驱动开发	（1）突破 μLED 芯片高速、高良率、具备可量产能力的巨量转移技术；建立 μLED 的检测，修复技术，研究良率提升的准量产的技术储备，建立 μLED 量产的技术储备与技术壁垒； （2）开发多种 μLED 全彩化技术，涵盖自发光，色转化，全彩封装体等，并开发无光色串扰技术； （3）开发 μLED 阵列模块无缝拼接以实现大尺寸 μLED 显示技术； （4）完善目前驱动架构形成低灰阶可显示的驱动架构，并开发包含内补偿技术，外补偿技术，PAM、PWM 等多种驱动技术

重点材料领域	"十四五"重大工程	重大工程预期目标及相关建议
关键战略材料： 显示材料	基于 μLED 显示产业集群及高度集成半导体信息显示应用示范	（1）开发多区域动态可调节 μLED 背光模组，实现产业化，打造 μLED 背光模组产业群；实现应用于大尺寸 LCD 电视的超多分区有源驱动 μLED 背光模组产品化，打造 μLED 背光模组产业群； （2）开发超高分辨率 μLED 显示技术，打造中大尺寸、透明、柔性、任意形态、全天候应用的 μLED 显示产业群； （3）实现基于 Micro LED 的超大规模集成发光单元的显示模块，实现 Micro-LED 在照明、空间三维显示、空间定位及信息通信高度集成为一体的示范工程，为我国实现下一代人工智能型高速信息交互空间网络奠定基础，建立并巩固我国在 μLED 领域的世界领头羊地位
	激光显示及关键材料重大工程	（1）预期目标：建立激光显示关键材料创新体系，以关键材料为基础，以新型显示制造技术为核心，打造完整技术创新链。红绿蓝三基色 LD 器件实现 2W、1W、5W 功率输出，寿命 20000h，达到国际先进水平，满足整机应用需求；建成三基色 LD 生产示范线，三基色 LD 材料自主配套率达 70%，实现进口产品部分替代，国产化率超过 50%，新型显示产品高端市场应用占比超过 40%；打造成自主可控的全链条创新体系，实现激光显示整机量产，形成激光显示整机规模产业，开发超大尺寸、8K 超高清激光电视、高亮度（十万流明级）系列化激光显示产品，100 英寸级高清激光家庭影院成本小于 2 万元，激光显示整机自主配套率达到 65%；支撑激光显示规模聚集群的发展，各类产业规模达到 500 亿元以上，GDP 带动规模超过 2000 亿元，节约标煤 450 万吨/年，二氧化碳减排 843 万吨/年；构建 10 个创新团队，5 个公共技术研发平台，5 个具有国际竞争力的新材料企业； （2）相关建议：建议实施激光显示及其材料重大工程，依托地方政府，集中显示领域创新链中现有的优势单位，组建"利益共同体"（企业），建成独立法人的公共研发创新平台，开展共性技术、关键技术和前瞻性技术的研发；打造激光显示及其材料的技术创新体系，培育激光显示产业的高科技领先企业，提高产业整体技术水平扩大规模，为产业发展奠定坚实的技术基础
	可印刷 TFT 关键材料技术	有源层材料制备方法为溶液加工法，包括但不限于喷墨打印、刮涂、丝网印刷、旋涂等； 可选材料包括但不限于氧化物半导体、碳基半导体材料、有机半导体材料； 器件性能要求：迁移率 > 10cm^2/Vs，亚阈值摆幅（S.S.）< 0.3V/dec，阈值电压 V_{th} 范围 $-1 \sim 1V$，开关比（$R_{on/off}$）> 10^7；

重点材料领域	"十四五"重大工程	重大工程预期目标及相关建议
关键战略材料：显示材料	可印刷 TFT 关键材料技术	稳定性要求： PBTS/NBTS：$\Delta V_{th} < 1V$ @$V_{gs} = +/-20V$，$V_{ds} = 0.1V$，温度 60℃，应力时间 3600s； NIBTS：$\Delta V_{th} < 2.0V$ @$V_{gs} = +/-20V$，$V_{ds} = 0.1V$，温度 60℃，光照强度>5000nits，应力时间 3600s； 显示屏制作要求： 显示尺寸≥3inch； 像素密度≥80PPI； 显示屏采用亮度≥300nits
	低温 TFT 工艺技术开发	低温 TFT 器件开发：工艺温度低于 180℃，兼容 PET/PEN 等柔性塑料衬底； TFT 器件性能要求：迁移率>10cm²/Vs，亚阈值摆幅（S.S.）<0.3V/dec，阈值电压 V_{th} 范围-1~1V，开关比（$R_{on/off}$）>10⁷； 稳定性要求： PBTS/NBTS：$\Delta V_{th} < 1.0V$@$V_{gs} = +/-20V$，$V_{ds} = 0.1V$，温度 60℃，应力时间 3600s； NIBTS：$\Delta V_{th} < 2.0V$ @$V_{gs} = +/-20V$，$V_{ds} = 0.1V$，温度 60℃，光照强度>5000nits，应力时间 3600s； 显示屏制作规格： 采用塑料衬底； TFT 器件最小弯折半径<2mm，弯折 100000 次，迁移率下降<10%； 柔性显示屏尺寸≥5inch； 像素密度≥80PPI； 亮度≥200nits
	可拉伸 TFT 阵列关键材料及制备技术	可拉伸显示技术需要在衬底，金属导线，TFT 器件，发光层，封装层等多种材料上进行创新开发，才有可能实现； 其中衬底材料需求：材料耐受温度>300℃；断裂伸长量>20%；线膨胀系数（CTE)<5ppm/℃； TFT 器件性能要求：迁移率>10cm²/Vs，亚阈值摆幅（S.S.）<0.3V/dec，阈值电压 V_{th} 范围-1~1V，开关比（$R_{on/off}$)>10⁸；TFT 器件在 10%伸长量情况下，拉伸 1000 次，迁移率下降<10%，$\Delta V_{th} < 1V$； 显示屏参数： 柔性显示屏尺寸≥3inch； 像素密度≥120PPI； 亮度≥200nits； 在 10%拉伸量下，拉伸 1000 次后，显示屏发光亮度变化小于 10%

重点材料领域	"十四五"重大工程	重大工程预期目标及相关建议
关键战略材料：显示材料	显示基板材料（玻璃基板）	针对全链条创新能力与国外领先水平存在差距的现状，统筹国内包括硅酸盐材料科研、耐火/保温/绝缘/隔热材料开发、特种陶瓷制造、贵金属加工、装备设计、检测机构、显示面板制造等行业优势资源，从配方体系、工艺仿真分析与虚拟现实设计、装备材料开发、智能制造装备设计、工艺大数据分析、示范线建设与推广、检测产品应用等方面，开发 G8.5 及更高世代（如 G10.5 等）基板玻璃产业化和高分辨率基板玻璃，实现批量供货
	显示基板材料（柔性基板材料）	（1）重点开发具有自主知识产权的柔性显示用 PI 单体材料，具体性能为耐高热聚酰亚胺薄膜的玻璃化转变温度高于 450℃，线膨胀系数 ≤5ppm/K，可耐加工温度 >500℃，拉伸强度 >150MPa，杨氏模量 >2.5GPa，吸水率 ≤1%，并可实现百吨级生产； （2）重点发展满足 OLED 柔性封装用水汽高阻隔膜，满足 OLED 的使用寿命大于 10000h，阻隔材料的水汽透过率（MVTR）和氧透过率（OTR）分别优于 10^{-6} g/m^2/d 和 10^{-5} cm^3/m^2/d，弯折半径低于 1mm，弯折次数大于 20 万次，实现规模化量产
	彩色反射式显示关键墨水材料及器件	（1）开发高性能青、品红、黄三基色彩色墨水材料和黑色墨水材料；墨水材料寿命 ≥3 万小时（LT80，500lux）；电导率 ≤1×10^{-9}S/m，彩色化因子 FoM ≥5000cm^{-1}； （2）实现墨水材料年产量 ≥1t，墨水材料自给率 ≥80%，国产替代率 ≥90%； （3）开发彩色反射式显示器件，显示屏尺寸 ≥6 英寸，响应时间 ≤20ms，反射率 ≥40%，对比度 ≥15，分辨率 ≥130PPI，彩色电子纸显示色域 ≥60% NTSC，显示屏寿命 ≥2 万小时； （4）实现显示屏年产量 ≥20 万平方米

（3）构建新材料协同创新体系。建设新型显示材料创新创业平台。建设新型显示材料行业孵化器，为中小企业及新创企业服务，促进技术创新，引领产业发展，形成高速转化的滚动创新节奏。

规划单独场所，供孵化器企业入驻。吸引产业相关中小创业公司、产业内具备技术优势高校、产业内上下游相关知名厂商入驻。汇聚产业相关资源，打通产业链上下游形成合力，激活产业创新能力。

新型显示材料创新创业平台将同时接收来自行业内部以及外部的创业项目，内部如果有好的创业方案，创新创业平台将为其进行一定时间的筹备，待条件成熟并经过孵化器专家的审核后移入孵化器进行深度孵化。外部的项目同样经过孵化器专家的审核后可以入驻孵化。

新型显示材料创新创业平台将为入孵企业提供以下服务：生态圈建设、创业者服务、产业链支持、技术支持、团队撮合、优秀导师支持、专业的平台服务支持、项目（企业）

推荐申报服务、投融资服务、产品或技术的测试验证、专利分析及协助申请、市场拓展服务、培训咨询服务等。

无论对内部项目和外部项目对采用免费孵化模式，不向创业者收取一分钱现金（会占2%~10%股份），可以极大地降低创业者创业成本并调动其创业的积极性。

16.4.3　支撑保障

（1）加快推进新型显示国家技术创新中心建设。新型显示国家技术创新中心需打破区域的封闭性壁垒，从开放性和全球视野审视和考察创新体系，构建禀赋开放性的创新体系。

站在国家层面上，紧盯全球技术发展趋势，对新型显示行业进行统一规划、统一组织，聚集全国之力，加快新型显示材料创新，保持技术领先，做好行业引领工作。

技术创新中心下设专业分平台，探索不同的运行管理模式，按照市场原则运营，打造各类试验基地，为上、下游企业提供技术支持，将成为中国新型显示行业核心技术的供给源头。

技术创新中心决策以技术为导向，由行业内院士及顶尖专家组成战略委员会，决策技术创新中心的研究方向，改变以往分散、竞争的研发机制，解决目前存在的企业与高校均缺乏新型显示材料产业化所必备的中试、量产条件以及研发基础分散，不能形成合力等问题。

（2）国家部委、地方政府联动。调动省、市、区相关部门积极性，配合国家政策，出台相关措施，在地方配套、项目用地、人才团队引进、周边配套建设等方面大力支持，共同推进创新中心基地建设。对重点企业新技术研发及产业化、扩产增效、产业链上下游配套协作等给予补助。

（3）人才聚集。国家、省、市各级管理部门，出台相关人才引进政策，引入一批国际一流人才，同时通过国内外的交流合作，吸引优秀人才为中心目标贡献才智。并且，以已有的创新平台为基地，设立博士后工作站、院士工作站、高校特派员工作站、高校实训基地等，为行业输出有实际经验的高层次人才。

17 高性能分离膜材料"十四五"规划思路研究

17.1 本领域发展现状

高性能分离膜材料作为当代战略新材料，是实现物质高效转化和能量有效利用的重要手段，也是解决水资源、环境、能源问题和传统产业技术升级的关键共性技术之一。水处理膜、特种分离膜、气体分离膜、生物医用膜、电驱动膜、离子交换膜等高性能分离膜材料的推广应用为全球生态环境保护、节能减排、能源多样化等提供了有力保障。据 Markets and Markets 研究机构的统计预测显示，2018 年全球分离膜市场规模已经达到 126.6 亿美元，预计到 2023 年这一数字将达到 173.4 亿美元，复合年均增长率约为 6.5%。

在高性能分离膜领域，水处理膜是开发应用最为广泛且市场成熟度最高的领域。根据截留分子量、分离原理及分离对象的不同，分离膜主要分为微滤膜（MF）、超滤膜（UF）、纳滤膜（NF）、反渗透膜（RO）、正渗透膜（FO）、电渗析膜（ED）、渗透汽化膜（PV）、气体分离膜（GS）等几大类。而根据制膜材料的不同，可以分为无机膜和有机膜：无机膜主要以陶瓷和金属为主，具有耐高温、耐腐蚀等特性，但目前多数情况下仅能用于超滤和微滤级别的分离；有机膜则主要由醋酸纤维素、芳香族聚酰胺、聚砜、聚醚砜以及含氟聚合物等高分子材料所构成，是目前应用最为广泛的膜材料。

从全球发展现状来看，以杜邦、东丽、日东电工海德能、苏伊士和科氏等为代表的跨国企业在高性能分离膜技术与市场领域优势较为明显，尤其是在反渗透膜及纳滤领域，形成了寡头垄断的格局。这些企业对全球高端水处理分离膜市场特别是特种物料分离与海水淡化的市场占有率超过 85%。离子交换膜关联的主要技术与市场则由日本旭硝子等控制。同时，国外公司在正渗透膜、气体分离膜和新型膜材料等热点研究领域也开展了大量前驱性的工作。在分离膜新产品新技术的研发和推广上，跨国企业迭代速度进一步加快，市场定位更加准确。2018 年日东电工发布其反渗透新产品——ESPA2-LD MAX，该型新产品能耗更低、通量更大，可以最大效率的实现废水再利用和海水淡化。东丽株式会社则在 TORAYFIL® 膜的基础上开发了一款新的中空纤维超滤膜，满足高透过性的同时还可以实现更精细的分离。此外，东丽还成功研制出了目前世界上最高水准的氢气净化用聚合物分离膜，这种膜可以选择性地将氢气从含氢的混合气体中分离出来。在正渗透技术领域，东洋纺制造的中空纤维正渗透（FO）膜被丹麦第一家渗透发电厂所采用，该电厂已于 2019 年 9 月份开始试运行。除此之外，一些新兴膜技术的发展也使得一些公司开始崭露头角，如引领正渗透膜技术的 Fluid Technology Solutions 公司和 Porifera 公司，以及利用水通道蛋白增强分离性能的丹麦 Aquaporin A/S 公司和把金属薄膜作为主打产品的荷兰 Metalmembranes 公司等。其中，Aquaporin A/S 公司为了进一步扩大其产品的覆盖范围，宣布推出用于苦咸水淡化的反渗透膜产品（BWRO），这一举措将持续扩大其技术影响力。

经过几十年的发展，中国膜产业已取得长足进步。我国膜分离材料行业在国家政策支持、市场需求增加的形势下发展迅速。国内水处理膜材料已实现产业化及规模化应用，反渗透膜、纳滤膜、超滤膜等性能得到显著提高，与国际先进水平的差距逐渐缩小，进入相对成熟期，超滤、微滤、纳滤、反渗透等膜技术在能源电力、过程工业、有色冶金、海水淡化、给水处理、污水回用及医药食品等领域的应用规模迅速扩大。特种分离膜材料也处于产业高速增长阶段，气体分离膜材料也已初步实现产业化。一些新兴技术，例如正渗透、双极膜电渗析等，也有多个具有标志性意义的大型工程相继建成投产。据中国膜工业协会最新统计，国内目前从事分离膜研究的科研机构超过 100 家，中国现有膜生产商、工程商及配套服务的厂商共计 2002 家，其中膜制品生产企业 400 余家。"十三五"以来，我国膜产业市场的年均增长速率保持在 20% 左右，2018 年我国膜行业总产值已经达到了 2350 亿元。在膜的总销售中，反渗透膜（RO）与纳滤膜（NF）占据了 50% 以上的市场，超滤（UF）、微滤（MF）与电渗析分别占据 10%，剩下 20% 被气体分离膜、无机陶瓷膜、透气膜等所占据。而在接下来的"十四五"期间，水处理膜仍是高性能分离膜材料的发展重点，据前瞻产业研究院预计，到 2024 年，中国的膜产业产值将达到 3630 亿元。

尽管分离膜行业的发展在"十三五"阶段取得了非常瞩目的成绩，但与国外领先技术相比，国内膜的品类、性能稳定性、系统应用经验以及配套设施方面还存在一定差距，在大型工程应用领域暂时无法与国外品牌正面抗衡。同时，国内企业规模普遍较小，集成度低，在 400 余家膜制品生产企业中，行业内有知名度、规模较大的仅有 143 家，销售规模超过五千万的企业不足一半。此外，大多数企业以产品模仿为主，追求短平快，创新能力薄弱。值得一提的是，随着国内企业创新意识的提高、研发投入的不断加大、技术队伍建设与合作的不断强化，有些膜企业的产品和技术水平已经达到甚至超过了国外水平。

总之，"十三五"阶段我国分离膜产业发展势头良好，政策支持与市场需求为我国高性能分离膜的持续发展打下了坚实的基础。但在高端膜产品、企业管理水平、创新能力和市场开拓与应用经验上，我们与跨国企业还存在着一定的差距。找准目标，把握好国家社会经济发展的需求，高性能分离膜技术在"十四五"阶段仍需大力发展且空间巨大。

17.2 本领域发展趋势

近年来，高性能分离膜材料发展势头迅猛，相关领域的论文发表量逐年增加，尤以正渗透膜为最，反渗透膜、超滤膜、纳滤膜、质子交换膜、气体分离膜等技术也是国际研究重点，但渗透汽化膜、液膜领域的研究力度相对较弱。各国对不同环境分离材料的专利申请侧重有所不同，相较而言，美国、中国、日本、德国和英国对分离膜材料的知识产权布局最为重视（相关数据如图 17-1 和表 17-1 所示）。另外，据中国专利技术开发公司的统计，在全球布局的水处理膜材料专利申请中，有超过 33% 的专利申请来自日本，其次是来自美国的申请数量超过了 30%，而来自中国的专利申请占全球总量的 11%，位列第三，之后是德国和韩国，专利申请数量分别占全球总量的 6% 和 5%。

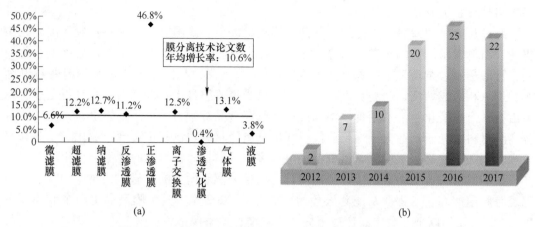

图 17-1　各类分离膜论文年均增长率（a）和 2008~2017 年纳米复合膜发文数（b）
（数据来源：Web of Science 的 SCI-EXPANDED 数据）

表 17-1　分离膜材料专利权人申请区域分析　　　　　　　　（件）

分离膜材料	中国	美国	日本	德国	韩国	英国
微滤膜	3505	1609	542	436	85	107
超滤膜	3505	1609	542	436	85	107
纳滤膜	1415	1946	1156	442	63	187
反渗透膜	2692	2281	2194	469	302	135
正渗透膜	316	462	293	85	45	12
离子交换膜	1123	915	780	450	111	110
渗透汽化膜	525	402	105	165	11	48
气体分离膜	475	2374	883	325	104	143
液膜	933	2702	1088	319	112	192

资料来源：智慧芽专利数据库。

　　高能效、低成本、环境友好的高性能分离膜材料是全球基础研究和产业化研究的重点方向之一。设计制备具有均一孔径尺寸及纳米级厚度的高性能膜材料，克服"trade-off"效应，实现高精度、高通量分离，是目前分离膜领域的重要发展方向。国外高性能分离膜的研究目前主要集中在美、日、欧、新加坡及澳大利亚等国家。研究的重点涉及膜材料的开发、新型膜的制备以及制膜工艺的创新等方面，应用领域则包括气体和液体等的分离。在新型膜材料的开发中，除传统高分子材料外，石墨烯、碳纳米管、金属有机骨架材料（MOF）以及人工水通道等新型材料的设计与应用使得分离膜性能显著提高。日本信州大学的 Morinobu Endo 教授和他的团队开发了一种多壁碳纳米管-聚酰胺增强反渗透复合膜，添加碳纳米管后稳定了聚酰胺分子链对于海水中氯的抵抗能力，从而延长了膜的使用寿命。瑞士洛桑联邦理工学院的科学家们则开发出了一种大尺寸、单原子层厚度的石墨烯薄膜，这种膜可以高效地分离甲烷气体中的氢（分离系数高达25），同时该薄膜可以在250℃、压力为0.7MPa的工况条件下稳定运行，因此有非常好的应用前景。对于制膜工艺的探索也在持续进行，整体朝低能耗、低成本、高可控、绿色化和智能制造等方向发展。来自美国康涅狄格大学Jeffrey McCutcheon教授团队的科研人员借鉴3D打印的理念，采用电喷雾方法将两种聚合单体先分别形成纳米级液滴，喷雾到基底上再通过聚合形成聚酰胺，制备了膜厚和粗糙度均可精确调控的高性能反渗透膜，将海水淡化反渗透膜材料制备技术向前推动了一大步。美国明尼苏达大学的Michael Tsapatsis教授团队在沸石咪唑酯骨架（ZIF）分离膜的制备方法上取得了突破，开发了全气相合成工艺。

为实现膜材料的升级换代，推动分离技术长足发展，未来主攻方向可聚焦以下方面：（1）强化新一代功能膜材料多元化、前沿化、定制化的开发与应用，推动无缺陷、高性能分离膜材料的设计、制造与修饰技术，构建面向应用过程膜材料的分子设计、表面性能调变和孔道微结构控制方法；（2）面向国家重大需求开发高性能膜材料产品，攻克高性能低成本水处理膜（如反渗透膜、混合基质海水膜、特种分离纳滤膜）、特种分离膜（高装填密度低成本陶瓷膜、氯碱用离子交换膜）、质子交换膜、气体分离膜（氢气分离膜、二氧化碳分离膜）等的规模化与绿色制备关键技术；（3）依托新型结构功能分离膜材料开发与之配套的分离技术、装备、工艺流程和集成技术；（4）开展膜集成应用技术研究，强化膜材料应用示范；（5）构建协同优化的产学研发展体系，达成分离膜材料从跟踪研究到自主创新的根本转换，突破产业化基础共性技术、核心关键技术，加速分离膜材料产业培育和发展。

17.3 存在的问题

我国高性能分离膜材料研究具有起步晚、发展快的特点，较之国外领先技术，我国分离膜材料发展成绩显著但差距犹存。

（1）原始创新意识不强，科技成果转化不高。我国高性能分离膜材料的发文量近几年长居首位，但论文质量较之创新能力高的国家尚有差距，主要体现在基础理论研究不够深入，未形成长期有效的系统性研究，模仿跟踪现象普遍，代表性科技成果较少等方面。分离膜材料基础研究与企业成果转换间未形成有效合作的良好局面，缺少将基础性研究产业化的政策、研究团队以及科研经费加持。

（2）知识产权布局片面，标准体系构建不足。国内分离膜材料知识产权布局局限于国内，高质量三方专利申请严重缺乏。目前国内分离膜的应用与日俱增，各家企业研发的膜材料及膜堆型号没有统一标准，技术标准的不规范、市场竞争的无序性让整个市场处于混乱、规范化不足的状态，有待进一步加强膜技术标准框架体系的顶层设计和国家级标准专业技术队伍的建设培养。

（3）高端产品性能不足，产业配套能力欠缺。我国分离膜市场潜力巨大，但较发达国家而言仍存在膜技术应用领域偏低、产品品种单一、应用领域偏窄、配套能力不足等差距，关键制膜原材料、核心技术、高端膜产品和装备对外依存度高，全球膜与膜元件、高端技术和市场、大型应用工程、产业技术标准仍然被跨国公司所主导，国内只有少数厂家能掌握技术壁垒高的部分高性能分离膜产品制备技术。

17.4 "十四五"发展思路

17.4.1 发展目标

到 2021 年，重点发展膜材料创制技术和工程技术，大力发展服务于节能减排和产业升级的水处理膜和特种分离膜材料，突破一批关键材料、核心部件、制备工艺、分离技术的问题，高标准做好产业规划夯实经济高质量发展基础，进一步提高产品质量和自主知识产权高端市场占有率，建立起部分代表国际先进水平的高端分离膜材料。

到 2025 年，分离膜材料核心技术对外依存度明显下降，基础配套能力显著增强，部分技术达到国际领先水平，培育一批关键分离膜材料的支柱型产业，满足国内部分高端领域的供给要求，在国际高端分离市场上占据更多的市场份额，初步建立环境分离材料多元化、前沿化、定制化、绿色化、系统化的基础研究与产业发展体系，具备分离膜材料极低能耗、低成本、零排放、多功能、全产业链延伸的创新能力。

17.4.2 重点任务

（1）"十四五"期间重点发展的材料品种，见表 17-2。

表 17-2　"十四五"期间重点发展的材料品种

重点材料品种	"十四五"关键技术指标	"十四五"产业发展目标
反渗透膜	解决高度均匀、无缺陷反渗透膜脱盐层制备技术中的基础科学问题；从材料学设计角度达到超薄功能层与模量、强度、使用寿命之间的平衡；纳米复合和金属有机骨架复合反渗透膜材料的定向制备与改性；构建膜结构-性能-应用的构效关系	突破反渗透膜脱硼、抗污染、耐氯、低能耗、高脱盐、高通量等性能提升的问题，开展绿色化、低成本化、高质量化的反渗透膜产业研究，推动其制备技术由自动化向智能化制造方向发展，大力开发海水淡化、苦咸水淡化、低压高通量等高性能膜产品，研究多膜耦合集成分离技术，促进集成设备应用减排降本
纳滤膜	开展膜材料涂覆、界面聚合、组件结构成型和工艺监控系统等研究，加强膜材料功能层孔径、厚度、荷电性能与选择透过性的定向调控，形成稳定的高性能复合纳滤膜生产工艺技术	以高通量、低压抗污染纳滤制备技术为研究切入点，大力发展耐高压、耐溶剂、耐高温、耐酸、耐碱、油水分离等纳滤特种分离膜，根据细分市场需求不断完善型号规格，拓展纳滤膜在饮用水深度净化、市政用水、医药浓缩、化工提纯、食品生产等领域的应用，逐步形成产品系列化
质子交换膜	结合结构、性能表征新方法优化连续制膜方式，研究材料定向改性与成膜性能优化的匹配调控技术，探明多界面相互作用与质子传导机制，掌握"材料-结构-性能"的逐级控制规律	简化制备工艺，突破质子交换膜工业化连续可控制备技术，制备出长寿命、高性能、低成本的质子交换膜，进一步扩大产能实现量产，基本满足燃料电池对质子交换膜使用寿命和功率密度的要求

（2）"十四五"重大工程项目，具体见表 17-3。

表 17-3 "十四五"重点材料领域和重大工程项目

重点材料领域	"十四五"重大工程	重大工程预期目标及相关建议
关键战略材料	高性能分离膜材料专项工程	预期目标：达成分离膜材料从跟踪研究到自主创新的根本转换，突破基础共性技术和核心关键技术，加速分离膜材料产业的培育和发展，全面解决膜用基础原材料问题；掌握水处理膜、电驱动膜、特种分离膜、气体分离膜、生物医用膜等分离膜的基础研究能力和绿色高效产业化制备能力，基础配套能力显著增强，部分技术达到国际领先水平，满足国内部分高端分离膜材料的供给要求，在国际高端分离市场上占据更多的市场份额； 主要内容：优化水处理膜产品性能，推进相关产业的聚集和升级，持续开发反渗透、纳滤、超滤、微滤等膜材料，优化卷式、帘式、管式、平板等膜组器结构，满足水处理和特种液体分离细分领域的应用要求；解决制膜材料定向改性与物化微环境调控的技术问题，开发高性能质子交换膜增强复合制备技术和工业化制备技术，制备长寿命、高性能、低成本的膜产品，满足燃料电池应用要求；发展高装填密度陶瓷膜、渗透汽化膜、氯碱用离子交换膜、扩散渗析膜、气体分离膜等膜产品

（3）构建分离膜材料协同创新体系。国内建设了一批分离膜领域的科研基地和平台，如：分离膜与膜过程国家重点实验室（天津工业大学）；膜材料与膜应用国家重点实验室（津膜科技）；国家液体分离膜工程技术研究中心（杭州水处理技术开发中心）；国家特种分离膜工程技术研究中心（南京工业大学）；高性能膜与膜工程技术国家地方联合工程实验室（招金膜天）；无机膜国家地方联合工程研究中心（江苏久吾高科）；分离膜与膜过程国家重点实验室（天津工业大学）；膜与水处理技术教育部工程研究中心（浙江大学）；分离膜材料及应用技术国家地方联合工程研究中心（时代沃顿）；分离膜科学与技术国际联合研究中心（天津工业大学）等。

科研基地与应用示范平台的建设为分离膜材料科技创新工作提供了有利的保障和支持，为适应高性能分离膜材料创新发展新要求，通过技术创新和模式创新，整合服务资源统一部署，建立联合科技企业、科研机构、科技人才、科技局、服务机构的科技创新服务平台，以提升分离膜材料性能和完善产业链为创新驱动，强化创新平台创建的顶层设计和统筹分配，开展重大示范工程建设，建立多元化、多渠道、多层次的投入机制，进一步加强科研项目、创新基地和科技人才的统筹协调机制。

17.4.3 支撑保障

（1）政策引导创新驱动，企业加快转型升级。立足国家重大战略需求和未来高性能分离膜产业发展制高点，完善以企业为主体、市场为导向、政治协同为保障、政产学研用相结合的创新体系建设，通过科技项目支持关键核心技术研发，坚持政府引导和市场机制相结合，充分发挥集中力量办实事的制度优势和市场优势，打好产业基础高级化、产业链现代化的攻坚战。坚持创新驱动，把创新放在分离膜材料发展的核心位置，突破一批重点领域关键共性技术。坚持把产品质量作为企业发展的核心竞争力，建设法规标准体系和质量监管体系加强质量技术把关。

坚持绿色发展和可持续发展，布局若干膜产业集聚区，推动集群创新，建立一批具有核心竞争力的产业集群和企业群体。建立共性技术平台，解决关键共性问题，要做好顶层设计，明确研发重点，分类组织实施，增强自主研发能力，打造具有战略性和全局性的产业链，支持上下游企业加强产业协同和技术合作攻关，在开放合作中形成更强创新力、更高价值的产业链，培育一批"专精特新"中小企业。

（2）夯实基础创新研究，加快人才队伍建设。以国家重大战略需求为指引，鼓励基础创新研究，充分发挥科研人员创造热情，突出原创、聚焦前沿、突破瓶颈，加强关键核心技术攻关，推动学科向深层次发展，加速科技成果产业化转换。加快多层次、多类型创新人才队伍建设，培养造就具有国际水平的战略科技人才和科技领军人才，帮助企业、高校、研究机构等建立科学的人才培养体系，赋予其生生不息的创造力和生命力。

（3）加强标准体系构建，强化知识产权应用。完善分离膜技术标准顶层设计和框架体系的构建，有针对性的制订适应行业发展需求的标准，加强标准专业技术队伍的建设和管理，形成一支结构合理、专业化强、权威性高的固定化工作队伍。积极参与高性能膜分离材料国际标准的制定，加快国外先进标准向国内标准的转化。加强制造业重点领域关键核心技术知识产权储备，构建产业化导向的专利组合和战略布局。鼓励和支持企业运用知识产权参与市场竞争，加强品牌建设和知识产权保护，培育一批具备知识产权综合实力的优势企业，支持组建知识产权联盟。

18 新一代生物医用材料"十四五"规划思路研究

18.1 本领域发展现状

生物医用材料是当代科学技术中涉及学科最为广泛的多学科交叉领域，涉及材料、生物和医学等相关学科，是现代医学两大支柱——生物技术和生物医学工程的重要基础。生物医用材料产业是一个典型的低原材料消耗、低能耗、低环境污染、高技术附加值的新兴产业，并正在成长为世界经济的一个支柱型产业，对国家经济及国民健康具有重大意义。据 Marketsand Markets 调查预测，2030 年全球生物医用材料的市场规模大约达到 4000 亿美元，今后 5 年复合年均增长率将保持 15%左右。

18.1.1 生物医用材料领域发展现状

由于生物医用材料产业专业技术壁垒较高、风险高、投入大、研发周期长，我国生物医用材料产业总体水平与发达国家存在较大的差距，常规高性能生物医用材料市场的大半仍被进口产品占据。当前，随着材料科学与技术、细胞生物学以及分子生物学的发展，材料与机体间相互作用的分子水平认知得以深化。加之现代医学的快速进展和临床需求的强大驱动，新一代生物医用材料科学与产业正在发生革命性的转变，并已处于重大突破的边缘。我国应抓住生物医用材料科学与工程变革的有利时机，前瞻未来 5～15 年的世界生物材料科学与产业，提高创新能力，振兴我国生物医用材料科学与产业。

生物医用材料的研发与其应用目的密切相关，需结合材料性能针对不同的使用目的设计具有特定功能的材料类型。生物医用材料涉及种类繁多，根据物质的属性差异，可将生物医用材料大致分为以下几种：生物医学高分子材料、生物医学金属材料、生物医学无机非金属材料或生物陶瓷、生物医学复合材料和生物医学衍生材料等。其中，生物医学高分子材料发展最早，且由于其良好的生物相容性及细胞亲和性等生物性能，能为细胞和组织器官的修复和再生提供仿生微环境。

医疗器械行业集中度高，全球前 20 家大公司的市场份额高达 55%。其中，美国共拥有 10 家左右，市场份额共计 28.3%。作为全球最大的生物医用材料生产国和消费国，美国以美敦力、强生、雅培等为代表的企业占据全球市场份额的 39%；以德国贝朗、德国费森尤斯为代表的欧洲企业占据了全球份额的 27%。亚太地区是全球第三大市场，占据全球份额的 20%，而其中的 10%归日本所有。

美国美敦力公司成立于 1949 年，现已成为全球第一的医疗器械公司。美敦力立足于心血管医疗器械，通过收并购延伸至脊柱、整形外科、糖尿病等多项领域，形成了以人工心脏瓣膜、血管支架、心脏起搏器、骨修复材料、脊柱内固定系统等产品为重点的生物医用产业。美国雅培和波士顿科学则是支架系统研发的主要代表，分别通过采取全生物降解的聚乳酸技术路线和关注支架内皮层化的表面处理/部分降解路线成为心脑血管领域内支架产品翘楚。德国贝朗是世界上最大的专业医疗器械、医药制品以及手术医疗器械供应商之一，依靠其无纺制备等核心技术，发展了以生物型硬脑（脊）膜补片为代表的优势产品。德国费森尤斯医疗专注于透析治疗领域，在世界各地拥有超过 3928 家血液透析中心，为近 33.3 万名患者每年提供 5000 万次优质的透析治疗，2019 年，费森尤斯通过收购等方式，将重点投入家庭护理、人工肾脏等领域。

近年来，全球生物医用材料市场销售份额持续增长，我国生物技术产品进口份额逐年增加。2018 年，医疗器械类商品占中国医药行业进出口总额比重达 40%。相对于医用敷料、保健康复等低端出口产品，中国医药行业进口额的 68% 都来自医疗设备领域，而美国是主要进口来源地。伴随着我国人口老龄化趋势的不断发展、心血管等疾病暴发率的相继增加，国内医疗领域对生物医用材料提出了更高的要求。同时，近年来国家对生物医用材料领域重视程度以及居民健康意识的逐渐提高，也促进了我国生物医用材料产业的迅猛发展。然而，生物医用材料全球市场主要由美国、欧洲等发达国家企业高度垄断，中国生物医用材料产业的发展相对落后，产业技术创新能力不强、科技成果转化能力较低、高端应用产品对外依存度较高。

18.1.2　植入型高分子材料发展现状

植入医疗器械属于第三类医疗器械的高端产品，是医疗器械产业中重要的产品种类，而随着可降解材料在整个植入医疗器械产品中地位的日益凸显，高分子材料越来越多地受到人们的关注。Evaluate MedTech 报告显示，到 2024 年，全球 6000 亿美元规模的医疗器械市场中，与介植入器械密切相关的心血管、骨科、口腔、眼科类设备，都将处于大市场、高增长阶段。植入型组织替代高分子材料在人工关节、骨修复材料、人工椎间盘、椎间融合器、人工韧带、人工血管等高端医疗器械领域得到了广泛的应用。

骨科植入是植入型医用材料应用最多的领域，也是典型的由材料和工艺发展驱动的领域。关节和脊柱类，特别是人工关节市场主要由强生、美敦力、史赛克等外资企业主导。以膝关节为例，强生 ATTUNE 膝关节是目前最新发展的产品。与此同时，强生医疗还在通过收购、引入人工智能辅助医疗等方式增强其在骨科产品中的技术水平。随着近年来心血管疾病发病率和高致死率问题的日益凸显，血管介入类医疗产品使用量也在逐年增加，雅培、美敦力、乐普等国外企业成为这一市场主要竞争者，尤其是心脏起搏器等产品，国内由于缺乏产业经验，导致市场被国外企业长期占据。就植入型医疗产品高分子材料而言，超高分子量聚乙烯是世界三大高性能纤维中的关键战略和高科技材料，全球超高分子量聚乙烯市场由德国塞拉尼斯（CELANESE）、Braskem、荷兰帝斯曼和日本三井化学等外国公司主导。其中，CELANESE 拥有最大的产能，并在德国、美国和中国建立了生产基地，集体产能约为 108kt/a。聚醚醚酮由于其优异的性能，在医疗行业展现了巨大的应用潜力，Grand View Research 研究显示，2018 年全球聚醚醚酮市场规模估计为 6.848 亿美元，预计2019 年至 2026 年的复合年增长率为 7.2%。聚醚醚酮的全球生产商主要有英国威格斯（Victrex Plc）、美国 Jrlon 等。

我国每年对人工关节的需求超过 300 万套，对人工韧带的需求超过 100 万条，人工血管需求超过 50 万根，年产值达到 1000 亿美元以上，并保持 15% 以上的年均复合增长率。

我国植入型高分子材料与器械起步较晚，在医用级高分子原材料领域，绝大多数处于空白，几乎完全依赖进口材料和产品，相关的内植入器械也大多依赖进口。随着我国人工关节、人工血管等产业的发展，迫切要求集中力量攻克若干关键原材料技术，推动相关植入器械以及产业的发展。

"十三五"期间，我国高性能人工关节高分子材料技术取得了长足的进步，自主开发的高强耐磨超高分子量聚乙烯材料综合性能指标达到了国际先进水平，基本具备了临床应用前景，但人工关节产业总体水平仍落后欧美国家十年以上，特别是医用级超高分子量聚乙烯树脂原材料仍有待突破，以从源头上打破国外对我国的垄断。我国可吸收骨科器械（螺钉、板等）取得了重大突破，相关产品已完成医疗器械产品注册并进入临床应用。用于人工血管的聚对苯二甲酸乙二醇酯（PET）、聚丙烯等医用级原材料也取得重要进展，但仍有待突破，以加速产业规模的发展。

总体上，我国植入型组织替代高分子材料与国外仍存在较大的差距，在若干点上的突破，仍未能从根本上改变我国产业技术落后、材料研究与器械研发相脱节、产业链整合能力不强、创新能力弱等问题，在产业技术创新能力、创新模式、产业资源整合利用、上下游联动、促进产业突破发展等方面，与国外产业相比，还存在巨大的差距。我国植入性医疗器械企业虽数量众多，但都普遍规模偏小，高端产品主要依赖进口。

18.2　本领域发展趋势

当代医学对于组织及器官的修复，已向再生和重建人体组织器官、恢复与增进其生物功能，以及个性化、介入性、微创伤与靶向性治疗等方向发展，对生物医用材料的开发提出了更高的要求。生物医用材料向临床转化的要点在于生物安全性和生物功能的评估。因此，如何研发高度生物安全，并兼具生物活性的生物医用新材料（组织诱导再生材料、植介入以及药物载体材料等），推进其临床转化与产业化进程，获得领域内的原创性成果，是生物医用材料产业的重点发展方向和急需解决的重大挑战。

就植入型组织替代高分子材料而言，植入型高分子材料主要通过永久性或半永久性地代替病损组织，帮助患者实现生理功能的恢复与重建。在长期的临床应用中，植入型高分子材料逐渐暴露出磨损、氧化、疲劳等问题，制约了使用寿命和预后效果。随着人类寿命延长和对生命健康质量的追求，对植入型高分子材料及器械的需求也发生着深刻的变化：一方面，对使用寿命的要求更高。对于永久性植入物，要求在数十年的时间内，承受长期的力学、疲劳、生物侵蚀等作用，保持结构和性能稳定。另一方面，从永久性替代到可降解吸收。高分子材料在完成替代、支撑、固定等任务以后，随着新组织的生成或疾病的治愈，高分子材料应逐步完全降解吸收。经过多年的技术积累和临床探索，植入型高分子材料的发展已处于重大突破的前夕，未来 10~30 年，植入型高性能高分子材料领域必将成为产业突破发展的重点领域。

近三十年来，欧美国家针对临床需求，在植入型高分子材料领域开展了大量的技术创新和产品开发，而我国相关产业发展严重滞后，总体差距有进一步扩大的趋势。要缩短与国外先进水平的差距，需要在吸收借鉴国外先进经验的基础上，开发植入型高性能高分子材料与器械，这其中面临的主要挑战在于产业链条不完善，不仅材料研发与产业需求、临床应用脱节较严重，产业发展所迫切需要的原材料技术、装备设施、产业协作机制、临床应用评价体系等都有待完善。

18.3　存在的问题

我国生物医用材料的基础研究基本与世界同步，但由于生物医用材料从科研到生产，周期长，投入大，而目前我国生物医用材料的生产仍处于技术含金量低、品种少、仿制多、创新少的阶段。要想在竞争激烈的国际生物技术研发领域占有一席之地，就要选择我国基础研究已取得显著成果的优势领域，加大政策支持和资金投入，着重核心关键技术的研发，加强产学研合作，加速研究成果向生产力转化。

具体到植入型高分子材料及其器械产业，其发展存在的主要问题包括：第一，自主创新能力不强，缺乏具有自主知识产权的原材料和内植入器械技术。第二，市场对国产植入器械的认可度仍有待提高。第三，缺乏系统性的人工关节等器械临床研究和医疗大数据，不能及时收集和分析临床问题与创新需求，导致我国产业技术创新水平严重滞后。第四，器械审评和监管法规仍有待进一步完善，现阶段，尽管国产创新医疗器械注册审评制度已经有了很大的进步，但客观上仍然不利于国产植入器械创新发展。

从产业发展角度，第一，需要系统、全面、客观地了解临床需求，解决植入型高分子材料和器械临床研究的问题，通过大量样本分析，掌握第一手资料，获取材料和器械创新的源泉。第二，要自主开展植入型高分子材料研究，针对医用材料特点和临床需求，突破材料制备关键技术，为产业发展奠定基础。第三，要解决产业发展过程中存在的材料研发、器械开发、临床应用各自为战的问题，打通产业链条，协同创新。第四，继续完善植入器械注册审评制度，在确保安全有效的前提下，努力营造有利于植入型材料和器械发展的环境。

18.4　"十四五"发展思路

18.4.1　发展目标

总体而言，生物医用材料的发展需要研究、发现并发展新的材料与生物体作用机制，通过作用机制创新以及合理的分子设计，发展新方法，构建具有新结构与新功能的生物医用材料，满足植介入医疗器械、药物控释、组织工程与再生、人工器官等的发展需求，达到领域内国际领跑水平。

针对植入型高性能高分子材料，需要攻克若干植入高分子材料的规模化制备技术，开发相关技术装备，打造从材料开发到器械制造和临床应用示范的完整链条，填补国内空白。重点突破医用超高分子量聚乙烯原材料产业化技术，使材料综合性能达到国际先进水平，部分指标达到国际领先水平。同时，突破医用高性能聚醚醚酮等原材料产业化技术，材料综合性能达到国际先进水平；突破医用可降解聚酯材料及可吸收器械；突破医用 PET 等关键原材料，主要性能指标达到国际先进水平。

18.4.2　重点任务

新型生物医用材料的重点关注领域包括：生物再生材料、人工器官、组织支架材料、新的生物相容可降解材料、复合生物材料、药物递送与释放材料。在此基础上，以组织替代、功能修复、智能调控为方向,加快 3D 生物打印、材料表面生物功能化及改性、新一代生物材料检验评价方法等关键技术突破。总体而言,我国生物医用材料可重点布局可组织诱导生物医用材料、组织工程产品、新一代植介入医疗器械、人工器官、药物递送与释放材料等重大战略性产品。

在植入型高分子材料及其耗材方面,可重点发展植入性耗材中的心血管支架,心脏封堵器,人工脑膜,骨科植入物中的创伤类、脊柱类、关节类产品等;体外诊断领域的生化诊断;大中型设备中的彩超、CT、MRI、内窥镜;体外诊断(IVD)领域的化学发光、分子诊断材料等。植入型高分子材料重点发展内容见表 18-1。

表 18-1 植入型高分子材料重点发展内容

重点材料品种	"十四五"关键技术指标	"十四五"产业发展目标
医用超高分子量聚乙烯	实现医用超高分子量聚乙烯原材料产业化制备,年产能达到 100t;开发两种高强耐磨超高分子量聚乙烯材料;开发两种国产超高分子量聚乙烯人工关节	"十四五"末期,人工关节年消费量超过 150 万套,国产人工关节占比达到 60%;打造国产人工关节原材料研发、关节研制、临床应用、临床研究创新平台
骨修复材料	实现可降解骨科高分子材料规模化生产,开发若干种可吸收骨钉、骨板等产品,实现临床应用	"十四五"末期,国产可吸收骨修复材料市场占比达到 40%以上
医用级聚对苯二甲酸乙二醇酯	自主开发医用级聚对苯二甲酸乙二醇酯,实现百吨级生产;开发若干款基于 PET 的人工血管、人工韧带等高值植入材料	"十四五"末期,人工血管临床应用量超过 10 万支,人工韧带临床应用量超过 10 万支,国产产品占比超过 30%
医用级聚醚醚酮	实现医用级聚醚醚酮规模化制备,年产能达到 100t,开发若干种国产医用级聚醚醚酮椎间盘融合器、颅骨补片等植入器械,实现临床应用	"十四五"末期,国产医用级聚醚醚酮及其器械国内市场占有率达到 30%以上

针对我国植入型高分子材料的发展,应有重点地关注植入型高性能高分子材料。建议有关部门将人工关节材料创新与临床研究重大工程纳入"十四五"重大发展工程,以临床需求为牵引、关键材料研发为核心,整合区域性优势单位,建立人工关节临床大数据分析研究中心、人工关节关键材料研究中心、人工关节开发与临床应用研究中心等重大平台,建立临床研究、材料研究与器械开发协同创新机制。以期在"十四五"期间建立从材料研究到人工关节开发、临床前研究和临床研究平台,建立多学科交叉、产研医工协同、自洽闭环的创新体系,从而推动我国人工关节产业快速发展。

18.4.3 支撑保障

应重视前瞻性基础研究,深入开展学科交叉与合作,以及重视成果转化和开发应用研究。

19 第三代半导体材料"十四五"规划思路研究

19.1 发展现状

以氮化镓（GaN）、碳化硅（SiC）等为代表的第三代半导体材料具备击穿电场高、热导率大、电子饱和漂移速率高、抗辐射能力强等优越性能，是"新基建"提出的5G基建、特高压、城际高速铁路和城市轨道交通、新能源汽车充电桩、大数据中心、人工智能、工业互联网七大领域的"核心"支撑，满足绿色发展、智能制造等国家重大战略需求，是全球半导体技术研究前沿和新的产业竞争焦点，也是国外对我国技术封锁的重点领域，急需统筹国内优势力量在国际竞争中抢占发展先机。

19.1.1 国内外技术水平对比分析

半导体产业是中美科技与经济战中对华技术封锁的重点领域，已经成为我国"短板"中的重灾区，对产业安全构成重大风险。我国第三代半导体产业目前主要受制于核心材料和装备。2018年，美国明确把碳化硅、氮化镓等材料列入301管制技术清单，美国商务部将第三代半导体材料和芯片企业中电13所、55所列入制裁名单。2020年2月，美国及日本等42个加入《瓦森纳协定》的国家，决定扩大出口管制范围，新追加了可转为军用的半导体基板制造技术等，防止技术外流到中国等地。美国对华为、中兴的一系列禁令、台积电被迫到美国建厂，核心都是对半导体芯片的技术和产业垄断。

国际上SiC材料和器件方面，SiC单晶衬底主流产品逐渐由4英寸向6英寸过渡，并开始研发和生产8英寸，美国Cree等公司占有全球SiC产量的70%以上。Cree、德国英飞凌、日本罗姆等企业的SiC肖特基二极管（SBD）、金属氧化物半导体场效应晶体管（MOSFET）等已实现量产。应用方面，SiC器件已应用到新能源汽车、消费类电子、新能源、轨道交通等民用领域。美日德多家汽车厂商已在车载充电机中使用SiC SBD或MOS-FET。特斯拉Model 3汽车的逆变器采用了全SiC功率模块。

国际上GaN材料和器件方面，住友电工、日立电线等日本公司已出售2~3英寸GaN衬底，并具备4英寸衬底小批量供应能力。欧美日的跨国公司已实现6~8寸硅基GaN外延片供货。台积电、中国台湾稳懋已提供GaN材料和芯片的代工服务。GaN电力电子器件方面，目前已推出耐压650V及以下系列Si基GaN器件，主要应用于手机充电器、服务器电源、车载充电、光伏逆变器等。一些企业的GaN HEMT产品相继获得汽车级认证。GaN微波射频器件方面，美日多家公司已推出产品，目前主要用于雷达、移动基站、卫星通信等。GaN光电器件方面，产业化LED光效水平已超过200lm/W以上。3.75W蓝光和1W绿光激光器已有产品销售，342nm近紫外激光器已实现脉冲激射。紫外探测器量子效率已超过60%，并可批量生产，GaN雪崩光电二极管已实现单光子探测。在Micro-LED方面，苹果、三星、索尼等已大规模布局。在可见光通信领域，昕诺飞已发布可见光通信产品。金刚石、氧化镓等超宽禁带半导体材料和器件的研发也正在快速发展，日本已推出初步的氧化镓晶片和电力电子器件产品。

在半导体照明方面，我国已形成比较完整的半导体照明技术链和产业链，并成为全球最大的半导体照明生产、消费和出口国，2019 年我国半导体照明产值 7548 亿元，产业化高功率白光 LED 光效达到 200lm/W，与国际水平持平，芯片国产化率接近 80%，Si 基 LED 芯片技术处于国际领先。

在第三代半导体材料方面，SiC 衬底仍以 4 英寸为主，目前已开发出 6 英寸导电型和半绝缘 SiC 衬底，并可小批量供货。国内已可批量生产 6 英寸 SiC 外延片，涵盖 600～1700V 电力电子器件用材料。GaN 衬底已开始小批量生产 2 英寸衬底，具备了 4 英寸衬底生产能力。国内已能在 8 英寸 Si 衬底上批量生长耐压 1000V 的功率开关器件用 GaN 外延片，SiC 衬底上 GaN 外延片尺寸已达 6 英寸，并在微波功率器件生产上规模应用。

在第三代半导体器件方面，株洲中车、中电 55 所、国家电网、厦门三安、上海积塔等已建成 6 英寸 SiC 电力电子器件工艺线。国内多家企业已实现 600～3300V 的 SiC 肖特基二极管量产，处于小批量供货阶段，在新能源汽车充电桩、通用电源等领域实现应用。已开发出 1200～3300V 的 SiC MOSFET 原型器件，但目前主要在海外代工，尚未形成批量供货能力。GaN 电力电子器件方面，国内已推出耐压 650V 的 Si 基 GaN 功率器件产品。GaN 射频器件方面，中电集团等已形成系列化 GaN 微波功率器件和 MMIC 产品，采用国产 GaN 射频芯片的军用雷达性能处于国际先进水平，华为、中兴已小规模采用国产 GaN 射频芯片进行基站研发和小批量生产，苏州能讯、三安集成也已建成 GaN 射频器件工艺线，正在推出产品。在紫外发光和探测方面，275nm 的深紫外 LED 在 100mA 下的发光功率已达 40mW，杀菌率达 99%，国内已初步形成深紫外 LED 装备、材料、器件和应用较完整的产业链。金刚石/氧化镓等超宽禁带半导体材料和器件研究已取得一系列在国际上有影响的基础研究成果。

19.1.2　市场应用分析

19.1.2.1　市场快速启动，国产化率急待提升

大中华区是主要市场驱动。第三代半导体器件在新兴应用领域的渗透迅猛，国内应用市场化进度加速，从各国际巨头的财报中看，科锐、罗姆、英飞凌等均在加大对中国市场的应对力度，大中华市场成为其重要驱动力。

进口依赖度高，国产化率急待提升。目前国内第三代半导体技术和产品发展尚不能满足市场需求，核心材料、器件和模块等产品许多依赖进口，特别是下游应用市场中，进口产品占比超过 8 成。而国内的技术、产品的商业化进程，企业发展均落后于国外，且差距仍在扩大，第三代半导体领域国产化率提升的任务迫在眉睫。

国产替代获得发展机会。自 2018 年贸易摩擦以来，"中兴事件""华为事件"等系列事件，警醒了业内对硬科技缺失的重视，从国家层面到企业均开始推进半导体核心技术国产自主化，以实现供应链安全可控，这加速了半导体器件的国产化替代进程。以华为为代表的应用企业积极调整供应链，扶持国内企业，2019 年三安集成、山东天岳、天科合达、泰科天润、国联万众、苏州能讯等国内第三代半导体企业产品均获得了下游用户验证机

会，进入了多个关键厂商供应链，逐步开始了以销促产的"良性循环"。

19.1.2.2　电力电子器件市场规模近 40 亿元

（1）渗透率提升，市场规模近 40 亿元。受经济形势下行和国内应用市场的共同作用，我国半导体电力电子市场规模继续扩大，但增速略有下滑。据 Wind 数据显示，2019 年我国半导体分立器件的市场规模约 2900 亿元，而规上半导体分立器件企业的销售收入约为1234 亿元。第三代半导体器件则逆势增长，据 CASA Research 统计，2019 年国内市场SiC、GaN 电力电子器件的市场规模约为 39.3 亿元，较上年同比增长 40.97%。这意味SiC、GaN 器件在功率器件市场渗透率在 1.5%~3.0% 之间，逐年提高。

2015~2024 年我国 SiC、GaN 电力电子器件应用市场规模如图 19-1 所示。

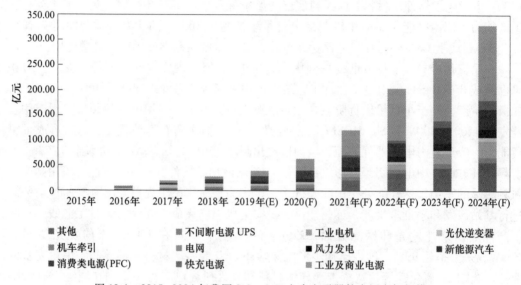

图 19-1　2015~2024 年我国 SiC、GaN 电力电子器件应用市场规模
（资料来源：CASA Research）

未来几年，随着技术进步、产业发展和成本价格持续降低，SiC、GaN 的器件较传统Si 器件的市场竞争优势将越来越明显，推动第三代半导体功率电子的替换渗透逐步提升。同时，SiC、GaN 的应用领域也不断拓展，新市场、新应用相继启动。2019 年国内除光伏逆变、新能源汽车等持续推进以外，消费电子的快充电源和云计算数据中心的商业电源市场成为新的应用亮点。应用领域拓展、市场渗透加速、国产化率提升，三大发展趋势将推动国内第三代半导体市场未来几年的高速增长。CASA Research 预计 2024 年我国电力电子器件应用市场规模预计将近 200 亿元，未来 5 年的复合增速将超过 40%。

（2）新能源汽车、消费电子及工商业电源应用高速增长。从各细分市场来看，市场成长动力主要来自新能源汽车、消费电子和工商业电源应用。

新能源汽车和充电桩市场是 SiC 功率器件市场增长的重要动力。我国作为全球最大的新能源汽车市场，2019 年随着下游特斯拉等品牌开始大量推进 SiC 解决方案，国内的厂商也快速跟进，以比亚迪为代表的整车厂商开始全方位布局，推动第三代半导体器件在汽车领域加速。第三代半导体器件在充电桩领域的渗透快于整车市场，主要应用是直流充电。2019 年，新能源汽车细分市场的 SiC 器件应用规模（含整车和充电设施）约为 4.2 亿元，较上年增长了70%，未来五年预计将保持超过30%的年均增长。

在消费电子方面，2019年的亮点在于快充电源作为新应用带来的市场预期。随着小米发布GaN PD快充产品，GaN电力电子器件和快充产品加速推出，英诺赛科和华为率先进入供应链。GaN电力电子器件在PD快充领域的应用即将爆发，据CSA Research预测，2020年全球PD快充市场GaN电力电子器件市场规模达到1.79亿元，2025年71.45亿元，5年CAGR高达109.1%；2020年国内PD快充市场GaN电力电子器件市场规模达到0.94亿元，2025年达到38.92亿元，5年CAGR高达110.8%。另外，如果笔记本电脑、平板电脑、轻混电动汽车等都采用GaN快充，市场空间有望更大。根据CASA测算，2020年第三代半导体电力电子器件应用在快充市场的市场规模超过1亿元。目前终端厂家如OPPO和小米已经开始在新机型中采用，而中国作为最大的消费电子（特别是手机）生产地，一旦GaN快充方案成为终端主流方案，无线充电市场也将随之展开，未来几年将成为GaN功率电子应用最大的推动力，预计消费电子应用将保持翻倍的增速。

2019年，第三代半导体电力电子器件在工业及商业电源的市场规模接近9亿元，增速超过30%。受5G浪潮、汽车电气化、物联网、智慧城市、军用雷达等宏观要素推动，终端的消费电子、汽车电子带来更新换代需求；云端数据中心催化了服务器市场的高速增长；同时5G基站新浪潮带来了通信电源市场的爆发。一方面受通信电源、服务器电源的市场高速增长影响，另一方面在工商业电源中成本敏感度稍低，随着SiC、GaN产品的成本下降，大量解决方案的出台，第三代半导体产品的性价比开始凸显，因此工商业领域，特别是毛利较高的高端市场，新技术的渗透较预期的快。预计未来五年将继续保持超过30%的增长，到2024年第三代半导体在该领域的市场规模将超过30亿元。

光伏市场增长不如预期，占比下降较多。根据国家能源局数据，2019年光伏发电新增装机容量仅3011万千瓦，同比下降31.6%，主要是"531新政"影响，光伏建设规模受到控制，且电价及补贴再次被降低，导致部分企业退出，光伏市场陷入低谷期。因此，尽管SiC器件的渗透仍在提升，但光伏整体市场规模较前两年有较大萎缩，仅为3.2亿元，下降了48%。

我国SiC、GaN电力电子器件应用市场结构如图19-2所示。

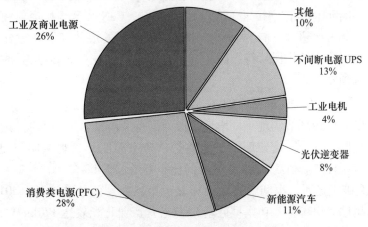

图19-2　我国SiC、GaN电力电子器件应用市场结构

（快充、机车牵引、电网、风力发电市场占比不足1%，未在图中显示，资料来源：CASA Research）

19.1.2.3　微波射频器件市场规模近 50 亿元

2019 年，我国 GaN 微波射频器件市场规模约为 48.56 亿元，较 2018 年同比增长 200%。预计 2019~2024 年期间，我国 GaN 射频器件市场将保持 42% 的年增长率。

2015~2024 年我国 GaN 射频器件应用市场规模如图 19-3 所示。

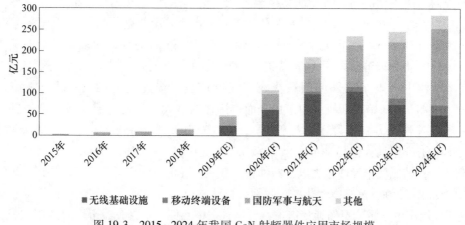

图 19-3　2015~2024 年我国 GaN 射频器件应用市场规模

（资料来源：CASA Research）

5G GaN 射频应用规模 23 亿元，成为 GaN 射频主要拉动因素。2019 年，大功率 GaN 器件工作频段已达到 Ku 波段，输出功率达到千瓦量级。GaN 微波功率单片集成电路工作频段达 W 波段，输出功率突破百瓦量级；应用于 5G 移动通信的 Sub-6GHzGaN 功率器件实现 600W 以下系列化产品，并已推出基于 0.5m、0.35m 线宽的可规模化量产的产品。硅基 GaN 射频器件性能位于国际前列水平，工作频率为 145~220GHz，已经实现规模量化供货，经装机验证，一次性装机直通率小于 300ppm。

2019 年我国 5G GaN 射频应用规模达 23 亿元，为 GaN 射频市场主要驱动因素。根据中国信息通信研究院数据显示，我国 2020 年 5G 宏基站需求量将达到近 50 万座。就整个产业来看，近年来我国 GaN 射频产业产值增长迅速，从 2016 年的 2.785 亿元增长至 2019 年的 38 亿元，四年间体量扩增接近 15 倍。细分来看，GaN 装置领域为射频市场中占比最大的部分，2019 年占比超过 60%。预计未来随衬底工艺的成熟和器件综合性能的进一步提升，我国 GaN 射频市场将保持持续高速增长。2019 年我国 GaN 射频器件各细分市场规模占比如图 19-4 所示。

19.1.2.4　LED 应用市场达到 6399 亿元

2019 年，LED 应用环节实现小幅增长，但增幅持续收窄。通用照明与去年基本持平，小间距显示、工业照明、场馆照明、智慧路灯、教室照明、景观照明仍是市场增长点。2019 年，下游应用环节产值约 6388 亿元，同比小幅增长 5.1%。

显示应用突破千亿元，小间距显示助力显示市场实现两位数增长。2019 年，功率型 GaN-LED 光效超过 200lm/W。功率型硅基 LED 芯片产业化光效达 170lm/W，黄光 LED 发光效率大幅提高至 27.9%，创造国际最高值。2019 年 LED 显示屏产值约为 1089 亿元，较去年同比增长 15%。小间距显示及 MiniLED 蓝绿显示芯片（50~100μm）的波长一致性、

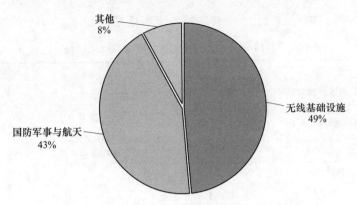

图 19-4　2019 年我国 GaN 射频器件各细分市场规模占比

（资料来源：CASA Research）

外延尺寸及良率均有较大水平提升，达到产业化要求。随着 Mini LED 技术取得快速突破，超高清电视、高阶显示器等市场需求拉动，Mini LED 市场发展好于预期，预计 2020 年 Mini LED 开始起量。

新兴应用承载厚望。紫外 LED 市场窗口期即将来临，我国产业化 UVA LED 芯片（390~400nm），发光功率达到 980~1060mW@500mA。根据 CSA Research 市场调研，2019 年紫外 LED 芯片和封装市场规模为 4.37 亿元，在固化应用方面，385nm、395nm 的 UVA 器件技术已经实现了在油墨固化设备中替换原有光源；在杀菌消毒领域，280nm 器件输出功率能够达到小功率消毒产品的需求。UVA LED 带动诱蚊、美甲、工业固化、小功率杀菌消毒等应用市场近 20 亿元。此外，农业光照、红外应用、医疗应用等市场都是未来备受期待的应用领域，随着技术推进，有望成为未来 LED 的新增长点。

19.1.3　投资、并购分析

2019 年，国内第三代半导体产业投资热度居高不下。据 CASA 可查询的公开资料整理，全年共 17 个增产（含新建和扩产）项目（2018 年 6 个），已披露的投资扩产金额达到 265.8 亿元（不含光电），较 2018 年同比增长 60%，其中 SiC 投资 14 起，涉及金额 220.8 亿元；GaN 投资 3 起，涉及金额 45 亿元。2017~2019 年 SiC 和 GaN 投资情况如图 19-5 所示。

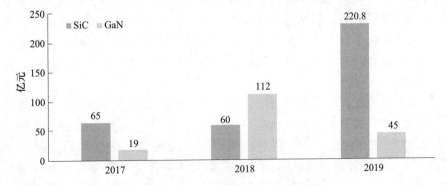

图 19-5　2017~2019 年 SiC 和 GaN 投资情况

（资料来源：CASA Research 整理）

2019 年国内部分重点第三代半导体领域投资项目见表 19-1。

表 19-1　2019 年国内部分重点第三代半导体领域投资项目

时间	企业	主要产品及方向	金额
2019.2	中科钢研（北京）	SiC 晶体衬底片、碳化硅电力电子芯片	15.5 亿元
2019.9	中科钢研（上海）	SiC 长晶专用装备、SiC 高纯度原料合成、SiC 单晶生长及衬底片加工	——
2019.12	华大半导体	4~6 英寸 SiC 衬底及外延片、SiC 基 GaN 外延片	10.5 亿元
2019.8	江苏超芯星	SiC 晶体	0.8 亿元
2019 年	河北同光	SiC 单晶衬底	——
2019.2	山东天岳	SiC 功率半导体器件	6.5 亿元
2019.3	泰科天润	SiC 电力电子器件	10 亿元
2019.7	绿能芯创	SiC 功率器件、Si IGBT	4 亿元
2019.12	富能半导体	8 英寸 Si 器件/6 英寸 SiC 器件	——
2019.9	广东芯聚能	新能源汽车的 Si 基 IGBT、SiC 功率器件与模块	25 亿元
2019.11	耐威科技	6 英寸 GaN 微波器件，8 英寸 GaN 功率器件	——
2019.4	博方嘉芯集成电路	GaAs、GaN 微波器件、GaN 功率器件	——
2019.12	中电国基南方集团	化合物半导体晶圆、射频集成电路	20 亿元
2019.11	泉州三安半导体科技有限公司（三安光电）	Mini/MicroLED、UV LED、IR LED 大功率 LED、PSS 衬底、大功率激光、车用级 LED	138 亿元
2019.7	三安光电（湖北鄂州）	Mini/Micro LED 氮化镓芯片、Mini/ Micro LED 砷化镓芯片、4K 显示屏用封装	120 亿元

资料来源：CASA Research 整理。

值得注意的是，宣称投资并不意味着能真正落地，并最后转化成真正的产能。CASA Research 经过 4 年对国内的各类投资项目情况跟踪，发现宣称的投资每年均超过 100 亿元，然而至今为止投资到位，建设并投产的项目较少。主要原因如下：第一，部分项目的周期较长，且分期建设，从宣称投资到产线投产仍需一段时间，加上市场、技术、人员等原因，目前仍处在早期，或进度较慢。第二，半导体项目是资本需求大、协调要求高、风险高的领域，前两年相当部分项目因为种种原因，最终并未实质落地。此外，也有些项目是出于资本、土地、政策等原因前期规划较好，但后续执行落实无法跟上。因此，从资本角度，需要关注风险，同时做好项目甄别，预防热度过高、资产定价偏高的泡沫产生。

企业股权交易频现。据不完全统计，2019 年，国内第三代半导体行业共发生 7 起股权交易、重组事件，披露的交易金额超过 142 亿元。其中，6 起股权并购事件，交易金额 118 亿元；1 起业务重组事件，时代电气半导体业务资产重组，成立时代半导体公司，并增资 24 亿元，此举或意味着中车时代电气半导体业务有望进一步发展壮大。此外，华为通过哈勃投资入股山东天岳值得关注，三安集成、苏州能讯等业内企业也积极争取进入下游通信设备供应商供应链。2019 年国内部分重点第三代半导体领域并购项目见表 19-2。

表 19-2 2019 年国内部分重点第三代半导体领域并购项目

投资方	被投资方	时间	阶段	并 购 事 件
好利来	华功半导体	2019.2	8% 股权	好利来以合计 4000 万元的价格，收购华功半导体产业发展有限公司合计 8% 股权，主要基于公司对第三代半导体的材料、研发、制造等相关领域进行了深入研究，对华功发展及其下属子公司在相关领域的研发成果及未来发展长期看好
时代电气	Dynex Power	2019.3	100% 股权	中车时代电气完成收购 Dynex Power，总代价约为 1314 万加元，Dynex 已成为该公司的全资附属公司；Dynex 公司英国一家专门从事设计与制造功率半导体、晶体管模块及其他电子组件的公司
时代电气	时代半导体	2019.8	100% 股权	时代电气半导体业务资产重组，成立时代半导体公司，并增资 24 亿元，此举或意味着中车时代电气对于半导体业务的定位有所变化，其半导体业务有望进一步发展壮大
歌尔股份	MACOM Cayman	2019.4	51% 股权	歌尔股份 4 月 24 日晚公告称：拟以自有资金 1 亿 3460 万美元（约合人民币 9 亿 630 万元）购买 MACOM Cayman 持有的 MACOM HK 51% 的股权，借此进入新一代无线通信射频芯片及模组市场
闻泰科技	安世半导体	2019.6	70% 股权	2018 年 4 月，闻泰宣布收购安世半导体（Nexperia）的七成股份，成交价格 114.35 亿元，溢价多达 63%，并于 2019 年 6 月获得批准，是国内半导体行业最大的并购案；收购完成后，闻泰科技将成为中国最大的半导体上市公司
哈勃投资	山东天岳	2019.8	10% 股份	2019 年 8 月 16 日，山东天岳完成了工商资料变更，哈勃投资入股山东天岳 10%

资料来源：CASA Research 整理。

2019 年国内部分重点融资项目情况见表 19-3。

表 19-3 2019 年国内部分重点融资项目情况

企业	日期	金额	事 件
三安集团	2019.1	60 亿元	2019 年 1 月 21 日公告显示，为落实金融服务实体经济，推动福建省和泉州市优质民营企业高质量发展，实现赶超战略，促进做大做强Ⅲ-Ⅴ族化合物半导体集成电路产业，兴业信托、泉州金控以及安芯基金与三安集团签署《战略合作框架协议》；三家企业计划向三安集团增资不低于 54 亿元，同时，泉州金控向三安集团提供 6 亿元流动性支持
三安集团	2019.10	70 亿元	2019 年 10 月 26 日，公司披露了《三安光电股份有限公司简式权益变动报告书》，长沙建芯拟向三安电子增资 700000.00 万元，其中，10416.2847 万元计入三安电子注册资本，其余 689583.7153 万元计入资本公积；一期 30 亿元已到账
三安集团	2019.10	59.6 亿元	三安集团与长江安芯签署了《增资协议书》；根据协议，长江安芯以货币资金 59.6 亿元向三安集团增资，增资完成后，长江安芯持有三安集团股权比例约为 22.28%
泰科天润	2019.3	近亿元	本次参与的机构有三峡建信、广发乾和和拓金资本，已经完成了对泰科天润近亿元的 C 轮投资；几家产业资本大力进入 SiC 产业，将进一步推动国产 SiC 功率器件在工业各领域，尤其是新能源光伏逆变、电动汽车和变频空调等领域，实现更为广泛的产业化应用

续表 19-3

企业	日期	金额	事　件
闻泰科技	2019.12	64.9 亿元	12 月 17 日，闻泰科技发布《关于签订募集资金专户存储四方监管协议的公告》，完成 64.9 亿元募资，对应定增价格为 77.93 元/股；此次募资用途主要用于支付收购安世半导体尾款 43.37 亿元，以及偿还借款、补流，支付中介费用和税费 21.60 亿元等
创能动力科技	2019.12	数千万元	本轮融资由南京俱成、北汽产投和投控东海全国知名三家产业资本联合投资，北汽布局 SiC 功率器件领域

资料来源：CASA Research 整理。

国家集成电路产业基金进一步助力第三代半导体产业发展。2019 年 10 月，国家大基金二期股份有限公司注册成立，注册资本为 2041.5 亿元，预计将带动 5250 亿~7000 亿元地方及社会资金，总计 7000 亿~9000 亿元资金投入集成电路产业，有望进一步助力国内半导体及第三代半导体产业的发展。二期的重点布局主要是补短板，打造集成电路产业链供应体系，每个环节与用户有机地结合起来，尤其是国产装备、材料等上游产业链环节，功率半导体将是重点关注领域之一。对一期已经支持的设备类企业保持高强度支持，推动龙头企业做大做强，形成系列化、成套化的装备产品，继续填补空白，加快开展如光刻、研磨等核心设备及零部件的投资布局，保障产业链安全。

19.1.4　区域布局分析

当前，我国第三代半导体产业发展初步形成了京津冀鲁、长三角、珠三角、闽三角、中西部五大重点发展区域。北京、深圳、广州、泉州、苏州等代表性城市在 2019 年深入部署、多措并举，有序推动第三代半导体产业发展。经过几年的发展，各地产业集聚已初步形成，且各集群有其自身的优势和特点。

2019 年国内第三代半导体集聚区建设进展见表 19-4。

表 19-4　2019 年国内第三代半导体集聚区建设进展

区域	建　设　进　展
京津冀鲁区域	北京顺义致力于打造第三代半导体创新产业集聚区： 2019 年，《顺义区第三代半导体发展规划》和《关于促进中关村顺义园第三代半导体等前沿半导体产业创新发展的若干措施》专项政策出台。顺义园将以打造千亿级产值规模的"北京市第三代半导体产业创新集聚区"为目标，重点发展先进半导体新型器件设计和工艺研发、产业协同创新平台建设、特色产业园建设、吸引和培育全球先进半导体领域的人才和团队、建设全球领先的先进半导体产业创新中心。 河北打造 5G 产业发展基地： （1）《河北省人民政府办公厅关于加快 5G 发展的意见》（冀政办字〔2019〕54 号），建设河北石家庄 5G 产业发展基地。 （2）保定、沧州、石家庄围绕不同的重心，错位发展，推进产业集聚。保定围绕 SiC 发展材料、器件；沧州围绕光电开展招商集聚，实现产业升级；而石家庄围绕 5G 布局相关涉及产业。 （3）河北同光、十三所等企业已经成为国内重要的上游材料及器件供应商，商业化进展顺利。河北同光晶体有限公司直径 6 英寸 SiC 单晶衬底改造项目，新增设备 160 余台（套），建设规模达到年产单晶衬底 4 万片。 山东建设宽禁带半导体小镇： （1）《数字山东发展规划（2018—2022 年）》和《济南市支持宽禁带半导体产业加快发展的若干政策措施的通知》出台，提出建设济南宽禁带半导体产业高地，加快打造百亿产业集群。 （2）山东天岳成为国内 SiC 材料重要供应商，2019 年实现了较快增长。天岳公司会同山东大学牵头组建第三代半导体产业技术研究院正在组建中，山东天岳二期（SiC）、耐威科技（GaN）等项目推进中

区域	建　设　进　展
长三角区域	（1）2019 年 12 月，中共中央国务院印发《长江三角洲区域一体化发展规划纲要》，提出"面向量子信息、类脑芯片、第三代半导体、下一代人工智能、靶向药物、免疫细胞治疗、干细胞治疗、基因检测八大领域，加快培育布局一批未来产业"，长三角地区第三代半导体产业发展上升为国家战略。 （2）苏州开放再出发，建设江苏第三代半导体研究院、姑苏材料实验室。苏州工业园区继续发挥在 GaN 等材料领域的优势，加快价值链贯通，成立长三角第三代半导体产业联盟。 （3）徐州引进天科合达、中科院微电子所芯片制造线，打造集成电路装备产业园。 （4）上海临港新片区，引入特斯拉，积塔半导体（合并上海先进）功率半导体 Foundry 线已通线，中微、中晟、盛美、山东天岳正在落地。 （5）杭州国际科创中心投资 50 亿元，其中建设宽禁带半导体材料和器件平台，5 年投入 5 个亿；宁波集成电路配套材料龙头企业集中，打造杭州湾新产业基地
珠三角区域	珠三角区域的广东、深圳等地积极谋划第三代半导体产业持续发展： （1）广州、深圳、珠海、东莞等地陆续发布多条政策，继续推进产业集聚。《广州市加快发展集成电路产业的若干措施》《深圳市人民政府办公厅印发关于加快集成电路产业发展若干措施的通知》《珠海高新区加快推进集成电路设计产业发展扶持办法（试行）》几条政策从产业资金、发展空间、企业落地、人才队伍、核心技术攻关、产业链构建等方面对第三代半导体产业进行全方位支持。 （2）广东省第三代半导体技术创新中心成立。该中心按照"一体两翼多中心"的模式，以深圳第三代半导体研究院为主体，以东莞第三代半导体基础材料产业基地和广州南沙新能源汽车第三代半导体应用产业基地为两翼，采用多个协议制的联合/应用研发中心和企业会员制，加强与现有各类创新平台的衔接，最大限度整合利用广东省及国内外领先研发团队和人才的存量，推动形成开放共享的大联合、大协同、大网络，辐射形成更加完善的产业创新生态。 （3）深圳第三代半导体研究院作为全国第一家覆盖全产业链的新型独立研发机构，平台建设进展顺利，市财政首期资金 9.9 亿元，目前长晶、测试等设备陆续到位，并已集聚包括 IEEE FELLOW、国家"千人计划""长江学者"等顶级科研专家的 103 人研究团队，确立了 5 万 6 千平方米的孵化及办公场地，承担多项国家级、省级重大课题，申请发明专利 70 多项。 （4）南沙新能源汽车第三代半导体创新中心揭牌成立，助力南沙打造千亿级新能源智能网联汽车城。9 月 24 日，广州南沙万顷沙智能网联汽车产业园举行奠基仪式。芯聚能半导体、南沙晶圆等项目先后落地
闽三角区域	闽三角区域的厦门、泉州、福州、晋江等地大力扶持第三代半导体产业发展： （1）福建多地出台第三代半导体扶持政策，《福州市人民政府关于加快培育一批产业基地打造新经济增长点的意见》《晋江市加快培育集成电路全产业链的若干意见的补充意见》，均提出重点引进第三代半导体企业，打造产业基地。 （2）3 月，三安集成电路与美的集团达成战略合作，共同成立第三代半导体联合实验室，聚焦 GaN、SiC 功率器件芯片与 IPM（智能功率模块）的应用电路相关研发，并逐步导入白色家电领域，凝聚双方的科研力量共同推动第三代半导体功率器件的创新发展
西部地区	中西部地区以重庆、成都、西安为代表大力发展半导体产业： （1）江西、山西、重庆和成都分别发布支持第三代半导体发展的产业规划政策措施，并出台具体执行层面的支持措施。 （2）7 月，由清华大学等 20 家国内一流高校、行业龙头企业联合筹建的"长沙新一代半导体研究院"正式揭牌；长沙与协同创新基金、华青股权投资等 20 多家国内基金管理公司联合建立了"新一代半导体产业链项目投资基金联盟"，资金规模 200 亿元，实现了产业项目健康发展与社会资本投入的体系融合

资料来源：CASA Research 整理。

19.2　发展趋势

第三代半导体是知识、人才和资金密集型的新兴战略产业，产业链条长、应用领域宽，有许多不可替代的优越性，正处于研究和产业化的高速发展过程之中，产业需求驱动技术创新、应用研究需求驱动基础研究的特征非常明显。

光电子主要是发光二极管（LED）、激光二极管（LD）及探测传感器，可覆盖紫外到红外整个光谱范围，国内 LED 产业经过近 20 年的发展，从技术水平、产业规模、产业链配套能力、从业人员规模和能力已经建立了相当成熟的产业生态。但随着光电子技术的不断发展，不断催生 Micro-LED（未来显示应用前景可观，但对材料、工艺、装备的要求远高于现有 LED 技术）、深紫外 LED（对医疗健康、食品安全等至关重要，颠覆式创新应用）、半导体激光器、可见光通信等新兴产业，但面临着与微电子技术的不断融合，以及面向光生物、光健康、光治疗等跨界技术的融合，涉及跨学科、跨领域的技术开发及协同创新方面的挑战。LED 发光技术已突破传统的照明概念，沿长波方向已从蓝光拓宽到绿光、黄光、红光，开拓在生物、农业、医疗、保健、航空、航天和通信等领域应用；沿短波方向已发展高效节能、环境友好、智能化的紫外光源，期望逐步取代电真空紫外光源，开启紫外技术和应用的变革。未来 5~10 年将突破 Micro-LED 技术，为移动终端提供超高显示密度、超高响应速度、超高光效的新一代多基色显示器件。

高耐压、高可靠和低成本是电力电子发展的方向。SiC 和 GaN 电力电子器件在电源转换、逆变器等应用中已经具有技术和综合成本优势，规模化生产促进价格进一步下降，将在中小功率市场快速启动，尤其在充电桩、汽车电子、光伏逆变、电源转换等领域。但目前在技术成熟度、批量化生产能力、全产业链的配套能力、测试评价方法、优化的应用解决方案等方面还存在问题，需要在长期可靠性和低成本方面继续努力。SiC 器件的高耐压、大电流、高可靠和 GaN 与 Si 兼容的 IC 集成化发展将成为未来趋势。未来 5~10 年，在能源领域，开发出智能电网、光伏并网、风机并网、大规模储能等所需的 1.2~15kV 高压大容量碳化硅器件，应用于兆瓦级的并网和配网电力电子装置；突破 15~30kV 高压碳化硅电力电子器件技术，并在特高压直流输电和柔性直流输电系统等领域示范应用。在交通领域，实现轨道交通和新能源汽车领域核心动力材料和器件的自主产业化。在信息领域，为下一代通信系统、数据中心、移动设备等开发高效可靠供电系统，全面替代国外的核心材料和器件。

基于 GaN 基异质结构的射频电子器件广泛应用于相控阵雷达、电子对抗、卫星通信等军事领域和移动通信、数字电视等民用领域。特别是功率密度、带宽等综合性能的优异，使 GaN 基微波功率器件和模块成为 5G 移动通信技术不可替代的微波射频芯片。当前，GaN 基射频电子器件面临的技术挑战和发展趋势主要有高功率密度下器件和模块的热管理技术、高线性度和高带宽技术、超高频器件技术以及低成本材料和器件制备技术等。高频和带宽是移动通信技术发展核心和主要挑战，现有主流 Si 基横向扩散金属氧化物半导体（LDMOS）技术受工作频率限制（低于 3GHz），且宽带窄、效率增益提升已接近极限，无法满足未来 5G 系统的应用需求，而 GaAs 则受到输出功率的限制（低于 50W）无法满足高频大功率需求。业界公认 GaN 功率放大器将成为移动通信基站的主流技术，正向高频率、大带宽、高效率快速演进，应用将全面启动，行业龙头大举进入，市场格局将面临重新洗牌。另外在 6GHz 以下低频及射频能量应用领域，Si 基 GaN 射频器件表现出了良好的性价比，正成为产业化热点，特别是在射频能量应用领域，通过采用可控的电磁辐射来源加热物品或为各种工序提供动能，未来将围绕全固态射频半导体形成新的产业链和应用市场。未来 5~15 年，面向 5G 移动通信、物联网和公共安全等领域的迫切需求，通过在关键衬底和外延材料、器件和模块制造工艺、封装测试、应用验证等环节引入全产业链资源进行攻关，构建基于国产核心射频 GaN 器件的射频发射链路全套解决方案，满足下一代移动通信市场需求，实现自主保障。

第三代半导体材料将持续引发关注，材料体系在不断演进与发展。作为一种宽禁带半导体材料，金刚石半导体具有优异的物理和化学性质，包括带隙宽、热导率高、临界击穿电场高、电子迁移率高等特点，以及耐腐蚀、耐高温、抗辐照等性质，被视为"理想半导体"，在微电子、光电子、生物医学、微机械、航空航天、核能等高技术领域均有广泛的应用潜力。近几年不断有各种新型金刚石半导体器件的研制报道，包括高压大电流 SBD、高频/高功率 FET、深紫外 LED、深紫外光电探测器、生物传感器等。要实现高性能的金刚石电子器件，具备一定尺寸的高质量单晶金刚石制备及其电导调控至关重要。要能广泛用于半导体电子器件的研制，制备大面积的金刚石晶体依然是巨大的挑战，金刚石半导体有效的 n 型掺杂技术迄今依然在艰巨的探索中。近年来，另一种宽禁带氧化物半导体材料——β-Ga$_2$O$_3$（简称为 Ga$_2$O$_3$ 或氧化镓）受到了国际上半导体功率电子材料和器件领域的极大关注，Ga$_2$O$_3$ 基功率电子器件性能离实用化还有较大距离，随着材料和器件研究的进一步深入，Ga$_2$O$_3$ 有望成为宽禁带半导体的又一研发和产业化热点。第三代半导体材料所具有的独特性能，面对新时代、新环境、新需求，有望突破传统半导体瓶颈，开拓新技术应用领域，与第一代、第二代半导体互补，对经济社会发展发挥重要的推动作用。

19.3 存在的问题

我国第三代半导体领域在国家科技计划的支持下，初步形成了从材料、器件到应用的全产业链，但整体产业竞争力不强，可持续发展的能力较弱，特别是核心技术与国际差距在不断拉大。目前急需解决的不仅仅是某项技术，而是技术创新体系的建立和产业创新生态的完善。近期要解决重点领域的短板技术和产品替代，长期如何优化技术、人才、平台、资本等要素配置，建立人才和技术的持续供给保障能力至关重要。目前问题主要体现在以下几个方面：

（1）原始创新和面向应用的基础研究能力较弱。相较于发达国家从国家战略层面长期稳定的支持，我国研发投入的力度不够，不集中、不持续，议而不决，没有形成持续创新的能力和人才供给体系。

（2）创新链条没有打通，低水平同质竞争。整体产业化水平较弱，特别是在基础材料和关键装备方面严重受制于人，应用端与核心材料、器件分离，缺乏有能力落实全链条部署、一体化实施的牵头主体。

（3）缺乏开放的、公益性的、链条完整的、装备条件先进的第三代半导体研发中试线。第三代半导体研发和产业化需要昂贵的生长和工艺设备、高等级的洁净环境和先进的测试分析平台，投入较大，运行成本高，国内研究机构、企业单体规模小，资金投入有限，导致研发创新速度慢，工程化技术成为突出的短板。

（4）国产材料和器件进入应用供应链难。半导体在应用系统中成本占比低，但性能和可靠性要求高，国产材料和器件进入应用供应链难度大、周期长，没有机会通过应用验证进行迭代研发，产业化能力提升慢。

19.4　"十四五"发展思路

19.4.1　发展目标

从实现"有无"到解决"能用"的问题，实现第三代半导体全产业链能力和水平提升，整体国际同步，局部实现超越。突破第三代半导体材料、芯片设计制造、封装及检测关键技术及核心装备，实现面向重大应用集成技术开发。突破第三代半导体功率电子材料及器件产业化技术，推动新一代电力电子技术革命，实现在高速列车、新能源汽车、工业电机、智能电网等领域规模应用；开展万伏千安级碳化硅功率器件技术应用示范，引领国际特高压输变电和清洁能源并网技术发展；解决我国通信行业射频芯片基本依赖进口的问题，我国 5G 通信基站用 GaN 射频器件国产化率达到 80% 以上，实现国际应用引领；突破Micro-LED、深紫外光源等 GaN 光电芯片产业化技术，促进在健康与医疗、公共安全、智能高速信息交互网络等行业形成新兴产业，绿光和黄光 LED 的光电转换效率分别达到45% 和 30%，深紫外 LED 光电转换效率达到 20%，LED 核心器件国产化率达到 90%。

19.4.2　战略任务

（1）面向电网和高铁应用的高压大功率第三代半导体功率电子材料和器件。针对高铁和电网的迫切需求，开发电压等级在 3300~6500V 的高压、大功率碳化硅电子材料、器件和模块，实现在高铁等领域的规模应用；开发万伏千安级超大功率碳化硅材料、器件、模块和新型电力装置，实现在智能电网柔性输变电网领域的应用；开展金刚石、氧化镓等超宽禁带半导体外延生长、掺杂技术研究及高压、高频、大功率电子器件研制，实现在高温、高压、大功率系统中的示范应用；建立材料生长、器件工艺、高温高压高频封装及可靠性测试的公共技术平台。

（2）面向新能源汽车、新一代通用电源应用的高效率碳化硅和氮化镓基功率电子材料和器件。开发碳化硅和氮化镓基高效、高功率密度、低成本功率电子材料、器件和模块，实现在新能源汽车、新一代通用电源等领域的规模应用；开发基于第三代半导体功率电子器件的高频驱动芯片和控制芯片，突破兆赫兹大功率开关电源关键技术；面向更高功率密度等需求，研发第三代半导体同质集成及与硅器件异构集成的关键技术，发展后摩尔时代高速、低功耗第三代半导体自旋电子器件；开发具备宇航抗辐射和抗单粒子能力的第三代半导体功率电子材料和器件技术，实现在航天器电源系统的应用；建立第三代半导体功率电子材料、器件及可靠性测试公共技术平台；开展支撑规模化应用的标准体系研究与标准研制。

（3）面向新一代移动通信和雷达应用的第三代半导体微波射频电子材料和器件。开展适用于高频、宽带、大功率器件的氮化镓基异质结构材料和适用于多功能芯片的氮化镓基电子材料的外延生长技术研究，开发出高频、高功率、超宽带微波毫米波器件及模组；开展金刚石基氮化镓等高热导率复合材料研究;开展面向太赫兹波段的第三代半导体电子材料与器件研制;开展适用于高频、宽带的硅衬底氮化镓基射频电子材料、器件及模组技术研究;建设包括外延生长、芯片制造、封装测试等功能的公共技术平台;开展实用环境下的应用技术研究、标准研制和可靠性验证,并在雷达与电子战、新一代移动通信设备等领域实现规模应用。

(4)第三代半导体光电子材料、器件及应用。针对智慧、健康照明和超越照明的应用需求,发展全光谱精细可调的高能效、高品质新型光电子材料、器件及集成应用;研究高光效、高波长均匀性、高线性光输出、大尺寸衬底的微矩阵 LED(Micro-LED)材料生长技术,高良率、低成本微米尺度器件制备技术,高速大面积巨量转移及键合与修复技术,新型彩色显示及色转化技术;开展基于 TFT 或 CMOS 的高密度显示驱动电路设计和驱动背板制造技术研究,发展低功耗和低温漂的显示驱动方案,开展集成于 Micro-LED 的传感技术研究;研制出适合多种应用场景的显示、光健康、智慧照明、光通信等 Micro-LED 产品,建立显示品质及可靠性等评价体系;探索基于范德华外延的低成本光电子材料、器件制备及光电集成技术;研究光健康、光生物机理,开发用于健康、农业等领域的高生物效能器件与光辅助系统并实现规模应用,突破基于 LED 的可见光通信技术并实现产业化;针对无汞、健康环保的深紫外光源的迫切需求,开展高效深紫外发光材料、器件及应用系统关键技术研究并实现产业化。开展深紫外光源波长、功率密度、照射时间等关键参数,对不同病毒和细菌的作用机理和安全性研究,掌握量化关联规律,为在国家公共卫生和传染病防护体系建设中的应用提供科学依据。突破高 Al 组分氮化物半导体外延生长和 p 型掺杂瓶颈技术,研制 $200 \sim 250nm$ 深紫外 LED 器件和紫外、深紫外激光器;开展高增益紫外探测与成像材料和器件关键技术研究,实现光子计数激光雷达和紫外辐照监测应用;开展超宽禁带半导体辐射探测器、光电探测器、光导开关等新型器件研究,研发高响应度、稳定、抗辐照的深紫外探测器与成像芯片;探索第三代半导体高效光伏、单光子、太赫兹、偏振敏感、量子级联和新型短波长激光器等新型材料和器件技术,开展 OLED 及柔性光电器件研制和应用研究;开展支撑规模化应用的标准体系研究与标准研制;建设第三代半导体光电材料和器件共性技术平台。

(5)第三代半导体大尺寸高质量单晶衬底制备。开展大尺寸碳化硅单晶衬底材料生长与加工关键技术研究,研制出 8 英寸导电型和 6 英寸高纯半绝缘碳化硅单晶衬底;开展 6 英寸氮化镓单晶衬底材料生长研究,开展低缺陷密度氮化镓单晶衬底材料生长关键技术研究;研制氮化铝单晶衬底材料生长装备并突破材料生长技术;开展金刚石、氧化镓等超宽禁带半导体单晶生长研究和装备研制,获得电子级金刚石和 $6 \sim 8$ 英寸氧化镓单晶衬底;开展基于氮化镓单晶衬底、氮化铝单晶衬底的同质外延技术研究;开展大尺寸碳化硅、氮化镓等衬底的加工技术研究,研制专用装备,实现大尺寸碳化硅、氮化镓单晶衬底的产业化。

(6)第三代半导体关键装备和配套材料。研制面向氮化镓基功率电子器件、Micro-LED 和深紫外光电器件等专用新型金属有机化学气相沉积(MOCVD)装备,开发 MOCVD 用碳化硅涂层石墨盘、高精度高温原位检测等关键零部件;研制碳化硅外延专用装备及其关键零部件,开发高温离子注入、高温氧化等碳化硅芯片制造关键装备;研制第三代半导体器件及模块专用封装及检测关键装备;基于第三代半导体材料,研发满足智能物联网和恶劣环境应用需求的高灵敏度、高稳定性传感器；突破高纯三甲基铝等高端 MO 源产业化制备技术；研制耐深紫外光、高折射率的光电器件封装材料，开发耐高温互连材料，高导热、低微波吸收基板材料，高绝缘强度、耐高温灌封材料等先进封装配套材料。

19.4.3　重点任务

（1）"十四五"期间重点发展的材料品种。"十四五"期间重点发展的材料品种见表 19-5。

表 19-5　"十四五"期间重点发展的材料品种

重点材料品种	"十四五"关键技术指标	"十四五"产业发展目标
碳化硅	SiC 单晶衬底的直径达到 8 英寸，衬底微管密度≤10 个/cm^2；N 型衬底电阻率≤28mΩ·cm；高分辨 XRD（004）半峰宽≤60rad·s；6 英寸 SiC 半绝缘衬底，单晶衬底微管密度≤0.5 个/cm^2，高分辨 XRD（004）半峰宽≤45rad·s，电阻率≥1×$10^{10}\Omega$·cm；开发出 650~1700V SiC 功率芯片，MOSFET 阈值电压≥2.5V，沟道迁移率≥30cm^2/（V·s）。3300V SiC MOSFET 芯片电流容量≥100A，6500V SiC MOSFET 芯片电流容量≥50A；研制 12kV SiC 二极管，正向导通电流≥50A，研制 12kV SiC 开关器件，导通电流≥25A	实现 6 英寸 SiC 单晶衬底和外延材料的量产和规模化生产；8 英寸 SiC 单晶衬底和外延材料小批量生产；实现 1700V 以下二极管及 MOSFET 量产和规模应用
氮化镓	GaN 单晶衬底的直径达到 6 英寸，位错密度≤10^6/cm^2；同质外延电力电子器件的反向击穿电压超过 1700V，同质外延微波器件的功率密度超过 15W/mm@10GHz；掌握低翘曲度、高均匀性、6~8 英寸 GaN 基材料量产化外延技术，翘曲度小于 30μm；实现耐压 900V 的增强型器件量产技术，阈值电压>1.5V	6 英寸半绝缘 SiC 衬底上 GaN 异质结构外延生长实现规模化量产，射频微波功率器件实现系列化、规模化量产；8 英寸 Si 上 GaN 异质结构外延生长实现规模化量产，900V 及以下电压等级功率器件实现量产；4~6 英寸 GaN 衬底及其同质外延实现产业化
氮化铝	完成 3 英寸 AlN 单晶衬底的研制，位错密度达到 10^6/cm^2 量级；实现 2 英寸 AlN 单晶衬底的规模生产，位错密度达到 10^5/cm^2 量级，表面粗糙度小于 0.3nm	形成 2 英寸 AlN 衬底晶片的规模化生产能力，基于 AlN 衬底的深紫外光电器件以及高性能电子器件小规模产业化的能力
氧化镓	获得大尺寸氧化镓单晶衬底，直径≥6 英寸，XRD 摇摆曲线半高宽≤80 arcsec，电阻率 10^{-3}~$10^{10}\Omega$·cm 范围内可调，表面均方根粗糙度≤0.5nm	基于高质量氧化镓单晶衬底，在低损耗功率器件和日盲探测器件方面获得示范应用
金刚石	金刚石单晶衬底直径≥3 英寸，XRD（004）面摇摆曲线半高宽≤100 arcsec，表面均方根粗糙度≤0.5nm	具备高质量晶圆级金刚石材料的外延生长能力和金刚石微波功率器件设计与制造能力；2~3 英寸高质量单晶金刚石外延材料实现量产；研制出具有高功率密度的金刚石微波功率器件

（2）针对发展目标和重点方向，研究提出"十四五"重大工程项目。具体见表 19-6。

表 19-6　"十四五"重点材料领域和重大工程项目

重点材料领域	"十四五"重大工程	重大工程预期目标及相关建议
第三代半导体功率半导体材料	新能源汽车用第三代功率半导体材料和器件国产化工程	突破"材料—芯片—模块—控制器—整车"的共性关键技术实现电控系统（PCU）和车载充电系统（OBC）的技术升级换代，构建自主的新能源汽车宽禁带功率半导体技术创新平台，助推我国新能源汽车产业发展
第三代半导体碳化硅功率半导体材料	高铁牵引换流器装备用碳化硅功率半导体材料和器件国产化工程	3300V 全 SiC 功率模块导通电流≥1000A，6500V 全 SiC 功率模块导通电流≥600A；研制基于 SiC MOSFET 模块的牵引变流器，实现在高铁等轨道交通领域示范应用
第三代半导体碳化硅功率半导体材料	高压柔性直流输电装备用碳化硅功率半导体材料和器件国产化工程	突破万伏千安级碳化硅全控器件结构设计以及工艺加工技术，芯片阻断电压达 15kV 以上，导通电流达 50A 以上；完成万伏千安级碳化硅模块封装；建设万伏级高压开关器件试验平台，示范应用于柔性输变电设备
第三代半导体氮化镓微波射频材料和器件	5G 通信用氮化镓射频材料器件国产化	突破 5G 通信用芯片研制的大尺寸单晶、衬底、外延、高线性设计、细栅工艺、毫米波封装等技术，形成满足下一代通信频段和性能需求的系列化芯片和模组；实现在 3.5GHz、4.9GHz、26GHz、37GHz 输出功率达到 10~300W，在 5G 基站和终端批量的国产化使用；支撑我国企业在未来 5G 通信竞争中打破受制于人的局面
第三代半导体氮化物光电子材料和器件	Micro-led 显示应用工程	突破 Micro-LED 显示关键设备、大尺寸衬底上外延材料生长、微米级芯片制备、衬底键合与巨量转移、彩色化、驱动和图像处理、检查修复技术等优势技术瓶颈，抢占下一代显示技术制高点
第三代半导体氮化物光电子材料和器件	深紫外 LED 杀菌消毒示范工程	针对无汞、健康环保的深紫外光源的迫切需求，发展基于第三代半导体材料的高性能固态紫外光源技术，实现量化评估，开发出可应用于医院病房、地铁、火车车厢以及飞机舱内部等相对封闭空间的杀菌消毒产品，实现深紫外 LED 的规模化量产及其在公共卫生环境、医疗健康等领域的示范应用

19.4.4　保障措施

2020 年是"十三五"和"十四五"承上启下的关键时期，"新基建"带领第三代半导体的产业发展进入"快车道"，我国第三代半导体产业既面临历史性的机遇，也要应对前所未有的复杂形势，需要业内同仁齐心协力，加强产业布局，完善产业生态。

（1）加快国家层面部署，启动重大项目。尽快启动第三代半导体重大项目，加大研发支持力度，抓住未来 2~3 年的战略机遇期，超前部署未来产业技术，构成未来优势方向，力争在全球第三代半导体产业发展中占有重要的份额。

在创新链各环节上出台政策措施，确保在技术研发、成果转化、示范推广、标准检测认证等市场培育的过程中，形成持续、配套的政策合力。集中力量补齐产业链关键环节短板，突破核心材料和装备制约，制定产业聚集与产业协同顶层规划，建立"技术供给与市场拉动一体化"的实施机制。聚焦重点公共服务需求，加速碳化硅、氮化镓等第三代半导体功率与射频器件的系统集成、应用渗透和国产化进程。开展 5G 基站、电动汽车充电桩、大数据中心、智慧灯杆、紫外消杀等关键场景的应用示范，打通由材料到器件的产业链，降低产品成本，促进市场机制形成和产业链条成熟。

（2）加强原始创新和面向应用的基础研究。需求牵引和技术驱动相结合，两头兼顾，注重关键硬技术，支持基础研究，支持"四基"（核心基础零部件、关键基础材料、先进基础工艺和产业技术基础）研究。一方面策源重大原始创新，努力抢占科技制高点；另一方面面向产业愿景，以重大需求为牵引，通过科学系统的降维分解，识别核心科学技术难题，为重大创新突破提供新概念和新方向。对优势团队和平台进行一定强度的稳定投入、集中支持、长期积累，为产业提供持续的人才和技术供给。建立分层次、多领域的引才用才平台，重点培养一批产业技术和专业技术高端人才。

（3）创新项目组织管理模式，形成发展合力。根据技术领域和产业成熟度不同，全链条部署、一体化实施。构建以联盟牵头，企业为主体，产学研用深度融合的产业技术创新体系，支持组建从研发、产业化到应用全链条、跨领域、跨地域的利益共同体。明确牵头责任主体，保证牵头方权责对等，有及时调整、分配的权力，采用市场化的考核机制，增加下游应用方在考核机制上的权重，保证整体目标的实现。探索服务军民融合的模式和机制，推进相关材料和器件成果的转移转化。

（4）夯实支撑产业链的公共研发与服务等基础平台。完善平台建设布局，建设战略定位高端、组织运行开放、创新资源集聚的专业化国家技术创新中心，支持体制机制创新的、开放国际化的、可持续发展的公共研发和服务平台，突破产业化共性关键技术，解决创新资源薄弱、创新成果转化难等问题。

搭建国家级测试验证和生产应用示范平台，降低企业创新应用门槛。完善材料测试评价方法和标准，加强以应用为目标的基础材料、设计、工艺、装备、封测、标准等国家体系化能力建设。

（5）加强跨建制平台建设为核心的能力建设。探索建立体制机制创新的、开放国际化的、可持续发展的公共研发和服务平台。整合现有国家重点实验室、国家工程技术研究中心，建设国家技术创新中心，政府有效引导，充分带动地方和社会资本，共同建设跨建制的平台，解决产业化共性关键技术问题，同时为企业提供工程化验证服务、检测认证服务等，建立起支撑持续创新的条件和能力。加强以产品为目标的基础材料、设计、工艺、装备、封测、标准等国家体系化能力建设。

（6）加速推动产业生态环境完善。在新能源汽车、移动通信、智能制造、智慧城市等领域，推动第三代半导体国产材料和器件示范应用，搭建国家级测试验证和生产应用示范平台。加强技术标准研制与应用对接，构建有序开放的技术标准与检测认证服务体系。支持中国创新创业大赛国际第三代半导体专业赛，支撑大中小企业融通发展和产业集聚。引导投融资机构、企业共同设立第三代半导体专项基金，撬动社会资本深入参与技术创新与产业化。

（7）加强精准的国际与区域的深度合作，促进创新人才引进。针对目前复杂多变的国际形势，开展精准、个性化、多形式的科技合作，面向欧亚如荷兰、瑞典、波兰、日本等产业链环节上有技术优势的国家，特别是与有成熟技术的中小企业和研发团队的深度合作。鼓励企业和研究机构走出去，在国外建孵化中心和技术创新中心。主动参与国际标准制订，提高国际标准话语权。把握"粤港澳大湾区"的发展机会，建立国际第三代半导体技术创新中心。有针对性地开展两岸第三代半导体的研发与产业合作。大胆探索人才的"双跨"机制，开展以全球创新创业大奖赛等为手段，异地/异国孵化，双向基金联合投入等国际化创新模式的合作。

第4篇

前沿新材料篇

QIANYAN XINCAILIAO PIAN

20 石墨烯材料"十四五"规划思路研究

20.1 本领域发展现状

石墨烯是一种新型纳米碳材料，于 2004 年由英国曼彻斯特大学的安德烈·盖姆和康斯坦丁·诺沃肖洛夫两位科学家首次制备得到。石墨烯中的每个碳原子以 $sp2$ 杂化方式与周围其他三个碳原子相连，构成单原子层厚度的二维纳米材料。石墨烯结构简单，却具备多种优异的物理化学性质，如超高的载流子迁移率、超高的电导率和热导率、优异的力学性能、高透光率与超大比表面积等，因此可以为一大批传统材料的性能提升与应用拓展提供有力支撑，同时可衍生出一系列性能优异甚至颠覆性的新一代功能元器件。人们普遍预期石墨烯在新能源、石油化工、电子信息、复合材料、生物医药和节能环保等传统领域和新兴领域的应用都将引发相关行业的变革，成为引领新一代工业技术革命和主导未来高技术竞争的战略性前沿新材料。

经过十余年发展，当前石墨烯正经历从实验室走向商业化的关键时期。近年来，全球石墨烯产业发展步伐不断加快。石墨烯原材料（粉体与薄膜）的低成本量产技术已基本建立，为发展石墨烯产业奠定了坚实的基础，石墨烯应用技术也不断取得突破，在新能源、功能涂料、复合功能材料、大健康、节能环保与电子信息等领域形成了一批基于石墨烯应用产品，推动产业规模不断扩大。石墨烯应用市场规模从 2015 年的 6 亿元快速增长至 2017 年的 70 亿元，并仍将持续保持高速增长态势。

我国作为全球最早研究石墨烯的国家之一，在石墨烯制备、物性与应用技术研发方面取得了一批具有国际影响力的创新研究成果，同时石墨烯产业也呈现蓬勃发展之势，通过政府的积极推动与民间资本的大力投入，初步形成了从技术研发到规模量产直至下游应用的产业链雏形。可以说，中国石墨烯产业正领跑全球。我国的石墨烯材料（粉体与薄膜）的规模制备技术水平与产能规模均已达到国际领先水平。据统计，目前我国石墨烯粉体产能已达到数千吨，石墨烯薄膜产能也已达到数百万平方米，量产石墨烯粉体的厚度已经达到平均 7 层的行业最高水平，生产成本也具备显著竞争优势，同时在国际上率先突破了单层石墨烯薄膜（宽幅 0.5 米）卷对卷连续化生产制造技术，成为全球唯一掌握石墨烯薄膜卷材规模量产技术的国家，从而让中国具备了发展石墨烯产业的显著先发优势。在此基础上，在动力电池、超级电容器、防腐涂料、电热膜、功能塑料、改性橡胶、智能穿戴与智能家居等应用领域涌现出一批具有行业引领性的新材料与新产品，受到全球瞩目。

相比之下，欧美等发达国家的石墨烯整体产业化较为缓慢，下游应用产品种类数量均十分有限，但这也与不同国家对于石墨烯产业的发展定位有密切关系。欧盟与美国等发达国家和地区更着重于在变革性与颠覆性领域的技术培育，这需要相当长时间与大量投入，也就意味着短期内是难以实现大规模商业应用的，但一旦取得突破，就将占据重要的战略先机与主动。与欧、美、日、韩等国相比，虽然我国石墨烯相关专利申请数量已多年位居全球首位，远超其他国家，但是原创性核心专利数量依然较少。美国、韩国和日本等发达国家专利整体水平较高，其中石墨烯领域的大部分核心专利依然来源于美国和韩国。在专利技术领域方面，我国的专利多数集中于涂料和储能等替代型应用领域，而在集成电路和数据通信等变革性与颠覆性技术领域的专利申请数量与质量和发达国家相比仍有差距。

20.2　本领域发展趋势

每一种前沿新材料由实验室成果和专利产品转化为商品，一般都需要经过实验室研发——实验工厂（小试）——示范生产线（中试）——示范工厂——规模化生产五个阶段，不可能一蹴而就，这个过程需要 10 年、20 年、甚至更长时间。从 Gartner 技术成熟度曲线来看，石墨烯产业总体上正处于产业化突破前期。目前以石墨烯粉体为原料的低端产品，如功能涂料、复合材料、电极材料和结构增强型材料等，虽然部分已初步产业化，但规模仍相对较小、技术含量不高、附加值较低。而以石墨烯薄膜为原料的高端产品，如微电子材料和柔性显示等，或处于实验室阶段，或处于中试阶段，短时间内均难以实现产业化，尚不能大规模产业化，因此石墨烯的大规模商业应用仍有很长的路需要走。

首先，在前沿探索层面，开展持续性与系统性的研究探索仍是未来支撑石墨烯产业发展的重要基础。对于石墨烯而言，其可控制备、物性与应用仍是未来基础研究需关注的三个重要方面。实现精确结构可控是石墨烯制备研究的重要发展方向，通过对石墨烯层数、平面尺寸、表面官能团与边缘结构等的精确控制，实现对其电学、热学、光学、磁学和力学性能的精细调控，从而使其与不同领域的应用需求有更为完美的对接。在此基础上，需持续发掘石墨烯潜在的新特性，并建立石墨烯结构与其物性之间的更为系统与科学的构效关系，构建更为精细与理性的物性调控手段，并由此拓展出可能的新的应用。在应用研究领域，一方面需要持续对现有的应用领域进一步深入研究，重点对其机理机制进行深入剖析，掌握其本质科学原理，从而为应用效果的改进提供更好理论指导。另一方面，需要不断挖掘与拓展石墨烯的应用领域，持续为石墨烯技术创新与产业发展提供源动力。

在技术层面上，石墨烯制备与应用技术研发仍需齐头并进。在石墨烯原材料方面，需进一步发展高品质石墨烯的低成本、规模化与绿色制备技术。针对石墨烯微片，需要通过制备技术改进，进一步降低层数，同时实现对石墨烯微片平面尺寸及其表面官能团更为有效的调控，以满足不同应用需求。此外，还需发展更为绿色环保的量产制备工艺，减少强酸性与强腐蚀性原材料的用量，降低生产能耗，并实现生产过程中的废物综合利用与达标排放。针对石墨烯薄膜，需要在现有基础上，通过工艺改进，提升产品性能一致性与稳定性，扩大生产能力，并发展进一步降低石墨烯薄膜表面电阻的技术手段，以满足更广阔的应用需求。同时，石墨烯薄膜连续生长与转移关键装备设计制造也需要进一步升级优化，以实现更高效率和更低成本的生产制造。为对接石墨烯在不同领域的应用，还需要对石墨烯原材料产品做定制化开发。例如，对于石墨烯微片，需要通过原材料结构调控和复合配方设计等，开发出满足电池、涂料、橡塑材料、功能纤维等特定应用领域的粉体与浆料产品，对于石墨烯薄膜，需要开发负载于不同基底，层数、电阻和功函数等可调的系列产品，以适应电加热膜、液晶显示、柔性 OLED 显示、柔性触控和传感等不同应用需求。最终形成完善的石墨烯原材料产品体系，为大规模商业应用奠定基础。

在应用层面，首先需要解决石墨烯应用所面临的关键共性技术。针对石墨烯微片，重点解决其在不同基体材料中的均匀分散问题，发展匹配不同基材的石墨烯微片改性技术、分散助剂与添加剂选型及分散工艺，发挥其作为功能添加剂的最大功效；针对石墨烯薄膜，重点发展其图案化与微纳加工等关键共性技术，以实现与不同后端应用需求的最佳匹配。其次，在不同应用领域根据技术成熟度，实施有针对性的技术研发。在动力电池、超级电容、功能涂料、改性橡塑材料、功能纤维、导热散热材料和复合功能材料等前期研究基础较好的替代性应用领域，通过终端需求牵引，瞄准附加值产品，开展关键技术攻关与应用示范，尽快形成具有自主知识产权的技术成果与创新技术链条，实现技术扩散与商业化，成为构建石墨烯产业的重要支柱；在柔性电子、可穿戴设备、传感器和生物医药等变革性应用领域，需加大关键技术研发平台建设投入力度，并通过协同创新方式，整合产业上下游资源，形成全链条创新格局，加速成果产出速度；在高频电子器件、集成电路和光电器件等颠覆性技术领域，需集中国内优势研究资源，以原型器件研制入手，开展系统性技术验证，持续加强技术储备与培育，掌握核心技术和未来产业变革时的战略主动。

20.3 存在的问题

尽管近年来石墨烯技术研发成果显著，产业发展势头迅猛，但我国石墨烯产业发展依然存在诸多问题。

一是石墨烯产业前沿技术和关键共性技术供给不足。石墨烯产业作为技术导向型产业，对于技术的依赖程度很高。虽然应用需求十分旺盛，各界对于石墨烯的期待也很高，但从客观角度分析，对于发现仅仅十余年的新材料，全球在该领域的技术积累仍相对薄弱，目前全球范围内都尚处于石墨烯应用探索阶段，大部分研究成果仅仅展示了应用的可能性，但要从实验室走向市场，仍需经过长时间的关键技术研发、工程化技术开发与市场开拓过程。对于绝大多数应用领域而言，石墨烯制备与应用的关键应用技术尚未取得重大突破，满足工程化需求的应用技术更是十分欠缺，这也就形成了迟迟不见石墨烯大规模商业应用的局面。如何通过创新体系建设和创新资源的优化配置来加速这一过程，让我国在石墨烯产业发展中持续保持在全球的领先地位，是摆在石墨烯产业面前的重要课题。

二是石墨烯应用创新成果产业化不畅，产学研合作成效不明显。尽管我国在石墨烯研究中取得了全球瞩目的成果，但多处于基础研究水平，技术成熟度低，并且由于缺乏实现实验室技术向产品技术转移的创新平台和中试系统，同时工程化研发与创新能力不足，导致创新成果无法与产业对接，企业掌握的热点技术专利不多，成果转移转化规模不大，难以形成创新产品，商业化进展缓慢。同时，石墨烯产业链上下游的各创新主体多处于分散与各自为战的局面，未能组织形成有机整体，上游不清楚下游的技术需求，下游不掌握上游的技术内涵，导致研发效率不高，研发成果无法持续滚动与增值，从而无法构成技术创新链条。

三是在变革性与颠覆性技术领域的研发布局滞后，研发投入不足。当前的石墨烯产业在繁荣的表象背后已经出现了低端化与同质化等不利局面。与美国、欧盟、日本和韩国等发达国家多重点在电子信息、数据通信、人工智能等高端领域投入巨资布局石墨烯应用技术研发，以抢占技术高地与战略制高点的思路不同，我国的石墨烯产业发展基本处于产业链和价值链的低端，下游应用多集中在附加值低的产品，低端产能扩张过快，产品同质化问题严重，出现了"好材不用""优材低用"的低端化倾向，很多企业借助石墨烯概念进行炒作，追逐短期利益，缺乏雄厚的人力、物力和财力基础来支撑真正的石墨烯产业化研究，尤其在变革性与颠覆性等前期需要长时间研发投入的领域关注度与研发投入很低，不利于产业的可持续发展，有可能在未来再次出现受制于人的不利局面。

20.4 "十四五"发展思路

20.4.1 发展目标

建立石墨烯材料的低成本、自动化、绿色环保生产工艺，实现规模生产制造，突破大面积石墨烯单晶规模化制备技术，并建立满足不同应用需求的原材料产品体系。突破石墨烯及其他二维材料规模应用的关键共性技术，在石油化工、节能环保、装备制造和家用电器等领域实现大规模商业应用，有力带动传统产业改造升级；在新能源、柔性电子、生命健康和海洋工程等战略新兴产业领域掌握核心关键技术，实施大规模应用示范，引领变革性技术快速发展；在集成电路、电子通信、光电子器件与航空航天等高技术领域培育一批具有国际竞争力的产业前沿技术，推动颠覆性技术革命。在石墨烯领域构建涵盖"原材料—应用材料—功能器件—终端应用产品"的全链条技术创新与产业布局，产业发展能力达到国际领先水平，产业总体规模达到千亿级。建立完善的技术与产品标准体系，在国际竞争中掌握主动权与话语权。

20.4.2 重点任务

（1）梳理"十四五"期间重点发展的材料品种。"十四五"期间重点发展的材料品种见表20-1。

表 20-1 "十四五"期间重点发展的材料品种

重点材料品种	"十四五"关键技术指标	"十四五"产业发展目标
石墨烯微片（粉体/浆料）	平均厚度 ≤ 2nm，电导率>1000S/cm	实现千吨级稳定生产与规模应用
氧化石墨烯	平均层数<3层，碳氧比≥2	建成千吨级生产线
石墨烯薄膜	宽幅≥50cm，连续长度≥1000m，单层率≥95%，单层方阻<200Ω，单层透光率≥97%	实现千万平方米级稳定生产与规模应用
石墨烯单晶	尺寸达到晶圆级	建立批量制备工艺
电池用石墨烯复合导电剂	浆料：导电组分中石墨烯占比≥33.3%，金属杂质含量≤10ppm； 粉体：松装密度> 0.1g/cm^3，石墨烯含量≥33.3%，金属杂质含量≤100ppm，电导率>30S/cm	粉体产能达到千吨级，浆料产能达到数万吨级，并实现在动力电池中的大规模应用
石墨烯涂层铝箔集流体	涂层厚度单面<1μm，涂层面密度单面<0.5g/m^2，面电阻<20ohms/sq@25μm	建立年产千万平方米生产线，并实现示范应用
石墨烯复合硅碳负极材料	石墨烯含量 ≥ 10%，比容量≥1500mA·h/g，循环寿命≥1000周	建立千吨级生产线，并实现在高比能动力电池中的示范应用
石墨烯复合电容碳	应用该材料的超级电容器单体能量密度>45W·h/kg，功率密度>10kW/kg，循环寿命>3万次	建成百吨级生产时，并实现在高比能超级电容器中的示范应用

重点材料品种	"十四五"关键技术指标	"十四五"产业发展目标
石墨烯改性功能纤维	纤维比电阻≤2.0×10⁶Ω·cm； 远红外法向发射率≥90%； 远红外辐射温升≥1.5℃； 抑菌性：金黄色葡萄球菌、大肠杆菌及白色念珠菌均≥95%； 耐洗性能≥20 次	产能达到数千吨级，并实现规模应用
石墨烯基碳纤维	拉伸强度≥3.6GPa，导电率≥10⁶S/m（未处理）≥10⁷S/m（经过后续加工处理），热导率 600~1500W/(m·K)	建成百吨级生产线，并实施应用示范
石墨烯改性重防腐涂料	耐盐雾≥6000h	产能达到万吨级，并实现在海洋工程与石油化工等领域的大规模应用
石墨烯改性润滑油	摩擦系数<0.11，氧化安定性>3000h	具备千吨级生产能力，并实现在机动车与工程机械领域的示范应用
石墨烯导热硅胶	热导率≥10W/(m·K)，热阻≤0.8℃/W 密度≤2.5g/cm，工作温度−40~180℃	具备百吨级生产能力，并实现在高功率电子通信设备中的示范应用
石墨烯散热膜	水平方向导热系数大于 1500W/(m·K)，膜厚 25~500μm	产能达到百万平方米，并实现在手机等电子通信终端中的应用
石墨烯柔性电热膜	远红外发射率大于 87%，电-热辐射转换效率≥50%，面温差≤±10℃	产能达到百万平方米，并实现在智能穿戴与智能家居等领域的大规模应用
铅碳超级电池用石墨烯基负极	石墨烯基负极应用于铅碳超级电池： （1）40%深度放电循环次数：≥6000 次（约为铅酸电池的 6 倍）； （2）充电接受能力≥3.3	石墨烯基负极技术成果将应用于铅碳超级电池，并产业化；开发铅碳超级电池在清洁能源、电力通信、新能源车、军工等领域的应用；将带动铅酸电池行业的更新换代，为产业新增数百亿元的年产值
功能面料用石墨烯复合纤维	（1）LOI 值≥30； （2）熔滴数<12 滴； （3）远红外法向发射率提高值≥8.0%	降低纤维的制备成本，提高纤维的耐久性、阻燃性，并应用于服装面料
环保型石墨烯基耐腐蚀性涂层	（1）中性盐雾≥1000h 或酸性盐雾时间≥200h； （2）抗疲劳强度大于 100MPa	技术成果在海洋装备、汽车、卫浴产品上应用，并中试及产业化；将带动涂层技术的国产化，为产业新增数百亿元的年产值
核电用特种石墨烯及封堵胶材料	（1）耐温>320℃； （2）耐辐照>100kgy； （3）对于辐射的屏蔽率对比不添加产品，提高 10%~16%	依托中广核、中核集团实现相关核工管路涂装，电线封装用石墨烯材料的国产化，新增产值超 700 万元
氟化石墨烯	应用于锂原电池： （1）氟化石墨烯材料比能量≥2400W·h/kg； （2）平均电压平台≥3.0V	攻克核心技术，建立年产 1t 高功率氟化石墨烯材料制备中试生产线
铅碳超级电池用石墨烯基负极	石墨烯基负极应用于铅碳超级电池： （1）40%深度放电循环次数：≥6000 次（约为铅酸电池的 6 倍）； （2）充电接受能力≥3.3	石墨烯基负极技术成果将应用于铅碳超级电池，并产业化；开发铅碳超级电池在清洁能源、电力通信、新能源车、军工等领域的应用；将带动铅酸电池行业的更新换代，为产业新增数百亿元的年产值

（2）针对发展目标和重点方向，研究提出"十四五"重大工程项目。具体见表20-2。

表 20-2　"十四五"重点材料领域和重大工程项目

重点材料领域	"十四五"重大工程	重大工程预期目标及相关建议
石墨烯	石墨烯产业创新体系建设与创新能力提升工程	建成以国家石墨烯制造业创新中心为核心的石墨烯产业创新平台体系，实现全链条创新能力的大幅提升
	年产千万平方米石墨烯薄膜卷材产业化	建成年产千万平方米大宽幅石墨烯薄膜卷材自动化生产线，并实现在柔性电子领域的大规模示范应用
	晶圆级石墨烯单晶规模制备技术	建立晶圆尺寸高品质石墨烯单晶的批量、稳定制备技术
	动力电池用石墨烯复合导电剂应用推广	实现万吨级石墨烯复合导电剂（粉体与浆料）的稳定生产，并在动力电池导电剂中占据主要市场份额
	石墨烯涂层铝箔集流体产业化与示范应用	建成年产百万平方米石墨烯涂层铝箔集流体生产线，并实现在动力电池领域的规模应用
	石墨烯复合硅碳负极材料产业化与示范应用	建成年产千吨石墨烯复合硅碳负极材料生产线，并批量应用于下一代高比能动力电池
	石墨烯改性重防腐涂料应用推广	实现石墨烯改性重防腐涂料万吨级稳定生产，并推动在海洋工程与石油化工等领域的大规模应用推广
	石墨烯电热膜应用推广	实现基于石墨烯导电油墨的印刷电热膜和基于石墨烯薄膜的柔性透明电热膜两类电热膜在智能穿戴与智能家居和工业加热等领域的大规模应用推广
	石墨烯改性功能纤维产业化	建成万吨级石墨烯改性功能纤维生产线，实现在抗菌、防静电、电加热等功能纺织品中的示范应用
	石墨烯改性润滑油产业化	建成千吨级石墨烯改性润滑油或石墨烯润滑油添加剂生产线，实现在汽车产业的推广应用
	石墨烯基导热材料产业化与示范应用	建成石墨烯导热硅胶与石墨烯散热膜等导热材料的规模生产线，实现在5G通信中的示范应用
	石墨烯基柔性显示关键技术	突破石墨烯基柔性显示关键材料技术，建立石墨烯基柔性显示器件全流程工艺，实现工程样机应用验证
	石墨烯基柔性传感器件应用示范	建立石墨烯基柔性传感器的批量制造技术，并实现在力学与环境传感等领域的应用示范
	面向规模化储能的石墨烯铅碳超级电池的开发及其应用示范	建立年产能20万 kV·A·h 的铅碳超级电池生产示范线，实现其产业化；开发铅碳超级电池在清洁能源、电力通信、新能源车、军工等领域的应用；将带动铅酸电池行业的更新换代，为产业新增数百亿元的年产值
	石墨烯基功能面料	实现服装面料的功能化、提高纺织品的附加值，促进纺织面料行业的供给侧改革
	石墨烯组件的研发及其在核废料后处理 ADA-NES 工程中的应用	突破核电快堆建设用核级石墨及石墨烯组件的关键技术，并实现产业化，以推进国产化和核安全进程
	环保型石墨烯基耐腐蚀性涂层及其工程化应用	突破环保型石墨烯基耐腐蚀性涂层的关键技术，实现其在国防军工、高端海洋装备、轻量化汽车、汽车轴瓦、卫浴等领域的工程化应用；将带动涂层技术的国产化，为产业新增数百亿元的年产值

（3）研究构建新材料协同创新体系。整合石墨烯领域"政产学研用资"各类创新资源与功能平台，集中力量建设国家石墨烯制造业创新中心，以其为协同创新的核心节点与高能级创新平台，对接研发、生产和应用三方需求，向上承载高校、科研机构等的创新研究成果，向下输出具有较高成熟度的产业化技术，构建产学研协同创新体系，规范行业标准，开展公共服务，从而提高科技成果转化效率和应用推广速度，促进石墨烯产业的高质量发展。

（4）其他重点任务。

1）制定技术路线图。面向国家重大战略需求、国际科技前沿和民生福祉改善，制定石墨烯技术发展路线图，明确技术创新与产业发展方向，指导创新实践。针对石墨烯材料，从制备与应用技术两个层面明确发展路线。在制备技术方面，重点发展石墨化学解理制备石墨烯及功能化石墨烯微片和化学气相沉积制备大面积石墨烯薄膜的产业化技术；在应用技术方面，重点围绕先进电池、柔性电子、信息技术、光电器件、复合功能材料、节能环保与大健康等领域规划技术与产业发展路线。

2）实施关键共性技术研发，掌握核心关键技术。研发并突破石墨烯及其他二维材料制备与应用关键共性技术，掌握石墨烯微片与石墨烯薄膜等原材料制备全流程工艺与关键装备，在各应用领域形成具有自主知识产权的核心技术，建立满足终端需求的系统性应用技术解决方案，为技术扩散与商业化应用提供技术支撑。

3）开展重大应用示范工程，驱动产业链建设。围绕国家重大战略需求与国民经济主战场，通过终端用户牵引，开展石墨烯及其他二维材料在全产业链条中的规模应用示范，发挥显著的示范效应与产业引领作用，并由此构建起从原材料直至终端应用的产业链，驱动石墨烯产业向规模化与高端化发展。

20.4.3 支撑保障

（1）加强政府的统筹规划和引导作用。建议加强针对行业整体发展的顶层设计，制定具有可操作性的石墨烯产业专项规划，建立合理的技术路线图，明确产业发展的阶段目标、重点领域、资金来源、政策体系等重点问题。出台合理的石墨烯产业扶持政策，在规划用地、载体建设、资金来源、人才引进等方面予以大力支持和资金扶持。同时，要明确部门分工，出台相关的规范措施，加强行业引导和监管，促进石墨烯产业健康发展。

（2）加快推进新技术新产品推广应用。加快应用技术开发，鼓励企业联合科研院所、高校开展相关产品设计和技术研发，扩大石墨烯应用领域和市场。推进首批次产业化应用示范，扶持一批具有行业带动作用的企业，实现在重点需求领域的率先应用，构建与各类应用相适应的市场化运作机制，建成一批高水平示范项目。

（3）通过创新平台建设带动产业链整体发展。选择国内石墨烯产业基础和技术水平领先、产业发展环境良好的地区，以产业需求为牵引，进一步有效整合我国石墨烯领域优势的产学研力量和资源，建设国家级石墨烯创新中心，填补石墨烯技术创新链条上从实验室产品到产业化之间的关键缺失环节，打通前沿技术和共性关键技术研发供给、转移扩散和首次商业化的链条，并不断完善涵盖技术、人才、平台、政策以及国际合作等要素互动融合的石墨烯创新生态系统，促进石墨烯产业向规模化高端化发展。

（4）加强专利运营与标准制定能力建设。从国家层面加强对石墨烯相关专利申请的引导，尤其在高端领域加强石墨烯专利布局，同时建议由国家知识产权局牵头，启动石墨烯专利的统筹运营，从国家层面形成与发达国家的抗衡。在标准建设方面，一方面通过全国标委会等专业机构牵头，鼓励和推进石墨烯相关国家标准和行业标准的研制工作，力争在全球范围内率先实现完整石墨烯标准体系的建设，另一方面需积极加强与国际标准组织间的合作，提升中国在其中的国际地位和话语权。

21 3D 打印新材料"十四五"规划思路研究

21.1 本领域发展现状

21.1.1 3D 打印概况

3D 打印，又称为"增材制造"，是一项将计算机辅助设计（CAD）的虚拟 3D 模型转换为由特定材料构筑的实体物理对象的新兴快速成型技术，被誉为第三次工业革命的标志。相对于传统的减材制造（切削等）和等材制造（焊接、轧压等）技术，3D 打印是一种"自下而上"（bottom-up）的层层累加制造过程。自 20 世纪 90 年代以来，3D 打印技术逐步引起了人们的关注，这期间也被称为"快速原形（Rapid-prototyping）制造""逐层制造（Layer-wise manufacturing）""实体自由制造（Solid free-form fabrication）"等。经过多年来的发展，3D 打印技术已广泛应用于科研、教育、医疗及航天等领域，其手段包括光聚合 3D 打印、粉末床熔合（SLS）3D 打印、喷射打印、熔融沉积（FDM）3D 打印等。

3D 打印是计算机数字化设计、新材料、机械自动化、光电技术等多学科交叉发展的产物。其由硬件、软件、材料及成型工艺四大关键技术高度集成，其中各技术之间既相互促进又相互制衡。目前，3D 打印软硬件已不断发展成熟，而能够被 3D 打印所使用的材料种类和性能非常有限，已成为制约 3D 打印技术发展的主要瓶颈。尽管现今可用于 3D 打印的材料已经超过 200 种，主要包括金属、陶瓷、聚合物等，但仍难以满足如航空航天、生物医疗等直接相关应用领域的繁杂需求。因此，3D 打印新材料的开发成为了该领域取得突破性进展的"牛鼻子"。

21.1.2 3D 打印材料国内外发展现状

据 SmarTech Analysis 行业分析公司发布的数据显示，2018 年全球增材制造市场价值达到了 93 亿美元。据 Wohlers 统计，2016 年全国营业收入排名前十的企业中，美国和德国各有四家公司跻身前十，另有两家分别来自比利时和瑞典。据中国印刷及设备器材工业协会数据显示，全球 3D 打印材料在近 3 年内出现了井喷式的增长，仅 2016~2018 年间全球共有 100 余种新型 3D 打印材料面世。3D 打印材料种类的增多，使得 3D 打印技术可应用的领域增多，可应用 3D 打印技术制造的产品种类更丰富，极大地推动了 3D 打印产业的发展。从全球范围来看，以 Stratasys、3DSystems 为代表的设备企业在产业链中占据了主导作用，且代表性设备企业通常能够提供材料和打印服务业务，具有较强的话语权。另一方面，3D 打印材料主要供应商分别为 Arcam 公司、EOS 公司、Hoganas 公司、Sandvik 公司、Solvay 公司、3DSystems 公司和 Stratasys 公司等。

我国 3D 打印行业迅速发展，近 5 年来始终保持 25%以上增速，中国增材制造产业联盟数据表示 2017 年中国增材制造产业规模约为 104 亿元人民币，其中 3D 打印材料规模达

34 亿元人民币。目前企业整体规模不是很高、集中度不高、竞争较为激烈。我国的 3D 打印制造产业已形成地区特色，以北京为核心的京津地区技术处于全国领先水平，长三角地区的良好经济发展优势和制造业基础为 3D 打印产业链提供了便利条件，应用服务高地主要分布在广州、深圳等地，同时中西部地区作为产业化重地，聚集了一批龙头企业。

总的来说，目前诸多世界科技强国都将 3D 打印技术及其相关材料作为未来产业发展的重要新增长点来培育扶持，并写入了相关的国家战略，如美国的"America Makes"、欧盟的"Horizon 2020"、德国的"工业 4.0"等。我国也在"中国制造 2025"战略计划中将 3D 打印列为提升国家影响力、竞争力，应对未来挑战的、急待发展的重要先进制造技术之一。

21.2　本领域发展趋势、存在的问题及发展方向

3D 打印技术完全颠覆了传统制造业的模式和原理，极大地减少了产品的制造周期和相关成本。当前，3D 打印可使用材料是限制 3D 打印发展的主要瓶颈，同时也是该领域突破的关键难点，进行可 3D 打印新材料的开发势在必行。聚合物是其中最重要的一类可 3D 打印材料，按形态及功能可划分为光敏树脂、热塑性粉末、热塑性丝材、凝胶材料等。本规划按照上述材料划分顺序来分析 3D 打印新材料领域的发展现状、存在的问题及未来发展趋势。

21.2.1　光敏材料

（1）光敏材料的分类及固化工艺。光敏树脂属于聚合物材料中的一种重要类型，能够在光照（紫外或可见光）作用下由液态快速转化为固态而成型的材料。以光敏树脂为原材料的光固化 3D 打印技术主要有立体光刻技术（SLA）、数字光处理技术（DLP）、三维喷墨打印技术（3DP）和最近发展起来的直接墨水书写（DIW）技术。作为最早开发和商业化的 3D 打印技术之一，光固化快速成型技术凭借形状精度高、打印速度快及工艺成熟等优点被广泛关注，但光敏树脂本身化学及物理性能的局限使得光固化打印技术在模型制造、模具开发及个性化创意等领域受限，阻碍了其应用发展。光敏材料按固化反应机理可分为以下三类：1）自由基型光敏树脂。这类光敏材料含有不饱和双键，如丙烯酸酯基、甲基丙烯酸酯基、乙烯基、巯基、烯丙基等，这类材料通过自由基聚合而固化成型；2）阳离子型光敏树脂。这类材料一般含有环氧基团或乙烯基醚基。环氧光敏树脂通过阳离子开环聚合机理而固化成型，乙烯基醚树脂通过阳离子加成聚合而固化成型；3）自由基与阳离子聚合树脂复配，其在光引发速率、聚合体积收缩、成型后力学性能等方面具有互补效应。其中，自由基型光敏材料是目前应用于光固化 3D 打印的商业化最成熟的聚合物体系。

配合紫外/可见光光刻、（微）面曝光成型等光固化成型技术，光敏树脂在制造业、医学、航空航天、材料科学与工程及文化艺术等领域均有广阔的发展应用前景。航空航天是光敏树脂材料应用的重要领域之一，其光固化模型可直接用于风洞试验，进行可制造性、可装配性检验；通过快速熔模铸造、快速翻砂铸造等辅助技术则可实现对某些复杂特殊零件的单件、小批量生产，并对发动机等部件进行试制、试验及流动分析。除了航空航天领域，光敏树脂基材料在其他制造领域也有广泛的应用，如汽车领域、模具制造、电器等领

域。在铸造领域，光敏材料为快速铸造、小批量铸造、复杂件铸造等问题提供了有效的解决方法。

（2）光敏材料发展现状。树脂基复合材料因其比强度高、比模量大、耐疲劳性能好，以及可实现多种功能而受到广泛关注和研究。增强体是复合材料的主要成分，用以提高基体力学性能及赋予材料功能化，对于光敏树脂基 3D 打印材料，常用的增强体主要包括各种无机粉体、颗粒及纤维等。无机纳米粉体颗粒一般具有较大的比表面积，可以和树脂基体形成良好结合，提高相容性。Zixiang Weng 等人研究了纳米二氧化硅、蒙脱土及凹凸棒对 3D 打印光敏树脂的增强作用，结果显示 5% 含量的纳米二氧化硅使打印聚合物的拉伸强度增加 20.6%，模量增加 65.1%，且上述填料的加入不会对 3D 打印精度造成影响。为提高纳米颗粒在液体树脂中的分散性，Jisun Yun 等人用硅烷偶联剂对粒径为 40～50nm 的 Al_2O_3 颗粒进行了修饰后，与商业化光敏树脂混合制备了可 3D 打印的光敏树脂基复合材料。研究表明，15% 的改性 Al_2O_3 颗粒使聚合物拉伸模量提高 37.8%，同时增加了脆性，降低了断裂伸长率。

此外，Sandoval 等人通过对多壁碳纳米管（MWCNT）增强光敏树脂的力学性能研究发现，MWCNT 的加入可提高树脂制件的拉伸强度，但也会带来一定的脆性，导致断裂伸长率减小。此后，Dong Lin 等人用氧化石墨烯（GO）代替 MWCNT 复合到光敏树脂中，并通过 SLA 成型技术打印出了标准样条，相应力学性能测试显示含 0.2% 重量的氧化石墨烯的样条与未添加氧化石墨烯的样条相比，拉伸强度提高了 62.2%，断裂伸长率提高了 12.8%，同时对其增强机理的研究发现，提高 GO 复合树脂的结晶度可有效增加 3D 打印制件的柔韧性。Jill Z. Manapat 等人在以 GO 作为树脂填料的基础上，增加了一步低温退火工艺，使 3D 打印聚合物的性能得到了进一步提升，甚至超过了相应注塑件的强度。

Joshua J. Martin 等人将片状填料复合到光敏树脂中，利用原创的"磁性 3D 打印"技术，制备了仿鲍鱼贝壳结构的材料。作者在通用 DLP 打印机的树脂槽周边增加了三个电磁螺线管，在打印过程中产生不同方向上的磁场，诱导树脂中的片状填料按预期取向，同时固化其周围的树脂，从而使取向固定下来。取向增强聚合物与不定向增强聚合物相比，显示出更高的刚度（+29%）、硬度（+23%）和极限拉伸强度（+100%）。

牡蛎鱼鳞和螃蟹爪子中的 Bouligand 结构中分布着一层层按照特定顺序排列的胶原蛋白纤维或者甲壳素纤维，可以非常有效地阻止裂纹生长，Yang Yang 等人利用 3D 打印的方式对此结构进行了仿生构筑。作者用表面改性的多壁碳纳米管作为增强填料加入到光敏树脂中，在打印过程中用外加电场诱导其取向，并通过树脂槽旋转获得层与层之间的取向角度差。经测试，所打印半月板结构模型的力学性能大大高出了人体中的半月板结构，因此可以用来修复生物体内半月板缺陷及其他纤维组织。

在分子层面上对材料组成成分进行结构优化，可从根本上获得高性能树脂基体，避免复杂的材料复合和结构仿生过程。Dinesh K. Patel 等人报道了一系列具有高拉伸性能的光敏树脂材料，其中起主要作用的是一种兼具软段和硬段的脂肪族聚氨酯丙烯酸酯低聚物，在不加其他稀释性单体的情况下，其断裂伸长率可达 1100%，是商业常用材料的 5 倍以上，可用于打印柔软以及可变形结构，进一步拓展了 3D 打印技术的应用范围。

Yuxiong Guo 等人通过聚酰亚胺分子结构设计，制备了具有优异溶解性能的可快速光固化聚酰亚胺树脂，其主要成分为甲基丙烯酸缩水甘油醚（GMA）接枝改性的聚酰亚胺低聚物，由此材料所打印的聚酰亚胺聚合物玻璃化转变温度大于 200℃，在 300℃下处理不发生断裂和弯曲变形，仍保持较好的力学性能，表明其具有优异耐高温性，可用于制备应用于航空航天、汽车制造及微电子等领域的复杂结构机械零部件。

导电/导热聚合物一般是由导电/导热填料与聚合物基体通过复合技术得到，因其具有强度高、质量轻、成本低及易于批量生产等优点，被广泛应用于电子集成及电器组装等领域。开发可用于 3D 打印的高性能光敏树脂基导电/导热材料具有非常重要的意义，Yangfeng Lu 等人将碳纳米管（CNTs）与光敏树脂复合制成导电材料，利用自制的 DWC/PμSL 3D 打印机打印了内嵌导电线路的三维器件，虽然导电效果不佳，但却示范了一种具备前景的导电器件制作思路。与此研究相似，Morteza Vatani 等人将多壁碳纳米管（MWC-NT）与具有良好弹性的光敏树脂基体复合制成 3D 打印材料，构筑了具有压缩电阻性质三维结构，可用作触觉传感器。Gustavo Gonzalez 等人将碳纳米管（CNTs）分散到丙烯酸酯中，并通过调节配方获得了黏度及分散性良好的 3D 打印材料，用此材料打印了立方体、薄膜和电路模型，电气测试表明用此材料打印成型的聚合物具有应用在电气装置上的潜力。

除使用碳材料外，Minhong He 等人将一种热电材料 $Bi_{0.5}Sb_{1.5}Te_3$ 与光敏树脂基体复合后进行 3D 打印，得到了具有超低导热性能的三维结构。但由于所选用热电材料的导电率较差，所打印三维结构的导电性并不是很好，作者认为增加此热电材料在基体中的添加比例可有效提高结构的导电性能。相似地，U Kalsoom 等人将导热微晶体加入到丙烯酸酯中制成光敏树脂，所打印出的三维结构表现出了良好的导热及一定的导电性。研究同时表明，树脂复合物中微晶体含量在 25%以内时，聚合物的导电性随其微晶体含量的增加只有小幅上升，但微晶体含量上升到 30%时聚合物导电性出现急剧升高，电镜表征发现此急剧升高的原因为高含量的导热晶体在基体中相互接触形成了连续网络，所打印导热三维结构有望应用于电子及流体器件。

近年来，随着微光固化成型技术的实现，光固化成型技术在微机械结构制造和研究方面展现了极大的应用前景和经济价值。例如，在微米至毫米尺度范围，通过赋予各种光敏树脂材料以经人工特殊设计的超结构，可以获得具有超高力学性能、反常力学行为或者反常光/热学性能的超材料。麻省理工学院等机构的科学家合作，首次采用光固化技术打印出受热收缩的全新超材料。这个新型结构在降温后还可恢复之前体积，可反复使用，适用于制作大温差环境中所需要的精密操作部件，如微芯片和高精光学仪器等。

除此之外，近年来发展了可光固化的陶瓷前驱体和刺激响应性智能聚合物等新型材料。可光固化的陶瓷前驱体由光敏树脂基团与无机材料结合生成，通过先光固化 3D 打印前驱体后烧结的方式进行构筑并最终得到高性能陶瓷材料，这一技术的实现为制备传统方式无法获得的复杂结构陶瓷材料提供了可能；通过将光敏树脂基团与聚氨酯或聚乳酸等具有相变形状记忆的聚合物材料相结合，可制备出一系列具有复杂结构的刺激响应性智能聚合物器件，为下一步利用光固化 3D 打印技术开发多重响应性软机器人打下了坚实的基础（如图 21-1 所示）。

（3）光敏材料的技术难点及未来发展方向。以光敏树脂为基体，应用材料复合技术和结构仿生策略可以构筑力学性能显著增强的 3D 打印结构。同时，光敏树脂组成配方的改性及成型工艺的优化可以赋予 3D 打印结构各种功能性，如导电导热、形状记忆、生物相容及特殊表面等。光敏树脂基 3D 打印材料的力学增强及功能化使光固化 3D 打印技术的

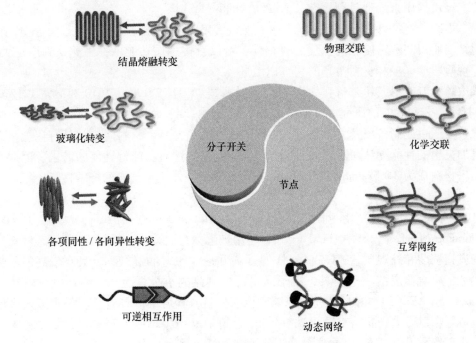

结晶熔融转变

物理交联

玻璃化转变

化学交联

分子开关

节点

各项同性／各向异性转变

互穿网络

可逆相互作用

动态网络

图 21-1   形状记忆聚合物结构示意图

应用逐步扩展到了零件制造、材料仿生、生物传感、组织修复、药物载体等领域。

3D 打印结构的力学性能增强及功能化研究虽然已经得到长足进步，但仍然不能满足大部分的工业生产需要，其性能及功能仍需要进一步加强和拓展，而从分子结构或者微纳米多相体系结构上对打印材料进行改性可以从基础上增强光敏树脂基体的性能，赋予其特定功能，减少对复杂成型工艺的要求，这是未来高性能及功能化材料研发的最佳思路。

21.2.2 粉末材料

（1）粉末材料简介。用于 3D 打印的聚合物粉末材料主要是热塑性聚合物及其复合材料，热塑性聚合物又可分为非晶态和晶态两种。其中，非晶态聚合物通常用于制备对强度要求不高但具有较高尺寸精度的制件，主要有聚碳酸酯（Polycarbonate，PC）、聚苯乙烯（Polystyrene，PS）、高抗冲聚苯乙烯（High impact polystyrene，HIPS）和聚甲基丙烯酸甲酯（Polymethyl methacrylate，PMMA）；而晶态聚合物主要以尼龙（Polyamides，PA）为主。用以增强热塑性聚合物基体材料的复合相多为二氧化硅微球、碳化硅颗粒、二氧化钛颗粒、滑石粉、羟基磷灰石颗粒、层状硅酸盐、碳纤维粉以及金属粉末等高强度无机材料。

（2）粉末材料发展现状。1993 年美国 DTM 公司首次将 PC 粉末用于熔模铸造零件的成型。德国 EOS 公司和美国 3D System 公司分别于 1998 年、1999 年推出了以 PS 为基体的商业化粉末烧结材料 Prime Cast™ 和 CastForm™，这种烧结材料同 PC 相比，烧结温度较低，烧结变形小，成型性能优良，更加适合熔模铸造工艺，因此在熔模铸造方面的应用上 PS 粉末逐渐取代了 PC 粉末。然而 PS 成型件也有缺点，即不易成型复杂、薄壁零件。因此后续有学者将 HIPS 粉末材料用来制备精密铸造用树脂模，其烧结件的力学性能比 PS 烧结高得多，可以用来成型具有复杂、薄壁结构的零件。

晶态聚合物烧结件则具有较高的强度，尼龙是 3D 打印最为常用的晶态聚合物，其经激光烧结能制得高致密度、高强度的烧结件，可以直接用作功能件，因此受到广泛关注，占据了现阶段激光烧结材料市场的 95% 以上。

国内外学者对尼龙粉末材料如尼龙 6、尼龙 11、尼龙 12、尼龙 1010 和尼龙 1212 进行了 3D 打印工艺和性能的研究，证明尼龙是目前 3D 打印技术直接制备塑料功能件的最好材料之一。通过先制备尼龙复合粉末，再烧结得到的尼龙复合材料烧结件具有比纯尼龙烧结件更加突出的性能，从而可以满足不同场合、用途对塑料功能件性能的需求。因此尼龙复合粉末材料成为 3D System 公司、EOS 公司及 CRP 公司重点开发的烧结材料，新产品层出不穷。

3D System 公司推出了系列尼龙复合粉末材料 DuraForm GF、Copper PA、DuraForm AF、DuraForm HST 等，其中 DuraForm GF 是用玻璃微珠做填料的尼龙粉末，该材料具有良好的成型精度和外观质量；Copper PA 是铜粉和尼龙粉末的混合物，具有较高的耐热性和导热性，可直接烧结注塑模具，用于通用塑料制品的小批量生产，生产批量可达数百件；DuraForm AF 是铝粉和尼龙粉末的混合粉末材料，其烧结件具有金属外观和较高的硬度、模量等。EOS 公司也有玻璃微珠/尼龙复合粉末 PA3200GF、铝粉/尼龙复合粉末 Alumide 以及最新推出的碳纤维/尼龙复合粉末 CarbonMide。

此外，粉末材料 3D 打印技术亦可用于制造结构复杂、个性化的产品，这与生物医学领域的需求非常契合。因此，最近一些具有生物活性或生物相容性的聚合物粉末材料成为学术界研究前沿的重点，如聚乙烯醇（PVA）、聚丙交脂-乙交脂（PLGA）、聚乳酸（PLA）、聚醚醚酮（PEEK）、聚乙烯（PE）粉末材料等。

（3）粉末材料的发展方向。未来，粉末材料的 3D 打印在生物医学领域的应用一直是研究的热点，一方面可以从分子角度设计能够用于加工同时具有优异生物性能的高分子材料，另一方面，加入辅助填料，通过调控填料的分散状态及制品结构从而控制制品的结构和性能。因此，既适用于 SLS 加工又具有优异生物性能的高分子材料或复合材料会成为未来研究的热点。

21.2.3　丝状材料

（1）丝状材料及其制备工艺的基础介绍。将丝状材料用于熔融沉积 3D 打印技术（FDM）的技术作为非激光加热成型制造系统，最大优点就是能够使用种类丰富的聚合物丝材。一直以来，用于 FDM 的聚合物长丝多为无定形 ABS、丙烯腈-苯乙烯-丙烯酸酯（ASA）和聚乳酸。近年来，越来越多的非晶态（如聚碳酸酯（PC）和聚醚酰亚胺（PEI））、半晶态热塑性塑料（如聚酯（PET）、尼龙 12（PA12）和聚醚醚酮（PEEK））和 TPEs 受到科学界的关注，有些已被商业化使用。最近在 FDM 材料开发方面的进展涉及新的聚合物、聚合物混合物和复合材料等。

（2）单一丝状材料发展状况。ABS 以其高韧性和高耐冲击性著称，由于其优异的耐久性、耐温性和长丝的可用性，ABS 是 FDM 最受欢迎的聚合物之一。它是一种无定形三元共聚物，由聚丁二烯和苯乙烯-丙烯腈共聚物相组成，其中聚丁二烯相具有韧性，而苯乙烯-丙烯腈相可提高其模量和拉伸强度，但不影响其尺寸精度。ASA 可以作为 ABS 的替代品，除了使用丙烯酸酯橡胶代替聚丁二烯外，其他并无差异。ASA 比 ABS 的耐候性更强，因此更适合户外应用。

PLA 是另一种常用于 FDM 的材料。它是一种从可再生资源中提取的可生物降解的半结晶热塑性塑料，由于其线膨胀系数较低，所需的印刷温度也较低，因此比 ABS 更容易加工。此外，印刷后的 PLA 试样比 ABS 试样表现出更高的拉伸强度和更好的加工性能。因此，PLA 作为一种更可靠、更安全、更环保的替代材料，经常与低成本的 FDM 打印机一起使用，尤其是在家庭中。尽管 PLA 有许多优点，但其最大的局限性之一是耐热性差，热变形温度（HDT）约为 50℃。随着高温聚乳酸（HTPLA）的开发，这种情况可以得到缓解，其加工性与聚乳酸相似。HTPLA 部件在印刷后进行热处理，与 PLA 甚至 ABS 相比，HTPLA 部件的结晶度增加，从而提高了耐温性（HDT>120℃）。

支撑结构使用的材料与构建材料一样重要。对于只配备一个打印喷嘴的系统，支撑结构必须采用与主部件相同的材料，并最终通过机械力去除，这不可避免地引起部件缺陷。在配备两个以上喷嘴的系统中，可以使用第二种材料来制造支撑结构。例如可溶解材料，它们可以毫不费力地被移除，进而制备出表面更光滑的最终制件。可溶解的支撑结构还可以进行更复杂的几何设计，这是用标准的支撑结构所达不到的。聚乙烯醇（PVA）和高抗冲 PS（HIPS）分别是 PLA 和 ABS 最常见的可溶解支撑材料；聚乙烯醇是水溶性的，而 HIPS 则溶解在 d-柠檬烯中。

由于无定形聚合物的线膨胀系数较低，其部件收缩和翘曲的趋势较小，因此相当一部分无定形聚合物已经实现了商业化。相比之下，只有一小部分半结晶聚合物被用于研究或商业化，虽然它们具有更好的力学性能和更高的使用温度，但它们明显的收缩和翘曲现象倾向使 FDM 工艺更具挑战性。另一方面，半结晶聚合物在推动 FDM 从快速原型设计制造到直接制造终端承重部件的转变发展过程中必不可少。PEI 和 PEEK 等高性能聚合物在 FDM 应用中得到了广泛的关注。打印 PEI 和 PEEK 试样的拉伸强度分别可以达到 79～90MPa 和 83～98MPa。相比之下，ABS、PLA 和 PC 试样的抗拉强度值在 20～60MPa 之间。PEI 和 PEEK 的熔融温度较高，因此喷嘴温度必须高于 360℃，随着喷嘴温度的提高，打印件的孔隙率降低（360～420℃），结晶度提高（380～480℃），均有助于提高制件力学性能。尽管如此，需要注意的是，喷嘴温度过高会导致聚合物降解，使打印件的力学性能恶化。由于新沉积的聚合物与先前的成型层之间存在较大的温差，因此挤出高性能聚合物的高温要求使这些聚合物的加工更具挑战性。为了减少大的热梯度，需要配备具有加热功能的打印平台和打印室系统。Yang 等人研究表明，随着打印室温度从 25℃提高到 200℃，打印的 PEEK 试样的结晶度逐步提高，从而提高了力学性能。通过热处理（如炉冷或退火）可以进一步提高打印试样的力学性能。

（3）丝状复合材料发展状况。FDM 打印丝材的各种性能（机械强度、导电性、介电性和导热性）都可以通过添加填料来提高。这些填料可分为颗粒型和纤维型，纤维填料又可分为不连续纤维和连续纤维型。碳纤维和陶瓷填料是 FDM 中最受欢迎的填料，碳纤维填料广泛用于高机械强度和导热或导电的功能制件，而陶瓷填料多用于生物活性植入物和压电或介电器件。连续纤维增强热塑性复合材料具有极高的拉伸模量和强度，其增材制造方式至今只能用 FDM 实现。

颗粒填料可以方便地与聚合物混合，并挤压成可打印的 FDM 工艺复合长丝，由于不涉及定向排列，它们在各向同性上均可获得性能提升。常规聚合物复合材料中常用的矿物和玻璃颗粒填料可以作为降低成本和（或）力学性能增强的解决方案。在高负载（40wt.%）的情况下，陶瓷填料可以赋予打印件介电性能，这表明使用 FDM 制造电磁设备可行。金属填充物可提升导电性，根据填充物的类型及其负载量，金属增强聚合物复合丝材的导电率可达到其自身的 23 倍。另一个活跃的研究领域是开发生物相容性复合丝材，这些复合丝主要基于 PLA 和 PCL。这两种材料在人体应用中都有相当的安全性。但由于 PLA/PCL 本身并不能促进骨的形成，因此可以加入 BAG 和合成磷酸钙，如 HA 和 TCP，以增强聚合物复合丝材的生物活性。纳米填料因其所需负载量低，分散良好时喷嘴堵塞倾向性小而受到欢迎。同时，由于纳米填料降低了聚合物的线膨胀系数，因此可以减少打印部件的收缩和翘曲。碳纳米填料，如炭黑、碳纳米管和石墨烯，在需要高机械强度以及热和/或电导率的功能应用中很受欢迎。碳纳米填料（例如多壁碳纳米管（MWCNTs））的高拉伸模量和强度可增加其抗弯曲性，提高柔性丝材的可打印性。这使得导电柔性丝（如 MWCNT/TPU）可以作为制造柔性应变传感器的优良压阻材料，在可穿戴电子和软机器人领域具有潜在的应用价值。由于纳米填料具有较高的比表面积，容易发生团聚，因此在连续复合丝材制造过程中往往难以实现纳米填料的均匀分散。为了减少纳米填料的聚集，防止喷嘴堵塞现象发生使得可装载的纳米填料的数量有所下降。为了缓解这一问题，必须确保纳米填料和其聚合物基体之间的兼容性，这通常是通过对其表面改性、添加相溶剂或对聚合物基体的改性来实现的。碳纳米填料的聚集性通常是通过其表面改性来降低的。例如，表面加入极性官能团的碳纳米填料还原性氧化石墨烯（rGO）比石墨烯表现出更低的填料聚集性和更好的界面相互作用。

与颗粒填料为其复合材料制件提供各向同性的性能增强不同，纤维填料可沿打印方向产生取向表现出更显著的力学性能增强。由于长丝在挤出过程中伴随强剪切力，这种各向异性效应对 FDM 最为突出。由于纤维取向，导电纤维在面内方向上的性能也比颗粒好。即使对于具有分层结构的导电填料，如 rGO 和石墨烯纳米片，也能观察到排列现象，在这种情况下，可以实现沿打印方向的层状取向。不连续纤维和连续纤维都可以用于 FDM。不连续纤维由于其长度短，在纳米到毫米之间，更容易加工；不同类型的非连续纤维包括芳纶 Kevlar、玻璃纤维（GF）和碳纤维（CF）等。纤维长度和负载影响复合丝材的制造及其在 FDM 中的加工性。较长的纤维和较高的纤维负载一般有助于提高打印件沿打印方向的拉伸模量和强度，但也会使聚合物基体发生较大程度的脆化，更容易造成喷嘴堵塞。因此，在高负载下制造出填料分散均匀的连续聚合物复合丝材具有较大的挑战性。为了保证加工性，通常将不连续纤维的负载量限制在 40wt.%。由于碳纤维具有优良的力学性能和通用性，是研究最广泛的非连续纤维之一。它们具有优异的抗疲劳性能、耐腐蚀性、刚度和耐热性，可满足于高拉伸模量和导热性的应用需求。承受 2wt.% CFs（长度为 212μm）的负载量打印的 CF/ABS 试样与纯 ABS 试样相比，拉伸强度提高了 22%，而对复合丝材的可打印性能没有明显影响。在较高负载量且更大长径比情况下（长度为 330μm），打印的 CF/ABS 试样的拉伸模量和强度分别提高了 700% 和 115%。

除 ABS 外，碳纤维还可与 PLA 和 PET 等其他聚合物一起使用，以提高刚度。与不连续碳纤维相比，连续碳纤维不仅可用于生产热塑性复合材料，且由于机械载荷可分布在整个填料长度上，因此还具有极高的拉伸模量和强度。连续纤维增强聚合物复合材料制件的打印方法有两种，一是直接使用连续纤维增强聚合物复合材料长丝，二是分别送入聚合物基体长丝和连续纤维，并通过FDM喷嘴共同挤出。由于连续纤维增强聚合物复合长丝的连续性质，在沉积下一个打印层之前，通常必须对其进行切割，特别是对于具有复杂几何形状的打印制件。然而，由于切割长丝对最终的制件性能不利，因此需要优化刀具路径和打印路径的设计，以最大限度地减少长丝切割次数。迄今为止，基于碳、Kevlar和玻璃的连续纤维增强聚合物复合材料已经被相继开发出来。连续碳纤维增强聚合物复合材料长丝因其导电性、极高的刚度和强度而最受欢迎。在只添加10wt.%的连续碳纤维时，连续CF/ABS试样的弯曲模量和强度分别提高到8GPa和125MPa。当连续碳纤维与PLA一起使用且纤维负载量更高时，弯曲模量和强度分别提高到30GPa和335MPa，并且打印试样的断裂面显示碳纤维束在PLA基体中排列良好。当通过对碳纤维进行表面改性，改善其与聚合物基体之间的界面相互作用时，所得到的连续CF/PLA复合试样的拉伸强度、弯曲强度和弹性模量与未改性CF的复合试样相比，分别提高了13.8%、164%和351%。为了获得更高的冲击强度，还可以使用连续玻璃纤维。连续玻璃纤维最常用于尼龙，但其他聚合物包括PLA、热塑性聚氨酯（TPU）和聚甲醛（POM）也已得到验证。连续纤维和颗粒填料的使用可在力学性能增强方面产生协同效应。在PA6中加入Kevlar可使拉伸模量和强度得到显著提高，分别为1400%和530%，当加入0.1wt.%的胺改性石墨烯纳米片作为第三组分时，增强效果分别进一步提高到680%和1600%。

（4）丝状材料的技术难点及未来发展方向。由于使用固体长丝作为打印材料储存状态，用于FDM的材料类型仍然受到了相当的限制。这种限制可以通过改进FDM打印系统来克服，该系统允许使用聚合物颗粒而不是长丝进行打印。这种系统使用了类似于注塑成型中使用的基于螺杆挤出的材料沉积工方式。由于不再需要使用长丝原料，因此可以加工更多种类的热塑性塑料。由于重型螺杆设备附着在打印头上会影响到打印速度和精度，因此通过使用独立的螺杆系统，并将熔融聚合物通过柔性加热软管输送到打印头中，可以部分解决这一工艺问题。这种基于螺杆挤出的打印系统与软质和硬质聚合物颗粒的更强兼容性使其成为拓宽FDM材料范围的可行解决方案。此外，更需要引起人们关注的是，即使连续纤维增强策略可以将FDM力学性能提高到前所未有的高度，但该方法打印的制件仍然存在着明显的丝材层层累积制造时出现的界面缺陷，这将导致制件在极端力学条件下迅速疲劳失效。这成为FDM技术未来发展为可直接制造最终力学承重件的主要障碍之一。因此，拓展可打印的工程/特种聚合物、开发新型非连续/连续增强复合材料以及优化层间连接和制件力学性能分布将成为丝状聚合物材料3D打印领域未来的重要研究方向。

21.2.4 凝胶材料

（1）凝胶材料简介。与前述材料不同，聚合物溶液功能性油墨是通过将聚合物溶解到特定溶剂中所形成的打印基材，提供了一个全新的聚合物3D打印制备及应用领域。这种油墨的黏度可以通过改变聚合物的分子量和在油墨中的体积或质量分数来进行调整。各种各样的聚合物溶液油墨可被用于直接书写式（DIW）3D打印，即一种FDM的重要衍生技术，包括那些基于水凝胶的油墨，例如：海藻酸盐和胶原蛋白，分别通过离子和pH驱动的物理凝胶化而固化；经由溶剂诱导凝固的聚电解质溶液是另一种物理凝胶化型的聚合物溶液油墨；通过化学凝胶固化的光固化水凝胶，例如甲基丙烯酸明胶（GelMA），也是

DIW 的典型材料之一。

（2）凝胶材料发展状况。水凝胶是一类被广泛用于 DIW 的材料。水凝胶 DIW 打印可以在特定环境条件下操作，这使得生物活性成分如生长因子和细胞的加入成为可能，并可以将制件应用于生物医学领域，通过 DIW 打印生物材料通常被称为生物打印。水凝胶基体可以基于天然或合成聚合物，天然水凝胶主要基于多糖（如海藻酸盐和壳聚糖）和蛋白质（如胶原蛋白和明胶），其优点是具有良好的生物相容性。以聚乙二醇（PEG）、聚乙烯醇（PVA）、聚丙烯酰胺（PAM）等为基础的合成水凝胶通常比自然界衍生的水凝胶具有更高的机械强度。合成水凝胶通常通过化学凝胶形成，而大多数自然界衍生的水凝胶可以通过物理和化学凝胶形成。例如，海藻酸盐是生物打印中应用最广泛的天然生物聚合物，在二价阳离子（如 Ca^{2+}）存在的情况下，其阴离子聚合物骨架可通过离子交联形成水凝胶，或与聚（乙二醇）-二胺共价交联形成水凝胶。明胶是另一种天然聚合物，会发生由温度变化引起的相变；在生理温度（37℃）下是一种溶液，但在冷却后（<29℃）通过三螺旋的联结形成凝胶网络。为了提高明胶基水凝胶的可打印性及其在生理条件下的可应用性，优选能够经过光聚合形成稳定的共价交联的三维结构的 GelMA。由于许多 DIW 打印的水凝胶结构面临着机械强度低的问题，为了确保自支撑结构的制造，另一种方法是将油墨分散到支撑浴中。在凝胶中进行凝胶打印（gel-in-gel），是另一个典型的生物打印过程，其使用凝胶作为支撑材料来保证不能自支撑的打印结构成型。这种打印方法非常有益于制造水凝胶结构，其中打印的水凝胶被嵌入到二次水凝胶内，作为一个临时的，可移动的和生物相容性的支撑。Lee 等人展示了使用这种方法将胶原蛋白生物打印到人类心脏的组件中，从毛细血管到整个器官，准确地再现了患者特定的解剖结构。

Noor 等人的另一项工作是利用 gel-in-gel 打印技术制造完全符合患者解剖结构的功能性血管化和可灌注的心脏补片，以及具有主要血管的小型细胞化人类心脏。除了生物医学应用外，水凝胶也是制造具有形状记忆和自组装能力的刺激响应结构的热门材料。DIW 技术可打印具有温度、湿度和多刺激响应性（例如，对 pH 和温度变化）的水凝胶结构。Gladmaned 等人证明，通过利用 DIW 的纤维排列能力，可以设计出表现出局部和各向异性形状变化行为的复杂结构。打印部件的各向异性可以通过纤维沿着规定的打印路径排列来控制。采用由纳米纤维素纤维嵌入软性丙烯酰胺水凝胶基质组成的水凝胶复合油墨，只需将打印件浸入水中即可实现其形状变化。通过应用理论计算，可以设计出规定的目标形状的排列模式，从而实现复杂的生物启发式 3D 架构的制造。

A. Abbadessa 等人设计了一类用于 3D 打印水凝胶支架结构的光敏材料，此材料是基于甲基丙烯酸酯硫酸软骨素（CSMA）和一种热敏聚合物（M15P10）制备的。作者用此材料打印的三维凝胶具有规则的空隙结构和良好的力学性能，在用于 3D 打印软组织方面显示出极大的应用潜力。Sepidar Sayyar 等人开发了以丙烯酸酯改性壳聚糖为主体，以化学改性石墨烯为填料的光敏材料，并通过 3D 打印的方式将此材料聚合形成了三维水凝胶结构，研究表明化学改性石墨烯的加入增加了壳聚糖水凝胶的力学性能及其对细胞的黏附性。

水凝胶由二维平面经不均匀溶胀可快速变形为三维结构，借此启发 Limei Huang 等人开发了一系列用于打印水凝胶的光固化材料体系，实现了聚合物的超快速三维成型，打印一件制品的时间仅需几秒到几十秒。作者设计的光敏材料是由多种亲水性的丙烯酸酯和光引发剂组成，其在不同光照时间下的聚合密度不同，从而引致成型二维结构的不同位置有着不同的吸水能力，交联密度低的位置吸水能力强，可以吸收较多水分而产生较大形变，交联密度高的位置则相反，这种形变差异最终构成了复杂的三维结构。

　　相比于水凝胶，气凝胶是一种具有纳米结构的多孔材料，其在力、声、光、热等方面的独特性质受到人们广泛关注，Shaukat Saeed 等人利用光固化 3D 打印方法制备了聚合物骨架硅杂化气凝胶，表征测试数据显示其收缩率为 10.4%，密度为 $0.56g/cm^3$，杨氏模量为 81.3MPa，比表面积为 $155.3m^2/g$，物理性质可与常规方法制备的交联硅杂化气凝胶相媲美。作者分别制备了含有正硅酸四乙酯（TEOS）、三甲氧基硅基甲基丙烯酸酯（TMSM）、乙醇、水和三氯化铝的 A 溶液，和含有己二醇二丙烯酸酯（HDDA）、染料曙红、乙醇和叔胺化合物的 B 溶液，将 A、B 溶液混合后激光照射几秒到 2min 的时间便可得到湿凝胶，湿凝胶经超临界干燥后形成其气凝胶，所用光源为波长 532nm 的绿色激光。

　　（3）凝胶材料的发展方向。3D 打印凝胶材料的开发和应用仍处于基础研究阶段，但前景非常巨大。这主要源于医疗市场的需求非常庞杂，且 3D 打印技术与医疗市场的需求也非常契合，例如：组织工程支架、植入物、人造器官等一般都有其复杂且独特的结构，这使得材料及其成型方式都需要特殊定制化，只有凝胶材料结合 3D 打印才能满足上述要求。未来，凝胶材料的 3D 打印研发重点主要聚焦在生物医用聚合物材料体系上，拓展现有聚合物体系，开发更多的新材料及新功能仍是研究的主体方向。

22　智能仿生材料"十四五"规划思路研究

仿生学,简言之,就是模仿生物的科学。用仿生学做出来的材料,称为仿生材料。1989 年日本高木俊宜教授提出"智能材料"的概念,即具有感知、响应并具有功能发现能力的材料。两者相结合,即为仿生智能材料。自 20 世纪 90 年代以来,仿生智能材料学科迅速崛起并飞速发展,已成为一个涉及材料学、化学、物理学和生物学等多学科的交叉性研究领域,为推进科技创新、解决工程应用中的实际问题提供了新的理论和策略,为人类更加合理、有效地开发利用各种自然资源提供了新的方法和途径。本章综述近年来仿生智能材料领域中水下黏接材料、智能红外隐身材料、防冻涂层材料、海洋防污材料、自修复自愈合材料、仿生建筑结构材料、仿生节能减阻材料等的基础理论、仿生设计原理、制备加工技术和发展前景。

22.1　水下黏接材料

将仿生材料应用于能源环境研究领域始终是热点前沿问题。大自然中具有水下黏接的生物众多,尤其是海洋生物。普通的商业胶水须在干燥环境中使用,水分的存在会严重破坏其黏附效果。然而在自然界中存在着这样一些海洋生物,他们分泌的蛋白质胶黏剂能够在水下牢固地黏附在各种各样的表面上,例如:贻贝依靠足丝将自己柔软的躯体黏附在坚硬的礁石表面上;沙塔蠕虫与石蛾的幼虫能通过自身分泌的黏接剂将沙子和石头组装成管状的壳体结构来保护自己;藤壶能够通过次生胶将自己坚硬的外壳黏接在岩石上(如图22-1 所示)。因为这些生物胶水具有独特的水下黏附性以及优异的内聚力,所以近二十年来,仿生藤壶、帽贝、海葵、管栖蠕虫等水下黏附材料已经成为高分子材料领域的研究热点之一。

(a)　　　　　　　　　　(b)　　　　　　　　　　(c)

图 22-1　贻贝(a),沙塔蠕虫(b)和新西兰章鱼(c)

沙塔蠕虫的保护壳由周围环境中的沙粒以及贝壳碎片等构建而成。它分泌出的生物黏接剂首先在水下与这小颗粒混合在一起,在经过几十秒的初始固化期后,黏接剂的强度即可固定住这些小颗粒。在接下来的几个小时,黏接剂会发生第二重固化,颜色逐渐变深,最终固化的黏接剂呈现出多孔结构，空隙中充满着液体。沙塔蠕虫黏接剂的组成成分主要是由六种不同类型的黏附蛋白、硫酸多糖和镁离子构成，而黏附蛋白大致可以分为两类：阳离子型蛋白质和阴离子型蛋白质。其中，阴离子型蛋白质有两种，这两种蛋白质中含有大量的磷酸化的丝氨酸，因此带有负电荷。剩下的四种蛋白质含有大量非极性的甘氨酸和非极性氨基酸，所以均为阳离子型蛋白质。这些蛋白质的正电荷来源于季铵化的组氨酸和赖氨酸残基。此外，这六种蛋白质中都含有少量的芳香族氨基酸，这些芳香残基包括酪氨酸和DOPA。其中，DOPA是由酪氨酸酶对酪氨酸的翻译和修饰而来，它也被认为是水下黏附的一个重要特征，因为它能够在黏附过程中产生多种相互作用。

贻贝可以利用它们的足丝黏附在各种表面上，包括岩石、船等，目前已经得到了广泛的研究。这些足丝主要由三个部分组成：黏附盘、刚性远端足丝和柔性近端足丝，它们都被表皮覆盖在里面。足丝是由贻贝脚产生，这个脚是贻贝的一个柔性器官，其内部含有三种腺体：苯酚腺、胶原腺和辅助腺。在脚接触到要黏附的表面之后，三种腺体会分别分泌出不同的蛋白质，当所有的蛋白质被分泌出来，贻贝会收回它的脚，足丝在与周围环境发生物质的动态平衡交换之后会获得它最终的特性。

藤壶能分泌一种被称为"藤壶胶"的黏液，它的黏接性能高得惊人，人们现已着手研究人工合成"藤壶胶"。如果用这种黏合剂修船，几分钟就可以在水下将钢板黏牢；在医疗上，利用此方法生产的黏胶不会侵害人体细胞或引发人体免疫反应，有望用于黏接断裂的骨骼、缝合软组织、口腔修复，黏接外科手术上的刀口就像粘纸一样方便。

海葵全部生活于海洋中，体呈圆柱形，下端（基部）稍膨大，称基盘，能分泌黏液，像帽贝一样，靠足盘不断地剥离再黏附。海葵从足盘组织中分泌出蛋白质-碳水化合物络合物，实验已证实初步测得所用的蛋白质胶黏剂强度较低（小于 $85kN/m^2$）。当施加垂直力时，有规则地发生剥离。如使用不同工艺，海葵在基材表面上环形附着（嵌入直径为1cm），将海葵从附着基材上拉走所需的力增至 $0.4MN/m^2$。尽管也会发生剥离，海葵在流动水中作为一个悬臂梁来支撑着供养器官，肌肉组织大小、形状、力学性能和行为影响所遇到的流动力。然而，不同流动栖息地的两个海葵样品，拉力却相同，均为1N。

由于沙塔蠕虫和贻贝等能在潮湿、动荡的海洋环境中表现出优异的黏附性能，因此模仿这些黏附蛋白开发新的高性能材料是近些年的研究热点之一。同时，随着研究的不断深入，这些仿生材料的应用范围也相应越来越广。

22.1.1 通用的黏附材料

在过去二十年内，许多研究人员已经开发出了众多含有儿茶酚基团的聚合物材料，儿茶酚结构也已经被认为是最明显的仿生黏附特征。Deming 等人制备了多巴胺和赖氨酸的水溶性无规共聚物，并由此确认了贻贝黏附蛋白中的关键组分，这也被认为是含有儿茶酚基团的最早的仿生水下黏接剂之一。在后续仿生黏附材料的设计之中，Messersmith 课题组做出了突出的工作，其中，在有一个非常有想象力的工作中，他们将壁虎的干黏附能力和贻贝的湿黏附能力结合，设计出一种具有双重仿生黏附的表面。作者指出，在覆盖贻贝仿生涂层后，表面的干黏附力与未处理的参照表面相比有所增加，然而在潮湿条件下，处理后的表面对氮化硅的黏附力相比于参照表面提高了15倍。此外，无论是在干燥还是潮湿的条件下，其黏附力均可逆，1000次以上的循环黏附之后，表面的黏附性能没有明显下降。随着对海洋生物水下黏附机理的认识不断加深，儿茶酚基团之外的其他作用机制也逐渐被引入水下黏附材料的设计之中。Zhao 等人模仿沙塔蠕虫黏接剂中阴、阳离子型黏附蛋白，将儿茶酚基团和聚电解质融合到一起，制备出一种水下黏接剂。这种聚电解质复合物黏接剂可以黏附各种各样的表面，从玻璃到塑料，从金属到木头，可用作多功能水下黏接剂。

22. 1. 2　生物医疗领域应用

作为一种特殊的材料，具有黏附性的水凝胶在生物医疗领域具有十分广阔的应用前景，例如无缝线手术，因为该水凝胶具备足够的湿黏附性、与软组织相似的弹性以及良好的生物相容性。此外，用于生物医疗的水凝胶在接触到组织之后，需要立即与组织贴合并进行湿黏附，以避免手术时间的延长。由于儿茶酚基团独特黏附性以及整体的动态交联性，众多仿生黏附水凝胶已被开发，并且成为突破无线缝合这项技术瓶颈的有力候选材料。

Park 及其同事们通过儿茶酚改性的透明质酸和硫醇封端的 Plumnnic 聚合物制备了一种可注射的水凝胶，其中的交联作用为马克尔加成和儿茶酚的氧化。该水凝胶表现出更加持久的稳定性和更好的生物组织黏附性。美国加州大学伯克利分校生物工程系 Balkenende 等人基于海洋动物及其化学和物理黏附策略，重点研究仿贻贝、沙堡蠕虫和头足类动物的医用黏合剂聚合物，并总结了研究论文和专利中仿生医用黏合剂的发展历程，探讨了未来的方向。

22. 1. 3　柔性电子领域应用

导电水凝胶由于其拥有像组织一般的柔软性，已经成为柔性生物电子学的新兴材料，例如，可穿戴和植入的设备，生物传感器，生物制动器，健康记录仪和医用贴片。然而导电水凝胶通常不具有黏附性，因此不能牢固固定在皮肤或者组织上，从而限制了其在实际应用中的效果。而仿生黏附水凝胶因为其黏附性而备受关注，因此也为可穿戴的柔性导电水凝胶的开发提供了新途径。Lu 等人将聚多巴胺修饰后的纳米碳管、丙烯酸以及丙烯酰胺分散在甘油-水的二元溶剂中，制备出了一种耐热耐冻的黏附导电水凝胶。纳米碳管的存在赋予了其高导电性，电导率最大可达到 8.2S/m；聚多巴胺则赋予该水凝胶黏附性，对于猪皮肤的最大黏附强度可达（57±5.2）kPa。Zhang 等人以单壁纳米碳管、聚多巴胺、PVA 和硼酸钠为原料制备一种可穿戴的水凝胶传感器。水凝胶中纳米碳管和聚多巴胺分别赋予了其优异的导电性和黏附性，而硼酸钠与 PVA 以及聚多巴胺之间的动态氢键作用赋予了该水凝胶自修复性。该水凝胶传感器可以监测身体的各种活动，包括弯曲和放松手指、行走、咀嚼和脉搏等。

22. 2　智能红外隐身材料

智能红外隐身材料即主动式红外隐身材料，代表了隐身材料技术研究的最先进方向，是具有感知功能、信息处理功能、自我指令并对信号做出最佳响应功能的材料系统或结构。材料由低发射率向可变发射率（自适应材料体系）方向发展；由单纯控发射率向控发射率/控温结合的方向发展。

美国在二战以后最早开始红外隐身材料研究，从 20 世纪 60 年代末期开始了对低红外发射率涂料的探索。最早开始研究的是美国霍尼韦尔公司，主要针对地面武器装备，制备了漫反射性低红外发射率涂料。在 20 世纪 70 年代中期，美国有研究所提出了一种根据涂料配方及原材料相关系数模拟涂层红外辐射特性的方法，这种模拟方法的使用在涂料配方工艺设计上发挥了重要作用。从 20 世纪 80 年代开始美国将红外隐身涂层的应用范围扩大至海上军事设备，在此基础上红外隐身理论取得了进一步发展。在此期间，美国研制出抗热监视的红外隐身涂层，并且选用导电涂层使其同时兼具雷达与红外复合隐身效果。同时期的日本、德国等一些国家也开始加快了红外隐身涂料的研究进展，红外隐身涂料开始在武器装备上使用，各国也都将探索研究转入到秘密阶段。德国在红外隐身方面也取得了较好的成果。到了 20 世纪 90 年代美国已经制备出了黑色、绿色、褐色三色红外隐身涂层材料，同时红外隐身涂料也提出了更高的要求，单一频率的隐身涂料已经满足不了军事设备的需要，因此各国都在加紧研制红外、雷达、可见光复合隐身涂料。

经过数百万年的进化，大自然通过纳米尺度结构的可控排列实现了对光和颜色的操纵。结构色在自然界中很普遍，在伪装、通信和温度控制中起着至关重要的作用。结构色的功能多样性激发了模仿自然着色机制的材料的发展。这类研究已经展示了广阔的商业和军事技术应用前景。

对于红外隐身应用，头足类动物的伪装机制尤其具有吸引力。例如，鱿鱼有特殊的皮肤细胞，称为虹膜细胞。这些细胞含有交替的细胞膜层，由一种叫做反射蛋白的结构蛋白组成的封闭的血小板，这种结构蛋白具有高折射率，细胞外空间具有低折射率。层状结构的功能就像模块化的布拉格反射器，其间距的低聚物可以在整个可见光谱，甚至在到近红外范围内调节他们的皮肤颜色。因此，头足类动物展示了下一代红外隐身技术非常需要的两种能力：光在宽波长范围内的反射率（从可见区域延伸到近红外区域）和可逆动态颜色可调性。

"变色龙"当属自然界中的自感知伪装大师。变色龙的表皮有一种结构，皮肤感受器。在变色龙皮肤感受器的表皮细胞内存储着黑色、红色、绿色、紫色、蓝色、黄色等各种颜色的色素细胞。当外界的环境发生变化时，皮肤感受器会接收到光线或温度变化带来的刺激，进而调整内部色素细胞的状态，实现身体的换色。加州大学伯克利分校开发的仿生柔性自感知电子皮肤，通过光照响应等外界条件的改变可实现变色功能。

生活在极度寒冷环境中的许多动物都表现出惊人的保暖和生存能力。北极熊提供了一个有趣的例子，它使用被中空毛发覆盖的厚厚的脂肪毛，有效地反射身体的红外线发射，使得它们甚至在红外摄像机下看不见。在合成纤维中模仿这种策略会刺激智能纺织品进行有效的个人热管理。

随着光电子技术的飞速发展，多波段侦察设备在军事领域得到了广泛的应用，对目标多波段兼容隐身提出了要求。实际上，大部分的军用目标，热源都很强，都隐藏在绿色植物的背景下。非裸地背景红外隐身的一项重要实现途径是仿生技术，包括仿生涂层和仿生遮障。仿生涂层即为通过特殊工艺制备与植被背景红外箱辐射性质相同或相近的涂层，最为典型的应用方式为迷彩。最早有关迷彩的研究是为了对抗可见光侦察，而且最早的迷彩设计极为简单，仅仅是按照典型植物（树）或动物（蛙、蝴蝶）表面可见光色彩拼接而成，如树形、蝴蝶斑纹状和青蛙皮肤条纹状迷彩。其后研究者们对仿生迷彩技术进行了改进，形成了仿生数码迷彩技术。但是，实现多波段兼容隐身意味着目标表面不仅要在可见光和近红外波段模拟绿色植被的光谱特性，还要在远红外波段具有较低的发射率来抑制热辐射。传统涂层很难获得这种特殊的光谱特征。光子晶体（PC）是一种新型的人造结构功能材料，具有高反射光子带隙，可实现热红外兼容。目前基于光子晶体的红外隐身材料的研究是当前红外隐身技术的研究热点之一。仿生遮障是指依托于仿生技术制备的与背景红外辐射特征相同或相近的红外遮障。刘志明等人依据典型被子植物叶片辐射性质与其内部结构、组分的关系研究了由类叶片海绵组织、栅栏组织和表皮组织制备与典型被子植物叶片光谱辐射性质相近的仿生叶片的可行性。Ye 等人进一步研究了植物叶片蒸腾作用的仿生植物叶片制备，实验结果表明该遮障与背景植物具有相近的光谱辐射性质，两者实时红外辐射温度也非常接近。

22.3　防冻涂层材料

覆冰是一种自然现象，但对于电力传输、通信、能源、交通等众多领域而言，覆冰后却带来诸多不便，甚至引起严重的安全事故以及重大的经济损失。例如，通信线路由于表面覆冰导致信号不好，甚至造成通信中断；冬季矿车的冻黏量高达矿车总体积的 30% ~ 60%，导致矿车运输电能的消耗；风机叶片经常遇上冰雨和冻雨等情况形成冻黏层，叶片表面覆冰后，叶片的翼型将发生形变，能量减少 5% 以上；在航空领域，冰在飞机的螺旋桨、叶轮、机翼、发动机表面附着，会导致飞机坠毁；高铁、动车在冬季运行过程中，若轨道、悬架、转向架等重要部件表面覆冰，不仅会影响乘坐的舒适性和安全性，还有可能造成重大安全事故。

国内外传统除冰技术可大体划分为四类：机械除冰法、热力除冰法、自然被动除冰法以及其他除冰法。机械除冰法是指使用机械外力使物体表面覆冰脱落的除冰方法。其中，人工除冰法最为常见（如图 22-2 所示），具有操作简便、适用范围广等优点，但该方法效率低、成本高、且作业危险、存在严重的安全隐患，尤其面对复杂地理环境时只能"望冰兴叹"。国外也有报道利用滑轮铲刮技术，即通过地面操作人员拉动一个滑轮来铲除导线上的覆冰，一定程度上能够弥补人工手动除冰的局限，但该方法工作强度大、效率低，同样也易受地形限制。此外，当覆冰位置较高、人工难以接触到时，也会使用直升飞机或者猎枪来击落冰块，该方法危险性较高。总的来说，机械除冰法通常既不安全也不高效。

图 22-2　人工除冰

热力除冰法是指通过外加热量来融化材料表面覆盖的冰晶。该方法在电力传输领域输电导线除冰中较为常用，对热源要求较高、且能耗大、成本高、需要停电，因此，实际操作难度较大、推广使用也很受限。

自然被动除冰法是指依靠风、重力、辐射、散射和温度变化等自然条件脱冰。该方法无需外加能量也能在一定程度上限制冰灾，但通常只对特殊条件下、特定的冰晶种类发挥作用，例如强风条件下有助于促进低密度雾凇冰晶的脱附。

除了上述三类除冰方法，近年来，国内外研究人员还开发了电磁除冰法、机器人除冰法、激光除冰法、超声波除冰法等其他新型除冰方法，但这些方法仍然只能用于局部除冰，还无法大面积应用。

总的来说，目前国内外传统的除冰、融冰技术多是被动除冰，且以大量能耗为代价，均无法从根本上有效解决实际工程领域面临的覆冰难题。

受荷叶效应启发制备的超疏水涂层凭借其出色的防水性能（水滴表观接触角>150°，接触角滞后<5°）被认为是一种优良的防冰涂层材料。Jung 等研究了从亲水涂层到超疏水涂层表面的结冰延迟特性，具有纳米结构单元的表面比具有更大尺度粗糙结构和低润湿性的表面具有更好的结冰延迟性，通过观察发现结晶主要由部分快速凝固阶段及后续的缓慢凝固阶段组成。最后提出了超疏水表面的结冰延迟方程，给出了抗结冰涂层的设计要同时考虑润湿性与粗糙度。Boinovich 等制备了两种不同结构的超疏水表面，研究了水滴在冷却至结冰的过程中形状参数的变化，得出接触角和水滴与超疏水表面的接触直径、与在环境温度同时冷却的过程中没有明显的改变。

除纳米复合物超疏水防冰机制外，在基材表面构建水润滑层以降低覆冰黏附力也是一种防冰的有效策略。许多植物体内和表皮具有一些特殊的亲水性天然高分子多糖和防冻蛋白，其主链上大量的羟基能够通过氢键作用吸附空气中的水分子，并能降低液态水的冰点和冰的熔点，形成稳定的结合水层，在微观尺度上呈现为液体状态的润滑层，这种超亲水润滑层能够有效地降低冰在其表皮的黏附力，覆冰在风力或重力等作用下可以轻易地从其表皮脱离。由此模仿制备的超亲水型吸湿聚合物涂层，如二羟甲基丙酸改性聚氨酯、接枝交联聚丙烯酸、多巴胺改性玻璃酸以及可置换抗衡离子的聚电解质刷涂层等具有出色的防冰效果，在涂层表面结冰时，涂层的水润滑表面能使覆冰轻易地脱落。但是，这类涂层制备方法相对复杂，难以大规模制备，而且其防冰性能的持久性较差，限制了其在防冰领域的应用。

猪笼草开口部位具有优异的润滑特性和柔软的液体表皮。受此启发，研究者将具有低表面能的润滑油如全氟油（perfluorooil）或硅油（siliconeoil）等灌注到具有低表面能的多孔介质中，制备了润滑液体浸渍多孔涂层。这种润滑涂层表面是一层稳定而光滑的疏水润滑油层，液体与液体之间的低摩擦属性使水滴具有高流动性，接触角滞后非常小，因此即使是在高湿环境下凝结的水滴也能在润滑涂层表面自由地滑动和融合，并在冰成核之前由于风力或重力作用离开润滑涂层表面；另外，所采用的润滑油具有很低的冰点，在寒冷的条件下仍然能保持液体状态和润滑特性，能够有效地减少潜在的冰成核点的数量，显著地延迟冰成核过程并提高其过冷能力。与超疏水涂层相比，这类润滑涂层至少能将冰点降低 3~4℃，即便发生了结冰现象，冰霜在润滑涂层表面的黏附力远远小于在超疏水涂层表面的黏附力，很容易脱离润滑涂层表面；同时，稳定的润滑油层能够耐高速液体冲击压力，即使在剪切力作用下润滑油层被破坏，多孔介质储层中的润滑油会自动补充到涂层表面，使其恢复到原来的稳定状态。因此，润滑油浸渍多孔涂层具有优异的防冰效果，具有广阔的应用前景。如何制备具有高机械强度、与润滑油相容性更好的低表面能多孔结构，减少润滑油损耗，提高其在不同环境下的耐久性已成为这个领域的研究重点。

22.4　海洋防污材料

广阔无垠的海洋蕴藏着无法估量的资源，开发和利用海洋资源已成为许多国家的重要发展战略。然而，海洋工业和海洋活动都不可避免地遇到海洋生物污损问题。海洋生物污损是指海洋微生物、植物和动物在浸没于海水的表面上吸附、生长和繁殖所形成的生物垢，会给船舶、核电站和采油平台等海洋工程装备造成巨大的危害。例如：船体由于海生物的附着而变得粗糙，同时重量增加，造成航行阻力和燃油消耗的显著增加，导致每年数十亿美元的经济损失和温室气体排放量的上升。藤壶等海生物的分泌物会诱导、加速设备金属表面的腐蚀，导致其强度下降而造成安全隐患，缩短设备服役期。污损生物还可能堵塞输送海水的管道，严重影响海水蓄能电站、核电站和潮汐发电机组等重大设施的正常运行。在海产养殖网笼中，被堵塞的网孔难以充分交换营养物及氧气，造成鱼虾等养殖物的死亡。此外，附着在船体的海生物还可能入侵到新的海域并与原有的生物形成竞争，影响生态平衡。

海洋生物污损是一个非常复杂的过程，通常涉及多达 4000 种不同的物种，其中包括细菌、硅藻和藻类孢子等常见海洋微生物；也有贻贝、藤壶、螺旋虫、管栖、海鞘、浒苔、海葵、苔藓虫等常见大型污损生物。这个过程分为微观污损和宏观污损两个阶段，在微观污损形成阶段，主要是初级生物膜的形成和细菌的黏附，首先是在短时间内材料表面会吸附蛋白质和多糖等物质形成一层基膜，而后单细胞生物、细菌和硅藻等在其上附着并分泌胞外蛋白；在宏观污损阶段，主要是随后其他原核生物、藻类孢子以及贻贝等大型污损生物幼虫在膜表面发育生长，进而形成复杂的大型污损生物层。

许多海洋生物能够在复杂的海洋环境中表现出优异的防污能力，为研发新型海洋防污材料指引了新的方向。

海洋中鲨鱼、海豚的表面很少被微生物寄生，学者认为与其表面微结构有关，鲨鱼表面的微结构使得污损生物在其上的附着点较少，黏附不牢固。基于此思路，学者通过激光烧蚀、光刻蚀和模具浇注等手段在有机硅、聚碳酸酯、聚氯乙烯和聚酰亚胺等材料表面刻蚀出微/纳结构，研究了其防污效果。例如，Brennan 等制备了仿鲨鱼皮的微结构化表面，并研究了石莼孢子在其表面的黏附，发现当表面的微结构间隙小于石莼孢子体长时，孢子在其表面的附着率低于在光滑表面，当间隙大于孢子体长时规律相反。Gatenholm 等人发现藤壶在未改性的聚氯乙烯表面上附着率非常高，但具有微纳米结构的聚氯乙烯却能显著减少藤壶附着。Petronis 等人制备了含长条形微结构的 PDMS 表面，该材料可减少 67% 的纹藤壶黏附。Brennan 等人总结认为，纹藤壶幼虫在表面微结构化的 PDMS 上的附着率与该微结构的长宽比有关，但 Genzer 等人认为具有单一微结构的表面难以作为广谱的防污材料，因为污损生物的大小相差很远。然而，最近的研究发现，污损生物也会附着于已死亡或长期静止的大型海生物上。微结构化表面或许仅仅是鲨鱼、海豚等防污能力的影响因素之一，表层自脱落、分泌生物活性分子等也促进了其防污。此外，在船体或其他大型海洋设备表面涂覆或制备微结构化表面并不容易，其成本较高，长效性也难以保证。

　　大部分海洋生物之所以能够表现出优异的防污特性，与其表皮黏液分泌、活性分子释放、表层自脱落等有密切的关系。受此启发制备的一系列仿生润滑液体浸渍多孔涂层具有出众的海洋防污能力。Aizenberg 团队创造性地从宏观生物实验和纳米接触力学等多个尺度证明了这种超润滑材料涂层能够充分地阻碍海洋生物在涂层表面的黏附，稳定而柔软的润滑液体涂层能够欺骗贻贝的机械感应能力，抑制贻贝的黏结足丝的分泌，仿生润滑液体浸渍涂层独特的超润滑特性可大幅降低黏结足丝与润滑涂层表面之间的黏附力，使贻贝很难在润滑涂层表面附着，即使有个别贻贝附着也能轻易地被水流带走。这种新型超润滑仿生材料已成为海洋防污领域的重要研究方向之一。张广照团队提出动态涂层防污的理论，设计、制备了具有优异力学性能和可控降解速率的生物降解型高分子基海洋防污材料，其中主链降解—侧链水解型防污减阻一体化树脂聚（己内酯-甲基丙烯酸硅烷酯）体系与低毒高效的异噻唑啉酮类防污剂（DCOIT）具有良好的相容性。该树脂体系能够协调树脂侧基的水解和聚合物主链的降解速率，形成动态涂层，能够有效地控制防污剂的释放，从而抑制海洋生物污损在涂层表面黏附和生长；同时，动态涂层在海水中会层层更新，降解后会从涂层表面可控稳定地脱落，带动污损生物脱落，并且降解生成的小分子对海洋环境污染副作用很小。将生物降解高分子与高效低毒防污材料相结合，两种机制之间的协同作用使这种海洋防污树脂体系能够满足长效防污和动静态防污的需求。进一步研究，在该树脂体系中引入水解型正负电两性离子前驱体，制备了主链降解型自抛光两性离子防污树脂，这种新型防污树脂体系还能够通过其涂层表面的水解过程生成超亲水两性离子涂层表面，结合主链的不断降解更新，可形成具有优异抗海洋污损的动态涂层表面，因而具有出色的动静态防污效果。海洋环境复杂多变，海洋防污不能仅依靠单一途径，综合防污以及高效环境友好型海洋防污材料是未来研究的重点方向。

22.5　自修复自愈合材料

　　所谓自愈合材料，就是指与生物体类似的、可以在受损后自我修复受损的结构并恢复功能的一种新型材料。根据自愈合机制的不同，可以将自愈合材料分为以下两大类：外植型自愈合材料（extrinsic）和本征型（intrinsic）自愈合材料。

　　White 等人通过微胶囊法封装二环戊二烯，并将其嵌入含有 Grubbs 催化剂的环氧树脂基质中，从而制备了具有自愈合能力的环氧树脂。裂缝形成后，微胶囊破裂，二环戊二烯（DCPD）被释放，在催化剂引发下发生开环易位聚合反应，形成坚韧且高度交联的网络，从而导致裂缝闭合，完成修复。尽管这类基于微胶囊的外植型自愈合材料对裂纹具有快速响应的特点，但是这种微胶囊的破裂释放是一次性的，使得这类自愈合材料无法实现重复多次自愈合，这是外植型自愈合材料的不足之处。

　　本征型自愈合材料的自愈合机制主要依赖于可逆共价键作用和动态可逆非共价键作用，包括环加成反应、可逆酰腙键、二硫键、硼氧键、可逆自由基反应；氢键，金属-配体相互作用，π-π 堆积，疏水相互作用等。Wang 等人将 N-(2-羟乙基)-马来酰亚胺和糠醇反应，制备了含有 DA 键的新型二醇，再将 DA 二醇、聚丙二醇、1,4-丁二醇和异佛尔酮二异氰酸酯聚合，制备了一种新型可回收的自愈合水溶性聚氨酯。在 130℃时，DA 键断开，聚氨酯溶解；冷却到 65℃时，DA 键重新形成，完成修复。Kuhl 等人通过甲基丙烯酸

4-甲酰基苯酯与甲基丙烯酰肼的缩合反应合成了酰腙交联剂（M1）。然后，将 10mol% 的 M1 与三乙二醇甲醚甲基丙烯酸酯和甲基丙烯酸-2-羟乙酯共混，通过自由基反应合成共聚物膜，通过在 100℃ 下加热样品 64h，可以自愈 1cm 深度的划痕。

合成酰腙交联共聚物示意图如图 22-3 所示。

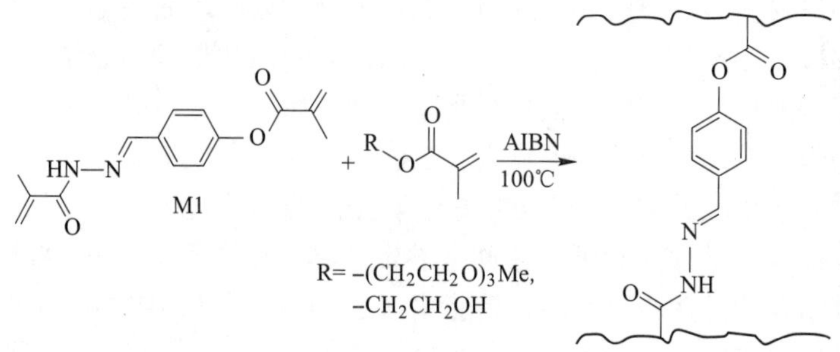

图 22-3　合成酰腙交联共聚物示意图

Yang 等人通过简单地将硫醇修饰的聚氧乙烯-聚氧丙烯醚嵌段共聚物（F127）和二硫戊环改性的聚乙二醇（PEG）混合在一起，制备了一种可注射的热敏性动态自愈合水凝胶。交联的 F127 水凝胶仍然保持其热响应性，并且可以响应温度进行溶胶-凝胶转变。因此，可在较低温度下以低黏度注射到给药部位，然后在体温下快速凝胶化。此外，由于环状二硫化物的环张力，二硫键的反应性增加，这使得水凝胶在中性或甚至弱酸性条件下自愈合。

已知的动态共价键种类很多，但通常需要催化剂来引发可逆反应，发展无催化剂的动态共价键是本领域研究的一个挑战。中科院化学所赵宁等发现异氰酸与肟在室温无催化剂条件下快速反应，生成的肟氨酯键具有热可逆性；利用肟氨酯键制备了聚肟氨酯，其性能与传统聚氨酯相当，但克服了传统交联体系不可再加工成型的缺点，循环加工后材料机械性能得到保持。进一步，发现异氰酸与吡唑也可在室温无催化剂条件下高效反应，生成的吡唑脲键同样具有热可逆性。这种无需催化剂的动态共价键既丰富了动态高分子的研究内容，又具有实际应用前景。

分子间非共价相互作用属于超分子学的范畴，其中被广泛用来合成自愈合材料的非共价键类型有：氢键、离子键、金属配体相互作用、π-π 堆积、疏水相互作用、主客体识别等。

四川大学夏和生教授等人利用二酰胺吡啶可以和多种金属离子形成金属-配位作用的特性，开发了多种金属-二酰胺吡啶交联弹性体。该类弹性体具有优异的自愈合性能和机械性能，机械强度高达 12.6MPa，拉伸应变达到了 1000%。Biswas 等人合成了 N 末端保护的 9-蒽甲氧基羰基氨基酸，并将这类芳香功能化的生物小分子和石墨烯量子点混合，利用它们之间存在的 π-π 堆积相互作用制备了蓝光发射的自愈合水凝胶。

优异的可拉伸性能是聚合物网络能够用在柔性电子器件、驱动器等领域的必要条件，构筑双网络、纳米杂化以及利用动态相互作用是实现这一性能的常用策略。其中动态交联点通过可逆断裂或者动态交换耗散能量，有效防止材料发生不可逆破坏，使材料获得高拉伸性能。目前报道的凝胶类材料的最大拉伸倍数约为 210 倍，而本体聚合物材料约为 180 倍。中科院化学所赵宁等通过强、弱动态键的协同作用，首次报道了最大拉伸倍数达 13000 倍的动态聚合物网络。在聚丁二烯网络中以少量的亚胺键（强）用于维持网络结构，而大量的离子型氢键（弱）用于耗散能量，两种机制的协同作用使聚丁二烯网络获得超拉伸性能。利用单分子力谱、变温红外、变温核磁、动态黏弹谱仪、二维红外光谱等手段从分子尺度对超拉伸行为进行了细致分析。这一强弱动态键协同策略为高拉伸倍数材料的制备提供新思路。

22.6　仿生建筑结构材料

仿生建筑节能和仿生绿色建筑是确保建筑与自然环境和谐，维护生态平衡，实现建筑可持续发展的重要手段。如今，现代建筑的功能不仅仅是提供一个居住空间，对建筑的结构和功能的要求也越来越高，对建筑师在设计过程中提出了更高的要求。建筑仿生功能为建筑师提供了一种解决这些问题的方法，通过从各种自然生物中获得灵感，赋予建筑活力，使建筑能够更好地利用阳光和其他自然资源。基于白蚁丘中的自然通风系统，模仿蜘蛛网和蛋壳的大跨度结构，模仿北极熊毛、荷叶的仿生建筑材料，在建筑物表面实现了自我补偿，调节和维护机制，使建筑物能够积极适应环境，从而体现建筑与环境之间共生关系，实现高效低能耗建筑的绿色发展。在未来的研究中，需加强整合和优化多样化的绿色建筑技术在整个生命周期中管理仿生建筑的能源效率；根据区域适用性原则，开发用于建筑功能的仿生技术；基于绿色生态共存原则，促进建筑结构的创新仿生技术。总之，仿生建筑节能和仿生绿色建筑的发展应遵循并尊重自然规律。

22.7　仿生节能减阻材料

部分海洋生物随着气候的变化进行迁徙，迁徙的距离甚至可达上万公里，其表皮自清洁界面的微结构在此过程中发挥了极其重要的作用。海洋生物的自清洁表面可以有效地减小其迁徙时所受海水的阻力，确保其能够完成迁徙。海洋生物的表皮中通常存在着含有大量亲水基团的蛋白基体，这些基体与海洋生物的表皮层稳固的结合形成一层较厚的疏水层，使得表皮具有自清洁的能力。例如鲨鱼的体表，是一种盾鳞的结构，这种结构之间的沟槽为开发海洋防污减阻涂层提供了思路。仿鲨鱼盾鳞结构防污减阻材料的研究始于 20 世纪 80 年代，美国国家宇航局将该研究称为未来航空产业的关键技术。仿鲨鱼盾鳞结构防污减阻材料对于飞行器的设计至关重要，是实现飞行器提速、延长飞行器续航时间、减少飞行器燃料损耗的关键一环。另一种生物，树蛙的趾、指末端吸盘及边缘沟壑明显，吸盘背面呈现出"Y"的形状。正是由于树蛙指、趾末端吸盘的存在，使得树蛙可在植物上敏捷自由的移动。树蛙脚趾表皮的结构为纳米尺度柱体密集排布组成六边形表皮结构单元，结构单元间的空隙充满流体分泌物，宽约 $1\mu m$。树蛙脚趾表皮纳米级别的柱体及其间的狭缝可以通过在界面处保持液体薄膜来提高其与基体的黏性。该表皮结构通过黏性液体的充满界面和脱离界面实现界面的黏结和脱黏，有机胶黏剂不会硬化。狭缝的结构和生理系统可以储存和再生有机胶黏剂，便于其快速黏附于粗糙表面。受树蛙趾结构的启发，武汉大学薛龙建课题组制备了一种微纳复合六边形柱状阵列，该结构由聚二甲基硅烷（PDMS）与聚苯乙烯（PS）混合制成，其中 PS 在 PDMS 正六边形阵列中呈垂直分布，该结构受到的应力可以在 PS 与 PDMS 间进行有效的传递。

22.8　结论

　　自然界的生物经过漫长的进化逐渐形成了各自适应自然的生存策略，同时也为人类的科学发展带来了无数灵感。作为生物学与材料科学之间的桥梁，仿生智能材料的研究对于解决工程应用中的各种技术难题，推动科技创新具有重要的意义。近年来，由于各种表征手段的发展，使人们对生物材料的化学组成与微观结构有更深入的了解，从而更大限度地完善仿生材料的功能。如今，传统材料单一的功能已不能满足当今社会的发展需要，而智能仿生材料凭借其功能多样化与一体化逐渐成为材料界主流。如何精确搭建结构与功能的桥梁，并尽可能将功能多样化集成化是当今仿生智能材料领域的重要发展方向。

23 超导材料"十四五"规划思路研究

23.1 超导材料领域发展现状

23.1.1 战略地位

超导材料具有常规材料所不具备的零电阻、完全抗磁性和宏观量子效应，是当代凝聚态物理中最重要的研究方向，也是新材料领域一个十分活跃的重要前沿。尤其在"十二五"期间是全球超导材料技术加速产业化的关键时期。发达国家清楚地看到了新材料产业所蕴藏的巨大商机和具有的重要战略地位，纷纷制定出相关战略计划并投入大量经费进行开发。国际超导材料和强磁场应用产业化技术取得重大突破，商品化低温超导材料性能不断提高、高温超导材料开始进入商业化阶段，以高场超导磁体为核心的应用已全面进入商业化阶段，2019 年全球超导行业市场规模达到 64 亿欧元。未来十年将迎来超导产业蓬勃发展的重要战略机遇期，将会给科学研究、能源、医疗和交通领域带来革命性的影响。2012~2019 年全球超导材料行业市场规模如图 23-1 所示。

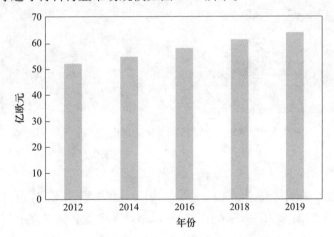

图 23-1 2012~2019 年全球超导材料行业市场规模
（数据来源：欧洲超导应用公司协会
Conectus（Consortium Of European Companies To Determined To Use Superconductivity））

23.1.2 技术发展现状

我国从"八五"期间对超导材料研究与应用技术开发给予了持续支持，特别是近十年的集中支持使我国的超导技术研发一直保持与世界同步，在超导材料制备、应用开发和产业化方面取得一系列突破和重要成果。在 MgB_2 线带材、Bi-2223 长带、YBCO 涂层导体、低温超导线材、超导强电和弱电应用等领域形成了一批自主知识产权的技术，相关材料和应用装置性能已达到国际先进水平。

23.1.2.1　在实用化超导材料方面

以 NbTi 合金和 Nb₃Sn 合金为主的低温超导材料具有优良的机械加工性能和超导电性，是目前最主要的实用化超导材料，我国 2011 年已开始具备高性能 NbTi 和 Nb₃Sn 超导线材量产能力。2018 年全面完成国际热核聚变实验堆（ITER）工程供货任务。高温超导材料在材料基础研究和工艺研究方面都有长足进展，材料性能已基本满足应用需求。在 MgB₂ 研究领域，千米长线的批量化制备技术已趋成熟，我国于 2011 年成功制备出国内第一根千米级 MgB₂ 千米长线，建成继美国、意大利之后国际上第三条千米级 MgB₂ 超导线材中试线。YBCO 涂层导体制备技术已经取得突破，生产速度不断提高，已经可以批量提供数百米至千米的产品，2019 年度我国成功制备出长度达到千米量级的带材，综合性能达到国际先进水平，该类材料在应用领域的研究也已展开。

我国首条低温超导线材批量化生产线全面投产，如图 23-2 所示。

图 23-2　我国首条低温超导线材批量化生产线全面投产

23.1.2.2　在实用化超导技术方面

我国在超导技术领域达到国际先进水平。2012 年我国研制出室温孔径 50cm 的世界首台制冷机直冷 0.6T 新型 MgB₂ 超导 MRI 系统。2012 年我国突破了高电压等级三相铁芯型超导限流器设计及制造关键技术，完成目前为止世界上电压等级最高、容量最大的 220kV 超导限流器并在天津石各庄电站挂网运行。2012 年我国制备出 1000kW 高温超导电动机并实现满功率稳定运行，标志着我国成为国际上少数几个掌握高温超导电机关键技术的国家。2012 年我国制备出满足 1GHz 通信用要求的高带边陡峭度、低插损超导滤波器并在 16 个省市的通信设备投入长期应用，标志着我国成为继美国之后第二个实现超导滤波器产业化的国家。2013 年我国突破了大电流超导电缆设计、制造机系统集成控制技术，研制成功目前为止全世界传输电流最大、长度 360m、载流能力 10kA 的高温超导直流电缆并在河南中孚实业股份有限公司投入工程示范应用。2020 年由广东电网有限责任公司牵头，面向大电网柔性互联需求，解决超导直流限流器共性关键科学技术问题，制备出额定电压 ≥160kV、额定电流 ≥1kA、故障响应时间 <1ms、短路电流抑制率 >35% 的超导直流限流器样机，在广东电网南澳柔直工程实现并网运行。世界首台 160kV 超导直流限流器研制完成，如图 23-3 所示。

图 23-3 世界首台 160kV 超导直流限流器研制完成

总体来看，我国在超导物理、超导材料和超导电力技术的研究方面已有很好的研究基础，若干研究方向甚至达到国际领先水平。我国通过深入开展实用化超导材料与应用技术研发，大力发展实用化超导材料与应用技术产业，使我国能够占据实用化超导材料与应用技术基础研究及其转化应用的制高点，满足我国经济社会发展需要。

23.2 超导材料领域发展趋势

23.2.1 低温超导材料

以 NbTi 合金和 Nb_3Sn 合金为主的低温超导材料具有优良的机械加工性能和超导电性，是目前最主要的实用化超导材料。20 世纪 60 年代，铌基超导材料（NbTi 和 Nb_3Sn）被发现后，液氦下（4.2K）使用的低温超导材料开始逐步得到大规模应用，被广泛应用于核聚变、核磁共振（MRI 和 NMR）、高能加速器。我国在相关领域的研究一直与国际同步，产业化水平近年来得到显著提升，材料综合性能达到国际先进水平。

超导磁共振成像正在向高磁场、短腔和开放型发展，对超导材料的均匀性和载流性能提出了更高要求。中科院等离子体所设计的中国聚变工程堆（CFETR）磁场水平达到 15T、欧洲环形对撞机（FCC）磁场水平达到 15T，需要高性能低温超导材料近 2 万吨，性能水平比目前国际实验室最好水平提高一倍。目前，日本、欧洲、美国、中国的超导产业重点发展低温超导材料提高性能、降低成本新技术，包括新型高分辨 MRI/NMR 用高性能 NbTi 和 Nb_3Sn 线材批量化制备技术、20 T 以上超高场磁体用 Nb_3Sn（Al）线材制备技术。超导材料批量化制备技术在国际范围内面临全面创新和产业化的挑战。

23.2.2 高温超导材料

1986 年，氧化物高温超导体的发现打破了"氧化物陶瓷材料只能是绝缘体"的传统观念，YBCO 和 BSCCO 等超导材料首次将超导转变温度提高到了液氮温度（77K）以上，成为材料发展史上的重大突破。2000 年起日本千米级 BSCCO 带材开始产业化，开始应用于交直流超导电缆、故障限流器、储能系统制造；2008 年美国千米级 YBCO 带材开始产业化，开始应用于更高能量密度超导电缆、故障限流器、储能系统制造。在新型超导材料方面，2008 年国外开始 MgB_2 超导材料产业化并应用于始实用化线材制备研究。

我国在"十三五"期间高温超导材料在材料基础研究和工艺研究方面都有长足进展，开始进入产业化阶段。在 MgB_2 研究领域，千米长线的批量化制备技术已趋成熟，西北有色金属研究院在 2011 年成功制备出国内第一根千米级 MgB_2 千米长线并建成线材中试线。以苏州新材料、上海交通大学、上海超导等单位在 2016 年成功制备出长度达到千米量级的带材，综合性能达到国际先进水平。西北有色金属研究院和西部超导公司 2018 年开发出以前驱粉体制备、高强度低损耗结构设计、金属/陶瓷复合体加工为核心的多芯 Bi2212 高温线材制备技术并实现国际首根面向未来聚变堆应用的高温超导电缆。我国的高温超导产业化水平与发达国家还有显著差距，产品性能和成品率需要提升。

高温超导材料具有很高的应用临界参数，在智能电网、超高场磁体、风电、大科学工程等领域有广阔的应用前景。但是由于高温超导材料是陶瓷化合物、晶界存在弱连接、具有严重各向异性，导致其制备技术非常复杂，制造成本居高不下。目前国际上高温超导材料发展方向是全面提升材料的性价比。

23.2.3　超导应用技术

超导应用技术长期被发达国家垄断，我国已经在相关领域取得突破，达到国际先进水平。目前在超导最大的民用领域-MRI，以上海联影、成都奥泰为代表的企业已经掌握了核心技术并形成量产；在大科学装置方面，西部超导公司已经掌握特种超导磁体技术，为上海光源、兰州重离子加速器等重点项目批量提供磁体，实现向美国能源部同位素加速器批量出口磁体。

国际上正在发展重点应用方向对超导技术提出了新的要求。用于脑科学研究的磁共振成像仪（MRI）需要 15T 以上超导磁体系统、高频率磁共振谱仪（NMR）需要 30T 以上超导磁体系统、高电压等级电网需要新型超导限流器和变压器、舰船推进系统需要 40MW 以上超导电机，这些需求都大幅度超过目前超导技术水平。

23.3　存在的问题

（1）自主创新能力有待提高。超导材料和技术是当今国际高新技术竞争的焦点之一，世界发达国家不惜投入巨资开展前期研究和产业化应用实验。超导在能源、信息、环保、交通、国防工业等各个领域都有非常广泛的应用，特别是由于超导具有的强磁特性、完全抗磁性和零电阻特性，在超导核磁共振成像仪 MRI、超导磁共振谱仪 NMR、磁控直拉单晶硅 MCZ 用超导磁体具有诱人应用前景。目前，我国在超导应用方面刚处于起步阶段，在低温超导材料强电技术相对国际水平还存在明显的差距，低温超导材料工程化与应用也还存在诸多关键技术问题亟待解决。从全球范围来看，超导技术及其应用正处于陡峭的上升趋势，超导材料及其工程化研究一直是超导技术及其应用的重点研究方向。我国对于超导材料也存在巨大市场需求，超导材料和技术产业在国民经济中的比重将会越来越重。我国多年来在超导材料基础研究方面一直处于国际先进水平，然而在产业化及应用方面与发达国家还有很大差距，主要原因是投入少，研究力量分散，缺少技术研究、开发和工程化三位一体的创新研发平台，造成成果转化效率低，工程化应用的瓶颈技术难于突破。主要体现在低温超导材料成材工艺复杂，而工程化和产业化制备技术的开发刚刚开始，获得实用化超导材料所必须解决的组织结构控制、各向异性、交流损耗等一系列关键技术问题都需要进一步加以解决（如表 23-1 所示）。

表 23-1　不同应用对超导材料性能的要求

强电应用	典型应用	$J_c/\mathrm{A}\cdot\mathrm{cm}^{-2}$	磁场/T	温度/K	尺寸/m	性价比$/\mathrm{kA}\cdot m$
超导 线带材	故障限流器	$10^4\sim10^5$	$0.1\sim3$	$20\sim77$	1000	$10\sim100$
	马达	10^5	$4\sim5$	$20\sim77$	1000	10
	发电机	10^5	$4\sim5$	$20\sim50$	1000	10
	储能	10^5	$5\sim10$	$20\sim77$	1000	10
	电缆	$10^4\sim10^5$	0.2	$65\sim77$	1000	$10\sim100$
	变压器	10^5	$0.1\sim0.5$	$65\sim77$	1000	<10

　　国外提高超导材料性能行之有效的途径，正是通过工程化、产业化制备技术的开发推动材料制备及应用技术的发展。因此，我国有必要借鉴国外的经验，积极推动、发展超导材料工程化、产业化制备关键技术，提高我国超导材料制备及应用技术水平。进一步发展我国超导材料及应用产业化，形成超导材料基础研究、工程技术研究和产业化应用研究产学研紧密结合的创新体系，对于提升我国在超导材料及其技术应用领域的自主创新能力，引领和带动行业技术进步和促进产业结构合理化调整，全面提升国际竞争，促进我国超导材料和技术的大规模产业化及超导材料广泛应用具有重要意义。

　　（2）产业政策有待完善、企业国际竞争力亟待提高。根据 Conectus 的统计数据，当前全球超导产业最主要的应用是 MRI，2011 年 MRI 用超导市场规模为 40.50 亿欧元，占整个超导应用市场的 79.7%，2016 年 MRI 用超导市场规模将达到 43.30 亿欧元，占整个超导应用市场的 76.4%；当前我国人均 MRI 拥有量与发达国家存在较大差距：根据 OECD 的数据，截至 2010 年，日本和美国每百万人口 MRI 拥有量分别为 43.1 台和 31.6 台，其他主要发达国家每百万人口 MRI 拥有量也多在 10 台以上，而我国每百万人口 MRI 拥有量仅为两台。考虑到中国人口数量位居世界第一，因此未来全球 MRI 最大的市场在中国。

2015 年部分国家每百万人口 MRI 拥有量如图 23-4 所示。

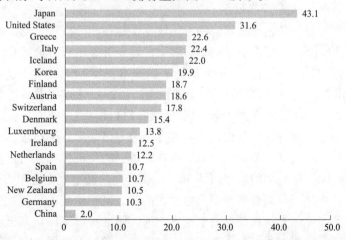

图 23-4　2015 年部分国家每百万人口 MRI 拥有量
（数据来源：OECD（经合组织））

　　根据海关统计数据，最近五年我国对 MRI 的需求日益增长，2006 年进口 MRI 数量为
161 台，进口总金额为 2.04 亿美元；2015 年进口 MRI 台数增至 450 台，进口总金额达
6.50 亿美元（见表 23-2）；过去五年我国进口 MRI 台数和金额都增长了一倍以上。

表 23-2　我国近五年来进口超导 MRI 情况

年份	进口 MRI 数量/台	金额/亿美元
2011	205	2.81
2012	261	4.30
2013	379	5.89
2014	410	6.01
2015	450	6.50

　　目前 GE、Philips、Siemens 均已开始在中国大陆设厂，进行超导磁体和 MRI 系统的生
产，同时保证制造交货周期和减少液氦的消耗。国内制造商上海联影医疗科技有限公司、
潍坊新力超导磁电科技有限公司、奥泰医疗系统有限责任公司、苏州安科医疗系统有限公
司、东软医疗系统有限公司仅能在我国二三线城市有较强的市场竞争能力，亟待加强产业
化能力和水平，参与国内国际竞争。

23.4　"十四五"发展思路

23.4.1　发展目标

　　在创新型国家建设战略框架内，为落实国家中长期科学和技术发展规划纲要中提出的
将高温超导技术列为国家重大战略需求的计划，针对超导技术中的关键材料和关键应用，
在"十四五"期间，通过产学研用联合攻关，实现我国低温超导材料产业升级换代、突破
高温超导材料批量化制备关键技术、开发出面向电力、能源、医疗、和国防应用的超导电
工装备，实现超导材料、超导强电和超导弱电产品协同发展和规模化应用，总体达到国际
先进水平，打造并形成一个基于超导材料及其应用技术的战略性新兴产业。"十四五"超
导材料产业发展目标，如图 23-5 所示。

　　预期在超导材料制备和超导技术应用方面攻克关键技术 100 项，形成技术标准 20 项，
发表高水平论文 500 篇，获得发明专利 300 项。在超导材料制备方面实现高性能核磁共振
MRI/NMR 用超导线材结构设计及批量化制造、低成本高性能千米级高温超导涂层导体和
MgB_2 线材批量化制备、百米级高性能铁基超导线材制备，总体技术和产业化水平达到国
际领先；在超导强电应用技术方面，基于国产化超导材料，瞄准具有产业化潜力和广阔市
场前景的新型超导电工装备，实现面向大尺寸半导体级单晶硅应用的大型超导磁体系统、
面向金属加工领域应用的高效节能超导感应加热装备、面向推进和风力发电应用的大功率
超导同步电机、面向医疗应用的新型高场 MRI 系统、面向城市配电应用的高温超导电缆和
高温超导限流器产业化，全面服务于国家电力、能源、科学研究的可持续发展，总体技术
和产业化水平达到国际领先；在超导弱电技术方面，瞄准对国家经济和国防领域产生重要
影响的领域，实现超导滤波器、多通道超导心磁图仪、超导单光子探测器等系统的批量制
备，拓展应用范围，使我国在超导弱电的关键应用方面取得实质突破。

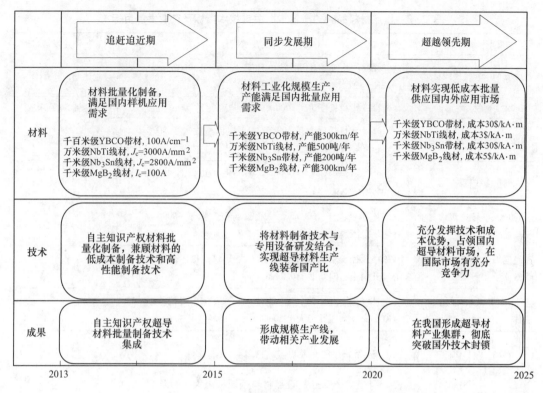

图 23-5 "十四五"超导材料产业发展目标

实施完成后将形成 500 吨/年的低温超导线材和 100 吨/年的 MgB_2 超导线材产能，产值达到 60 亿元，满足国内外 MRI 制造企业生产和研发的需求；Bi 系线带材和涂层导体立足于满足国内电力应用项目，可形成 15 亿元左右市场；高温超导电缆和超导限流器产业化生产后，将达到年产 100km 电缆和 100 台超导限流器的规模，产值可达 40 亿元；高温超导滤波器和超导 SQUID 在移动通信、军事通信、卫星通信、心磁仪和地磁仪中可占有10 亿元市场。我国超导材料产业化总体水平达到国际领先水平。

23.4.2 重点任务

（1）"十四五"期间重点发展的材料品种。在超导材料制备方面，以关键技术产业化为重点，以企业为主体开展高性能核磁共振 MRI/NMR 用超导线材结构设计及批量化制造、低成本高性能千米级 Bi2223 和 YBCO 高温超导涂层导体及 MgB_2 线材批量化制备技术工程化开发，并全面实现产业化。

在超导强电和弱电应用技术方面，以重大战略产品攻关和新产品推广应用及产业化示范为重点，基于国产化超导材料，瞄准具有产业化潜力和广阔市场前景的新型超导应用部署任务，重点开展面向大尺寸半导体级单晶硅应用的大型超导磁体系统、面向金属加工领域应用的高效节能超导感应加热装备、面向推进和风力发电应用的大功率超导同步电机、面向医疗应用的新型高场 MRI 研制及其产业化、面向城市配电应用的高温超导电缆和高温超导限流器，从而实现超导强电应用技术跨越式发展，全面服务于国家电力、能源、科学研究的可持续发展。重点材料品种"十四五"关键技术指标及产业发展目标见表 23-3。

表 23-3　重点材料品种"十四五"关键技术指标及产业发展目标

重点材料品种	"十四五"关键技术指标	"十四五"产业发展目标
高场 Nb_3Sn 超导线材	单根千米级线材临界电流密度达到 $3000A/mm^2$（4.2K，12T）	年产量达到 100 万米
Bi2223 带材	Bi2223 带材长度达到 1000m，临界电流达到 200A	年产量达到 50 万米
Bi2212 线材	Bi2212 线材长度大于 500m，临界电流密度大于 2000 A/mm^2（4.2K，14 T）	年产量达到 50 万米
二硼化镁线带材	MgB_2 线材长度大于 3000m，临界电流密度大于 $1\times10^5 A/cm^2$（20K，3T）	年产量达到 50 万米
300mm 半导体级磁控直拉单晶硅用超导磁体	磁体孔径大于 1600mm，中心磁场强度大于 4000Gs，在坩埚范围内磁场均匀性好于 2%	年产量达到 100 台
高能加速器聚焦用螺线管磁体	磁体孔径大于 40mm，磁场强度大于 5T，磁体磁场中心与几何中心偏差小于 0.2mm	年产量达到 2000 台
高功率微波管用超导磁体	磁体场强度大于 2T，磁体磁场中心与几何中心偏差小于 0.2mm，室温孔径大于 80mm，定制磁场位形	年产量达到 100 台

（2）"十四五"重大工程项目。具体见表 23-4。

表 23-4　"十四五"重点材料领域和重大工程项目

重点材料领域	"十四五"重大工程	重大工程预期目标及相关建议
前沿新材料	脑科学研究用超高场核磁共振系统	研制成功国际首台超高场核磁共振系统，建成 14T 脑科学图像研究平台
前沿新材料	超导磁悬浮交通系统	研制高速磁悬浮列车用超导磁体系统，实现时速 600km 高速磁悬浮应用
前沿新材料	超导电力技术集成	完成面向发电、输变电新型超导电力集成，实现工程应用

（3）研究构建新材料协同创新体系。由于产业化相对滞后、产学研用结合不紧密、创新链和产业链不完整，导致我国在超导材料与技术研究发展总体水平，特别是实用化超导材料的规模化制备和高端医疗设备、分析仪器、科研装备等领域超导技术应用方面存在明显差距。建设一个国家级超导创新中心将有助于将基础研究、材料制备、应用技术融合发展，将有力地促进我国超导材料工程化、产业化制备技术开发，形成以企业为主体、市场为导向、产学研相结合的技术创新体系，为我国超导材料的市场开发和工程化应用提供有力的技术支撑。

国家超导创新中心将积极探索建立产、学、研、用、融的协同发展机制，以打造一个世界级超导技术创新高地为总体目标，着力推进高端研发、高端产业化、产业与城市发展深度融合，全力建成"一中心、两高地、三平台"，即：具有全球影响力的超导产业共性、前沿关键技术的自主研发与集成创新中心；引领全球的超导技术研发、制造、服务的技术、标准、模式的输出高地，超导高端创新人才集聚高地；国际一流的超导科研成果转化与产业化平台，面向全球的超导学术交流、专业咨询、高端人才培养与交流平台，面向全球的专注于超导科研转化的金融创投平台。

23.4.3 支撑保障

鉴于目前我国国内的许多应用项目对超导材料的需求和国外许多大公司及国际大型科学工程大量使用超导材料的强大推动作用，"十四五"正是实现超导材料产业化、推动超导技术实用化最好的时机。充分利用我国在超导材料研究、中试及产业化方面的取得的进展，"十四五"发展的战略目标和发展重点是完全可以实现的，并且可以大大促进正处于成长期的中国超导产业，提高我国在未来国际超导高技术发展、竞争中的能力。根据我国高温超导材料的发展现状、技术优势以及良好机遇，从全局出发，提出下列对策和建议，供国家决策部门及有关领导参考。

（1）超导技术及应用技术（包括低温超导和高温超导的研究与开发）应持续列入国家科技与产业发展计划。

（2）积极鼓励国内企业参与国际超导材料与技术市场竞争，促进超导技术与新能源研究的国际合作，培养一支超导材料研究和先进制造技术等所需的高级人才队伍。

（3）加快我国超导应用产业化的步伐，发展我国自己的核磁共振人体成像仪、超导电缆、超导限流器、超导电机、超导磁悬浮列车在医疗、能源、交通等工业领域的应用项目，为国民经济建设服务。

（4）大力开展和加强超导技术在国防军工方面的应用，为国防军工建设服务。

第5篇

重点领域调研篇
ZHONGDIAN LINGYU DIAOYAN PIAN

24　船舶及海洋工程装备材料调研报告

24.1　产业现状及发展趋势

21世纪被称为是海洋的世纪，海洋资源开发利用成为世界各国竞争的制高点。进入新世纪，我国海洋经济得到了快速发展，到2018年，我国海洋经济总量超过8万亿元，约占GDP的9.2%，对国民经济发展起到重要作用，建设海洋强国已列入国家重大发展战略。我国是海洋大国，海岸线长达18000多公里，海域面积达300万平方公里，油气及矿产资源储量巨大。根据国土资源部的评估结果，仅我国南海石油储量就达到200亿~300亿吨，天然气20万亿立方米，堪称第二个"波斯湾"。虽然我国拥有丰富的海洋资源，但综合利用水平还不高。由于种种原因导致我国近一半海域存在争议，海洋油气资源被掠夺的情况比较普遍，海洋权益面临严重威胁，海洋国土安全面临严峻挑战。建设海洋强国是维护我国领土主权安全、发展海洋经济及保障能源供应的一项十分紧迫任务。

海洋装备的发展与进步是实现国家海洋强国战略的关键。要保护我国海洋领土安全，必须要大力发展海军舰船装备建设。海洋资源的开发利用也离不开各类船舶、海洋平台、重大海洋基础设施，包括码头、桥梁、海底管线、岛礁建设等各种高端海洋装备的设计制造。

船舶及海洋工程装备材料作为各类船舶与海洋工程装备制造的基础，其发展水平对我国海洋装备建设以及海军国防装备建设起到举足轻重的作用。船舶及海洋工程装备涉及的材料种类繁多，主要有钢铁材料、钛合金、铝合金、复合材料、防腐防污材料以及与之相匹配的焊接材料等。其中，钢铁材料作为主体结构材料用量最大，在较长一段时间内仍然无法被取代，其性能的优劣直接决定了船舶海洋工程装备的性能、经济性及服役安全可靠性。

24.1.1　行业发展现状及产业政策分析

24.1.1.1　行业发展现状及发展趋势

A　造船行业

进入21世纪，受到全球贸易持续高速增长拉动，世界造船市场得到快速发展。全球三大造船指标不断创造新的历史纪录，新船订单在2007年峰值达到24000万载重吨，手持订单在2008年的峰值水平接近了60000万载重吨，全球造船完工量在2011年的峰值水平接近16000万载重吨。然而，2008年金融危机后全球贸易增长陷入停滞，船舶制造业受到较大冲击。随着在手订单的大量交付，新增订单数量减少，导致全球船舶企业手持订单数量持续下降。世界经济目前面临诸多不确定因素，全球经济复苏乏力，导致造船行业近年来持续在低谷徘徊。2019年全球造船完工量为9899万载重吨，与2018年同期相比有所回升，但比2011年的峰值水平下降了约40%。新船订单量方面，2008年全球金融危机后，新船订单显著下滑，到 2016 年降至最低水平，全年新接订单仅约 2700 万载重吨。2017 年以后虽然有所回升，但与过去高峰水平相比较，降幅超过一半以上，并且 2019 年新船订单与 2018 年同期相比也出现了大幅下降。由于新接订单量的持续匮乏，导致了手持订单量的大幅度下滑，至 2019 年底，全球造船手持订单量下降到了 18637 万载重吨，不足高峰值的三分之一。目前全球船舶制造业手持订单数量降至历史低点，新增订单数量不及预期，全球造船产能面临大量过剩，形势依然十分严峻。

2005~2019 年世界造船三大指标变化情况如图 24-1 所示。

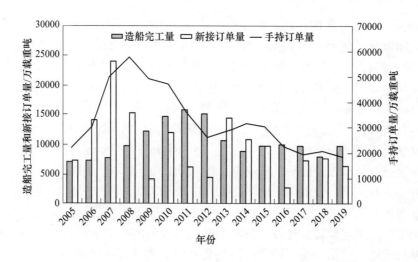

图 24-1　2005~2019 年世界造船三大指标变化情况

中国船舶工业进入 21 世纪后步入了高速发展阶段。在 21 世纪的第一个 10 年中，中国造船完工量从不足 400 万载重吨快速增长到 6500 多万载重吨，在全球造船份额中占比从不足 10% 提高到 40% 以上，使中国一跃成为世界第一造船大国。伴随中国造船业的快速发展，世界造船业的竞争格局产生了巨大变化，欧美等西方传统造船强国规模逐渐衰退，世界造船业的中心转移到了亚洲。目前，世界造船业总体格局上呈现出中、日、韩三足鼎立的态势，中、日、韩三个国家的造船完工量占全球 90% 以上。2019 年中国造船完工量为 3690 万载重吨，占全球 37.28%。中、日、韩三国的船舶行业三大指标占全球的比重对比情况来看，中国手持订单和新接订单数连续多年达到世界总量的近一半，造船完工量约占全球总量的 40%，但是韩国在 2018 年新接订单量占全球的比重达到了 41.4%，超过中国的 39.0%。可以看出，中国世界第一造船大国的地位面临韩国的激烈竞争压力。

中国船舶工业造船完工量及占世界份额变化情况如图 24-2 所示。中、日、韩 2017~2019 年三大造船指标对比见表 24-1。

总体来说，全球造船行业目前仍然处在比较困难的低谷状态。2019 年全球造船完工量有所恢复，但新船订单再度大幅减少，市场竞争重新激化。从产能利用情况看，产能闲置十分严重，利用率跌至金融危机以来谷底。

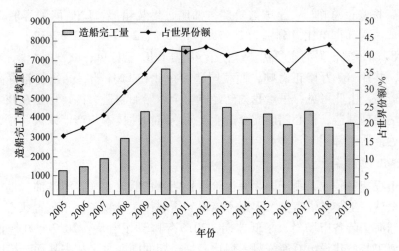

图 24-2   中国船舶工业造船完工量及占世界份额变化情况

表 24-1   中、日、韩 2017~2019 年三大造船指标对比

年份	指　　标		中国	韩国	日本	世界
2019	造船完工量	数量/万载重吨	3690	3262	2484	9899
		份额/%	37.3	32.9	25.1	100
	新接订单量	数量/万载重吨	2813	2357	1123	6440
		份额/%	43.7	36.6	17.4	100
	手持订单量	数量/万载重吨	8039	5425	4156	18637
		份额/%	43.1	29.1	22.3	100
2018	造船完工量	数量/万载重吨	3471	1972	2012	8012
		份额/%	43.3	24.6	25.1	100
	新接订单量	数量/万载重吨	2998	3185	2012	7685
		份额/%	39	41.4	25.1	100
	手持订单量	数量/万载重吨	8833	6076	4480	20758
		份额/%	42.6	29.3	21.6	100
2017	造船完工量	数量/万载重吨	4268	3146	2030	9718
		份额/%	41.9	32.4	20.9	100
	新接订单量	数量/万载重吨	3373	2777	758	7264
		份额/%	45.5	38.2	10.4	100
	手持订单量	数量/万载重吨	8723	4719	4732	19662
		份额/%	44.6	10.4	24.1	100

　　在过去几年，中国和韩国一直在竞争全球最大造船国地位，中国船舶企业造船完工量最大，但在造船订单金额方面，韩国则遥遥领先。在集装箱船、散货船和油轮三大传统船型上，中国船舶工业具有竞争优势，韩国则在高端的 LNG 船建造方面拥有垄断地位，欧洲国家在大型邮轮及特种高附加值船舶设计制造方面拥有技术垄断优势。据克拉克森统

计，2019 年，按修正总吨计，全球散货船、油船、集装箱船、LNG 船和客船（含豪华邮轮）新船订单占全部订单比重分别为 20.7%、13.3%、20.1%、22.5% 和 16.5%。韩国船企凭借在 LNG 船领域较强的竞争优势承接了 48 艘 LNG 船订单；欧洲船企承接了 33 艘豪华邮轮订单，共计 287 万修正总吨；而我国造船行业在 LNG 船、豪华邮轮等高技术船舶领域竞争力较弱。由此可见，虽然我国已经成为全球船舶制造大国，但是在技术水平和高附加值的高端船型制造、核心船舶配套产业上面临结构性技术与产能缺失问题，国际竞争力较弱，远远落后于韩国与日本。

B　海洋工程装备行业

在海洋工程装备领域，由于国际原油价格长期处在低位水平，海洋油气勘探开发投资环境恶化，全球海工装备供需关系迟迟不能得到缓解，大量装备处于闲置状态。受石油价格影响，全球海工装备市场陷入了低迷期，2016 年降到了谷底，2017 年在原油价格回升的背景下，海工装备建设虽有所恢复，但比高峰时期的同期水平相去甚远。2019 年，欧佩克达成减产协议对油价形成支撑，海洋油气开发活动保持增长，带动海洋工程装备作业需求量继续攀升，2019 年全球共计成交各类海工装备 57 艘/座，合计 78.8 亿元。尽管海工装备上游市场呈现温和复苏态势，但供应过剩的形势并未根本扭转，装备闲置规模和船厂库存装备规模依旧庞大，海工装备新建和改装需求严重不足，装备租金持续处在极低位水平。细分市场中，在浮式生产平台市场方面，未来 5 年内全球有超过 200 个项目可能采用浮式生产平台进行开发，其中，FPSO 仍将是主流的浮式生产平台方案；在自升式钻井平台市场方面，由于目前世界油气浅水油气田开发程度相对较高，未来该平台的新订单将主要来自更新需求，需求量相对有限；在浮式钻井平台市场方面，由于深水油气开发仍是全球油气开发的主要方向，新增需求和更新需求均较为可观。此外，相关的海工辅助船新建需求将逐步增长。总体来看，目前全球海工装备制造行业仍处于低迷期，需求严重不足，大量装备处于闲置状态，产能严重过剩。全球海工装备成交额变化情况如图 24-3 所示。

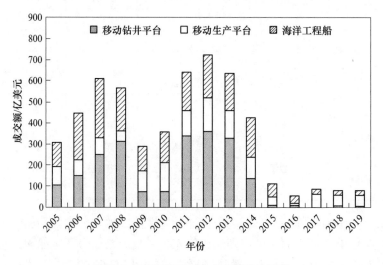

图 24-3　全球海工装备成交额变化情况

　　我国海洋工程装备制造产业发展相对较晚，起步于 20 世纪 70~80 年代，但在 90 年代后，受国际石油危机和国内外市场需求减少的影响，我国海洋工程装备制造的发展步伐明显放缓，整体技术水平和国外差距逐渐拉大。直到进入 21 世纪，海洋工程装备制造行业才再次迎来快速发展的新阶段。随着国内外海洋装备需求的增长，我国海洋工程装备制造业抓住市场高峰期的战略机遇，承接了一批具有较大影响力的订单，实现了快速发展，能力也明显提升。随着我国石油天然气进口依存度的逐年攀升，国家对海洋油气资源的开发利用高度重视，海洋工程产业的发展也被提到了国家战略性高度，国家出台多项政策鼓励海洋工程行业发展。作为国家战略性新兴产业和高端制造业，近年来，在国家建设海洋强国战略的推动下，我国海洋工程装备制造产业得到了快速发展，2019 年我国海工装备制造订单量占全球市场份额达到了 46%。

　　在全球海洋工程装备产业领域，目前已形成梯队式竞争格局。欧美等国处于第一梯队，基本垄断海洋工程装备设计、工程承包和核心设备的设计制造，位于价值链的顶端，其中设计占全球的 95% 以上的份额，工程承包占 80%，核心设备几乎完全垄断。韩国、新加坡、日本等国位于第二梯队，在高端装备总装建造领域处于领先地位，已经具备一定的总承包能力，自主设计也已经有所突破。我国海洋工程装备制造产业处于第三梯队，正从浅水装备和海洋工程辅助船建造向深海装备进军，并已涌现出新的海洋工程后起之秀，如在海洋工程辅助船方面，太平洋造船集团、中船集团和中船重工位列三甲；在设备改装方面，中远船务也和中船集团、中船重工齐头并进。经过 50 余年的发展历史，我国形成了较为成熟的海洋工程装备产业链，具备一定的建造能力和设计能力，并在逐渐向高端转型与发展。未来在深水海洋工程装备领域，中国、韩国及新加坡之间的竞争将更为激烈。世界海洋工程装备制造业竞争格局见表 24-2。

表 24-2　世界海洋工程装备制造业竞争格局

梯队	区域	主要业务领域	主要产品	主要企业
第一梯队	欧美	技术实力雄厚，以高尖端海工产品和项目总承包为主	立柱式平台，大型综合性一体化模块及海底管道，钻采设备，水下设备，动力、电气、控制系统集成电路，智能硬件的产业链创新服务	J. R. McDermott、KBR、SBM、Technip、Aker Solution、BW Off-shore、Heerema、NoV、ABB、Siemens、GE 等
第二梯队	韩国	技术实力仅次于欧美，主要承担海洋工程装备总装建造，具备一定的总承包能力	钻井船、半潜式钻井平台、FPSO、FLNG、FSRU	三星重工、现代重工、大宇造船海洋
	新加坡		自升式平台、半潜式平台、FPSO 改装、FLNG 改装、海洋工程船	吉宝岸外与海事、胜科海事
第三梯队	中国	主要建造低中端产品，试图进入高产品的总装集成建造领域	自升式平台、半潜式平台、FPSO、导管架平台、中小型海洋工程船	中远船务、中集来福士、中国船舶集团、海油工程、招商局重工、振华重工等

C　发展趋势

根据当前发展现状，世界造船业将向大型化、智能化、信息化、绿色化的方向发展，各类专用船舶将增加；未来全球海洋工程装备制造行业也将呈现大型化、深水化、多样化的发展趋势。中国船舶及海洋工程装备行业也将顺应这一发展趋势，向着大型化、深水化、智能化、绿色化、多样化的方向发展。

a　船舶海工装备的大型化

大型化一直是船舶海工装备发展的重要方向。由于大型化使船舶单位运输能力的建造价格和航运的能源消耗显著下降，同时可以减少有害生态的物质排放，基于经济和环保的驱动，世界主要造船大国纷纷把发展吨位大、技术含量高的新船型作为赢得市场的重要砝码，使得油船、集装箱船、豪华游船都在向大型化方向发展。以集装箱船为例，20 世纪60 年代中期造的第一代集装箱船的载箱能力不过 500 标准集装箱（TEU），到 2005 年达到10000TEU，2013 年 18000TEU 集装箱船下水，2017 年全球最大的集装箱船达到了20000TEU，两年后，23000TEU 型集装箱船交付使用。在客运船方面，20 世纪 60 年代定型的世界第一代旅游船为 2 万吨级，2008 年世界最大的豪华游轮排水量达到 15.8 万吨，当前最大的豪华游轮排水量 22.5 万吨，不久的将来，排水量 25 万吨的豪华游轮也将诞生。在超大型浮式储油船（FPSO）方面，韩国现代重工 2002 年已研制出载重量达到 34 万吨的 FPSO。在散货船方面，船舶企业近年来先后开发了 23 万吨级、32 万吨级、36 万吨级和 50 万吨级矿砂船系列船型。可以预见，随着世界造船界对大型船舶结构强度、建造技术和船舶运营技术研发水平的提高，未来将会涌现更多低碳、环保、节能、高效、安全的大型化新船舶，并由此引发世界船舶业和航运业出现重大结构性调整。

b　深水化

人类走向深海和远海的步伐逐渐加快，相应的海上装备也呈现深远化的发展趋势。日本无人遥控潜航器目前已具备下潜到 10000m 以上的深海进行作业的能力。新发展的深海潜器可更好地应用于海洋矿物与生物资源、海洋能源开发、海洋环境测量等多方面科学考察活动。与此同时，美国、英国、俄罗斯等国均已提出深海空间站构想。美国、俄罗斯、日本等国还在现役潜艇的基础上，通过新的研发、改装等多种技术途径，发展新型的深海研究潜艇，探索水下作业、负载携带等技术。随着海上油气开采从浅海向深海扩展，大型海洋工程船舶以及水下装备如深海潜器、水下钻井设备等受到了国际海洋石油界的关注。深水化主要是因为油气开发加速向深水、超深水延伸，相应的船舶海洋工程装备需求随之跟进。目前，半潜式钻井平台、钻井浮船和 FPSO 等装备的设计工作水深与钻井深度、实际钻井深度不断创造新的纪录，全球海洋工程装备制造行业深水化趋势显著。大力发展深海探测及深海资源开发利用，推动深海空间站、深潜器、水下装备相关的重点设备，包括脐带缆、水下控制系统、水下管汇、水下采油树、水下防喷器等也将是我国船舶海工装备行业的重点发展方向。

c　两极极地拓展

伴随俄罗斯亚马尔液化天然气 LNG 项目于 2017 年 12 月的正式投产，俄罗斯北极航道的开通逐渐从梦想变成现实。这条航道具有极高的商业价值，北极航道一旦开通，将改变长期以来巴拿马运河和苏伊士运河作为连接太平洋和大西洋要道的局面，使航程大大缩短，运输成本大幅降低，而且可以避开索马里海盗和印度洋海盗的威胁。全球气候变暖、北极海冰的加速融化，将加速推进北极航道的商业运行。两极地区具有丰富的资源能源储量。2008 年，美国地质勘探局完成的调查显示北极圈内石油和天然气储量分别达到 900 亿桶和 47 万亿立方米，约占全世界未探明能源总量的 22%。目前，我国参与北极活动还面临着许多挑战。极端恶劣条件对极地船舶提出了苛刻的技术要求，我国还缺乏极地船舶设计和制造经验，许多领域还存在空白，加强极地船舶相关领域的研究开发是一项十分急迫的任务。

　　d 智能制造和绿色、环保

　　绿色环保低碳的造船模式是未来船舶制造业发展的必然方向。随着世界造船行业规模的不断扩张，"绿色造船"逐渐成为船舶与海洋工程装备制造业技术研究的主流方向。实现绿色造船，离不开以智能制造为代表的先进制造技术与方法的应用。技术含量更高、排放更低、环境污染更少的船舶智能制造技术的深度研究和普及应用，可有力促进造船工业经济效益和社会效益的共同进步，推动船舶制造业的可持续发展。随着社会各界对于绿色节能环保的关注度逐渐增加，船舶制造业也将重点发展绿色船舶制造技术。发展绿色船舶制造技术需要加大节能减排技术的使用，如在船舶制造过程中多使用新型的绿色环保材料，降低含有害物质材料的使用，做到从根源上降低环境污染。同时，还要提高船舶制造业的废物再利用率，减少废料的产生，从根本上做到节能，这都是发展绿色船舶制造技术所必要的途径。

　　近年来，我国在船舶智能制造技术应用方面取得明显成就，通过一些重大项目的支持，一批高技术船舶和海洋工程装备取得突破，加速提高了产品的生产效率与产品质量，有效提升了船舶工业在国际市场的竞争力，推动了我国高端船舶和海洋工程装备的发展。但是，与世界造船强国相比，我国船舶工业自主创新能力有待进一步提高，配套设备自主化装船率仍需提高，部分高端产品尚需攻坚，设计、系统集成和总承包等相关服务的发展需要提速。随着国际社会对安全、环保日益关注，绿色产业结构将会替代传统高污染高耗能产业，国际海事组织（IMO）不断推出关于船舶安全、环保的新标准、新要求，因此，中国船舶行业的发展也需要通过现代科技融入到绿色产业链中，不断建立健全绿色船舶产业，以保障船舶行业又好又快发展。

　　e 船舶海工装备多样化

　　多样化趋势源于市场需求的变化。当前，我国船舶工业一直以散货船、油船和集装箱船建造为主，按载重吨计，造船三大指标国际市场份额尚能保持领先。但是，若按修正总吨计，三大造船指标国际市场份额有差距扩大的趋势。分析其原因，近年来全球新船订单结构发生了较大变化，高附加值的 LNG 船和豪华邮轮订单需求大幅增长。随着北极附近油气资源的加速开发，适应冰区航行要求的船舶需求量大幅增加，各国油气公司、航运企业和造船企业也都因此加大了相应的船舶研发和投资力度。在全球海洋工程装备制造领域，新的需求呈现多样化发展趋势，市场上不断涌现出浮式液化天然气生产储油船、浮式钻探生产储油船 FDPSO、钻井-FPSO 设备船、破冰-FPSO 船、结构张力腿平台、深吃水立柱式平台、双钻塔式钻井船等一系列新兴概念的海洋工程装备。

　　另外，随着海洋可利用资源范围越来越广泛，我国深海采矿、海洋能源利用和深海农牧渔业等海洋资源、能源开发项目逐步增加。其中，可燃冰勘探开发设备、深远海网箱养殖、火箭海上发射平台、海上浮动电站、海上旅游装备、海上风力发电装备等项目的研发，对我国整个海洋高新技术发展具有深远的意义，并成为未来海洋工程装备的发展趋势之一。

总之，船舶及海洋工程装备制造业新的发展趋势对船舶及海洋工程装备用材料也提出了新的需求和更高的要求。

24.1.1.2　产业政策

欧洲、美国、日本、韩国是四个造船业发达强国及地区。欧洲国家造船业自 20 世纪 70 年代中期以来经历了巨大变化。先是日本造船业的崛起，到 20 世纪 90 年代末期韩国赶超，再到 21 世纪中国造船的异军突起，欧洲船舶制造业发生大规模向外转移，生产水平呈现出总体下滑的趋势。但欧洲造船业占据世界技术领先地位，世界很多重大创新大多来自欧洲，核心技术仍然牢牢地把握在欧洲手里，欧洲造船业保持了高端领域的研发、自主创新能力及其在船舶配套产业中的领导水平。另外，现在整个海事业的整体源头还在欧洲。不论是船东，还是国际海事规则规范，如涉及造船的相关法律、合同、仲裁等，尤其是在游戏规则制定方面，欧洲的地位和影响力依然难以撼动。欧洲生产的船舶在复杂性、安全性和环保方面都非常突出。因此，虽然欧洲造船业的吨位产出量较小，但营业额却比远东造船业要高得多。欧洲造船商及其供应商在豪华邮轮、客船、小型商船、军船和专用船市场处于领导地位，在休闲船舶和设备方面占据强势地位，这是一个具有高竞争力的领域，因为它需要现代化和先进的生产技术。同时，欧洲船舶配套产业在高技术和高附加值产品领域一直占据着世界领先地位，以产品创新性强、可靠性高、售后服务完善闻名。欧洲船舶配套业在动力推进系统、甲板机械、通讯设备、自动化系统等方面在世界船舶配套领域处于领先地位。其中，在船用设备中价值比率大的设备系统主要包括柴油机、发电机组、螺旋桨、辅助锅炉、甲板机械、操舵系统、导航及测量系统、舱室系统、辅助系统、安全及救生系统工程，欧洲在这些领域均不同程度地占据着全球顶端市场，尤其在推进动力系统的设计、开发与市场方面，欧洲更是保持着独特的优势。因此，欧洲船舶配套业在高技术、高附加值、尖端船用设备产品的研制中始终保持产品的先进性、可靠性及稳定性，长期在技术上保持着领先优势。

欧洲"再工业化"提出了包括欧洲造船业在内的制造业回归计划。凭借在建造技术、船舶设计和船舶配套方面的领先地位，欧洲船舶工业一直将技术要素作为产业发展的核心竞争力。欧洲自 2009 年下半年开始就已经在行动，加快实施"船舶领袖 2015（Leadership2015）"计划，制定"船舶领袖 2020（Leadership 2020）"的新战略规划，再次提出加速欧洲造船业复兴的路线图，确保欧洲造船业的可持续发展。欧洲造船企业、行业协会、欧盟委员会等均大力呼吁欧盟各成员国政府尽快出台刺激政策。为了应对当前造船订单匮乏的状况，欧洲造船企业还纷纷扩展业务领域，尝试多元化经营。当前，造船市场向大型化、智能化方向发展的趋势也给欧洲造船业提供了更好的发展机遇，尤其是在智能化、无人船发展方面，欧洲有着很强的话语权。另外，继续打好豪华邮轮这张牌，也是欧洲另一个战略。一直以来，豪华邮轮就是欧洲船舶工业的优势所在。如何在豪华邮轮的设计、建造以及其他相关方面继续保持优势便成为当前欧洲造船企业在智能时代持续发力的问题。欧洲凭借智能制造降低成本和在船舶核心技术方面的强劲竞争力，进入智能时代后，在这些方面体现出来的优越性可能更明显。

依靠自身技术优势，欧洲通过推动国际标准升级，为产业发展创造机会。在欧洲的极力推动下，2009 年船舶温室气体减排在国际海事组织（IMO）开展重点研究，并由此衍生出在动力装置、船型设计、推进技术以及废气处理等多个方面的新技术应用需求。2016 年 IMO 确定的全球 0.5% 硫排放控制，将于 2020 年开始生效实施，为确保新法规生效后船舶可以满足要求，预计未来几年将会有约 2 万艘船舶安装废气洗涤器。新的环保规则规范陆续实施，将为欧洲造船和配套企业提供开发和安装更多环保设备的机会。同时，欧洲船舶工业更加重视研发工作，将销售收入的 10% 用于支持相关产品的研究与开发。目前其重点放在科技创新政策、绿色环保政策、知识产权相关政策等方面。

欧洲作为现代工业的发源地，在造船用钢铁、钛合金、铝合金等基础材料工业领域具有雄厚的实力，材料体系完整、品种规格齐全，在高强度船用钢板、高强度海工平台特厚钢板、船用不锈钢、LNG 船用特种合金、船用 Ti 合金和铝合金等多种船舶海工装备材料领域处于国际领先水平，为欧洲在造船业占据世界技术领先地位提供了坚实的材料基础。欧洲对船用新材料的研究开发及应用高度重视，2017 年欧盟资助"可持续和高效船舶的先进材料方案的实现和示范"项目，共有 12 个国家的 36 家合作方参与，旨在寻求，研究可替换的重量更轻的造船材料，为船舶运营商降低能源消耗和维护成本。该项目的总目标是研发一种全复合材料船体，将测试 13 种经过验证的革新船舶产品。这种"政产学研用"全产业链的新材料研究开发模式，为支撑欧洲造船技术世界领先地位提供了保障。

24.1.2　材料应用领域现状

材料是装备发展的基础，高性能材料是先进海工与高技术船舶发展的基本保障，船舶和海工装备涉及的材料种类繁多，按照材料种类可分为金属材料、非金属材料和腐蚀防护材料及技术等，金属材料主要有钢铁材料、钛合金、铝合金等，非金属材料主要包括非金属复合材料和非金属无机材料；按照使用类型一般可分为结构材料、结构功能一体化材料和特种功能材料三类，结构材料主要包括结构钢、钛合金、铝合金等，结构功能一体化材料主要包括树脂复合材料、阻尼降噪材料等，特种功能材料主要包括腐蚀防护材料（包括涂层、阴极保护、电解防污等）和密封、耐火、绝缘材料等。

金属材料是船舶与海洋工程用量最大的材料，同时也是重要性最高的材料，直接关系到船体与海洋工程装备结构的安全可靠性，是船舶与海工功能实现的基本支撑，主要包括结构钢、钛合金、铝合金、铜合金等。非金属材料主要用于功能材料，是指通过外部环境作用后具有特定功能的材料，如防腐防污材料、隔热材料、密封材料、减震降噪材料、焊接材料等，与结构材料相比，功能材料用量较少、种类较多。非金属材料中的部分复合材料已经具备部分结构材料功能，也称结构功能一体化材料，如结构声学复合材料。

腐蚀防护是船舶与海洋设施与装备服役面临的共性问题，也是海洋工程亟待解决的关键技术难题之一。船舶与海洋装备防腐防污材料技术主要包括阴极保护材料与技术、防腐防污涂层材料技术、腐蚀监检测技术等。

24.1.2.1　船舶及海洋工程用钢

钢铁是造船和海洋工程装备建造的最主要原材料，重量上约占船舶总重量的 60%。按照用途来分类，海洋用钢包括造船用钢、海洋平台用钢、桥梁岛礁基础设施建设用钢等；按照品种规格划分，可分为钢板（包括中厚板和热轧卷板）、型钢、管材（油套管、可膨胀套管、隔水管、钢悬链立管、深海油气输送用钢管）、线棒材、铸锻件、双金属复合材料以及相应配套焊接材料等。

与陆地环境不同，船舶及海洋工程用钢的使用环境复杂，除受自身重力载荷和动态载荷外，还要经受风浪、海流、海底地震、低温等恶劣海况的侵蚀和破坏，因此，船舶及海洋工程用钢要求具有足够的强度和韧性、良好的工艺性能（如加工性能、焊接性能等）和应用性能（如抗疲劳、耐蚀性、止裂性能、抗低温性能等）。目前，船舶及海洋工程用钢的国外标准有欧洲的 EN10225、BS7191、NORSOK 标准、美国的 API、ASTM 标准，以及 ABS、DNV-GL、CCS 等八大船级社规范。我国船舶及海洋工程用钢的标准为 GB 712—2011《船舶与海洋工程用结构钢》，分为一般强度船舶结构钢（235MPa）、高强度船舶结构钢（315MPa、355MPa、390MPa）和超高强度船舶结构钢（420MPa、460MPa、500MPa、550MPa、620MPa、690MPa）。每个强度等级按冲击韧性的要求，又分为 AH、DH、EH、FH 共 4 个韧性等级。除上述材料品种外，还包括抗层状撕裂钢（Z 向钢）、耐腐蚀低合金船板钢、大线能量焊接用钢、高强度系泊链钢、双相不锈钢等一些特殊钢种。

随着我国钢铁工业生产装备能力的提升，我国船舶及海洋工程装备用钢的研究生产保障能力得到了大幅度提升。目前，我国主力船型使用的结构用钢已经基本实现国产化，能够做到自给自足，并在一些高附加值特种钢铁材料，包括：大型集装箱船用高强度止裂钢，油船货油舱用耐蚀钢，大线能量焊接用船板钢，LNG 船储罐用 9Ni 钢、高锰钢、殷瓦钢，海洋平台用特厚钢板等领域取得了突破性进展。总体来看，95%左右的船舶及海洋工程装备用钢能够立足国内，但是，在高技术船舶及高端海洋工程装备用钢一些关键材料，特别是一些批量小、难度大的特殊品种，存在较大差距，主要依赖进口，受制于人。

A　应用现状

进入 21 世纪，随着我国船舶海工行业的快速发展，我国造船用钢的生产应用也同步步入高速增长期。2001 年我国造船用钢的产量仅 168 万吨，到 2010 年峰值时期我国造船用钢的产量超过了 2200 万吨。然而，受世界经济复苏乏力的影响，全球船舶海工装备行业在 2011 年达到峰值后步入了下行通道。我国造船完工量也由峰值时期 2011 年的 6500多万吨下降到 2019 年的 3690 万吨。相应地，我国船舶海工用钢的生产应用也不断下滑。2019 年我国造船用钢用量预计约 880 万吨，不足峰值水平一半，产能处于严重过剩状态。2005~2019 年我国造船用钢生产情况如图 24-4 所示。

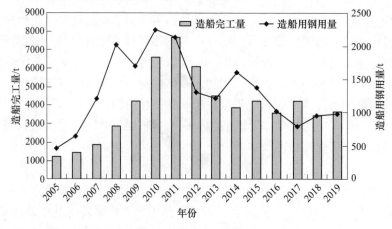

图 24-4　2005~2019 年我国造船用钢生产情况

虽然我国造船业及海洋工程装备制造业目前仍然处在困难状态，但是在钢铁和船舶行业的共同努力下，近年来我国船舶海工用钢新材料开发应用取得了良好的成绩，在一些关键新材料品种上有突破。目前我国造船用钢生产能力远远超过造船业的实际需求，船板钢的生产供应能力充裕，主力船型，包括散货船、油船、集装箱船等，船体用钢国产化率95%以上。随着船舶工业的转型升级，一些高附加值船舶所需的一些特殊品种规格的造船用钢，如造船用薄钢板、LNG船殷瓦钢、超大型集装箱用止裂钢、化学品船用双相不锈钢等，目前国内还不能完全满足供应要求。一些型钢、钢管、铸锻钢等品种，国内能够全覆盖船厂规格的企业较少，无法保证船厂交货期要求。

海洋工程装备结构用钢与造船用钢的产品类型相近。从数量上看，占到总量的90%左右，这部分材料基本实现了国产化。但由于海洋平台自身结构特点、服役及使用环境的特性，在海洋中长期受到风浪等交变应力的作用，以及受到冰块等漂浮物冲撞的原因，局部结构需要采用高强度、大厚度海洋工程用钢。如自升式平台结构，其桩腿、桩靴、悬臂梁、齿条升降机构等关键部位使用普通船体钢不能满足载荷需求，并且为了提高船体上浮后拖航时的稳定性，设计必须做到轻量化，这些部位主要应用460~690MPa高强度钢板，其中，难度最大的材料是齿条钢，要求使用板厚114~256mm、屈服强度620~730MPa的高强度特厚钢板，是海洋平台用钢中难度最大、技术含量最高的材料之一。

为了满足海洋石油平台用钢的特殊需求，西方发达国家开展了大量的研究工作并研发了自己的钢种。日本研发的海洋平台用钢产品以其品种系列化、性能强韧化以及标准规范化等特点而居于世界领先水平。早在20世纪90年代，日本新日铁公司就开发出210mm厚规格的HT80钢，用于制造自升式海洋平台齿条，其屈服强度≥700MPa，抗拉强度≥850MPa。近些年来，新日铁利用HTUFF技术生产海洋平台钢，厚度规格为16~70mm，形成WEL-TEN系列、NAW-K系列、COR-TEN系列、MARILOY系列、NAW-TEN系列等诸多品种，可分别满足不同用途需求。日本JFE公司研发的含Ni平台钢厚板，规格达140mm，屈服强度达700MPa、抗拉强度达800MPa。采用真空复合板坯轧制工艺，JFE生产了具有优良耐蚀性的特厚复合板。美国船检局（ABS）、美国石油学会（API）对平台钢设计和制造都有相应的规范，采用的钢种有ASTM的A36/A36M、A572/A572M、A992、A514和EH32、EH36。

近年来，随着我国海洋石油工业的发展，我国也加快了海洋工程用钢的研究开发工作。舞钢研制开发了DH36、EH36、FH36、DH40、EH40、E550、API 2H Gr50、API 2W Gr50等系列平台用钢品种，实现批量生产供应，产品广泛应用于渤海、胜利、南海等油田平台建设。鞍钢开发了强度级别涵盖了315~550MPa级海洋平台用钢，最高质量等级达到FH550级，最大厚度由过去40mm增加到100mm，用于新型半潜式平台的建造。特种工艺条件下生产的355MPa高强度钢板最大厚度达到250mm。宝钢集团开发成功满足-10℃接头CTOD要求的S355G7+M、S420G1+M等海洋石油平台钢板，各项性能指标全部达到相关标准规范要求。湘钢开发的API 2Y Gr.60超高强度钢板，首次批量应用于中海油陵水17-2项目。马钢开发SM490YB、SM400C系列海洋石油平台用H型钢，先后用于文昌13-1/2、蓬莱19-3、东方1-1等10余个海洋石油平台建造项目，实现了海洋石油平台用H型钢的国产化，近期开发的-40~-60℃低温H型钢品种成功用于俄罗斯北极圈内亚马尔天然气工程项目建设。钢研总院与武钢合作利用铜时效硬化技术开发了550MPa级易焊接高强海洋结构用钢（A710PT 钢），用于海洋石油 941 平台建造。该钢在低碳水平下（0.06%）屈服强度高于 550MPa，-40℃冲击功超过 200J，可实现 0℃不预热焊接，并且有着良好的耐腐蚀性。同时研制了配套气保焊丝、埋弧焊丝和手工焊条，工业试制焊丝在低温、低湿度条件下抗裂性良好，可以实现 0℃不预热焊接。针对自升式钻井平台的建造需求，鞍钢、宝钢、舞钢、兴澄特钢等企业加强了 690MPa 级高强度特厚钢板的研究开发工作，目前 152mm 厚的 690MPa 级齿条钢已经实现了国产化，但受钢厂装备条件的限制，180mm 以上的特厚钢板生产供应还有困难。

经过多年的努力，目前我国海洋工程用钢已基本形成高强度品种系列，数量上海洋工程用钢国产化程度已达到 90%左右，但对一些数量小、要求高的特殊品种，在研究开发与应用等方面还存在较大差距，有些品种严重依赖进口，受制于人，需要在高强度（420～550MPa）钢板推广应用、高强度（≥690MPa）齿条钢特厚钢板（180～256mm）研发、高强度（550～785MPa）易焊接平台用钢、南海环境耐腐蚀钢、配套焊接材料以及标准规范的制定等方面加强研究开发工作。

近年来，我国在高端船舶海工用钢品种开发及应用方面的主要研究工作进展包括如下几个方面：

a　油船货油舱用耐蚀钢

当前，我国原油进口量和消费量逐年递增，原油对外依存度超过 65%，进口原油 90%以上依靠大型的油船（VLCC）、浮式生产储油卸油装置（FPSO）进行运输储存，货油舱是油船上最主要的储存容器，其上甲板的剥落状均匀腐蚀和内底板的点蚀是最典型的破坏形式，严重时会引起漏油、污染等事故，具有极大的危害。传统的防护方式是采用涂层，但存在施工环境恶劣、建造成本高、5～10 年需要重新涂布、维护费用大、建造周期长等不足。日本于 20 世纪 90 年代率先开展了船用耐蚀钢的研发与应用工作，日本造船协会组织成立了研究所、船级社、船东、造船企业和钢铁生产企业等在内的技术研究小组，对耐蚀钢开展了研究工作并建立了原油货油舱的腐蚀评价方法。在以上工作基础之上，推动国际海事组织（IMO）制定了强制性国际标准规范，于 2010 年通过了国际海事组织的批准。到目前为止，日本已经积累了 20 多艘 VLCC 油船的建造和服役经验。

国产油轮用耐蚀钢研究开发工作起步于 2010 年，在"十二五"国家科技支撑计划项目、工业和信息化部示范应用项目的支持下，钢铁研究总院、鞍钢、中国船舶工业公司611 研究所、中国外运长航集团有限公司、中国船级社、冶金标准研究院等单位合作，突破行业间的界限，成立冶金、造船、船检、船运等多个行业相关单位组成的跨行业联合项目攻关组，经过 4 年的努力，突破了材料研发、生产、检测等诸多核心关键技术，研制出了满足 IMO 规范要求的油船用耐腐蚀钢板及配套材料，国产耐蚀钢综合性能达到了国际先进水平，超过了日本报道的实物水平。2014 年，国产耐蚀钢成功于国内首艘示范油轮"大庆 435 号"示范应用，耐蚀钢板用钢量约为 1100t，配套型材用量约 250t，配套焊接材料约 20t。

国产耐蚀钢的研制成功，是我国造船用钢新材料研究的一项重大技术突破，标志着我国大型油轮用耐蚀钢体系建立取得重大进展，打破了国外发达国家依靠国际新标准实现技术垄断的目标。该项目的成功经验对新材料的研究开发与应用有示范意义。项目研制过程中，由政府项目支持（科技部国家科技支撑计划项目、工业和信息化部示范应用项目），三会一社（中国钢铁工业协会、中国船舶工业协会、中国船东协会和中国船级社）组织推动，研究、生产、应用、标准规范单位组成跨行业联合攻关团队，形成了"政产学研检用"一体化的协作创新模式，是新材料产业化研发一次成功的探索。目前国产耐蚀钢只是在4万吨级油轮改造项目上小范围示范应用，要扩大应用到超大型油轮（如30万吨VLCC），材料的使用量可达数万吨，还需开展更深入的应用研究工作，现有的材料体系以及配套的焊接材料、工艺也需进一步完善，这些研究工作对扩大推广应用十分必要。

　　b　集装箱用高强度止裂厚板

　　随着集装箱船的大型化，高强度、大厚度的钢板大量应用于船体结构的建造。由于厚度规格的增加，钢板的受力状态由平面应力状态转为平面应变状态，材料抵抗脆性断裂性能下降，增加了船体结构产生脆性破坏的风险。2013年，日本建造的8000TEU级集装箱船"MOL Comfort号"在也门外海发生灾难性事故，船体从中间断成两截并沉没。可见，超大型集装箱船的发展对高强度钢板的止裂性能提出了严峻的挑战。针对大型集装箱船结构安全可靠性问题，2011年国际船级社协会（IACS）船体委员会专门成立了工作组，提出在超大型集装箱船的舱口围板、顶板、腹板和上甲板等受力最大位置使用抗裂纹止裂钢板的要求，并制定了集装箱船用高强钢厚板安全应用的相关标准。2013年，国际船级社协会（IACS）正式发布"YP47钢板（日本抗裂纹止裂钢）的使用要求"的统一规范（编号UR W31），提出了止裂钢板满足-10℃条件下止裂韧性（Kca）最低值为6000N/mm$^{3/2}$统一要求，该规范适用于国际船级社协会所属船级社在2014年1月1日及以后签订的造船协议的船舶。随后，各船级社也相应颁布了关于超大型集装箱船用止裂钢的指南，其中包括日本船级社（NK）、英国劳氏船级社（LR）、挪威船级社（DNV）、美国船级社（ABS）、德国船级社（GL）、法国船级社（BV）及中国船级社（CCS）。规范的制订为集装箱船用止裂钢板的应用提供了指导文件，也加速推动了止裂船板的研究开发和推广应用。

　　止裂钢船板研究最早由日本提出，韩国也迅速跟进，国内于2013年开始启动相关的研究工作。目前，经过国内材料研发和生产单位的努力，止裂钢已经实现国产化。钢铁研究总院等单位率先开展了研究工作，通过返温轧制工艺试验得到了表层超细晶组织（晶粒尺寸约2μm）钢种，具有良好的止裂性能。国内相关生产企业，包括：鞍钢、宝钢、舞阳、湘钢、沙钢、南钢等钢铁公司，先后进行超大型集装箱船用止裂钢板的研制工作，鞍钢、宝钢等采用新一代TMCP技术研制出最大厚度90mm的EH40、EH47止裂钢产品，满足规范对止裂性能指标的要求，成功应用于我国大连船厂、外高桥船厂等18000TEU以上超大型集装箱船的建造。随着集装箱船的进一步大型化，需要开发更高强度等级EH51、EH56系列止裂钢品种。

　　c　LNG船储罐用钢

　　液化天然气LNG（Liquefied Natural Gas）船是在-163℃低温下运输液化气的专用船舶，是公认的高技术、高难度、高附加值的"三高"产品，被称为是世界造船行业"皇冠上的明珠"。根据LNG船型的不同，目前用于LNG船储罐制造的主要材料有四种：殷瓦钢、9%Ni钢、高锰钢、铝合金。

　　（1）薄膜型LNG船用殷瓦钢。GTT薄膜型LNG船是法国GTT公司（Gaztransport & Technigaz）开发的一种LNG船型。法国GTT公司是一家专注于研究液化天然气低温储运技术的工程公司，在 LNG 储存舱薄膜密封系统制造方面已有 60 多年的历史，拥有薄膜型 LNG 船液货船仓的多项专利技术，所有应用于薄膜型 LNG 船的材料均需得到该公司的认证和许可。该薄膜型 LNG 船液货船仓所需的材料主要包括殷瓦钢和绝缘箱。目前一条 17.4 万立方米的 LNG 船，殷瓦钢需求量约 480t。殷瓦钢其实是一种恒膨胀 Fe-Ni 合金，Ni 含量 36%，在 -163℃ 工作环境下，几乎不存在热胀冷缩效应，LNG 船用殷瓦钢薄如纸片，典型厚度规格为 0.7mm，生产加工十分困难，研制难度很大，目前我国 LNG 船用的殷瓦钢全部依赖进口。在国家工信部《液化天然气船用殷瓦合金和绝缘箱胶合板关键技术应用研究》项目的支持下，宝钢承担了 LNG 船国产殷瓦钢的研制工作，通过技术攻关，打破国外技术壁垒，成功完成该合金工业化试制，实现了超低温条件下（-196℃）稳定的物理性能和良好的强度、韧性。在此基础上，宝钢积极推动法国 GTT 公司开展认证工作，于 2017 年 9 月成功通过法国 GTT 公司认证，同时宝钢殷瓦钢通过中国船级社（CCS）认证，至此，宝钢成为世界上第二家可供应 LNG 船用殷瓦钢的供应商。但由于没有工程使用业绩，至今没有得到实际应用。

（2）LNG 储罐用 9Ni 钢。LNG 储罐属于常压、低温大型储罐。储罐内壁与 LNG 直接接触，一般采用 Ni 含量 9% 的合金钢。9Ni 钢在 -196℃ 具备良好的强韧性，生产和制造工艺良好，具备良好的焊接性能，焊接工艺已趋于成熟，被广泛应用于 LNG 储罐的制造。该材料要求强度高、线膨胀系数小、超低温（-196℃）韧性优良，技术含量高，生产难度大，过去一直被国外少数企业，如 ARCELOR-MITTAL、JFE、POSCO 等长期垄断。我国早期建造大型 LNG 储罐所用的超低温材料全部从国外进口。在国家重点科技项目支持下，钢研总院、鞍钢、太钢等单位共同合作，经过系统研究和工艺创新，形成了一整套具有自主知识产权的国产 9Ni 钢制造和应用技术，成功开发出超低温材料 9%Ni 钢品种，形成了《低温压力容器用 06Ni9 合金钢板技术标准》，并在国内大型 LNG 储罐上成功应用，填补了国内空白，整体技术和实物质量达到国际先进水平。目前，太钢、鞍钢、宝钢、南钢、舞钢等钢铁企业已经相继研发出 9%Ni 钢，并应用于陆上 LNG 储罐和 LNG 运输船用储罐建造，基本满足了国产化的要求。

（3）LNG 储罐用高锰低温钢。LNG 储罐用高锰钢因其低廉的价格和优异的塑韧性而备受瞩目。与目前广泛应用的 9%Ni 钢相比，船用 LNG 储罐用高锰钢的低温强度、韧性、耐疲劳性、耐腐蚀性等性能均相差不大，且其塑性远优于 9%Ni 钢。在成本上，金属锰的价格仅为镍的 1/10 左右，LNG 储罐采用高锰钢可大幅降低制造成本，业界普遍认为它将是传统低温材料的最佳替代者，具有较好的应用前景。

2010 年，韩国大宇造船海洋公司和浦项钢铁公司联合全球五大船级社，包括美国船级社 ABS、法国船级社 BV、挪威船级社 DNV-GL、韩国船级社 KR、英国劳氏船级社 LR，共同成立了"极低温用高锰钢（HMS）及焊接材料共同开发"的项目组，旨在积极推动高锰钢的开发与应用。2014 年，LNG 用高锰钢通过韩国国家技术标准院认证，并制订低温压力容器用奥氏体系高锰钢板标准（KSD 30131）和高锰钢用电弧焊条（KSD 7142）、高锰钢用电焊药芯焊丝（KSD 7143）、高锰钢用埋弧焊丝和焊剂（KSD 7144）等一系列新标准。此后，韩国相关机构积极推动开展高锰钢在 LNG 船上的推广应用工作。国际海事组织（IMO）海上安全委员会（MSC）在 2018 年举行的第 100 届会议上已通过了韩国《关于在低温 LNG 储罐和燃料箱中应用高锰钢（HMS）的暂行指南》，其中规定了用于 LNG

储罐和燃料箱的高锰钢（HMS）的设计和制造要求。目前，低温高锰钢还处于试验、积累应用数据阶段。相关的技术要求也在制订过程中，待相关技术成熟后，国际海事组织将修订 IGC 规则（《国际散装运输液化气体船舶构造和设备规则》）、IGF 规则（《使用气体或其他低闪点燃料船舶国际安全规则》），将低温高锰钢技术要求写入规则。国内河钢舞钢集团、中船重工集团第 725 研究所、中集宏图、大西洋焊材、钢铁研究总院、东北大学、哈尔滨工程大学等单位，以国家重点项目为依托，形成产、学、研、用相结合的合作平台，对高锰钢应用产业链关键技术联合研究攻关。2018 年，河钢舞钢二轧钢生产线上，成功轧制出厚度为 20mm 的船用 LNG 储罐用低温奥氏体型高锰钢板。目前，项目团队正在进行 LNG 储罐的安全性验证试验。

　　d　大线能量焊接用船板钢

　　焊接是船舶及海洋工程装备建造中的一个重要工序，在船体建造的总工时中焊接工时约占 30%~40%，海洋平台中焊接工时占到 40%~50%，提高焊接效率、节省焊接工时对于缩短船舶建造周期和制造成本具有重要意义，是衡量一个造船水平和钢铁制造能力的重要标志。过去传统的一些焊接方法，焊接线能量一般不超过 50kJ/cm，焊接施工效率较低。为了提高焊接施工效率，一些高效焊接方法和技术，如气电立焊（EGW）、单面焊双面成型的高效焊接技术（FCB 法）、多丝埋弧焊、埋弧单面自动焊（FAB）等在造船行业得到广泛应用，这些高效焊接方法显著提高了焊接热输入（即大线能量焊接，一般＞100kJ/cm）。与传统的小线能量焊接相比，大线能量焊接具有焊接速度快、焊接施工道次少等优点，显著提高了焊接施工效率，节省了焊接建造成本。但大线能量焊接显著恶化了船体焊接接头热影响区（HAZ）的性能，传统的造船用钢无法满足大线能量焊接的技术要求。日本于 20 世纪 80 年代开始研制了大线能量焊接用造船用钢，先后开发了 YP335、YP390、YP460 等系列强度等级的大线能量焊接船舶海工用钢，最大焊接线能量达到 500kJ/cm。与国际先进水平相比，我国在大线能量焊接用钢方面的研究相对落后。目前我国船舶海工装备制造大量使用的钢种只有 A/D/E32 和 A/D/E36，其强度级别均在 355MPa 以下，普通国产船板在热输入 100kJ/cm 以上大线能量焊接时热影响区晶粒显著粗化，冲击韧性不能满足要求，影响我国造船业建造效率和建造成本。近年来，国内相关的研究生产单位在大线能量焊接技术、大线能量焊接用钢产品等方面开展了一些研究工作，少数企业也推出了一些能够满足 100~200kJ/cm 大线能量焊接用船板钢品种，取得一定的应用实绩，但在稳定性方面与国外仍有较大差距，难以实现批量国产化。目前，大线能量焊接用钢还是以进口为主。

　　e　自升式平台用齿条钢

　　自升式平台用于桩靴、桩腿、悬臂梁、升降装置等部位，需要使用高强度大厚度钢板。这些材料中难度最大的是齿条钢，不同级别的自升式平台对齿条钢厚度要求不同，其厚度规格达到 114~259mm，屈服强度要求高达 620~760MPa，并且要求具有良好的低温韧性、耐海水腐蚀性及焊接性，研制生产的难度很大。世界范围内，此类材料国外仅日本、德国少数企业能够供货，因资源短缺，供货期较长。从齿条钢的品种规格及其性能指标要求等特点可以看出，研究开发技术难度非常大，生产工艺装备要求也很高，导致国内长期不能自给。因受制于人，国内用户一直在寻求以上产品的国产化渠道。为了满足用户行业的需求，近年来，鞍钢、舞阳、兴澄特钢等钢铁企业先后在厚板生产线上增加了板坯电渣重熔装备、配套的特厚板热处理装备等高性能特厚钢板的专用设备，为高强度齿条钢特厚钢板的研究开发创造了生产条件。目前，我国已经成功开发出厚度规格 152mm 以下 690MPa 级齿条钢品种，基本实现了国产化。但是，对于厚度规格 178mm 以上的齿条钢，舞阳、宝钢、兴澄特钢等企业虽已试制出 178mm 厚的齿条钢，目前受装备条件的制约，国产材料在性能稳定性、截面性能均匀性方面还不能满足用户的使用要求，在国内的工程应用上还比较少。

B　新材料需求情况

高技术高附加值船舶的发展对造船用钢新材料提出了更高的要求，目前我国在造船用钢新材料领域的研究工作相对滞后，往往是被动跟随。为促进船舶制造业升级换代，需要强化造船用钢新材料的研究开发工作，真正做到材料先行，加强材料行业与造船行业在新材料开发中的协作，更好地推动新材料研究成果的转化应用。

a　极地船舶对材料的需求

随着北极地区能源和贸易航线潜力受到越来越多的关注，各国对极地钻采装备、大型高技术极地运输破冰船舶等海工装备的需求日益增长。目前我国缺乏极地船舶设计和制造经验，与芬兰、俄罗斯、美国、日本、韩国等极地船舶建造强国相比存在很大差距，尽管一些国内造船企业承接了少量具有低级别冰区的船舶订单，但在极地原油运输破冰船和极地 LNG 运输破冰船等高技术极地船舶方面几乎是空白。

极地破冰船结构特别是重型破冰船结构通常采用特殊钢，与冰层接触线以下部位船体用钢要求最高。此部分船体必须承受冰层的反复撞击，必须具备足够的低温韧性、强度、可焊接性、疲劳强度、耐腐蚀等综合性能。目前，除了少数环北极国家关注并积累了少量极地低温钢的实际应用经验外，大部分国家及相关国际组织特别是以船级社为主的船舶认证机构都普遍缺少极地船舶材料的研究和数据。例如，俄罗斯亚马尔项目需要大量的 ARC7 高冰级的破冰 LNG 船，其艏艉等冰区加强区域就需要大量使用 EH500、FH36 级高强度钢。此类钢材通常使用在船体外板的大线型超厚板区域，其焊接难度较高，容易产生裂纹。国外有日本 JFE 钢厂等钢企可供货，国内有湘钢等钢企可供货，但无实际业绩。

总之，我国在极地船舶用钢方面的研究还在起步阶段，尚未针对极地环境下开展极地船舶用钢及应用评价技术的系统研究工作，我国自主发展极地船舶、参与国际极地船舶市场竞争面临着关键材料空白的制约，急需开展极地船舶用低温钢、破冰船用钢等关键品种及其评价方法的深入研究。

b　化学品船用双相不锈钢

化学品船需要大量使用 2205 双相不锈钢，根据目前我国化学品船的订单情况，双相不锈钢的需求量约 30000t。由于国内钢铁企业生产的产品质量性能不稳定，船东对使用国产材料缺乏信心，主要使用进口产品，基本都从瑞典 Outokumpu 和日本新日铁进口。太钢生产的双相不锈钢板得到部分应用，存在钢板尺寸规格小、表面质量差、焊接变形大等问题，难以满足用户应用需求。

c　豪华邮轮用薄钢板

从邮轮旅游市场规模来看，中国目前是世界上最大的出境旅游市场，2018 年中国共接待邮轮 969 艘次，邮轮旅客出入境 490 万人次，成为全球第二大邮轮旅游市场。未来 10 年内，中国有望成为世界最大邮轮旅游市场。近年来中国邮轮制造产业发展日益受到重视，国家发改委、国家工信部、国家旅游局等部委相继出台文件支持发展邮轮装备制造业，豪华邮轮建造已明确作为中国船舶工业转型升级的一个重要方向。根据中国邮轮旅游市场的高速发展情况，预计中国市场对豪华邮轮的需求量将至少达到 100 艘。

豪华邮轮的建造对钢板的尺寸公差和重量控制提出了严格的要求，需要大量采用高精度薄规格的钢板。例如，上海外高桥大型邮轮建造对 AH-EH36 高强度钢板尺寸公差提出了很高要求：厚度≤15mm 的钢板，公差要求（+0.2，-0.3）；板厚 15.5~40mm，公差要求（+0.3，-0.3）。此外，钢材的重量控制也有很高要求：钢板厚度≤8mm 薄板，不超过理论重量的±1.5%，厚度>8mm 钢板不超过理论重量的±1%。型钢重量控制在理论重量的±2%范围。目前国内生产企业还很难稳定达到上述高尺寸精度要求，生产成材率面临巨大挑战。

d 液氢运输船储罐用材料

氢作为应对全球变暖的重要下一代能源，正日益普及，由于它在使用过程中不会排放 CO_2 或其他温室气体，预期的应用包括发电、燃料电池汽车等。由于氢燃料需求的日益增多和氢运输船的发展，氢存储逐渐成为热点话题。2019 年 12 月，川崎重工有限公司制造的全球第一艘液氢运输船"SUISO FRONTIER 号"正式命名下水。"SUISO FRONTIER 号"液氢运输船采用低温液化储氢技术，开发设计了一种液氢冷却方法，把原始气态氢按体积的 1/800 冷却成-253°C 的液态氢，该方法可以实现安全、大量地远距离海上运输。计划在船上安装一个 $1250m^3$ 的真空绝热、双壳结构的液化氢储罐。液化氢储罐不仅工作温度低（-253°C），远低于液化天然气（LNG，-163°C），而且液氢介质带来了材料的氢脆问题，对液氢储罐用材料提出了更高的要求。

e 液化石油气（LPG）船用低温钢

用于制造液化石油气（Liquefied Petroleum Gas，简称 LPG）的材料通常称为液化石油气船用低温钢。LPG 钢主要用于建造 LPG 船的液货舱、与液舱相邻的船体结构及暴露在低温下的其他部件。LPG 钢的设计使用温度为-60°C，最大强度级别为 360MPa，最大厚度规格为 40mm。25mm 以下的钢板，要求-60°C 纵向冲击功不低于 41J，横向冲击功不低于 27J。LPG 钢采用铝处理细化晶粒方法的全镇静钢，交货状态为正火、调质和 TMCP。为了降低 LPG 储运船的建造成本，提高焊接效率，LPG 钢要求能够采用大线能量焊接方法焊接，焊接接头考核-60°C 冲击功。LPG 储运船是一种高技术、高难度和高附加值的特种船舶，其建造需要大量的 LPG 钢，然而国内企业尚不能供货，仍然大量依赖日本进口。

f 压载舱用耐蚀钢

压载舱是船舶腐蚀最为严重的结构之一，目前主要采用涂层防护的方法。近年来，国际海事组织（IMO）先后通过了压载舱涂层防护标准（PSPC）以及货油舱用耐腐蚀钢性能标准（MSC87），这使得相关的研究工作变得更加紧迫。在压载舱环境下，船板钢经受高温、高湿以及 Cl^- 的共同侵蚀，尤其在压载舱的潮差部位（干湿交替环境）船板钢发生严重的局部腐蚀。日本 JFE 钢铁公司开发出了可抑制船舶压载舱涂膜劣化的新型高耐腐蚀性压载舱用钢"JFE-SIP-BT"。由于找到可抑制涂装后涂膜劣化的元素，提高了基于腐蚀产物的钢材保护性能，可将涂膜膨胀及剥离等涂膜的劣化速度减慢到原钢材的一半左右。目前我国还没有专门用于压载舱的耐腐蚀船板材料。

　　g　适用大线能量焊接的集装箱船用高强度止裂钢板

　　超大型集装箱船舷顶外板和内壳纵舱壁顶部等受力结构部位需要采用高强度、大厚度止裂钢板，不仅强度高，板厚较大，通常为 30~90mm，而且需要实现高效焊接。为提高焊接效率，需要采用气电立焊的大线能量焊接方法。目前，日本 JFE 钢厂已经成功开发出适合大线能量焊接的大型集装箱船用高强度止裂钢板，厚度达到 80mm 的 EH40 钢板和厚度 60mm 的 EH47 钢板已经在船厂得到应用。日本船厂在船体合拢的焊缝焊接建造中，80mm 以下的钢板采用双丝气电立焊进行焊接施工，80mm 以下的钢板一次焊接成型，焊缝及焊接接头满足性能指标要求，焊接效率高、质量稳定。目前，我国在高强度止裂船板方面虽然获得部分应用，但适合大线能量焊接的止裂船板还是空白。

　　h　其他造船用钢新材料

　　（1）纵向变截面船体结构用钢。纵向变截面钢板是在轧制过程中通过连续改变轧辊的开口度来改变纵向厚度的钢板，也称作楔形钢板。由于纵向变截面船体结构钢（LP 钢板）可根据承受载荷的情况来改变其厚度，因而可优化船体结构断面的设计，不仅可减少钢材用量，减少焊接次数，而且可通过连接处的等厚化改善操作。LP 钢板是一种减量化、节约型钢板，因而得到海洋工程装备制造企业的青睐。目前，能够生产 LP 钢板的企业有日本 JFE、德国迪林根、捷克维特科维策，相比之下我国在该品种上的研发基础和应用相对薄弱。

　　（2）抗疲劳裂纹扩展用船体结构钢。随着船舶向大型化方向发展，降低船体重量、增加有效载重成为必然发展趋势。通过提升原有强度级别船体结构用钢的疲劳强度，船舶设计中将大幅度减少插入板数量，从而显著降低船体重量。在这种背景之下，抗疲劳裂纹扩展用船体结构用钢（FCA 钢）应运而生，海洋工程装备制造企业对其提出了明确的需求。2001 年，日本川崎造船厂、日本新日铁住金和挪威船级社共同合作开发屈服强度大于 390MPa 级 FCA 钢，主要应用于散货船的横舱壁、舱口角落、VLCC 和 LPG 的横向结构和船侧等位置。据报道，FCA 钢较传统船体结构的裂纹扩展速率降低 50% 以上，可将 VLCC 侧加强筋的疲劳寿命提高 80% 以上。目前，我国尚未开展这类材料的研制和生产。

　　（3）新型抗碰撞船体结构用钢。为了提升船舶受碰撞时的安全性，日本新日铁、住友金属公司、今治造船有限公司和日本国家海事研究所协同研发了一种高韧性、良好延展性的 NSafe ®-Hull 船体结构用钢，主要用于散货船的货仓侧面、燃料箱等抗碰撞性要求较高关键部位的建造。2014 年，日本商船三井有限公司一艘全球率先使用 NSafe ®-Hull 建造的散货船成功下水，该船大约使用了近 3000 吨 NSafe ®-Hull 船板用于货物舱和燃料舱结构的建造。目前，我国尚未开展这类材料的研制和生产。

　　i　高强度海洋平台用钢

　　目前，我国海洋平台用钢主要是屈服强度 355MPa 钢种。随着海洋工程装备逐渐向大型化方向发展，该强度级别钢种已经不能满足装备建造需求，屈服强度 420MPa 级以上海洋工程装备用超高强度钢的应用成为发展趋势之一，需要升级到屈服强度 420~460MPa 高强度钢品种。屈服强度 420~460MPa 高强度钢用于海洋平台的建造，可减轻结构重量，减少钢板厚度，提高焊接加工效率，降低制造成本，未来发展需求量大。

j　大线能量焊接海洋工程用钢

海洋工程装备是一种大型的焊接结构，焊接占其制造总工时的 40%～50%，焊接效率是海洋工程装备制造企业重点关心问题之一。目前，国内钢铁和焊接材料企业尚未开发出满足高端海洋工程装备制造企业使用要求的高效焊接特厚板与配套焊接材料，并且缺少应用性能评价数据、焊接工艺规程及焊接集成评价技术等。这就造成海洋工程装备制造企业无法提升焊接效率，严重影响我国海洋工程装备的建造效率和交付周期。

k　免预热焊接用海洋工程用钢

海洋工程装备是一种典型大型焊接工程结构，长期服役于低温、海浪等恶劣环境，要求具有高强韧、大厚度、抗层状撕裂等特性。随着冶金技术及工艺装备的发展，利用合金设计和先进制造工艺，可实现海工钢优异力学性能。但是，随材料强度增加，焊接接头冷裂纹倾向增加，这给高强海工钢的焊接带来困难。一般说来，随着厚度和焊接线能量增加，极易产生焊接冷裂纹，由于其滞后性，焊后易发生严重的开裂事故。因此，实际生产过程中，厚度大于 50mm 特厚海工钢采取焊前预热以防止冷裂纹产生，但存在预热温度控制难、预热时间长、焊接效率低、能源消耗大、工作环境恶劣等问题。目前，国内企业和海洋工程装备制造企业已经开始重视该类材料品种的开发，并正在推动材料的评价和考核。

l　南海环境耐腐蚀钢

南海属于典型的高湿热海洋大气环境，即高温、高湿、高盐雾、强辐射，自然环境严酷，材料腐蚀问题十分突出。根据 ISO 9223 分类标准，对南海地区的腐蚀性分类分级超过了最高级 C5 级。针对南海地区的高湿热海洋大气环境，传统耐候钢无法满足实际需求。近年来，随着南海岛礁基础设施建设的推进，国家对南海的开发、利用及防御提升到前所未有的高度，最直观的表现就是对海洋工程装备材料的研究、开发和使用提出了更严格的要求，对材料的服役寿命提出了更高的目标。

m　深海装备发展对材料的需求

（1）钢悬链深水立管。钢悬链立管始于 20 世纪 90 年代中期开始出现，经过 20 年左右的发展，如今已广泛的应用于半潜式平台、张力腿平台、单柱平台、浮式生产系统和浮式生产储运系统。但是由于钢悬链线立管所处的极其复杂的服役条件，如海风、波浪、水流速、海底黏土、高温高压、浪涌、涡激振动、冰载荷、内载荷等，因此对于服役材料的性能要求极为苛刻：高的疲劳强度、大的塑性变形能力、优异的断裂韧性等。据报道，目前国外的钢悬链立管材料以低合金钢和碳钢为主，钢级主要为 X60 和 X65。但随着水深的增加，为降低立管本身自重，降低壁厚，钢级和材料有待进一步提升。

（2）隔水管。钻井隔水管是将水下防喷器组（BOP）和海面浮式钻井平台（船）连接起来，建立水下防喷器组到钻井平台（船）的通道。其主要功能是提供井口防喷器与钻井船之间钻井液往返的通道，支持辅助管线、引导钻具、下放与撤回井口防喷器组的载体等。随着全球范围内海洋油气勘探开发工作不断向深水领域进军，受海洋风、浪、海流等恶劣环境和气候的影响，研究和开发具有高技术、高难度和高可靠性的海洋钻井隔水管及其系统已成为一个新的热点。深海钻井隔水用管目前正在向更高强度级别的 X100 和 X120 等发展。

目前具有较强海洋钻井隔水管开发能力的国家为数不多，仅海洋钻井隔水管及系统配套而言，其生产供应商主要集中在美国、挪威、法国、俄罗斯等部分发达国家，如美国

GE-Veteo Gray 公司和 Cameron 公司、法国 Framatome 公司以及挪威 AkerKvaemer 公司等。尽管我国已经建造完成 3000m 水深钻井装置，并开展深水钻井技术研究，但与国外相比，我国钻井隔水管在韧性、耐蚀性、焊接接头断裂韧性等方面存在差距，因此基本依靠国外进口。

（3）脐带缆用钢。随着油气生产系统向深远海发展，对脐带缆、控制跨接管以及控制阀门等水下控制系统关键设备材料提出了更高的强度和更好的耐蚀性能要求，需要根据用户油气质量、使用水深等选择耐蚀性好的双相不锈钢，应用前景良好。以我国第一个深水油气田 LW3-1 为例，其钢管脐带缆设计总长达到 7.63 万米，整个油气田工程中用钢量将达到 200t 左右。依据目前形势分析，2025 年前即使要完成 1/5 已探明储量油气田的开采任务，也需要 1 万吨左右的脐带缆用钢。如果考虑到国外大量的油气田开发，其全球用量和市场价值将成倍增加。

（4）膨胀套管用钢。随着等直径钻井技术的发展及可膨胀管技术的推广和应用，未来可膨胀管的发展方向是大膨胀量膨胀套管、耐腐蚀膨胀套管和长寿命膨胀套管。膨胀管技术是一项富有生命力的新兴技术，该技术在陆地油气田中广泛应用，效果良好。但是，可膨胀套管技术在海洋油气开采技术中应用较少。随着海洋油气开采向深海发展，尤其是"等直径钻井"技术的推广，可膨胀套管在深海油气钻采过程中的应用将越来越广泛。

（5）水下采油树用钢。水下采油树又称为圣诞树，是深海油气开采的重要设备，主要用于隔离海水，引导井内流体产出，控制生产井口的压力和调节油气进口流量，实现油气的可控采收。截止目前为止，全球已经超过 3600 套的水下采油树应用在 250 多个水下油气项目的开发中，其关键技术掌握在 FMC Technologied、Cooper Cameron、Aker Kvaerne、Vetco Gray 等几个公司手中，其中美国 FMC、Cameron 和挪威 Aker Kvaerner 三大厂商占有采油树 90% 以上的市场份额。随着我国向深海油气田进军步伐的加快，水下采油树在深水油气田开发中的作用越来越大。由于水下采油树的结构复杂，对材料性能和密封技术要求很高，控制阀门等单元部件容易出现问题，现阶段我国水下采油树用钢的研制工作刚刚起步。我国首个自主化超深水项目陵水 17-2 气田，开发建设所用材料 90% 均已国产化，但是水下采油树的设计、材料、部件及制造几乎 100% 依赖进口。

（6）张力腿平台腿筋腱用钢。张力腿平台（TLP）是一种典型的深海浮式生产平台，它运动性能优良、技术成熟，被广泛应用于深水油气开采中。目前全球已建成 30 座，主要分布在墨西哥湾、西非海域，近年，东南亚海域陆续建成了 3 座 TLP 平台，发展势头迅猛。目前，我国尚未建成自己的张力腿平台。

张力腿筋腱主要用于平台的固定，是保证平台安全的重要结构，主要由管材+连接器组成。相较于陆地管线钢及常见海底管线钢，张力腿筋腱管道受载荷更为复杂，工况更为恶劣，因此设计分析难度大，对材料的性能要求也更高。筋腱制造包括日本的 Sumitomo 和德国的 Europipe；筋腱连接器制造商主要有英国的 Oil States 公司、美国的 GMC 公司和法国的 HUTCHINSON（哈金森）；海上安装技术同样一直被国外的垄断，包括荷兰 Heerema、美国的 McDermott 等。未来，我国在建造张力腿平台时，张力腿筋腱的设计、制造和安装将成为制约因素。

C　未来发展趋势

随着海洋资源开发日益走向深水，船舶及海工装备走向大型化、深水化、多功能化，对船舶及海洋工程用钢的要求越来越高。船舶与海洋工程用钢一直是海工装备制造领域的支撑性技术，欧洲、日本、韩国等钢铁企业一直处于本领域高端材料研发的前沿，不断开发出满足高技术船舶及新型海工装备需求的新材料，促进了船舶海洋工程装备技术的发展。目前，船舶与海洋工程用钢领域的主要发展趋势如下：

a　高强高韧发展方向

在船舶用钢领域，早期大型船体结构多采用235MPa级以下的钢板，随着船体结构的安全性要求的不断提高，船用钢板的强度在逐步提高，由235MPa逐步升级到315MPa以及355MPa，钢的质量等级也从A级提高到E级甚至F级。到20世纪90年代，随着船舶的大型化、轻量化和高速化的要求，日本和欧洲率先开发应用屈服强度为390MPa级的高强度船板，在大型散装货船、油轮和集装箱船占主导地位，一些特殊部位使用的高强度船体钢强度级别已经达到550MPa级以上。

在海洋平台用钢领域，随着深海海洋资源开发的发展，355MPa级平台用钢已经不能满足需要，提高强度对于平台用钢的减重、降低成本和改善疲劳性能具有重要意义，升级海洋平台结构用钢到强度等级420MPa以上的高强度钢意义重大。海洋平台结构中一些特殊受力部位，要求采用屈服强度690MPa以上的高强度大厚度钢板，同时对低温冲击韧性的要求也极为苛刻，即使在普通工况条件也要求考核-40℃（E级）的低温冲击性能，在寒冷或极寒条件下考核-60℃（F级）甚至-80℃的低温冲击性能。

b　高效焊接技术

焊接占船舶与海洋平台建造成本的30%~50%，是其建造的关键施工工艺，也是其改造和维修的常用方法。焊接质量是评价船舶与海洋工程装备建造质量优劣的重要指标，合理的焊接方法能够提高装备制造效率，保证焊接产品的质量可靠性，提升装备制造整体水平。船舶与海洋平台作为大型、超大型焊接钢结构，焊接要求极为苛刻，特别是厚板和特厚板的焊接接头韧性及耐腐蚀开裂性能等性能。焊前少预热、高热输入焊接、焊后轻热处理是船舶与海洋工程用钢焊接技术的发展趋势。目前国外先进国家已经在船舶和海洋平台制造中广泛采用100~200kJ/cm的大线能量焊接技术，最大焊接线能量甚至超过500kJ/cm，大大提高了施工效率，而国内大线能量焊接技术应用还受到材料、工艺、装备等方面因素的制约。

c　大尺寸、耐腐蚀、长寿命

船舶大型化对造船用钢尺寸规格提出更高最多的要求，我国船舶海洋工程用钢新标准GB 712—2011已将钢板厚度规格上限扩大到150mm。自升式海洋平台结构用钢板最大厚度达到256mm；超大型集装箱船需要使用最大厚度100mm的高强度止裂船板；大型海洋工程结构需要使用壁厚超过50mm的厚壁H型钢。大尺寸规格的要求显著增加了船舶海工用钢研制生产的难度。厚规格船板和平台用钢重要的性能指标之一是抗层状撕裂性能。由于轧制变形量较小以及铸坯偏析的影响，厚板厚度方向性能一般显著低于纵、横向性能。对型材来说，由于采用孔型轧制生产，道次变形量低、终轧温度高、轧后无法实现快冷等特点，因此大规格高强型钢较钢板技术难度更大。

无论是海洋气候环境，还是油气运输介质，对船舶海洋工程结构造成强烈的腐蚀破坏，威胁船舶海洋工程装备结构安全性。随着船舶安全性要求的提高，对造船用钢耐腐蚀性能提出了更高要求。近年来，国际海事组织（IMO）先后通过了压载舱涂层防护标准（PSPC）以及货油舱用耐腐蚀钢（MSC87）标准，大力推动耐腐蚀造船用钢的应用。如在压载舱环境下，船板钢经受高温、高湿以及 $C1^{-1}$ 的共同侵蚀，尤其在压载舱的潮差部位，船板钢发生严重的局部腐蚀。JFE 钢铁公司开发出了可抑制船舶压载舱涂膜劣化的新型高耐腐蚀性压载舱用钢"JFE-SIP-BT"。由于找到可抑制涂装后涂膜劣化的元素，提高了基于腐蚀生成物的钢材保护性能，可将涂膜膨胀及剥离等涂膜的劣化速度减慢到原钢材的一半左右。日本新日铁等通过提高钢材的纯净度、添加 Ni、Cu、W、Mo 等耐蚀合金元素的方法研制开发的 D36 货油舱用耐腐蚀钢，将船体结构的使用寿命从 15 年提高到 25 年，该钢腐蚀速率约为传统钢的 1/4。在海洋平台用钢领域，由于平台作业区域广泛，可能会遇到各种极端环境条件，面临服役安全的环境挑战，例如在极寒环境或热带海洋的高温高湿环境等。由于海洋工程用钢结构长期处于盐雾、潮气和海水等环境中，尤其是高温高湿环境下，受到海水及海生物的侵蚀作用而产生剧烈的电化学腐蚀，漆膜易发生剧烈皂化、老化，产生非常严重的结构腐蚀，不仅降低了结构材料的力学性能，缩短其使用寿命，而且又因远离海岸，不能像船舶那样定期进行维修和保养。所以对其耐腐蚀性能的要求更高。开发出经济性、焊接性和低温韧性良好的耐海水腐蚀海洋工程用钢是未来重要的研究发展方向。

南海地区岛礁环境因其独特的高湿热、强辐射、近海岸、高氯离子环境，造成海洋工程用钢腐蚀性极强，钢结构建筑一般 3 年即出现腐蚀失效，钢筋-混凝土结构为 5~10 年。目前，日本、韩国等开发的海洋耐海洋大气腐蚀钢设计寿命达到 25 年以上，国际上经济型双相不锈钢筋的设计寿命超过 50 年。我国在岛礁基础设施用钢方面的研制还只是处于起步阶段，与国外有着相当大的差距。为此未来发展的趋势是开发满足南海岛礁、移动平台及港口设施建设需求的新一代经济型耐腐蚀钢筋（服役寿命大于 50 年）、耐海水腐蚀钢板及型钢、耐海洋大气腐蚀钢板及型钢（服役寿命大于 25 年）和耐蚀复合钢材，向新型合金体系、高冶金质量、耐南海海洋腐蚀环境的方向发展，形成南海岛礁基础设施用钢技术标准和设计使用规范，实现南海岛礁基础设施用钢的工程化应用。

　　d　表面质量、尺寸公差高精度控制

船舶与海洋平台用钢的产品质量高精度控制包括表面质量控制以及尺寸公差的控制，高的表面质量与厚度精度控制是减轻海洋平台重量、提高平台建造水平的重要技术指标。随着船舶海洋平台结构的大型化发展趋势，对船舶和平台结构的重量控制要求日益提升。传统低的表面质量以及较低的尺寸公差控制水平都会带来平台结构增重、重心提高、降低使用性能等问题。

　　e　标准化

国外已经形成了完善的船舶及海洋工程用钢标准，对海洋结构钢的设计和制造都有相应的规范。同时，国外钢铁企业不仅严格遵循国际通用标准生产船舶与海洋平台用钢，还有相关产品的专用标准，并形成了性能要求更加严格、应用环境更加特殊的企业标准，促进了船舶与海洋平台用钢研发与应用的体系化发展。国内目前基本仍沿用船级社相关通用规范，尚未形成系统的海工用钢专用标准和相应的企业标准，与国外的船舶及海工用钢标准体系差距较大。

24.1.2.2　船用钛合金

钛被称为"海洋金属"，其质轻、高强、无磁、耐蚀，特别突出的优点是耐海水和海洋大气腐蚀，是一种优异的轻型结构材料，非常适合船舶及海洋工程装备制造。钛及钛合金在船舶及海洋工程装备上推广应用，对提高海洋工程装备的安全性、可靠性、作业能力以及舰船的技战术性能水平具有十分重要意义，是建设海洋强国的重要战略材料。与钢铁、铜、铝等其他金属材料相比，钛金属具有低密度、高比强度、耐腐蚀性强等优点，冷、热加工性能优良，同时还具有优良的耐海水冲刷、无磁性、无冷脆性、高透声系数以及优异的抗中子辐照衰减性能，工况适应性强。因而，钛与钛合金在各类船舶海洋工程装备上具有广泛的适用性。

A　应用现状

钛及钛合金在船舶及海洋工程装备上应用起步于舰船制造领域，俄罗斯、美国、日本等在船用钛合金的研究开发与应用方面居世界领先地位。俄罗斯是世界上研制和使用船用钛合金最早的国家，也是船用钛合金使用范围最广泛、数量最多的国家。俄罗斯船用钛合金品种主要包括 ЛТ-1M、ЛТ-7M、ЛТ-3B、ЛТ-5B、5V、23a 钛合金及其相应的焊丝，并形成了 280~900MPa 不同强度级别的船用钛合金产品。钛合金在俄罗斯舰船制造上得到了广泛应用。据报道，俄罗斯是世界上唯一建造钛合金潜艇的国家，用钛合金作为潜艇和深潜器耐压壳体结构材料，使钛合金潜艇的下潜深度能达到 1000m 以上，大大提高了潜艇的战术性能。俄罗斯的台风级核潜艇，每艘大约使用了 9000t 高强钛合金作为耐压壳体材料。俄罗斯核动力破冰船具有世界领先水平，在"列宁号""北极号""俄罗斯号""苏联号"等系列核动力破冰船上钛制蒸汽发生器，已安全使用 20~40 年，并且未发生任何严重破损。美国船用钛合金主要以航空用钛合金为基础，通过系统的应用评价考核选取了符合工况需求的钛合金，包括纯钛、Ti-0.3Mo-0.8Ni、Ti-3Al-2.5V、Ti-6Al-4V、Ti-6Al-4V ELI、Ti-3Al-8V-6Cr-4Mo-4Zr。此外，针对船用钛合金的特点，还研制了 Ti-5Al-1Zr-1Sn-1V-0.8Mo-0.1Si、Ti-6Al-2Nb-1Ta-0.8Mo 等其他船用钛合金。舰船上使用高性能钛合金对于提高舰船的移动性、稳定性、有效性、减轻船体质量等都具有显著的作用。美国海军在 20 世纪 90 年代曾对以下舰船进行认证考核，包括核动力航母（CVN）、导弹巡洋舰（CG-47）、导弹护卫舰（FFG-7）、探测船（MCM）、水陆两栖登陆艇（LSD41CV）、登陆船、气垫船（LVCA）、水陆两栖强击登陆船（LHD）、快速作战军需品补给船（AOE-6）、双层壳体监视船（SWATH T-AGOS19）、海岸探测船（MHC-51）、导弹驱逐舰（DDG-51）。这些舰船的海水冷却系统、海水系统和灭火系统、结构件、推进器、污水处理系统、电器元件、紧固件等，均已使用或即将使用高性能钛合金。日本船用钛合金主要有纯钛、Ti-6Al-4V、Ti-6Al-4V ELI 等品种，主要被应用于深潜器的耐压壳体及各种民用游船、渔船。

世界上绝大多数深潜器的耐压壳体都是采用钛合金制造的。这是钛合金最具特色的民事用途之一。此外，钛合金还被广泛应用于船舶海洋工程装备的水下部件及设备，包括深水立管、补给管、泵、过滤器、通海管路、饮用水管、钻井管和地下水管路、热交换器、柴油机独立消防泵和灭火系统、深水设备壳体、外井系统柔性管、压力容器、平台紧固接头等。近年来，钛合金在极地工况的应用也越来越广泛，以挪威、俄罗斯为主的国家在北极圈附件的海洋平台上大量采用钛及钛合金，平均每个平台使用量达到 500t。大幅提升了平台装备的长期稳定服役性能。

自 20 世纪 90 年代以来，我国自主研发了多种船舶海洋工程用钛合金，经过几十年的发展，初步形成了我国船用钛合金体系，在船体结构、推进系统、电力系统、电子信息系统、辅助系统、特种装置等领域获得了应用。我国在船用钛合金方面的研究具备了一定的基础，但是同俄罗斯、美国、日本等海洋强国相比，在海洋钛合金材料的应用领域、基础研究、生产技术、设计与应用技术及相应配套技术等各个环节，仍存在相当大的差距，在我国，大力推广应用舰船及海工装备领域用钛及钛合金发展潜力巨大，前景非常广阔。自 20 世纪 90 年代以来，我国自主研发了多种船舶海洋工程用钛合金，经过几十年的发展，我国海洋用钛的研究及应用水平有了很大提高，初步形成了我国船用钛合金体系，在船体结构、推进系统、电力系统、电子信息系统、辅助系统、特种装置等领域获得了应用。

按拉伸强度等级划分，钛合金大致分为三个等级：（1）低强钛合金（约 700MPa 以下）；（2）中强钛合金（700~1000MPa）；（3）高强钛合金（1000MPa 以上）。我国的海洋领域的低强度钛合金主要有工业纯钛（TA1~TA3）、TA5、TA10、TA16、TA22（Ti-31）、TA23、TA36 等，具有良好成型性、焊接性、耐海水腐蚀性和高塑性等特性，被广泛应用于管接头、换热器、冷凝器、海水淡化等领域；中强度钛合金有 TA17、TA24（Ti-75）、TA31、TC4ELI 等，主要应用在船舶结构、输送管线、压力容器、泵阀系统；高强钛合金有 TC11、TiB19 等，主要用于钻井立管、采油管接头、钛合金锥形应力节点等领域。表 24-3 列出了国产钛合金品种在国内船舶海洋工程装备上主要应用情况。

表 24-3　国产钛合金材料应用情况

牌号	制品形式	材料规格	典型应用零部件
TA2	板材	0.5mm、1.5mm、3mm、4mm、7mm、10mm	进排气系统非耐压管段、耐压管段水套等声纳舷侧阵
	管材	φ10mm、φ25mm、φ38mm、φ45mm、φ57mm、φ70mm、φ89mm、φ108mm、φ133mm	进排气系统管段、阀件的支管；低压吹除系统、三大辅助系统；蒸馏水冷却器用冷凝管
	棒材	φ100mm、φ87mm、φ60mm、φ40mm	进排气系统阀件用衬套
	锻件	φ425mm、φ330mm	进排气系统阀件用压紧环
	丝材	φ2mm、φ3mm	管段焊接
ZTA2	铸件	6kg、30kg	低压吹除系统阀件阀体
TA3	锻件	φ515mm	蒸馏水冷却系统用管板法兰
TA5	板材	22mm、18mm、5mm、4mm	深海探测框架、导流罩、船舶烟囱、桅杆
TA23	板材	4mm、5mm、10mm	各型导流罩

牌号	制品形式	材料规格	典型应用零部件
Ti80	板材	10mm、14mm、18mm	进气系统耐压管、非耐压法兰
	棒材	$\phi14.5mm$、$\phi30.5mm$、$\phi52mm$、$\phi65mm$、$\phi80mm$	钛合金紧固件、进排气系统舌阀用轴等
	锻件	$\phi360mm$、$\phi220mm$、$\phi135mm$	进排气系统舌阀杠杆、键坯等
Ti80G	板材	10mm、12mm	柴油机钛合金耐压壳体结构及排气管路
	锻件	$\phi450mm$	
ZTi80G	铸件	170kg、40kg	排气内舌阀壳体、排气外舌阀壳体
ZTi80G	铸件	840Kg、170kg、40kg	主循环泵、排气内舌阀壳体、排气外舌阀壳体
Ti80A	丝材	$\phi2mm$、$\phi3mm$	管段、法兰焊接
ZTi60	铸件	210kg、185kg、133kg、65kg、40kg、10kg	进排气系统舌阀、管段、法兰
HTi60A	丝材	$\phi2mm$、$\phi3mm$	锻件焊接
TA10	管件	$\phi89mm$、$\phi108mm$、$\phi133mm$	储电池水冷系统用管段、法兰等
	锻件	$\phi250mm$、$\phi180mm$	
	丝材	$\phi2mm$、$\phi3mm$	
TC4	板、管、丝、棒、铸件	板材：6mm、10mm；铸件：12kg；丝材：$\phi3mm$；棒材：$\phi20mm$；管材：$\phi224mm$	应急救生浮标

在深海探测领域，"蛟龙号"载人潜水器是我国自行设计、自主集成研制的载人潜水器，最大下潜深度达到了7000m，但"蛟龙号"载人潜水器耐压壳体钛合金依赖进口。"深海勇士号"载人潜水器是我国第二台深海载人潜水器，最大下潜深度达到4500m，耐压壳体用钛合金实现了国产化。未来我国要研制下潜深度超过一万米的深潜器，对高强度大厚度大尺寸钛合金材料有更高的要求。除了深海装备上的应用外，钛合金还在船舶的管路、海水淡化等领域得到应用。

总体来讲，我国钛合金的海洋用量还比较小，应用领域相对也较窄，主要用途还是以钛材的功能性特点为主，作为量大面广的结构材料使用还较少。近年来，钛合金在我国船舶海工领域用量呈现快速增长趋势，2018年约4000t，比2015年增长了一倍多。随着我国船舶及海洋工程装备的发展，船用钛合金的应用将迎来飞跃。但还需要在品种规格、质量等级、系列配套方面做大量工作，如：高强度钛合金厚板、大通径钛合金无缝管等方面还无法满足应用需求。

B　需求情况

海洋领域钛消费成长空间广阔。钛的比强度高，耐海水腐蚀和海洋气氛腐蚀，有良好的抗腐蚀疲劳性能，可以满足在海洋工程方面应用的要求。在包括船舶工业、海水淡化、海上钻井平台、深潜器、深海空间站、沿海设施等领域钛有着广阔应用前景，海洋领域未来将成为钛及钛合金材料最具增长潜力的方向之一。

船舶结构用钛方面，目前基数较低，未来增长空间广阔。与国外相比，我国船用钛合金的发展仍有较大差距。主要体现在：（1）应用部位少，仅在一些零星部件上使用；（2）

用量少，俄罗斯军用船舶钛合金用量比例达到 13%，我国不足其十分之一；（3）系统应用较少，多为点式应用，相应的集成设计和应用经验缺乏。同时，受装备能力限制，我国生产的钛合金品种、规格有限，加工与制造技术也相对落后，部分产品仍需要进口。未来我国船舶工业钛合金消费增长空间广阔。按当前我国船舶工业用钢量估算，钛材使用比例提升 0.1% 即可带来超过 5000t 的新增需求。

海水淡化方面，钛材在海水淡化工程中的应用主要为钛焊管，得益于优异的耐腐蚀能力和刚性，钛材成为海水淡化装置中管道的首选材料。反渗透、低温多效和多级闪蒸海水淡化技术是国际上已经商业化应用的主流技术。我国目前海水淡化装置以反渗透和低温多效为主，其中后者产水规模占比约 30%，低温多效每万吨产水装置需用 5～10t 钛焊管。海水淡化领域钛材消费年增量预计为 150t。根据《全国海水利用"十三五"规划》，到"十三五"末期，我国海水淡化总规模要达到 220 万吨/日以上，截止到 2018 年，我国海水淡化规模约 120 万吨/日，即 2019/2020 年每年新增海水淡化规模将达到 50 万吨/年，按照蒸发法占比为 30% 计算，对应钛焊管用量约 150t。

海工平台方面，2017 年随着全球先进的半潜式钻井平台"蓝鲸 1 号""蓝鲸 2 号"建造成功，中国的海洋油气开采能力大幅提升。目前，钛合金在海洋油气的应用部位主要包括换热器、提升装置、结构件、紧固件等，平均一台海上钻井平台用钛合金量可达 1500～2000t。

深海空间站方面，是钛合金进一步拓宽应用的重点领域之一。2013 年我国首个 35t 级深海空间站实验平台下水，《"十三五"国家科技创新规划》将深海空间站列入我国"科技创新 2030 重大项目"。根据"十三五"规划纲要，预计 2020 年研制成功 300t 级，2025 年研制成功 1500t 级，2030 年研制成功 3000t 级深海空间站。空间站主要建造材料为钛合金，初步测算一个主站建设将消耗 4000 多吨钛合金。

随着我国在海水淡化、海上油气开采、深海工程等领域不断发力以及船舶用钛比例的提升，海洋领域钛材用量将呈现快速增长态势，预计到 2021 年将达到 6590t，到 2025 年则有望超过 1.1 万吨，达到 2018 年 3 倍水平。

船用钛合金重点产品需求主要包括以下几个方面。

a　船用高强钛合金板材

船用钛合金是我国钛合金研发的一个重要研究方向，经过近五十年的努力，已取得了长足的发展和良好成绩，初步建立了我国船用钛合金的体系，形成屈服强度 400～800MPa 级系列的船用钛合金体系，并进行相关应用性能测试。但是在 1000MPa 级船用钛合金的研制和应用方面，我国还没有相应的合金，远远落后于俄罗斯、美国等发达国家。另一方面，对于船用大规格板材，我国已经可以批量生产（0.3～110）mm×（1000～2500）mm×L 各种规格的板材，但受加工技术及加工设备（国内钛加工企业的轧机最大宽幅为 3300mm）的限制，尚未生产出宽幅超过 3000mm 大规格宽厚板材。

目前，我国拥有世界上最先进的宽厚钢板轧制设备，钢铁产能过剩，大量设备闲置，造成资源极大浪费，通过生产线改造，应用轧钢设备轧钛是大势所趋。利用轧钢的宽幅板材轧机可以满足轧制出宽度 3500～5200mm 的超宽幅钛合金板材，满足我国舰船用大规格钛板的需求。使用轧钢板的设备进行大规格高强船用钛合金板材进行轧制，可填补 1000MPa 级高强韧船用钛合金宽幅板材的国内空白，突破大规格宽厚板材制备加工、组织性能控制、成型与焊接等成套关键技术。研制出具有世界先进水平的宽幅3500mm的大规格高均质钛合金板材,不仅能够解决船用高强韧钛合金成本高、性能稳定性差等技术难题,而且可以打破国外相关规格产品限制,为潜艇壳体结构全钛化打下坚实的材料基础。

b 海洋用大口径钛合金管

我国现有钛合金无缝管主要集中在纯钛,强度级别相对较低(低于400MPa),口径较小(低于100mm),不能满足海洋远洋工程和船舶深潜的应用需求。目前海水管路系统用大口径钛合金管材(直径200~600mm)及其制备技术仍然是我国钛合金材料加工领域的一项空白,而国外发达国家的纯钛及钛合金无缝管的制造技术进步飞快。10年前,美国RMI公司的R1. W. Schutz给出了一种高效率、低成本生产中、高强度钛合金无缝管的轧制工艺,所生产的钛合金无缝钛管的直径达610mm、壁厚达26mm、长度达12m,已被成功应用于能源行业、水面船舶等方面。

目前世界上能够生产此类高质量钛合金管材的国家主要是美国和俄罗斯,他们的技术水平、设备效能和生产能力代表了钛合金无缝管材的发展方向。我国主要生产的钛及钛合金无缝管规格范围在φ3~110mm。而对于一些合金管,如中高强的TC4合金管,国内曾进行过铸造管坯,直接挤压制备管坯或用棒材钻、镗制备管坯等的研究,且探索过管材的热轧制工艺,因为无专用热轧制管材设备、配套工模具及相应润滑系统,未能进行系统研究,未取得明显进展,尚不能批量轧制生产。对于中高强的近β钛合金国内尚没有研制过管材。730MPa强度级别的Ti75、650MPa强度级别的Ti31、620MPa强度级别的CT20(航天用低温钛合金)、550MPa强度级别的Ti55C(核乏燃料后处理工程用钛合金),虽强度稍高,但塑性较好,采用常规冷轧+真空退火的工艺也可生产出管材,但因用量不大,批量生产技术研发不多,成品率、生产效率仍较低,造成制备成本高。

国内钛合金管材温热轧技术,大口径管材热挤压技术,钛合金管材热旋压技术及管材热推扩技术的研发及生产还不成熟,目前还不能工业化生产中高强、大规格薄壁钛合金管材。国内自20世纪80年代开始钛及钛合金大口径无缝管的开发,但规格仍主要集中在φ200mm以下的纯钛,强度级别相对较低钛合金无缝管材主要应用在油气开采、化工等领域,不能满足海洋远洋工程和船舶深潜的应用需求。到目前为止φ200mm以上的大口径无缝管材及其附件仍没有形成可靠的生产技术体系,海水管路系统用大口径钛合金管材及其制备技术仍然是我国钛合金材料加工领域的一项空白。

目前急需突破大口径钛合金管材制备技术,批量生产出尺寸精度高、强塑性匹配的管材及管附件。验证钛合金大口径无缝管在海水管路系统上应用的可行性,提升我国大口径管材的制备技术,形成大口径钛合金管材的稳定生产技术和供货能力,完善的大口径钛合金管材技术标准,填补国内海水管路用钛合金大口径无缝管加工及工程化应用的空白,缩短与国外先进国家的差距。

c 深水立管

深水立管主要组件钛合金应力接头国内尚无生产和应用先例。钛合金应力接头需具备良好的强度、抗疲劳和耐蚀性能,因此对材料及产品化学成分、力学性能和尺寸精度的要求较高。深水立管钛合金应力接头制造技术被美国Aconic公司垄断,其生产的钛合金应力接头尺寸范围从4英寸至20英寸,最高压力等级达15ksi,最高设计温度约120℃,最大应用水深超过2100m。Aconic公司已供货百余个钛合金应力接头,部分应力接头服役时间已超过 20 年。

C　发展趋势

a　钛合金低成本制备技术

制约钛及钛合金钛材应用最大的障碍是成本问题。钛的提取、熔炼、加工十分困难，钛锭的生产成本约为同质量钢锭的 30 倍、铝锭的 6 倍，其中从矿石到镁还原制取海绵钛的成本约为制取同质量铁的 20 倍。

目前降低钛合金成本的方法主要集中在通过新型冶炼方法降低海绵钛制备成本、通过使用廉价中间合金以及残钛的回收利用技术降低原材料成本、通过 EB 炉冷床熔炼板坯直轧工艺降低加工成本和粉末冶金等近净成形工艺降低成本。我国海绵钛的生产，依靠国内力量逐渐实现技术进步，生产规模从百吨级到千吨级，扩大到万吨级，但要实现"清洁、文明、无公害化"的现代化生产，需要针对目前存在的问题，对现有工艺技术和设备进行改进研究。在低成本合金设计方面，以廉价的 Fe、Cr 等取代 V 作为降低钛合金成本、扩大应用的一个重要发展方向。此外，还应开展钛及钛合金返回料的回收利用研究工作，形成工业化批量生产。从返回料的利用看，俄罗斯通过真空自耗电弧炉回收利用钛合金返回料，美国既可使用真空自耗电弧炉回收利用钛合金返回料，也可采用冷床炉添加钛合金返回料回收，生产的产品已经成熟应用于航空、航天等重要用途。目前在美国航空领域中应用的钛合金加工材中，60% 以上添加了钛合金返回料，由此可见，添加返回料的钛合金材料在国外已非常成熟，大多数飞机结构主承力构件以及发动机转动件的材料规范中都明确规定可以使用返回料。

在钛合金材料成本当中，原材料占成本的 25%~50%，熔炼及加工占总成本的 50%~75%，因此，工艺的改进尤其是采用短流程工艺大幅度降低加工成本及提高成材率是降低钛合金成本的最重要手段。目前的钛合金短流程加工技术主要是围绕冷床炉制备扁锭直接轧制板材开展工作的。该熔炼工艺能较好地消除高密度和低密度夹杂，有利于提高产品性能；能大量回收残料，甚至可 100% 地利用残料作原料。目前已成为生产航空转动件钛合金优质铸锭及残料回收不可替代的先进熔炼技术。

随着我国航空、航天、舰船、兵器及汽车等民用工业的发展，对更低成本、更大规格、更高品质的低成本钛合金有迫切的需求。如果能够及时解决低成本钛合金大规格、高品质批量生产问题，必将扩大钛合金的应用领域，开拓钛合金新市场，推动钛产业链的发展。

b　增材制造产业用钛粉

3D 打印是国家高端装备制造领域的重点战略产业。3D 打印技术在高复杂性产品制造、极小批量产品制造、快速反应能力方面具有突出优势。由于钛从高温到低温的相转变远比钢铁材料简单，是最易于实现 3D 打印的金属材料之一。但是打印技术的关键性原材料球形钛合金粉末却一直被美国、加拿大、德国等国家所垄断，国内钛合金粉末的生产技术远远落后美国、德国、加拿大，导致国内 3D 打印技术成本高昂，对相关领域技术发展造成了很大的制约。不同 3D 打印方式对钛粉要求有所区别。激光打印要求的粉末粒度一般都小于 $53\mu m$，电子束打印的粉末粒度一般在 $53\sim150\mu m$。国内的制粉工艺主要以气雾化制粉、等离子旋转电极制粉为主，其中等离子旋转电极工艺制备的粉末主要集中 $53\sim150\mu m$ 区间，气雾化工艺制备的粉末为通粉（$0\sim250\mu m$）。目前国内钛粉（特别是高品质钛粉）制备能力不足，不能满足国内 3D 打印用粉的需求。

　　c　石油开采用耐蚀钛合金管材

　　随着陆地浅层石油和天然气资源的开采殆尽，对石油和天然气的开发转向深井和海洋地区。但是，这些油、气井中多有 H_2S、CO_2、Cl^- 等腐蚀介质存在，加上深井底部处于高温（150~200℃）和高压（5~15MPa）状态，加快了油井管的腐蚀和破坏。海洋石油平台用立管是连接平台和海底井口的结构，是海洋工程领域的关键装备，其承载要求随水深增加而相应增加。石油勘探与开采领域是钛合金应用的十分巨大和具有潜力的目标市场，仅一个海上石油钻井平台的用钛量就可以达到 1500~2000t，超耐蚀钛合金管材应用前景广阔。

　　美国在 90 年代逐渐将钛合金用于石油油井管和立管，采用挤压和斜轧穿孔技术生产了尺寸范围宽度大（DN100~500），壁厚规格多（0.5~30mm），长度长（≤16m）的钛合金装备，并建立了在海洋环境下使用的立管标准，对材料腐蚀性能做了完善的腐蚀性能评价。国内对高含 H_2S、CO_2 气田的腐蚀防护问题已经开展多年的研究与技术攻关，中石化联合天津钢管集团有限公司和中船重工七二五所获得了一种新的两相钛合金，研发出 110 钢级、ϕ88.9mm×7.34mm 钛合金油井管，并针对该油井管开展了抗腐蚀性能、机械性能、整管性能等评价试验，该产品在四川地区的两口高含硫气井已成功使用近 100t。对于不同规格、不同腐蚀环境用钛合金管材应加大研究力度，建立相应的研发和评价体系，逐渐形成耐蚀钛合金管材使用规范。

24.1.2.3　船用铝合金

　　铝合金作为轻质结构材料的代表，具有密度小、重量轻、耐腐蚀性能优异、焊接性良好、无磁性等优点，显著减轻船体重量 15%~20%，实现船体轻量化，用铝合金制作的船只能够达到更高的速度以及更长的寿命。船用铝合金按照制造工艺可分为变形铝合金和铸造铝合金两大类；按照用途可分为船体结构铝合金、舾装铝合金；按照品种类别可分为板材、型材、管材、棒材、锻件和铸件。铝合金在各国造船工业中得到广泛应用，大型水面舰船上层建筑，全铝海洋科考船，远洋商船和客船，以及水翼艇、气垫船、旅客渡船、双体客船、交通艇、登陆艇等各类高速客船都采用大量铝合金。除船舶结构外，铝合金还在海洋平台、石油钻探、风力发电、牺牲阳极保护及海水淡化等海洋工程领域得到了广泛的应用。一些铸造铝合金还用于制造泵、活塞、舾装件等部件。

　　A　应用现状

　　船用铝合金对强度、耐腐蚀性、可焊接性、冷热成形性能等有特殊的要求，所以船用铝合金多选用 Al-Mg 系合金、Al-Mg-Si 系合金和 Al-Zn-Mg 系合金，其中 Al-Mg 系合金在舰船上应用最广泛。由于 Al-Zn-Mg 系和 Al-Mg-Si 系合金焊后强度明显降低，Al-Zn-Mg 系合金焊后耐蚀性也差，因此该两系合金在作为焊接船用材料时受到一定的限制，而 Al-Mg 系合金无此弊端。Al-Zn-Mg 系合金主要用于焊后可热处理的构件，Al-Mg-Si 系合金主要用作型材。船体结构上用的铝合金主要是 5083、5086 和 5456 这三种合金，6000 系合金由于在海水中会发生晶间腐蚀，主要用于不直接接触海水部位，7000 系合金热处理后的强度和工艺性能比 5000 系合金还要优越，主要用于船舶及舰艇上层结构，如压挤结构、装甲板等，但是 7000 系铝合金抗应力腐蚀性能差，所以限制了该系合金的应用范围。

由于铝及铝合金的密度低，约为钢的 1/3，对海水的抗蚀性较强又有良好的加工成形性能与可焊性等，铝合金在造船行业得到了较为广泛的应用，至今已有百年应用历史。减轻船体自重、提高船速是造船行业用铝合金材料代替钢铁材料的主要动力。因此，铝合金在舰船上的应用更多一些，一般按结构用途上分三类：

一类结构：是指以强度为首要因素的受力结构件，如船体、大型舰船甲板室、舰船舰桥、发射筒、电磁炮轨迹等。

二类结构：是指非受力构件或受力较小的构件，如各种栖装件、油箱、水箱、储藏柜，铝质水密门、窗、盖（船用普通矩形窗、船用弦窗、小快艇铝窗、铝天窗、铝百叶窗、各种舱口盖、矩形提窗、移动式铝门、舱室空腹门、各类梯与跳板、乘客与驾驭座椅及沙发等），卫生设施、管道、通风、挡风板、支架、流线型罩壳和手把等。它们多是用6063、6082、3003 等合金材料制作的。

三类结构：这类结构主要用的是功能材料，用于制造船舱内部装饰件与绝热、隔声材料。铝及铝合金有良好的阳极氧化着色性能，经处理后有亮丽的外观与相当强的抗腐蚀性能。此外，铝-塑（铝-聚乙烯，Al-PE）复合板与泡沫铝材也获得了较多的应用，泡沫铝板是潜艇发动机室的良好隔声材料。两边或单侧为薄的 1100 或 3003 合金，厚 $0.1 \sim 0.3 mm$的铝合金，铝板表面可进行防腐处理、轧花、涂装、印刷等深加工，其特点是质量轻，有恰当的刚性，更好的减振隔声效果。

铝合金在豪华邮轮、液化天然气（LNG）船、极地作业调查船等高技术船舶上也得到广泛应用。一艘大型豪华油轮，上层建筑等结构需要使用 1000 多吨铝材。由于铝材是一种杰出的低温材料，使它成为制作液化天然气（LNG）船储罐、极地作业调查船的优选材料。铝合金材料的强度在低温下反而比常温下的高，并且铝合金质量轻，在海洋气氛下耐腐蚀，是在低温情况下使用的理想材料，因此铝合金也是目前世界上公认的四种 LNG 储罐材料之一。目前，全球只有很少的几个公司可以生产 LNG 运输船储罐用低温铝材，日本研制的 5083 铝合金 160mm 特厚板，具有良好的低温韧性和疲劳抗性，获得了较好的应用。

除了舰船上的应用外，铝合金在其他一些特种船舶以及海洋工程结构上也得到了一些应用，具体包括：

（1）作业船：铝质作业船要求的保护较少，运用时间更长，行进速度更快，适合捕鱼船或任何其他海洋业作业船。经验表明，任何一种铝质小型船只都能够运用数十年，而不会遭受显著的腐蚀。这种船只一直到退役铝结构船体也不会老化。总的说来，5000 系和6000 系 Al-Mg 合金优异的耐海洋性功能，特别是耐海水浸蚀功能现已得到工程认可。

（2）码头设备：船用码头设备如跳板、浮桥和过道是由 6005A 或 6060 铝合金型材焊接制成的，浮坞是由 5754 铝合金板焊接而成的不漏水厢体，结构或浮坞都不需要作涂漆或化学处理。肋板方面，木料和铝型材的结合形成一个完美无缺的整体，极好地与海岸景象融合在一起。第一个由铝合金制造的系船池于 1970 年在法国建成，经验表明，这些设备具有显著的机械阻力。由于所使用的 5000 系和 6000 合金具有优异的耐蚀性，因而不需要进行维护。

（3）铝基牺牲阳极：据统计，约 90% 以上的海洋平台及所有的海底输油管线都采用牺牲阳极保护法，牺牲阳极保护法的经济效益相当明显。目前，铝基牺牲阳极主要为

Al-Zn-In 系牺牲阳极，应用于不同的海洋工程环境中，一般使用在电极电位为$-1.3 \sim -1.1\text{V}$ 的海水表面的海洋平台或舰船中。电流效率在海水中一般可达 90%。铝基牺牲阳极的效果很大程度上有合金化学成分决定，现今对添加元素的作用已经研究较为完善。

（4）海洋平台直升机停机坪：近年来，在海洋工程装备领域铝合金也得到了广泛应用。在海上直升机平台领域，直升机停机坪是非常重要的组成部分，它用于直升机的起降，是与陆地保持联系的重要纽带。由于其体积庞大，还应有自重、结构刚度等方面的要求，铝制直升机甲板模块因自重轻、强度和刚度好而被广泛应用。铝合金直升机平台包括底架和固定于底架上的由铝合金型材拼接而成的甲板块，型材截面类似于"工"字，在上底板和下底板之间设置有带筋板空腔。利用了力学原理和铝合金型材的抗弯强度，满足性能要求的同时，减轻了自重。另外，在海洋环境下，采用铝合金直升机平台易维护，耐蚀性较好；采用型材拼接方式，免于焊接，无焊接热影响区，可延长使用寿命，避免失效。

（5）石油钻杆用铝合金：铝合金钻杆因其具有密度小、重量轻、比强度高、所需回转扭矩小、抗冲击能力强、耐腐蚀性好、与孔壁间摩擦阻力小的特点，在钻机能力一定的情况下，应用铝合金钻杆能够达到钢质钻杆无法达到的井深。结合铝合金耐海水腐蚀这一优势，高性能铝合金钻杆在海洋工程中有很大的应用前景。

我国船用铝合金的研究和应用起步较晚，经过多年的发展我国在船用铝合金的生产装备、生产能力、工艺技术都得到了大幅度提升，在我国高速船舶制造上得到应用，包括了铝制鱼雷快艇、铝质巡逻艇、铝质舢板和游艇、铝质导弹快艇、PS30 自控水翼客船、铝合金双体船等。总体来说，我国在船用铝合金方面的基础研究相对薄弱，对船舶海洋工程用铝合金缺少系统的认识，品种以仿制国际牌号为主，存在品种规格单一、力学性能和耐蚀性不稳定、产量不足等问题，未能形成规模化生产，发展和推广也较为缓慢，还不能完全满足船舶工业及海洋工程装备制造业转型升级的发展需要，一些高性能船用铝合金品种依赖于进口，与世界铝工业强国相比存在较大的差距。

调研过程中用户反映船用铝合金产品使用上存在的主要问题有如下几个方面：

（1）关键材料品种依赖进口：国内尚不能生产 5083 铝合金薄壁宽幅整体挤压壁板，关键材料品种如 5083-H116 等铝合金材料需要进口，供货周期长。

（2）品种质量稳定性：国产及进口 5083 铝合金板材的质量不稳定。

（3）配套焊材及工艺：国产铝合金配套焊丝送丝稳定性相对较差，影响焊接接头质量，需要针对高性能铝合金开展配套焊接材料及焊接工艺研究，提高焊接接头性能及稳定性。

（4）应用研究不足：铝合金虽然比重小，比强度高，但耐高温、耐火能力差，缺乏相应的应用研究数据，限制了其在舰船上的应用。

（5）LNG 储罐用高强铝合金：Moss 型 LNG 船储罐采用球形设计，储罐内壁需要采用 5083 铝合金厚板（$20 \sim 75\text{mm}$），中间赤道区域铝合金板厚达到 $160 \sim 170\text{mm}$。LNG 储罐用铝合金要求优良的机械性能、焊接性能、抗疲劳性能、耐腐蚀性能，技术要求高，生产难度大。目前，国际上只有美国、日本少数几家企业能够生产，我国在这方面研究还处于空白阶段。

B 需求情况

我国已经成为铝材生产和消费的世界第一大国，2019 年我国电解铝产量约 3504 万吨，占世界总量的 60.9%，2019 年铝材产量约 5252 万吨。目前我国铝材年消耗约 3500 万吨，主要消费领域可划分为建筑领域和工业领域两大类，工业领域占 66%，建筑消费约占 34%，工业领域消费又可细分为交通运输（占 21%）、电力（占 12%）、包装（占 10%）、机械制造（占 8%）、耐用消费（占 8%）及其他消费（占 7%）。铝及铝合金虽然在船舶及海洋工程装备制造中取得了较多的应用，但从数量上来说并不多。据资料报道，日本自 2004 年以来舰船及海洋工程结构铝合金用量一直保持在 2 万吨/年左右。我国船舶及海洋工程装备用铝合金结构与日本有所不同，目前仅在中、小型船舶及部分海洋工程装备中少量使用铝材。随着高技术船舶及高端海洋工程装备的发展，对高端铝合金产品已提出迫切需求，如海洋工程用复杂截面空心异性型材、海水淡化用耐蚀铝管、LNG 用高强度板材、石油钻探用管材等，预计未来市场需求可达 2 万吨以上。

a　5083 铝合金薄壁宽幅整体挤压型整体壁板

大型整体壁板是一种断面宽度很宽，厚度很薄（即断面宽厚比很大），带有纵向筋条等的特殊型材，用来作为新型的整体结构材料。采用大型整体壁板铝型材代替传统大型整体结构部件之后，一方面使机械部件的结构变得更加合理，改善了结构的工艺性；另一方面能够获得良好的密封性和完善的部件表面，显著降低大型整体结构部件的重量。目前，虽然我国已经具备工业化生产 5083 铝合金的能力，并在民用领域获得了一定的应用，但在 5083 铝合金薄壁宽幅整体挤压型整体壁板方面属于空白，无法满足船舶海洋工程装备的使用要求，因此需要依赖进口。

b　宽幅挤压铝型材

大型扁宽、薄壁、高精度、复杂的多孔空心型材和壁板型材，壁厚 2.5~20mm、高度 20~300mm、宽度 250~700mm、长度为 2~28m，质量要求高，技术难度特别大，属于高新技术产品。由于需要装备除了有 80MN 以上重型挤压机及相应的辅助配套设备外，尚需解决一系列的技术难题，目前只有日本、美国、德国等几个工业发达国家能大批量生产。

c　LNG 储罐用铝合金厚板

LNG 运输船的建造需求迫切，目前，日本三菱重工、韩国现代重工、芬兰克瓦那马萨船厂具备 Moss 型 LNG 运输船用储罐的建造技术，为了增大储罐容量和有效减重，采用铝合金制造穿管成为各船厂的开发方向。对于高附加值的 LNG 储罐用铝合金厚板，目前每艘 LNG 船大约需要 2800~3100 吨 5083 铝合金厚板，Moss 球形储罐上下半球使用的铝合金板厚为 30~60mm，赤道部最厚可达 170mm。由于受到轧机生产能力的限制，我国尚不能生产该类材料。

d　铝合金石油钻管

世界钻探管年生产量在 30 万吨左右，供需基本平衡，但随着深井钻探、沙漠有奇谭钻探和海底油气的开发以及发展中国家铝钻探管代钢的发展趋势，铝钻探管道的需求日益增加。铝钻探管的生产工艺已经十分成熟，设备先进，技术水平相当高，由于技术复杂且需要大型的挤压机，仅有俄罗斯、美国、日本、法国、德国等少数几个国家能够生产。目前，我国尚不能生产铝合金钻探管，主要依赖于进口。

e　船螺旋桨用新型铝铸造合金

据美国《先进材料 & 加工技术》近期报道，美国研究人员研发出来一种具高抗冲击强度的船螺旋桨用新型铸造合金，并将该系列铝合金命为 Mercalloy。研究人员把这种

Mercalloy 合金 366 和铝合金 AA514、AA365 进行比较研究。这系列新型铝合金的开发集中在化学成份构成上排除了 Fe，而在传统 300 系列铝压铸合金中都含有 Fe，而在 Mercalloy 合金中采用 Sr，试验表明 Mercalloy 合金比 AA514 合金具有较高抗冲击强度，从而提高了延展性，采用该合金加工的螺旋桨对于铸造温度不敏感，而 AA5365 则对铸造温度敏感。Mercalloy 合金和 AA365 合金都比铝镁合金展示了更好可铸造性能。Mercalloy 合金还具有较佳能吸收性能和在负载下的更高抗挠曲性能。

C　发展趋势

铝合金具有比强度高、耐海水腐蚀性能好、可焊接、易加工成形、无低温脆性、无磁性等特性，在造船中应用可有效减轻舰船的质量、提高稳定性、增大航速等，已成为高附加值船舶及高端海洋工程装备的主要结构材料之一。

我国铝加工产业经过近年来的迅猛发展，在产业规模、装备水平以及一部分大宗产品的生产制造方面，已经能够与发达国家并驾齐驱，但就总体技术发展水平而言，差距依旧存在，表现为：（1）技术创新能力不足。基础共性关键技术、精深加工技术和应用技术研发不足，产品普遍存在质量稳定性差和成本高等问题；原创性产品和技术极少，很难率先抢占市场制高点。（2）产品结构不够合理。高端深加工生产线达产达标率普遍不高，中低端加工产品同质化严重，高端铝材及深加工产品占比很低，面临低端过剩、高端不能自给的"既剩又缺"尴尬局面。（3）两化融合差距明显。研发过程中材料计算和模拟仿真技术应用水平不高，铝工业大数据、智能控制等刚刚起步。伴随着高端装备制造等新兴产业的不断崛起，全球铝产业已在传统的"连续化、大规模和大规格工业化制造"的基础上，出现了以下新的发展趋势：（1）工艺设备朝大型化、精密化、紧凑化、成套化、标准化、自动化方向发展；工艺技术不断推新，朝节能降耗、精简连续、高速高效、广泛交叉的方向发展。（2）"新材料研究—新制造技术—工程化应用技术"同步一体化开发的趋势越来越明显，高端铝材从研发到应用的时间周期不断缩短。（3）产业结构和产品结构深度调整，高端产品占比不断提高。（4）工业化和信息化深度融合，计算机模拟仿真、智能控制、大数据、云平台等技术广泛用于铝加工企业生产、管理及服务等领域。

船舶及海洋工程装备制造业的发展对高性能铝合金提出了更高要求，船用高性能铝合金的发展趋势：（1）大型化：随着船体结构的大型化及铝加工技术的进步，铝合金大型挤压型材、管材、大型轧制宽板和厚板、大型锻件和大型铸件在船舶上的应用越来越广泛。船用铝合金板材的厚度一般为 2~15mm，最厚可达 100mm 以上，最薄可为 0.2mm（薄板）和 0.005~0.2mm 箔材，铝板带的宽度一般为 1000~3000mm，最宽可达 5000mm。（2）高纯化：进一步减少 Fe、Si 等各种杂质含量，提高铝合金的纯度，研究控制杂质含量的方法和技术，改善高强铝合金的断裂韧性、抗疲劳性能和抗应力腐蚀开裂性能、以及抗铸造裂纹能力等性能。（3）高性能：半个多世纪以来，高性能铝合金的开发和发展主要是围绕提高材料的强度、塑性、韧性、耐蚀性以及疲劳性能等综合性能，调整铝合金中的主要合金元素含量以及各组元的比值，添加微量过渡族元素以及稀土元素，从而改变合金中各种化合物的比例和合金的物理性能，以开发出对应各种不同需要的新型合金。（4）高质量焊接：近十几年得到迅速发展的新型焊接方法-搅拌摩擦焊（FSW）具有一系列其他焊接方法无法比拟的优点，引起了人们的广泛关注。与传统熔化焊技术相比，FSW 焊接接过程无飞溅、无烟尘、无气孔，不需添加焊丝和保护气体，所得接头变形小，具有晶粒细小，疲劳性能、拉伸性能和弯曲性能良好等优点，是一种清洁加工制造技术。目前，挪威、日本以及澳大利亚已经有多个船舶制造公司利用搅拌摩擦焊技术来建造大型船舶铝合金结构件，并且实现了大型集成化预成型铝合金构件制造的批量化和工业化。迄今为止，挪威大约有 25% 的船用铝合金结构采用搅拌摩擦焊制造，在船舶总体制造成本上增加大约 5% 利润。采用搅拌摩擦焊可以使船舶制造的装配更加精确、简易且节省时间，从而使船舶建造由零件的制造装配变为船舶甲板以及壳体预成型结构件的装配。搅拌摩擦焊代替熔焊用于轻合金结构件的制造是现代焊接方法发展的又一次飞跃。

24.1.2.4　船用复合材料

复合材料作为新型功能结构材料，具有重量轻、比强度和比刚度高、阻尼性能好、耐疲劳、耐蠕变性能、耐化学腐蚀、耐磨性能好、线膨胀系数低以及 X 射线透过性好等特点，备受造船界的重视，尤其是在制造高质量的船体结构方面有着巨大的优势。船用复合材料，按结构可分为层合板（纤维增强复合材料）和夹层结构复合材料两大类型，其中包含三个方面的重要复合物：增强材料、树脂（即基体）和芯层材料。船用复合材料按照承载部位不同可分为：主承力结构、次承力结构、非承力结构等。按照功能可分为：结构、阻尼、声学（包括吸声、隔声、透声）、隐身（包括吸波、透波、反射、频选）、防护等五大系列材料。

A　应用现状

复合材料较之于传统船舶制造材料的优势是十分突出的，特别是在高质量船体领域，复合材料在强度、质量、耐腐蚀性能和耐磨损方面是十分出色的。用于船体的复合材料主要有碳纤维、芳纶纤维和玻璃纤维。复合材料船体的典型结构形式主要有五种：单板加肋结构、夹层结构、硬壳式结构、波形结构及其混杂结构。

随着社会发展，无论是用于军事，还是救援、执法方面的船只，都对船速提出了新的要求，特别是在武装攻击中，必须降低船艇的重量，以便在相同动力获得更高的有效载荷，并节约燃料、降低成本，在提高航速的同时，也提高了船只的机动灵活性。近年来，先进复合材料和轻量化结构技术已发展成为减轻船体重量的关键技术。

美国是最早使用复合材料制造舰船的国家，其复合材料造船量稳居世界首位。1996 年美国制造的深潜器，采用石墨纤维增强环氧树脂单壳结构，可下潜 6096m 的深度。美国海军洛杉矶级核潜艇声纳导流罩长 7.6m，最大直径 8.1m，采用先进复合材料制造，性能优良。2006 年制造的最新型高速隐形试验船"短剑"号，采用碳纤维增强树脂基材料制造船体，是目前一次成型的最大船体，由于工艺无焊接、无铆接，实现了船只的整体轻量化，使快艇能够轻易获得较高航速。进入 21 世纪后，美国进一步加强了复合材料在船舶建造上的应用，采用新型高强碳纤维/乙烯基树脂的夹心层结构，取代传统玻璃纤维等低强度纤维，建成的新型船舶稳定性高、航速快，并具有隐身、反潜、反水雷能力。俄罗斯最新型的 12700 型"亚历山大·奥布霍夫"扫雷舰，是俄罗斯首艘由复合材料制成的扫雷舰，2016 年 12 月交付俄罗斯海军，舰身全长 51.75m，该舰最大的特点是船体采用玻璃钢增强材料真空整体成形建造而成。为了建造 12700 型扫雷舰，俄罗斯船厂专门购进了新的设备，并建立了实验室试验真空整体成形技术，具备整体成形长 80m 的玻璃钢船体的能力。12700 型扫雷舰也是世界上最大的单体复合材料船，这种船体结构的优势是具有高度稳固性，能够增强舰艇在海中扫雷行动中的持久性，整体成形的优点很多，相比传统的建造方法，其强度更高，使用寿命也更长，较传统低磁钢船体高出数倍。日本在 20 世纪 60 年代初成为美国游艇承包建造基地，为后来建造复合材料渔船和大型艇奠定了基础。到了 1993 年，日本复合材料渔船的数量就已经超过 32 万艘，复合材料游艇则超过了 20 万艘。2015 年，日本制造的最新型"淡路号"扫雷舰，采用"高强玻璃纤维"复合材料制造的舰艇舰身长约 67m，宽约 11m，满载排水量 800t。这是一种多层复合材料，其内外两层为碳纤维强化塑料，中间夹有一种高密度乙烯填料。这种多层复合材料，可以有效改善单独使用碳纤维材料时造成的水中噪音辐射难以防护的问题，另外，由于中间夹有高密度乙烯，可以有效提高该复合材料的阻燃性能，同时还有很强的耐腐蚀性，而且使用复合材料制造的舰体表面更加光顺，有助于提高舰艇的隐身性能。英国不仅是大型复合材料反水雷舰艇的先驱国家，它在复合材料高速艇的研制技术方面也属世界一流水平，建造过不少军用高速艇。20 世纪 90 年代，英国开始利用一流的复合材料轻量化技术，研制高速轻型气垫船和 HM-2 型气垫渡船，制造的"施培正"号凯芙拉巡逻艇，艇壳比玻璃钢减重 20%，比铝合金减重近 5t。目前，英国 20m 以下的船舶有 80% 都是复合材料制造的。热塑性复合材料坚韧、可回收并可缩短生产周期的优点，使热塑性复合材料成为船用复合材料轻量化的发展方向之一。近年英国罗斯柴尔德的塑料瓶船，符合材料可生物降解和可循环利用的发展方向，就引起了不小的轰动。英国舰船制造商利用真空袋固化工艺制造了简单的热塑性塑料底船 DUC 也证明了这一点。采用玻纤/聚丙烯材料制造，完美实现了轻量化。此船已被英国军队采用，作为军事突击艇试验登陆沙滩时非常坚韧。意大利的复合材料游艇工业不仅发展较早，而且技术非常先进，是欧洲制造 35m 以上大型豪华游艇的中心之一。意海军对复合材料反水雷舰艇的开发研究非常重视，1967 年就开始研究新颖的硬壳式猎雷舰，并成功研制出多型猎雷舰。瑞典也非常重视复合材料在舰船中的应用，瑞典的夹层结构复合材料技术广泛用于建造高速军用艇和巡逻艇，如 TV171 和 CG27 型海岸巡逻艇，1991 年瑞典研制出世界第一艘复合材料隐形试验艇"Smyge"号，该艇集先进复合材料技术、夹层结构技术、隐身技术及双体气垫技术于一体，堪称世界一流，2000 年瑞典建造 Visby 级轻型驱逐舰，长 73m，重 650t，速度达 74km/h。该船在其真空灌注的夹层结构中采用了高延展率的碳纤维（Toray T700）和具有延展性的高密度芯材（Divinycell HD）。这使得舰船具有更低的雷达和磁场信号，优化的质量使动力需求和燃油消耗远远低于金属或玻纤增强塑料制成的船艇。

中国自 1958 年开始试制，拉开了复合材料造船的序幕，迄今已经制造了数以万计的各种复合材料船艇：有总长近 39m 的扫雷艇；渔船则是以 80 年代中后期批量建造的长度接近 20m 的远洋捕捞渔船为代表；20 世纪 90 年代，我国还掀起了研制复合材料高速客船的热潮，先后研制出各种单体高速船、高速双体气垫船、机动帆船等；2008 年，我国建造最高时速达 70 节全复合材料高速艇，有力推动了高性能复合材料在我国高速船艇的批量应用。

复合材料在快艇、游艇、赛艇以及诸如拖网渔船等小型商业渔船上的使用逐渐得到了普遍认可。与传统的木质和钢质结构的船体相比，复合材料船使用寿命更长，可达 50 年；同时由于船体重量减轻，能够达到节能的目的，一般认为，复合材料渔船比钢船平均每年节油 10%~15%；得益于复合材料的耐腐蚀性，复合材料船可节约维护费 50%。美国、日本、俄罗斯、英国、法国、德国、加拿大、西班牙、瑞典、韩国等国家，已淘汰了木质和中小型钢质渔船，统计显示，西方国家采用纤维增强复合材料（FRP）的渔船已占渔船总数的 80%～90%，其中，美国近海渔船全为 FRP 制造，木质渔船已全部淘汰，每年用于造船的 FRP 量达 20 万吨以上。日本是玻璃钢渔船发展最为迅速的国家，1970 年玻璃钢渔船的比例为 1.3%，到 1980 年增加到 60%，此后玻璃钢渔船所占的比例持续增加，2008 年 FRP 渔船拥有量为 35 万艘，占机动渔船的 90%，到 2010 年，日本玻璃钢渔船占到海洋渔船总数的 96.3%。南非是第一个建造较大玻璃钢渔船的国家，在 1960 年就建成了采用 PVC 芯材的夹层结构拖网渔船，总长 20.7m，排水量达 95t，航速 11 海里。在游艇制造领域，美国是目前生产复合材料游艇最多的国家，而意大利是欧洲大型豪华游艇的制造中心之一，意大利公司采用 Kevlar 纤维生产的 “M-74” 摩托艇比纯 GFRP 的玻璃钢复合材料艇的重量减轻 40%。日本的碳纤维研制水平及生产能力均位居世界前列，主要应用于高性能船舶、赛艇及豪华游艇的制造，其制造的碳纤维与玻璃纤维混杂复合材料用于运动汽艇可减重 35%，航速超过 50kn。复合材料游艇在国外发展较快，美国平均每 14 人拥有一艘复合材料游艇，欧洲每 100 人拥有一艘复合材料游艇。随着复合材料成本的降低，高航速超轻结构复合材料船开始采用碳纤维和芳纶纤维作为增强材料，增强隐身防弹功能。虽然复合材料在我国快艇、气垫船、渔船、游艇等方面有所应用，但进展缓慢，其原因在于复合材料自身的特点与传统金属材料不同，复合材料具有极强的可设计性，其材料性能与制造工艺密切相关，而目前缺乏相关设计规范、经验数据以及可靠性评价技术和指标体系，总体研究应用水平与发达国家的先进水平相比存在较大差距。

B　船用复合材料需求情况

船舶及海洋工程装备制造领域的发展，对低成本大丝束碳纤维及其复合材料、舱内低毒阻燃复合材料、耐蚀长寿命乙烯基树脂复合材料等复合材料提出了需求。

a　大丝束碳纤维及复合材料

碳纤维被称为 “新材料之王”，质量比金属铝轻，但强度却高于钢铁，应用前景广阔。在碳纤维行业内，通常将每束碳纤维根数大于 48000 根（简称 48K）的称为大丝束碳纤维。48K 大丝束最大的优势，就是在相同的生产条件下，可大幅度提高碳纤维单线产能和质量性能，实现成本的大幅降低，满足船舶与海工 “用得起” 的要求。以大丝束碳纤维为增强材料的复合材料有望应用于制造赛艇、小型护卫舰、轻型反潜巡洋舰的船身、外壳、骨架、甲板和桅杆等。目前，而大丝束碳纤维市场则几乎由美国的 Fortafifil 公司、Zoltek 公司、Aldila 公司和德国的 SGL 公司 4 家所占据。

b　舱内用低毒阻燃复合材料

纤维增强热固性树脂基复合材料采用酚醛、环氧、不饱和聚酯、乙烯基酯等基体树脂，经玻纤、碳维、芳纶等纤维增强制得，具有可设计性强、比强度或比模量高、抗疲劳断裂性能好、结构功能一体化等优点。但上述基体树脂均为有机高分子材料，部分具有不同程度的可燃性，应用于船舶与海工舱内结构需要重点解决防火安全问题，包括燃烧（fire）、发烟（smoke）、烟气毒性（toxicity）。

c　以乙烯基酯为基体的耐蚀长寿命复合材料

船舶用基体树脂包括不饱和聚酯（邻苯型和间苯型）树脂、乙烯基酯树脂、环氧树脂及热塑性树脂。由于乙烯基酯复合材料具备优异的性能，尤其是良好的耐腐蚀性能。因此高档赛艇、军舰等船舶的舷外结构（接触海水部分）一般选择乙烯基酯作为复合材料的基体树脂。采用玻璃纤维、碳纤维、芳纶纤维作为增强材料，共同构成了具有良好耐蚀性能的复合材料，广泛应用于船体结构。

C 船用复合材料发展趋势

未来5~10年的海洋油气资源勘探开发中，海洋平台、海底管道、系泊系统等的建设需求旺盛，并且随着我国海洋强国战略的进一步实施，包括军、民用船舶海洋工程装备面临着前所未有的发展机遇，同时对材料性能要求也越来越高。复合材料在替代传统金属材料方面还有很多的空间。由于传统的金属材料耐腐蚀性比复合材料差，维护成本高，且复合材料在比强度、比模量方面具有得天独厚的优势，使其在相应的构件和关键部位具有替代金属材料的空间。但仍有大量的工作需要开展，船用复合材料的主要发展趋势如下：

（1）向低成本化方向发展。海洋工程复合材料在国内有技术基础和市场有需求，发展已是指日可待。但是海洋工程复合材料的大尺寸、质量大的特点又决定了其材料体系的价格成本不能太高。目前复合材料在海洋工程的应用成本也是需要亟待解决的问题，特别是民用船舶，成本控制至关重要。

（2）向大型化、结构/功能一体化的方向发展。为更好开发我国东、南部的中、远海域，各类船舶都有大型化的发展需求，船舶功能也需要提升，单一层合板结构已难以满足建造需求，未来船舶结构需要采用兼具结构安全性和一定的减振降噪等功能的夹芯或加筋结构，即向结构、阻尼、隔声或吸声等一体化发展。

（3）向具有长期安全可靠性的方向发展。海洋工程材料的服役环境恶劣，材料使用的安全可靠性至关重要。船舶的中修期、大修期都有一定的年限要求，船舶部件服役年限也有要求，有些部件甚至要求整个服役期间都不可更换。目前，国外正在开展船舶复合材料的长期性能研究，如通过预埋传感元件对复合材料性能实时监测，通过高效连接技术研究如何提高复合材料之间及复合材料与主船体间的连接可靠性等。

24.1.2.5 防腐防污材料

A 应用现状

海水是天然的含氯强电解质环境，对金属材料的腐蚀危害严重。在海洋环境中会因金属腐蚀导致钢结构发生断裂、疲劳、破损、泄露等重大失效行为，一些损失巨大的海洋环境生态灾难往往都是由腐蚀引起的，船舶及海洋工程装备材料的防腐蚀是海洋工程的关键技术之一。材料在海洋中使用还要面对因海生物附着产生的污损问题，海生物污损是和材料腐蚀紧密联系的，污损在造成结构能耗增大、效率降低的同时会加快加重腐蚀的发生。涂层加阴极保护技术是海洋工程装备最为常用和经济有效的防腐措施。防腐防污涂料作为传统的海洋防腐技术，已被广泛地应用于所有类别的船舶和海洋工程各领域，扮演着极为重要的金属结构防护角色。在我国正处于低碳经济转型期的大背景下，海洋运输、港口工程、海洋新能源开发等行业的迅猛发展，也对海洋防腐防污涂料的环保化、高效化和经济化提出了更高的要求。

a 阴极保护材料

阴极保护技术广泛应用于船舶、平台、港工设施等海洋工程装备的腐蚀防护，根据提供保护电流方式的不同，分为牺牲阳极阴极保护技术和外加电流阴极保护技术。我国已基本形成了系列化标准型号规格的常规阴极保护材料体系，建立了阴极保护优化设计方法，产品技术要求和标准检验方法较为完善，并广泛应用于船舶与海洋工程装备领域，取得了良好的应用效果。高活化铝合金牺牲阳极实际电容量≥2500A·h/kg，外加电流阴极保护系统的使用寿命可达 20 年，可满足常规海水环境船舶与海洋装备防护的需求。

b　防污涂料

（1）防腐涂料。防腐涂料应用于船舶、海洋工程、石油化工、港工码头、跨海大桥等领域，尤其是大型船舶防腐要求较高。如液舱包括饮水舱、储油舱、化学品舱、污水舱、压载舱、电瓶舱等，这些舱室空间狭小，结构复杂，管线交错，空气难以流通，维护维修比较困难。尤其压载舱，处于频繁进行压载-排载这种干湿交替的恶劣工作环境，是整个舰船锈蚀最严重的部位，对保持船舶的平衡、稳定和安全是十分重要的。

目前广泛应用的海洋防腐涂料主要有无机富锌、有机富锌、有机硅、环氧、丙烯酸、聚氨酯、氟碳、聚硅氧烷类涂料，可根据不同海洋环境腐蚀特点和防腐年限选用不同的涂料和涂层体系。

（2）防污涂料。自从人类进入海洋，进行经济活动，就与海洋生物污损开始斗争，经过长期实践，已发明了许多防止海洋生物污损的方法，如通氯气、电解海水、超声波、外加电流、采用辐射材料、水下机械清洗和涂装海洋防污涂料，其中涂装防污涂料是技术成熟、工艺简单、应用广泛，而且最有效的方法。

海洋防污涂料是通过海洋防污剂的可控释放，与海洋污损生物发生作用，从而阻止海生物在物体表面附着。随着人们环保意识增强，也随着科技不断进步，毒剂型防污涂料已逐步淘汰。目前主流技术是无锡自抛光防污涂料技术和污损释放型防污涂料技术。无锡自抛光防污涂料防污期效可达 3~5 年，已有成熟商品化产品。污损释放型防污涂料也有成熟商品化产品，但用量远远不如无锡自抛光防污涂料广泛。

B　需求情况

近几年，受经济危机和国际油价的影响，世界船运业一直萎靡不振，年造船量呈下降趋势，钻井平台等海工业也持续降低，新造船的减少不会对船舶涂料产生较大的影响，船舶的定期维修和涂装仍需要大量的船舶涂料。在国际船舶涂料市场，除了各国特需的船舶涂料供应商外，基本被佐敦、阿克苏诺贝尔、海虹老人、PPG、关西等国际品牌占领，其中佐敦涂料占有世界船舶涂料 8% 的份额，国外知名品牌在产品质量、技术服务、维修、应用业绩等具有全球化的优势。目前，我国海洋防腐涂料在船舶和集装箱制造业、海上石油平台及海底管线、跨海大桥和沿海港口兴建等因素的推动下，保持高速发展态势，年需求量在 80 万吨以上，需求量巨大。今后，海洋防腐涂料的研发主要朝着绿色环保、长寿命、厚膜化、低表面处理、易施工的方向发展。

防污涂料主要用于船舶船底防污、海上钻井平台、海上浮标等海洋设施的防污，目前主要使用行业为修造船业。据统计，我国 2017 年造船的总吨位为 2200 万吨，居世界第二，2019 年重回世界第一，加上目前我国拥有的 4200 万吨庞大的船队，每年都有大量船舶要修造，防污涂料每年的需求在 3 万吨左右。随着海洋经济的迅速发展，海洋运输业、修造船业、油气业、海洋渔业已成为国民经济的增长点，对防污涂料的需求日益增大。加上国际海事组织（IMO）已通过在 2003 年开始禁止有机锡防污涂料的使用，因此环保型海洋防污涂料将有非常广阔的市场前景。随着对海洋资源不断开发利用，防污涂料会找到一些新的用途，如海滨城市的发电厂、石化企业要采用海水代替淡水作为冷却水，需要解决管道的生物污损问题，采用涂装防污涂料的方法是一种经济可行的手段。因此环保型海洋防污涂料将有非常广阔的市场前景。

C　发展趋势

海洋装备服役周期较长，一般为 30 年以上，超长期服役时间对腐蚀防护材料提出了更高的要求。各种高性能的阴极保护材料与系统、优化设计方法等不断得到开发和应用，以满足实际工程的需要。阴极保护材料技术主要呈现如下发展趋势：牺牲阳极材料向系列化方向发展和完善，特别是极端环境下阴极保护材料的开发及应用，最终形成可满足不同环境和工况条件要求的牺牲阳极材料体系；外加电流阴极保护材料和技术将向长寿命、高性能和高可靠性方向发展。同时阴极保护新材料批量化生产工艺参数，建立生产线，以满足国内军用和民用船舶及海洋工程装备阴极保护需求。另外，在船舶及海洋工程装备运行过程中，对结构健康状况进行实时的监测和评估也是保障全寿期安全运行的重要措施。

国外船舶防腐涂料研究起步较早，品牌效应好，服务能力强，借助全球化趋势，丹麦 Hemple、英国 IP、日本关西、日本中涂、挪威佐敦、美国 PPG、韩国 KCC 等国际大公司基本瓜分了整个船舶涂料市场。国外在技术上也一直是领跑者，如改性环氧树脂、聚氨酯树脂、硅烷杂化树脂及固化剂的种类繁多，防锈颜填料的品种及改性方式各异，防腐涂料新的防腐机理及预评价方法层出不穷，并针对不同应用工况采用相应的配套涂料，有充分的近似应用的数据支撑。目前防腐涂料重点向高固体份或无溶剂、低表面处理要求、施工简单、快速固化等方向发展，如 Sherwin 公司的 Williams Fast-Clad（表干 1.6h，实干 2.6h）、Sigma 公司的 EX 1762（表干 1.3h，实干 2.1h）、IP 公司的 International Intergard 483/783（表干 1.4h，实干 2.5h）等。

随着人们环保意识的日益增强以及发展低碳经济的要求，一系列与防污涂料相关的法律法规和公约付诸实施，对世界防污涂料技术的发展产生了根本性的影响。如各国的 VOC 法规、《国际控制船舶有害防污底系统公约》（AFS 公约）、《关于持久性有机污染物的斯德哥尔摩公约》（POPs 公约），欧盟的《杀菌剂产品指南》（BPD）和 REACH 法规等，均促进了海洋防污涂料技术的发展。防污涂料正向着无锡、低铜、无重金属、无杀菌剂的方向发展。

随着科学技术的不断发展，国际上一直致力于其他新型防污技术的研究和开发，如导电防污涂料、仿生防污涂料、纤维植绒防污涂料、纳米结构防污涂料等方向，但到目前为止，这些研究领域的成果还没有进入大规模使用阶段，只是代表着防污涂料的发展趋势，离实际应用尚有很大的距离。

24.1.3　材料生产研发设计领域现状

24.1.3.1　生产情况

A　船舶海工用钢

船舶及海洋工程用钢铁材料是造船和海洋工程装备建造最主要的原材料。按照品种规格划分，又可分为钢板（包括中厚板和热轧卷板）、型钢、管材、铸锻件以及相应配套焊接材料等。

　　钢板（主要是中厚板）是船舶及海洋工程用钢的主体结构材料。船舶及海洋工程用钢板通常采用船级社认证供货方式，强度级别从普通的 235MPa 级别、高强度 315~390MPa 和超高强 420~690MPa 均有应用，一般厚度在 100mm 以内。在最新的船级社规范中引入了最高 890MPa 的强度等级，目前应用较少。韧性等级有 A、D、E 和 F 级，冲击考核温度从室温要求直至 -60℃，在个别极寒区域还可能要求 -80℃。

　　型材主要包括球扁钢、H 型钢等型钢，球扁钢是船用型钢中最重要的一种，主要作为船板的加强筋使用。球扁钢分为单球头球扁钢和双球头球扁钢，单球头球扁钢通常在民用船体结构中使用。球扁钢常用强度级别为 235~390MPa，韧性等级一般为 A 级和 D 级，主要球扁钢的生产和应用均可由我国生产企业供应。H 型钢分为焊接 H 型钢和热轧 H 型钢，主要应用于海洋工程的平台结构中。强度级别通常为 235~420MPa，韧性等级 A 级、D 级和 E 级。高度 800mm 以下的 H 型钢均采用热轧方式生产，高度 800mm 以上的 H 型钢，受轧机极限能力的限制，常采用焊接 H 型钢。近年来随着我国大型 H 型钢生产线的引进，高度 800~1100mm 大型热轧 H 型钢逐步在我国海工领域获得应用。

　　油气钻采集输系统是海洋工程管材的主要应用场合，包括海底管线和生产平台等。海底管线一般采用焊接钢管，包括直缝焊管、螺旋焊管和高频焊管，生产平台的各类竖管，如油套管、隔水管、钢悬链立管等一般采用无缝管生产。另外，固定式和自升式钻井平台在一些场合也会用到管材和铸锻件。

　　焊接占船舶制造 30%~40% 的工时，船舶海工装备制造涉及多种焊接方式，包括：手工电弧焊、自动埋弧焊、气体保护焊、气电立焊等方法，相应的配套焊接材料有手工焊条、气保焊焊丝、埋弧焊焊丝和焊剂、药芯焊丝等。我国普通造船钢板的配套焊接材料基本实现国产化，但许多特殊品种及要求较高的结构部位使用的配套焊接材料，如 420MPa 级别以上超高强钢的配套焊材、大线能量焊接用钢、LNG、LEG 储罐用 9%Ni、5%Ni 钢、集装箱船用止裂板等，绝大部分依赖进口。

　　2010 年以来，全球船舶海洋工程制造行业一直处于低迷状态，我国造船用钢的需求量也大幅下降，到 2017 年降到了最低点，减少了 50% 以上。随着 2017 年下半年新接船舶订单开始止跌回升，2018 年开工船舶逐步增多，结束了我国造船用钢消耗多年持续下降态势。据统计，2019 年我国造船用钢总消耗量约 880 万吨，其中板材 725 万吨，型材 80 万吨，其他品种 73 万吨，2010~2019 年中国造船用钢消耗量如表 24-4 所示。

表 24-4　中国造船用钢消耗量　　　　　　　（单位：万吨）

年份	船用钢材消耗	比上年增长/%	产品种类		
			板材	型材	其他品种
2010	1700	27.8	1450	130	120
2011	1700	0	1430	150	120
2012	1200	-29.4	1055	105	40
2013	1100	-8.3	900	110	90
2014	1300	18.2	1050	145	105

年份	船用钢材消耗	比上年增长 /%	产品种类		
			板材	型材	其他品种
2015	1200	−7.7	900	110	90
2016	1150	−4.2	870	90	80
2017	800	−30.4	650	70	65
2018	850	6.3	700	77	73
2019	880	3.5	725	80	73

伴随船舶行业需求的恢复，国内钢铁企业造船板产量也连续 2 年出现回升。2018 年全国造船板产量从 2017 年 625 万吨增加到 818 万吨，其中高强度船板达到 450 万吨，高强钢占造船板总量的 55% 左右；2019 年全国造船板生产维持了增长态势，预计全年产量约为 829 万吨，同比增长 8.6%，其中高强度船板约为 488 万吨，同比增长 6.4%，高强钢占造船板的比例达到 58%，连续三年超过普通船板产量。2010～2018 年我国造船板生产情况如表 24-5 所示。

表 24-5　我国造船板生产情况　　　　　（单位：万吨）

年份	中板	厚板	特厚板	热轧中厚宽带	热轧薄宽带	冷轧薄宽带	热轧薄板	冷轧薄板	合计
2010	1093	610	43.86	121	1.28	3.74	0.38	0.29	1872
2011	1033	557	52.48	133	0.26	3.65	0.11	0.28	1780
2012	659	330	37.13	64	1.19	3.56	0.46	0.24	1094
2013	628	280	38.18	56	0.76	5.10	0.99	0.30	1008
2014	836	405	42.80	39	9.76	5.10	0.34	0.29	1337
2015	701	349	36.33	48	3.17	9.47	0.20	0.23	1147
2016	527	244	36.47	45	0.48	5.31	0.47	—	859
2017	278	220	23.23	101	0.30	3.86	1.12	—	625
2018	375	291	38.48	107	—	4.47	0.09	—	818

从造船板品种规格分布来看，船板钢以中厚板为主，中板规格占比约 60%，厚板规格占比约 30%。2000 年以后，我国建设投产了世界先进水平的中厚板轧机生产线近 50 条，包括 5000mm 以上生产线 7 条，4000～4300mm 生产线 8 条。我国现有中厚板生产线 76 条，船板钢的生产主要集中在前 10 余家骨干企业，包括鞍钢、宝钢、湘钢、沙钢、南钢、新钢、兴澄特钢、舞钢、首钢、营口中板、莱钢等。2019 年，前 10 家造船板生产企业船板钢的产量达到 798 万吨，占全国总产量的 97%，比 2018 年分别提高 7 个百分点，产业集中度持续提升。其中，湘钢、鞍钢、五矿营口中板、南钢的年造船板产量均超过 100 万吨；湘钢的高强度板产量连续 3 年超过 100 万吨。表 24-6 为我国船舶海工钢板主要生产企业产线及产能现状，主要钢铁企业 2019 年造船板生产情况如表 24-7 所示。

表 24-6　我国船舶海工钢板主要生产企业产线及产能现状

企业	产线	投产/改造年限	产线产能/万吨	最大轧制力/t	总产能/万吨
鞍钢	鲅鱼圈 5500	2008	230	10500	600
	鲅鱼圈 3800	2017	160	7500	
	鞍山 4300	2003	120	8000	
	鞍山 2500	2003	90	4000	
宝武	宝钢 5000	2005	180	10000	420
	湛江 4200	2016	120	9600	
	鄂钢 4300	2009	120	9000	
沙钢	5000 一线	2006	120	10000	440
	5000 二线	2006	120	10000	
	3500	2016	200	7000	
湘钢	5000	2010	200	10000	450
	3800 一线	2005	150	7500	
	3800 二线	2008	100	7500	
舞钢	4200	1978	120	4200	280
	4100	2007	160	8600	
首钢	4300	2019	180	9000	240
	3500	2019	60	7000	
南钢	5000	2013	160	12000	480
	3500 炉卷	2004	140	8000	
	2800	2007	180	5000	
兴澄特钢	4300	2010	165	9000	285
	3500 炉卷	2009	120	8000	
五矿营口	5000	2010	230	12000	460
	3800	2019	150	7500	
	2800	2003	80	4000	
新余钢铁	3800	2004	120	7500	240
	3000	2008	120	6000	
莱钢	4300	2009	140	9000	140

表 24-7　主要钢铁企业 2019 年造船板生产情况　　　（单位：万吨）

企业	造船板	增长率	高强板	增长率
湘钢	190.89	2.9	126.93	−1.8
鞍钢	134.00	−1.2	88.6	−3.7
营口中板	110.10	12.78	74.8	16.5
南钢	106.02	12.84	69.6	24.5
新余	85.04	21.8	27.18	−16

企业	造船板	增长率	高强板	增长率
沙钢	76. 30	−13. 7	19. 89	−28
宝钢	34. 79	30. 6	25. 58	31
兴澄特钢	31. 02	152	29. 95	153
莱钢	19. 05	−8. 6	16. 87	
首钢	10. 59		8. 79	
合计	797. 8		488. 19	

近几年，我国骨干钢铁企业在船舶和海洋用钢新材料的研发与应用上不断取得突破。鞍山钢铁自主研发的最大厚度 90mm 超大型集装箱船用止裂钢厚板，为上海外高桥造船有限公司 2 艘 2 万标箱超大型集装箱建造实现了整船供货，成功打破技术壁垒替代进口；研发生产出的最大厚度为 80mm 的 TMCP（热机械控制工艺）FH420、FH460、FH550 等级别超高强海工用钢产品，为烟台来福士海洋工程有限公司建造的全球最深半潜式钻井平台"蓝鲸一号"供货。宝钢股份研发的高强度钢板 BPM690E，成功应用于上海振华重工建造的国内起重能力最大的风电安装平台关键设备，成为国内首次在海工领域关键设备采用企标产品取代国际通用标准产品；宝钢股份成为国内首家批量供超大型液化气船（VLGC）低温钢板的企业；沙钢交付了上海外高桥造船有限公司 FPSO 首个大线能量焊接船板 EH36-W200 订单；湘钢开发出大线能量焊接高强度船板，焊接热输入量达到 300kJ/mm，在上海外高桥造船有限公司 FPSO 船上得到应用。另外，在 LNG 储罐用 9%Ni 钢、油船用耐蚀钢、大线能量焊接用钢板、大厚度（152mm）自升式平台桩腿用齿条板等一些高端产品的开发上均有突破，实现国产化生产和供货。

　　B　钛合金

近年来，航空航天、船舶海工、能源和石化等领域的钛需求量稳步回升，导致全球钛工业的产量稳步增长，带动了中国钛产业快速发展。目前中国钛工业具备年产 10 万吨钛材的生产能力。2017~2019 年，我国钛材产量保持了持续增长的态势。2017 年，我国钛材全年产量为 55404t，比 2016 年增长了 5921t，增长率为 11.97%；2018 年，全年我国钛材产量达到 63396t，比 2017 年增长了 7992t，涨幅为 14.42%；2019 年我国钛材生产维持了快速增长的趋势，共生产钛加工材约 71000t，同比增长 12%。总体而言，国内钛产业链上、中游企业多，通用产品产能过剩，高端产品生产企业较少。表 24-8 为 2010~2019 年中国钛材生产情况。

表 24-8　中国钛材生产情况　　　　　　（单位：t）

年份	总量	板	棒	管	锻件	丝	铸件	其他
2010	38323	21056	6386	8767	847	119	513	635
2011	50962	30028	8258	9285	2181	196	501	513
2012	51557	25993	9998	8296	4100	95	690	2385
2013	44453	23371	8901	8024	1987	239	607	1324
2014	49660	27683	9019	9898	1431	482	553	594

续表 24-8

年份	总量	板	棒	管	锻件	丝	铸件	其他
2015	48646	22746	10847	6399	4248	444	1632	2330
2016	49483	26914	11128	6856	2999	234	699	653
2017	55404	30531	9838	8604	4083	720	417	1211
2018	63396	35725	10322	7483	4477	863	708	3818
2019	71000	38320	12800	8400	5500	950	750	4280

在钛产品结构方面，从统计数据可以看出，2019 年钛及钛合金板的产量达到 38320t，约占全年钛材总产量的 54%；棒材的产量达到 12800t，约占全年钛材产量的 18%；管材的产量 8400t，占到全年钛材产量的 11.8%；锻件的产量增长较快，达到 5500t，增长了 22.85%，占到全年钛材产量的 13.4%；铸件和丝材产品的产量同比也有较大幅度增长，分别增长了 10.1%和 5.9%。

从应用领域来看，国内航空航天、海洋工程、医疗和船舶等领域近年来钛合金需求迎来大幅增长，中国钛工业逐渐摆脱过去几年去库存的压力，产业结构已由过去的中低端化工、冶金等行业需求，逐步转向中高端航空航天、船舶海工、医疗和环保等行业发展，钛行业主要生产企业的产品需求方向逐渐清晰。2015~2018 年中国钛材在不同领域应用见表24-9 所示。

表 24-9　中国钛材在不同领域应用　（单位：t）

年份		总量	化工	航空航天	船舶	冶金	电力	医药	制盐	海洋工程	体育休闲	其他
2015		43717	19486	6862	1279	2168	5537	848	1715	541	2031	3214
2106		44156	18553	8519	1296	1604	5590	1834	1175	1512	2090	1983
2017		55130	23948	8986	2452	1393	6692	2125	1342	2145	2772	3275
2018		57441	26049	10293	1482	1298	6163	2349	1740	2252	1982	3826
	占比/%		45.35	17.92	2.58	2.26	10.73	4.09	3.03	3.92	3.45	6.66

目前，我国船舶海洋工程用钛材总体规模还比较小，总消耗量4000t 左右，同美、俄、日等海洋强国相比，存在较大差距。总体上，我国船舶及海洋工程用钛的基础性工作薄弱，钛合金在复杂海洋环境下的抗腐蚀性、疲劳、氢脆、电偶腐蚀及海生物污损等等问题缺少深度研究。钛作为"海洋金属"，我国船舶海洋工程装备制造业的发展将为其提供广阔的应用前景，市场需求巨大，预计到 2025 年钛在我国船舶海洋工程装备制造业的消耗将超过 10000t。

C　铝合金

我国铝加工业历经 60 多年的发展，目前已经是全球最大的铝材生产国、出口国和消费国，已成为国际市场重要的铝材供应基地，形成了生产体系，产品已系列化，品种有 7个合金系，可生产板材、带材、箔材、管材、棒材、型材、线材和锻件等八大类产品，广泛应用于航空航天、交通运输、建筑装饰、包装、能源、电子、化工和船舶、海洋工程装备等部门。

当前，我国铝加工行业的发展呈现出以下主要特点：（1）新项目起点高，技术装备水平高。随着近年来铝加工行业资本的快速流入，熔铸、热处理、轧制、挤压、后处理、精加工装备全面升级，先进连续化生产线和大型装备的数量世界第一，已建成热连轧—冷连轧生产线数量占全球的 50% 以上，已建成的 50MN 以上大型挤压机数量占全球的 60% 以上，建成了全世界吨位最大的 800MN 超大型模锻机组和 120MN 厚板预拉伸机组等。（2）产业链一体化程度不断提高。电解铝企业开始延伸涉足铝加工产业，电解铝液直供生产铝锭的比例不断加大，节能降本成效显著。此外，铝加工企业也逐步向产品深加工发展，轨道交通铝合金车体大部件、铝合金半挂车、城市桥梁、游艇等技术集成度和附加值高的铝深加工产品不断涌现。（3）产业集群化、规模化和专业化特色明显。铝加工企业正在完成优胜劣汰的过程，规模小、设备落后、产品质量低劣的小型企业逐步被淘汰，大型铝加工企业正在不断扩大规模，向建成具有国际一流水平的现代化大型综合性铝加工企业发展，形成了中铝西南铝、中铝东北轻、忠旺铝业、南山铝业、丛林铝业、南南铝业、山东兖矿、亚洲铝业等一批规模大、实力强、有影响力的铝加工企业。同时，在骨干企业带动和地方政府推动下形成了一批特色产业集群和铝加工基地，如东北地区的航空及轨道交通用铝材及深加工基地、广东佛山的建筑铝型材及深加工基地、长三角高精铝板带和双零铝箔生产基地、山东龙口和滨州铝液短流程系列深加工基地等。（4）研究开发能力提升、产品结构逐步优化。铝加工产品结构正在经历调整，铝加工企业不断将工作重心转移到中高端铝材，开发高技术含量产品并逐步替代进口，实现铝加工行业转型升级。

近年来，我国铝合金新材料产业在国家需求牵引、装备建设和科技创新协同推动下，相继突破了一大批关键技术，实现了一批重要产品的大批量生产和应用。在高性能铝板带方面，"十二五"期间，国内铝加工大型企业通过配置完善先进熔铸机组、宽幅规格厚板轧制机组、大吨位预拉伸机、高精三级时效热处理炉等主体装备，突破了高强高韧铝合金成分优化与精确控制、大规格扁锭铸造成型与冶金质量控制、超宽超厚板强变形轧制与板形控制、强韧化热处理以及残余应力消减等关键技术，为高性能铝合金宽厚板产品开发与规模化生产奠定了基础。大规格复杂截面铝合金型材为代表的高端工业型材产业也发展迅猛，"十一五"以来，辽宁忠旺集团、山东兖矿集团、南山铝业公司等铝加工企业先后建成了 125MN、150MN、160MN、225MN 等数十台系列吨位的万吨级重型铝挤压机，数量居全球之最，使我国铝合金大型（重型）挤压机生产线装备条件达到了国际领先水平。

D 防腐防污涂料

防腐涂料是船舶和海洋结构腐蚀控制的首要手段，海洋防腐防污涂料的用量大，每万吨船舶需要使用 4 万~5 万升涂料。涂料及其施工的成本在造船中占 10%~15%，如果不能有效防护，整个船舶的寿命至少缩短一半，代价巨大。虽然我国在 2012 年已成为世界第一，但涂料生产厂家上万家，产量在 500t 以上的涂料企业不足 10%，集成度较差。目前，世界主要防腐防污材料企业已经全部进入中国市场，在技术要求较高的集装箱船及船舶涂料领域，外资和合资企业的产品占据了我国 80% 以上的市场份额，在海洋工程行业，其市场占有率更高达 95% 以上，例如在海上钻井平台和海洋设施所用的重防腐涂料 100% 被 Jotun（佐敦）、Hempel（赫普）、PPG 和日本关西等公司占据。从此次国内船厂调研的情况来看，船舶涂料大都用的是国外品牌，民船则全部都是国外品牌。

24.1.3.2　主要生产企业

A　钢铁行业

a　钢板生产企业

我国船板钢的主要生产企业包括：鞍钢、湘钢、营口中板、南钢、新钢、宝钢、沙钢、兴澄特钢、舞钢、首钢、莱钢等 10 余家钢铁公司。

（1）鞍钢：鞍钢被誉为"新中国钢铁工业的摇篮"，拥有悠久的历史和深厚的技术积淀，是我国船舶及海洋工程用钢的重要生产基地。鞍钢拥有 4 条轧机宽度 2500mm、3800mm、4300mm、5500mm 的中厚板产线，其中鞍钢鲅鱼圈 5500mm 宽厚板是国内唯一一条宽度超过 5 米的轧机，全产线配备先进的装备条件。与中厚板产线相配套的还有 8~60t 模铸、330~800mm 板坯电渣重熔和真空电子封焊（复合坯制备）生产线，具备生产特厚板、双金属复合板等特殊及高端产品的生产装备条件。鞍钢拥有在船舶及海洋工程用材领域国内唯一的国家重点实验室：海洋装备用金属材料及其应用国家重点实验室，为企业在该领域的新产品研发提供基础。自 20 世纪 90 年代以来，鞍钢的船板产量一直稳居国内前列，品种规格齐全，在舰船用钢以及大线能量焊接船板、油船耐蚀钢、集装箱船用止裂板等高端船舶及海工用钢方面处于国内领先水平。鞍钢是国内首家船级社所有强度和韧性等级船板均覆盖的企业，民用船板的最高认证级别达到 FH690，最大厚度 100mm。鞍钢也是国内首家供应大连船厂大型集装箱船用止裂板 YP47（EH47）的企业，最大厚度达到 90mm，供货量达到 2 万余吨，市场份额 70% 以上。鞍钢的油船用耐蚀钢已成功用于示范工程"大庆 435"号试验油船的建造，是国内油船用耐蚀钢唯一获得示范应用的生产企业。鞍钢也是国内 LNG 船储罐用 9% Ni、5% Ni 钢的主要供应企业之一，累计供货量 1 万余吨。

（2）湘钢：湘钢是目前我国产量最大的船板钢生产企业，2019 年产量约 190 万吨，是新兴宽厚板生产企业的典型代表之一，依靠一系列先进的冶金装备和超前的品种开发意识，推动企业产品快步提升竞争力。目前湘钢拥有 3 条宽厚板生产线，包括 2 条 3800mm、1 条 5000mm 宽厚板生产线，同时配备了大钢锭模铸生产装备，具备特厚板生产条件。为了强化船舶海工用钢品种技术开发，湘钢技术中心建设了国家认可实验室（CNAS 认证），拥有炼钢、轧钢、热处理等工艺实验室、完善的理化性能检测分析、热模拟试验机、专业的焊接评价实验室等手段，并加强了与科研院所、高校的技术合作。软硬件条件的建设为湘钢在船舶海洋工程用钢品种开发和技术进步提供了保障，相继开发出含 Nb 系列海洋平台用钢、超高强度钢 API 2Y Gr. 60、超高强度 EH690 钢、集装箱船用止裂板、大厚度齿条板等品种，批量应用于海洋钻井平台、生产平台及相关装备结构的制造，成为中海油、中国船舶、中集来福士等国内主要船舶海洋工程装备制造企业的供应商。

（3）宝钢：宝钢拥有 5000mm（上海本部）和 4200mm（湛江）两条宽厚板产线。5000mm 产线拥有我国引进的第一条 5000mm 宽厚板轧机，2005 年投产，2008 年二期扩建，之后又不断进行技术更新和改造。湛江 4200mm 产线布局华南地区，填补了该区域 4000mm 以上宽厚板轧机的空白。产线由 2008 年投产的原宝钢罗泾厂区搬迁而来，经过一定的技术和条件改造，具备较强的装备能力。宝钢股份拥有模铸锭，具备生产 100~180mm 特厚板的装备条件。宝钢股份 2019 年生产造船板 34.79 万吨，其中宝钢本部 5000

产线生产 31.74 万吨，湛江 4200 产线生产 3.05 万吨；高强船板 25.58 万吨，宝钢本部 5000 产线和湛江 4200 产线分别生产 22.7 万吨和 2.88 万吨，高强板占造船板 70% 以上。宝钢依赖强大的技术力量和生产装备优势，在船舶及海工用钢新产品开发和应用上取得了系列成果。宝钢成为国内首批完成集装箱船用止裂厚板的认证企业之一，并实现向外高桥船厂供应 50~90mm 止裂板数千吨；在特厚板方面，完成了 178mm 齿条钢特厚板的认证；在 100~240kJ/cm 大线能量焊接用钢方面，宝钢也取得了一定的应用业绩。

（4）南钢：南钢拥有 3 条中厚板生产线，包括 5000mm 轧机生产线、3500mm 炉卷轧机生产线、2800mm 中板生产线，轧机宽度配置和产线布局合理。南钢 5000mm 轧机在轧制力、在线冷却、矫直和探伤等全流程设备配置精良。3500mm 炉卷轧机、2800mm 中板线装备经改进提升后装备技术水平显著提高，典型船板的极限规格分别达到 80mm 和 50mm。南钢宽薄板的生产独具特色，可生产厚度 4~5mm、宽度 3m 以上的超宽薄板。南钢还配备了复合坯制备生产线，具备双金属复合板生产条件。近几年南钢的造船板产量显著上升，由 2017 年的 63 万吨，2018 年增长至 93.9 万吨，至 2019 年突破百万吨（106 万吨）。其中 2019 年高强板 69.6 万吨，占比超过 2/3。在新产品开发与应用方面成绩突出：南钢是 LNG、LPG 船储罐用 9%Ni 钢、5%Ni 钢的最大供应商，已累计供货接近 3 万吨；南钢通过了 90mm 集装箱船用止裂板的认证，实现了实船供货；240kJ/cm 大线能量焊接用船板取得数千吨供货业绩。南钢是作为民营企业的代表，具有极强的用户服务意识，高素质的服务队伍和全流程的服务理念为南钢产品赢得了用户口碑。

（5）舞钢：舞钢是我国传统的宽厚板生产基地，1978 年舞钢建设投产了国内首套 4200mm 宽厚板轧机生产线，2007 年又投产了 4100mm 宽厚板轧机生产线。数十年的宽厚板生产经验建立了舞钢在船舶海工用钢领域高端品种生产的技术优势地位。因生产成本和价格方面的因素，舞钢基本不生产传统定义普通船体结构钢，主要以生产高附加值的海洋工程用钢为主，目前仍是我国几大主流海工制造企业的主要供应商之一，每年各类海工结构板供货量十万余吨。舞钢拥有国内首台套板坯电渣重熔装置，在生产特厚板方面具有较丰富的经验，是自升式平台用齿条板国产化的首家供应商，累计供货万余吨。

b 型钢生产企业

国内船用型钢品种有球扁钢、角钢、H 型钢等，以球扁钢为主，主要生产企业有鞍钢、南钢金鑫、常熟龙腾、马钢、莱钢等。

鞍钢拥有大型和中型球扁钢横列式生产线各一条，其中大型线配备三机架 800mm 横列式轧机，中型线配备三机架 580+350mm 横列式轧机，可生产 5~43 号各类船用球扁钢，产能 10 万~15 万吨。鞍钢船用球扁钢已通过 CCS、ABS、DNV-GL、LR、BV、NK、KS、RINA、RS 等 9 家船级社的认证。鞍钢是具备常化、回火和感应线圈加热和淬火热处理条件，除了民用产品 D36 级别以下的球扁钢，主要生产 355MPa、440MPa、590MPa 和 690MPa 级高强度超高强球扁钢。

南钢集团宿迁金鑫轧钢有限公司是南钢集团下属的一家专业生产各类船用型钢的企业，拥有两条中型和一条小型生产线，其中两条横列式生产线为 850~750~650×3 五机架轧机列和 550~500~450×2 四机架轧机列，小型连轧生产线为 400 粗轧+320 五机架连轧。企业设计产能 40 万吨，可生产各类船用球扁钢和船用不等边角钢、L 型钢等。其中，船用球扁钢已通过 CCS、ABS、DNV-GL、LR、BV、NK、KS、RINA、IRS、RS 等多家船级社的认证，满足我国船体结构钢的主要需求。

常熟龙腾特钢是一家拥有专业生产船用型钢生产线的民营企业，其轧钢分公司生产各类船用型钢、工程机械用履带型钢、工业用槽钢、电力角钢及特殊型钢，拥有型钢生产线4 条（球扁钢生产线 3 条），其中三机架 850 横列式生产线 1 条、三机架 580 横列式生产线2 条。常熟龙腾特钢的型钢产能达到 50 万吨以上，其中民船用球扁钢的国内市场占有率达到 60% 以上，船用球扁钢产品已经通过了 CCS、ABS、DNV-GL、LR、BV、NK、KS、RINA、RS 等 9 家船级社认证，可以满足我国船体结构钢的主要需求。

马鞍山钢铁股份有限公司（以下简称马钢）：1998 年引进生产技术和设备，建成我国第一条热轧 H 型钢生产线，拥有国内最大的大型热轧 H 型钢生产线及唯一的薄壁轻型 H型钢中小型热轧 H 型钢生产线，可为钢结构领域提供品种规格较为齐全的 H 型钢产品。马钢是我国 H 型钢产品生产应用的开拓者，建立了我国 H 型钢产品从无到有的产品标准体系，主持了 YB/T4274《海洋石油平台用热轧 H 型钢》、GB/T 11263—2010《热轧 H 型钢和剖分 T 型钢》等国家和行业标准的制修订。在船用 H 型钢开发方面，马钢开发SM490YB、SM400C 系列海洋石油平台用 H 型钢，先后用于文昌 13-1/2、蓬莱 19-3、东方1-1 等 10 余个海洋石油平台建造项目，实现了海洋石油平台用 H 型钢的国产化，近期开发的 -40~-60℃ 低温 H 型钢品种成功用于俄罗斯北极圈内亚马尔天然气工程项目建设。

c　焊接材料生产企业

我国主要的焊材生产厂家有大西洋、大桥、金桥、京群、铁锚、金威、七二五所等企业，其中民用船舶的生产企业主要有大西洋、京群、大桥和金桥，铁锚也供应一定的海工用钢配套焊材，金威主要供应不锈钢、镍基合金等材料的特种焊材。主要生产企业情况如下：

（1）大西洋焊材：四川大西洋焊接材料股份有限公司创建于 1949 年，是国内最早的专业化焊接材料生产企业之一，产品有焊条、焊丝、焊剂 3 大类。大西洋焊材是我国造船及海工行业的国内主要供应商之一，主要产品是船体结构用钢和平台用钢埋弧焊丝产品，市场份额在国内居前列。其中，国产化的品种包括蓬莱巨涛生产的导管架平台结构用高强钢 EH36 埋弧焊丝、上海外高桥生产的 15 万吨级 FPSO 用 DH420 超高强钢埋弧焊丝等。大西洋焊材在高端特种焊材方面也开展了相关技术研究工作，例如 LNG 储罐用高锰低温钢配套焊材的研制工作。

（2）京群焊材：昆山京群焊材科技有限公司是一家专业生产焊接材料的台资企业，其前身为"天泰焊材"。企业拥有 3 条焊条生产线、14 条碳钢药芯焊丝生产线、3 条不锈钢药芯焊丝生产线、多条 TIG、MIG 等焊材产线和配药系统。京群焊材是我国造船及海工行业药芯焊丝的国内主要供应商之一，主要产品是船体结构用钢和导管架结构用钢的药芯焊丝产品。京群焊材在高强钢、低温钢、不锈钢等多个高端海工用钢品种开展了技术研发和焊材生产，取得了一定的应用实绩，Q460E 低温钢、Q690E 高强钢、化学品船双相不锈钢2205 钢等产品焊材。

（3）金桥焊材：天津金桥焊材是目前全球最大的综合性焊材制造企业，2019 年集团产销量突破 158 万吨，销量约占国内焊材市场的 1/3、全球焊材市场的 1/6，居世界首位。可生产焊条、实心焊丝、氩弧焊丝、药芯焊丝（包括自保护药芯焊丝）、埋弧焊丝焊剂、焊带等 7 大类，400 多个品种的焊接材料。其中焊条 80 万吨，药芯焊丝 7 万~8 万吨。在船舶及海工用钢领域，金桥焊材的供应主要集中在中低端低氢焊条、药芯焊丝和气保焊丝。企业也在工信部强基工程项目的支持下，投入技术力量开展 690MPa 级超高强钢焊条与埋弧焊丝的研制与试用工作。

B　钛合金主要生产企业

（1）宝钛：宝钛集团有限公司（简称宝钛）是我国钛及钛合金最主要的生产科研基地，拥有钛材、锆材、装备设计制造、特种金属等四大产业板块，形成了从海绵钛矿石采矿到冶炼、加工及深加工、设备制造的完整钛产业链。宝钛拥有中国钛工业第一家上市企业宝钛股份及我国特材非标装备制造第一股的南京宝色两家上市公司在内的 9 个控股子公司、4 个参股公司、5 个全资子公司、10 多个二级生产经营单位。拥有先进的生产装备和大型材料检测中心，企业技术中心被国家有关部委联合认定为"国家级企业技术中心"，是中国钛及钛合金国标、国军标、行标的主要制定者，技术力量十分雄厚，产品技术标准已达国际先进水平。"宝钛"牌钛及钛合金加工材荣获中国名牌产品称号，是中国钛行业唯一入选品牌，荣膺中国知名品牌 500 强。"宝钛"牌钛及钛合金加工材在国际市场上也已成为"中国钛"的代名词。

（2）西部材料：西部金属材料股份有限公司（简称"西部材料"）是以西北有色金属研究院为主发起人设立的高新技术企业，于 2007 年 8 月 10 日在深圳证券交易所挂牌上市，是陕西省首个由科研院所改制成立的高科技上市公司。"西部材料"下辖 7 个控股子公司和 1 个研发中心，具有较强科技实力和产业转化能力。公司作为新材料行业的领军企业，主要从事稀有金属材料的研发、生产和销售，经过多年的研发积累和市场开拓，已发展成为规模较大、品种齐全的稀有金属材料深加工生产基地，拥有钛及钛合金加工材、层状金属复合材料、稀贵金属材料、金属纤维及制品、稀有金属装备、钨钼材料及制品、钛材高端日用消费品七大业务板块，产品主要应用于军工、核电、环保、海洋工程、石化、电力等国民经济重要领域和众多国家大型项目。

（3）攀钢钒钛：攀钢集团有限公司（简称攀钢）是依托攀西地区丰富的钒钛磁铁矿资源，依靠自主创新建设发展起来的特大型钒钛钢铁企业集团。攀钢在钒钛磁铁矿资源综合利用方面已处于世界领先水平，目前是我国最大的钛原料和产业链最为完整的钛加工企业，所属企业主要分布在四川省攀枝花市、凉山州、成都市、绵阳市、重庆市及广西北海市等地。钛产业品种包括钛精矿、钛白粉、高钛渣、海绵钛、钛材等系列产品。

（4）金天集团：拥有 4 家控股子公司，包括湖南金天钛业科技有限公司、湖南湘投金天钛金属有限公司、湖南湘投金天新材料有限公司、湖南金天铝业高科技有限公司，建设了从海绵钛、钛锭、钛带卷到钛焊管的万吨级全产业链钛管生产基地。湘投金天集团以国家战略与市场需求为导向，以"产投结合，做强产业，战略持股，做大市场"方针为指导，通过创新驱动、资源整合、重点突破，加速推进产业链的战略投资和合作，完善"钛矿—海绵钛—钛铸锭—钛加工材—钛合金材—钛精深加工产品"的钛产业链和高端微细球形铝粉产业平台。

C　铝合金主要生产企业

（1）中国铝业股份有限公司：中国铝业股份有限公司（以下简称中国铝业）是中国铝行业的龙头国有企业，全球第一大氧化铝和精细氧化铝生产商与供应商，第二大电解铝生产商。公司主营业务包括：铝土矿资源勘探和开采；氧化铝、原铝、铝合金产品的生产和销售以及相关领域的技术开发、技术服务等。

（2）山东南山铝业股份有限公司：山东南山铝业股份有限公司（以下简称南山铝业）是全球唯一同地区拥有热电、氧化铝、电解铝、熔铸、铝型材/热轧—冷轧—箔轧/锻压的完整铝加工最短距离产业链，终端产品广泛应用于航空、汽车、轨道交通、船舶、电力、集装箱等若干领域，目前已成为中国中车、中国商飞、美国波音、英国罗罗、法国赛峰和宝马、通用等众多世界一流企业供应商。

（3）南南铝业股份有限公司：南南铝业股份有限公司（以下简称南南铝业）源自1958 年成立的广西第一家铝工业企业——广西南宁铝厂，2001 年变更为南南铝业有限公司，2006 年变更为南南铝业股份有限公司。公司是一家以铝加工及铝精深加工为主的企业，主要从事铝板带箔型材及其精深加工制品的研发设计、生产和销售。公司已形成了以铝板、带、箔、型材为基础，全面发展高科技、节能环保铝精深加工产品的企业发展战略。企业目前具有年产 8 万吨铝板、带、箔、型材及其精深加工产品的能力。

（4）中国忠旺集团公司：中国忠旺集团内公司（以下简称忠旺）凭借世界先进的工业铝挤压产品以及高端铝压延产品，在船舶制造领域占据着一席之地。目前的产品主要用于船体地板、带筋板、甲板上层建筑、冲锋舟护舷、快艇及游艇驾驶区风挡框架和上层结构、海上石油钻井平台生活区及部分结构、游艇码头主体结构等。其子公司 SilverYachts 最新完成的超级游艇 BOLD，是目前全球最大的铝合金超级游艇，船身全长 85.3m，最远航行里程达 4450 海里。

D　复合材料主要生产企业

（1）巨石集团有限公司（以下简称巨石）：是中国建材股份有限公司玻璃纤维业务的核心企业，以玻璃纤维及制品的生产与销售为主营业务。已建成玻璃纤维大型池窑拉丝生产线 10 多条，玻纤纱年产能超过 140 万吨公司玻纤产品品种广泛、品类齐全，有 100 多个大类近 1000 个规格品种，主要包括无碱玻璃纤维无捻粗纱、短切原丝、短切毡、方格布、电子布等玻纤产品。公司拥有大型无碱池窑、环保池窑的设计和建造技术，研发了国际首创的纯氧燃烧技术并进行了工业化应用。

（2）泰山玻璃纤维有限公司（以下简称泰山纤）：是中材科技股份有限公司的全资子公司。1997 年建成当时国内首条万吨无碱玻纤池窑拉丝生产线，目前玻纤制品总产能突破90 万吨/年，为全球五大、中国三大玻璃纤维制造企业之一。泰山玻纤在无碱玻纤大型池窑设计、窑炉纯氧燃烧技术、专用漏板设计等方面拥有国际先进的自主核心技术，公司拥有国家认定企业技术中心、省级重点实验室、博士后科研工作站等研发机构。目前玻纤制品生产能力已超过 60 万吨/年，2015 年被国家工信部列为玻璃纤维智能制造示范工厂。

24.1.3.3　主要研发单位

（1）钢铁研究总院：是我国冶金行业工艺和材料技术方面综合性权威研发机构，长期从事舰船用钢以及海洋工程用钢研究开发工作，是我国舰船及海工用钢研发基地，拥有"国家钢铁材料分析测试中心"等专业机构，是国家"海洋工程用钢产业技术创新战略联盟"秘书长单位。参与了新中国成立以来几乎所有船舶、海工装备结构材料国家重点科研项目的研制开发工作。在船舶海工用钢研究与应用方面也取得了突出业绩，如：开发的大型油轮用耐蚀钢打破了 IMO 强制标准和日本专利产品的技术垄断，实现了国产示范油轮建造；国内率先突破了 100kJ/cm 以上可大线能量焊接船板钢的开发、认证和工程应用；实现了镍系低温钢的国产化研发和万吨级应用等。长期的研究开发工作基础为钢铁研究总院在船舶海洋工程用钢领域积累了丰富经验，培养了一支优秀的人才队伍，建立了完善的研究试验条件，具备技术优势地位。

（2）七二五所：中国船舶集团有限公司第七二五研究所是我国专业从事船舶材料与工艺及应用性研究的科研单位。作为我国船舶材料的应用研究基地，在结构钢、特种功能材料、非金属材料和制品、海洋腐蚀与防护、钛合金材料和制品、船舶涂料、装备制造工艺、纳米材料、金属复合材料等方面成果众多。主要从事结构钢焊接、冷热加工、断裂、腐蚀等应用性能研究工作，通过大量的研究工作制定舰船钢的焊接加工原则工艺以及焊接原则工艺；在钛合金领域，主要研究领域为新型钛合金材料、钛合金焊接技术、钛合金铸造技术、钛合金近净成型技术、钛合金锻造及热处理技术、钛合金冷成型及加工技术、钛合金无损检测技术等，从事钛合金专业的科研及生产已有 40 多年的历史，建立了我国船用钛合金体系，具有国内一流的钛合金材料及其工艺研究能力，拥有自主知识产权的特种船用钛合金设备制造工艺和钛合金精铸技术，产品达到国际先进水平。钛及钛合金焊接和钛合金铸件工艺技术水平处国内领先地位，并建成了舰船钛合金设备制造基地。

（3）北京科技大学：北京科技大学是冶金行业国家首批"211""985"等重点高校，建立了"钢铁共性技术协同创新中心""国家材料服役安全科学中心"等机构，在材料科学与工程的领域研究方面处于国内领先地位。学校现有 1 个国家科学中心，1 个"2011 计划"协同创新中心，2 个国家重点实验室，2 个国家工程（技术）研究中心，2 个国家科技基础条件平台，2 个国家级国际科技合作基地，50 个省部级重点实验室、工程研究中心、国际合作基地、创新引智基地等。"十一五"到"十二五"期间，承担了船舶与海工领域"863""973"、科技支撑计划项目累计 10 余项，包括"690MPa 级海洋平台用超高强焊接结构钢的应用技术研究""高性能膨胀套管产业化技术开发""多重动态海洋环境因素作用下材料腐蚀损伤的机理与规律"等。

（4）中船十一所：中国船舶工业集团公司第十一研究所（以下简称十一所）是中国船舶行业以船舶建造工业现代化为目标的大型民用船舶和海洋工程建造工艺的综合性研究机构，也是我国造船企业建立造船模式的重要策划和组织单位，船舶行业首个数字化造船国家工程实验室的技术依托单位。中国船舶工业应用软件开发中心、无损检测中心、非金属材料技术检测中心、船舶工业高效焊接技术指导组、高效涂装工作指导组、"中国船舶工业集团公司应对 IMO 标准工作推进小组办公室"等机构也设在十一所。近年来，十一所多次牵头组织行业内研究院所和船厂开展了造船先进制造技术重大项目的研究，包括"现代造船模式的应用研究""敏捷造船关键共性技术研究""先进涂装技术推广应用""船用耐蚀钢应用技术研究""绿色涂装生产工艺优化研究"等，在船舶焊接装备及工艺方面取得了一系列研究成果。

（5）哈焊所：哈尔滨焊接研究所是原机械工业部从事焊接技术研究的综合科研机构，研究与开发的方向包括金属材料焊接性和产品焊接、焊接行为物理及计算机模拟、焊接材料及制备技术、先进焊接工艺和焊接自动化装备等。主要产品包括耐热钢系列焊接材料、镍及镍合金用焊接材料、轧辊制造修复用耐磨堆焊材料、钎料等。2015 年，哈焊所与烟台中集来福士联合成立海工装备焊接工程实验室，加强双方在海洋工程钢结构焊接技术及新工艺应用、焊接自动化装备、高效优质焊接新材料、激光焊接与切割、焊接结构安全及评定、无损检验及自动化生产线等方面的合作。近期，哈焊所与烟台中集来福士、无锡华联等单位组成研发团队，成功研发出国内首条激光复合焊接线，该焊接线的建成有助于解决我国在豪华邮轮建造过程中的焊接变形控制难题。

（6）西北有色金属研究院：西北有色金属研究院是我国重要的稀有金属材料研究基地和行业技术开发中心、稀有金属材料加工国家工程研究中心、金属多孔材料国家重点实验室、超导材料制备国家工程实验室、中国有色金属工业西北质量监督检验中心、层状金属复合材料国家地方联合工程研究中心等的依托单位，地处西安、宝鸡两地五区。钛合金研究所是西北有色金属研究院（集团）所属的主要科研单位之一，专业从事钛及钛合金的研究与开发40余年，研制出近60种钛合金，其中独立创新研制的合金近30种，形成了高温、低温、高强、高韧、损伤容限、耐蚀、船用、低成本等钛合金系列。钛合金研究所拥有国内专业性最强、人数最多的钛的专业化研究队伍，拥有院士、专家、留学归国人员等高技术人才，已形成了老中青相结合的人才梯队。

（7）海洋化工研究院有限公司：前身为化工部青岛海洋涂料研究所，现隶属于中国昊华化工集团股份有限公司。承担了国家攻关项目"内舱无毒长效防腐涂料及工程化研究""环保厚膜重防腐涂料""弦间重防腐涂料""高性能绿色环保型船舶涂料关键技术与应用研究"等研究工作，研发了成熟的货架产品高固体份/无溶剂环氧涂料和纳米复合涂料，用于钢结构的防腐和特殊要求的场所，积累了丰富的液舱用重防腐涂料研制经验，如研制EP516压载舱用无溶剂环氧长效防腐涂料在船舶得到了良好的应用。

（8）中海油常州涂料化工研究院有限公司：前身为化工部涂料工业研究所，现隶属于中国海洋石油总公司。公司已从最初的专业从事涂料和颜料开发科研单位转变成为集科研开发、行业服务、产品制造与销售于一体的综合性科技型企业。拥有国家涂料工程技术研究中心、国家涂料质量监督检验中心、全国涂料和颜料标准化技术委员会、全国涂料行业生产力促进中心、全国涂料工业信息中心、全国无机颜料信息总站、中国化工学会涂料涂装专业委员会、国家化工行业生产力促进中心钛白分中心、中国聚氨酯工业协会涂料专业委员会等。编辑出版极具影响力的《涂料工业》《涂料技术与文摘》等6种刊物，建立有运行良好、点击率高的"COATCHINA"和"ASIACOAT"专业网站，为涂料行业提供信息、展览、会议、标准、质检、培训等多方面的咨询和服务，产品以"阿沃德"为主品牌，在行业内具有很高的影响力和美誉度。

24.1.4　国内外市场竞争分析

24.1.4.1　市场规模及产业布局

我国船舶海洋工程装备材料经过多年不懈的努力，从引进、仿制到自主创新，经历了从无到有、从弱到强，目前已经建立了我国独立自主的船舶海洋工程装备材料，船舶海洋工程装备的主体结构材料基本实现国产化，满足了我国船舶海洋工程装备发展需求，材料工业的进步为我国船舶海洋工程装备制造业的发展提供了保障、做出了重大贡献。具体来说，在船舶及海洋工程用钢领域，国产船舶及海洋工程用钢板已经被大量采用，占船舶及海洋平台用钢数量95%以上的产品已经实现国产化；在复合材料、钛合金、防腐防污材料等领域的研发、生产、使用等方面也获得了很大的进步，如：钛合金已用于载人深潜器、声纳导流罩、船舶管道、阀、泵等；复合材料已用于船舶螺旋桨、推进轴、上层建筑等；高寿命防腐防污新材料品种在船舶关键部位获得实际应用。几种主体船舶海洋工程装备材料的产业化情况如下：

A　船舶海洋工程用钢

钢铁是装备制造业发展最重要的基础原材料。进入21世纪，随着国民经济的快速增长，我国钢铁工业也步入了飞速发展的新时期。过去20年，中国钢铁粗钢产量增长了8倍，从2000年的1.2亿吨增长到2019年的9.96亿吨，中国钢铁产量在世界钢铁总量的比例从2000年的不足15%到2019年达到全球钢铁总量的53%以上。中国钢铁工业的进步不仅仅体现在产量上的飞跃，随着生产工艺装备技术的进步，我国钢铁工业品种结构不断优化升级，钢铁产品结构调整取得显著成效。过去，我国钢铁产品中占统治地位的是碳素钢品种，比重高达90%，而高性能的低合金钢和合金钢比例仅在10%左右。现在，我国钢铁产品中高附加值的低合金钢、合金钢比重超过了51%，而碳素钢的比重降到了50%以下。钢铁品种结构的优化升级为国民经济发展和国防军工装备建设奠定了坚实的物质基础，也为我国制造业转型升级提供了物质保障。

船舶海洋工程用钢作为专用钢铁品种一直受到钢铁企业的高度重视。为了满足造船行业的发展需求，相关钢铁企业在生产装备条件建设、品种开发、产品质量改进提高等方面进行了大量投入，为造船用钢的生产供应提供了保障。船舶海工用钢占我国钢铁总产量的比例不算太高，高峰时约占3%，目前不足2%。但造船用钢数量大、品种规格多、质量等级要求高，对生产工艺装备及技术水平有很高的要求，特别是针对高技术船舶及海洋工程装备需要的特殊钢铁品种，研究生产的技术难度较大，近年来我国在船舶海工用钢新材料领域开展了大量的研究开发工作，许多关键材料品种技术取得突破并实现了实船应用。

造船用钢以板材为主，约占用钢总量80%，因此，船板钢也是中厚板产品中的最重要专用品种之一。目前国内钢铁企业拥有中厚板产线76条，设计产能为9274万吨/年。从轧机宽度来看，国内中厚板轧机组最窄为2300mm，最宽为5500mm，其中3000mm以下轧机生产线占比39.47%，3000~3800mm占比32.89%，4000~4300mm占比18.42%，5000mm以上的轧机生产线共7条，占比9.21%，均建于2005年以后，产能达到1310万吨，具有轧制压力大、板幅宽、前后工序配套能力强等优势，主要针对船舶海工、容器等中厚板的高端产品，厂家主要以大型国有企业和技术实力较雄厚的企业为主，包括鞍钢、宝钢、沙钢、湘钢和南钢等。我国5000mm以上特宽厚板轧机如表24-10所示。

表24-10　我国5000mm以上特宽厚板轧机

序号	企业名称	轧机尺寸/mm	投产日期	设计产能/万吨
1	宝钢	5000+5000	2005	180
2	沙钢	5000	2006	150
3	鞍钢	5500+5000	2008	250
4	沙钢	5000	2009	140
5	五矿营口中板厂	5000+5000	2009	230

序号	企业名称	轧机尺寸/mm	投产日期	设计产能/万吨
6	湘钢	5000+5000	2010	200
7	南钢	5000	2013	160
合　计				1310

从全国各区域产能产线分布情况来看：华东地区中厚板产线数量占比最大，有 28 条产线投入生产，占比 41.79%，产能合计 3779 万吨，占比 40.75%，主要企业包括宝钢、沙钢、南钢、兴澄特钢、日钢（山钢）、莱钢、新钢等；华北地区有 18 中厚板条产线投入生产，占比 26.87%，产能合计 2475 万吨，占比 26.69%，主要企业包括首钢、唐钢、邯钢、天津钢铁、包钢以及一些民用钢铁企业；中南地区中南区域有 10 条产线投入生产，占比 14.93%，产能合计 1380 万吨，占比 14.88%，主要企业包括鄂钢、舞阳、安阳、河南汉冶、湘钢等；东北地区是传统重工业基地，虽然中厚板轧机产能不是很大，但一直是造船用钢的主要生产基地，现有 7 条产线投入生产，产能合计 1060 万吨，主要企业包括鞍钢、营口中板等。其他几个区域，包括西南区域、西北区域、华南区域等，中厚板生产线数量少，生产能力也较小，占比不足 10%，主要几家企业包括重钢、酒钢、八钢、韶钢、宝钢湛江、柳钢等。

目前，我国中厚板产量呈现逐年增长态势，但增速逐年放缓。2018 年，全国中厚板产量约 6980 万吨，其中除极少数是在热连轧轧机上生产的之外，其余均在中厚板轧机上生产，占全国钢材总量的 6.32%。根据中国钢铁工业协会的统计数据，2018 年全国造船板产量约为 818 万吨，占中厚板总量比例的 11.7%。我国造船用钢主要集中在湘钢、鞍钢、营口中板、沙钢、南钢、新余、宝钢等骨干企业，造船板生产的产业集中度稳步提高。2019 年，全国造船板产量预计为 829 万吨，前 10 家造船板生产企业船板钢的产量达到 798 万吨，占全国总产量的 97%，比 2018 年分别提高 7 个百分点，产业集中度持续提升。其中，湖南华菱湘潭钢铁有限公司、鞍钢集团有限公司、五矿营口中板有限责任公司、南京钢铁股份有限公司的年造船板产量均超过 100 万吨，湘钢的高强度板产量连续 3 年超过 100 万吨。

进出口方面，随着我国中厚板产量的增加及生产技术的完善，中厚板的出口基本以厚钢板及特厚板为主，2018 年中厚板出口数量约 500 万吨，其中，厚钢板及特厚板出口量占出口总量的 99.59%。其实，由于我国造船行业出口船占 90% 左右，造船用钢主要还是通过船舶海工装备出口到国际市场。进口方面，由于国产中厚板产品，包括船舶海工用钢在内，在品种、规格和质量等方面与发达国家产品仍存在差距，加上部分外资及合资企业偏向于采购本国钢材产品，因此每年仍需进口特殊规格、品种的高性能中厚板，2018 年我国中厚板进口数量约 198 万，其中主要以厚钢板和特厚板进口为主，约占中厚板进口总量的 97%。目前，我国船舶海工用钢数量上 95% 以上的产品能够做到国内保障，但在一些批量小、要求高的特殊高端品种上，国产化率尚不足 50%，主要依赖进口，特别是一些深海钻井装备用钢长期被发达国家垄断，受制于人。

B　钛合金

我国拥有丰富的钛资源，目前世界上具有独立钛工业体系的国家有美国、俄罗斯、中国、日本4个国家。全球规模较大的钛材加工企业不到10家，包括美国TIMET和ATI，俄罗斯的VSMPO-AVISMA，中国的宝钛、西北有色院、中船重工七二五所、攀钢等，日本的住友、神户、新日铁、东邦等，占据了全球钛材产量70%以上的市场份额，集中度较高。近年来，在航空航天、海洋工程、医疗和船舶等领域对钛材需求量稳步回升，推动了全球钛金属工业的快速发展。2018年，全球钛加工材产量超过14万吨，其中俄罗斯钛加工材的产量达到3万吨，我国2018年钛加工材产量达到6.34万吨，全球占比40%以上。美国、俄罗斯主要以航空航天工业用钛为主，美国80%的钛材用于航空航天领域，俄罗斯钛材加工总量的50%以上应用于航空领域，俄罗斯VSMPO-AVISMA公司钛材产品应用占比为：发动机制造30%，航空制造20%，船舶制造26%。中国和日本以一般工业和化学用钛为主，日本85%的钛材用于航空之外的领域，包括化工、电力、海水淡化、汽车、建筑、医疗、电子、体育休闲、机械加工等，我国钛材主要用于化工、电力等领域，2018年航空航天方面的应用只占总量的17.9%，体现出我国高端钛材加工能力的不足。

钛材的加工生产涉及钛矿采选、海绵钛生产、钛锭冶炼、钛材深加工等上下游产业链。上游：钛矿资源采选分离与初级冶炼。钛铁矿、金红石矿等原始矿产的选矿，通过物理方法取得品位更高的钛精矿。通过对精矿的再加工提纯，制取高纯度的二氧化钛。通过对二氧化钛的氯化、还原等工艺手段，制取海绵钛。国内主要企业包括双瑞万基、朝阳金达、遵义钛业、攀钢钛业、宝钛华神、朝阳百盛、鞍山海量。中游：海绵钛的熔铸与钛材加工。通过对海绵钛的熔铸加工，制取晶体结构致密的钛锭，生产航空、航天、化工、电力等领域需要的各种钛材及钛合金。国内主要企业包括宝钛股份、西部超导、西部材料、攀长钢、江苏天工、洛阳七二五、北京中北、宝鸡力兴、云南钛业。下游：钛材深加工与应用（钛制品及构件）。利用各种钛合金及钛合金材，加工生产钛零件和设备。国内主要企业包括以各领域装备制造业企业为主。

a　海绵钛

海绵钛是钛金属生产的原材料，目前全球海绵钛处于产能过剩状态。中国、日本和俄罗斯是全球主要的海绵钛出产地，三国海绵钛产量占全球总产量的80%。我国是目前全球最大的海绵钛生产国，产量约占全球的1/3。俄罗斯的Vsmpo-Avisma是最大的海绵钛生产企业，年产能可达4.4万吨，公司约有290多个资质认证，为波音、EADS、巴西航空等来自全球48个国家的300余个公司供应钛。全球具有稳定高纯电子级钛产能3家公司中的两家在日本（3家分别是大阪钛业、东邦钛业和美国Honeywell），美国目前生产的航空航天级海绵钛多属自用。

我国的海绵钛产业整体"大而不强"，高端海绵钛产能比例较小，国产海绵钛多用于对品质要求相对较低的工业用中低端钛材。我国的海绵钛出口价格往往低于进口价格，说明进口海绵钛中高端海绵钛比例高于出口，印证国内高品质海绵钛产能仍然不足。国内90级海绵钛产量占生产总量的40%，95级海绵钛占比更小，为8%~10%；而在日本和俄罗斯，90级海绵钛所占比例是70%，而95级则可达30%~40%。国内海绵钛产量在2012年达到高点后出现回落，从2015年开始又逐渐呈回升趋势。2019年中国海绵钛生产8.6万吨，同比增长了14.7%，连续4年增长。在目前已建海绵钛装置的基础上，预计到2020年末国内还将新建成海绵钛产能8.75万吨，其中全流程装置将新增产能6.75万吨。新增产能大致分为三类：

（1）新进类，如新疆湘晟、攀枝花力兴钛业。新疆湘晟一阶段已正式投产，产能为
1.5 万吨/年，二阶段正在建设调试中，预计 2020 年建成投产，产能达到 1 万吨/年。届时
一期将达到 2.5 万吨/年的生产能力。

（2）盘活资产类，如四川盛丰、龙蟒佰利（云南新立）、金川钛业。四川盛丰公司
2018 年 11 月投产，目前已达产，产品质量较好。2019 年龙佰集团竞购了云南新立，开启
了金属钛产品发展，云南新立正逐步恢复投产，10 月产出复产后的第一炉海绵钛。

（3）扩能类，如双瑞万基、遵义钛业、朝阳金达等。目前双瑞万基产量为 1300 ~
1500t/月，一期 44 台还蒸炉（5t、10t 均有）全部运行，二期 68 台还蒸炉（10t 炉）只开
了大约一半。遵义钛业计划今年将老厂区搬往新厂区合并生产，同时将会启动氯化精制与
镁电解生产。朝阳金达 1 万吨/年优质海绵钛新建设项目于 2019 年 3 月破土动工，计划
2020 年达产，届时具备年产海绵钛 2 万吨的生产能力。

据中国钛协预测，世界钛材需求仍将保持 3% ~ 4% 的年增长率，相应海绵钛则按约
5% 的速度增长。预计未来 5~8 年，国内钛材保持 6% ~ 7% 增长率，年需求量将达到 8~10
万吨，其中高端产品需求增长较大，航空航天、军工、海洋等高端领域需求量达到 3 ~ 4
万吨；相应海绵钛年需求量达到 10 万吨。

b　金属钛材

中国钛工业目前具备年产 10 万吨钛材的能力。由于持续看好未来航空航天、医疗和
船舶海工等高端市场需求，重庆、新疆等多地企业新上钛加工项目，或在原有设备基础上
增加大型钛加工装备，以应对未来的市场需求发展。如 3t 以上真空自耗电弧炉、3000t 以
上挤压机和宽度 1.5m 以上冷热轧设备等，部分企业高端钛加工设备扩张速度加快，仅
2018 年中国钛锭的产能比 2017 年增长了 8.2%，在市场需求拉动下，钛锭的产量也同比增
长了 5.7%。在航空航天、海洋工程、高端化工（石化、环保等）等行业需求拉动下，
2018 年中国钛加工材的产量同比增长了 14.4%，达到 63396t，2019 年中国共生产钛加工
材约 71000t，同比增长 12%，钛行业产量已连续 3 年呈现快速增长的势头。宝钛作为我国
钛行业的龙头企业，2019 年钛材产量达到 17000 吨，约占全国产量的 1/4，国内前 10 家主
要钛材生产企业钛材销量占总量的 78.4%，产业集中度进一步提高。

从进出口来看，2018 年海绵钛的进口量增长了 27.9%（4918t），出口量则减少了
35.4%，这也反映出国内因高端需求增长，对国外高端海绵钛的需求出现爆发式增长。钛
材进出口，2019 年，我国钛材出口约 1.91 万吨，进口钛材约 0.87 万吨，净出口量达到
1.04 万吨；但进口总金额达到 5.15 亿美元，出口总金额仅 3.97 亿美元，净出口金额为 -
1.18 亿美元，主要进口产品包括厚度 <0.8mm 的箔材、板材、带材以及管材等，进口金
额、单价远高于出口，反映出国内在高端领域的钛材生产还难以满足国内需求。

在产业分布方面，海绵钛生产企业主要分布在四川、辽宁、贵州、河南、陕西等地
区，攀钢、遵钛集团、双瑞（洛阳）、宝钛、朝阳百盛、朝阳金达、鞍山海量、锦州金属
等几家骨干企业的产量占到全国的 90.0% 以上。而钛材主要产品产量的地域分布不像海绵
钛生产那么集中，钛材产品产业集中度有逐步分散的迹象：钛及钛合金棒材生产主要集中
在陕西，主要 3 家生产企业的产量占总量的 56.0%；钛及钛合金锭生产也主要集中在陕
西，11 家主要生产企业的产量占中国产量的四成左右（36.6%）；陕西 4 家主要钛板材生
产企业的产量也占到全国 42.0%；钛管的生产主要集中在长三角地区，主要 4 家生产企业

的产量占全年总量的 30.0%。

C　船用铝合金

截至 2018 年，我国铝加工材产能约 5800 万吨，产量约 4000 万吨，分别占全球产能、产量总量的 60% 和 50% 左右，成为世界上举足轻重的铝材生产大国。国内铝加工生产企业遍布全国，并形成了以河南、山东、重庆、广东为代表的区域铝加工集群和较完善的加工体系。

船用铝合金按制造工艺的不同可以分为变形铝合金和铸造铝合金，由于船用铝合金对强度、耐腐蚀性、可焊接性等有特殊的要求，所以船用铝合金多选用 Al-Mg 系合金、Al-Mg-Si 系合金和 Al-Zn-Mg 系合金，其中 5000 系 Al-Mg 合金在船舶上应用较广泛。5000 系船用铝合金主要有 5083、5086、5456 这三个品种。6000 系铝合金在海水中会发生晶间腐蚀，因此主要应用于船舶非接触海水部位，7000 系合金缺点是抗腐蚀性差，在船舶行业使用范围受限。综合来看，5000 系船用铝板是目前应用较为广泛，较有前途的铝合金产品。

5083 铝合金可以看作 5000 系船用铝板的代表产品，状态有 O、H111、H112、H116、H321 等，5083 铝板合金成分为：$Si \leq 0.40\%$，$Cu \leq 0.10\%$，$Mg: 4.0\% \sim 4.9\%$，$Zn \leq 0.25\%$，$Mn: 0.40\% \sim 1.0\%$，$Ti \leq 0.15$，$Cr: 0.05\% \sim 0.25\%$，$Fe \leq 0.40\%$，其余为 Al。5083 铝合金有中等强度，耐腐蚀和成形性良好，抗疲劳度较高，一般用作船体主要结构。其他产品，如 5052、5086、5454、5456 等，也多用在船体结构或者压力容器、管道、船体和甲板等。

一般来说，板材的使用厚度是由船体结构、船舶规格和使用部位等所决定，从船体轻量化角度考虑，一般尽量采用薄板，但还应考虑在使用时间内板材腐蚀的深度，通常使用的板材有 1.6mm 以上的薄板和 30mm 以上的厚板。也有按造船厂合同使用一些特殊规格的板材。为防滑，甲板采用花纹板。

从船用铝板发展来看，目前，国内众多铝加工厂家已经开始重点研发 5000 系、6000 系船用铝板，加大科研力度，扩大生产规模，进军船用铝板等高端制造市场。以全国铝加工龙头企业明泰铝业为例，其 5083、5086、5454 等，铝板 2015 年通过了中国船级社认证，10 月份又通过了挪威船级社认证，取得了外贸出口铝板的许可证。

随着研发创新和生产能力的提升，5000 系船用铝板将会迎来更大的发展机遇，为铝加工转型升级提供广阔的发展空间。

我国在高强度、可焊、耐蚀、优良加工性能的高性能铝合金材料研发、生产与应用等方面与国际先进水平存在一定的差距，对于大型扁宽、薄壁、高精、复杂的多孔空心型材和壁板型材，质量要求高，技术难度大，目前只有日本、德国、瑞士等工业发达国家能大批量生产；此外，对于宽板幅薄板、大厚度铝板受轧机生产规格范围的限制，我国尚不能生产。

D　船用复合材料

复合材料具有重量轻、耐腐蚀、长寿命等优点，在西方发达国家船舶海洋工程制造行业得到广泛应用。与传统的木质和钢质结构的船体相比，复合材料船使用寿命可达 50 年，船体使用复合材料，由于船体重量减轻，能够达到节能的目的，一般认为，复合材料渔船比钢船平均每年节油 10% ~ 15%，并且复合材料耐腐蚀性能优良，可节约维护费 50%。美国、日本、俄罗斯、英国、法国、德国、加拿大、西班牙、瑞典、韩国等国家，已淘汰了木质和钢质中小型渔船，统计显示，西方发达国家纤维增强复合材料（FRP）渔船占渔船总数的 80%~90%，其中，美国近海渔船全为 FRP 制造，每年用于造船的 FRP 量达 20 万吨以上。日本是玻璃钢渔船发展最为迅速的国家，2008 年 FRP 渔船拥有量为 35 万艘，占机动渔船的 90%，到 2010 年，日本玻璃钢渔船占海洋渔船总量的 96.3%。复合材料游艇在国外发展较快，美国平均每 14 人拥有一艘复合材料游艇，欧洲每 100 人拥有一艘复合材料。高速船领域也大量采用超轻结构复合材料制造船体结构。

历经 50 多年的发展，我国复合材料在船舶海洋工程装备制造领域获得了较多应用，我国已建造了 100 多种型号的复合材料舰艇，目前有专业生产厂家 370 多个，约 500 多家复合材料船艇用材料及配套产品生产企业。产品有渔船、游艇、帆船、赛艇、巡逻艇、渔政船、救生艇、缉私快艇、冲锋舟等上百个品种，每年建造上万艘复合材料船只。但我国船用复合材料体系还不完善，离我国船舶海洋工程装备制造领域的市场需求存在较大差距，需要针对海洋环境特殊要求，如耐腐蚀、耐盐雾、耐紫外老化等，加强我国船用复合材料的体系化建设。

E　防腐防污材料

海洋环境防腐涂料因技术含量较高，进入门槛也较高，因此成为涂料工业市场集中度相对较高的一个领域，特别是高端市场几乎被国际大公司所垄断，世界排名前十公司全球市场占有率近 70%。改革开放以来，世界主要防腐涂料公司进入中国，以合资或独资方式在中国建厂，从集装箱、船舶行业逐步扩大到海洋工程桥梁等行业。外国涂料公司凭借其技术品种、管理及服务优势，在我国攻城略地，已完成了在中国生产和战略布局，形成了对我国海洋环境重防腐涂料市场的垄断。在船舶行业，外资及合资涂料生产厂家在我国重防腐涂料市场占有率达到 80%；在海洋工程行业，其市场占有率更高达 95%。在市场竞争不断加剧的形势下，国内企业顶住压力，在竞争中求发展。

24.1.4.2　品种质量与国际竞争力

A　船舶海工用钢

世界各国船舶与海洋工程装备用钢的标准要求大体相当。国外标准有欧洲的 EN10225、BS7191、NORSOK 标准、美国的 API、ASTM 标准，以及 ABS、DNV-GL、CCS 等八大船级社规范。我国船舶与海洋工程装备用钢新修订的标准为 GB/T 712—2011《船舶与海洋工程用结构钢》，该标准替代了原来船体用钢国家标准 GB 712—2000《船体用结构钢》，把船体结构用钢与海洋工程结构用钢统一成了一个标准，拓展了标准的应用范围，与其他国际标准接轨。新标准中增加了高强度、超高强度 6 个钢级 24 个牌号和 Z 向钢两个级别的品种，形成了我国船舶与海洋工程用钢完整的体系，在强度等级上分为一般强度船舶结构钢（235MPa）、高强度船舶结构钢（315MPa、355MPa、390MPa）和超高强度船舶结构钢（420MPa、460MPa、500MPa、550MPa、620MPa、690MPa），厚度规格的上限从 100mm 扩大到 150mm，质量等级上增加了 Z25、Z35 两个抗层状撕裂的 Z 向钢。一般强度等级、高强度船舶海工用钢力学性能指标要求如表 24-11 所示，超高强度船舶海工用钢力学性能指标要求如表 24-12 所示。

表 24-11 一般强度等级、高强度船舶海工用钢力学性能指标要求

钢材等级	抗拉强度 R_m/MPa	屈服强度 R_{eh}/MPa	伸长率 A/%	试验温度 /℃	不同板厚下冲击吸收功 A_{kv}/J					
					≤50mm		>50~70mm		>70~150mm	
		（不小于）			纵向	横向	纵向	横向	纵向	横向
A	400~520	235	22	20	—	—	34	24	41	27
B				0	27	20	34	24	41	27
D				−20						
E				−40						
AH32	440~570	315	22	0	31	22	38	26	46	31
DH32				−20						
EH32				−40						
FH32				−60						
AH36	490~630	355	21	0	34	24	41	27	50	34
DH36				−20						
EH36				−40						
FH36				−60						
AH40	510~660	390	20	0	41	27	46	31	55	37
DH40				−20						
EH40				−40						
FH40				−60						

表 24-12 超高强度船舶海工用钢力学性能指标要求

钢材等级	抗拉强度 R_m/MPa	屈服强度 R_{eh}/MPa	伸长率 A/%	试验温度 /℃	冲击吸收功 A_{kv}/J	
			（不小于）		纵向	横向
AH420	530~680	420	18	0	42	28
DH420				−20		
EH420				−40		
FH420				−60		
AH460	570~720	460	17	0	46	31
DH460				−20		
EH460				−40		
FH460				−60		
AH500	610~770	500	16	0	50	33
DH500				−20		
EH500				−40		
FH500				−60		

钢材等级	抗拉强度 R_m/MPa	屈服强度 R_{eh}/MPa	伸长率 A/%	试验温度 /℃	冲击吸收功 A_{kv}/J	
		（不小于）			纵向	横向
AH550	670~830	550	16	0	55	37
DH550				-20		
EH550				-40		
FH550				-60		
AH620	720~890	620	15	0	62	41
DH620				-20		
EH620				-40		
FH620				-60		
AH690	770~940	690	14	0	69	46
DH690				-20		
EH690				-40		
FH690				-60		

从国家标准的技术要求来看，我国船舶海工结构用钢的强韧性水平、表面质量、尺寸公差等控制水平与西方发达国家的先进水平相一致，品种系列实现了国际化接轨。随着船舶的大型化以及船体结构安全性要求的不断提高，我国船用钢板实现了由早期大多采用低强度等级（235MPa）的碳素钢到 315MPa 以上高强度船体钢为主的升级换代，高强度钢应用比例接近 60%。

在船舶海洋工程用钢新材料研究开发方面，近年来，为了满足超大型油轮、大型集装箱船、LNG 低温运输船、特种化工运输船、破冰船等特种船舶的发展要求，我国还成功开发出油轮货油舱用耐腐蚀船板、大型集装箱船用高强度止裂钢厚板、LNG 船用 9Ni 低温钢、LNG 船用因瓦合金、LPG（液化石油气）和 LEG（液化乙烯气）船用 5Ni 低温钢、化学品船用双相不锈钢、低温 H 型钢、550MPa 级易焊接高强海洋结构用钢、EH36-Z35 海洋石油平台抗层状撕裂厚钢板、690MPa 超高强度齿条钢特厚板等品种，并成功用于实船建造。

虽然我国船舶及海洋工程用钢已取得了显著进步，但在品种、质量、应用水平等方面与国际先进水平相比尚有较大差距，主要表现在以下几个方面：

a　尺寸公差

国内的船舶及海洋工程用钢通常采用正公差交货，这往往导致船舶及海洋工程装备出现重量超重、重心不稳等问题，大大降低了装备的有效载荷能力和安全性，因此需要控制钢板的公差范围，即钢板的公差范围尤其是控制钢板的正公差的上限值。一些高技术船舶，对钢材公差要求更高，如豪华邮轮建造，船东对重量控制要求特别严格，对于板厚小于等于 15mm 的钢板，公差范围为（-0.3，+0.2）；板厚 15.5~40mm 的钢板，公差要求（-0.3，+0.3），目前国产材料在薄规格钢板内应力控制、尺寸公差等方面无法满足批量稳定化生产供货要求。

b　表面质量

国内钢板及型钢的表面质量有待改善，麻点板较多，造船企业需要安排专门的工位对预处理以后的钢板进行检查，对于表面质量有问题的钢板和型钢进行打磨处理，影响船厂施工进度和效率、增加了造船企业的成本。

c　批次质量稳定性

当前，我国的钢铁材料，包括高端海工装备材料，其质量的评价体系仍属于以传统的标准为依据的门槛型的"二值化"评价体系，在该评价体系下，所有钢铁材料的质量评价结果仅能分为"合格"与"不合格"，而合格线以上产品的质量差异无法体现。船舶及海洋工程装备制造企业反馈国产材料批量供货过程中的力学性能、焊接性能稳定性与国外材料存在一定的差距，复检材料时常会出现力学性能波动或者不合格的现象。

d　船用双相不锈钢

化学品船建造对于双相不锈钢的表面粗糙度有非常高的要求，同时考虑到要进行波形板的压制和液货舱的结构，因此要求钢板具有较好的板型、残余应力分布均匀、合格的厚度方向拉伸性能及无脆性相析出等。目前国产材料在表面质量、延展性、耐蚀性均低于国外材料，现在仍不能满足用户的需求。另外，双相不锈钢板的宽幅不足也是限制国产化的一大原因。

e　缺少配套焊接材料

超高强度钢焊接配套焊材大部分需要进口，具体情况如下：

（1）屈服强度 460MPa 级以上的船舶及海洋工程结构钢的药芯焊丝、埋弧焊丝、焊条等焊接材料，虽然有部分国产材料，但用户不敢用，主要是质量稳定性和工艺性能方面与进口材料有较大差距。

（2）适用于大线能量焊接的船用配套焊材。目前国内能够生产大线能量焊接配套焊材的企业很少，FCB 法大线能量埋弧焊接配套焊材生产企业只有一家，且品种单一、只有 2Y 级，满足 E 级钢的 3/4Y 级焊材全部为日本企业生产。垂直气电立焊是目前船厂主要采用的一种大线能量焊接方法，其配套焊材（3Y/4Y）目前均为日本生产。

（3）9Ni 钢配套焊接材料。9Ni 钢是 LNG 储罐的关键材料，虽然 9Ni 钢板基本实现了国产化，但 9Ni 钢的焊材，主要包括埋弧焊焊丝焊剂、气保焊实芯焊丝、气保焊药芯焊丝、焊条等，国内无法供应。目前，9Ni 钢焊材主要从欧洲和日本的两家企业进口，价格约为 40 万元/t，对外依存度较高。

（4）焊接材料的研发应向特种化、高效率化、绿色环保化方向做一些研究，尤其是高效自动化焊接、机器人焊接方面未来应有较大的需求，焊材应紧跟钢材发展的脚步，及时开发配套焊材，满足生产需求。

（5）国内目前没有一家能集合焊接设备及焊接材料的综合焊接技术解决方案企业，焊接设备及焊接材料企业均各自为家，没有形成一两家大型综合性的、知名的焊接技术企业，而国际几大知名焊接企业要么均具备焊接设备、焊接材料、焊接成套方案解决综合能力，要么焊接材料品种齐全，从低端到高端，从熔接到钎焊，各种材料均覆盖，从而形成了强大的品牌效应。

f　深海钻井及配套装备用钢

全球钻井装备研发和设计实力较强的企业集中在欧美地区，欧美国家在海工装备核心配套设备市场占据垄断地位，如在绞车、泥浆泵领域，美国国民油井公司（National Oil Well）市场占有率最高；顶驱市场上 Vaco 公司份额最高；美国 Continental Emsco 公司则在转盘市场上占据了较大份额。近年来中国在钻井平台制造市场实现了新突破，但在深海钻井及配套装备领域受制于人，许多深海钻井及配套装备用特种钢铁材料品种还是空白。

B　钛合金

在船用钛合金领域，经过多年的努力，我国也形成了自己的船用钛合金体系，强度级别范围 320~1l50MPa 等，牌号包括：Ti-31，TA5，Ti-70，Ti-75，Ti-80，TC4，TC4 ELI 和 Ti-B19 等不同钛合金产品，材料种类有板材、管材、型材、丝材、锻件、铸件等。但与国外发达国家相比，我国在船用钛合金研究应用方面还存在较大的差距。

美国是世界上最大的钛加工材生产国，目前主要有三大钛材生产企业：TIMET、RTI 和 ATI 公司，其产量合计约占美国钛加工材总量的 90%，另有 11 家公司生产钛锭，30 家公司生产钛锻件、轧制产品和铸件。俄罗斯 VSMPO-AVISMA 公司是航空领域最大的钛材制品供应商。在日本，生产钛加工材有 5 家公司，分别是神户制钢所、新日铁住金、JFE 不锈钢、大同特殊钢、爱知制钢公司，日本生产的钛加工材分为板、带、焊管、无缝管、棒、线、锻件、铸件等，其中钛带所占比例最大。美国铝业、阿勒格尼技术有限公司（ATI）、宝鸡钛业股份有限公司、美国精密铸件公司和俄罗斯 VSMPO-AVISMA 公司占据着 50%~60% 的钛材市场份额。

尽管我国拥有丰富钛资源，建立了完整钛产业链，普通钛材产量也位居世界首位，但在产业链后端发展不足，市场产品主要以中低端产品为主，中低产钛材产能严重过剩，而高端钛材技术相对落后，缺乏质量可靠、市场认可的高端产品。各地方钛企业的无序扩张，使得钛材产品出现结构性过剩，产业集中度相对较低。随着高端装备制造业的发展，许多急需的高附加值钛合金产品存在短板，如钛合金型材、深海装备用钛合金大规格材料及大型部件、高强高韧钛合金材料、紧固件用钛合金高品质棒丝材、飞机液压系统用钛合金管材及管路系统制备成型技术、海水管路系统用钛合金超大口径无缝管材及管件和核动力用钛合金异型管材等。

近年来，在相关国家重大项目支持下，我国在一些船用钛合金高端品种技术方面有所突破。宝钛在"国家发改委海洋工程研发及产业化"项目和"深海空间站"等重点型号预研项目的支持下，解决了高强度钛合金厚板等品种开发关键技术，满足了 4500m 深潜器用钛合金的需求，开发的 TC4ELI 钛合金厚板成功用于 4500m 深潜器"深海勇士"号载人球壳制造，实现了国产化；西部超导公司突破了 ϕ300~400mm 大规格棒材锻造技术，解决了棒材组织均匀性控制难题，批产棒材质量达到国际同类产品先进水平；金天科技承担舰船装备核心钛制部件项目取得重大技术突破，产品各项指标达到世界先进水平，得到军方高度认可；成功开发出 TC4、TA18 钛合金带卷、薄壁钛高效焊管产品技术创新上达到国际先进水平；重庆金世利公司建成了中国第一台钛及钛合金整体电极万吨挤压机，达到 12500t，在钛合金生产中完成了一突破性的重大装备建设，解决了高纯净度钛合金电极制备过程关键技术，提高了航空发动机和海洋装备用高端钛合金的批次质量稳定性。上述钛行业骨干企业在科技进步和技术创新等方面都取得了显著的成绩，为我国钛合金品种质量提高做出了重大贡献。

国外钛及钛合金在舰船、海洋工程上已经得到广泛的应用。我国船用钛合金方面的研究基础相对薄弱，与欧美、俄罗斯等国家的国际先进水平相比，在品种开发、质量水平、应用范围等方面尚有较大差距：

　　a　技术研究

　　我国研制的船用钛合金强度级别分别为：320MPa、490MPa、590MPa、630MPa、780MPa、800MPa 和 1150MPa，不同种类钛合金产品包括工业纯钛、Ti-31、TA5（含TA5-A）、Ti-70、Ti-75、Ti-80、TC4、TC4 ELI 和 Ti-B19 等牌号，产品种类有板材、管材、型材、线材、棒材、丝材、锻件、铸件等。但与国外发达国家相比，在船用钛合金研究开发与应用方面还存在较大的差距，许多领域还是空白。在耐蚀钛合金、高强高韧钛合金、低成本钛合金等技术领域，研究工作还不是很充分、深入，基础研发能力不足，耐蚀钛合金主要是仿制的一些品种，如 Ti-15Mo、Ti-32Mo、Ti-15Mo-0.2Pd、Ti-2Ni、Ti-0.2Pd、Ti-0.3Mo-0.8Ni、Ti-0.5Ni-0.05Ru 等合金，高强高韧钛合金与国外相比也同样存在总体性能稳定性和组织均匀性还低于国外，低成本钛合金及钛合金的低成本化制备技术近几年受到重视，但缺乏应用验证考核以及大力的应用推广宣传，美国、日本等国研制的低成本钛合金技术成熟，均得到实际应用。

　　b　加工技术

　　在高端钛合金品种加工技术水平上，国内外存在比较大的差距，包括：（1）钛合金精密铸造技术：近年来，国外钛合金精铸技术发展很快，如开发了钛精密铸造+热等静压+热处理技术，可保证钛合金铸件质量接近于 β 退火的钛合金锻件；开发了浮熔铸造技术，采用减压吸引法进行铸造，浇注时很少产生紊流，基本无气泡夹杂，很少产生铸造缺陷。我国的钛精铸技术起步于 20 世纪 60 年代，在借鉴国外技术基础上发展起来的。由于受到整个工业技术发展水平的制约，同国外相比精密铸造技术还有较大差距。（2）钛合金等温锻造技术：国外钛合金等温锻造的研究已有 30 年的历史，等温锻造的大型钛合金锻件已经生产了几十种。等温锻造的硬件条件已很成熟，如温控器、常应变率控制器和微型计算机的反馈系统等。低应变速率等温锻造可以显著改善钛合金的显微组织质量。而国内钛合金等温锻造的研究起步较晚，只有个别钛合金产品采用了等温锻造，因产业链较短、锻造工艺控制等方面的原因，锻件性能还有待提高。（3）钛合金表面处理技术：国外钛合金表面处理主要采用微弧氧化、热扩散、气相沉积、热喷涂、离子注入、激光表面合金化等技术在钛及钛合金表面制备耐磨和抗高温氧化防护涂层，并在钛合金产品上得到普遍应用，而国内的钛合金表面处理技术的研究起步相对较晚，现在仍处于起步阶段，个别航空件产品进行了应用研究。（4）钛合金回收利用及快速成型等技术：在超塑性成形、钛合金返回料回收利用、钛合金激光熔化堆积快速成型等技术方面国内外的差距很大，这些技术都是限制钛合金在武器装备等高精尖领域推广应用的瓶颈。

　　c　高端品种

　　我国在大规格钛合金厚板、大型钛合金锻件、大规格管材、钛合金挤压型材、钛合金大型整体精密铸件等高端品种上存在差距：（1）大规格钛合金厚板：欧美国家凭借技术和设备优势，突破了大规格钛合金厚板的制备技术，制定了相应的技术规范，如 AMS、MIL、GOCT 等系列标准，可批量生产多种 Ti-6AL-4V 等钛合金宽厚板材。国内钛企业仅能批量生产的 TC4 钛合金厚板。（2）大型钛合金锻件：大型钛合金锻件用于制造大型关键构件，其结构形式、材料以及锻件的性能与质量，直接关系到可靠性、寿命与成本。在钛合金大型整体模锻件的生产的装备和技术水平方面，我国与美、俄等先进国家有较大差距。（3）钛合金大规格管材：国外对于钛合金大规格管材主要采用挤压及热轧工艺进行生产，目前国内主要采用挤压、锻造等工艺来制备大规格钛合金管材，采用挤压可生产的管材尺寸较小，而锻造法生产管材工艺操作难度大，可生产的管材长度有限，组织均匀性也不理想。（4）钛合金挤压型材：美国、俄罗斯从 20 世纪 60 年代开展了钛合金挤压型材的研发工作。美国能生产 $500\sim5000\,mm^2$ 的机加工型材，俄罗斯不但能生产机加工型材，还能生产非机加工型材、变断面型材和空心型材。我国钛合金型材的应用还是个空白，至今仍不能批量生产钛及钛合金挤压型材，没有建立相应的型材生产工程化研究所需条件。（5）钛合金大型整体精密铸件：钛合金大型整体精密铸件是我国航空、航天、舰船领域迫切需求的关键材料（产品），受到整个工业技术发展水平的制约，在制模用模料、制型壳、熔模铸造设备同工业发达国家相比我国熔模铸造技术还有较大差距。现有的熔模精密铸造技术存在污染严重、熔模制作周期长、成本高、成型困难、对温度敏感、易变形等缺点。（6）钛合金带材、丝、线、棒材：国外的钛工业发达国家可稳定的批量供应 $0.5\sim0.8\,mm$ 厚度的钛带，广泛应用于飞机、航天器、潜艇、核电站等高新技术领域以及冶金、化工、装饰等民用领域。国内虽已建成若干套钛管焊接生产线，尚不具备（或还未形成）完整的规模性生产体系，每年仍需大量进口钛带和钛焊管，其价格和需求量均受控于人。国内钛合金丝、线、棒材生产速度慢、效率低、产品精度差，与国外生产相差巨大。（7）大面积高品质钛钢复合板：国内大面积高品质钛钢复合板制备技术和生产工艺仍存在一定问题，尤其在结合率和复合板性能上仍达不到这些领域的特殊要求，因此大面积钛钢复合板仍主要依赖于进口。目前国内大多只能生产 $25\,m^2$ 以下的钛钢复合材料且质量稳定性还需进一步提高，$25\,m^2$ 以上的钛钢复合材料进口依赖程度高，不仅需要花费大量外汇，而且对我国化工设备制造极为不利，关键时刻必将受制于人。

C　防腐防污材料

涂料产品质量方面，国内较国外技术差异还是存在的，主要是基础树脂性能品质、产品适用范围、配套系列、使用寿命、施工性能、一次成膜厚度等，与海洋环境长效重防腐涂料相比，防污涂料的技术性能差异则更为显著。

国外防污涂料主要还是向无锡自抛光防污涂料方向发展，通过技术改进使之达到有机锡自抛光防污涂料的水平，以适应环境立法的要求。目前国外主要海洋公司都有相应的产品，如 IP 的 International Intersmooth EcoloflexSPC 系列、Jotun 的 SeaQuantum 系列、Hempl 的 Glibic 系列、Sigma 的 Sigmaplane Ecol 系列、Kansai 的 Nu Crest 系列、Chugoku 的 Sea Tender 系列。这些产品已涂装了大量船舶，取得实船 5 年以上的业绩，已走向商业化。

国内防污涂料的产品水平和研发能力与国际先进水平都存在较大的差距，现阶段我国使用的防污涂料产品存在的最突出问题是防污期效短，仅能够达到 $3\sim5$ 年，并且在不同海域的表现差异很大，同时缺乏足够的实船应用数据，难以对其长效性做出准确判断。同时在防污涂料新产品研发方面的原始创新能力不足，绝大多数防污涂料属于跟踪模仿品，导致具有自主知识产权的关键技术和前瞻性的技术储备严重不足。

在防腐防污材料标准专利方面，相关文献资料表明，截止至 2016 年 6 月，海洋防腐涂料领域全球专利共 3837 件，主要集中于中国（932 件）、日本（654 件）、美国（330件）、韩国（155 件）、澳大利亚（152 件）、英国（130 件）、加拿大（126 件）、德国

（114 件）等沿海国家或地区。其中，中、日、美三国是最重要的海洋防腐涂料专利布局地。与欧美和日本相比，中国在该领域的技术起步也较晚，从 20 世纪 80 年代中国实行专利制度后，开始有专利申请，一直到 2006 年，专利申请量均不大，一直在 10 件以下，但从 2007 年开始，专利申请量迅速增长，从 2013 年开始增长更加迅速，到 2014 年达到 187件，说明海洋防腐涂料的研发在中国正成为热点。欧美国家虽然为主要的技术来源国家量，但他们在本国的专利申请量所占份额并不大，而是侧重于在全球进行专利布局，其中中国是他们的主要布局地。亚洲国家则倾向于在本国进行专利申请，但作为技术强国的日本，除在本国进行布局外，也向外国布局，主要布局的国家有美国、韩国、中国、英国及其他欧洲国家。中国发明人申请的专利数量全球最多，但其专利申请基本在本国，比例为97%，只有 3%的国外专利申请。核心专利是指生产制造某一产品必须使用的技术所对应的专利，一般不能通过设计手段绕开。对防腐涂料领域的 3837 件专利进行统计分析，共有 48 件核心专利，其中美国拥有核心专利 21 件，德国拥有核心专利 10 件，日本拥有核心专利 8 件。中国虽在专利总量方面位居第一，然而却仅拥有 3 件核心专利，占比不足7%。我国在该领域核心专利数量少，且中国专利被核心专利所引用和对核心专利的引用均不多，说明中国专利的质量与国外竞争力强大的机构存在显著差距，也将使中国企业在防腐涂料产品技术质量领域面临较大的市场压力，这与市场的实际情况是相符合的。

在防污涂料领域，统计该领域至 2018 年的全球专利，发现美国、日本、中国和欧洲为该领域专利申请的主要技术来源国家/地区，申请量之和占到全球申请总量的 72%。其中，美国和日本为该领域申请量最多的 2 个国家，其申请量分别占全球申请量的 27%和22%。原因是海洋防污涂料主要应用在大型渔船、军舰、海底油气管道、海洋钻井平台等各种海工建筑的表面，不仅与海洋养殖业、海底油气运输业息息相关，更涉及国防工业。而日本和美国既是工业强国，也是军事强国，因此很重视该领域的技术研发和专利保护。防污涂料领域专利的重要申请人基本为知名跨国大企业，如阿克苏诺贝尔、佐敦涂料、日本油漆株式会社、罗门哈斯、关西涂料株式会社、日本油脂株式会社、汉伯和库尔脱沃兹涂料等。进一步通过 CNABS 数据库对国内主要申请人进行统计分析发现，除中国海洋大学之外，其余几位重要的国内申请人分别属于中国科学院南海海洋研究所、中国船舶工业集团七二五研究所、厦门大学、大连海事大学和浙江大学。这说明目前我国在防污涂料领域的研究依然处于基础研究阶段，相关研究成果未能实现大规模工业应用。核心产品技术依然掌握于国外公司。

24.1.5　材料前沿及颠覆性技术分析

海洋环境的变化以及对海洋资源探测、综合利用的发展需要，船舶海工装备正向着大型化、深水化、多样化、智能化、绿色化、数字化等方向发展，对船舶海工装备材料提出了更加苛刻的要求。着眼于当前材料技术发展状况及装备制造发展需求，船舶海工装备材料技术前沿及发展趋势将呈现出高性能、低成本、多功能、长寿命、绿色化等重大特征。

随着研究开发工作的不断深入，船舶海工装备材料前沿技术将呈现出百花齐放的发展趋势。通过自主创新，提出新颖的前沿材料技术项目，攻克技术难点，取得创新突破，发挥前沿材料技术独特的优势，从而给船舶海工装备性能带来显著的提升，如压电阻尼新型减振材料技术、智能可见光隐身材料技术、潜艇液体隐身衣材料技术、纳米材料技术等前沿材料技术。具体的新材料前沿技术方向包括如下几个方面：

24.1.5.1　船舶海工装备结构材料高性能化

钢铁、钛合金、铝合金是船舶海工装备制造最主要的结构材料，高性能化和低成本化是未来主要发展方向。需要注重提高钢材的整体性能、改善制造工艺性能并完善配方设计、制备技术、应用技术的理论和方法。低成本发展方向需要研究、建立一套较为完善的、可满足工程实际应用的衡量、评估材料经济性的基础理论、指标体系，建全船舶海工装备材料经济性评估方法及船舶材料经济性设计指导性标准。在注重高性能化发展的同时，也要追求低成本的经济性能，满足船舶海工装备高效制造的需求。

A　高强度、高韧性船舶海工结构用钢

高强度化一直是船舶海洋工程用钢的重要发展方向。目前，世界各国高强度船舶海洋工程用钢强度等级主要在 315~690MPa 范围，一些特殊的船舶海洋工程装备，如深潜救生器、深海探测装备等，需要使用屈服强度 1000MPa 以上的超高强度、高韧性、大厚度钢种。西方发达国家开发出了 890MPa、980MPa、1080MPa、1180MPa 等系列超高强度钢，在深潜器等装备上得到应用。我国目前这一领域应用的超高强度钢最高强度等级只有785MPa，与国际前沿水平还有较大差距，需要加强超高强度、高韧性船舶海洋工程用钢的研究开发工作。

B　装备制造高效化用结构钢新材料

a　大线能量焊接船舶海洋工程用钢

焊接占船舶及海洋工程装备建造总工时中占 30%~50%，提高焊接效率节省焊接工时对于缩短船舶建造周期和制造成本具有重要意义。过去传统的一些焊接方法，焊接线能量一般不超过 50kJ/cm，焊接施工效率较低。为了提高焊接施工效率，气电立焊（EGW）、多丝埋弧焊、单面焊双面成型（FCB 法）等一些高效焊接方法和技术在造船与海工装备制造行业得到广泛应用。与过去传统焊接相比，这些高效焊接具有焊接速度快、焊接施工道次少等优点，显著提高了焊接施工效率，节省了焊接建造成本，但这些高效焊接方法显著提高了焊接热输入（即大线能量焊接，一般>100kJ/cm）。大线能量焊接显著恶化了船体钢焊接接头热影响区（HAZ）性能，导致传统造船用钢无法满足高效焊接的技术要求。研究开发大线能量焊接船舶海工用钢是该领域重大的前沿技术之一。一些发达国家，包括日本、欧洲等，已经率先开展了大量的研究工作，研制了 335MPa、390MPa、460MPa 等系列强度等级的大线能量焊接用钢品种，并得到实际应用，最大焊接线能量达到 500kJ/cm。我国在大线能量焊接用钢方面的研究相对落后，开展了一些研究工作，并开发出部分品种，但在强度级别、线能量适用范围、配套材料、建造效率等方面还有加大差距，需要加强对大线能量用钢技术开发力度，并同步完善配套焊接材料与工艺研究、应用性能评估、考核与示范集成评价技术研究等工作。

b　免预热焊接用海洋工程用钢

随着钢材强度增加，高强度船舶海工用钢焊接过程冷裂纹倾向增加，给焊接施工带来困难，并且伴随钢板厚度扩大以及焊接线能量提高，进一步增加了焊接冷裂纹倾向，极易产生焊接冷裂纹，导致焊后发生严重的开裂事故。目前，大型船舶海洋工程装备建造过程中大量使用厚度规格 50mm 以上的 355~590MPa 高强韧特厚钢板，用户在焊接过程中往往需要采用150℃以上的预热以避免焊接冷裂纹的发生，但存在预热温度控制难、预热时间长、焊接效率低、能源消耗大、工作环境恶劣等问题，影响装备建设施工效率、交付周期，增加制造成本。研发免预热、低预热高强度船舶海洋工程用钢品种是重要的发展方向，也是船舶海洋工程用钢领域重大的前沿技术，可显著提升焊接效率和施工效率，对海洋工程装备制造企业缩短交付周期具有重要意义。

C 结构材料功能化

a 低密度船体钢

结构轻量化是船体发展的重要方向，近年来钢铁材料的高强韧化与低密度化成为国际研发热点。通常的低密度钢成分体系主要有 Fe-Mn-Al-C 系、Fe-Mn-Si-Al 系。低密度钢要在密度、性能、成本等多方面达到理想要求，还需要在合金的作用机理、多量 Al 元素添加带来的弹性模量受损，组织内孪晶、晶体缺陷及不同析出物大小、形态控制、应用服役性能等方面加强研究。在工业试制与应用时，还需进一步研究冶炼—连铸—轧制过程中高温内氧化、组织开裂，退火复合组织的调控技术，以及高强钢的深加工性、焊接性能、以及氢脆等。

b 结构功能一体化材料

随着科技的发展，工业与国防装备的服役环境复杂化，功能需求多样化，单一材料与结构无法满足需求，未来主要向多功能化、主动减振、智能化、低成本化等方面发展。如双金属复合材料、船用阻尼材料，电磁屏蔽材料等。其中，双金属复合材料中最具有应用前景的是钢—不锈钢、钢—钛复合材料，可用于船舶的海水管路、水线区等腐蚀较为严重的区域。阻尼钢工程技术应用于基座、动力舱等部位，有助于降低船上噪声等级，减小振动，改善船员服役环境，提高船舶材料的疲劳服役寿命，大幅改善船体结构的噪声水平。电磁屏蔽材料的应用对装备的隐身性和安全性具有十分重要的意义。

D 高性能钛合金及其他有色金属

钛合金被称为"海洋金属"，高性能船用钛合金的研发与推广应用势在必行。完善船用钛合金材料体系建设，继续研发、拓展船用钛合金产品系列，降低钛合金及其产品的制造成本，加强钛合金焊接及制造工艺技术研究，扩大钛合金应用是船用钛合金领域重点发展方向。目前，钛合金在船体结构、潜艇耐压壳体、管道、阀及配件、动力驱动装置中的推进器和推进器轴、热交换器、冷却器、声呐导流罩等领域有了广泛的应用，随着船舶及海洋工程装备设计及防腐的要求进一步提高，钛合金的应用需求也越来越广泛。

其他船用有色金属材料，包括铝合金、铜合金、镁合金等，需要加强品种技术研究及推广应用工作。如开展高强度耐腐蚀铝合金材料的研究，以满足新一代航空母舰等大型水面舰船减轻重量、提高结构的疲劳强度等需求；开展铝合金结构可靠性研究，以提高高速铝质船的结构设计、操纵和维护能力；研制更高流速极限的船舶用铜质管系，以解决目前紫铜或 B10 镍铜合金耐海水冲刷腐蚀性能或耐含砂海水腐蚀性能差的问题；开展镁包锌型、镁包铝型复合牺牲阳极的研究，对钢结构实施长期、稳定的保护。

24.1.5.2 多功能复合材料

复合材料是近代迅速发展的一种新兴材料，具有比强度高、质量轻、耐腐蚀、易成型和维护等优势，被广泛地应用于水面舰船、潜艇及民船。世界各国对复合材料在船舶上的应用极为重视，采用复合材料技术可以实现现代船舶高速度、有效载荷大、结构重量低、耐腐蚀、燃油消耗低、维修技术成熟、抗撞击性能高、激动性能高、信号特征低等方面不断发展的要求，德国、法国、美国等国家已大量在潜艇的声呐导流罩、指挥室围壳、上层建筑、稳定翼、舵、升降装置等装置系统的传统钢制材料的更新换代中获得了巨大的经济和军事效益。鉴于复合材料的巨大优势，各国不断加强船舶复合材料研制和应用，且逐渐由非承力结构向主/次承力结构发展，从局部使用向大规模应用扩展。

纤维和金属复合材料是由金属薄板和聚合物层积体相互交叠形成的材料，它同时拥有耐冲击性、耐磨损性等金属材料的特质，以及高强度、耐疲劳性、耐腐蚀性等复合材料的性质。金属薄板可采用铝合金板或者钢板，聚合物的主要材料则可用碳纤维或者玻璃纤维来强化。这些材料目前广泛用于航空航天产业，可以考虑将其中的一部分用于特殊船舶的建造。对于普通商船来说将来也有可能使用，不过目前其价格十分高昂，如何降低材料成本，在材料制造技术、回收利用技术、防火性等方面的改善将是今后的课题。船用复合材料前沿技术主要发展方向包括：（1）船舶及海工用大丝束碳纤维及其复合材料：碳纤维被称为"新材料之王"，质量比金属铝轻，但强度却高于钢铁，应用前景广阔。在碳纤维行业内，通常将每束碳纤维根数大于 48000 根（简称 48K）的称为大丝束碳纤维。48K 大丝束最大的优势，就是在相同的生产条件下，可大幅度提高碳纤维单线产能和质量性能。大丝束碳纤维及其复合材料有望广泛地应用于制造赛艇、军用舰船的船身、外壳、骨架、甲板和桅杆等。目前，而大丝束碳纤维市场则几乎由美国的 Fortafifil 公司、Zoltek 公司、Aldila 公司和德国的 SGL 公司 4 家所占据；基于大丝束碳纤维的船舶用复合材料同样需要加强研究，解决碳纤维与树脂基体的界面匹配性以及工艺性能，实现材料的低成本与高性能。（2）舱内用低毒阻燃复合材料：纤维增强热固性树脂基复合材料采用酚醛、环氧、不饱和聚酯、乙烯基酯等基体树脂，经玻纤、碳维、芳纶等纤维增强制得，具有可设计性强、比强度或比模量高、抗疲劳断裂性能好、结构功能一体化等优点。但上述基体树脂均为有机高分子材料，部分具有不同程度的可燃性，防火安全性成为舱内复合材料首要解决的问题，包括燃烧（fire）、发烟（smoke）、烟气毒性（toxicity），材料及其对应的标准规范目前严重欠缺，需要加强研究。（3）耐蚀低收缩乙烯基酯复合材料：船舶用基体树脂包括不饱和聚酯（邻苯型和间苯型）树脂、乙烯基酯树脂、环氧树脂及热塑性树脂。由于乙烯基酯复合材料具备优异的性能，尤其是良好的耐腐蚀性能。因此高档赛艇、军舰等船舶一般选择乙烯基酯复合材料。目前乙烯基树脂复合材料面临的问题主要为收缩率高，对于大型结构容易引起内部应力聚集，影响寿命，因此耐蚀低收缩乙烯基酯复合材料成为船舶与海工领域复合材料的主要发展方向之一。

24.1.5.3　绿色环保新材料

船舶防护材料以绿色环保、长寿命为发展重点，以高性能防护材料，如金属合金、纳米材料、生物仿生材料等，替代单一防护功能材料为发展方向，力争一材多用。加强船舶易腐蚀和污损部位，如海水管系、上层建筑、紧固件等，腐蚀和污损特性、机理及涂层防护技术的研究，解决不同部位的防护难题。鉴于国际海洋法的新需求，以及海洋环境污染的严峻形势，防护材料技术的发展过程中，在加强防护性能的同时，以追求环保、经济性为重要指标。应加强研究船舶的全寿命周期最佳防护技术方案研究，注重对防护效果进行有效监控与合理预测，关注防滑、耐高温、密封防漏、舱室高性能环保性装饰等船舶用特殊材料技术的研发和应用。

在防污涂料和防污材料领域，前沿技术研究热点有以下几个方面：

A　亲水性防污方法

目前，抗生物污损的策略之一是基于亲水性聚合物的使用，通过氢键、静电作用等形成水合层来防止污染生物的附着。一些亲水性大分子如聚丙烯酸（PAA）、聚乙二醇（PEG）和聚（2-羟乙基）甲基丙烯酸酯（PHEMA）可以接枝到材料表面通过减少细菌黏附和表面水合作用排斥微生物的附着从而抑制生物膜的形成，这类材料表面表现出对蛋白质和藻类黏附的强抵抗力。在此基础上的各类改性研究和表面亲水性调节研究成为一些前沿技术热点，例如可通过氧化还原和 UV 引发的聚酰胺复合薄膜表面接枝聚丙烯酸（PAA）的方法使改性膜具有更好的防污性能。

两性离子聚合物由于其超亲水性而成为一类高效的超低污垢材料，研究表明两性离子材料要优于其他亲水材料如 HEMA、PEG 等，目前两性离子以聚磷酸胆碱的两性离子材料料，聚（磺基甜菜碱）和聚（羧基甜菜碱）为主，Chun-Jen Huang 等通过磺基甜菜碱硅烷（SBSi）的共价硅烷化在聚二甲基硅氧烷（PDMS）弹性体上开发了稳定的具有较好生物相容性的超亲水两性离子界面，实验证明可以有效抵抗细菌，蛋白质和脂质的非特异性吸附。

此外，美国华盛顿大学 Shaoyi Jiang 等受三甲胺 N-氧化物（TMAO）两性离子渗透压剂和最有效的蛋白质稳定剂的启发，将 TMAO 衍生的两性离子聚合物（PTMAO）报告为一类新型的超低污染生物材料。在极富挑战性的条件下证明了 PTMAO 的防污性能。分子动力学模拟阐明了 PTMAO 特异性水合的机理。PTMAO 聚合物的发现为生物防污领域提供了另一类新型高效的两性离子材料。

B　低表面能超疏水性防污方法

自然界中有一些杰出的天然抗污损表面，例如具有自清洁效应的荷叶表面，其表面由于具有特殊的微纳米结构颗粒和低表面能的蜡质组分，受此启发，研究者开发了众多的低表面能和超疏水材料可以有效的用于抗海洋生物污损。我国吉林大学的田丽梅等人利用石墨烯和硅氧烷弹性体制备了一种具有低表面能、强负电的防污薄膜，该薄膜可以通过物理方式排斥细菌，比杀菌涂层更不利于细菌黏附。此外，通过标准的 k-ε 湍流模型对该弹性变形进行建模，结果表明该弹性材料在流体流动下会通过变形产生谐波运动效应，在模拟海水冲刷频率作用下具有出色的防污性能。

C　两亲性防污材料

包含极性和非极性的两亲性共聚物已经被证明是有效的防污材料，它们结合了亲水性材料的抗蛋白和低表面能的抗附着性能，可以在水下进行重构界面或者形成微纳米结构进而释放污损生物达到防污的效果，这一研究领域也有可能出现颠覆性技术。

D　仿生防污涂料

一些海洋生物表皮所具有的不同形态的微结构使得不同尺寸的海洋生物污损在表面吸附的接触点降低，从而使污损更容易从表面脱附。受此启发，研究人员合成出了与海洋大型动物表皮相似的高分子材料，将其制成生物仿生涂料涂覆在船体表面，取得了优异的防污效果。Wohlgemuth 在环氧树脂表面植入一层极短的密集纤维，成功地模仿了海豚的表皮结构，打开了生物仿生的新篇章。白秀琴等以贝壳为仿生对象，提出了一种模仿贝壳表面微结构的绿色防污途径。目前，大多数仿生防污技术仍处于实验室研究阶段，并未走向成熟。单一功能的仿生防污涂料还不足以应对复杂的海洋环境对材料表面的污染与侵蚀，今后仿生防污涂料将更多的面向多元化防污机制发展，以性能与环境友好为中心，实现仿生防污涂料的长效化、智能化。

在海洋防腐涂料领域，绿色环保产品的技术研发目前主要集中在以下三方面：

（1）低表面处理防腐涂料：普通的重防腐涂料在涂装时为了达到高性能的防护效果，船体和钢件表面必须采取喷砂等处理手段来除去铁锈，以增强涂料与钢铁表面的结合力。但该法不但会增加成本，喷砂过程中的粉尘和噪声还会严重危害施工人员身体健康，对于某些复杂结构的作业面难以做到完全清除干净。为解决传统涂料在涂装过程中的复杂处理工序，能应用于手工或动力工具打磨到 St2 和 St3 级别的表面和高压水喷射除锈表面以及在潮湿环境下或含有水膜表面的可带水带锈涂装的低表面处理涂料成为国内外相关领域研究热点。低表面处理涂料通常是利用树脂的良好的渗透性同时利用渗透剂、极性溶剂等复合使涂料与钢铁基体表面的残留腐蚀产物充分浸润和渗透并将其封闭，在此基础上，通过涂料中活性组分，如树脂的改性反应基团、活性颜料或锈层转化剂与锈层中成分反应，生成稳定的抑制化合物，从而保护基体金属。低表面处理防腐涂料可以有效降低繁琐的涂装前处理工艺，缩短施工工期，降低工程造价。

（2）水性防腐涂料：近年来，国内外工业用涂料绝大多数为溶剂型涂料，然而溶剂型涂料存在固化过程产生大量有毒挥发物污染环境以及造成经济浪费等缺点，而且多数挥发物为易燃易爆的有机物给施工安全带来极大威胁。为消除溶剂型涂料挥发物带来的危害，许多国家相继出台环境保护法来限制 VOC 含量，号召社会积极发展"环境友好型"涂料（水性涂料、高固体分涂料、粉末涂料以及 UV 辐射固化涂料等）。水性涂料是以水为溶剂且主要挥发产物为水的涂料，具有低毒、可燃性低、VOC 含量低、低黏度、使用方便等优点。然而由于水的比热较大，不易挥发，导致水性涂料更依赖施工环境，固化速度很大程度上受限于施工环境的温度和湿度。并且，水性涂料的涂装对基材表面处理要求较高，表面不能含有凝结水和油污。近几年，一些新型的水性树脂相继出现，应用于重防腐涂料中的水性涂料再度成为研发热点。如 Rohm&Hass 公司（美国），研发出性能优于溶剂型环氧/聚氨酯涂料的双组分水性丙烯酸/环氧树脂涂料。我国从二十世纪九十年代开始发展水性涂料，水性涂料作为未来重防腐涂料的重要发展方向，虽然目前市场占有率较低，但是在未来具有广阔前景。

（3）无溶剂化防腐涂料：无溶剂涂料又被称为活性溶剂涂料，在涂料固化成膜的过程中，溶剂作为涂膜成分，不向大气中排放对环境有害的有机化合物。随着环保意识的不断加强和相关法规对涂料 VOC 含量的严格限制，无溶剂涂料由于能够减少可挥发溶剂对环境的危害而备受关注。与传统溶剂型涂料相比，无溶剂涂料具备以下优点：有机物挥发少、涂层干膜内应力小不易开裂、一次性成膜厚、涂层固化过程收缩小、涂层边缘覆盖性能优异等。无溶剂涂料由于无挥发有机溶剂，在固化过程中无损耗，故可以在满足相同膜厚度的要求下比传统溶剂型涂料用量小，可降低成本。

24.1.5.4 其他新材料

A 纳米技术新材料

纳米材料是指在三维空间中至少有一维处于纳米尺度范围（1~100nm）或由于其作为基本结构单元构成的材料，这种材料大约相当于10~100个原子紧密排列在一起的尺寸。虽然其在船舶海洋工程领域应用较少，但在长效防锈漆、新型船底防污涂料、船舶阻燃材料和涂料、吸收雷达波涂层等方面应用已经显示比传统材料更加优越的性能，因此可以预计其在船舶海洋工程领域具有很好的应用前景。

B 3D打印技术

3D打印（3DP）即快速成型技术的一种，又称增材制造，它是一种以数字模型文件为基础，运用粉末状金属或塑料等可粘合材料，通过逐层打印的方式来构造物体的技术。由于3D打印技术，具有精度高、用料省、自由度大、成型便捷、经济性好等特点，已经成功的用于食品、航空、医疗等领域，在海洋工程装备及高技术船舶等高端装备石油钻杆耐磨带、柱塞泵、船舶轴类、军舰耐腐蚀部件等也获得应用，被美国时代周刊列为美国十大增长最快的工业，英国《英国经济学人》则将其崇拜为"第三次工业革命"。目前，3D打印技术在船舶海洋平台的备品备件、船舶、无人机等方面显示出其独特价格、技术优势。2016年，劳氏船级社颁布了全球首个3D打印认证指南，旨在推动3D打印技术在船舶及海洋工程装备领域的推广和应用。韩国贸易、工商和能源部已经制定一项五年的发展规划（2017~2022年），计划投入2000万美元来研究船舶及海洋工程装备的3D打印技术。

24.1.5.5 新材料应用技术

加强材料应用技术的研究对新材料应用不可或缺。针对材料应用对象，同步开展新材料应用技术研究，这对推进新材料和新技术的研发与应用，具有重要意义。通过开展新型船舶海工装备材料应用技术研究、试验验证，解决材料研究应用过程中配套、应用工艺等技术问题，推动新材料的发展与应用。开展新型船舶材料示范考核与实船应用，验证使用效果，进行推广应用。

24.1.5.6 数字化集成技术

目前由于钢铁和造船两大产业链之间缺乏数字化衔接，"两头等"现象严重：一方面，船厂详细设计出来后才能订货，留给钢厂的供货期短，不可预见因素多；另一方面，而船厂又往往得等到钢板到厂才能确定布料和排版设计，期间还常常因为一两张钢板的排产进度或质量异议导致整个工序停摆，严重影响了建造效率。装备和船台占用率的增加，制约了整个造船行业的竞争力。

近几年，韩国、日本的部分先进造船企业通过建立贯穿材料生产、检测、交付、建造的数字化系统，大大缩短了建造周期。中远川崎借鉴日本母公司经验，65%采购日本钢板，并实现了布料排版设计前置，建造周期缩短20%~30%。韩国生产一艘LNG船周期为600天左右，中国则需要950天左右，2018年大型LNG船订单全部被韩国拿下，其产业链贯通带来的优势十分突出。

以船舶用钢为示范，建立完整的、分布式的船舶与海洋工程用钢研发、生产、检测、建造和服役大数据系统，对推动船舶与海洋工程用钢的发展和应用意义重大。

24.2　成果与优势

在现代船舶发展过程中，美、俄、日、英、德、法等船舶强国，均将材料技术发展视作船舶发展的基础和先导，对材料技术发展给予了高度重视，不仅在不同的发展时期从船舶材料技术发展的顶层研究，制定了发展战略规划，投入大量人力、财力持续开展基础材料技术、新兴材料技术的研发和前沿技术的探索，而且非常注重试验验证平台的建设。伴随着船舶发展，经过不断创新，各国不仅研制了满足船舶各发展时期所需的各种材料，并且已形成很强的材料技术的研究、生产能力和门类齐全完整的配套体系，建立起了较完善的船舶材料体系和船舶材料技术的基本理论、方法、工艺等。

与几个造船强国相比，虽然起步相对较晚，但近年来在国家海洋强国战略的指引下，我国船舶海洋工程装备材料在研究、生产和应用等方面取得了长足的进步，相关材料行业在生产装备条件建设、生产规模、新材料品种研究开发与市场推广应用等各个方面成果显著，有力支撑了我国造船及海洋工程装备制造业快速发展，为实现制造业强国发展目标奠定了坚实的软硬件基础。主要成果与优势条件体现在如下几个方面。

24.2.1　生产装备条件、生产能力和生产规模

为了满足我国船舶海工装备制造业高速发展的需要，材料行业投入大量资金改善相关生产工艺装备条件、加强产能建设，目前生产装备条件达到世界一流水平，在材料保障供应方面取得了十分显著的成果。

以造船钢板为例，它是船体结构材料最有代表性的品种，约占造船用钢总量的 80%。造船板主要由中厚板轧机生产，2000 年以前，我国中厚板轧机发展比较缓慢，这一时期我国共计拥有 25 套中厚板轧机，原设计产能在 1600 万吨/年左右，大部分为辊身长度 2500mm 以下的老旧轧机，轧机装备陈旧、产能不足、产品质量差，无法满足造船钢板的生产要求。2001 年之后我国中厚板产能快速扩张，为造船板的快速增长提供了条件，尤其是在 2005 年后，中厚板项目陆续建设和投产，并且总体装备水平有了明显提高。这些新建的中厚板生产线具有轧制压力大、板幅宽、前后工序配套能力强等优势，为提高船舶海工用钢品种质量水平、保障生产供应创造了有利条件。

我国钢铁工业中厚板企业生产装备条件的发展，使得我国造船板的生产规模增长成为现实。我国船舶工业的崛起为造船板扩大生产规模提供了增长的基础。2001 年，中国造船完工量不足 400 万载重吨，造船用钢的产量仅 168 万吨。到 2010 年，中国造船完工量快速增长到 6100 多万载重吨，在全球造船份额中占比从不足 10% 提高到 40% 以上，成为世界第一造船大国。随着船舶工业需求的增长和钢铁产能的不断释放，我国船舶及海洋工程用钢的生产规模快速增长，2010 年我国造船用钢的生产量超过了 1780 万吨，比 2001 年增长了 10 多倍，除了满足我国造船及海洋工程装备制造业快速发展对材料的需求，还有相当一部分出口到国际市场，由此也确立了我国船舶及海洋工程用钢生产规模及保障供应能力的世界优势地位。当前，世界造船业总体格局上是中、日、韩三足鼎立的态势。对比中、日、韩三国造船用钢消耗情况，2018 年日本船板钢消耗为 290 万吨，韩国约 300 万吨，中国为 730 万吨，中国钢铁工业协会的统计结果显示，2018 年我国船板钢的生产数量为 818 万吨。目前，国产船舶海洋工程用钢板已经得到广泛应用，基本实现国产化，占到

船舶及海洋工程用钢总量的 95% 左右。

在钛合金装备条件建设方面，突破了 EB 炉制备钛合金的技术瓶颈，已经可以工业化制备满足国家军用标准使用要求的 10 吨级 TC4 合金扁锭，表明国内在 EB 制备钛合金铸锭的元素精确控制方面取得长足进步，这为进一步应用 EB 炉制备满足航空发动机使用要求的多组元耐热钛合金奠定了良好的基础。同时，也为钛合金板材的高效短流程制备打通了工艺。目前中国钛工业具备年产 10 万吨钛材的能力，超过全球产能 30%，我国已经成为世界钛材生产大国。在航空航天、船舶海洋工程、医疗、高端化工（石化、环保等）等行业需求拉动下，我国多地企业加快了新上钛加工项目，或在原有设备基础上增加大型钛加工装备，包括 3t 以上真空自耗电弧炉、3000t 以上挤压机和宽度 1.5m 以上冷热轧设备以及朝阳金达 1 万吨/年优质海绵钛新建设项目等，部分企业高端钛加工设备扩张速度加快，预计到 2020 年国内还将新增海绵钛产能 8.75 万吨。2019 年中国共生产钛加工材约 71000t，同比增长 12%，居世界首位，钛行业产量已连续三年呈现快速增长的势头。

24.2.2　品种技术研究开发

我国已经建立了比较完整的"船舶与海洋工程用结构钢"通用标准体系，新修订的《船舶与海洋工程用结构钢》（GB/T 712—2011）国家标准中，把过去船体结构用钢与海洋工程结构用钢统一成了一个标准体系，拓展了品种规格范围，实现了与其他国家及国际标准的接轨。目前我国船舶与海洋工程用钢体系与国外现有的主要标准要求基本一致，这些标准规范包括：欧洲的 EN10225、BS7191、NORSOK 标准，美国的 API、ASTM 标准，日本的 JIS 标准，以及各国船级社 LR、ABS、DNV-GL、CCS 等八大船级社规范。目前我国船舶与海洋工程用钢体系中，在强度等级上分为：一般强度船舶结构钢（235MPa）、高强度船舶结构钢（315MPa、355MPa、390MPa）和超高强度船舶结构钢（420MPa、460MPa、500MPa、550MPa、620MPa、690MPa）；在韧性等级上有 A、D、E 和 F 级，冲击考核温度从室温要求到-60℃；船板钢厚度规格要求，上限从 100mm 扩大到 150mm；厚钢板质量等级上增加了 Z25、Z35 两个抗层状撕裂的 Z 向钢。可以看出，我国"船舶与海洋工程用结构钢"标准体系的完善基本覆盖了船舶海工装备制造对材料的主体需求，对船舶海工装备制造业的发展起到了保障作用。

· 近年来，为满足高技术船舶及高端海洋工程装备的发展需求，我国在船舶与海洋工程用钢新材料的研究开发方面也取得了许多突破性进展，主要成果包括以下几个方面：

（1）油船货油舱用耐蚀钢。在国家"十二五"科技支撑计划项目以及工业信息部示范应用项目的支持下，钢铁研究总院、鞍钢、中船工业 611 研究所、中国外运长航、中国船级社等跨行业单位协作，突破行业间的界限，组成联合攻关项目组，突破了材料研发、生产、检测等诸多核心关键技术，研制出了满足 IMO 规范要求的油船用耐腐蚀钢板及配套材料，经过 4 年的努力，国产油轮耐蚀钢成功获得示范应用，国内首艘应用国产油轮耐蚀钢的示范油轮"大庆 435 号"于 2014 年完成建造下水，使用国产耐蚀钢板用钢量约 1100t、配套型材用量约 250t、配套焊接材料约 20t。国产耐蚀钢的研制成功，是我国造船用钢新材料研究的一项重大技术突破，标志着我国大型油轮用耐蚀钢体系建立取得重大进展，实现了打破国外发达国家依靠国际新标准进行技术垄断的目标。

（2）自升式平台用齿条钢。齿条钢是自升式平台材料中要求高、难度大的一种专用钢种，其厚度规格达到 114~259mm，屈服强度要求 620~760MPa，同时要求具有良好的低温韧性、耐海水腐蚀性及焊接性，研究开发技术难度非常大，生产工艺装备要求也很高，长期受制于人。为了满足用户行业的需求，近年来，鞍钢、舞阳、兴澄特钢等钢铁企业先后在厚板生产线上增加了板坯电渣重熔装备、配套的特厚板热处理装备等高性能特厚钢板的专用设备，为高强度齿条钢特厚钢板的研究开发创造了生产条件。目前，我国已经成功开发出厚度规格 152mm 以下 690MPa 级齿条钢品种，钢板的综合性能优良，截面厚度方向组织性能均匀，达到了国际同类产品的先进水平，基本实现了国产化。但是，对于厚度规格 180mm 以上的齿条钢，受装备条件的制约，目前国产材料在性能稳定性、截面性能均匀性方面还不能满足用户的使用要求。

（3）集装箱用高强度止裂厚板。为了满足集装箱船大型化发展要求，国际船级社协会（IACS）船体委员会 2011 年成立专门工作组，提出在超大型集装箱船的舱口围板顶板、腹板和上甲板等受力最大位置使用抗裂纹止裂钢板的要求，并制定了集装箱船用高强钢厚板安全应用的相关标准。各国船级社也基于此标准相应颁布了关于超大型集装箱船用止裂钢的指南，为集装箱船用止裂钢板的应用提供了指导文件，加速推动了止裂船板的研究开发和推广应用。止裂钢船板研究最早由日本提出，我国于 2013 年开始启动相关的研究工作。目前，经过国内相关材料研发、生产单位的共同努力，解决了裂纹止裂原理、止裂钢生产工艺、止裂性能评估等关键技术，开发出相应止裂钢品种并实现国产化。国内船板钢相关生产企业，包括鞍钢、宝钢、舞阳、湘钢、沙钢、南钢等钢铁公司，先后开展了超大型集装箱船用止裂钢板的研制工作，鞍钢采用新一代 TMCP 技术研制出最大厚度 90mm 的 EH40、EH47 止裂钢产品，满足规范对止裂性能指标的要求，成功应用于 20000TEU 超大型集装箱船的建造。下一步还需要开发更高强度等级的 EH51、EH56 系列止裂钢品种。

（4）LNG 船储罐用 9Ni 钢。9Ni 钢具有良好的强韧性和抗低温（-196℃）脆性破坏性能，生产工艺性良好，具备良好的焊接性能，被广泛用于 LNG 储罐的制造。该材料要求强度高、线膨胀系数小、超低温（-196℃）韧性优良，技术含量高，生产难度大，过去一直被国外少数企业垄断。我国早期建造大型 LNG 储罐所用的超低温材料全部从国外进口。在国家重点科技项目支持下，钢研总院、鞍钢、太钢等单位共同合作，经过系统研究和工艺创新，形成了一整套具有自主知识产权的国产 9Ni 钢制造和应用技术，成功开发出超低温材料 9Ni 钢品种，形成了《低温压力容器用 06Ni9 合金钢板技术标准》，并在国内大型 LNG 储罐成功应用，填补了国内空白，整体技术和实物质量达到国际先进水平。目前，太钢、鞍钢、宝钢、南钢、舞钢等钢铁企业已经相继研发出 LNG 储罐和船用球罐用 9Ni 钢，基本满足了国产化的要求。

（5）殷瓦钢。殷瓦钢是薄膜型 LNG 船液货船仓所需的主要材料，一条 17.4 万立方米的 LNG 船，殷瓦钢需求量约 480t。殷瓦钢其实是一种恒膨胀 Fe-Ni 合金，Ni 含量 36%，在-163℃工作环境下，几乎不存在热胀冷缩效应，主要厚度规格为 0.7mm，生产加工十分困难，研制难度很大，目前我国 LNG 船用的殷瓦钢全部依赖进口。在国家工信部《液化天然气船用殷瓦钢和绝缘箱胶合板关键技术应用研究》项目的支持下，宝钢承担了 LNG 船国产殷瓦钢的研制工作，通过技术攻关，打破国外技术壁垒，成功完成该合金工业化试制，实现了超低温条件下（-196℃）稳定的物理性能和良好的强度、韧性。在此基础上，宝钢积极推动法国 GTT 公司和中国船级社（CCS）认证工作，于 2017 年 9 月通过法国

GTT 公司认证，成为世界上第二家可供应 LNG 船用殷瓦钢的生产企业。但由于没有工程使用业绩，至今没有得到实际应用。

（6）大线能量焊接用船板钢。焊接占船体建造总工时的 30%~40%，提高焊接效率节省焊接工时对于缩短船舶建造周期和降低制造成本具有重要意义。为了满足大线能量高效焊接的技术要求，日本、欧洲等先后开发了 YP335、YP390、YP460 等系列强度等级的大线能量焊接船舶海工用钢，最大焊接线能量达到 100~500kJ/cm，焊接效率显著提高。近年来，国内相关的研究生产单位在大线能量焊接技术、大线能量焊接用钢产品等方面开展了一些研究工作，开发出焊接线能量适用在 100~200kJ/cm 范围的部分大线能量焊接船板钢品种，取得了部分实船应用业绩。但国产大线能量焊接船板离造船行业的实际工程需求还存在较大差距，需要加大研发力度推动实现批量稳定化。

在船用钛合金领域，我国在钛合金自主研发、制备和高端应用领域已经取得长足进步，初步建立了我国船用钛合金体系。经过多年的发展，我国船用钛合金研究制造水平有了很大提高，现已形成了我国专用的船用钛合金体系，已能批量生产板、管、锻件、中厚板、各种环材、丝、铸件等多种形式的产品，可满足不同强度级别和不同部位的要求。主要成果包括：

（1）国产 4500 米潜深载人潜水器耐压壳成功制备。使用的钛合金是具有自主知识产权的 Ti80 合金和仿制合金 TC4 ELI，突破了合金大规格厚板的制备、球瓣成型、球瓣机加、焊接、无损探测等关键技术，具有多项先进技术的集成，是继俄罗斯后第二个可以制备该耐压壳体的国家。

（2）在钛合金 3D 打印整体成型方面取得了长足进展，成功突破了钛合金大型复杂整体构件激光成型技术，完成了包括超过 $15m^2$ 级平面化构件的 3D 打印成型，制备的典型件已在多款战斗机中获得应用，可扩大应用到船舶结构制造。

（3）针对钛合金的设计、加工和应用技术研究，国家相继立项"低成本高耐蚀钛及钛合金管材与高品质钛带制造技术开发及应用""航空用先进钛基合金集成计算设计与制备""高精度钛/锆合金挤压型材制备技术"等重点专项。目前在大规格钛合金 EB 炉圆锭和扁锭，大规格钛合金无缝管，大卷重、低成本高品质钛带，EB 炉国产化方面都取得了突破性进展。这些项目的完成，将有力地促进钛合金在航空、航天、舰船领域的应用。

（4）国内目前钛合金相关加工企业装备都是针对航空航天应用配备，无法满足船用钛合金大规格板材和大口径管材的需求。针对这一问题，目前国内走出了钛-钢结合的发展道路，借助钢厂的设备能力进行钛合金的生产。国家"十三五"重点专项和规划项目中，参研单位基本都是采用的这种模式运行，这也是未来钛合金制备和应用的发展趋势，将有效解决目前钛合金生产配套能力不足问题，极大促进钛合金发展和应用。

在海洋工程用铝合金等有色金属领域，我国已经具备了完善的研发生产及相当规模的加工制造能力，特别是近些年来我国大规格铝合金加工能力已经达到世界先进水平。

碳纤维增强树脂基复合材料是近年来爆发式增长的新型海洋工程装备材料，其耐腐蚀特性高，抗海洋生物附着力强，是舰船、海洋平台、海洋发电等海样工程装备的理想结构材料，先进碳纤维增强树脂基复合材料已经成为衡量一个国家技术材料发展水平的关键指标。我国碳纤维增强基复合材料应用研发较晚，但已经形成了 T300 碳纤维的量产能力，更高强度水平的复合材料的研发也取得突破性进展，基本突破了国外的技术封锁。

24.2.3　市场需求与应用领域

2019 年，全球目前有 19%的大宗海运货物运往中国，有 20%的集装箱船运输来自中国；新增大宗货物海洋运输之中有 70%运往中国。中国港口吞吐量和集装箱船吞吐量位居世界第一。2010 年我国成为世界第一造船大国，2018 年我国造船占国际市场的份额按载重吨计超过 40%，继续保持世界领先。船舶工业是支持国家重大战略、参与国际经济大循环、提升国家经济驱动力、抢占未来经济制高点的战略性行业，是产业带动力最强的外向型行业，也是实现军民融合、建设现代化海军、支持国家安全、主权、权益保障能力建设的支柱产业。因此，在陆海空天四大领域的制造业中，船舶工业具有特殊的重要性。

高技术船舶是一种技术密集型和人力密集型高技术的复杂产品。在国民经济的 116 个产业部门中，船舶行业位居第 16 位，并与其他 97 个产业部门有直接关联，关联面高达84%。船舶行业的发展能促进我国产业结构优化升级，缓解劳动力就业压力，带动地方经济与周边区域经济的蓬勃发展。经过几十年的发展，我国船舶工业已成为具有国际影响力的造船大国，形成了比较齐全且体系完备的产业链，具有一定的综合竞争优势。但是，与造船产量略低的韩、日比，我国造船仍以造船体和总装集成、造低附加值船为主，高端船舶创新设计能力不强，配套产业发展滞后，生产效率低。按人均生产修正总吨计算，日、韩为 185.6 修正总吨/（人·年）与 123.33 修正总吨/（人·年），而中国为 19.54 修正总吨/（人·年），只有日、韩的 1/10 与 1/6。按修正总吨耗费工时计算，日、韩为 10h/修正总吨和 15h/修正总吨，而中国为 95h/修正总吨，差距非常明显。这些问题严重压缩我国船舶行业的经济效益，制约我国船舶产业的高质量发展及未来的市场竞争能力。欧美现阶段在造船方面已经渐渐退出市场，但是在高技术船舶设计和配套方面仍然引领国际发展，这些产品都是高附加值产品，而且大多都处于垄断地位。中国三大造船指标都居世界第一，造船基础设施完善，能建造所有的船型。但是由于缺少科学的数字化管理平台，我国船舶工业生产效率低下。中国航运业发展很快，国内市场的需求量较大，对中国造船行业的发展有很大的推动作用。在国际市场上我国输出的高技术产品和服务较少，整体处于低端市场，利润率低。

毋庸置疑，中国是当今世界造船业与海洋工程装备制造业的第一大国。从 2010 年开始，中国造船完工量一直维持在世界造船总量的 40%左右。从中、日、韩三国的船舶行业三大指标占全球的比重对比情况来看，中国的手持订单和新接订单数连续多年达到世界总量的近一半。近年来，中国海工装备制造订单量占全球市场份额也得到快速提升，2019 年占全球市场份额的 46%。中国在造船与海洋工程装备制造行业中世界第一大国的地位为材料行业发展提供了强大的市场需求基础。

在国家建设海洋强国战略的推动下，作为国家战略性新兴产业和高端制造业，我国船舶海洋工程装备制造产业受到高度重视，国家也出台了多项政策鼓励船舶与海洋工程装备制造行业的高质量发展。

随着俄罗斯进一步提高波罗的海港口石油出口能力以及北极附近油气资源的加速开发，全球船舶海洋工程装备制造领域呈现多样化发展需求，适应冰区航行要求的船舶需求量大幅增加，另外，随着海洋可利用资源范围越来越广泛，我国深海采矿、海洋能源和深海渔业等海洋资源、能源开发项目逐步增加。其中，可燃冰勘探开发设备、深远海网箱养殖、火箭海上发射平台、海上浮动电站、海上旅游装备、海上风力发电装备等项目的研发，对我国整个海洋高新技术发展具有深远的意义，并成为未来海洋工程装备的发展趋势之一。

24.2.4　新材料产业链协作机制

新材料研究开发到市场应用、实现产业化，需要研究、生产、应用上下游行业的协同合作。过去，由于缺乏跨行业的协作机制，用户需求与材料研发严重脱节，新材料在研发过程中缺乏用户行业应用技术研究和考核验证，导致新材料技术成熟度低，工程化应用困难，高端装备制造中"无材可用、有材不好用、好材不敢用"的现象十分突出，有些关键材料成为了高端装备制造中的关键材料。

近年来，在推动我国船舶海洋工程用钢新材料研制实践过程中，总结出新材料产业链协作机制方面的管理体系创新。以"油轮耐蚀钢的研制与应用"项目为例：国际海事组织（IMO）为了提高油轮运输的安全性，基于发达国家在油轮用钢新材料研究与应用的基础上，2010 年通过了强制性国际标准规范，规定油轮耐蚀钢是 2014 年以后新建的大型油轮唯一替代涂层的方案，当时我国油轮耐蚀钢的研究基本是空白，这实质上是发达国家利用其技术领先优势、通过国际标准规则对我国造船用钢新材料以及油轮制造实现技术垄断。为了打破上述技术封锁，国家组织了冶金、造船、船检、船运等跨行业协作的联合攻关组，在科技部"十二五"国家科技支撑计划项目（2010 年）和工信部示范应用项目（2012 年）的支持，经过 4 年的努力，突破了材料研发、生产工艺、检测评估、标准规范等诸多核心关键技术，研制出了满足 IMO 规范要求的油船用耐腐蚀钢板及配套材料，成功用于国内首艘示范油轮"大庆 435 号"的建造，实现了新材料国产化及实船应用，打破了国外技术垄断。项目研制过程中，由政府支持（科技部国家科技支撑计划项目、工业和信息化部示范应用项目），行业协会（三会一社：中国钢铁工业协会、中国船舶工业协会、中国船东协会和中国船级社）组织推动，研究、生产、应用、标准规范单位组成跨行业联合攻关团队，形成了"政-产-学-研-检-用"一体化的协作创新模式（见图 24-5），这是新材料研究成果快速实现产业化应用的成功探索，对推动"原材料工业与制造业"紧密合作具有示范意义。

为了更好地推动新材料研究开发与推广应用，加快新材料产业创新发展，破解新材料产业突出瓶颈制约，国家制订了关于促进新材料产业创新发展的若干政策，包括：建立新材料企业评价体系，建设新材料生产应用示范平台，新材料产学研用相结合的产业联盟，新材料首批次应用保险补偿机制，加强在财税、金融、进出口、政府采购等政策上扶持力度，促进军民深度融合发展等。"国家先进海工与高技术船舶材料生产应用示范平台"建设项目 2019 年得到工信部批准立项，该平台依托用户行业龙头企业，集中科研院所、生产企业、用户单位、标准规范等各方面力量，是国家层面设立的专业化、综合性服务平台。此外，我国还成立了"中国海洋材料材产业技术创新联盟"，为我国海洋材料的协同创新与发展搭建一个良好的信息、交流、服务和数据平台。国家"船舶材料生产应用示范平台"和"海洋材料材产业技术创新联盟"的建立，为推动我国造船新材料研究开发、推广应用及产业化发展创造了有力条件。

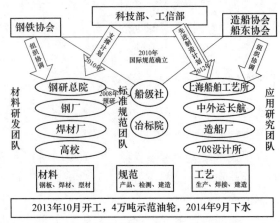

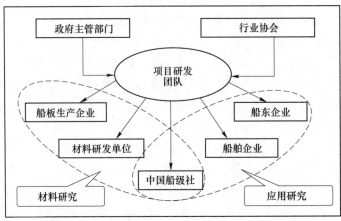

图 24-5　油轮耐蚀钢"政产学研检用"研发模式

24.3　主要问题与对策建议

24.3.1　主要问题

虽然我国在造船材料行业和船舶制造行业拥有了世界一流的生产工艺装备条件，但一些关键材料距离用户需求和国外先进水平还有明显差距，存在品种规格不配套、产品质量稳定性差、应用评估缺失、标准规范滞后等障碍，形成新材料产业化瓶颈制约，大量关键材料品种还依赖进口，制约了我国高技术船舶和高端海工装备的发展。调研过程中用户反映的主要问题包括以下几个方面。

24.3.1.1　现有材料使用中存在的问题

目前我国船舶及海工用钢的生产供应基本能够满足制造企业的要求，钢的内在质量及性能合格率等方面控制较好，但在品种规格配套、表面质量、尺寸精度、供货保障、加工配送产业链服务等方面一直存在比较突出的问题，与日本、韩国有较大差距。

（1）国产船板普遍存在表面质量、公差、板形控制等问题：现行船板钢标准大多是钢厂制定，不能完全满足用户需求。如国产钢板因正公差交货使全船增重 2%～3%，对重量控制、重心控制影响巨大，超重用户可以弃船，因此要求厚度公差不得超过 1%，目前难以满足。

（2）型钢品种质量及生产供应问题：型钢品种规格多、数量少，生产供应组织难度大，有些品种，如不等边不等厚角钢，国产的买不到。

（3）高强铸钢：缺乏高强度大厚度铸钢产品，如屈服强度大于300MPa，抗拉强度大于530MPa，最大厚度300mm，最大单重100t左右。

（4）舾装件材料：都是欧标材料，如275MPa级别，希望船级社有替代标准。

（5）楔形板：单船可在几百到几千吨，国内没有相关产品。

（6）海洋平台用钢高强度化：目前平台主体结构采用屈服强度355级钢板，需要升级到420~460MPa级高强度钢。

（7）不预热焊接平台用钢：高强度钢板焊接往往需要预热防止焊接裂纹，影响焊接施工效率。取消焊接预热可显著提高焊接效率，降低制造成本。

24.3.1.2　新材料推广应用问题

新材料要实现产业化、国产化应用，材料行业必须要提供系统完整的解决方案。但是，国内多数新材料研发上缺乏体系配套，钢材产品规格、品种不齐，应用研究缺乏，配套焊接材料缺失，这些普遍存在问题严重制约新材料品种的应用。

（1）豪华邮轮薄钢板：4~8mm薄板占到钢板用量30%，11000吨，6mm以下7000t，需要激光焊接，对内应力要求高。存在问题：轧制内应力大，钢板平直度差，特别是5~6mm薄板加工后变形大。

（2）LNG船：1）殷瓦钢：17.4万立方米LNG船用殷瓦钢480吨，典型厚度0.7mm，宝钢2017年通过法国GTT认证，价格便宜10%，但仍无应用业绩；2）LNG储罐用高锰钢：国内已开展研究工作，需推动应用评估和示范考核；3）MARK Ⅲ型船：1.2mm不锈钢（304L）+0.6mm铝箔。

（3）大型集装箱船：高强度止裂钢厚板，目前部分品种实现国产化，需要形成高强度系列化品种，包括：EH40、EH47、EH51、EH56等品种。

（4）大型油轮：1）油轮货油舱用耐蚀钢：国内有研究应用基础，船东有顾虑，需加大推动实船应用，完善品种系列化及配套材料；2）压载舱用耐腐蚀钢研究开发。

（5）极地船舶：1）极地破冰船用钢，需要加强钢的低温韧性、抗裂性、耐磨性、耐蚀性等应用研究，开发高伸长率、高韧性抗冲击钢板，雪龙号极地考察船均采用德国进口钢材；2）极地船用低温钢：包括指标体系、品种体系，应结合型号立项开展材料应用专项研究。

（6）自升式平台齿条钢特厚板：目前国产齿条钢最大厚度152mm，大型自升式平台还需要178mm、210mm、256mm等特厚钢板，国内技术装备不成熟。

（7）深海耐压装备用钢：深海作业设备、特别是载人装备广泛采用可焊接高强度高韧性钢种。未来深海耐压装备的发展需要开发强度1000MPa以上高强度高韧性海洋用钢钢种。

（8）海底油气输送管道用钢：我国深水管道建设数量少，目前使用的X70管线钢，最大工作水深达到1500m。未来10年我国深水油气田将开发由1000m到3000m的规划发展，深海管线钢的应用比例将逐渐提高，深海油气输送管向着大壁厚小管径（小D/t）、高钢级方向发展。随着深海油气资源的开发，需要开发高强度、大厚度的高级别深海管线用钢。

（9）其他海洋工程装备用钢：1）南海地区海洋工程装备用钢：南海海域具有高温、高湿、高盐度、强辐射等特点，其独特的环境造成腐蚀性极强，目前还没有能够满足南海海洋环境耐腐蚀要求的结构钢体系；2）海洋养殖大型浮式结构：近海装备（水深 50m 左右），材料的耐腐蚀要求以及底座耐泥浆的运动摩擦，需要低成本耐腐蚀材料，目前材料的本身耐腐蚀特性不能满足要求，深海养殖（1000m）需要轻自重、耐腐蚀、低价格材料，还要防止海生物附着。

24.3.1.3 关键材料品种存在空白、依赖进口

涉及高技术船舶、极地船舶、深海装备、特种海洋工程装备等方面使用的一些关键材料品种没有实现自主保障，依赖进口。

（1）高强度钢配套焊接材料：这是目前造船新材料应用中一个比较突出的问题，经常碰到单一来源进口采购问题，民用焊材 90% 都是外资品牌，很多焊材是国外企业垄断，中高端焊材存在问题。在开发新材料同时，应加大新材料焊接材料、焊接工艺匹配研究。

（2）化学品船：中航鼎衡 7 种船型化学品船，使用 2205 双相不锈钢，单船使用量 235～1380 吨不等，总计 19650 吨，基本都从瑞典 Outokumpu 和日本新日铁进口，国外船东指定进口钢厂，对国产材料稳定性缺乏信心。在 110m 船试用国产双相不锈钢板，存在国产钢板尺寸规格小、表面质量差、焊接变形大等问题，难以满足用户应用需求。

（3）大线能量焊接用高强度钢板及配套焊接材料：实现船舶高效制造的关键技术之一，特别是海工用钢以厚板为主，结构焊接占 40%～50% 工时，采用大线能量焊接显著提高焊接效率，大幅度降低成本。传统工艺 70mm 厚板焊接需 46 道，大线能量焊接（250kJ/cm）时只需要 8 道焊接，需要开发 100～500kJ/cm 大线能量焊接船板及配套材料，目前主要依赖进口。

（4）不预热焊接平台用钢：高强度钢板焊接往往需要预热以防止焊接裂纹，但影响焊接施工效率。取消焊接预热可显著提高焊接效率，降低制造成本。

（5）张力腿平台（TLP）筋腱用钢：强度高，大管径（外径 914mm），壁厚 36mm，焊接难度大，材料为 X70M+A707，目前国内空白。

（6）深海钻采装备用钢：深海钻采系统包括隔水管、油套管、膨胀套管、钢悬链立管、钻柱构件（钻杆、钻铤、方钻杆等）等组成部分，目前基本依赖进口。国外在这一领域研发历史悠久，材料形成系列，国内研发处于起步初级阶段，缺乏系统研究，即使国内企业能生产的个别品种规格，无工程化应用，产品的批次稳定性不够。

（7）海工设备用钢，包括：1）海洋钻井泥浆系统：高压泥浆系统，需要采用双相不锈钢，耐磨性问题；2）轴承依赖进口：国产轴承疲劳寿命短，目前整体进口 SKF、FAG，很多采用国产轴承钢原料；风电主轴轴承，主要进口；3）平台锁紧系统锁紧销：F200×800，$R_{eL} \geqslant 1160MPa$，$A_{KV}(-40℃) \geqslant 34J$，牌号 40CrNiMoA（4340），国产钢材热处理合格率低。

24.3.1.4 新材料产业化、国产化问题

（1）转变新材料开发模式：由过去设计选用，转变成上下游合作共同开发应用，建立有效机制，促进上下游结合。造船新材料国产化阻力往往来源于国内船东，不愿意用国产

材料。

（2）新材料研究应有前瞻性，提前与船厂对接，事先了解研发需求。重视造船工艺适应性等应用研究。

（3）新材料开发要系统配套：钢板开发同时，配套焊接材料要同步开发。

（4）标准：用户企业共同介入制订产品及应用标准，可以考虑针对专项应用建立团体标准。

24.3.1.5　标准规范

国际新标准、新规范的实施对造船用钢提出更高要求。当前，国际海事组织（IMO）提出了一系列关于环境保护和海上安全的新标准、新规范。这些条约的实施将对造船业造成很大的影响，同时也对钢铁企业提出了更高的要求。随着船舶大型化的发展，对高强度钢的要求会越来越多，并且对钢材表面质量的粗糙度和公差提出了新的要求，钢铁企业现有的生产模式有的已经不能满足船检的要求，造船企业还要再进行二次加工，增加了额外的工时，也增加了生产成本。国家标准规范的滞后也严重制约了新材料发展和应用。我国造船用钢生产与用户行业习惯使用国家标准，而国家标准制修订过程往往比较缓慢。如我国现行的国家标准《船舶与海洋工程用结构钢》（GB 712—2011），这是 2011 年修订的，已经过去了 10 年；此前的版本是《船体用结构钢》（GB 712—2000），是 2000 年修订的，当时只有船体结构用钢，还没有建立我国专用的海洋工程用钢规范。可以看出，国家标准修订的平均周期约 10 年，这远远不能满足当今新材料发展及船舶海工装备制造升级的要求。

24.3.1.6　跨行业协作机制缺失

新材料产业化涉及材料研究、生产、应用全产业链的协作体系，上下游单位、不同行业之间必须分工明确、密切合作。虽然我国在"国产油轮耐蚀钢的研制与应用"研究中形成了"政-产-学-研-检-用"协作创新模式，但并没有得到推广应用。行业与行业之间相对闭塞，信息传播、沟通不够，材料研发与用户需求脱节，用户行业对国内钢铁行业已经具备能力、已经能够生产出来的新产品情况不够了解。在新材料研发上往往因缺乏用户行业应用技术研究和工程化考核验证，导致新材料的成熟度低，工程化应用困难；用户行业为了规避工程应用风险，宁愿进口，也不愿意推动国产化，最终导致低端产品恶性竞争，高端材料大量进口，新材料往往成为高端装备制造发展瓶颈。应尽快建立有效的跨行业协作机制，形成"材料行业、船舶行业、船东企业以及标准规范部门"紧密合作创新模式。

从调研过程中反映的问题可以看出，无论是现有材料的生产供应和实际使用，还是新材料的研究开发和推广应用，材料的供需矛盾还是十分突出。需要通过上下游行业的紧密合作，在国家政策的扶持下，系统解决材料研究、生产、应用问题，为船舶海工制造业高质量发展奠定坚实的材料基础。

24.3.2　对策建议

为满足高技术船舶以及海洋工程装备的发展要求，提升行业竞争力，应加强高性能海洋工程材料研发与应用工作。具体建议如下：

（1）提高船板钢质量、完善配送体系建设。表面质量、尺寸公差、板形是目前我国造船板生产使用中比较普遍存在的问题。过去冶金行业重心放在产能建设、扩展规模、提高性能合格率等方面，对产品的表面质量、公差、板形等问题重视不够。随着生产装备条件的不断完善，生产企业对产品质量问题越来越重视。一方面，钢铁企业需加大针对上述质量问题的技术研究工作，加强生产工艺过程控制，提高产品质量水平；另一方面，上下游企业加强供应链协作，完善船板配送体系建设，这样可使产品表面质量等问题前移，避免船厂等到使用时才发现材料的这类质量问题，影响船舶建造周期。调研中也看到日资合资造船企业在这方面有成熟的经验，大大提高了效率，值得我国材料行业与造船行业借鉴。建议国家对船板配送服务性企业给予政策性扶持。

（2）新材料研究与应用创新体系。加强新材料研究与应用创新体系建设，对新材料发展意义重大。借鉴国内外成功经验，建立"政-产-学-研-检-用"一体化协作创新体系，材料行业、造船行业、船东企业全产业链上下游单位分工协作，推动新材料的研究开发和应用，逐步形成由用户持续需求驱动、循环创新的海工材料研发应用体系。

新材料创新体系中建立长效运行机制是关键：新材料产业化流程长、单位多、跨行业，起步阶段投入大、市场小，组织协调难度大、市场化机制也难以发挥作用。因此，"政-产-学-研-检-用"协作创新体系中，政府的推动发挥关键作用。国家对新材料产业化工作高度重视，国务院已经成立了"国家新材料产业发展领导小组"，建议设立一个"新材料协作创新专业办公室（或机构）"，专门协调新材料产业化跨行业协作，充分发挥我国制度优势，协调各方资源，形成上下游分工协作、紧密配合、力量集中的举国机制。体系内明确分工：加强船舶装备对材料技术发展需求的探索，为研发新型材料技术提供思路和方法；加强对新材料原理、方法、设计及制造技术的研究，为上船使用做好技术储备；加强新材料新工艺的应用技术研究，必要时可通过条件保障设施开展陆上演示验证，或在其他非船舶行业开展应用探索，从中积累经验，完善技术，为船舶海工装备一次性成功使用新兴材料奠定基础。近些年，国家在推进产业链建设和协同创新方面也进行了积极的尝试，建立了相关的应用平台和产业联盟，但从管理和激励方面还缺乏有效的手段和制约，造成一些平台和联盟发挥的作用有限，建议借鉴油船耐蚀钢研发应用项目的推进模式，发挥行业的协调作用，有效推进产业链系统创新。

（3）协同推进高档装备研制与新材料研究和示范应用。以用户行业发展需求为导向，国家通过重大装备示范应用模式，把新材料产业化纳入重点任务，联合国内材料研发、生产、造船工艺、船舶建造、船检和船东，发挥"政-产-学-研-检-用"协作创新模式的作用，促进我国新材料的研发创新，加速产品的产业化进程。

（4）实施标准化引领。树立长远目标，通过加强船舶海洋工程装备新材料创新性研究与应用，向国际推出新的船用材料、新的标准要求，培养能够参与国际标准制订的专家队伍，参与并引导国际新标准的制订。加强船舶及海洋工程装备材料品牌建设和知识产权保护，摆脱过去跟踪式发展的被动局面，形成"一代材料、一代装备"的高质量发展模式。构建材料行业与用户行业相联合、优势互补的标准制定、修订与实施机制，提高标准的适用性，充分发挥标准对新材料支撑和引导作用。

（5）加强关键新材料品种开发及应用研究。随着国际海事组织不断出台有关绿色环保新要求，对高端船舶海工用钢提出了新的要求，结合当前市场需求，目前需要开发的主要品种包括：大线能量焊接平台用钢及配套焊材；新型抗碰撞、抗疲劳裂纹扩展用船体结构钢研究；高强度海洋平台用钢及配套焊材；化学品船用特种双相不锈钢；油轮货油舱用耐蚀钢的示范应用；超大型集装箱船用高强度止裂钢板；极地环境船舶海工装备用低温钢；南海岛礁基础设施用耐候钢、耐海水腐蚀用钢；深海钻采集输系统用特殊钢等。加大力度推动钛合金、复合材料、防腐防污等新型材料在高技术船舶、高端海洋工程装备上的应用，通过示范工程应用项目，完善这类新型材料体系化建设。

（6）加强材料数据库体系建设。我国缺乏完整、严谨的海洋环境用钢体系以及材料腐蚀、服役性能数据库，对新材料需求不足，限制了国产先进材料在设计中的选用。建立完整的船舶与海洋工程用钢、腐蚀和服役数据库，对推动船舶与海洋工程用钢的发展和应用意义重大。

24.4　发展目标与前景展望

作为海洋强国战略的重要环节，国家对我国船舶工业、海洋工程装备制造行业提出了明确的发展目标，以海洋工程装备和高技术船舶产品及其配套设备自主化、品牌化为主攻方向，以推进数字化、网络化、智能化制造为突破口，不断提高产业发展的层次、质量和效益，力争到 2025 年成为世界海洋工程装备和高技术船舶领先国家，实现船舶工业由大到强的质的飞跃。《中国制造 2025》明确提出：海洋工程装备和高技术船舶领域将大力发展深海探测、资源开发利用、海上作业保障装备及其关键系统和专用设备；推动深海空间站、大型浮式结构物的开发和工程化；形成海洋工程装备综合试验、检测与鉴定能力，提高海洋开发利用水平；突破豪华邮轮设计建造技术、全面提升液化天然气等高技术船舶国际竞争力，掌握重点配套设备集成化、智能化、模块化设计建造技术。上述计划是近年来我国海洋工程行业的纲领性文件，为我国以后海洋工程行业的发展指明了方向。

要实现上述宏伟目标，使我国成为世界海洋工程装备和高技术船舶领先国家，首先需要突破关键材料技术，避免关键材料成为制约装备制造发展的瓶颈，要做到关键材料核心技术掌握在自己手里，实现自主可控。根据产业发展需求和技术发展趋势，我国船舶海洋工程装备材料总体发展目标：聚焦重大装备发展需求，加强新材料研发与应用研究；完善现有材料的配套开发，解决工程化、产业化难题；大力发展前沿材料、颠覆性技术。"十四五"期间，针对高技术船舶及先进海工装备发展需求，完善材料研发-生产-应用产业链创新体系建设，突破关键材料研究与应用问题，打破国外技术封锁，加快推进新材料在重大工程装备上的示范及推广应用，提高我国在产品标准和设计规范制定上的国际话语权；同时超前布局一批具有前瞻性、先导性和探索性的重大材料研究项目，抢占战略制高点。针对目前我国船舶及海洋工程装备材料存在的问题，未来重点发展目标如下：

（1）完善船舶及海洋工程装备新材料协同创新体系。加强新材料研究与应用协同创新，推动"材料研究、产品生产、应用研究、施工工艺、评估考核、标准规范"全产业链合作，对新材料发展意义重大。要解决过去我国材料产业长期跟踪仿制的发展模式，必须要建立一个产业链分工协作、密切配合的长效运行机制，加强基础研究的同时，补齐配套不足、应用评估缺乏、标准法规滞后等新材料产业过程中的短板，克服高端装备制造中"无材可用、有材不好用、好材不敢用"的材料瓶颈难题。

（2）建立示范应用为导向的新材料发展模式。以用户行业装备发展需求为导向，国家通过重大装备示范应用模式，把新材料产业化纳入"重大示范装备工程"的重点考核任务，联合国内材料研发、生产、造船工艺、船舶建造、船检和船东，发挥"政-产-学-研-检-用"协作创新模式的作用，促进我国新材料的研发创新，加速新材料成果的技术转化和产业化应用进程。

（3）加强船舶海工用钢关键新材料品种技术开发。结合未来市场发展需求，船舶海工用钢需要向高强度、大尺寸、高效焊接、耐腐蚀、耐低温、抗碰撞等高性能化的方向发展，具体品种包括：超高强度特厚钢板、460MPa 级别导管架平台用钢及配套焊材、大线能量焊接用钢及配套焊材、大壁厚深海管线钢、极地环境船舶海工装备用低温钢及复合钢板、南海腐蚀环境用钢、船用不锈钢、深海钻采集输系统用特殊钢等。

（4）扩大钛合金、铝合金、多功能复合材料等新型船用材料应用。钛合金、铝合金、多功能复合材料在高技术船舶和高端海洋工程装备上具有广阔应用前景，是装备制造业转型升级、调整结构的关键材料，目前，我国在钛合金、铝合金、复合材料等工业领域已经取得了巨大发展，生产工艺装备条件达到世界先进水平，产能及生产规模约占全球 50%以上，但在船舶海洋工程装备制造上的应用与世界先进水平还有较大差距，一些特殊船用钛合金、铝合金、复合材料存在品种规格不全、应用评估缺失、质量稳定性差、标准体系不完善等问题，结合我国材料产业研制生产能力基础，分类型扶持一批优势企业作为承接关键材料攻关任务的主体，加强科研院所、材料供应商、支撑多品种小批量材料供应的"单项冠军"企业的培育，完善国产先进材料标准体系，建立材料测试评价数据库，推进材料、标准件、部件等协同攻关，在数据标准等方面衔接配套。

（5）大力发展绿色环保新材料。随着人们环保意识的增强，国际公约和法律法规对防污涂料环保性的限制已成为防腐防污技术发展的最重要的推动力之一，今后海洋防腐涂料的研发主要朝着低 VOCs 的水性化、无溶剂化或高固体化的绿色环保、长寿命、厚膜、低表面处理、易施工的方向发展；防污涂料必然是向着低毒或无毒、长效、减阻的方向发展。随着科学技术的不断进步，防腐防污涂料实现如上性能将指日可待。阴极保护材料向着高性能、体系化方向不断完善和发展，逐步建立常规环境、极端环境以及针对特殊腐蚀防护需求的专用阴极保护材料等海洋工程装备用阴极保护材料体系。

（6）标准化战略。树立长远目标，通过加强船舶海洋工程装备新材料创新性研究与应用，引导建立国际新标准，加强船舶及海洋工程装备材料品牌建设和知识产权保护，摆脱过去跟踪式发展的被动局面，形成"一代材料、一代装备"的高质量发展模式。构建材料行业与用户行业相联合、优势互补的标准制定、修订与实施机制，提高标准的适用性，充分发挥标准对船舶海工用钢的支撑和引导作用。

加快发展高技术船舶和海洋工程装备是我国建设海洋强国的必由之路。我国是一个陆海兼备的大国，海洋的开发、利用、控制和综合管理，是事关国家安全和国家经济社会发展的大局。海洋的探索与开发离不开造船及海洋工程装备技术的进步，要经略海洋，装备必须先行。高技术船舶和海洋工程装备处于海洋装备产业链的核心环节，推动我国高技术船舶和海洋工程装备的发展，是促进我国船舶工业结构调整转型升级、加快我国世界造船强国建设步伐的必然要求，对维护国家海洋权益、加快海洋开发、保障战略运输安全、促进国民经济持续增长具有重大意义。高技术船舶和海洋工程装备处在船舶产业价值链的高端，随着我国海洋强国建设进程向前推进，对传统海洋强国形成挑战，将面临西方强国在核心技术和装备上对我国的封锁。因此，我国必须建立自主可控的装备制造产业链体系。

我国高技术船舶和海洋工程装备的发展，对新材料提出了迫切需求，同时也为船舶海工装备新材料的发展提供了机遇和强大的市场基础。

目前，我国正在大力推进南海开发以及海上丝绸之路建设，对海上基础设施建设、资源开发利用等相关装备的需求将更为急迫，也对我国高端海洋装备的发展提出了更高的要求。中国从世界第一造船大国转变为造船强国，将为船舶海洋工程用材料的发展开辟广阔的应用前景。

25 稀有元素调研综合报告

25.1 稀有元素的重要战略地位

稀有元素是指地壳中含量较少、分布稀散或难以从原料中提取的金属，它是钢铁冶金、机械制造、移动通信、集成电路、平板显示、红外光学、化工电子、医疗健康等领域的关键原材料。稀有元素包括：（1）稀有难熔金属钛、锆、铪、钒、铌、钽、钼、钨；（2）稀有分散金属镓、铟、铊、锗、铼、硒、碲；（3）稀有轻金属铍、锂、铷、铯；（4）稀有贵金属铂、铱、锇；（5）稀土金属钪、钇、镧、铈、钕等；（6）放射性稀有金属钋、镭、锕、铀、钍等。

本报告涉及稀有元素包括钨、钼、钽、铌、铍、锗、铟、镓、硒、铷、铯 11 种，其主要应用如表 25-1 所示。

表 25-1　11 种稀有元素主要应用

元素	主要应用
钨	硬质合金（占 70%）、超合金和高密度合金（占 11%）、脱硫脱硝钨催化剂（占 11%）、钨金属制品（丝、棒、靶材、坩埚等）
钼	合金化元素（占 80%）、石油化工催化剂（占 14%）、钼金属制品（丝、棒、靶材、坩埚等）
钽	钽电容器（占 34%）、超合金（占 18%）、溅射靶材（占 15%）、滤光器和光学玻璃用钽化合物（占 17%）
铌	合金化元素（占 90%）：超高强度低合金钢、不锈钢、耐热钢、油气管道钢等
铍	铍铜合金（占 80%）、空间飞行器框架用铍铝合金、金属铍制品（中子慢化剂、X 光窗口、惯性导航陀螺仪等）
锗	红外光学（占 37%）、光纤制造（占 32%）、太阳能电池（占 20%）、PET 缩聚反应催化剂（占 10%）
铟	平板显示导电 ITO 膜（占 70%）、合金焊料、铜铟镓硒电池
镓	化合物半导体砷化镓（占 85%）、氮化镓（占 10%）
硒	冶金添加元素（含电解锰）（占 40%）、玻璃消色剂（占 25%）、硒饲料添加剂和富硒农副产品等（占 10%）、电子产品等（占 10%）、颜料化工品（占 10%）
铷铯	催化剂（占 70%）：丙烯腈生产硝酸铯催化剂、硫酸生产铯-矾催化剂、高温高压深井采矿甲酸铯钻井液、医疗制药催化剂

（1）硬质合金占钨消费 70%以上。硬质合金由碳化钨粉和适量钴粉采用粉末冶金方法制成。硬质合金刀具、模具在航空航天、汽车工业、矿山采掘与凿岩、钻探等领域应用广泛。钨含量为 85%~99%的高密度合金，是导航和控制系统用陀螺仪的外缘转子、穿甲弹弹芯关键材料。钨基脱硫脱硝催化剂广泛用于火力发电、钢铁、化工行业的烟气治理。

（2）钼和铌是钢的重要合金化元素，消费占比 80%以上。钼能提高钢的强度、韧性、耐磨性、耐热性，改善钢的淬透性和焊接性，提高钢抗酸碱溶液和液态金属的腐蚀性能。

0.02% ~ 0.05% 的铌能提高奥氏体再结晶温度, 实现晶粒细化和析出碳氮化铌沉淀相等强化基体, 将钢的屈服强度提高 30% 以上, 同时提高钢的韧性、抗高温氧化性、耐蚀性、焊接性和成型性。

（3）钽、铟、镓、锗是集成电路、红外光学、液晶显示的关键原材料。钽电容具有优异的电源滤波和交流旁路特性, 在智能手机、军用通信、航天等领域应用首屈一指。高纯钽是集成电路铜导线和硅基体的关键扩散阻挡层; 铟锡氧化物（简称 ITO）是大尺寸平板显示器关键导电膜材料; 磷化铟（InP）具有电子迁移率高、耐辐射性能好、禁带宽度大等优点, 是军事通信、雷达和辐射测量等自动测试设备的首选。砷化镓制作的微波大功率器件、微波毫米波单片集成电路、超高速数字集成电路在移动通信、光纤通信、卫星通信等行业应用广泛。氮化镓具有宽禁带、耐高电压和高温、高电子饱和漂移速度、低介电常数特性, 同时满足高功率和高频率（可达到 40GHz）应用, 在国防、卫星通信、无线通信基站（Sub 6GHz）有着重要应用。红外锗单晶是热成像仪、红外雷达、红外光学窗口、透镜、棱镜与滤光片的关键材料, 在夜间监视、制导和跟踪、资源勘探、无损检测、医疗诊断、工业视觉等领域广泛应用; 四氯化锗能提高光纤纤芯的折射率, 实现光的无损耗传输, 作用不可替代; 低位错锗单晶 GaAs/Ge、GaInP/GaAs/Ge 太阳能电池, 转换效率为 20% ~ 32%, 抗空间辐射性能稳定, 是空间器件太阳能电池的不二选择。

（4）硒是钢铁冶金、无色玻璃制造和含硒饲料等重要元素。二氧化硒能提高锰电解效率和纯度, 高纯锰是不锈钢、合金钢的重要合金化元素。硒能抵消 Fe 离子绿色来制造无色高透玻璃; 人与动物体内缺硒易导致心血管疾病和癌症等。

（5）铍主要以铍铜合金和金属铍形式, 广泛用于航空航天、惯性仪表、核反应堆等领域。高导电铍青铜（含铍 0.2% ~ 0.6%）抗大气、淡水和海水腐蚀, 是海底电缆中继器不可替代的材料; 高强高弹铍青铜（含铍 1.6% ~ 2.0%）是精密仪器、民航客机的耐磨轴承和齿轮的重要原材料; 含铍约 60% 的高强低密度铍铝合金, 是航空航天等空间飞行器优选结构材料; 高纯金属铍是核聚变堆的第一壁、裂变堆反射层的关键材料, 是战略导弹惯性导航陀螺仪、加速度计的核心材料, 是卫星扫描镜重要的基础材料。

（6）铷和铯是石油化工、医疗制药行业的重要催化剂。硫酸铯能提高硫酸生产的低温制酸活性, 降低排放尾气中 SO_2 浓度; 甲酸铯能够提高高温高压深井采矿和采油的钻井速度 30% 以上; 铷盐用于制造抗抑郁药、抗癫痫药和抗狂躁剂、安眠药和镇静剂, 促进血管和成骨细胞形成及外伤口愈合。

25.2 我国稀有元素储产量特点

11 种稀有元素资源和产量情况见表 25-2。

表 25-2 11 种稀有元素资源和产量情况（折合金属量）

元素	全球资源 /万吨	我国资源 /万吨	我国资源 占比/%	我国资源储量和产量情况
钨	330.0	190.0	57.5	储量和产量居世界第一
钼	1700.0	830.0	48.9	储量和产量居世界第一

元素	全球资源/万吨	我国资源/万吨	我国资源占比/%	我国资源储量和产量情况
钽①	21.6	10.6	49.1	基础储量大但品位低，进口为主，对外依存度
铌①	1028.0	118.6	11.5	95%和84%
铍	10.0	0.5	5.0	基础储量较大，品位低，进口为主
锗	0.86	0.35	40.6	储量第二，产量第一
铟	1.1	0.8	72.7	储量和产量居世界第一
镓	23.0	19.0	80.0	储量和产量居世界第一
硒	9.9	2.6	26.3	储量和产量居世界第一
铷	1149.0	164.0	14.3	铷化合物初级产品大国
铯	29.0	12.0	41.6	铯化合物初级产品大国

数据来源：USGS2019，各行业协会。

① USGS 钽铌储量数据和国内储量数据之和。

（1）钨和钼产量全球第一，但资源品位下降显著。近年来我国钨和钼产量分别占全球81%和35%以上，持续保持全球第一，过度开采造成国内钨和钼可开采资源品位明显下降。2018 年钨协对 34 家主钨矿山调研，发现 24 家矿山资源品位由原来的 0.42%下降到0.28%，7 家资源趋于枯竭，白钨已替代黑钨成为骨干钨矿资源。品位 0.1%及以下钼矿已成为目前钼的主开采矿。矿山品位降低造成环保压力和生产成本显著上升。

（2）钽、铌、铍矿品位低，难开采，大量进口。我国钽、铌和铍矿的平均品位分别为0.02%、0.14%和 0.1%以下，矿床嵌布粒度细且分散、埋藏深、可选性差。国内仅江西宜春钽矿厂生产钽，广东博罗铌矿生产铌，但产量远不及需求，而铍目前无可经济开采的矿。目前国内主要从非洲进口钽和铍精矿（从哈萨克斯坦进口金属铍，从美国和日本进口铍铜合金），从巴西进口铌来满足应用需求，对外依存度均在 90%以上。

（3）锗、铟、镓、铷和铯产量全球第一，产能过剩。锗主要分布在美国和中国，储量分别占到 45%和 41%。美国受铅锌尾矿提锗产量限制于 2013 年关闭停产。我国锗以从褐煤中提取为主，铅锌尾矿提取为辅，年锗产量约 120t。锗需求全球呈逐年上升趋势，2018年全球消费总量 160t，我国消费 70t，产能明显过剩。我国原生铟产量占全球约 50%，国产高纯（4N5）铟锭的 80%以上出口到日本，但日本和韩国的 ITO 靶材返销给我国，占我国 80%以上 ITO 靶材市场，且他们从废靶中提取再生铟占铟消费达到 80%，对原生铟消费需求降低，加之泛亚 3000t 铟库存，铟呈现严重产能过剩。我国镓产量占全球 95%以上，从 2015 年起镓消费需求较弱，产能过剩，国外镓生产企业基本停产，国内企业开工率也只有 30%~40%。我国是全球最大的铷铯化合物初级产品生产国，铷铯的全球年消费量在十几吨和几百吨，远远小于产量。

（4）硒受铜钼产量制约，需大量进口满足应用。我国硒产量从 2017 年超过日本成为全球第一，2018 年产量达到 1050t，但消费量为 2100t。我国硒净进口量占全球硒产量的40%，2017 年达到 50%，其中进口硒的 70%来自于日本。我国硒的消费主要用于电解锰生产添加剂、无色玻璃生产和涂料添加剂等，特殊的消费结构造成较大的硒需求。

25.3 我国稀有元素行业技术现状

25.3.1 产业链相对集中

随着资源整合和环保监督力度的持续加大，重点企业利用技术和资源优势，在矿山开采、产品深加工等诸多环节发挥着重要作用，稀有元素产业链呈现逐渐集中的良好势头。

钨元素形成了中钨高新、江钨集团、厦门钨业、洛钼集团、章源钨业五大主体企业。近年来我国原生钨产量在7万~8万吨之间。2018年产量中中钨高新产量占到27%，江钨集团占到19%，洛钼集团、厦门钨业和章源钨业分别占到16%、14%和5%。厦门钨业是国内最大的APT生产企业，产量1.8万吨，赣北钨业、郴州钻石钨制品、章源钨业、赣州海创钨业等产量均在5000t以上。下游硬质合金企业主要分布在湖南和四川，两省产量占全国比重50%以上。

金堆城钼业、洛钼集团和鹿鸣矿业为国内三大钼企业，2018年合计钼产量5.12万吨，占全国产量56%，全球的19.3%。金钼股份、锦州新华龙、洛钼集团、成都虹波钼业、江苏峰峰钨业等基本控制了我国钼酸铵、二硫化钼和钼金属制品，产能钼酸铵为4.5万吨/年，钼丝和钼粉分别为3000t/年和4000t/年。

钽、铌冶炼加工主要在宁夏、江西、湖南和广东。宁夏东方钽业为钽铌产品加工龙头企业，其电容级钽粉产销量位居世界前三，钽丝产销量连续十年稳居世界首位。宜春钽铌矿厂、九江有色金属冶炼公司、江门富祥电子材料、株洲硬质合金集团和泰克（苏州）公司生产的钽粉、钽丝、钽条和钽锭也占有一定的国际市场份额。中信金属与巴西矿业公司、钢铁研究总院以及几大钢厂合作，共同推动我国含铌合金钢研究以及在汽车轻量化、高铁、石油管线、铁路桥梁、工程机械、建筑、新能源等领域的应用。

除美国和哈萨克斯坦外，我国是全球第三个拥有从铍矿石开采、冶金到加工完整产业链的国家。铍冶炼以湖南五矿铍业为主，可加工氧化铍150t/年、铍铜合金1500t/年和金属铍原料。铍铜合金的加工包括中色（宁夏）东方集团（铸锭1200t/年和板带2000t/年）、乌中冶金制品（上海）（2000t/年）、上海贝瑞姆铜业（120t/年）等公司。西北稀有金属材料研究院宁夏有限公司是我国唯一的铍材研究和生产基地。

国内锗冶金以蒙东锗业、云南锗业和云南驰宏国际锗业为主，三家合计产能约为130t/年。红外锗单晶和光纤用高纯四氯化锗产品加工企业主要包括：有研光电、云南锗业、广东先导稀材、南京中锗公司等。

镓冶金主要包括珠海方源（产能170t/年）、锦江集团（产能150t/年）、中国稀有稀土公司（产能120t/年）、东方希望（产能60t/年）、北京吉亚（产能120t/年），产能合计占全球77%以上，随着国外企业停产，实际产量几乎达到全球95%。以中科晶电、广东先导、大庆佳昌、云南锗业为代表制造的LED用2~6英寸导电型砷化镓产能和产量全球第一。氮化镓材料外延片加工企业主要有苏州晶湛、江西晶能、东莞中镓、苏州能讯、江苏能华、杭州士兰微、江苏华功半导体等。

铟提取集中在云南、湖南、广西、广东四省。以铅锌尾矿提铟为主，云锡文山锌铟、蒙自矿业、云铜锌业、株冶集团、马关云铜、南方冶炼等公司精铟产量总和占全国总产量的56%。以冶炼渣、灰、泥，钢厂烟灰、尘泥、废靶等为原料，以精铟等稀贵金属、锌锭、硫酸锌、次氧化锌为主要产品的回收型企业，主要集中在湖南株洲、广东清远和韶关、广西河池等地区，以株洲科能新材料、广东先导稀材、广西德邦科技等为代表。ITO 靶材制造已经形成了广东先导稀材、广西晶联、福建阿石创、芜湖映日科技、株洲火炬安泰、江苏比昂电子材料、北京冶科纳米科技等主力公司。

硒冶金以江西铜业、云南铜业、云南锡业和金川集团为主，总产量占全国 80% 以上。广东先导稀材近年来开展从低品位尾矿渣、含硒废料、废水、硫酸酸泥等回收硒和碲技术，成为提高硒产量的有效补充。

铷铯加工企业主要有宜春钽铌矿厂、河北铸合集团、江西东鹏新材料。江西东鹏新材料是全国最大的铷铯化合物生产企业。铷铯应用研究企业主要包括：有研科技集团、光鼎铷业、中科院电工研究所、中国航天科技集团公司等。

25.3.2　冶金技术达到世界先进水平

（1）钨钼冶金方面：采用内热式回转窑或多膛炉加热焙烧、酸性或碱性氧压浸出、次氯酸钠和电氧化法制备钼精矿技术已经成熟。磷铵-氟化钙浸出、苏打压煮和碱性萃取、黑白钨混合矿浮选、黑钨精矿碱压煮-萃取或离子交换制取兰钨新工艺达到世界先进水平。"基于硫磷混酸协同浸出的钨冶炼新技术"实现了近零污染排放，废料和废渣回收利用。"复杂共伴生钨资源碱性萃取高效绿色提取"技术，解决了低品位高钼白钨矿综合利用难题，基本实现废水和废渣的零排放。

（2）低品位钽铌矿冶金技术：研发了氟化盐矿石分解、H_2SO_4- HF-仲辛醇体系分步萃取、低酸萃取技术和过氧化物沉淀、低温焙烧等工艺，将萃取分级效率从 75% 提高到 95% 以上，减少了酸和有机溶剂用量的同时提高了钽铌分离效果，降低了钽铌液中的杂质含量，结合冷却结晶法从低品位矿中综合回收钛、锆、钨等有价金属，使难分解矿中钽铌总回收率由 60%~70% 提高到 85% 以上。

（3）低品位资源中镓、锗、硒、铟元素综合回收技术：采用高选择性膜及萃淋树脂吸萃富集技术回收锗、镓和铟，较好地解决了传统锌粉置换氧压酸浸液工艺中砷化氢剧毒气体析出的危害，同时比传统中和沉淀萃取分离方法的元素回收率提高 15% 以上。硫酸化焙烧法湿法氧化选择性还原硒技术，将硒的回收率从传统苏打法的 90% 提高到 95%。集合真空冶金、湿法冶金、电冶金高效提取金属铟的清洁冶金技术，从含铟 0.1% 的粗锌中提炼 99.993% 纯度的金属铟，回收率 90%，直收率达到 80% 以上。采用提锗旋涡炉技术，提锗的同时利用煤炭燃烧余热进行发电和供暖，减少污染和实现资源共用。

（4）在绿色矿山建设方面，自主研发的"露天矿无人采矿装备及智能管控一体化关键技术"，基于 5G 无线通信技术构建了露天矿无人装运指令集群控制技术，实现了露天矿区无人驾驶新能源电动卡车的自主运行、无人驾驶铲车装料、多金属多目标精细化配矿协同智能调度一体化管控系统。

25.3.3　产品性能稳步提升

（1）钨产品方面：仲钨酸铵、偏钨酸铵、氧化钨产品纯度 99.95% 以上，钨粉和碳化钨粉粒度可在 $0.05~100\mu m$ 范围内调控；高纯超粗晶碳化钨粉出口欧美硬质合金龙头企业；可批量生产平均晶粒度 $0.2\mu m$ 的超细晶硬质合金；钨基硬质合金产量位居全球第一，产量占全球总产量的 40% 以上，出口量占我国钨产品出口总量的 20% 左右。硬质合金刀片几乎占领国内全部中低端加工市场和 40% 以上的高端市场。

（2）钼产品方面：钼酸铵、二硫化钼、钼丝、钼粉等产品性能基本与国际知名企业 Plansee 和 Climax 相同，大量出口。钼化工产品产能 4.5 万吨/年，以国内自用为主。钼丝产量 3000t，以出口欧洲为主；钼粉产量 4000t，以出口日本为主。国产石油化工钼催化剂打破日美技术垄断，实现 70% 自给率。

（3）钽、铌、铍产品方面：电容器级钽粉容量 200000CV/g，出口英、德、日、韩等世界顶级钽铌电容器厂家。钽丝直径最小 0.06mm，产销量连续十年稳居世界首位。超导用高纯铌材、铌钛材获得德国 DESY 认证，满足欧洲 X 射线自由电子激光项目需求；大晶粒超导腔用铌材、1.5G 7 胞超导腔和 161.5M 四分之一波长超导腔性能达到国际先进水平；掌握钽管材偏心加工技术，管材尺寸公差优于美国 ASTM 标准。研制了 ITER 专用的 CN-G01 级铍材，性能达到美国 S-65C 同类产品水平，通过了 ITER 组织认证，填补国内空白。惯性仪表铍材、铍组件、铍扫描镜等形成了多个系列，已应用于导弹、核反应堆、卫星等武器装备。

我国已有 200 多个含铌新钢种，截至 2019 年底累计生产含铌高强钢 4.8 亿吨，连续 14 年保持全球第一。钢中铌铁的消费量达到 40g/t，比 2008 年的 31.8g/t 消费水平提高 25.7%，与全球平均消费的 50g/t 钢差距进一步缩小；抗硫化氢腐蚀、耐压低碳高铌 X80 管线钢在西气东输管道获得应用。

LED 用 2~6 英寸导电型砷化镓产能和产量为全球第一，具备衬底材料到外延、芯片等的完整产业链，该领域具备低成本优势。初步掌握垂直梯度凝固法（VGF）制备 2~4 英寸半绝缘砷化镓生长技术。

（4）平板显示 ITO 导电膜和钼靶：基本掌握高性能 ITO 粉体、ITO 靶材烧结以及背板绑定等关键技术，打破了日、韩技术封锁和垄断，小批量 ITO 靶材在国内 G8.5、G6、G4.5 等产线中获得应用。攻克了高世代 AMOLED 面板用宽幅钼靶的选粉、混粉、板坯气氛烧结等核心技术，可批量制备纯度 99.95% 以上、晶粒度小于 100μm 的 1.8m 宽幅钼靶材，填补了国内空白，产品在京东方、华星光电多条 G8.5、G6 AMOLED 面板生产线获得使用。

（5）锗产品方面，已掌握直径 320mm 红外锗单晶生产工艺，性能接近比利时 Umicore 公司 350mm 产品，高性价比已将 Umicore 公司挤退出红外锗光学市场。光纤级高纯四氯化锗性能与 Umicore 公司产品接近，已建成国内第一个光纤用四氯化锗材料生产线。

25.4　我国稀有元素技术差距

25.4.1　高端稀有元素产品依赖进口

（1）高端硬质合金刀钻：我国硬质合金产量世界第一，但高端应用领域刀钻依然依赖进口。汽车工业、航空航天等加工领域硬质合金刀进口占比达 60% 以上；高铁钢轨铣磨车用硬质合金铣刀全部进口；印制电路板用 3.5 亿支直径 1.0~2.0mm 的 0.2μm 级超细晶粒硬质合金微钻棒材，全部依赖日本进口，国内仍属空白。高端硬质合金产品进口与国内碳化钨原料粉末粒度、纯度和晶型控制技术、粉末冶金技术掌握不足，同时缺少刀钻产品创新设计、动态应用性能评价方法有关。国际著名企业如瑞典 Sandvik、美国 Kennametal、日本 Mitsubishi Materials、Toshiba Tungalloy 等，在原料深加工（原料来自我国）、刀型设计、制造等方面技术积累深厚，产品性能优异，同时又提供工况、刀具选型、加工参数等全套用户解决方案。

（2）集成电路和功率器件用半绝缘砷化镓：我国砷化镓生产以导电型为主，主要面向 LED 市场，而半绝缘砷化镓加工生产技术落后。日本住友电工、德国费力伯格、美国 AXT 砷化镓产品占据全球约 95% 市场，主产 4~6 英寸半绝缘砷化镓，轴向和径向电阻率均匀，抛光片翘曲小、表面质量状态优良，而国内 4~6 英寸半绝缘砷化镓属于制造空白，可生产的 2~4 英寸半绝缘砷化镓产品，单晶位错密度高、微区特性和电阻率均一性和稳定性与先进产品差距较大，造成我国集成电路和功率器件用半绝缘砷化镓主要依赖进口。

（3）大规模集成电路用高纯大尺寸钨、钼、钽靶材：5N 以上高纯钨靶主要用于存储器栅结构，4N 以上钽靶用作铜线与硅基体的原子扩散阻挡层。国内靶材厂商目前掌握了钛靶、铝靶、铜靶等靶材从提纯到最终靶材成型的整套工艺，但目前以满足集成电路 28~14nm 技术节点用靶材为主，而 7nm 及以下先进工艺需要的高纯大尺寸钨、钼、钽靶则由美国、日本等公司垄断，国内相关靶材纯度目前基本在 4N 以下。

（4）平板显示导电膜用 ITO 靶材：截至 2018 年底我国共有 12 条 G8.5/G8.6 代生产线，正在投资建设 G10.5/G11 代液晶面板生产线，年消耗 ITO 靶材 1000t，预计到 2020 年需求有望接近 1200t，但国产 ITO 靶材在高世代面板线市场占有率不足 20%，全球 ITO 靶材主要由日本日矿金属、日本三井矿业、日本东曹、韩国三星康宁以及美国、德国的少数几家公司垄断供应，单块靶材最大长度达 1500mm。国产 ITO 靶材溅射时表面易出现结瘤，影响溅射稳定性和成膜质量，且靶材尺寸不超过 1000mm。这与国内高性能 ITO 纳米粉体制备、宽幅靶材烧结技术、缺陷控制技术不稳定有关。

（5）空间太阳能电池用低位错锗单晶：全球超过 90% 的卫星使用低位错锗单晶太阳能电池。美国 AXT 和比利时 Umicore 是全球低位错锗单晶主要供应商，其成熟产品为 4~6 英寸锗单晶，最大直径 12 英寸，位错密度低于 $300/cm^2$ 甚至为 0。国内有研光电、云南锗业、南京中锗等可制造 4 英寸锗单晶，但位错密度高，微区性能、抛光片的表面质量较差，6 英寸锗单晶国内还属于生产空白。低位错锗单晶已经成为影响我国空间太阳能电池发展的关键材料。

（6）超高纯钨、钼、锗金属：韩国和日本几乎垄断了半导体行业 6N 纯度亚毫米级钨丝探针和热场发射扫描及透射电子显微镜用高纯抗蠕变钨丝；奥地利 Plansee 公司垄断超高纯石英熔炼用 6N 级高纯钨电极。超高纯锗晶体探测器应用遍及核电、核资源勘探、暗物质探测、微量元素分析、安检及国防等领域，我国每年进口数百台高纯锗探测器中 13N 的高纯锗晶体价值约 6000 万元，主要由比利时 Umicore 和美国 Ortec 公司商业化生产。上述 6N 级高纯钨钼和 13N 高纯锗在我国仍为生产空白，只能依赖进口。

（7）高性能铍铜合金：我国铍铜消费量约合 4000t/年，但 3000t 高性能铍铜需从美国 Materion 和日本 NGK 进口，国产 1000t 合金性能不及进口品。进口合金杂质含量低，成分精确，组分均匀，硬度、导热性、导电性优异。美国 Materion 公司铍产品占全球总量的 90% 以上。

25.4.2 钼和铌在钢中平均消费水平较低

我国碳钢和不锈钢产量占全球一半以上，但钼平均单位消费量比国际平均值低近 60%。我国碳钢和不锈钢钼消费量是 55g/t 和 1.1kg/t，国际钢铁主产国为 133g/t 和 2.9kg/t。从终端消费来看，我国在石油和天然气行业钼使用比例约为 8.2%，明显偏低于发达国家的 18%，这与我国少油现状和含钼管线钢在建项目少有关。此外，由于我国含钼耐热合金涡轮增压器应用不普及和飞机涡轮发动机尚未大规模国产化等因素，钼在汽车、航空航天、国防消费量比发达国家低 2%~4%。全球平均吨钢的铌铁消费量为 50g/t，欧洲和日本分别达到 110g/t 和 80g/t，我国在 2019 年年底提高到 40g/t，但仍然低于世界平均水平。

25.4.3 铷和铯产品尚未形成有效的高端应用体系

我国是全球最大的铷铯化合物产量国，但铷铯高端应用和产品基本属于空白。全球钻井液的甲酸铯主要由美国卡博特公司生产；硫酸行业铯钒催化剂由丹麦托普索、德国巴斯夫 BASF 和美国孟山都 MEC 三家公司垄断。用于航天、军事、石油物探和 5G 基站的高纯铷铯同位素钟，则由美国 PerkinElmer、Frequency Electronics 和 Symmetricom 三家公司垄断。国内从 21 世纪初开始研发铷铯原子钟，目前属于技术跟进阶段。另外，美国 80% 以上的铷铯研究集中在磁流体发电、热离子发电、激光能转换发电等新能源领域，并实施了严格的技术保密，我国在相关方面的研究属于空白。

25.4.4 加工制造关键设备国产化程度低

在硬质合金加工领域，微米精度多向粉末压机、压力烧结炉和亚微米精度的金刚石砂轮磨床等关键设备以瑞士和德国进口为主，占比超过 80%。进口设备的使用参数受限，不能根据国产原料特性随机调整，国内材料标准难以有效实施，成为制备高性能硬质合金刀具的制约因素之一。同样，航空航天、汽车工业中大量采用进口数字机床，而用户偏向于使用与进口自动机床配套的进口高端刀具，也成为影响高端硬质合金刀具推广应用的因素之一。

钨、钼、钽、ITO 靶材均采用粉末冶金工艺制备，需要高温和均匀热场高温烧结炉来保证靶材烧结均匀和性能一致性。大尺寸靶材对烧结炉热场管理要求更高，后期轧制也需要高精度板材轧机等，目前加工关键主要依赖进口。此外，上述靶材上线前必须经过集成电路厂家的测试认证和考核，而行业目前基本使用美国和日本溅射生产设备，需要先通过溅射设备制造厂家同意才能上线认证。但因认证会打破原有利益链，认证十分缓慢，也造成国产靶材用量维持低位原因之一。

25.4.5 资源回收利用率偏低

废旧硬质合金的钨含量为 40%~95%，是钨资源回收利用的主要领域。瑞典山特维克公司约 40% 的硬质合金生产原料来源于钨回收资源，美国二次钨资源回收量占钨表观消耗的 59%。我国钨回收利用率只有 20% 左右，主要来源于废钻头、废刀片、高速钢及钨棒材等加工残次品。

废钼催化剂中回收钼是钼供给的第三大来源。美国从 20 世纪 80 年代开始废钼催化剂回收循环利用，钼回收量占到总消耗量的 30%。我国对废钼催化剂回收以降级成钼铁为主，比较粗放，且废钼催化剂属于固体危险废物，受回收资质限制，钼回收使用量较小。

锗产品加工过程中的废料、锗泥是锗二次循环利用的主要方式，我国锗回收率在 93%~94%，而比利时 Umicore 公司对锗回收率达到 98%。

日、美等国广泛开展镓回收利用以降低生产成本，而国内因原生镓产量和成本优势明显，一直未开展镓回收利用，造成资源浪费。

日、韩国家对 ITO 废靶中铟的回收占用量为 80% 以上，因为我国 ITO 靶材自产量相对较小，从废靶中回收铟量较低。但从工业废渣、烟气中回收铟的技术已经受到重视。

铍是从铍产品生产过程中产生的新废料和旧废料中回收。美国 Materion 铍公司有技术回收废料中约 40% 的铍，目前我国没有建立铍回收循环再利用机制。

铷铯方面，国外企业对应用量比较大的钻井液中甲酸铯进行回收外，其他应用领域也因为用量太小而未开展回收再利用。国内没有开展回收铷铯二次资源技术和企业。

25.5　稀有元素产品进出口限制情况

25.5.1　美国及欧盟关键矿物资源清单

2018 年美国内政部公布了对美国经济和国家安全至关重要的 35 种关键矿物清单，其中有 19 种矿物的顶级供应商为中国。与该报告相关的稀有元素包括钨、钽、铌、铍、锗、铟、镓、铷、铯等 9 种，资源顶级生产商和供应商如表 25-3 所示。欧盟在 2017 年也确定了对其发展最为重要的 27 种《关键原材料清单》，与报告有关的元素有钨、钽、铌、铍、镓、锗、铟等 7 种。

表 25-3　美国公布的与调研元素相关的关键矿物清单

矿产品	顶级生产商国家	顶级供应商国家
铍	美国	哈萨克斯坦
铷铯	加拿大	加拿大
镓	中国	中国
锗	中国	中国
铟	中国	加拿大
铌	巴西	巴西
钽	卢旺达	中国
钨	中国	中国

25.5.2　美国及欧盟稀有元素产品出口管制

美国商务部并没有针对报告涉及的 11 种稀有元素产品实行直接出口管制，但随着中美贸易摩擦升级，美国将众多中国企业纳入了出口管制实体清单，也成为一种变相的产品和技术出口管制。

2016~2018 年间，我国金沙江投资、华润微电子、清芯华创等企业和有中资背景的机构在收购美国芯片公司时全部被予以否决。美国否决金沙江收购飞利浦 LED 芯片业务，实际是防止中国掌握第三代 LED 氮化镓制造技术，否决 CanyonBridge Capital Partners 基金公司购美国 Lattice Semiconductor 芯片企业，是封杀中国集成电路芯片制造业。美国禁止向我国中兴公司销售电子技术和通信元件，聚焦点也是芯片技术，而芯片制造的关键材料包括有高纯硅、锗、砷化镓、氮化镓等。

2018 年 9 月，美国将中国航天科工股份有限公司第二院以及下属研究所，中国电子科技集团公司第 13、第 14、第 38、第 55 研究所以及关联和下属单位，中国技术进出口集团，中国华腾工业，河北远东通信等 44 家研究机构列入出口管制实体清单。2019 年海康威视、大华科技、科大讯飞、旷视科技、商汤科技、美亚柏科、颐信科技和依图科技等也被纳入出口管制实体名单。这些企业大部分涉及集成电路芯片、半导体材料及元器件、稀有金属产品军民两用等背景。

欧洲和日本没有制定针对我国的出口管制产品和企业实体清单，更多的是要求中国放开对外的出口管制。

25.5.3 中美贸易摩擦及关税情况

2002 年开始，我国对钨资源实施开采配额和出口配额制度，对报告中涉及的其他元素，未实行开采配额政策。

美国对进口来自中国的有色金属产品额外征收 10% 进口关税。2019 年 8 月我国对从美国进口钨、钼、钽、铌、铍、锗、铟、硒元素商品加征 5%～25% 关税，如表 25-4 所示。表中同时给出了产品出口、进口税率情况。表中列出元素及产品的出口增值税率为 13%，除"其他铌钽钒矿砂及其精矿"出口税率为 30% 外，其余出口税率为零，而进口优惠税率和普通税率因产品的差异存在不同。其他未加征关税元素表中忽略未给出。

表 25-4　我国稀有元素产品出口关税及对进口美国加征关税情况 　　　（%）

元素	商品名称	税则号	出口税率	出口退税率	增值税	进口优惠税率	进口普通税率	进口加征税率
	钨丝	81019600	0	10	13	8	20	20
	钨粉	81011000	0	0	13	6	20	20
	钨酸钠	28418020	0	0	13	5.5	30	5
	碳化钨	28499020	0	0	13	5.5	30	5
	未锻轧钨	81019400	0	0	13	3	20	20
	三氧化钨	28259012	0	0	13	5	30	25
钨	锻轧钨条、杆、型材；废碎料	81019910	0	0	13	5	30	10
	其他钨酸盐	28418090	0	0	13	5.5	30	10
	其他钨制品	81019990	0	0	13	8	70	10
	科研、医疗专用卤钨灯	85392110	0	13	13	8	20	25
	火车、航空器及船舶用卤钨灯	85392120	0	13	13	8	20	5
	机动车辆用卤钨灯	85392130	0	13	13	8	45	5
	其他卤钨灯	85392190	0	13	13	6	70	10

元素	商品名称	税则号	出口税率	出口退税率	增值税	进口优惠税率	进口普通税率	进口加征税率
钼	未锻轧钼、钼废碎料	81029400	0	0	13	3	20	25
	锻轧钼条、杆、型材、板片带箔	81029500	0	0	13	8	30	25
	钼丝	81029600	0	10	13	8	20	25
	钼粉	81021000	0	0	13	6	20	10
	已焙烧钼矿砂及其精矿	26131000	0	0	13	0	0	10
	其他钼矿砂及其精矿	26139000	0	0	13	0	0	10
	钼的氧化物及氢氧化物	28257000	0	0	13	5	30	10
	钼制品	81029900	0	0	13	8	70	10
	其他钼酸盐	28417090	0	0	13	5.5	30	20
	钼酸铵	28417010	0	0	13	5.5	30	5
钽	松装密度小于 2.2g/cm³钽粉	81032011	0	13	13	6	14	25
	松装密度大于等于 2.2g/cm³钽粉	81032019	0	0	13	6	14	10
	直径≥0.5mm 钽丝	81039019	0	13	13	8	30	10
	其他锻轧钽及其制品	81039090	0	0	13	8	30	10
	其他未锻轧钽	81032090	0	0	13	6	14	20
	片式钽电容器	85322110	0	13	13	0	35	25
	其他钽电容器	85322190	0	13	13	0	35	20
	其他铌钽钒矿砂及其精矿	26159090	30	0	13	0	0	25
铌	锻轧铌及其制品	81129940	0	0	13	8	20	10
	铌的氧化物	28259015	0	0	13	5	30	20
铍	未锻轧铍、粉末	81121200	0	0	13	3	30	25
	其他铍及其制品	81121900	0	0	13	8	30	10
锗	锗及其制品	81129910	0	10	13	3	20	25
	锗的氧化物及二氧化锆	28256000	0	0	13	5	30	5
铟	未锻轧铟	81129230	0	0	13	3	20	25
	锻扎铟及其制品	81129930	0	0	13	8	20	10
硒	其他硒	28049090	0	13	13	5	30	25
	硒酸盐及亚硒酸盐	28429050	0	0	13	5.5	30	20

25.5.4　专利和知识产权保护

　　我国对稀有元素产品的专利保护意识逐步加强，属于国际领先水平的技术和产品，都申请有专利保护，如钽铌铍加工方面，龙头企业东方钽业共申请钽铌相关专利 239 件，授权专利 151 件，申请境外（包括中国台湾）专利 51 件，PCT 申请 25 件，在欧盟及美、日、德、英、以色列等国申请获得 35 项专利授权。稀土钼、钨材料冶金、合金和产品方面拥有国家发明专利等，其他稀有元素深加工企业也申请了数目众多的专利保护。但整体而言，我国缺乏稀有元素产品的原始创新和核心专利，以跟踪模仿改进为主，有些产品也是在发达国家的专利保护过期以后才进行深加工产品，如镧钼合金产品。发达国家稀有金属企业相关研究较为系统，其产品专利保护已经深入到各个国家，形成专利保护池。我国诸多稀有元素深加工产品在国外的专利保护期内，只能在国内销售，一旦出口就可能涉及侵权问题，这也间接造成我国稀有元素产品的出口，以初级产品为主的原因之一。

25.5.5 我国限制进口稀有元素固废情况

2015 年环境保护部、商务部、发展改革委、海关总署、质检总局对 2009 年公布的《禁止进口固体废物目录》《限制进口类可用作原料的固体废物目录》和《自动许可进口类可用作原料的固体废物目录》进行了调整和修订，2018 年再一次调整，与涉及元素相关的如表 25-5 所示。

表 25-5 我国许可进口类、限制进口类和禁止进口固体废物目录

名 称	海关编码	类 型
钽废碎料	8103300000	非限制进口类
含锑、铍、镉、铬及混合物矿渣、矿灰及残渣	2620910000	2014 年起属于禁止进口固体废物
其他主要含钨的矿渣、矿灰及残渣	2620991000	
钼废碎料	8102970000	
铍废碎料	8112130000	
未锻轧铟废碎料	8112923090	
钨废碎料	8101970000	2019 年 12 月 31 日前属于限制进口类可用作原料的固体废物，从 2020 年 1 月 1 日起，属于禁止进口类固体废物
颗粒或粉末状碳化钨废碎料	8113001010	
其他碳化钨废碎料，颗粒或粉末除外	8113009010	
未锻轧锗废碎料	8112921010	
铌废碎料	8112924010	
未锻轧的镓、铼废碎料	8112929091	

我国对钽废碎料允许进口，这与我国可用钽资源贫乏有关。从 2014 年起，含锑、铍、镉、铬及混合物矿渣、矿灰及残渣，其他主要含钨的矿渣、矿灰及残渣，钼废碎料，铍废碎料，未锻轧铟废碎料就被列入禁止进口类固废，从 2020 年 1 月 1 日含钨、锗、铌、镓等原属于限制进口类可用作原料的固体废物调整为禁止进口类固废。之所以将固废列为禁止进口类固体废物，除我国是这些可作为原料的固废元素的储量与产量大国外，与目前对固废料的回收基本属于高污染高耗能行业有关。

25.6 稀有元素产品可替代性或者颠覆性技术

部分稀有元素及其产品的功能性可被其他元素替代，但可能会导致产品性能和功能降低，目前不存在完全颠覆性的替代技术。

25.6.1 钨基硬质合金及其刀具

硬质合金刀具市场可能受到陶瓷刀具和 3D 打印影响。目前正在快速发展金属碳氮化钛陶瓷刀具，可能会部分挤占硬质合金刀具市场空间，但金属陶瓷刀具加工精度和光洁度不能与硬质合金刀具媲美，它只是硬质合金刀具的补充。有必要说明，随着未来新能源车大量推广对发动机需求的降低，以及 3D 打印成型技术对切削量降低，硬质合金刀具市场可能受到较大的挤压。

25.6.2　铍铜合金

铍铜合金熔炼时铍易挥发氧化，而氧化铍具有很高的致癌毒性，因此铍铜生产环境和工艺要求非常严格。在部分应用场合，铍铜合金可以被 Cu-Ti 系、Cu-Ni-Sn 系、Cu-Ni-Cr 系、Cu-Ni-Mn 系、Cu-Ni-Al 系等高性能铜基合金替代。铜-锡-磷青铜合金具有耐大气、海水、淡水和蒸汽腐蚀特性，在耐蚀场合可以替代铍铜合金。但上述铜基合金导热、导电、弹性模量和强度等综合指标性能不能完全替代铍铜。

25.6.3　平板显示应用技术

在柔性触摸屏中 ITO 正在逐渐被纳米银线替代。纳米银线具有良好的导电性，直径几十纳米，在可见光范围透光性高，且能够弯曲，满足柔性触摸屏的应用要求。纳米银线油墨可用涂布法成膜，比 ITO 真空镀膜成本低。市场上已有采用纳米银线技术的产品，如华为 Sprint、LG 及联想 AIO、GVISION 的 POSMonitor 等。与此类似，石墨烯、3,4-乙烯二氧噻吩也可能是柔性显示器 ITO 替代品，但 ITO 目前依然是大尺寸平板显示的主力。

25.6.4　其他元素产品和应用

在红外应用方面，硒化锌和锗玻璃可以代替金属锗，但红外性能降低，适合低端的民用场合。锑和钛可以替代锗作为 PE 聚合反应催化剂。

铈替代可降低硒在脱色剂和氧化锰添加剂的用量。氧化铈能替代硒作为颜料着色剂或玻璃脱色剂；二氧化硫可替代二氧化硒用于电解金属锰生产，但效率降低。复印机和激光打印机的硒碲感光器件逐渐被有机光感受器替代。

铷铯应用具有一定的互换性。铷铯具有相似的物理性质和原子半径，在许多应用中可以互换使用。

25.7　稀有元素行业发展建议

25.7.1　加大下游产品开发国家经费支持

目前，我国稀有元素基本以原料或初级产品出口为主，下游高附加值产品以跟踪仿制国外产品为主，诸多高性能产品依赖进口的局面还未得到有效改善。

建议设立重大专项课题或专项基金，引导开展稀有元素深加工产品和技术研发，如：高性能超细碳化钨粉体和硬质合金，超高纯钨、钼、钽粉，集成电路用高超纯与零缺陷和宽幅的钨、钼、钽溅射靶材、超大规格性能均匀的钨、钼、钽铌棒/板料、超导用铌材和铌钛合金、耐热耐腐蚀钽铌合金、大长径比钽合金薄壁管、大尺寸半绝缘砷化镓和氮化镓单晶及其元器件、6 英寸以上太阳能电池级锗单晶、探测器用 13N 超高纯锗、大尺寸高性能 ITO、IGZO 靶材、铷铯新能源应用技术等技术研究。

建议对矿产资源权益金按销售收入的一定比例进行征收，对综合利用的资源免征或减征出让收益金。加大产品的出入口退税，使企业获得更大利润积极投入技术升级和新产品开发。

从资金和政策上扶持国内企业自主研发关键设备，掌握核心技术，摆脱深加工产品一直跟踪发达国家现状；设立国家级工艺、设备和材料验证平台，加快材料的应用推广，实现我国由稀有元素资源大国向产业强国的转变。

25.7.2　提高环保和技术门槛优化整合资源

建议提高环保标准和技术门槛，倒逼"散、乱、污"的落后企业进行技术和环保升级改造，使企业向着规模化、集约化方向发展。引导企业间开展差异化产品加工，减少同类产品的重复投资，形成资源开发、产品制造、研究创新、应用终端配套的健康产业群，避免不规范竞争。

对于对外依赖度较高的钽铌铍等资源，鼓励国内企业走出去参与国外资源的开采和收购。鉴于"走出去"的风险性，从保险上建议设置境外投资矿产的保险险种。

25.7.3　加快资源的综合回收利用

发展低品位资源中稀有元素的高效提取技术，加大对制造过程边角废料、废旧材料中稀有元素的绿色环保低能耗回收技术研发。如废旧硬质合金、钨基高密度合金、钨材、磨削料中钨的短流程绿色回收；石油化工废钼催化剂中钼、铂、钯、铑的综合回收；含铷铯锂云母资源选矿尾矿和冶金尾渣中铷铯回收；含锗废料和泥中锗的高回收技术、含镓废料回收技术、铍废料中铍的回收技术等，降低对原生资源的需求。

25.7.4　适当扩大战略金属国家储备

对新发现的矿山的采矿证审批根据资源情况进行适度限制审批，实行稀有元素资源地的储备制度。对具有重要战略意义稀有元素的精矿或者产品进行国家收储，以保障国防安全，调整市场价格。

26　稀有元素调研分报告

26.1　钨元素行业调研报告

26.1.1　全球钨资源基本情况

26.1.1.1　全球钨资源储量

据美国地质调查局 2019 报告，全球钨资源储量 330 万吨（折合金属量），其中可经济开采的黑钨矿和白钨矿分别占资源的 30% 和 70%。图 26-1 为钨资源主要国家的储量。我国钨储量 190 万吨，占世界 57.5%。其次是俄罗斯和越南，储量分别为 24 万吨和 9.5 万吨。

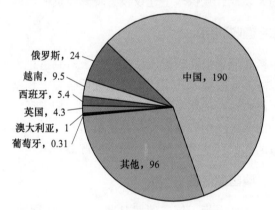

图 26-1　全球探明钨储量（单位：万吨）

（数据来源：USGS 2019）

图 26-2 为《全国矿产资源储量通报》统计数据，截至 2017 年底，我国查明钨资源储

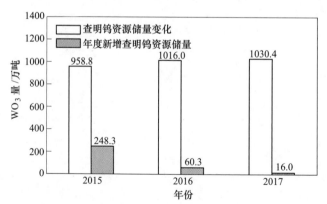

图 26-2　中国查明及新增查明钨资源储量

（数据来源：《中国矿产资源报告》）

量（折合 WO₃量）1030.42 万吨，比 2006 年增长 84.53%。钨主要分布在 23 个省（区），其中江西、湖南、安徽、甘肃、内蒙古、云南、广西和广东等 8 个省（区）储量最丰富，合计占全国探明储量的 87.9%。近年来我国新增钨资源矿十分有限，如 2015 年新探明的钨资源量 248.3 万吨，2017 年新增只有 16 万吨。

26.1.1.2 全球钨产量

全球近 3 年的钨产量统计如表 26-1 所示，基本为 8 万~9 万吨（折合金属量）。我国钨产量全球第一，从 2016 年到 2018 年原生钨产量分别为 7.9 万吨、6.7 万吨和 7.2 万吨，占全球钨产量的 81% 以上。我国以钨酸盐、氧化钨和碳化钨粉初级产品和少量硬质合金出口为主，主要出口到美国、日本、欧洲和韩国。2017 年出口钨产品合计 3.55 万吨金属量，2018 年出口钨 3.92 万吨金属量，同比增长 10.65%。

表 26-1 全球主要国家原生钨产量 (t)

国别	2016 年	2017 年	2018 年
中国	79000	67000	72000
俄罗斯	3100	2090	2100
澳大利亚	954	975	980
玻利维亚	1110	994	1000
葡萄牙	549	724	770
卢旺达	820	720	830
西班牙	650	564	750
英国	736	1090	900
越南	6500	6600	6000
其他	1600	1300	1400
合计	95019	82057	86730

数据来源：USGS 2019，中国钨业协会。

近年，越南钨精矿产量跃居全球第二位，2016 年以来每年的钨精矿折合金属量为 6000t 以上，但依然无法满足其快速增长需求，差额从俄罗斯、澳大利亚和卢旺达等进口。

26.1.1.3 全球钨消费

全球钨年消费量在 7 万吨水平（折合金属量），表观年均增长 4%。钨的主要消费国有中国、美国、日本和欧洲。欧洲年消费量约 1.6 万吨，主要从俄罗斯、加拿大和玻利维亚进口钨精矿，以弥补其钨精矿产量不足，从中国和越南进口钨酸盐和钨铁用于高附加值产品研发和钢铁行业。美国从 2011 年消费峰值过后，对原生钨需求逐步下降，近两年维持在 1 万吨水平，主要从加拿大、玻利维亚、西班牙和澳大利亚进口钨精矿，从中国、越南和俄罗斯进口钨酸盐和钨铁。日本的年需求钨量约 0.9 万吨，主要是从中国和越南进口钨酸盐和钨铁。我国原生钨消费总量为 4.57 万吨，复合增长率约为 6%。

从钨制品消费组成看，钨主要用于硬质合金、合金钢、钨材和钨化工，在欧洲其比例分别为 72%、9%、8% 和 11%，在我国为 50%、28%、17% 和 6%。

26.1.1.4 钨资源的二次回收利用

欧美日等均已建立钨金属战略储备机制，并积极开展钨的回收再利用。废旧硬质合金中钨含量为 40%~95%，是钨回收利用的主要渠道。欧洲已确定要实现对 70% 的废旧硬质合金中钨回收再利用。美国回收钨已占表观消费量的 60%。我国钨回收技术研发较晚且生产工艺技术与装备落后，加之再生钨质量降低且不稳定等因素，钨回收利用率只有 30% 左右。目前有少数企业开展了废钨重新合成仲钨酸铵（APT）原料高品质回收技术研发，但尚未广泛应用于生产。目前我国硬质合金行业基本上使用原生钨为主。

26.1.2　钨产业链及价格

钨行业产业链如图 26-3 所示。

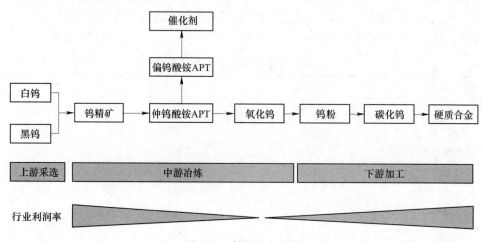

图 26-3　钨行业产业链

钨矿石经粗碎、重力选矿及精选后得到钨精矿；再通过碱压煮、离子交换、蒸发结晶等获得仲钨酸铵结晶体。仲钨酸铵煅烧可得黄、蓝、紫等各色氧化钨（氧含量不同）。采用氢还原法制取不同粒度的钨粉。采用碳化法制取不同碳含量和粒度的碳化钨粉。采用模压和挤压工艺、粉末冶金方法制备硬质合金等。从目前的钨行业利润率来看，上游钨矿采选和下游硬质合金利润率较大，中游钨冶炼环节利润较薄。

我国是全球钨初级产品供应大国，钨价主要受供给端及出口影响。2013 年我国收储钨精矿、五矿有色大量收购钨粉，市场短期供应紧张推动价格上涨至 14.4 万元/吨的高位；2014~2015 年，因取消出口配额及关税，钨价下跌至成本线附近；2016~2017 年钨行业减产保价、国家四次收储和环保严格等因素，钨价重回 10 万元/吨以上。2018 年国内大量产能释放，但受终端消费疲软、中美贸易摩擦等因素影响，2019 年钨价跌破平均成本线。

26.1.3　国内外钨产业发展现状

26.1.3.1　我国钨产业现状

（1）行业整合，产业链较为集中。我国钨行业已形成中钨高新、江钨集团、厦门钨业、洛钼集团、章源钨业五大企业为主体格局。2016~2018 年我国原生钨分别为 7.9 万吨、6.7 万吨和 7.2 万吨金属量，其中中钨高新产量占到 27%，江钨集团 19%，洛钼集团、厦门钨业和章源钨业分别占到 16%、14% 和 5%。2018 年全国 APT 产量达到 12 万吨，厦门钨业产能最大，2018 年产量 1.8 万吨，其次为赣北钨业、郴州钻石钨制品公司、章源钨业、赣州海创钨业等，产量均在 5000t 以上。主要产品仲钨酸铵、偏钨酸铵、兰色氧化钨、紫色氧化钨等纯度可稳定在 99.95% 以上，晶粒度小于 0.1μm。2018 年钨粉产量 5 万吨（产能 8 万吨）。钨粉、碳化钨粉的粒度可以在 0.05~100μm 范围调控，纯度满足国内外绝大多数终端用户的要求。下游主要硬质合金企业有 75 家，主要分布在湖南、四川，两省合计占全国 50% 以上。

（2）钨冶炼技术达到世界先进水平。磷铵-氟化钙浸出、苏打压煮+碱性萃取、黑白钨混合矿浮选、黑钨精矿碱压煮-萃取或离子交换制取兰钨新工艺达到世界先进水平。2018 年厦门钨业研制的"基于硫磷混酸协同浸出的钨冶炼新技术"实现了接近零污染排放，废料废渣可重复回收利用；联合压煮法、氢氧化钠远红外热压分解法、热球磨法分解高钼白钨矿、混合矿，并辅以选择性沉淀、膜技术进行钨钼分离等，精矿综合回收率达到 96% 以上。低品位共伴生白钨资源综合利用技术开发，白钨精矿产量占比由 2002 年的 32% 提高到 2018 年的 57.79%。

（3）硬质合金产量居全球第一。通过引进、消化吸收和再创新，我国硬质合金生产工艺和装备水平不断提升，超细晶粒、超粗晶粒、功能梯度等高端硬质合金材料以及超大型硬质合金制品等质量与国际先进水平的差距逐步缩小。已掌握高温还原/高温碳化法制备高纯超粗晶 WC 粉末的工业制备技术并批量生产，超粗晶 WC 粉末已大量出口欧美硬质合金龙头企业；国内硬质合金先进企业用该种超粗晶 WC 粉末制备的超粗晶硬质合金的晶粒度为 5~10μm，已广泛应用于路面铣刨、采煤采矿、盾构施工、基础设施建设以及冷镦模具等领域。可批量生产具有世界先进水平的平均晶粒度 0.2μm 的高品质超细晶硬质合金，据全国硬质合金行业《统计年鉴》报道，26 家硬质合金企业 2018 年共生产整体刀具用晶粒度小于 0.6μm 的超细晶硬质合金棒材 11079.7t，同比增长 22.46%，其中厦门钨业产量为 4045.3t，占比为 36.5%，其 Co 含量（质量分数）为 12% 的 GU25UF 超细晶硬质合金的抗弯强度平均值已达 5000MPa 以上的世界先进水平。

目前我国硬质合金生产规模稳居世界第一（见图 26-4），2018 年总产量 3.8 万吨左右，占全球产量 40%，其中硬质合金数控涂层刀片及硬质合金耐磨零件产量增速达到 33.88% 和 21.68%。

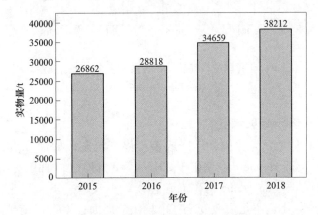

图 26-4　我国硬质合金产量

（数据来源：中国钨业协会）

　　中钨高新是国内最大的硬质合金生产企业，其 2018 年硬质合金产量 1.83 万吨，占全国产量 48%，其次是厦门钨业、章源钨业、翔鹭钨业，分别为 5687t、1824t、301t，四家合计占全国产量的 68%。湖南株洲作为中国硬质合金最重要生产加工基地，年产硬质合金产能 1.2 万吨，约占全国产量的 37%，约占全球产量的 14.5%；数控刀片产能达 1.2 亿片，约占全国生产量的 70%。

　　（4）钨产品出口量逐年增长，结构得以改善。据中国钨协统计，2017 年我国出口钨品总量 3.54 万吨（含硬质合金，折合金属量），比 2016 年增长 27.29%。2018 年出口 3.92 万吨，同比增长 10.65%。2017 年和 2018 年出口钨品中，硬质合金出口量分别为 6416t 和 7852t，占钨品出口总量的 18.3% 和 20.05%，出口产品结构得以改善。

　　我国钨以出口欧洲、美国、日本和韩国为主，2018 年出口到四地钨品分别占出口总量的 25.29%、18.76%、31.16% 和 13.96%，合计总量占出口量的 89.17%。受中美贸易摩擦影响，出口美国量同比下降 11.29%，而出口日本、韩国、欧洲分别增长 19.25%、8.91% 和 4.20%。

　　（5）我国成为全球第一大钨精矿进口国。基于加工贸易需求，2018 年，我国进口钨品（不含硬质合金，含钨精矿，折金属量）4573t（见图 26-5），同比增长 57.28%，其中进口钨精矿 3429t，同比增长 68.76%，占进口总量的 74.98%。进口钨精矿主要来源于朝鲜、越南、俄罗斯和卢旺达。2018 年从四个国家进口钨精矿合计 2916t（折合金属量），同比增长 160.59%，占进口总量的 85.04%，占比比 2017 年增加 29.97%。

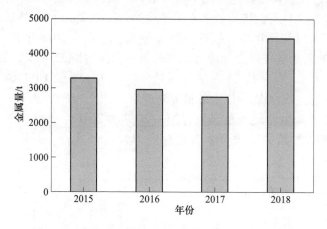

图 26-5　我国进口钨品（不含硬质合金，折金属量）

（数据来源：钨业协会）

26.1.3.2　国外钨产业现状

　　国外钨冶炼企业大部分为关闭、停产或者半停产状态，如加拿大 Cantung Mine 钨矿 2015 年 12 月停产；英国 Hermerdon 钨矿于 2018 年 10 月停产；加拿大 Almenty 公司 3 个钨矿在产；5 个停产；韩国 Shangdong 钨矿尚在建设；卢旺达、澳大利亚、巴西、玻利维亚和奥地利等钨精矿产量小，不足以改变全球市场供应局面；蒙古钨精矿产量大幅减量；越南 Niu Phao 钨精矿产量基本稳定。受上述因素影响，国外钨加工企业如瑞典 Sandvik、美国 Kennametal、以色列 ISCAR、卢森堡 Ceratizit、日本 Mitsubishi Materials 和 Toshiba Tungalloy 等，主要从我国进口 APT、氧化钨、钨粉、碳化钨等原料，进行精深加工生产门类齐全的硬质合金、高密度钨合金、钨丝及钨材等，因技术基础雄厚并为用户提供全套解决方案，产品具有明显优势和国际竞争力。

国际主要硬质合金厂商见表 26-2。

表 26-2　国际主要硬质合金厂商

厂　商	简　介
瑞典 Sandvik	全球第一硬质合金厂家，优势业务为金属切割工具、建筑及采矿业设备设施。2017 年销售额超过 720 亿元人民币
美国 Kennametal	全球第二大硬质合金刀具供应商，提供客户定制和标准型的高耐磨产品解决方案。2017 年销售额 139 亿元人民币
以色列 ISCAR	全球最大金属切割刀具生产厂家之一，包括槽、车、铣、镗、钻、铰等全系列刀具，为模具、汽车、航空、汽轮机、机床、机床配刀提供全套解决方案
卢森堡 Ceratizit	奥地利 Plansee 集团四大分公司之一，在难熔金属与硬质合金领域极具影响力
日本 Mitsubishi Materials	超硬工具、金刚石刀具为日本第一，在全球市场上也有较大影响
日本 Toshiba Tungalloy	金属切割刀具，例如可转位刀片和钢制产品、耐磨工具、建筑工程用具和摩擦材料研发

26.1.4　我国钨产业存在的问题

我国钨产业近年来经过资源整合、结构调整、产业升级，取得了较大的成就，但仍存在产能过剩矛盾加剧、技术创新能力不足等硬性问题。

（1）钨资源优势正在减弱，亟待实施严格保护性开采。我国钨储量占全球 57%，产量却占世界产量的 81% 以上，过度开发造成储采比不足国外储采比的四分之一。另外，优势的黑钨资源面临枯竭，接替白钨资源品位低且开采难度大。截至 2018 年底，我国主采钨矿山开采 100 年及以上有 10 座，原矿平均品位由 2004 年的 0.42% 下降到 2017 年的 0.28%。中国钨协会调研的 34 家主要钨矿山中有 24 家资源品位下降，其中 7 家钨矿山资源趋于枯竭。长期以来，钨资源的开采和冶金形成了产能严重过剩的状态，多渠道竞相出口造成国际钨初级产品的售价一直维持在低位，在国际市场获利不高。为保障我国国防军工和制造业可持续发展，亟待采取严格保护性开采。

（2）硬质合金产量最大，但高端产品进口占比依然较高。因 WC 粉末形貌、粒度、化学纯度和晶型控制与国际先进水平存在差距，以及硬质合金制备工艺和产品动态性能评价不足，我国高端领域用硬质合金产品进口量依然较高。以数控加工用高端硬质合金涂层刀具为例，60% 以上高端刀具依赖进口，在航空发动机制造等领域比例更是达到 90% 以上。这主要与下列因素有关：1）我国刀具结构设计以跟踪模仿为主，沿用静态刀具材料性能评价和标准切削试验评价方法，对实际工况条件下刀具的综合性能要求和刀型设计技术掌握不足，不能准确指导用户使用硬质合金刀具，而国外厂家均是提供全流程解决方案；2）硬质合金材料、表面涂层等性能较差，刀具易出现热失效和涂层崩裂，影响加工精度甚至出现废品，用户不愿为国产刀具买单；3）关键制造设备如微米精度的多向粉末压机、压力烧结炉和亚微米精度的金刚石砂轮磨床等主要从瑞士和德国进口，占比超过 80% 以上，因设备使用参数受限，不能根据国内原料特性随机调整，影响刀具性能。

集成电路加工需要直径 0.1mm 及以下的硬质合金微钻针 (PCB 微钻针)，虽然国内已掌握平均晶粒度 0.2μm 的超细晶硬质合金批量制备技术，但 0.2μm 级超细晶粒硬质合金细径棒材仍属空白，每年需从日本进口该细径棒材，经切割、磨削、复合连接、表面处理、表面涂层等工序，加工成 3.5 亿支以上的 PCB 微钻针。我国 (包括台湾) 是全球最大规模的集成电路生产基地与应用市场，而 PCB 微钻针硬质合金对外依存度为 100%。

(3) 6N 级高纯钨制品研制任务艰巨。半导体行业使用的直径亚毫米级 6N 纯度钨丝探针、热发射场的场发射扫描和透射电子显微镜用高纯抗蠕变高纯钨丝，基本由韩国和日本垄断；极大规模集成电路阻挡层溅射用 6N 级高纯钨靶材、光纤和半导体用超高纯石英熔炼用 6N 级高纯大规格钨电极，基本由 Plansee 公司垄断生产。我国 6N 级高纯钨产品的对外依存度为 100%，处于无国内企业生产的空白状态。国内个别钨企业正在开展 5N 级高纯钨粉的工业试验。

(4) 我国以出口钨初级产品为主局面改善不大。我们以出口仲钨酸铵、氧化钨、钨粉、碳化钨等初级产品为主。2014~2018 年间，初级钨冶炼品出口占比在 53%~60%，而硬质合金最高不到 21%。2018 年出口额 (含硬质合金) 为 19.02 亿美元，而硬质合金只有 5.71 亿美元，价值占到 30%。

(5) 钨二次资源回收利用水平较低。废旧硬质合金的钨含量为 40%~95%，是钨资源回收利用的主要领域，世界各国的硬质合金工具的回收利用率均达到较高水平。瑞典山特维克公司约 40% 的硬质合金生产原料来源于钨回收资源，美国二次钨资源回收量占钨表观消耗的 59% 左右，德国斯达克公司拥有跨国钨废料回收网络，再生钨约占整个企业钨原料的 1/3。我国钨回收只有 20% 左右，主要来源于废钻头、废刀片、高速钢及钨棒材等加工残次品，在回收数量和技术上均与国外存在差距。欧洲主要采用锌熔法回收 WC，美国对回收的废旧硬质合金 55% 采用化学方法，35% 通过锌熔法回收；日本采用高温法、锌熔法和冷处理回收硬质合金技术也有几十年时间。

26.1.5　未来发展趋势

钨传统行业如照明市场受到 LED 产业的挤占，新能源汽车行业兴起、3D 打印快速成型技术、金属陶瓷/陶瓷/超硬刀具推广会降低硬质合金刀具需求。但长期来看，我国国防科技工业、高端制造业和"一带一路"发展倡议等基础设施建设依然处于上升期，切削机床业、矿业采掘业、石油钻井业等产业对高性能硬质合金需求依然会稳步增长。

国际热核聚变示范堆工程 (ITER) 对抗高热负荷大尺寸钨材料有着巨大的需求，抗高热负荷钨材料将成为未来钨元素应用的新方向。

26.1.6　钨行业发展建议

(1) 进一步优化钨产业结构。中低端产能过剩导致同质化竞争加剧，产业结构矛盾突出。建议以国内钨用量为主要参考限度，提升钨矿山安全和冶金环保排放标准、行政许可、专业化企业监督、地方业绩考核等多种手段，严格限制钨矿开采量和 APT 产量，淘汰"散、乱、污"的技术落后企业，促进钨资源开发的规模化、集约化开采。重点发展下游深加工产品，倒逼钨产业链的技术和结构升级。

(2) 发展钨二次回收利用绿色技术。加大废钨资源回收技术创新和技术改造资金扶持政策引导，出台保护钨废料回收的政策和法规，加大废旧硬质合金、钨基高密度合金、钨材、磨削料中钨回收技术研发，加强钨废料回收与循环利用。

（3）大力扶持钨行业国产自动化装备研发。设立专项资金和政策引导，鼓励产学研结合等，加快深井开采自动化装备研发；鼓励硬质合金加工企业进行国产关键设备研制和升级，提升钨深加工技术水平和产品质量。

26.2　钼元素行业调研报告

调研企业：金堆城钼业、栾川钼业、成都虹波钼业、江苏峰峰钨钼。

报告完成单位：中国有色金属工业协会。

26.2.1　全球钼资源基本情况

26.2.1.1　全球钼储量

（1）中国为全球第一钼资源大国。美国地质调查局（USGS）2019 年统计数据，全球探明钼资源储量约 1700 万吨（折合金属量）。全球钼资源分布如图 26-6 所示，集中分布在中国、美国、秘鲁和智利等。中国钼储量占全球 48.8%，美国、秘鲁和智利三国合计储量占全球 39%。

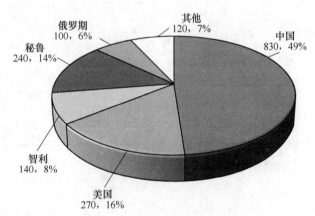

图 26-6　全球钼资源储量分布

（数据来源：USGS 2019）

表 26-3 为近 5 年来全球探明钼资源增长情况，其中中国、秘鲁和俄罗斯探明钼资源增量显著。从 2015 年到 2018 年，我国钼储量从 430 万吨增长到 830 万吨。秘鲁从 45 万吨增长为 240 万吨，俄罗斯由 25 万吨提高到 100 万吨，美国则保持 270 万吨储量不变。

（2）我国钼矿多为低品位原生矿，开采成本较高。我国钼矿品位与美国和智利相比，为低品位原生矿床，其中平均品位小于 0.1% 的矿床占总储量的 65%，中等品位（0.1%~0.2%）占总储量的 30%。我国钼资源分布河南、陕西及吉林，三省合计钼资源占全国储量的 57%，河南资源最为丰富，占比为 30%。

国外以铜钼伴生矿较多，如墨西哥集团和智利 Codelco 公司全部矿产、美国 Freeport-McMoRan 铜金公司 2/3 都为铜钼伴生矿。伴生矿生产成本比原生矿低，导致我国钼精矿价格竞争优势不足。

表 26-3　全球近 5 年探明钼资源量　　　　　　　　　（万吨）

国别	2014 年	2015 年	2016 年	2017 年	2018 年
中国	430	430	840	830	830
美国	270	270	270	270	270
智利	180	180	180	180	140
秘鲁	45	45	45	220	240
俄罗斯	25	25	25	100	100
加拿大	26	26	26	15	10
其余	124	124	114	85	110
总量	1100	1100	1500	1700	1700

26.2.1.2　全球钼产量

全球钼产业链如图 26-7 所示，从上游矿山的采选、中游冶炼加工到下游的应用。我国拥有上、中、下游全套生产体系，能生产各类钼产品，尤以工业氧化钼、钼铁、钼化工（钼酸铵）的产量居多，其中氧化钼、钼铁的焙炼能力已超过 20 万吨/年。

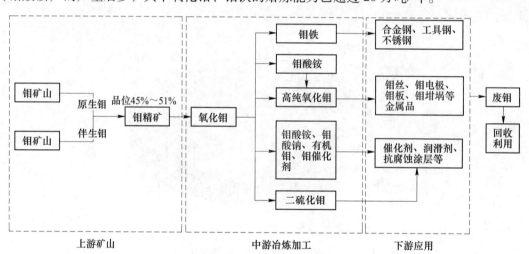

图 26-7　钼产业链示意图

中国是全球第一大钼生产国。根据 USGS 统计，2016~2018 年全球钼产量分别为 22.8 万吨、25.77 万吨和 26.6 万吨（见表 26-4），中国、美国和智利为产量大国。中国 2016~2018 年的钼产量分别为 8.11 万吨、9.08 万吨和 9.16 万吨钼，占全球产量的 35%，主产地集中在河南、陕西、黑龙江和内蒙古，2018 年四省（区）产量占全国的 83.7%。

表 26-4　2016~2018 年全球钼产量分布图　　　　　　（万吨）

国别	2016 年	2017 年	2018 年
中国	8.11	9.08	9.16
美国	3.58	4.17	4.30
智利	5.56	6.25	6.10

国别	2016 年	2017 年	2018 年
秘鲁	2.58	2.81	2.80
墨西哥	1.19	1.40	1.50
亚美尼亚	0.08	0.58	0.50
加拿大	0.27	0.53	0.51
其他	1.43	0.95	1.73
合计	22.8	25.77	26.6

数据来源：USGS 2019。

从全球主要钼矿山企业产量来看，钼行业集中度持续提升。表 26-5 为全球 10 大钼生产企业近年产量统计，其中 2018 年产量占比由 2014 年的 63% 提高到 67%。Freeport-McMoRan 铜金公司产量位居首位，其次为智利 Codelco 公司和墨西哥集团，三家公司的钼产量合计 8.92 万吨，占 2018 年全球钼产量的 33%。金钼股份、洛钼集团和鹿鸣矿业是我国钼行业排名前三企业，合计钼产量为 5.12 万吨，占全球钼产量的 19.3%，国内的 56%。

表 26-5　2017~2018 年全球主要生产企业产量　　　　　　（t）

排序	生产商	2017 年	2018 年
1	美国 Freeport-McMoRan 铜金公司	41730	43091
2	智利 Codelco 公司	28600	24300
3	墨西哥集团	21328	21830
4	金钼股份	20408	21364
5	洛钼集团	16717	15380
6	鹿鸣矿业	13160	14500
7	智利 Antofagasta 公司	10500	13600
8	智利 Sierra Gorda 矿	16050	11340
9	中金内蒙古矿业	6700	6900
10	力拓集团美国 Kennecott 公司	5000	5800
合计		180193	178105
全球钼产量		257700	266022
全球占比/%		69.9	66.9

数据来源：世界金属统计、安泰科、企业年报。

26.2.1.3　全球钼消费

钼消费中 80% 用于钢铁领域（美国 2018 年达到 88%），钼化工占 14%，钼金属占 6%。我国 80% 钼用于钢铁行业，12% 用于钼化工，8% 为金属制品。

（1）中国是全球钼消费的第一大国。图 26-8 为全球钼消费国和消费量统计。2016~2018 年全球钼消费总量分别为 23.8 万吨、25.31 万吨和 26.72 万吨，其中中国分别消费 8.437 万吨、9.176 万吨和 9.72 万吨，占全球钼消费量的 36% 以上。欧盟是全球第二大钼消费主体，占比 25%，美国和日本消费量相近。

（2）我国吨钢中钼消费水平低于发达国家。国际钼协统计数据表明，2017 年我国钢铁行业钼消费 7.3 万吨，预计 2020 年将增长至 8.82 万吨。我国碳钢、不锈钢产量分别占全球总量的 52% 和 53%，但钢中的钼消费量只占全球总量的 30%。在我国，碳钢和不锈钢中钼消费水平分别为 55g/t 和 1.1kg/t，而发达国家分别是 133g/t 和 2.9kg/t。从吨钢消费量来看，全球不锈钢产量中的含钼不锈钢约占 7%，我国含钼不锈钢只占 3%。图 26-9 中"钼消费量/粗钢产量"可以客观反映我国钼在钢铁行业消费与发达国家的差距。我国钢铁行业中钼添加比例平均为 0.1‰，显著低于日本和美国 0.25‰和 0.35‰的水平。发达国家中特钢占普钢的比例平均为 20% 左右，如瑞典为 55%，日本和德国为 22%，法国和意大利为 17%，而我国特钢占粗钢比例为 13%，且中低端特钢产品占到 40%，中端超过 50%，高端不足 10%，与日本的 30%、49% 和 21% 占比差异明显。我国含钼特钢比例低与钢材消费结构有关，主要是建筑领域用钢占比超六成，而建筑行业消耗的钢材多为不含钼螺纹钢、角钢、梯形钢等，对标美国，建筑领域仅消费四成钢材。

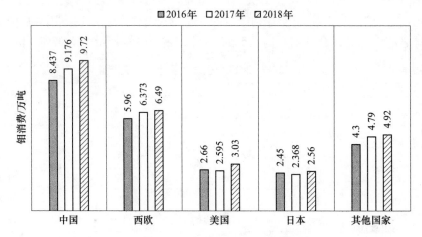

图 26-8　2016～2018 年全球钼消费国

（数据来源：国际钼协会统计数据）

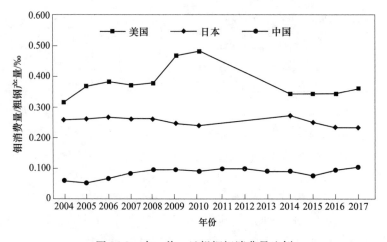

图 26-9　中、美、日粗钢钼消费量比例

（3）我国钼催化剂用量增长迅速，但对废催化剂的回收较为粗放。钼催化剂在加氢脱硫、加氢脱氮和多核芳烃还原中具有重要应用。美国石油炼化能力全球最大，钼催化剂年消耗量约为 1.5 万吨氧化钼量。2000 年前钼催化剂由日本、美国垄断。我国目前已掌握钼催化剂制备技术并获得应用，国产催化剂自给率已达到 70% 左右，剩余 30% 的高性能催化剂从美国进口。我国钼催化剂年消耗量约 0.3 万吨氧化钼量，每年约 30% 速度增长。

催化剂寿命为 3~4 年。废钼催化剂在我国属于危废，目前由有资质的企业回收利用，但以降级作为钼铁为主，对催化剂中钼、钒、铂、钯等有价金属未进行分类回收，资源的综合利用较差，回收技术落后。美国从 20 世纪 80 年代开展含钼钢和废钼催化剂回收循环利用技术研究，钼回收量占到总消耗量的 30%。

（4）我国是钼产品出口大国，但高纯产品与国际先进水平有差距。国内钼酸铵年产能约为 4.5 万吨，主要企业为金堆城（10000t）、锦州新华龙（20000t）、成都虹波钼业（5000t）、江苏峰峰钨钼（4000t）。二硫化钼的主要生产企业有：金堆城钼业（1000t）、栾川钼业（1000t）、河南开拓钼业（700t）。钼化工产品性能与国际主要竞争对手 Climax（产能 2 万吨/年）相当，但因为钼原料价格高的缘故，国际竞争优势不显著。钼丝年产量为 3000t 金属量，主要企业包括厦门虹鹭、金钼光明、中国五矿以及江苏峰峰等，质量与Plansee 水平相当，以出口欧洲为主。钼粉年产 4000t 金属量，主要企业是金堆城钼业、成都虹波钼业、锦州新华龙，可与 Plansee（年产能 4000t 金属量）竞争，但国产钼粉杂质含量、粒度及分布控制等不及 Plansee 产品，以出口日本为主，而欧美市场被 Plansee 垄断。集成电路用 4N5 以上钼靶材主要由 Plansee 供货，国内钼靶纯度一般在 4N 以下，京东方和华星光电等需求的大尺寸高纯异型钼靶以进口为主。

26.2.1.4　全球钼价格变化

图 26-10 和表 26-6 为 2015~2019 年间钼价格情况。2016~2018 年钼精矿和钼铁价格整体表现为震荡上升趋势。2018 年下半年开始，受中美贸易摩擦、国内不锈钢库存高企及行情持续疲软影响，钼铁需求放缓导致国内钼价持续下滑。2019 年后，因钼生产企业惜售、下游钢厂积极备货和中美贸易摩擦缓和等诸多因素，钼价开始震荡回升。

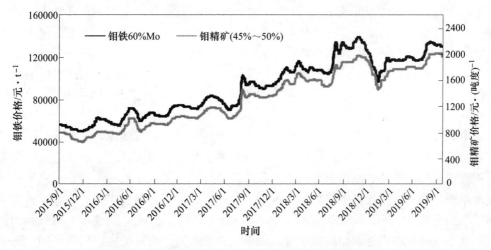

图 26-10　2015~2019 年国内钼价走势

表 26-6　2015~2019 年国内外钼价

年份	国际氧化钼价格/美元·镑钼$^{-1}$	国际钼铁价格/美元·kg^{-1}	中国钼精矿价格/元·(吨度)$^{-1}$	中国钼铁价格/元·t^{-1}
2015	6.63	17	937	66200
2016	6.51	16.28	906	65866
2017	8.2	20.2	1219	85133
2018	11.93	28.99	1724	118626

数据来源：安泰科、美国金属周刊 MW。

26.2.1.5　钼二次回收再利用

钼回收主要包括对含钼废渣、废液等及钼金属制品生产废料和废钼催化剂的回收，一般采用升华法、锌溶法、氧化焙烧-酸浸以及碱浸等方法。全球回收钼的 60%用于不锈钢制造，其余用于工具钢、高温合金、化学催化剂等。

美国从 20 世纪 80 年代开展含钼钢和废钼催化剂回收技术研究，钼回收量占到总消耗量的 30%。

我国钼回收技术研究开展较晚，企业主要有新疆金派、河北欣芮、大连东泰、赣州卓越、重庆綦江等，主要是对含钼废渣及金属制品下脚料采用湿法合成钼酸钠或钼酸铵方式进行回收，因杂质含量高一般作为低端的钼化工产品使用。而对危废钼催化剂主要以降级为钼铁原料方式回收。对于含钼特钢废料，主要通过重新炼钢方式间接回收使用。

26.2.2　国内外技术及产品情况

26.2.2.1　采选及冶炼方面

我国钼行业采选整体属于国际领先水平。HP800 圆锥破碎机、MQG3600×4000 球磨机、SF 型自吸式机械搅拌浮选机等系列选矿设备投入促进了钼行业的发展。国家对矿山地质环境、安全环保监管的加强，钼矿山采选装备技改和安全环保治理投入加大，逐步向机械化、自动化、数字化和绿色矿山迈进。例如，洛钼集团自主研发的"露天矿无人采矿装备及智能管控一体化关键技术"，开创性地研发了矿用新能源电动无人驾驶卡车，创新性地研发了多车协同智能生产一体化管控系统，首次基于 5G 无线通信技术构建了露天矿无人装运指令集群控制技术，实现了露天矿区无人驾驶卡车的自主运行、多金属多目标精细化配矿、无人驾驶多车协同智能调度，构建了一套高效、实用、安全的露天矿无人采矿智能生产管控系统。整体技术达到国际先进水平，对加快我国露天开采数学化、自动化、智能化具有重要推动作用。

钼冶炼技术处于世界前列，火化冶炼多采用内热式回转窑或多膛炉加热焙烧，湿法冶炼多采用酸性或碱性条件下氧压浸出法、次氯酸钠法和电氧化法。近年来攻克了"复杂共伴生钨资源碱性萃取高效绿色提取新技术及应用"技术，解决了低品位高钼白钨矿综合利用技术难题，基本实现废水零排放和废渣的零排放，达到国际领先水平。节能减排方面也取得了重大突破，"新型双联换热低浓度 SO_2 制酸工艺研究与应用"技术，通过新型的两段式转化塔及转化塔内外双联换热装置，可使低浓度 SO_2 制酸系统实现自热平衡，有效提高了低浓度 SO_2 制酸系统转化效率，使低浓度冶炼烟气非稳态制酸系统转化率由 82%提升至97%以上，大幅度减少了SO_2排放。

26.2.2.2　技术装备方面

采选和冶炼领域基础装备方面已经获得了长足发展，但选冶设备大型化、自动化、钼材料生产装备仍需要持续改进和升级：

（1）绿色环保水洗钼酸铵制备工艺、多膛炉焙烧技术、钼铁环保化生产技术及装备、低品位钼精矿深度解离及二硫化钼提纯等；

（2）深加工关键装备国产化不够，如直径5m以上球磨机、直径10m以上半自磨设备、宽幅高精度钼板材轧机等多为进口。

26.2.2.3　深加工产品技术方面

目前，我国钼酸铵、钼丝等初级产品各项指标基本与国际先进企业水平相当或者相近，已经具备国际市场竞争能力，但在钼超高纯和超细钼粉的批量稳定化制备、大尺寸高纯异型钼靶材等方面同Plansee和Climax等仍存在较大的差距。

26.2.2.4　专利保护方面

国内只有金钼股份、株硬集团、西北有色金属研究院、西安交通大学、西安建筑科技大学、北京工业大学、中南大学等少数单位从事钼的研究，钼加工技术和设备以跟踪和引进消化为主，对前沿应用研究较少。如升华法生产三氧化钼、MoS_2-钛（钼）涂层的研究基本空白，IF-MoS_2及其夹层化合物制备技术更新缓慢，大尺寸高纯溅射靶材、核能用大长径比薄壁钼管等技术与国外差距较大。钢铁应用方面，国外已有TZM、TZC、ZHM、MHC、MWH等诸多牌号合金，国内虽已开发部分钼合金，但主要是跟踪，系统性研究不够。

Starck、Plansee、日立金属、Climax等国际先进钼企业在全球范围内申请了大量专利，国内钼企业的知识产权保护大多仅限于国内，这导致了我国很多钼深加工产品只能在国内销售。

26.2.3　未来发展趋势

钢铁行业依然是钼消费的主要增长点。钢铁对钼消费量占比最大的是合金钢（40%）和不锈钢（22%），根据性能的不同，一般添加量在0.15%~5%之间。根据国际不锈钢论坛发布数据，2007~2015年全球不锈钢产量平均增速为5%，2016~2018年的平均复合增速为6.88%。根据国际钼业协会统计数据，2016~2018年美国钼消费年均复合增长率为7.3%，日本为8.4%，超过同期的全球钼消费增长率6.6%。日本和美国钼消费的快速增长主要是钢铁行业拉动所致，2016~2018年间美国和日本不锈钢产量年均复合增长率达到6.2%和2.4%。

我国合金钢和不锈钢在石油化工、新能源、建筑行业大量应用，将显著拉动钼消费。2018年全国合金钢产量为3157万吨，同比增长11%，2015~2018年的复合增长率为16.5%。我国不锈钢占全球产量的50%以上，2014~2018年的复合增速为3.3%。含钼不锈钢主要集中在300系（钼含量2.1%~4.1%）和400系（钼含量1%~2%）。近年来随着下游应用倒逼，300系不锈钢产量增加较快，2018年300系不锈钢产量1282万吨，占比达到 50%，2014~2018 年的年增长率为 4.22%。

《中国制造 2025》为汽车、能源、工程机械、国防军工、核工业等高端制造业迎来了快速可持续发展机遇。根据我国《中长期油气管网规划》，到 2020 年和 2025 年我国天然气输送里程分别达到 10.4 万公里和 16.3 万公里。截至 2018 年我国天然气管网总里程只有 7.6 万公里。天然气管网将使用到大量的 X70 和 X80 含钼合金钢（钼含量小于0.35%）。我国核电规划至 2020 年装机容量为 8800 万千瓦，目前在建和计划投产约 5200 万千瓦，而每 100 万千瓦需要 180~230t 钼。高钼含量 2205 双相不锈钢已经用于港珠澳大桥建设，未来在化工品、海洋工程也将大量推广应用。含钼超级铁素体不锈钢 445 应用于青岛机场屋顶，为含钼不锈钢建筑使用开创了先河。随着城市绿色建设，城市供水 316L 不锈钢管网和水处理双相不锈钢等将获得大量应用。自产中高端高性能弹簧钢将满足高档乘用车、铁路和重载货车对高质量弹簧钢进口需求。更高性能航空航天发动机及关键部件需求的高温合金钢也能将推动钼在特钢行业消费。

26.2.4　钼行业发展建议

（1）建议国家出台相关政策，鼓励企业加大科技投入。开展钼相关的基础研究、应用研究，不断满足国民经济的需要，促进钼行业深度转型，走高质量发展的道路。

（2）深化国有企业改革，推进我国钼行业间的不同所有制、不同类型企业走强强联合道路。促进建设国家级的钼企业集团，深度调整产业结构。坚持以市场为导向，加大产品转型升级力度，开展差异化产品战略，对新产业、新材料、新技术实施政策倾斜。

（3）加大安全环保查处力度，维护行业公平竞争。尽管国家环保核查制度已实施近一年，仍有很多中小加工企业在没有相应环保设施的情况下违法违规生产，不仅污染了环境，同时也对具有社会责任的企业生产经营活动带来巨大的冲击，为保护环境，维护公平竞争，建议环保部门加大查处力度。

（4）减轻企业负担。钼矿山企业增值税占销售收入 13%，由于矿山企业抵扣项较少，特别是采矿权益金的缴纳使企业重复交税，压缩了企业的利润空间，不利于企业健康发展，建议应充分考虑企业的实际情况，减轻企业税费负担。

（5）建立钼资源地储备、保障资源开采有序发展。在国家找矿战略的促进下，钼矿的商业性探矿成果丰硕，为了保护国家的钼矿资源防止过度开采，建议暂停对新发现钼矿的采矿证审批，实行资源地储备制度，保护国家的钼矿资源。

（6）强化行业协会的协调作用。积极发挥行业协会的作用，行业协会要积极研究行业发展和产业安全面临的重大问题，提出可操作性的政策建议，积极引导企业认真执行国家产业政策、反映行业企业诉求，加强行业自律，维护市场公平，促进行业平稳、健康、可持续发展。

26.3　钽和铌元素行业调研报告

调研企业：中色（宁夏）东方集团、宜春钽铌矿。

报告完成单位：中色（宁夏）东方集团。

26.3.1　全球铌和钽资源基本情况

26.3.1.1　全球钽铌资源储备

美国地质调查局（USGS）2019 年报告，全球探明铌资源储量 910 万吨（折金属量），主要分布在巴西和加拿大，两者之和占到全球储量 97% 以上，如表 26-7 所示。2018 年，全球探明铌储量显著增长，巴西由 410 万吨增长为 730 万吨，加拿大由 20 万吨增长到 160 万吨，美国首次公布 18.0 万吨储量。此外，澳大利亚、俄罗斯、中国、安哥拉、马拉维、南非、埃塞俄比亚、尼日利亚、刚果（金）、肯尼亚等国家亦有分布。

表 26-7　全球铌金属储量　　　　　　　　　　　　（万吨）

国家	2015 年	2016 年	2017 年	2018 年
巴西	410	410	410	730
加拿大	20	20	20	160
美国	—	—	—	18
澳大利亚	15	15	15	15
俄罗斯	20	20	20	20
肯尼亚	10	10	10	10
埃塞俄比亚	5	—	—	—

表 26-8 为全球钽资源储量分布情况，探明的钽金属储量中，澳大利亚占了 7.6 万吨，巴西占 3.4 万吨，两国合计占到全球总储量的 95% 以上。埃及、尼日利亚、泰国和马来西亚也有分布。

表 26-8　全球钽金属储量　　　　　　　　　　　　（万吨）

国家	2015 年	2016 年	2017 年	2018 年
澳大利亚	6.7	6.9	7.8	7.6
巴西	3.6	3.6	3.4	3.4
埃及	1.0	1.1	1.1	1.1
尼日利亚	0.3	0.3	0.3	0.3
泰国	0.6	0.7	0.7	0.7
马来西亚	0.1	0.1	0.1	0.1

有必要说明，USGS 报告中并未包含我国钽铌储量，这与我国矿品位低（Ta_2O_5 品位小于 0.02%，Nb_2O_5 品位小于 0.14%），达不到经济开采标准未被统计在内有关。表 26-9 为我国主要钽铌资源矿，铌资源主要分布在内蒙古和湖北，其中内蒙古占 72.1%，湖北占 24%。钽主要分布在江西、内蒙古和广东，储量占到全国的 72.6%。我国的 Ta_2O_5 和 Nb_2O_5 储量分别为 13 万吨和 170.2 万吨，折合金属量分别为 10.6 万吨和 118.6 万吨。江西宜春钽矿为国内主要钽矿，内蒙古白云鄂博是最大铌矿。

我国钽铌基础储量较高，但多数不具备商业直接开采价值。我国铌矿平均品位基本小于 0.14%，钽矿平均品位小于 0.02%，绝大多数都低于我国最低工业品位 0.016% ～

0.028%，且矿嵌布粒度细而分散，难采、难选、产量小，国内钽铌精矿年总产量不足200t，仅能满足国内需求量的 10% 左右，每年进口大量钽铌精矿。

表 26-9　中国主要钽铌矿山/矿床探明储量　　　　　　　　（kt）

矿山/矿床	探明储量		矿山/矿床	探明储量	
	Ta_2O_5	Nb_2O_5		Ta_2O_5	Nb_2O_5
江西宜春钽铌矿	17.65	14.32	内蒙古扎鲁特 801 矿	21.5	370.0
新疆可可托海矿	0.17	0.10	新疆拜城波孜果尔钽铌矿	15.9	183.6
广西栗木钽铌矿	2.2	2.26	内蒙古武川县赵井沟钽铌矿	4.52	3.76
江西石城钽铌矿	0.35	0.24	江西横峰县葛源钨锡铌钽矿	29.94	46.20
广东横山钽铌矿	0.7	0.28	湖北竹山-竹溪地区钽铌矿	—	1000
江西横峰铌钽矿	—	5.55	湖南幕阜山大型钽铌矿	11.286	15.008
江西大吉山 101 矿	2.5	1.60	福建永定钽矿	13.6	—
湖南香花岭 430 矿体	5.53	5.30	新疆皮山县大红柳滩稀有多金属矿床	钽铌总量 1.387	
湖南湘东金竹陇矿体	3.10	2.70	陕西安康市东南部钽铌多金属矿	钽铌总量 278.2	
内蒙古白云鄂博矿	—	50.1			

资料来源：网络资料。

26.3.1.2　全球钽铌产量

表 26-10 为 USGS 统计 2015~2018 年全球铌产量情况，巴西和加拿大分别占到全球产量的 88.0% 和 10.0%。巴西 CBMM、Anglo American plc、加拿大 Iamgold corporation 是全球三大铌矿公司。

表 26-10　全球铌产量（折合金属量）　　　　　　　　　　（t）

国家	2014 年	2015 年	2017 年	2018 年
巴西	57000	58000	60700	60000
加拿大	6100	5750	6980	7000
澳大利亚	140	150	140	140
俄罗斯	80	—	80	80
其他国家	580	400	1200	1380
世界总产量	63900	64300	69100	68600

在我国，铌是钽的副产品，每年精矿产量约为 75t（按氧化铌计），只能满足 3% 的国内需求，其余 97% 由巴西 CBMM 和加拿大进口，对外依存度高达 95% 以上。为了保障我国铌资源供应，2011 年，由中信金属、宝钢、鞍钢、首钢和太钢联合成立的中国铌业投资控股有限公司，出资 19.5 亿美元，收购了巴西矿冶公司 15% 的股权，基本保证了我国的铌资源供应。

表 26-11 为 2015~2018 年全球钽产量情况。澳大利亚虽是钽资源储量大国，但因公司破产等因素实际的钽产量较低。刚果（金）和卢旺达目前是全球钽主产国，合计产量占全球 67%。我国 2017 年和 2018 年钽产量分别为 110t 和 120t，占全球 6.0% 和 6.6%。我国钽

矿自产不足，主要从非洲进口钽铌精矿，2017 年对外依存度上升到 84%。

表 26-11 全球钽产量（折合金属量）   （t）

国 别	2015 年	2016 年	2017 年	2018 年
澳大利亚	—	—	83	90
巴西	115	103	110	100
中国	60	94	110	120
刚果（金沙萨）	350	370	760	710
埃塞俄比亚	—	63	65	70
尼日利亚	—	192	153	150
卢旺达	410	350	441	500
其他国家	117	45	83	100
总产量	1052	1217	1805	1840

26.3.1.3 全球钽铌消费

全球约 90% 的铌用于生产超高强度低合金钢，广泛用于汽车轻量化用钢（占 24%）、基建（占比 29%）、输油以及输气管道（占 24%），其他应用（占 23%）如造船业、航空业、通信业、医疗行业等。9% 的铌用于高温合金制造和航空航天领域，1% 用于纳米晶行业、催化剂、光学镜头以及量子物理等行业。在我国，93% 的铌用于钢铁行业，5% 用于纳米晶行业，其余应用于高温合金。

全球年钽消费量为 1200~1300t。钽电容器是钽消费的主要领域，但量逐年减少，由 2008 年的 50% 降到 2016 年的 34%，其余用于超级合金、钽化合物、靶材、钽轧制品、钽碳化物等。目前超级合金、钽化合物、靶材已成为钽消费的主要方向。

美国、中国、韩国和日本是全球钽铌主要消费国。2018 美国铌消费约 1.5 万吨，比 2017 年增长 27%，钽消费量无公开报道，但用量比 2017 年增长 27%。我国年铌消费量 3 万吨。

中国是全球钽金属品生产大国，但多数直接出口。根据 USGS 统计，美国进口钽中有 25%~30% 来自于中国。2018 年我国共出口钽材 564 余吨（折合金属量，见表 26-12），比 2017 年增加 7.98%，但价格几乎没有变化。

表 26-12 2018 年钽产品出口数量

名 称	数量/t	同期/%
钽粉	158.62	5.31
钽丝	46.21	-0.16
锻轧钽及制品	360.01	10.60
合计	564.843	7.98

数据来自 2018 年出口统计估算。

26.3.1.4 钽铌资源的二次回收利用

钽铌属于不可再生资源，全球冶炼、加工和终端用户都高度重视资源回收利用。目前回收的钽铌占原料量的15%~20%，包括从钽铌尾矿回收利用、含铌钢和高温合金回收铌、废钽电容器和含钽硬质合金等回收钽等。

对于纯金属废料一般采用真空熔炼、电子束熔炼和氢化制粉等方法回收；废钽电容器采用钠还原法或碳还原法脱氧和电子束熔炼回收。含钽硬质合金采用锌处理法和硝酸钠熔融富集法回收，废钽酸锂用铝热还原法还原成铌铁或金属钽或铌。

26.3.2 全球钽铌价格情况

钽铌不在任何金属交易所挂牌交易，因而没有官方的价格，价格完全由买卖双方协商决定。

因全球钽铌资源输出高度集中，因此价格垄断比较明显。巴西CBMM是世界上唯一可生产全系列铌产品（包括标准铌铁、特殊牌号铌铁、真空铌铁、真空镍铌、铌金属和五氧化二铌）的公司，铌产量约占全球总产量的85%，处于绝对垄断地位。

2017年以来铌精矿价格基本稳定在7500~8000美元/t。铌铁价格受钢铁产量影响较大，2015年为24270美元/t，2017年降到18540美元/t。钽价格与铌类似，2015~2017年全球钽铁矿价格基本稳定在193000美元/t，钽精矿为65000~57000美元/t，具体数据见表26-13。

表 26-13 2011~2017 年全球钽铌平均价格

产品	价格/美元·t^{-1}						
	2011 年	2012 年	2013 年	2014 年	2015 年	2016 年	2017 年
铌铁合金	26430	27630	27290	25780	24270	20710	18540
铌精矿	39340	23540	17150	14940	7590	7830	7650
钽铁矿（以氧化钽含量计算）	275000	239000	260000	221000	193000	193000	195000
钽精矿	46000	45000	68000	69000	65000	53000	57000

26.3.3 国内外钽铌产业发展现状

26.3.3.1 我国钽铌行业技术现状

（1）钽铌采选技术显著提升。在采矿设备方面研制了新型潜孔钻机，开发了垂直钻孔、多分段低填塞偶合装药、多角线顺序起爆、预裂控制爆破、逐孔起爆、非电导爆管雷管爆破器材，解决溜矿井透水性和放矿垮斗作业难题的多项新技术，提高了穿孔效率，使采矿大块率平均降低30%以上。

宜春钽铌矿厂采用高效的旋转螺旋溜槽作粗选设备，强化次生细泥回收，改进了钽铌矿石酸浸生产工艺，使钽铌选矿回收率从44%提高到50%，钽铌精矿品位由20%提高到40%。

宁夏东方钽业开发了低品位矿的预处理富集和难分解、低品位矿的分解技术，形成了提高品位—高效分解利用—回收有价金属的工艺技术路线，用冷却结晶法从低品位矿中综合回收钛、锆、钨等有价金属，使难分解矿、低品位矿钽铌总收率由60%~70%提高到85%以上。

（2）钽铌冶炼和加工装备国产化及自动化程度提高。东方钽业开发了自动化组合式萃取设备，将萃取分级效率从75%提高到95%以上，保证了钽铌与杂质、钽与铌的分离效果，降低了有机溶剂消耗。江西九江有色金属冶炼厂对湿法生产线进行了改造，分解、萃取、烘干、煅烧等主体设备全面更新。火法冶炼生产装备进行了系列改造：采用红外传送带式烘干机替代静态木质烘干箱烘原材料，大尺寸复合反应弹进行钠还原，自动注钠装置替代手工注钠，聚四氟氯己烯卧式搅洗设备替代逆流式不锈钢酸洗槽洗涤等。

（3）重视环保开采。宜春钽铌矿对尾矿库尾矿资源全部回收，实现无尾矿选矿，回水循环利用达到93%以上；宁夏东方钽业开发了氟化盐矿石分解、H_2SO_4-HF-仲辛醇体系分步萃取、低酸萃取技术和过氧化物沉淀、低温焙烧等工艺，减少了 HF 和 H_2SO_4 用量，提高了钽铌分离效果，降低了钽液、铌液中的杂质含量；将高氨废水中的氨氮转化成铵盐，生产出工业级和试剂级氟化氢铵。

（4）微合金化钢取得重要成果。中信金属与巴西 CBMM、钢铁研究总院以及国内大钢厂等合作，共同推进我国铌微合金化钢研发和应用。2016 年中国含铌钢产量超过 5000 万吨，2019 年产量约 8000 万吨，连续 14 年位居世界第一，1979~2019 年我国累计生产含铌高强钢约 4.8 亿吨。我国含铌钢有 200 多个新钢种，吨钢铌消费强度达到 40g/t 钢，与全球平均 50g/t 钢消费差距进一步缩小。含铌 X70/X80 管线钢已用于西气东输工程。开发了时速 200km 客运专线用 60kg/m 铌稀土轨。高性能含铌铁素体不锈钢用于汽车排气管。采用含铌 RS590 车轮钢制成的 22.5 英寸×8.25 英寸和 22.5 英寸×9 英寸（1 英寸＝25.4mm）的车轮重量分别为 31.5kg 和 37kg，达到国际先进水平，已批量供货达百万只以上。高弯曲、抗氢致延迟断裂的 1500MPa 合铌热成型钢已批量供货，能显著提高汽车碰撞安全性能。高强度 AG700、AG750 和 AG800 挂车用钢已批量应用，整车减重 18%~25%，助力了商用车限载限超和新国标 GB 1589 的实施。2018 年 11 月实施螺纹钢新国标，鼓励含铌螺纹钢取代碳钢用于建筑行业。

（5）深加工产品取得系列创新成果。我国钽铌产品某些技术指标已经达到或超过国际先进水平。宁夏东方钽业生产钽粉、钽丝占领全球 25%和 60%以上市场。采用双向进料搅拌高温钠还原、高比容钽粉预团化、掺杂、镁还原降氧、表面氮化技术制备的电容器级钽粉容量提高到 200000CV/g，研究水平达到 300000CV/g，同时拥有 50V 8000CV/g、35V 22000CV/g 等系列产品制备技术，电容器级钽粉产销量位居世界前三名，为英、德、日、韩等世界顶级钽铌电容器制造商供货。钽丝最小直径达到 0.06mm 以下，产销量连续 10 年稳居世界首位。超导用高纯铌材、铌钛材料取得德国 DESY 认证，成为欧洲 X 射线自由电子激光项目的世界超导铌材合格供应商之一。研发的大晶粒超导腔用铌材和 1.5G 7 胞超导腔和 161.5M 四分之一波长超导腔达到国际先进水平。攻克了钽管材偏心的世界级技术难题，生产管材尺寸公差比美国 ASTM 标准提高一倍以上。

（6）知识产权保护数量和质量整体提升。我国钽铌企业在国外积极申请专利保护和商标注册。截至 2017 年底，东方钽业共申请钽铌相关专利 239 件，授权专利 151 件，申请国（境）外（包括中国台湾地区）专利 51 件，PCT 专利 25 件。《球化造粒凝集金属粉末的方法》《高比表面积钽粉和铌粉的制备方法》《高温抗氧化材料及由其制备的高温抗氧化涂层》《低价氧化铌或铌粉的制备方法》等荣获中国专利优秀奖。3D 打印多孔钽技术、钽铌电容器专利申请量明显增加。

26.3.3.2　国外钽铌产业技术现状

巴西、加拿大等钽铌主产国对钽铌矿石的粗选以重选为主，兼用浮选、电磁选或选冶联合工艺进行精选，使多种有用矿物分离。近年来在钽铌选冶联合工艺、浮选药剂研制方面进行了大量工作，对烧绿石铌矿的浮选工艺中的脱铌、除铁、脱硫、脱磷、脱铅、脱钡等技术进行了更新，提高精矿质量同时降低药剂消耗。

国外高比容钽粉、高纯钽靶材及合金制备技术始终处于领先地位。化学气相法制备纳米级钽粉、电解法制备金属钽粉等新技术已成熟应用多年。德国 H. C. Starck 公司镁还原钽粉工艺成功用于超高比容钽粉生产，开发了钽箔上丝网印刷钽粉浆料生产厚度小于 $50\mu m$ 的超薄钽阳极体工艺。日本东京电解公司研发高纯大尺寸钽靶材几乎垄断市场。

Cabot、AVX、Kemet、Honeywell、Bush Wellman、H. C. Starck、日本昭和电工、日立金属、NEC 东金、三洋电机等著名公司申请了大量钽铌材料知识产权，涉及钽铌矿石分解、钽铌化合物及其制造方法、钽铌提纯和钽铌回收、钽铌粉末制造（包括掺杂、掺氮、热团化及脱氧技术、钽基和铌基耐热耐腐蚀合金、含钽铌合金、超导材料、溅射靶材、钽铌电解电容器、钽酸锂和铌酸锂晶体等），其中钽电解电容器专利最为集中。

26.3.4　我国钽铌行业发展存在的问题

（1）钽铌矿资源对外依存度高。受资源品位低和钽铌加工技术水平较为落后因素影响，我国钽铌产量较低，2018 年国内钽铌矿产量仅 400 多吨，90%以上的钽铌矿产依赖进口。目前单一铌矿基本不具备经济开采价值，铌主要来自钽矿的伴生，只能满足国内需求量的 3%。海关统计 2018 年我国进口钽铌矿 8266t，较 2017 年增长 13.63%，主要进口国是尼日利亚、埃塞俄比亚、塞拉利昂、卢旺达、刚果和巴西。2018 年铌铁总进口量约 35908t，主要来自巴西和加拿大，其中巴西占 92%以上，加拿大占 8%。

（2）钽产品以中低端产品为主，抗风险能力较弱。我国钽铌品主要为中低端产品。由于价格因素，国外加大了对我国中低端产品采购量，减少了对电容器用钽丝的采购。由于国际钽铌市场大环境的疲软，致使中下游企业在近年经济低迷的环境中效益持续下滑。目前，下游钽电容器在军工配套方面需求保持相对稳定，而民用方面近年来并未有所突破，最为主要的原因就是国际生产商的产品设计并未采用国内组件，缺乏相应标准使得国内电容器很难打入国际市场。

（3）我国铌微合金化钢方面技术差距。目前全球平均吨钢铌铁消耗强度为 50g/t，其中欧洲为 110g/t、日本为 80g/t，截至 2019 年我国吨钢铌消费强度达到 40g/t，虽然有所增长，但依然低于国际平均水平。我国铌铁的消耗强度低一方面是由于我国普通建筑用钢占比高因素外，另一方面与我国微合金化钢研制和控轧控冷技术不足相关。目前我国在管线用钢上与世界先进水平相当，但汽车钢、结构钢、不锈钢领域差距仍较为明显。

（4）新技术研究和高附加值产品明显不足。钽铌氧化物、碳化物、钽铌粉末、丝材、管材、棒材、板带材等初级产品可以满足国内需求，但对钽铌新应用领域、前沿技术研发非常薄弱，如钽基和铌基超合金、声表面波滤波器用钽酸锂和铌酸锂晶体、集成电路用大规格超高纯钽铌靶材、低温超导用铌钛合金、高纯纳米级钽铌粉等，主要包括（不限于）：

1）超高比容电容器级钽粉制备技术，提高粉体颗粒和性能一致性、耐击穿电压、耐烧性能；

2）5N 以上超高纯钽粉、铌粉和超高纯钽铌靶材制备技术；

3）超大规格钽铌棒/板料（单重 600kg 以上）、高强韧 Ta₅W 合金板材（抗拉强度不低于 380MPa，伸长率不低于 30%）制备技术；

4）Nb47Ti 超导合金棒材及丝材制备技术；

5）大长径比钽合金薄壁管制备技术（直径小于 10mm、壁厚小于 1mm、长度大于 4000mm）；

6）纳米级钽粉、铌粉制备技术；

7）多孔钽金属部件增材制造技术等。

26.3.5　未来发展趋势

铌的消费主要是钢铁。2019 年我国含铌钢产量约 8000 万吨，连续 14 年位居世界第一，但钢材中铌消费强度只有 40g/t，铌在钢铁中消费还有很大的市场潜力。随着建筑和基础设施对高强度钢需求的增加，尤其是推荐含铌螺纹钢新标准在建筑行业的应用，将有效促进铌在钢中的消费。此外，铌纳米晶体有着显著的降噪作用，随着各类电子系统不断涌现和体积逐渐减小需求，开发具有更高电学性能的纳米铌晶体材料将有所增长。铝中使用铌作为铝硅铸造合金的晶粒细化剂，可以提高铝铸件性能。铌和钛混合氧化物阳极的锂电池也表现出高的安全性，这些都可能成为铌消费的新增长点。

Roskill 咨询报告表明，未来 10 年全球钽市场年增长率约为 3.4%，但钽电容器由于市场趋于饱和，占比会进一步降低，而钽在超级合金、化学品、溅射靶材等消费占比逐渐扩大。随着全球经济增长，钽常规材料和制品的年均增长率为 4%，钽溅射靶材年均增长率约为 4.5%。超级合金年均增长率为 4.6%，而超级合金用钽的年均增长率可能达到 7%。用于滤波器和光学玻璃等的钽酸锂和五氧化二钽等年均增长率为 5%。3D 打印钽医疗种植体有可能成为生物医用的一个重要发展方向。

26.3.6　钽铌行业发展建议

（1）鼓励企业利用海外资源。加大海外资源开发力度，响应国家"一带一路"倡议，鼓励利用海外资源，制定海外资源开发战略和规划，并在保险项目上给予扶持。

（2）政策引导钽铌深加工产品，提升竞争力。我国钽铌经济可利用资源匮乏，原料进口价格受控，但国内初级产品加工企业多且产量过剩，下游深加工技术和消费不足，形成了"两头在外"的格局。初级产品产能过剩出口价格恶性竞争导致利润降低。建议政策上引导企业从传统的粉、丝粗加工转移到钽靶材、超导用铌材、铌钛合金、耐热耐腐蚀钽铌合金等深加工产品，并在出口退税等方面给予支持。

（3）建立国家钽铌铍资源储备制度。建议实施更大规模的钽铌产品战略规划和商业储备，以保障国防安全和促进钽铌工业可持续发展。

26.4　锗元素行业调研报告

调研企业：蒙东锗业有限公司、云南驰宏锌锗有限公司、广东先导稀材有限公司。

报告完成单位：有研光电新材料有限责任公司。

26.4.1　全球锗资源基本情况

26.4.1.1　全球锗资源储量

锗在地壳中含量约百万分之七，很难独立成矿，一般以分散状态分布于其他元素组成的矿物中，成为多金属矿床的伴生成分，比如含硫化物的铅（Pb）、锌（Zn）、铜（Cu）、银（Ag）、金（Au）矿床以及某些特定的煤矿。

根据美国地质调查局及中国地质调查局数据显示，截至 2018 年，全球已探明的锗保有储量为 8600t（折合金属量）。全球锗资源比较集中，如图 26-11 所示。中国、美国和俄罗斯三国储量占到全球 90% 以上。美国锗储量全球第一，其保有量为 3870t，占全球含量 45%；其次是中国，保有储量 3500t，占全球锗储量的 41%；俄罗斯锗储量位居第三。

截至 2017 年，中国已探明锗矿产地 35 处，主要集中在内蒙古、云南、广东等地（见图 26-12）。我国锗矿主要集中在乌兰图嘎褐煤、云南临沧褐煤和云南会泽铅锌矿中，储量总计占我国资源储量的 85%。中国优质的锗资源实际上被中国国电、云南锗业、驰宏锌锗和中金岭南所掌控。

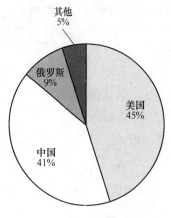

图 26-11　全球锗资源分布情况

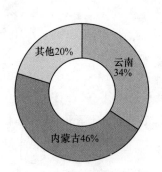

图 26-12　我国锗资源分布情况

26.4.1.2　全球锗产量

美国锗储量全球第一，但以铅锌伴生矿为主，产量受限，从 2014 年开始不再自产锗。中国是全球锗主产国，从 2008 年以来一直保持在 120t 左右（原生锗 90t，二次回收再生锗 30t），产量占全球 75% 左右。其次是加拿大和俄罗斯，年产量约 40t（含二次回收锗）。从 2012 年以来，全球锗产量基本维持在 160t，2019 年受价格下跌和泛亚金属拍卖影响，锗企业减产，预计产量小于 140t。

2011~2018 年全球及中国锗产量如图 26-13 所示。

图 26-14 为国内原生锗产地的分布情况。云南是锗的主要产地，其次是内蒙古、广东等地。

国内主要锗冶金加工企业有：

（1）云南驰宏国际锗业有限公司：以铅锌矿提纯锗，具有从冶炼到加工、应用到终端产业链。2018 年年产能升级到 60t，主营四氯化锗、二氧化锗、区熔锗、锗单晶。

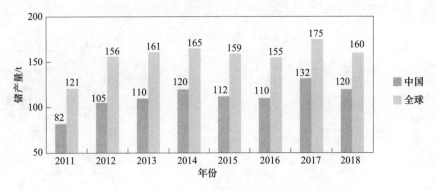

图 26-13　2011~2018 年全球及中国锗产量

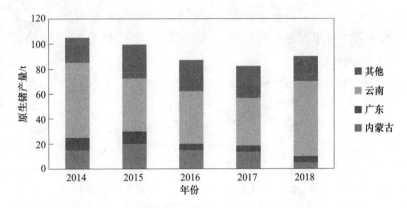

图 26-14　国内原生锗产量

（2）云南锗业：拥有锗矿开采、火法富集、湿法提纯、区熔精炼、精深加工及研发全产业链锗加工企业，金属锗年产能约 40t。主要产品有：二氧化锗、区熔锗锭、锗单晶、锗光学元件、红外光学锗镜头、光伏级太阳能锗单晶片、光纤级四氯化锗、砷化镓单晶片等，主要销往国内及欧洲、日本、美国等国家和地区。

（3）蒙东锗业：拥有丰富的锗资源外，具有火法提锗和湿法提锗技术，产品有高纯四氯化锗和高纯锗锭，高纯金属锗锭年产能 30t。

（4）中金岭南有色金属股份有限公司：主营业务为铅、锌，得到富含锗铟物料，采用氧化焙烧，氯化蒸馏提锗，萃取回收铟工艺，锗年产能约 10t。

（5）南京中锗科技股份有限公司：锗产业链较完善，锗年产能约 10t。主要产品有四氯化锗、氧化锗、高纯锗。

26.4.1.3　全球锗消费

全球锗消费主要集中在中国、美国、日本、欧洲，2018 年全球锗消费总量约 160t，其中国消费约 70t，占比约 45%，是全球最大的消费地区。从 2014~2018 年，中国锗消费量年均增长 8.6%。2018 年我国锗消费最大的是光纤，约占 40%，其次是红外约占 35%，电子与光伏占 20%，其他占 5%。

从全球锗消费领域的近三年平均来看，光纤和红外应用并驾齐驱，共占总需求 62%，PET 催化剂占 16%，太阳能电池占 13%，其他占 9%。其中光纤和红外领域应用大幅增加，

PET 树脂催化剂用量保持稳定, 光伏用量小幅增长。锗消费领域及产值见表 26-14。

表 26-14　锗消费领域及产值

应用领域	锗金属量/t	锗材料市场产值/亿元	终端产品产值/亿元	终端产品形式
光纤领域	50	3.5	5.2	高纯四氯化锗
红外光学	50	4.0	12.0	光学元件
PET 树脂	25	1.8	2.8	催化剂
太阳能电池	20	2.4	16.0	电池组件
其他	15	1.2	6.0	保健品、首饰等
全球市场规模	160	12.8	42.0	

根据当前高纯锗和氧化锗的价格测算, 锗材料全球市场规模约为 13 亿元。若按照终端应用产品产值测算, 由于附加值的提高, 市场规模约为 42 亿元。

26.4.1.4　锗价格变化

锗的行情波动受市场需求、中美贸易摩擦、国家政策（回收储）以及资本运作等多重因素影响。从 2000 年开始, 锗产品价格呈现波动上行趋势, 2014 年价格达到最高 12800 元/kg。2015 年锗锭价格大幅下降, 至 2015 年底降至 7000 元/kg 附近, 此后近两年基本稳定。2017 年下半年至 2018 年 1 季度, 锗红外、光纤快速发展, 锗饰品异军突起, 锗价迅速涨至 10500 元/kg 附近。2018 年下半年锗价开始进入下行通道, 重新下降至 8000 元/kg 区间; 2019 年锗价约为 7000 元/kg。随着红外和光纤行业的持续向好发展, 预计未来两年锗材料价格有望维持在 7000~8000 元/kg。2004~2019 年锗金属价格变化如图 26-15 和图 26-16 所示。

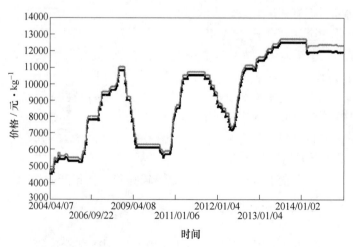

图 26-15　2004~2014 年锗金属价格变化

26.4.1.5　二次资源利用情况

锗回收主要是对锗产品加工过程中的废料、锗泥进行回收, 二次资源回收率约占总量的三分之一。

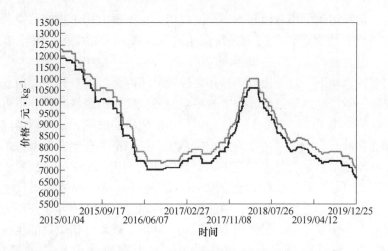

图 26-16   2015~2019 年锗金属价格变化

我国锗回收水平比国外先进技术有较大差距。如比利时 Umicore 对锗回收率能达到 98%，而我国大概为 93%~94%。

26.4.2   国内外技术及产品研发情况

26.4.2.1   采选及冶炼方面

锗属于稀散金属，主要存在于铅锌矿和褐煤中，对锗的采选并无专门的技术，主要对铅锌尾矿或褐煤燃烧后进行富集提纯。

我国原生锗主要采用火法富集、湿法提纯的工艺。锗热电厂"火法"工艺采用的是目前国内最先进的褐煤综合利用提锗旋涡炉技术，在提锗的同时，煤炭燃烧所产生的余热，向当地提供采暖热源的同时利用余热发电，彻底改变了传统火法提锗煤炭价值很难回收利用的现状，减少污染的同时，最大限度实现了资源的充分、综合利用。

铅锌尾矿采用高选择性的膜及萃淋树脂吸萃富集和湿法提纯协同处理的方式，与现有的中和沉淀萃取分离方法相比，稀散金属回收率提高 15% 以上。

未来我们要研究提升的关键技术有：

（1）废光纤的碱化焙烧分解工艺研究；

（2）选择性吸附分离工艺条件研究及条件优化；

（3）深度分离富集工艺研究。

26.4.2.2   采选冶炼技术装备方面

中国的锗产量约占全球的 70%，在锗矿的采选方面中国拥有技术和成本优势，例如锗的富集技术，保持了在国际上的优势地位。但在冶炼设备的自动化、厂房设备管线的优化布局、提纯工艺的节能环保方面，仍需要持续改进和升级。

26.4.2.3   深加工产品及制备技术方面

红外、光纤、光伏、PET 是目前锗的四个最重要应用领域。

A   红外光学产品及制备技术

红外锗主要用作红外光学系统的透镜和窗口，是热成像系统的主要构成部件。目前，红外热成像系统在军用和民用方面都得到广泛应用，在军事上用于夜间监视、瞄准、红外对抗、制导和跟踪、侦察等，在民用方面用于资源勘探、无损检测、医疗诊断、激光加工、气象测绘、电力监控、汽车夜视等。

军民两用双轮驱动下，红外市场用锗将在较长时间内保持增长趋势。信息化和智能武器装备的发展将不断推动红外热成像技术的军事应用，锗是军用红外系统不可或缺的关键材料，需求量将持续增长。随着非制冷红外焦平面探测器的成熟，汽车辅助夜视、安防监控和工业视觉等领域有望大量采用红外热成像系统，民用市场有望出现爆发式增长。

发达国家红外锗单晶生长技术领先中国，其中比利时 Umicore 公司技术水平最高，其采用直拉法生产锗单晶，单晶直径达到 350mm。德国 Photonix Sense 公司只生产红外锗单晶，拥有世界上最大的锗直拉单晶炉，单晶最大直径超过 300mm，年生产能力达到 10t。

我国有研光电、南京中锗、云南锗业、广东先导均掌握红外锗单晶的生长技术，达到国际先进水平，红外锗产量占全球 70% 以上，其中有研光电生长的锗单晶直径达到 320mm。

未来红外锗产品研究的方向有：

（1）直径大于 350mm 单晶的研发；

（2）单晶内部质量均匀性研究；

（3）高效超平整锗球面产品工艺技术开发。

B　光纤产品及制备技术

四氯化锗是生产通信光纤预制棒的关键掺杂剂，用于调节光纤的折射率。全球光纤覆盖率仅约 30%，市场空间巨大。根据 FTTH council 的数据，全球整体光纤覆盖率超过 40% 的国家不超过 30 个。5G 基站致密化带来光纤巨大需求，FTTH council 测算 5G 基站所需光纤数量将是 4G 的 16 倍以上。根据 CRU 的统计和预测，2020 年全球光纤出货量将达到 8.19 亿芯公里（见图 26-17），2017~2020 年 CAGR 将维持在 15% 左右。

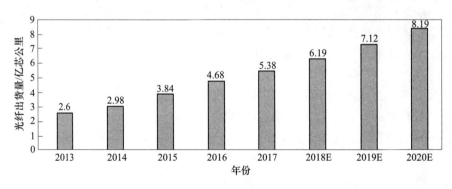

图 26-17　全球光纤出货量

光纤级高纯四氯化锗关键技术是控制材料的纯度。目前，国外的光纤用高纯四氯化锗的主要供应商是比利时 Umicore 公司。国内企业均掌握了超高纯提纯技术，包括氯化、精馏、光化等工艺技术，基本达到国外同等水平。有研晶辉新材料有限公司率先突破光纤用四氯化锗的技术壁垒，并建成国内第一个光纤用四氯化锗材料生产基地。武汉云晶飞光纤材料有限公司采用国晶辉公司提供的提纯技术在武汉建立了一条光纤用四氯化锗材料生产线。

C 光伏产品及制备技术

航天器空间电源系统主要采用低位错锗单晶衬底材料制备的Ⅲ~Ⅴ族太阳电池。全球超过 90%的空间卫星都采用锗基空间三结太阳能电池，然而我国绝大部分空间电池用低位错锗单晶都依赖进口，给我国空间技术发展带来极大的隐患。目前低位错锗单晶领先技术主要掌握在美国和比利时。比利时 Umicore 公司年产太阳能电池用锗单晶衬底片超过 100 万片，低位错锗单晶最大直径达到 12 英寸，位错密度低于 $300/cm^2$ 甚至为 0，成熟产品为 4~6 英寸，是全球最大的低位错锗单晶衬底供应商。美国 AXT 公司主要生产太阳电池衬底用锗单晶，采用 VGF 技术生产单晶，单晶直径 4~6 英寸，年生产能力达到 3t 以上。

国内研究及产业化水平距离美国和比利时公司有一定差距。有研光电、云南锗业、南京中锗均只研制出 4 英寸低位错锗单晶产品。目前只有有研光电的产品通过了航天系统的使用验证，并与中电科集团在科研开发及产品供需方面达成战略合作协议，建成了年产 1t 低位错锗单晶的中试生产线，可稳定生产 4 英寸产品。

未来低位错锗单晶研究的方向有：

（1）6 英寸以上单晶生长技术；

（2）单晶位错密度控制技术，达到无位错水平；

（3）单晶的电学均匀性及机械强度控制技术；

（4）抛光片表面质量工艺技术，实现"开盒即用"水平。

D PET 催化剂产品及制备技术

聚酯（PET）催化剂作为 PET 合成所必须、最重要的组成部分，主要包括锗系催化剂、锑系催化剂和钛系催化剂。高端锗系催化剂因价格昂贵而使用的较少，对锗的需求为 20~30t/年，预计未来几年仍将保持稳定。PET 催化剂用锗系催化剂由二氧化锗而来，该产品关键技术体现在纯度控制方面，国内技术水平跟国外基本相当。目前产品市场稳定，增长不大，尚不存在技术上的难题。2014~2020 年全球 PET 催化剂用锗量如图 26-18 所示。

图 26-18　2014~2020 年全球 PET 催化剂用锗量

26.4.2.4　研发创新与专利申请方面

目前，国内红外锗单晶直径、单晶内部质量均匀性以及大直径晶片镀膜技术与国外先进技术存在一定差距。红外锗主要用在军事武器装备方面，国外控制非常严格，大晶片无法购进，一些先进的红外材料测量仪器如应力双折射仪、折射指数均匀性测量仪等无法购进，国产大直径单晶无法测量核心指标，无法和国外的产品进行对比。2005 年以后，国家基本停止对红外锗的研制经费投入，红外锗技术水平的提高完全依赖企业自身研发投入，技术更新缓慢。尽管已经可以制备直径 320mm 的锗单晶，但光学性能的均匀性、一致性都和国外产品差距较大，影响红外热像仪的分辨率和探测距离，可能造成军用高端热像仪的技术水平和国外的差距进一步增大。

在太阳电池用低位错锗单晶研制方面，我国起步较晚，国内使用的锗片一直都是进口。虽然已研制出 4 英寸晶片，但无论质量还是用量都和国外有较大差距，而国外已大规模应用 6 英寸晶片，国内尚处于空白阶段。由于使用锗基太阳电池的空间飞行器不仅有各种民用卫星如通信卫星，也有军用的卫星如侦察卫星，因此，长期依赖国外产品有可能带来不可确定的风险。

超高纯锗晶体是高纯锗探测器的核心部分，应用遍及核电、核资源勘探、暗物质探测、微量元素分析、安检及国防等领域。欧美国家已经实现高纯锗晶体的商业化生产，国内尚未研制出探测器级 13N 高纯锗晶体。目前，我国每年需进口数百台高纯锗探测器，价值约 1.8 亿元，其中高纯锗晶体约占 6000 万元。随着我国核电和暗物质探测实验的快速发展，对高纯锗探测器的需求呈逐年递增趋势，高纯锗晶体在未来较长时间内具有广阔的市场前景。比利时 Umicore 和美国 Ortec 公司垄断了探测器级高纯锗晶体的国际市场，其尚未公开高纯锗晶体制备的关键技术。我国迫切需要加快高纯锗晶体研制，推动我国高纯锗探测器的产业化发展。

在专利申请方面，国外注重知识产权保护，国际先进锗相关企业的专利申请深入到各个国家，导致我国很多锗深加工产品只能在国内销售，一旦出口就可能涉及侵权问题。国内虽然开始重视知识产权的申请和保护，但大多仅限于国内，且缺乏对核心知识产权的保护。

26.4.3　未来发展趋势

锗资源供应集中度高，未来产量增长缓慢。由于锗资源稀缺和集中度高的特点，锗供应端调控力度大，加上国内趋严的环保检查、限制洋垃圾进口等因素影响，预计未来国内锗金属产量缓慢增长。预计 2020~2022 年全球锗矿产金属量供应增速保持在 5%，2022 年全球和国内锗金属产量分别为 180t 和 135t。

锗资源稀缺属性明显，下游应用偏高端，受益于军工应用、无人驾驶、5G 等领域的消费需求，未来红外和光纤领域锗需求将迎来一定增长。此外太阳能电池和催化剂领域用锗也将保持稳定增长，行业未来景气行情可期。

锗作为一种战略稀缺金属，行业进入壁垒高，预计未来行业竞争格局仍将保持寡头竞争的稳定态势。在上游供应无法大幅增加产量的预期下，下游锗产品深加工业务的公司有望在未来锗终端消费爆发的行情下抢占市场，在市场竞争中更具竞争优势。

锗在红外光学领域的应用是由于军方的需要而发展起来的。随着红外技术的发展，高分辨率和长距离探测成了红外热像仪的主要发展方向，这就需要更大尺寸、内部质量更加均匀的低成本锗单晶。

以锗为衬底的Ⅲ~Ⅴ族太阳电池是目前转换效率最高的太阳电池，聚光型太阳电池转换效率高达 41%，不仅取代硅太阳电池成为主要的空间电源，而且在地面光伏电站也占据一席之地。随着锗在太阳电池应用方面的发展，低位错锗单晶的需求将有较快的增长。

未来，锗在相变存储材料、探测器用超高纯材料、SiGe 合金半导体材料等领域有新的发展。

26.4.4　锗行业发展建议

（1）推动锗深加工产品开发与应用研究。

1）国外 6 英寸空间太阳电池用锗片已实现商用，国内尚处于空白阶段。建议国家设立 6 英寸空间太阳电池用低位错锗材料研发项目，解决锗单晶材料研制和应用的关键技术问题，为进一步实现产业化奠定基础。

2）13N 超高纯锗制备技术对国家科技发展有重要战略意义的产品，建议进行科技项目配套政策支持，突破材料的限制。

3）建议国家采用"一条龙"模式提出红外用超大直径锗单晶材料研制重大课题，解决超大直径锗单晶研制、核心技术指标测量、应用验证等问题。

（2）整合国内锗资源。从国家战略层面整合国内锗资源，合理控制锗资源的有序开发，加大对从事综合回收企业进行重点扶持；统筹规划集中加工配套，减少重复投资浪费和提高生产流转速度，形成锗资源开发、提取加工、研究创新、应用终端配套的锗产业配套集群，带动地方行业和生活配套协同发展。

（3）收储锗原料和低位错锗单晶产品。我国稀散金属价格偏低，导致目前产能不足，价格浮动较大，建议从国家层面对小金属进行收储，控制市场价格，增强企业生产积极性。

鉴于美国国防后勤战略物资局（DLA）对空间太阳电池用低位错锗单晶衬底片进行储备（约 10 万片），建议国家也对低位错锗单晶衬底片进行储备。

（4）创新开拓新应用领域。依托院校人才培养、科研机构科技创新、行业跨界融合等方式在进行满足产品功能使用要求情况下提高锗的利用率，缓解资源储量劣势。提升加工技术水平和进行新的应用领域开发研究，掌握核心技术和知识产权保护，开拓新产品寻找到新的经济效益。

26.5　铟元素调研报告

调研企业：中铝稀土稀有（江苏）公司、株洲科能新材料有限责任公司、广西华锡集团、广西晶联光电材料有限责任公司、广东先导稀材股份有限公司。

报告完成单位：郑州大学。

26.5.1　全球铟基本情况

26.5.1.1　全球铟资源储量

铟多伴生于有色金属硫化矿物中，自然界几乎不存在单独具有工业开采价值的矿体。全球预估铟储量为 5 万吨金属量，其中可开采约 50%。铟资源主要分布在亚洲、北美、欧洲和大洋洲等地，其中中国、秘鲁、美国、加拿大和俄罗斯的铟储量占全球的 80.6%，如表 26-15 所示。

表 26-15　全球铟储量分布情况

国家	探明储量		储量基础	
	数量/t	百分比/%	数量/t	百分比/%
中国	8000	72.70	10000	62.5
秘鲁	360	3.30	580	3.60
美国	280	2.50	450	2.80
加拿大	150	1.40	560	3.50
俄罗斯	80	0.70	250	1.60
其他国家	2130	19.40	4160	26
全球合计	11000	100	16000	100

数据来源：USGS 2019。

我国铟储量 8000t，占全球 72.7%，主要伴生于铅锌矿床和铜矿金属矿床中。如图 26-19 所示，我国已探明的铟资源主要集中于云南（占 40%）、广西（占 31.4%）、内蒙古（8.2%）、青海（7.8%）、广东（7%），其余分布在湖南、青海、内蒙古、辽宁等 15 个省区。

26.5.1.2　全球铟产量

根据美国地质调查局 2019 报告，2013～2018 年全球的原生铟产量基本稳定在 680～800t（折金属量），全球铟产量统计如表 26-16 所示。中国是全球最大的原生铟生产国，2015～2018 年原生铟产量分别为 526t、439t、456t、383t。

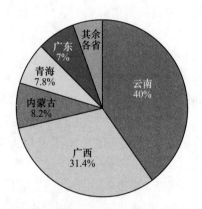

图 26-19　我国探明铟储量分布情况
（数据来源：亚洲金属网）

表 26-16　全球主要国家原生铟产量　　　　　　　　　（t）

国家	2015 年	2016 年	2017 年	2018 年
比利时	20	20	20	20
加拿大	70	71	67	70
中国	526	439	456	383
法国	41	—	30	50
日本	70	70	70	70
韩国	195	210	225	230
秘鲁	9	10	10	10
俄罗斯	4	5	5	5
总计	935	825	883	838

数据来源：USGS 2019、中国有色金属工业协会铟铋锗分会。

我国铟集中在云南、湖南、广西、广东四省区。精铟生产有两种企业，第一类是铅锌为主产，稀散金属为副产的冶炼型企业，目前产量最大的是云锡文山锌铟，精铟年产量可超过 60t，其次如蒙自矿业、云铜锌业、株冶集团、马关云铜、南方冶炼等，2018 年上述企业精铟产量占全国总产量的56%。第二类是以冶炼渣、灰、泥，钢厂烟灰、尘泥、废靶等为原料，以精铟等稀贵金属、锌锭、硫酸锌、次氧化锌为主要产品的回收型企业，主要集中在湖南株洲、广东清远和韶关、广西河池等地区。

韩国是铟产量大国，由高丽亚铅生产，是世界上综合回收技术较强的锌冶炼企业，其含铟锌精矿主要来自澳大利亚、墨西哥、秘鲁和玻利维亚等国家。2017年和2018年原生铟产量为225t和230t。日本原生铟基本稳定在70t，主要由同和矿业（DOWA）公司生产，资源来自日本国内铅锌矿山。

26.5.1.3　全球铟消费

金属铟一般不单独使用，主要以铟合金、铟盐、半导体化合物和其他铟化合物形态应用。ITO靶材是铟的主要消费领域，占全球铟消费量的70%；其次是电子半导体领域，占全球消费量的12%；焊料和合金领域占12%；其他及研究行业占6%。ITO靶材产业链如图26-20所示。

日本和韩国是铟消费大国。日本铟年消费量占到60%以上。韩国自2003年后成为铟资源消费第二大国，占20%以上消费。我国铟需求量逐年增加，2018年突破150t/a。中国产高纯（4N5）铟锭的80%以上出口到日本，但日本和韩国的ITO靶材大部分返销给中国，占领中国80%以上ITO靶材市场。

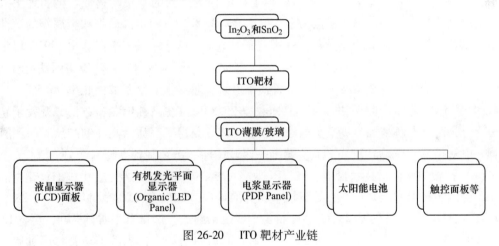

图 26-20　ITO 靶材产业链

26.5.1.4　二次资源回收利用

铟的二次资源回收主要包括ITO废料和半导体废料及废旧器件，其中靶材边角料和镀膜残余废靶中氧化铟含量达85%~95%。平板显示器制造商与靶材厂家签订合同，回收提炼后再回流使用。

日本和韩国十分重视靶材中铟回收再生，从2010年开始，全球再生铟产量超过原生铟，目前再生铟使用占到铟总量的80%以上。表26-17为日、韩的精铟产量，数值远高于原产铟，也侧面说明其回收利用已经占到主要用量。酸溶—富集—置换—电解或碱煮是ITO靶材料中铟回收的主流工艺，铟锡的总回收率达到93%以上，铟的回收利用率达到60%~65%。日本Akita冶炼厂和Asahi Pretec Corp与FukuokaIT是主要铟回收企业，产能达到150t和200t。

表 26-17　日、韩的年度精铟产量　　　　　　　　（t）

国家	2016	2017	2018E
日本	645	565	535
韩国	560	523	545

数据来源：中国有色金属工业协会镓硒碲分会。

26.5.2　铟的价格情况

精铟价格 2017 年约为 1100 元/kg，2018 年增长到 2000 元/kg，2019 年回到 1100 元/kg，目前铟价接近靶材回收使用企业的平均生产成本。虽然国内铟消费随着国产靶材制造的发展会逐步增长，但泛亚 3000t 金属铟库存、中美贸易摩擦等因素，使得铟的价格处在较低水平，未来铟价格存在一些不确定性。

26.5.3　我国铟技术发展现状与差距

（1）铟冶金技术处于国际先进水平。采用浸出（铟浸出率可达到 90% 以上）、萃取（铟的萃取率达 99%）、置换、电解精炼等工艺流程进行铟的富集与提取。昆明理工大学以真空冶金技术为核心，集成湿法冶金、电冶金等技术，发明了高效提取金属铟的清洁冶金新技术及与新技术配套的新设备，并实现了从含铟 0.1% 的粗锌中提炼 99.993% 以上的金属铟的产业化生产，铟的回收率大于 90%，直收率大于 80%。广西华锡集团铁钒渣通过回转窑挥发中浸—低浸—高浸—萃取—置换—电解工艺提铟，铟萃取回收率 96.5%，熔铸回收率 99.5%，电解回收率 99.5%，总回收率 75.33%。在高纯铟制备方面，开发了包括低卤化合物法—电解精炼—真空蒸馏法的联合工艺，获得了高质量高纯铟产品，如"真空蒸馏—电解精炼—拉单晶"或"真空蒸馏—区域精炼"工艺制备高纯铟。

（2）打破 ITO 靶材技术封锁，但与国外先进产品依然有较大差距。中国 ITO 靶材起步较晚，受困于技术发展，且一直处于技术弱势的局面。2011 年 ITO 靶材年产量约 25t，全球市场占有率不到 3%；2012 年 ITO 靶材生产线逐渐建成，产量有了明显提升，至 2013 年达到 59t。2014 年后随着株洲冶炼、北京冶科、韶山西格玛为代表的 ITO 靶材产量放大我国 ITO 靶材产量达到 90t 左右，2015 年达到 100t，预计 2020 年接近 400t，占全球产量 15%，主要企业包括广西晶联光电材料、广东先导稀材、福建阿石创新材料、芜湖映日科技、江苏比昂电子材料、北京冶科纳米科技、中色（宁夏）东方集团等，主要占据触控屏（TD）、TN-LCD 的 ITO 导电玻璃、冰箱和冰柜 ITO 导电玻璃用的低端 ITO 靶材市场。近年来，在 TFT 用 ITO 靶材技术取得突破，广西晶联光电材料、广东先导稀材、福建阿石创新材料、芜湖映日科技的 ITO 靶材已在京东方、华星光电等面板厂商上线测试，但是 TFT 高端用 ITO 靶材产量、尺寸及产品性能一致性等问题比较突出。大尺寸 ITO 靶材烧结需要有大型的烧结炉及相应的稳定的成型和烧结技术，加之靶材需要 6~10 天的烧结周期，高温气氛烧结需要高浓度氧气参与等因素，靶材产品质量良莠不齐，成品率较低。与国外高端靶材相比，国内靶材结瘤偏多，靶材寿命不足，主要因素归结为：1）超高性能 ITO 纳米粉体的制备技术较差；2）ITO 靶材常压烧结技术及缺陷控制技术不透彻。

全球 ITO 靶材产品各级市场供应情况见表 26-18。

表 26-18 全球 ITO 靶材产品各级市场供应情况

低端 TN 导电玻璃的 ITO 靶材厂商	中端 STN 玻璃的 ITO 靶材厂商	高端 TFT-LCD 的 ITO 靶材
（1）韩国：三星康宁	（1）韩国：三星康宁	几乎全部来自日本
（2）美国：优美可（Umicore）	（2）美国：优美可（Umicore）	日本：东曹
（3）日本：三井（Mitsui）	（3）日本：日本能源、三井	日立
（4）德国：贺利士	（4）德国：贺利士	住友
（5）中国：少数厂商	（5）中国：少数厂商	VMC

2018 年，中国大陆面板生产能力已超越日韩占全球总量的 50% 以上，拉动了高端 ITO 靶材市场需求的快速增长，如图 26-21 所示。随着中国多条高世代 TFT-LCD 生产线的陆续投产，中国液晶镀膜用 ITO 靶材的需求将呈现快速增长态势，预计到 2020 年 ITO 靶材市场需求接近 1200t，但国产 ITO 靶材因质量问题在高世代面板线测试屡屡受挫，导致市场占有率不足 10%，90% 市场依然被日、韩占据。全球 ITO 靶材主要由 JX 日矿日石金属、日本三井矿业、日本东曹、韩国三星、德国及美国的少数几家公司供应，他们掌握了制备 ITO 靶材的核心技术，且具有一定的生产规模。

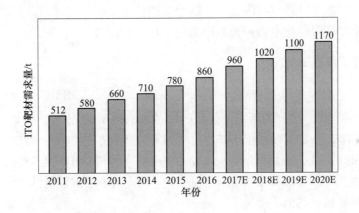

图 26-21 2011~2020 年中国 ITO 靶材需求量

26.5.4 未来发展趋势

铟在平板显示行业的新应用不断被发掘，其中 TFT（薄膜晶体管）沟道层材料的 IGZO 薄膜引起了重视。IGZO 是含有铟、镓和锌的非晶氧化物，载流子迁移率是非晶硅的 20~30 倍，可以大大提高 TFT 对像素电极的充放电速率，提高像素的响应速度，实现更快的刷新率，提高了像素的行扫描速率，使得超高分辨率在 TFT-LCD 中成为可能。同时，IGZO 可以利用现有的非晶硅生产线生产，只需稍加改动，因此在成本方面比低温多晶硅更有竞争力。

2016 年 5 月，中国台湾鸿海集团收购日本夏普，并大力发展应用 IGZO 技术的屏幕。2019 年 4 月，夏普已完成第 5 代 IGZO 的研发，具备更省电、支援 8K 并可应用于 OLED 面板上等特点。而 IGZO 薄膜晶体管的应用有力地推动了 IGZO 靶材的应用和发展，对铟元素的消费带来潜在的推动作用。

26.5.5　铟行业发展建议

（1）铟的精确统计问题。目前我国有 4 个铟产品海关税则号，基本能够适用冶炼产品，但无铟靶材单独税则号，造成无法准确核实进出口靶材数量，对行业统计、了解下游行业需求以及引导国内深加工产品发展极为不利。

（2）ITO 靶材保护政策和上线测试扶持。目前国产 ITO 靶材性能获得突破，满足上线测试性能时，日、韩厂商即大幅度降低 ITO 靶材价格来打击国内 ITO 靶材行业。加之 ITO 靶材在高世代平板显示器上上线测试先需要经过美国溅射设备制造厂家的收费认证，各种原因导致认证不积极、认证周期长等缺点。

建议国家对国产的高性能 ITO 靶材在政策上给予扶持，重点培育行业龙头，对铟原材料出口配额限制，增加 ITO 靶材进口关税等措施支持，保护国内 ITO 靶材行业发展；引导鼓励 ITO 终端面板企业，建立自己专业的靶材认证机构，直面靶材厂商的新产品上线测试问题，以节省时间及经济成本。

26.6　镓元素行业调研报告

调研企业：广东先导稀材有限公司、珠海方圆公司。

报告完成单位：有研光电新材料有限责任公司。

26.6.1　全球镓资源基本情况

26.6.1.1　全球镓资源储量

镓在地壳中的含量为 0.0015%。自然界中的镓分布比较分散，常以微量元素与铝、锌、锗的矿物共生，主要赋存在铝土矿中，少量存在于锡矿、钨矿、铅锌矿和煤矿中。

预估全球镓远景储量超 120 万吨，主要在铝土矿中镓储量 100 万吨，其次锌矿中约有 19 万吨储量。目前探明全球镓金属储量约为 23 万吨，其中中国储量约 19 万吨，约占世界总量的 80%，其他国家约为 5 万吨。

我国河南、吉林、山东、广西等省、自治区的镓主要赋存在铝土矿中，黑龙江、云南等省的镓主要赋存在煤矿或锡矿中，湖南等省的镓主要赋存在闪锌矿中，四川攀枝花的镓主要赋存在钒钛磁铁矿中。另外，内蒙古准格尔发现与煤伴生的超大型镓矿，远景储量为 85.7 万吨。

26.6.1.2　全球镓产量

中国、德国和乌克兰是全球三大粗镓生产国，其他有匈牙利、韩国和俄罗斯等国。国外铝土矿中镓含量在 130mg/L 以下，镓含量较低、生产成本较高，售价在 2000 元/kg 以下时不适合生产。我国铝土矿镓含量基本在 230mg/L 左右，现阶段全球 90% 以上的原生镓都是从中国的铝土矿中提取的。根据美国地质调查局统计，2018 年全球粗镓产量 410t，其中我国产量 390t，乌克兰、俄罗斯、日本和韩国加起来产量 20t。2018 年全球粗镓产量较 2017 年的 320t 增长了 28%。2019 年预计产量达到 310t，除中国外，2019 年国外仅俄罗斯保留 10t 产量。2019 年粗镓生产企业及产量见表 26-19。

表 26-19 全球主要镓生产企业和国家产能 (t)

生产厂家	产能	2019 年产量	当前状态
珠海方源	160	70	正常
锦江集团	140	90	正常
中铝稀有稀土	120	70	正常
东方希望	60	50	正常
北京吉亚	80	30	停产
卓龙源	60	0	停产
香江万基	20	0	停产
凯曼	30	0	停产
俄罗斯	20	10	正常
德国	20	0	停产
哈萨克斯坦	20	0	停产
合计	730	320	

2006~2018 年全球镓产能和产量如图 26-22 和图 26-23 所示。

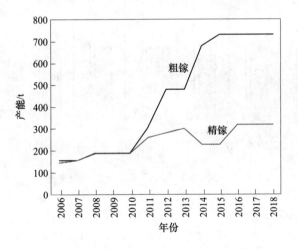

图 26-22 2006~2018 年全球镓产能

（数据来源：USGS）

26.6.1.3 全球镓消费

全球镓消费主要集中在中国、日本、美国。2014 年以前，日本是镓的最大需求国，占全球的 50%~60%，其次是美国、中国。但随着我国镓消费量的稳定增长，2014 年以后我国成为全球最大的镓消费国。2019 年全球镓消费量约为 320t，我国镓消费量约为 160t，占总消费量的二分之一。

2013~2019 年全球镓消费情况如图 26-24 所示。

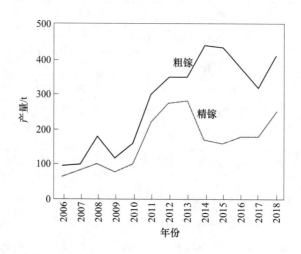

图 26-23　2006～2018 年全球镓产量

（数据来源：USGS）

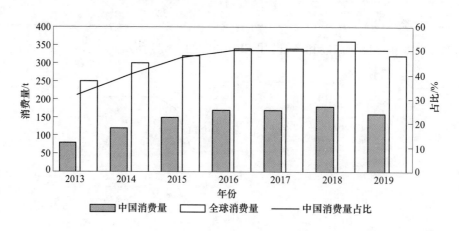

图 26-24　2013～2019 年全球镓消费情况

　　镓主要用于半导体工业，应用于光电子和微电子领域。主要应用可以分为四块：（1）衬底材料：GaAs、GaP；（2）外延材料 MO 源；（3）CIGS 薄膜太阳能；（4）磁性材料的原料。

　　图 26-25 是镓产业链示意图。80%的镓消耗在砷化镓、氮化镓、磷化镓等Ⅲ～Ⅴ族化合物半导体结晶材料及外延上，主要用作光电子器件、微电子器件及高速集成电路上，其中消费量最大的产品砷化镓，约占 85%，其次是氮化镓，约占 10%。砷化镓主要用作 LED 及微波器件的衬底材料，随着半导体照明、5G 通信、智能穿戴、安防设备领域的快速发展，未来需求将持续增长。除了砷化镓、氮化镓等半导体晶体材料及外延上的消费，镓的产品还涉及太阳能电池（CIGS）、磁性材料、石油化工、医疗器械、新型合金等，其中半导体行业占比大于 80%，如表 26-20 所示。

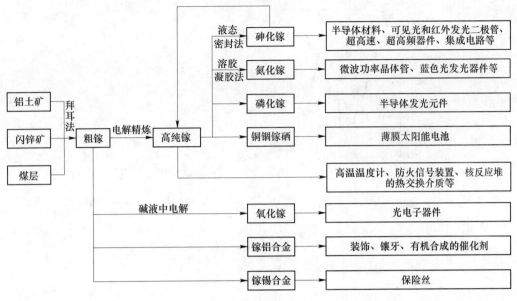

图 26-25 镓产业链示意图

表 26-20 镓主要应用和占比

应用行业	产　　品	比例/%
半导体行业	GaAs、GaN 等晶体材料	约 80
太阳能电池	CICS 薄膜	约 10
磁性材料	钕铁磁材料添加剂	约 5
石油化工	硝酸镓、氯化镓等催化剂	约 5
医疗器械	铟镓合金、金镓合金等	<1
新型合金	铝镓合金、记忆金属、特种光学玻璃	<1

26.6.1.4 全球镓价格变化

从近 15 年全球粗镓（4N）的价格来看，2011 年初粗镓的价格攀升至最高 6500 元/kg，此后镓价格一路下滑，到 2015 年下半年价格最低降至 700 元/kg，并持续低迷。2016～2017 年，国内原生镓总体供应量得到控制，库存也在逐步消化，市场成交价格受到影响后有所提升。随着 2017 年砷化镓市场的增长对镓的需求量拉动，金属镓的价格在 2018 年第一季度达到 1500 元/kg，但受到中美贸易摩擦及全球经济下滑影响，加上近几年粗镓产能明显供大于求的现状，镓价格一路下跌至目前的 1000 元/kg 左右。受产能的影响，预计未来一两年镓的价格有望维持在 1000～1500 元/kg 左右。

2005～2020 年镓的价格情况及预测如图 26-26 所示。

26.6.1.5 二次资源回收利用情况

目前，我国镓的二次资源整体利用水平还比较低。镓的回收主要集中在美国、日本等，主要通过回收砷化镓产品加工过程中的废料、含镓污泥，以降低综合生产成本。由于我们是产镓大国，产能严重过剩，对镓的二次利用积极性不高。

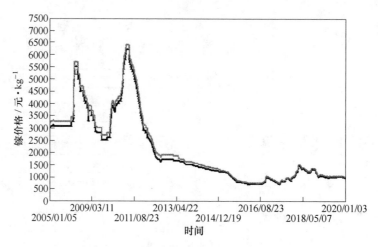

图 26-26　2005～2020 年镓的价格情况及预测

26.6.2　国内外技术及产品研发情况

26.6.2.1　采选及冶炼方面

我国在镓的工业生产上的优势是具有丰富的矿产资源，在镓矿资源开发利用技术上取得明显进步，供应了全球 90% 以上的粗镓（4N）。主要采用具有高选择性的螯合树脂对氧化铝种分母液中的镓进行吸附分离，回收率高、工艺流程简单无公害、成本较低，是国内主要原生镓生产方法，也是目前最经济的方法。

我国是 4N 原生粗镓的生产大国，并向全世界出口，同时也已经掌握 6N 精镓生产技术，但 7N 及以上精镓产品在稳定性和个别参数与世界最好水平还有差距，目前尚未向日本等国家出口精镓产品。

26.6.2.2　深加工产品及制备技术方面

砷化镓晶体是目前镓的最重要应用，约占镓消费量的 70%。其他应用还有外延材料 Mo 源、CIGS 薄膜太阳能、磁性材料的原料等。

A　砷化镓晶体产品及制备技术

砷化镓材料是继硅单晶之后第二代新型化合物半导体，主要用于光电子产业和微电子产业。在微电子领域，采用砷化镓衬底材料制作的微波大功率器件、低噪声器件、微波毫米波单片集成电路、超高速数字集成电路等，在移动通信、光纤通信、卫星通信等为代表的高技术通信领域有广泛的应用。在光电子领域，采用砷化镓衬底材料制作的 LED、LD、光探测器等各类光电器件在以背光显示、半导体照明、安防设备等领域都有广泛的应用。

主流的砷化镓单晶生长方法包括：液封直拉法（LEC）、水平布里其曼法（HB）、垂直布里其曼法（VB）以及垂直梯度凝固法（VGF）等。表 26-21 为不同工艺制备砷化镓的性能。

国外著名公司包括日本 SEI、德国 Freiberger、美国 AXT 等，掌握最为先进的砷化镓制备技术，最前沿的成果是 ϕ8 英寸单晶，由德国 Freiberger 分别采用 LEC 和 VGF 方法研制出，目前商用水平最大直径的砷化镓是 ϕ6 英寸单晶。日本 SEI 以 VB 砷化镓为主，其 ϕ4

英寸和 $\phi6$ 英寸 GaAs 抛光片主要是自用和在日本市场销售，有少部分出口美国、中国台湾市场，产品质量处于国际领先水平。德国 Freiberger 公司主要以 VGF、LEC 方法生产 2 英寸、4 英寸、6 英寸砷化镓，主要应用到微电子领域。美国 AXT 公司，生产基地在中国，产品主要以 VGF 法 2 英寸、3 英寸、4 英寸、6 英寸砷化镓材料为主，一半用作 LED 衬底，一半用作微电衬底。

表 26-21　不同制备工艺砷化镓优缺点

类别	工艺特点	LEC	HB	VB	VGF
工艺水平	低位错	差	良	优	优
	位错均匀性	差	中	良	良
	长尺寸	良	差	良	良
	大直径	良	差	良	良
	监控	可观察	可观察	不可观察	不可观察
生产水平	位错密度/cm^{-2}	$10^4 \sim 10^5$	$10^2 \sim 10^3$	100	100
	直径/英寸	3、4、6	2、3	2~6	2~6
	位错密度/cm^{-2}	$>10^4$	$<10^3$	约 5×10^3	约 5×10^3
	迁移率/cm$^2 \cdot v \cdot s^{-1}$	6000~7000	—	6000~7000	6000~7000

　　我国的砷化镓材料行业，虽然受到国家的高度重视，但由于投资强度不足且分散，研究基础一直比较薄弱，发展速度缓慢。只是近几年由于半导体照明产业的拉动作用，发展很快，但也仅限于低端 LED 用的低端砷化镓材料。主要企业有中科晶电、有研光电、广东先导、大庆佳昌、中电科 46 所、云南锗业等。中科晶电从事 2~6 英寸导电型 VGF 砷化镓生产，全部用作 LED 衬底。广东先导、大庆佳昌和云南锗业是近两年发展起来的，主要产品是 2~6 英寸导电型砷化镓。广东先导是目前发展最快的砷化镓制造企业，2019 年度其产量为国内第一。中电科 46 所，生产少量 4 英寸晶片。有研光电是全球最大的 HB 砷化镓生产企业，也掌握 2~4 英寸 VGF 砷化镓生长技术。

　　目前我国占据全球 LED 用导电型砷化镓绝大部分市场，从衬底材料到外延、芯片等产业链完整，但集成电路和功率器件用的大直径半绝缘砷化镓材料缺乏，所用的 4~6 英寸半绝缘砷化镓晶片仍然全部依赖进口，并且砷化镓微电子器件的制造水平也远远落后于国外。发达国家 6 英寸的半绝缘砷化镓产品已经商用化，国内 4 英寸产品还没有实现商用，因此研制大直径、低位错的半绝缘砷化镓单晶应该是该行业主要方向之一。

　　B　金属有机气相外延沉积原料产品及制备技术

　　Ga 作为金属有机气相外延沉积原料（简称 MO 源），应用于 GaN、三元及四元外延材料，用于制造 LED、LD、探测器、微波功率器件等。GaN 是目前快速发展的半导体照明光源的主要支撑材料。

　　三甲基镓、三乙基镓是半导体外延材料的 MO 源。纯度是衡量 MO 源质量的关键指标，MO 源的质量直接决定了最终器件的性能。绝大多数 MO 源化合物对氧气、水汽极其敏感，遇空气可发生自燃，遇水可发生爆炸，且毒性大，所以 MO 源的研制是集极端条件下的合成制备、超纯纯化、超纯分析、超纯灌装等于一体的高新技术。全球最主要的 MO

源生产企业有 Dow、SAFC Hitech、Akzo Nobel 和南大光电等。目前，美国在 MO 源的产能和技术上都处于领先的地位：Dow 和 SAFC Hitech 均为美国公司，而荷兰公司 Akzo Nobel 的生产工厂也在美国。南大光电是国内唯一一家拥有自主知识产权并实现了 MO 源产业化生产的企业，产品质量达到国际先进水平。

C　CIGS 薄膜太阳能电池产品及制备技术

CuInGaSe 薄膜太阳能电池具有稳定性好、抗辐照性能好、成本低、效率高等优点，尤其在光伏建筑方面是非常有前途的一种薄膜太阳电池。CIGS 市场份额虽然只占整个光伏市场的不足 10%，但随着 CIGS 制造技术获得突破以及技术成熟度的提高，该产品将打破光伏市场晶体硅电池单一垄断，未来将会占据越来越大的市场份额。

未来 CIGS 太阳能电池技术提升包括：提升电池转化效率，缩小和晶体硅电池的差距；提高电池的稳定性，减小光致衰减特性。

26.6.2.3　研发创新与专利申请方面

（1）在研发创新方面，未来主要的研究方向有：7N 以上高纯度镓、$\phi 4 \sim 6$ 英寸半绝缘砷化镓单晶。

我国是粗镓的出口大国，但制备的 7N 镓由于质量及稳定性的问题，国外没有企业使用。日本、加拿大等国家在 7N 以上高纯镓制备技术方面具有明显的优势，特别对难除杂质有专有的提纯技术。因此，未来应重点扶持优势企业，加强镓的提取工艺研究，引进先进生产工艺和设备，研制出质量稳定的 7N 以上高纯镓。

半绝缘砷化镓制作的微波器件广泛用于通信、导航、军工电子等领域，随着砷化镓功率放大器在 5G、智能手机、无线网络中应用的增加，预计在未来市场将保持持续增长。目前商用化的半绝缘砷化镓晶体几乎 100% 由日本、德国、美国等生产。国外对我国实行严格技术封锁，我国只能进口相关产品。虽然中电科 46 所等单位正在研制 4 英寸半绝缘砷化镓单晶，受国外下游应用企业的限制，应用验证渠道不通，导致研制进度较慢。我国迫切需要加快 4~6 英寸半绝缘砷化镓晶体的研制，增加研发投入，推动我国砷化镓微电子产业的发展。

（2）在专利申请方面，国外注重知识产权保护，国际先进镓相关企业的专利申请深入到各个国家，导致我国很多镓深加工产品只能在国内销售，一旦出口就可能涉及侵权问题，比如砷化镓高端产品基本无法出口到日本、美国。国内目前已加强知识产权的申请和保护，但大多仅限于国内，且缺乏对核心知识产权的保护。

26.6.3　未来发展趋势

26.6.3.1　砷化镓、氮化镓、锑化镓等半导体材料

2012~2018 年砷化镓元件的规模整体呈现增长趋势（图 26-27 和图 26-28），只是从 2016 年开始由每年 10% 的增长速度降到了 2018 年 3% 的增长速度。各大行业对半导体和半绝缘体特性需求不断增长，约 80% 的镓消费量用于满足上述需求，未来几年需求增幅将进一步拉高。大多数的镓用于生产砷化镓或氮化镓器件。预计到 2024 年，砷化镓行业相关领域仍将是最大的终端用户市场。

从砷化镓应用中最重要的 LED 照明市场看，如图 26-29 所示，预计未来到 2028 年为

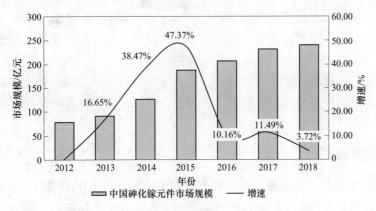

图 26-27 2012~2018 年中国砷化镓元件市场规模

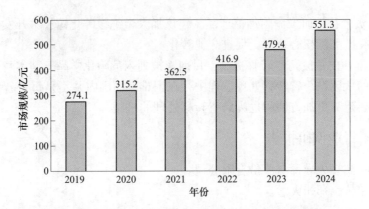

图 26-28 2019~2024 年中国砷化镓元件市场规模预测

止，灯泡年安装量将达到 35 亿只，LED 的普及率将达到 90%，市场需求也将稳定增长。氮化镓/锑化镓预计在国内厂商突破晶体技术壁垒后，也将迎来市场需求大幅增长。

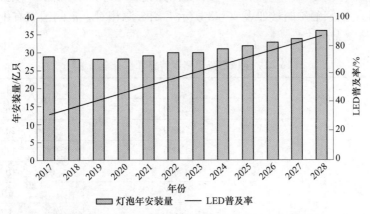

图 26-29 2017-2028 年中国 LED 照明市场规模及预测

26.6.3.2 磁性材料添加剂

2000 年，我国钕铁硼磁体产量超过日本，成为世界上最大的钕铁硼磁体生产国。2018 年，我国高端钕铁硼产品预计产量达 3 万吨，占全球 60%的市场份额。

新能源车电机磁材单耗：乘用车 2~3kg，客车 5~10kg；而传统汽车队永磁材料总需求预计在 1.2kg 左右。随新能源汽车的需求量逐步提升，高性能磁材行业需求有望大幅提升。因此，作为磁性材料添加剂的镓需求也将持续增长。

未来，镓在第四代氧化镓半导体材料、靶材等领域有新的发展。在生产制造方面，国内镓行业将逐步突破高纯金属制备技术，通过整合资源，向半绝缘砷化镓等高端深加工产品发展。

26.6.4　镓行业发展建议

（1）建立国家储备。金属镓作为一种重要的半导体材料，在高精尖军事装备上有重要的应用，是具有重要战略意义的新材料，希望国家能建立镓收储机制，为镓行业的发展提供一些支持。

（2）加大资金扶持研发高附加值产品。建议加大半绝缘砷化镓技术开发与应用、氧化镓晶体研制，突破关键核心技术，促进产业转化。

（3）建立方便的危废跨省转移机制。目前镓被列入危险化学品，其本身及下游产品加工过程中产生的危废在跨省转移处理过程中存在困难，而国内并不是每个省都有处理资质能力。因此需要建立更加方便的危废跨省转移处理的机制。

26.7　硒元素行业调研报告

调研企业：广东先导稀材股份有限公司。

报告完成单位：郑州大学。

26.7.1　全球硒资源基本情况

26.7.1.1　全球硒资源储量

根据美国地质调查局（USGS）2019 年统计数据，全球硒资源储量为近 10 万吨（折合金属量），主要国家硒矿储量如表 26-22 所示。硒资源相对丰富的国家有中国、俄罗斯、秘鲁、美国、加拿大和波兰。

表 26-22　全球硒资源储量情况（折合金属量）

国家	储量/t	占比/%
中国	26000	26.26
俄罗斯	20000	20.20
秘鲁	13000	13.13
美国	10000	10.10
加拿大	6000	6.06
波兰	3000	3.03
其他地区	21000	21.22
总计	99000	100

数据来源：USGS 2019。

我国硒蕴藏量占世界硒储量的 1/4 以上，集中分布在西北部和长江中下游地区。硒主要是伴生矿，赋存在黄铜矿、黄铁矿、汞铅矿中，也有存在辉钼矿、铀矿中。已探明硒矿产地数十处，岩浆型铜镍硫化物矿床占硒总储量的一半以上。

26.7.1.2 全球硒产量

硒主要是铜冶炼的副产品，铅、锌和镍的冶炼过程中也副产少量硒。全球硒主产国有日本、比利时、美国、中国、德国等（见表 26-23），2018 年五国产量合计占全球 79.3%。2018 年中国硒产量增长 120t（低于 2017 年 180t 的增量），日本产量增长 28t，其他国家大多为平稳或微增微降。

表 26-23　全球主要国家硒产量　　　　　　　　（t）

国家	2015 年	2016 年	2017 年	2018 年 E
日本	772	753	792	820
美国	670	670	675	670
中国	720	750	930	1050
比利时	200	200	200	200
加拿大	155	155	150	155
俄罗斯	155	160	150	160
德国	700	700	700	700
智利	70	65	60	60
菲律宾	100	100	100	100
秘鲁	55	55	50	50
波兰	85	80	90	90
芬兰	100	100	100	100
印度	18	18	18	18
塞尔维亚	13	13	13	13
瑞典	20	100	100	100
其他	NA	47	50	50
世界总计	3833	3966	4178	4336

数据来源：USGS、日本矿业协会。

日本、韩国、德国、比利时、荷兰等是硒出口国家，特别是日本，凭借其回收技术始终是全球最大的硒生产和出口大国，产量 70% 以上出口中国。2016 年以来，日本国内的硒消费又趋于下滑，也促进其出口量不断增加。

我国硒产量虽然是全球最大，但对硒消费量远大于国内产量。一直以来，我国硒净进口量都处在较高水平，近年来年净进口量占据全球总产量的 40% 以上，2017 年更是达到 50% 以上。

26.7.1.3 全球硒消费

表 26-24 为全球硒消费情况。中国、美国、日本是硒主要消费国，三者近年硒消费总量始终占全球的 80% 以上，2018 年达到 87.9%。

表 26-24　2014～2020 年全球及主要国家硒消费量　　　　　　　　　（t）

国家	2015 年	2016 年	2017 年	2018 年 E	2019 年 E
中国	1850	1930	2240	2100	2100
美国	880	920	800	790	800
日本	214	195	182	176	170
其他	405	421	438	422	430
全球	3449	3491	3695	3488	3500

数据来源：中国有色金属工业协会镓硒碲分会、USGS、日本矿业协会。

　　2014～2015 年全球硒消费连续出现负增长格局。2016 年中美消费都有不同幅度回升，特别是中国回升较为明显，2017 年中国消费继续维持增长格局。2018 年，中、美、日消费均有下滑，受中国环保和电解锰行业偏弱的影响，全球消费出现了 5.6% 的降幅。

　　图 26-30 为硒的终端消费领域划分，冶金（含电解锰生产）硒占比达 40%，比最高 50% 左右有所降低，但电解锰仍旧是硒的主要消费领域。玻璃制造业受中国环保因素冲击较大，但仍是第二大消费领域，占比为 25%。农业应用近年来成为硒消费中新兴增长领域，占据全球硒消费总量的 10%。颜料、化学物质和色素等行业受到了环保问题影响，占比为 10%。电子产品消费领域稳中有增，占比为 10%。

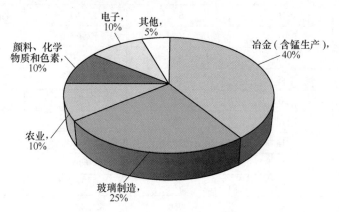

图 26-30　2018 年全球硒消费结构

（数据来源：中国有色金属工业协会镓硒碲分会）

26.7.1.4　硒的二次资源开发与利用

　　玻璃、高速切割合金、染料中硒容易挥发回收难度很大，硒及硒产品工厂产生的硒废料也相对较少，含硒的电子产品包括复印机的硒鼓、整流器等中硒回收再利用是主要渠道。美国也开展了太阳能蓄电池的回收废旧电池中的硒回收。

　　氧化焙烧法用于从复印机硒鼓回收料中回收硒。将 Se-Te 合金物料（Se 97%+Te 3%）高温氧化，氧化硒挥发冷凝后制得亚硒酸溶液。亚硒酸溶液经净化和还原获得 99.999% 单质硒，直收率 98% 以上。

　　真空蒸馏技术可以从含硒的酸泥、冶炼渣及二次废料中回收硒。我国云南铜业公司采用此方法从含硒 50%～80% 的铜阳极泥的粗硒渣副产品中提取硒，产出的粗硒品位为 98.7%。

目前，我国硒属于需净进口局面。受环保严控因素以及铜冶炼企业综合回收意识增强因素，我国的原产硒产量在增大，以广东先导公司为代表的低品位二次物料中的硒回收以及其他硒产品废料的回收量技术研究，回收硒的产量也在逐渐增大。

26.7.2 全球硒价格情况

根据美国地质调查局 2019 年报道数据，从 2014 年到 2018 年，美国 99.5%硒金属粉末的现货市场价格分别为每磅 26.78 美元、22.09 美元、23.69 美元、10.78 美元、20.00美元。

2019 年 9~11 月，我国 99.99%的硒锭价格从 140 元/kg 下降到 117.5 元/kg，99.9%的硒锭价格从 132 元/kg 下降到 110 元/kg，纯度 98%的硒锭价格在 105~130 元/kg 之间。精硒受库存及自身行情的影响导致价格下滑，而粗硒受到的影响相对较小。预计未来两年内，硒价难有大涨行情，全球大多数国家的硒产量仍将维持相对平稳。

26.7.3 国内外硒技术现状及我国差距

（1）我国硒提取以传统技术为主，发达国家硒综合回收技术迈上新台阶。提取硒的原料包括铜、镍、铅电解精炼阳极泥、硫酸工业酸泥、含硒废料和富硒石煤等。我国主要硒冶金企业有江西铜业（产量 300t/年）、云南铜业（产量 300t/年）、云南锡业（产量 100t/年）和金川集团（产量 50t/年），总产量占全国总量的 80.6%。主要采用硫酸化焙烧法和碳酸钠熔炼-还原法传统技术提取铜阳极泥中硒，硒回收率大于 93%，前者还可同时回收碲。氧化焙烧-还原法和加钙提硒法则用于硫酸工业酸泥中，硒的回收率在 98%以上。目前国内发展了部分新的提取硒技术，如郴州金贵银业公司采用碱性氧压浸出技术进行高砷、硒碲阳极泥中砷、硒、碲的选择性浸出，在实现砷的无害化处理基础上，硒直收率达到 94%。昆明理工大学和云南铜业合作完成了铜阳极泥加压酸浸工艺的半工业试验，铜、碲和硒的浸出率分别为 99.3%、57%和 50%，渣含铜小于 0.5%。中南大学开发的硫酸酸洗铜阳极泥与双氧水氧化方法，使硒和碲回收率分别达到 99%和 98%。但新技术还都没有进行量产。

国外对硒的提取已经开始大量采用综合回收新工艺，如瑞典波立登隆斯卡尔冶炼厂和加拿大诺兰达铜精炼厂等采用了加压氧浸法工业生产，实现对铜、碲、硒、银资源的综合回收利用，硒回收率在 91%~95%之间。日本凭借其先进的硒萃取提取工艺，成为全球最大的硒生产国之一，产量 70%以上出口到中国。

（2）我国是硒产量和消费大国，受供需矛盾，硒进口需求强烈。硒主要用途作为电解锰的催化剂，而电解锰是不锈钢和特钢的主要原料，约占其应用的 75%以上。据锰业协会统计，2018 年全国产能排名前 10 家企业的电解锰总产量为 109 万吨，每生产 1t 电解锰需要 1.5~1.9kg 的氧化硒，折合硒为 0.85~1.07kg/t 锰，则 2018 年消费硒 1191 吨。2019 年统计数据表明全国电解金属锰会员生产企业 52 家，合计产能达到 224.4 万吨。我国是全球最大的不锈钢生产大国，建筑等行业对不钢铁行业拉动，会间接拉动硒的消费。但是我国硒产量因为技术和环保等因素，产量不及消费量增长，导致我国依然是硒的净进口国家，主要从日本进口。

（3）红外光学和太阳能光电应用。硒化锌具有对红外波段的低吸收率和对可见光高透过性能，广泛应用于光学窗口、透镜、三棱镜、反射镜、红外技术装置和大功率 CO_2 激光器系统。目前，对中红外和远红外仪表的需求呈增长趋势，特别是由于应用领域的扩大和民用红外仪表市场的拓展，10 余年来，世界市场如无人驾驶行业等兴起，对红外和夜视使用的硒化锌的需求保持增长态势。硒化锌的消费主要集中在欧洲和北美等发达国家，原料由中介商和指定的生产商提供，主要以片状、晶体状和半成品形式销售给上述国家进行深加工处理。我国特别是大尺寸硒化锌单晶的制备技术不足，主要以生产小尺寸单晶为主，而红外制导的整流罩需求依然为短缺产品，目前主要使用硫化锌替代。铜铟镓硒（CIGS）薄膜太阳电池材料已有 40 多年的研究历史，主要单位有德国太阳能和氢能研究中心（ZSW）、瑞典材料实验室（EMPA）、日本 Solar Frontier。2014 年德国 Manz 集团与 ZSW 技术合作获得了转换效率 21.7% 的 CIGS 薄膜，比多晶硅电池的转换效率高 1.3%。日本 Solar Frontier 采用溅射后硒化工艺将光电转换效率提升为 22.3%。2016 年，ZSW 再次制得光电转换效率为 22.6% 的 CIGS 薄膜，目前 CIGS 薄膜太阳电池转换效率的最高纪录为 22.9%。我国 CIGS 研究相对较晚，且进展较慢。2011 年中国科学院制备了转换效率接近 20% 的 CIGS 太阳能薄膜电池，汉能集团采用德国 Solibro 技术量产了转化效率达到 17% 的 CIGS 太阳能薄膜电池组，但目前公司因为资金、技术和市场等问题面临较大经营困难。

（4）硒农业应用成为新兴领域。硒是人体必需元素之一，人缺硒将会导致未老先衰、精神不振、精子活力下降，甚至引发心肌病、心肌衰竭和克山病，由于硒不能自身产生，必须通过外界摄取，直接补硒会造成中毒，只能以饲料添加剂或者其他方式，通过生物链方式安全获得。我国富硒农产品开发与推广工作开始于 20 世纪 90 年代，并且出现快速增长趋势。湖北恩施、陕西紫阳、汉阴等富硒区域率先通过大力发展富硒农产品，国内市场与富硒农产品发展相关的宣传、参与研发和生产硒化肥的企业不断增加，使富硒农业依然是未来硒消费领域可以期待的重要发展途径之一。

26.7.4 硒行业发展建议

（1）产学研相结合，提升硒综合回收技术发展。硒的生产主要是以铜冶炼阳极泥为原料，目前传统回收工艺硒的直收率约 50%。从政策和环保上引导企业研发和采用新的高效环保回收技术，促进原生硒矿床中提硒技术，引导从低品位尾矿渣、含硒废料及含硒废水、硫酸酸泥等多渠道综合回收硒和碲的新技术研发，提高硒回收率，提升我国硒产量，尽早摆脱进口局面。

（2）强化创新机构与企业研发联合攻关。对于硒深加工产品如 CIGS，关键技术和成本将成为制约产业发展和应用的重要方面。应积极支持相关机构和企业进行技术研发，掌握关键技术，提高核心竞争力。

26.8 铷铯元素行业调研报告

调研企业：中南大学、江西东鹏新材料有限责任公司、光鼎铷业（广州）有限公司、江西赣锋锂业有限公司、宜春钽铌矿有限公司。

报告完成单位：有研资源与环境研究院。

26.8.1　全球铷铯资源储量情况

全球探明铷储量以 Rb_2O 计约为 1257 万吨，主要分布在德国、津巴布韦、纳米比亚、加拿大。我国探明铷资源储量（以 Rb_2O 计）约 179.4 万吨，其中锂云母中铷含量占国内储量的 55%，盐湖卤水为未工业开发的铷铯资源。铷资源以江西宜春储量最为丰富，铷储量（Rb_2O）40.17 万吨，是目前我国铷元素的主要来源。2014 年在陕西东南部探明铷资源量超过 8 万吨的超大型矿床，目前未开采。

全球探明铯储量以 Cs_2O 计为 30.8 万吨，主要分布在加拿大、津巴布韦、纳米比亚、美国、德国、中国等。我国探明铯储量（Cs_2O）为 12.8 万吨，主要分布在江西宜春、新疆可可托海、四川康定和青海等地。江西宜春铯储量（Cs_2O）5.43 万吨，占全国总铯储量近一半（42.5%）。新疆可可托海的铯榴石品位为全国第一，已基本采完，主要从津巴布韦和加拿大等进口铯榴石提取铯，其次从锂云母中获得铯。

26.8.2　二次资源回收利用情况

由于铷铯消费量小，在制品和器件中含量低，应用分散，国外企业除了对应用量比较大的钻井液的甲酸铯进行回收外，目前基本未进行二次资源的回收，国内也没有回收铷铯二次资源的企业。

26.8.3　全球铷铯产品消费和应用领域

26.8.3.1　全球铷铯消费

全球铷、铯及其产品用量基本等同消费量。2010 年至今，全球铷产品年消费基本稳定在 10~13t，其中美国为 5~6t，日本为 1~2t，中国约为 4t，主要用作催化剂。

全球铯化合物消费从 2013 年前的 200~400t，快速增长到目前 600~800t，其中铯在催化剂应用占比达到 70% 以上。美国是铯的主要消费国，每年的消耗量为几千公斤量级（折合金属量），全部依赖进口。中国年铯消费量（折合金属量）为 7~9t，有 68% 用作化工催化剂。

目前，出于经济和环保考虑，美国和日本铯、铷产品主要从中国进口，加之我国需求量增大，导致我国铷、铯产能发生了井喷式增长。2012~2016 年，产量由 150t 快速增长到 850t 左右。江西东鹏新材料有限责任公司已成为全球著名的铷铯盐供应商，拥有的产能为年产 520t 铷盐和 1320t 铯盐。

铷铯盐价格较高，2018 年，3N 纯度铷盐和铯盐价格分别为 5800~6000 元/kg 和 500~650 元/kg。

26.8.3.2　铷、铯产品主要应用情况

目前铷、铯产品应用较窄。自 2000 年至今，美国关于铷铯专利共计 200 余篇，主要涉及催化剂、医药和铷铯原子钟，占总专利的 70%，其他则分别涉及特种玻璃制造、荧光材料、油墨、钙钛矿以及电池电极等领域。

A　催化与钻探行业

催化剂是铷、铯产品的主要应用领域，占用量的 70% 以上。用于丙烯腈催化的硝酸铯

每年用量数十吨以上。用于硫酸生产的铯-矾催化剂硫酸铯，能够提高低温制酸活性，降低排放尾气中 SO_2 浓度，减少大气污染；用于高温高压深井采矿和采油行业的掺杂甲酸铯钻井液，利用较高密度和较低的黏度特性，能够将钻井速度提高 30%；以及用于医疗制药行业的催化剂等。日本为全球铷、铯催化剂应用技术最先进的国家，其铷铯用量的 90% 为催化剂领域。未来全球范围内铷铯在催化剂领域的应用消费比重将达到 80% 以上。

　　B　特种玻璃

铷在特种玻璃领域有重要应用。碳酸铷可提高光纤通信和夜视装置用特种玻璃的电导率、稳定性和使用寿命；氧化铷用作生产光敏玻璃、光色玻璃；硝酸铷可提高钢化玻璃的抗张强度；硝酸铷和硝酸铯可用来制作铯铷钾防火玻璃等。

　　C　光电领域应用

铷、铯化合物、合金是制造光电池、光电发射管、光电倍增管的重要功能材料。锑化铷、碲化铷和铷铯锑合金是夜视仪、红外检测仪、红外通信、红外照相关键组件。铷铯锑光电倍增管用于辐射探测设备、医学影像设备和夜视设备等；铷原子滤光器的全光开关用于非接触式测量检测、特殊条件下的光通信、全设备与器件等，溴化铯用于红外探测器、光学、光电池、闪烁计数器和分光光度计。碘化铯用于 X 射线图像增强管的输入荧光粉，并用于闪烁体等。

　　D　医药和医疗领域应用

铷、铯在医药方面具有广阔的应用前景。铷盐能用于 DNA 和 RNA 超速离心分离，用于抗抑郁药、抗癫痫药和抗狂躁剂、安眠药和镇静剂；铷具有抗菌、促进血管和成骨细胞形成作用，可应用于骨科材料，碘化铷用于治疗甲状腺肿大、砷中毒后的抗休克药、梅毒。含铷铯药剂能制作外伤口愈合剂。铷同位素 Rb-82 用于环正电子断层扫描（PET）诊断，来定量评价冠状动脉疾病病灶。铷、铯放射性同位素用来标记诊断肿瘤和放射线治疗多种恶性肿瘤等。

　　E　铷、铯原子钟

铯、铷原子钟能提供高精度的原子共振频率标准信号，又称为原子频标，是目前导弹、宇宙航天器上应用最广泛的原子钟。全球卫星本采用铷原子种作为星载频标。美国 Perkin Elmer 公司开发了超高性能高稳定铷原子频标。我国空间技术的发展也迫切需要研发高性能铯、铷原子频标。

26.8.4　铷/铯及其化合物制备技术

铷、铯主要从锂云母、铯榴石和盐湖卤水中提取。盐湖卤水提取铷、铯处于研究阶段，工业上还未应用。

锂云母是提取铷和铯的主要矿物，用 4-叔丁基-2-(α-甲基苄基) 苯酚（t-BAMBP）-磺化煤油为萃取剂，经多级萃取后获得 99% 以上的氯化物盐，此工艺一直沿用至今。

铯榴石中提取铷、铯主要采用盐酸或硫酸的酸分解法。目前工业应用为浓盐酸法，将浓盐酸分解铯榴石后，过滤分离含硅的残渣获得氯化铯复盐液，复盐液经水解或用 H_2S 沉淀得到纯氯化铯，或者使用溶剂萃取直接从盐酸浸取液中萃取氯化铯。硫酸法目前处于实验室阶段，采用铯榴石在接近于 35% ~ 40% H_2SO_4 在 110℃ 浸取获得硫酸铯溶液，采用阳离子树脂交换和盐酸淋洗的办法转变成氯化铯。

26.8.5 铷铯行业应用未来发展趋势

铷、铯产品应用范围小已经成为影响其消费的主要障碍，国内外都在积极努力开拓铷铯的应用领域研究。

在铷铯的传统领域，美国、日本和德国研发投入较大，日本主要在催化剂应用领域、美国在医药领域应用研究。国内江特电机研发了替代进口铯钒催化剂的含铷铯催化剂，产品性能已经达到国外标准和使用要求。东鹏公司与美国合作开展了医药方面应用研究，中南大学研发多种铷基或铷掺的压电陶瓷材料和光催化材料等。

铷铯在高新技术上的应用，如磁流体发电、热离子发电、激光能转换发电等，对铷铯需求量将增长至千吨甚至上万吨，可加快世界铷铯工业发展。美国铷铯研究有80%集中在高新技术应用领域。这些世界尖端技术应用，发达国家进行了严格的技术封锁，我国相对研究较少。

美国、俄罗斯、日本、荷兰很早开始铷及其化合物磁流体发电技术研究，其总热效率为 55%~66%，是火力发电的两倍。目前美国已建成两座铷磁流体发电站。我国也开展磁流体发电技术研究工作。

利用铷铯高能粒子的热离子活性，将热能直接变为电能的热离子发电，可用于宇航中核-电转换的应用领域。用铷和铯制作的热电换能器，可在原子反应堆的内部实现热离子热核发电。美国已建造这种反应堆内热离子发电装置。

利用铯离子的热效应把激光能直接转换成电能的激光能转换装置，能为空间轨道站、空间探测器提供电力。美国宇航局和俄航天科研机构都设计了该激光能转换装置。

铷、铯离子推进发动机运行速度可达到 $1.6×10^5$ km/h，其航程是目前使用的固体或液体燃料的 150 倍。

人工铯离子云进行电磁波的传播和反射是一种新的无线电通信方法，其特点是信号传输不受距离、无线电频率、天气或大气异常的限制，可用于军事通信、机密通信和电视。美国陆军电子指挥部提出的荧光虫计划即为此类项目。

量子计算的信息贮存是量子计算面临的一个最大难题。德国和美国均在进行铷量子计算贮存材料的研究工作。

26.8.6 我国铷铯行业发展与国外的差距

我国 20 世纪 50 年代末开始开发研究铷铯，取得一系列成果，但与国外先进技术和应用相比差距非常悬殊。

（1）铷、铯加工技术有待升级，产品竞争力不强。我国铷、铯的提取和生产技术几十年来仍沿用老的工艺，甚至是作坊式生产，对铷铯资源的采、选、冶方面研究不够，特别是受应用不足和市场小的影响而降低了研究铷、铯提取和生产技术创新的动力，造成质量不稳定，产量难保证，价格趋高，特别是高端产品难以与国外产品竞争。在应用上由于铷、铯价格高，能被其他低价的材料替代，而且高性能材料又多数被国外公司垄断，从而造成我国铷和铯技术相对落后，"产、销"两不旺现状。

（2）铷、铯高技术应用研究上技术差距较大。因市场小、研发投入少等因素，我国生产和出口多为铷铯盐和低附加值产品。我国能够生产 20 多种铷、铯产品，包括金属铷/铯和铷、铯氢氧化物，硫酸铷（铯）、甲酸铯、碳酸铯（铷）、碘化铯（铷）等。但是我国铷铯的提取和生产技术与国际先进产品差距较大。例如钻井液的甲酸铯主要由美国卡博特公司生产，占全球钻井液市场 80% 的 M-I 公司进行应用；用硫酸铯制备的铯钒催化剂，是硫酸生产节能减排的环保型材料，其市场由丹麦托普索公司、德国巴斯夫 BASF 公司和美国孟山都 MEC 公司三家瓜分；高纯铷铯同位素制备的铷铯钟，用于航天（500 台/年）、军事需求（700 台/年）、石油物探（2.5 万台/年）、5G 基站（10 万台/年），是美国 Perkin Elmer 公司、Frequency Electronics 公司和 Symmetricom 公司为铷铯钟的主要供货商。国内在这方面起步较晚，中国航天科工集团第二研究院 203 所、中国航天科技集团公司五院 510 所、成都天奥电子股份有限公司、中国科学院武汉物理与数学研究所、北京大学等在 21 世纪初才开始研发这些用于高新技术的铷铯钟，还属于技术跟进过程。在磁流体发电、热离子发电、激光能转换发电等高新技术应用领域的研究更是明显，这些均不利于我国铷铯产业的健康发展，成为牺牲环境提供廉价资源的输出国。

26.8.7　铷铯行业发展建议

（1）加强铷、铯资源综合利用。2018 年美国将铷铯列入关键矿物清单，认为是对美经济发展和国家安全至关重要的金属矿产。

我国铷铯的主要资源铯榴石基本已经枯竭，从国外进口铯榴石有资源供应风险；从盐湖中铷铯目前还没有进行工业开发；对于现有含有铷铯的锂云母资源，因用量较小等原因，大部分进入了选矿尾矿和冶金尾渣而未进行有效的铷、铯综合回收利用。

从长期保障我国铷、铯产品供应角度出发，国家对锂云母中锂、铷、铯的回收利用开发，盐湖提取铷、铯等资源技术进行政策支持。

（2）加大高技术领域应用研发支持。我国铷、铯产品无论是提取还是应用均在一定程度上落后于发达国家，产品以跟踪模仿为主，缺乏竞争力。我国应鼓励并引导科研院所和企业，加强铷铯催化剂以及光学等传统应用领域研究支持，同时面向下一代高新技术应用，不断提升自身技术，研发出有自主知识产权的"高、精、尖"产品，抢占市场，增强国际竞争力。

27 超超临界电站用关键新材料和部件研制调研报告

27.1 调研情况简介

在材料工业发展的支持下，以欧洲、日本、中国和美国等主导的超超临界发电技术正朝着大容量高参数的技术方向前进，从现在的 600℃ 参数等级向参数更高的 630℃、650℃、700℃ 参数等级超超临界发电技术迈进。超超临界机组关键材料是建设大容量高参数火电机组的物质基础和先决条件。能够满足机组高温部件需求，具有更高的高温强度和抗氧化腐蚀性能的高温材料开发显得至关重要。

目前，我国 600℃ 超超临界电站用锅炉管、高压转子、叶片和紧固件等材料均成功国产化，但一些特殊规格、性能质量要求高的产品的生产和应用关键技术还有待进一步提升。电站锅炉用高性能大口径锅炉管等仍因国外企业不断降价倾销，国内材料生产和部件制造企业生存空间受到挤压。而在汽轮机用高压转子领域，产品国产化率不高的现象尤为严重，目前 600℃、620℃ 汽轮机转子仍然依赖从欧洲和日本等进口。且因大型铸锻件的技术和行业壁垒高，国外已经在此领域供货多年，国内企业的应用业绩少、也无法持续生产、改进，稳定技术水平，造成国产转子相比国外竞争力弱，已基本形成国外企业垄断的局面。

制约 630~700℃ 超超临界燃煤电站设计和建设的技术瓶颈仍然是耐热材料研制和部件制造技术，目前国内外均属空白，我国和欧、美、日基本处于"并跑"，尽管欧、美、日均已启动了更高温度参数超超临界电站的研究计划，并把关键耐热材料的选择、研发和评估列在整个研发计划首位，但由于国外燃煤发电市场需求小，目前进展均较为缓慢，这给我国带来弯道超车、抢占先机的机会。

为进一步深入了解超超临界机组材料领域的发展现状、存在的问题和政策需求等情况，工业和信息化部委托国家新材料产业发展专家咨询委员会组织开展相关调研工作。受国家新材料产业发展专家委员会委托，钢铁研究总院组织超超临界机组材料领域专家开展超超临界机组用关键新材料及部件研发的调研。

为配合完成调研结果的梳理，并进行超超临界机组材料未来发展的关键技术把关，调研组成立了技术专家委员。技术专家委员会由中国钢研科技集团副总工程师刘正东院士担任组长，成员包括中国钢铁工业协会科技环保部副主任姜尚清、抚顺特殊钢股份有限公司总经理助理张玉春、宝武特种冶金有限公司副总工程师徐松乾、哈尔滨锅炉厂有限责任公司首席专家谭舒平、上海锅炉厂有限公司技术部部长王炯祥、东方电气集团东方锅炉股份有限公司首席工程师杨华春、上海汽轮机厂有限公司副总工程师沈红卫、中国能源建设集团规划设计有限公司副总工程师龙辉、国家能源投资集团有限责任公司神华国华（北京）电力研究院有限公司首席专家梁军。

调研活动由上述技术专家委员会的各领域专家牵头，采用重点企业实地调研加骨干企业函调的模式开展。钢铁研究总院包汉生正高级工程师、唐广波正高级工程师、何西扣高级工程师、赵吉庆高级工程师、陈正宗高级工程师等专家，秘书处邹伟龙、葛军亮等人共同参加调研活动。

实地调研主要集中在我国超超临界火电机组用材研究、设计、制造等终端用户行业的重点企业，覆盖面包括了中国东方电气集团有限公司、哈尔滨电气集团有限公司、上海电气（集团）总公司、国家能源投资集团有限责任公司、中国大唐集团科学技术研究院有限公司等国内超超临界火电机组领域有代表性的用户制造企业以及我国主要的电力工程研究设计单位，具体企业名单如下：中国电力工程顾问集团华东电力设计院有限公司、抚顺特殊钢股份有限公司、中国宝武钢铁集团有限公司、中国第一重型机械股份有限公司、中国第二重型机械集团公司、内蒙古北方重工业集团有限公司、浙江久立特材科技股份有限公司等单位。

从 2019 年 8 月份开始，经过近三个月的周密组织、深入调研，调研组已初步形成了"超超临界机组材料领域关键新材料生产应用示范"调研报告。2019 年 11 月，调研组召集超超临界火电机组用材研究、设计、制造等终端用户行业的重点企业在国家能源投资集团有限责任公司下属河北三河电厂召开了超超临界机组材料领域关键新材料生产应用示范讨论会（见图 27-1），并在三河电厂进行了现场调研（见图 27-2）。通过此次会议，进一步分析了现有材料存在的问题，梳理了调研组提出"十四五"超超临界机组用材领域的生产、应用、示范和评价的重点新材料发展方向。同时，参会单位提出倡议组建新材料生产应用示范创新联盟等建议。

图 27-1　超超临界机组材料领域关键新材料生产应用示范讨论会

图 27-2 超超临界火电机组材料专家组三河电厂调研

27.2 产业现状及发展趋势

27.2.1 产业政策分析

27.2.1.1 国际发展形式及政策支持情况

超临界发电技术已走过近半个世纪的历程，目前从事超超临界技术研发的国家及地区主要有美国、欧盟、日本、中国等。

A 美国

美国是发展超临界火电机组最早的国家，目前拥有 9 台世界上最大的超临界机组，单机容量为 1300MW。2001 年，美国启动先进超超临界发电技术研发计划，目标是提高燃煤发电技术的清洁和竞争力，蒸汽参数比欧洲高，达到 38.5MPa/760℃/760℃，机组净效率达到 50% 以上。2014 年，美国颁布《全面能源战略》等战略计划，进一步强调提高能效和大力发展低碳技术作为美国能源创新的主题，提出形成从基础研究到最终市场解决方案的完整能源科技创新链条。美国政府承诺投入近 60 亿美元，研发提高新建电厂效率和 CO_2 捕集能效，进而提升各类电厂能效以及降低 CO_2 捕集能耗和投资成本。目前，美国正在进行新一代（760℃）用于超超临界参数机组的锅炉材料研究计划，以开发温度和压力更高的燃煤发电机组。

B 欧盟

欧洲目前约有 60 台超临界机组，其中具有代表性的超临界机组是德国 Hessler 电厂投运的 700MW 机组（蒸汽参数为 30MPa/580℃/600℃），以及丹麦投运的 2 台 411MW 二次再热超超临界机组（29MPa/582℃/580℃/580℃），海水冷却情况下其热效率达到约 47%。自 20 世纪 80 年代起，欧洲就启动实施 COST501 计划（1983～1997 年，参数 30MPa/600℃/620℃）和 COST522 计划（1998～2003 年，参数 >30MPa/650℃），热效率达到

50%。COST501 计划重点是研究 9%~12% Cr 钢，开发出 E911 和转子用钢 X12CrMoVNb101、X18CrMoVNbNB91 及铸钢 GX10CrMoVNbN101。1998 年欧盟实施为期 17 年的 Thermie 计划（又称 700℃计划），研发目标是参数 37.5MPa/700℃ 的超超临界机组。2011 年，欧盟发布的《2050 能源技术路线图》等战略计划中，积极开展了 700℃超超临界发电、大容量超超临界循环流化床发电等项目研究，已基本解决 700℃超超临界发电技术相关材料的研发，正开展高温部件长周期验证试验，为工程示范提供验证数据。迫于欧盟国家的经济压力，欧洲 700℃超超临界发电示范机组的建设计划已后延。

C　日本

日本在电站及电站材料方面的研究比欧美起步晚，但发展迅速。日本非常注重发电机组的效率，其超超临界技术采用的是引进、仿制、创新的技术路线，截至目前已有 60 多台超临界以上火力发电机组运行。1997 年起，日本国立金属材料研究所提出了一项用于 35MPa、650℃ 参数级别的超超临界机组材料研究计划，目标是开发可应用于 650℃ 的马氏体型耐热钢。之后日本又提出了"新阳光"计划，其目标是建造运行温度为 700℃ 的发电机组。2008 年，日本启动"先进的超超临界压力发电（A-USC）"（2008~2016 年）项目研究计划，计划以 600℃超超临界机组为基础，由政府组织材料研究、电力及制造厂联合进行 700℃超超临界装备研发，明确在 2015 年达到 35MPa/700℃/720℃、2020 年实现 750℃/700℃超超临界产品的开发目标，可实现全厂净效率由 42% 提高到 46%~48%。

27.2.1.2　国内发展形式及政策支持情况

我国能源资源禀赋是"相对富煤、缺油、少气"，尽管煤电占我国总发电量的比重从 2000 年到 2020 年在逐年下降，但煤电在电力结构中的主导地位没有改变，且在一段时间内仍不会改变。超超临界机组具有明显的高效、节能和环保优势，发展高参数大机组，是国家节能减排战略的关键组成部分。早在 2014 年发布的《煤电节能减排升级与改造行动计划（2014~2020 年）》已要求新建燃煤发电项目原则上采用 60 万千瓦及以上超超临界机组。当前和未来，我国的能源装备政策方向是要发展大容量高参数的火电机组，目前已经不再批准建设 600℃超超临界机组。为进一步提升燃煤发电技术，世界首台 630℃超超临界燃煤示范电站已在我国山东准备开工建设，我国也正在论证 650℃超超临界燃煤电站建设的可行性。而早在 2010 年，国家能源局就组织 17 家央企和院所组成的联合攻关团队，成立了"国家 700℃超超临界燃煤发电技术创新联盟"，并依据《"十二五"国家能源发展规划》和《"十二五"能源科技发展规划》设立了国家能源领域重点项目"国家 700℃超超临界燃煤发电关键技术与设备研发及应用示范"。

2015 年 5 月，国务院印发《中国制造 2025》，提出了三步走战略目标、九大战略任务、五大工程、十个重点领域。这是我国实施制造强国战略的第一个十年行动纲领。在新材料产业方面，国家先后发布了《新材料产业发展指南》《"十三五"材料领域科技创新专项规划》《重点新材料首批次应用示范指导目录》《国家新材料生产应用示范平台建设方案》《国家新材料测试评价平台建设方案》《原材料工业质量提升三年行动方案（2018~2020 年）》等相关文件，并成立了国家新材料产业发展专家咨询委员会，同时新材料位列《中国制造 2025》十大重点领域之一，其中均涉及关键电力设备材料，在《中国制造 2025》中，明确提出要实现 630℃、650℃ 材料国产化，建立材料工程应用体系和性能数据库，同时提到要开发超级镍基合金、锅炉管材、高中压转子锻件、蒸汽发生器传热管、主泵电机材料、安全壳、专用焊接材料等，支撑700℃超超临界电站示范工程建设，重点发展700℃超超临界电站用耐热合金。整体来讲我国新材料产业政策仍待完善，政策内容相对零散，尤其是在财税金融政策、研发体系、知识产权和专利标准、人才、贸易等方面与国外尤其是美国存在一定差距。

27.2.2　材料应用领域现状

经过近十年的发展，我国已经成为世界上600℃超超临界电站装机容量最大的国家。在此基础上，我国的电站设计、制造技术不断提升，在世界上首次设计并投运了600℃/620℃/620℃二次再热机组，截至目前，投运和设计建造的二次再热机组已有80余台。

为了进一步提高超超临界电站的效率，加大节能减排的力度，我国的五大发电集团中大部分企业都提出了未来发展计划，包括610~615℃/630℃/630℃二次再热超超临界电站，650℃/650℃一次再热超超临界电站。

耐热钢及耐热合金是发展高参数超超临界电站的关键和瓶颈。未来发展的630℃和650℃超超临界电站都面临耐热钢及耐热合金选材的难题。目前在600℃超超临界电站锅炉中大量使用的P92钢的上限使用温度为625℃，630℃二次再热和650℃一次再热电站都将面临厚壁大口径管选材，同时过热器管和再热器管也都面临高等级奥氏体耐热钢的选择难题，S30432和S31042均不能满足650℃电站高温段用材要求。

表27-1给出了超临界及超超临界锅炉关键部件工作温度及建议选材。针对630℃二次再热和650℃一次再热电站锅炉建议选材为，过热器和再热器可以选用高性能奥氏体耐热钢C-HRA-5、Sancicro25，铁镍基合金984G，镍基耐热合金C-HRA-1、C-HRA-3、CCA617或INCONEL740H。集箱导管可以选用高性能马氏体耐热钢G115、SAV12AD，镍基耐热合金C-HRA-3、CCA617。

表 27-1　超临界及超超临界锅炉关键部件工作温度及建议选材

部件	500℃	550℃	580℃	600℃	625℃	650℃	700℃
过热器	—	—	12X1MΦ T22 10CrMo910 T91	T91 1X18H12T TP304H TP347H 12X11B2MΦ	T91 TP304H TP347H TP316H S30432	S30432 TP347H TP304H 复合管	C-HRA-5 Sancicro25 984G C-HRA-3 CCA617 C-HRA-1 INCONEL740H
再热器	—	—	12X1MΦ T22 10CrMo910	T91 10CrMo910 1X18H12T TP304H TP347H 10CrMo910	T91 1X18H12T TP304H TP316H TP347H S30432 S31042	S30432 TP347HFG	C-HRA-5 Sancicro25 984G C-HRA-3 CCA617 C-HRA-1 INCONEL740H

续表 27-1

部件	500℃	550℃	580℃	600℃	625℃	650℃	700℃
集箱导管	15XM WB36 13CrMo44、 P12	12X1MФ P22 10CrMo910、 P91	P91	P91 P92 P911 P122	P92 P911 P122	G115 SAVE12AD	C-HRA-3 CCA617
水冷壁	13CrMo44 15XM T12	12X1MФ T23 T24					

表 27-1 中 600℃ 超超临界电站用 T91 小口径管、T92 小口径管、P91 大口径管、P92 大口径管，尤其是 P91、P92、S30432 等锅炉钢及其产品，与国外产品充分竞争。国外企业不断降价，向国内倾销 P91、P92 大口径无缝管及锻件等产品，挤压国内企业生存空间。

12%Cr 高压转子、叶片和紧固件等材料均成功国产化，并替代进口产品。但在汽轮机用高压转子领域，仍存在国产化率不高的现象。国内已经在 12%Cr 高压汽轮机转子立项，并进行了国产化攻关，具备了供货能力。但由于大型铸锻件的技术和行业壁垒高，国外已经在此领域供货多年，国内企业的应用业绩少，也无法持续生产、改进、稳定技术水平，相比国外竞争力弱，国外企业基本形成垄断。目前 600℃、620℃ 汽轮机转子仍然依赖从欧洲和日本等进口。近期日本供方 JCFC 倒闭，另一家日本企业 JSW 借机向中国电力企业涨价。在此情势下，国内仍然受制于国外。

2017 年 9 月，大唐郓城 630℃ 超超临界二次再热国家电力示范项目获批。该项目建设 1 台 100 万千瓦级 630℃ 超超临界二次再热机组。采用 35MPa/615℃/630℃/630℃ 参数作为主机创新示范技术方案，同步建设脱硫、脱硝、除尘、除灰渣、污水处理等环保设施。目前，630℃ 超超临界燃煤发电技术是目前世界上最先进的发电技术，其候选材料包括 G115、Sanicro25、C-HRA-5、SP2215 等。其中，新型马氏体耐热钢 G115 钢是中国第一个原创型、具有完全自主知识产权的电站用钢，是世界首台 630℃ 超超临界燃煤电站二次再热机组示范项目主蒸汽管道唯一候选材料。G115 钢已于 2017 年被全国锅炉压力容器标准化技术委员会评为世界上第一个可商业用于 630~650℃ 超超临界电站制造的马氏体耐热钢。在 650℃ 温度下其持久强度是 P92 钢的 1.5 倍，其抗高温蒸汽氧化性能和可焊性与 P92 钢相当，可用于更高蒸汽温度，提高发电效率，减轻锅炉和管道部件重量。

目前，距离我国 700℃ 超超临界示范机组的建设还有一段时间。在此期间内，可以充分利用国内外已有的新型高温耐热合金材料，研究 650℃ 超超临界机组的工程应用。同时，进一步开展 700℃ 超超临界火电机组锅炉、汽轮机及主系统的设计，新材料的研发、测试、焊接材料选择和部件试验。

27.2.2.1　620℃ 等级机组用材情况

当前，620℃ 超超临界机组汽轮机高温部件转子的材料为 9%~12%Cr 锻钢，该类钢是在 CrMoVNbN 钢的基础上对微量元素进行了优化和改良，提高合金的耐蚀性、抗蒸汽氧化性能和高温强度，有 1Cr10Mo1NiWVNbN、14Cr10.5Mo1W1NiVNbN、X12CrMoWVNbN10-1、13Cr9Mo2Co1NiVNbNB（FB2）、1Cr10Mo1VN-bN 等。国内外超超临界机组的高温内缸、阀壳均采用 9%~12%Cr 耐热钢铸件，其中主要用于制造高温内缸和阀壳的材料有

ZG12Cr9Mo1Co1NiVNbNB（CB2）、ZG1Cr10MoWVNbN、ZG1Cr10Mo1NiWVNbN、G12Cr10W1-Mo1MnNiVNbN、GX12CrMoWVNbN 等。这类钢往往在锻件的基础上提高合金的 Si、Mn 含量，以提高合金的冲击韧性、焊接性能及铸造性能。在现役的 600℃ 以上超超临界机组中隔板用材分锻件和铸件两种，锻件主要有 1Cr9Mo1VNbN、2Cr11MoVNbN、1Cr13 和 12Cr10Co3W2MoNiVNbN 等，铸件主要有 CB2 和 ZG1Cr10Mo1NiWVNbN 等。

620℃ 超超临界锅炉，高温集箱、高温管道通常采用铁素体耐热钢 P91 和 P92，其具有良好的抗高温持久性能、较低的线膨胀系数和高的热导率及良好的工艺性能。对于水冷壁，各锅炉厂普遍采用低合金钢，如 20G、15CrMoG、12Cr1MoVG 等；高温过热器与再热器，各锅炉厂广泛使用 T91、T92、TP347H、TP347HFG、Super304H、HR3C，以满足受热面对材料强度、抗氧化性、工艺性能等多方面的要求。

目前国内参数为 31MPa/600℃/620℃/620℃ 的超超临界二次再热机组，与常规超超临界机组的区别是再热蒸汽温度的提高，需要使用具有更高承温承载能力的耐热材料制造再热机组高温部件。

620℃ 机组的材料仍采用 600℃ 等级超超临界参数下所用材料。汽轮机转子、高温内缸、隔板、叶片等主要的高温部件用材普遍采用改良型 12%Cr 钢或新型 12%Cr 钢，如 CB2 和 FB2 等。对于锅炉高温过热器、再热器蒸汽集箱及管道均采用 P92，高温受热面采用 Super304H、HR3C 及 TP347HFG 等奥氏体耐热钢。620℃ 机组未选用新材料主要是其并无成熟的新材料可用，只是对现有材料采取了一定控制措施。

在 620℃ 等级机组中，高温部件用材基本都达到了其使用极限，是否能够保证机组长期稳定的运行对这些材料都提出了更大的挑战。

27.2.2.2 630℃ 及以上等级机组用材情况

由于锅炉出口温度的提高，原 620℃ 超超临界锅炉的成熟材料已不能完全满足要求，必须引入新的高合金材料，新材料的使用必然要求锅炉的工艺制造技术能适应材料的要求，针对新材料的工艺技术也必须有所更新。630℃ 对机组汽轮机部件用材也提出了更加苛刻的要求，其关键零件如转子锻件、汽缸铸件及螺栓等，必须采用更高持久强度的材料，在原 620℃ 机组高温用材基础上需进一步研究和优化，才能实现机组效率的提高。

锅炉蒸汽温度由目前的 600℃ 提高到 630℃，压力也从 31MPa 提高到 35MPa，随着温度和压力的升高，对机组用材的要求也越来越高，需要具有更高的高温持久强度及抗氧化能力。对材料而言，强度增加，则其韧性和塑性会随之下降，由此带来部件制造及质量控制难度的增加，导致设备存在潜在风险的程度变大。620℃ 机组面临的材料问题，同时也会在 630℃ 机组中体现。另外机组参数的增加，设备运行状况会更加恶劣，对材料的使用也提出了更高的要求。

A 锅炉高温承压部件选材

目前拟采用国产材料 G115 作为 630℃ 超超临界锅炉高温承压部件的材料。G115 属于我国自主研发的新型钢种，由钢铁研究总院和宝钢共同研发，目前已经通过全国锅炉压力标准化委员会的评审，编制的团体标准也已经发布，加快其国产化研发、制造进程，解决批量生产的稳定性，与其匹配焊材的开发及焊接工艺的研究是目前急需解决的问题。

G115 目前正处在工业试制阶段，作为科研单位及设备制造单位更加关注的是 G115 的持久性能，并对此开展了相关试验研究。从目前调研数据资料显示，G115 的抗氧化性数据资料匮乏。从抗氧化机理着手分析，G115 与 P92 同属于 9%Cr 钢，Cr 是控制材料抗氧化性的决定性因素，因此推断 G115 与 P92 抗氧化性差别不大。对于 630℃ 机组，受热面温度不均的影响，甚至有的管接头达到 650℃ 及以上，这对 G115 材料的抗氧化性提出了严酷的考验。如何提高 G115 的抗氧化特性，是我们急需解决的问题。

在 G115 钢管内表面进行渗铝、激光熔覆及内表面喷丸等工艺提高 G115 的抗蒸汽氧化特性，通过试验研究、机理分析、工艺摸索等方式，探索出能提高 G115 抗氧化特性又能适合于工业大生产的工艺。

B　高温集箱选材

目前，行业内超超临界机组用 P92 壁厚已达到 145mm，基本已到国内外 P92 大口径管供货商制造能力极限，而且这种规格的管子属于非标产品，制作难度大，其尺寸精度控制难，且钢管长度也受限。

630℃ 项目相比 620℃ 项目，高过出口工质温度由原来的 605℃ 提升至 620℃，相应高过出口集箱和管道的设计温度也提升了 15℃；加之高过出口压力也由原来的 32.55MPa 提升至 36.75MPa，相应高过出口设计压力提升了 4.2MPa。高过出口集箱若仍然采用成熟的大口径管 P92，则壁厚有可能达到 175mm，超出了制造厂家的生产能力，需要通过改变设计或者更换材料来满足机组要求。对于高温过热器出口集箱管接头，同样面临着提高温度和压力的双重压力。另外，其与集箱为角焊缝，与受热面管为对接焊缝，又是薄弱地带，安全潜在风险较大。

C　高温过热器与再热器受热面选材

国内目前的超临界和超超临界锅炉设计和实际运行情况，高温过热器与再热器的蒸汽氧化和持久强度问题是超超临界锅炉重点考虑的问题。高温受热面拟采用的新型奥氏体耐热钢 C-HRA-5、Sanicro25，目前无与其匹配的同质焊材，积极开发同种配套焊材也是适应国家的发展趋势。

620℃ 超超临界锅炉高温过热器主要选用的是 TP347HFG、Super304H（喷丸）及 HR3C，之所以选用 TP347HFG 及 Super304H（喷丸），主要是考虑提高奥氏体耐热钢的抗蒸汽氧化性能，以满足苛刻的运行工况。尽管 HR3C 抗氧化性能好，但其高温持久强度较 Super304H 要低，ASME 规定在 650℃ 条件下的 Super304H 许用应力为 78MPa，而 HR3C 的许用应力仅为 68.9MPa，要低 9MPa，用于高过需增加钢管的壁厚以满足强度要求，致使锅炉本身重量及制造成本增加。

620℃ 超超临界锅炉参数已经相当高，其高过用 Super304H 规格为 $\phi45mm\times13mm$，壁厚与外径比达到 0.29，而 HR3C 规格为 $\phi54mm\times14mm$，壁厚与外径比达到 0.26。当壁厚与外径比超过 0.2 就属于小口径厚壁管，而 620℃ 超超临界锅炉用奥氏体耐热钢壁厚比已接近 0.3，对钢管的生产制造、无损检验及质量控制都增加了难度，大大降低了材料的成材率，增加了材料成本。同时也增加了受热面的生产制造难度，对弯管工艺、焊接工艺、质量控制都提出了新的挑战。而且在运行的过程中，壁厚增加，传热效果变差，在高温烟气下，内外壁温差变大。

630℃ 超超临界锅炉由于一次汽系统压力的提高，若高温与高压受热面仍然采用原

620℃项目用的奥氏体耐热钢 Super304H 或 HR3C，则管子壁厚将大幅上升，管子内径会更小，内外壁温差大，另外材料的抗氧化性和抗烟灰腐蚀性能也无法得到保证。高过受热面若选用 Super304H 材料，管子规格达 φ54mm×16.5mm，这种规格，厚度超厚，无法得到应用。一是超出了供应商的制造能力；二是尽管是在供应商制造能力范围内，但也处于边界状态，其持久强度、长期稳定性等各方面综合性能也无法得到保证；三是受热面的生产制造工艺也无法满足，主要是弯管工艺。对于再热系统，从 620℃ 提升至 630℃，温度提升10℃，对受热面的抗蒸汽氧化性及抗煤灰腐蚀性能要求更高。因此，非常有必要引入许用应力高、抗蒸汽和煤灰腐蚀性能好的新材料 C-HRA-5、Sanicro25。即使选用新材料，其高过内圈设计规格也达到了 φ45mm×10.5mm，同样必须面对 620℃ 超超临界锅炉奥氏体耐热钢所面临的问题，需要加强钢管制造、检验及管屏焊接、弯管等方面的生产及质量控制。

27.2.3　材料生产研发设计领域现状

自 2006 年 11 月我国第一台 600℃ 超超临界燃煤电站投运以来，到 2018 年底，我国建设的 600℃ 超超临界燃煤电站已经超过 300 台，占世界同类电站的 90% 以上。我国自行设计和建设的 623℃ 超超临界二次再热燃煤电站也已于 2015 年投运，这标志着我国已经成为世界上燃煤发电技术最先进的国家。

从"十二五"开始，国内开始联合研发，并构建发展独立自主的超超临界电站耐热材料体系。在电站锅炉侧耐热钢及合金领域逐步实现了产业化，在汽轮机侧已经构建了材料体系，并开展半工业试制，亟需国家项目支持开展工业化试制及应用示范。

27.2.3.1　锅炉材料发展和现状

锅炉材料可分为三大类：铁素体型耐热钢、奥氏体型耐热钢和镍基高温合金。国内外研究开发的火电锅炉用耐热钢主要有以下三类：

（1）2%Cr 耐热钢，2.25-Cr1Mo（T/P22）和 2.25-Cr1.6WVNb（T/P23）等。

（2）高 Cr 耐热钢，又分为 9%Cr 耐热钢和 12%Cr 耐热钢。9%Cr 耐热钢有 9Cr-1Mo（T/P9）、9Cr-0.5Mo2WVNb（T/P91）、9Cr-1Mo1WVNb（T/P911）及 9Cr-1Mo2WVNb（T/P92）等。12%Cr 耐热钢有 12Cr-1MoVNb（X20CrMoV121）和 12Cr-0.4Mo2WCuVNb（T/P122）等。

（3）奥氏体耐热钢，包括 TP304H、TP321H、TP316H、TP347H 及 TP310 及 Alloy800H 等。

　A　铁素体系耐热钢

铁素体系耐热钢是在早期碳钢无法满足电站蒸汽参数提升对材料性能要求的情况下最先受到关注的耐热钢。其发展已经有 60 多年的历史，通过不断改进合金成分，并优化合金元素间配比，微观组织从珠光体发展到贝氏体，再发展到如今的回火马氏体，充分利用了固溶强化、位错强化及第二项析出强化及之间的相互作用。目前，锅炉管用铁素体型耐热钢主要有两个系列，2%Cr 系和 9%~12%Cr 系。

　a　2%Cr 铁素体系耐热钢

该类耐热钢的合金化元素主要为 Cr 和 Mo 等，Cr 元素含量一般低于 3%，Cr、Mo 等合金元素总量不高于 5%，组织为珠光体、铁素体或贝氏体。

T/P22 钢具有强度高、抗氢性能良好的特性，在 20 世纪 70 年代就已广泛应用于石化工业的加氢反应器、氨合成塔外壳以及使用燃料或动力的发电设备配套广泛锻件等，通常被作为低合金耐热钢的开发基准。

T/P23 钢是日本住友金属借鉴我国研发的 G102 钢"多元素复合强化"设计思想，对 2.25Cr-1Mo（T/P22）钢进行成分优化，降低 C 含量并添加微量 V、Nb、N、B 等开发的一种新型低碳高强度耐热钢，并列入 ASME 规范案例，日本钢号为 STBA24J1。该钢蠕变强度较 T/P22 钢明显提高，550℃以上许用应力约为 T/P22 钢的两倍。因此，T/P23 可以减薄壁厚、优化传热效率和简化制造工艺，是取代 T/P22、12Cr1MoV、G102 等用于制造金属壁温低于 580℃ 的电站锅炉过热器、再热器及集箱的优质材料。T24 钢的化学成分设计与 T23 钢有所不同，该钢的 Cr、Mo 含量与 T22 相当，不加 W 而加入 V、Ti 和 B 来提高钢的蠕变强度。T24 钢在 550~620℃ 蠕变温度范围内的许用应力也是 T22 钢的两倍还要多，当金属温度不大于 566℃ 时，比 T23 钢还要高。只是当温度超过 566℃ 时，T24 钢的许用应力比 T23 下降得快，所以钢种更适于用作超临界锅炉的水冷壁。

b　9%~12%Cr 铁素体系耐热钢

9%~12%Cr 铁素体耐热钢 600℃ 外推 10 万小时的蠕变断裂强度从 60MPa 发展到 180MPa，经历了以下几个阶段。

从 20 世纪 60 年代到 70 年代，以 9%Cr 的 T9 钢和 12%Cr 的 ASI410 钢为基础，通过添加 Mo、V 和 Nb 等元素，利用固溶强化和析出强化的方法，开发出 HCM9M、EM12、TempaloyF-9 和 HT91 等新的钢种，这类钢的 600℃ 10000h 的持久强度由 35MPa 提高到 60MPa。

从 70 年代后期到 80 年代早期，在第一代钢种的基础上，继续优化 C、Nb 和 V 的含量，借鉴钢铁研究总院刘荣藻教授提出的"多元复合强化理论"，利用更加稳定的第二相析出取得了很好的强化效果，使钢的高温持久强度进一步提升，达到 100MPa，代表钢种有 HCM12、HCM2S 和 T91。其中 T91 是美国燃烧工程公司（CE）和美国橡树岭国家实验室（ORNL）在 9Cr1Mo 钢的基础上，加入少量 V、Nb、N 等元素，应用析出强化的方法开发出来的具有代表性的耐热钢，这种钢的各方面性能都得到了很大改善，具有更高的抗氧化性能、高温持久性能，填补了低合金耐热钢与奥氏体耐热钢间的空白。

从 1985 年到 1995 年，继续按照 T/P91 钢中成功使用的多元复合强化方法，在其基础上，以 W 取代部分 Mo，开发了持久强度更高的 T/P92 钢。

随着机组参数的提高，对材料的抗氧化性能要求越来越高，合金是 Cr 含量随之上升，开发出了 T/P122 钢。因为起到强化作用的合金化元素多为铁素体形成元素，钢中难免有 δ 铁素体的出现，为抑制 δ 铁素体的出现，在合金中添加奥氏体形成元素如 Cu 等来平衡组织，使新钢种的持久强度达到 140MPa。目前正在开发的第四代新型铁素体类耐热钢，依然通过调整合金化元素的方法，在进一步增加 W 含量的同时，因 Co 能有效抑制高 Cr 铁素体钢在高温淬火下 δ 铁素体的生成，添加部分 Co 元素，并进一步优化 C 和 N 等元素，可以使铁素体类耐热钢的持久强度达到 180MPa，代表性的钢种有 NF12 和 SAVE12 等。

9%~12%Cr 系耐热钢具有优异的高温持久强度、良好的耐热腐蚀性、较高热导率、较低线膨胀系数、价格便宜、加工性较好等特点，因此在发展新型超超临界火力发电机组的过程中，美国、日本和欧洲均选择了 Cr-W 系的 9%～12%Cr 耐热钢作为主要研发对象。并对材料的长时高温性能和组织稳定性进行了系统深入研究以及装机验证，成功研制了一批能够用于超临界和超超临界火力发电机组锅炉用先进的新型 9%～12%Cr 型铁素体系耐热钢。其中 T/P91、T/P92、T/P911 和 T/P122 是国外多年以来重点研究开发的，化学成分见表 27-2。

表 27-2   典型铁素体耐热钢的化学成分（质量分数）   （%）

合金元素	化 学 成 分			
	T91	T92	T911	T122
C	0.08～0.12	0.07～0.14	0.09～0.13	0.07～0.14
Si	≤0.05	≤0.05	≤0.05	≤0.05
Mn	0.30～0.60	0.30～0.60	≤0.70	≤0.70
Cr	8.00～9.50	8.05～9.50	8.50～9.50	10.0～12.5
Mo	0.85～1.05	0.30～0.60	0.25～0.60	0.25～0.60
W		1.50～2.00	1.50～2.50	1.50～2.50
V	0.19～0.25	0.15～0.25	0.15～0.30	0.15～0.30
Nb	0.06～0.10	0.04～0.09	0.04～0.10	0.04～0.10
Ni	≤0.40	≤0.40	≤0.40	≤0.40
N	0.03～0.07	0.03～0.07	0.03～0.07	0.04～0.10
Al	≤0.04	≤0.04	≤0.04	≤0.04
B	—	0.001～0.006	0.005～0.05	≤0.005
Cu	—	—	—	0.30～1.70
S	≤0.010	≤0.010	≤0.010	≤0.010
P	≤0.020	≤0.020	≤0.020	≤0.020

9%～12%Cr 马氏体/铁素体耐热钢的研发成功，解决了超超临界机组选材的问题。但 9%～12%Cr 耐热钢应用的最高蒸汽温度低于 650℃，而且运行过程中由于机组调峰等原因金属壁温存在超温现象，因此，普遍认为当前 9%～12%Cr 耐热钢应用蒸汽温度低于 620℃。新型 650℃厚壁大口径管用 9%～12%Cr 铁素体耐热钢正在攻关过程中。

B   奥氏体耐热钢

在超超临界（600℃/600℃）机组高温段过热器、再热器等部件，运行过程中外部受到高温煤灰腐蚀，内部蒸汽温度可达到 650℃，存在严重的蒸汽氧化，9%～12%Cr 耐热钢已经不能满足环境要求，必须选用高温强度高、耐腐蚀、抗氧化性能好的奥氏体耐热钢。

锅炉管用奥氏体耐热钢通常分为 15-18Cr 系、18Cr-8Ni 系、20-25Cr 系以及 25Cr 以上的高 Cr 系。18Cr-8Ni 系、20-25Cr 系和高 Cr 系奥氏体耐热钢的发展历程如图 27-3 所示，典型奥氏体耐热钢的化学成分，见表 27-3。典型奥氏体耐热钢不同温度下的持久强度比较如图 27-4 所示。

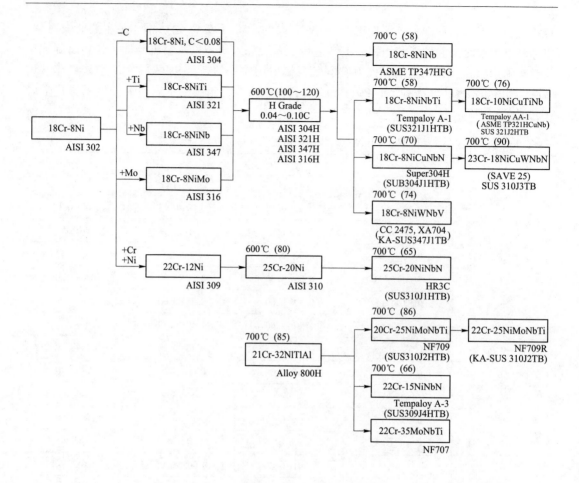

图 27-3　典型奥氏体耐热钢的发展历程

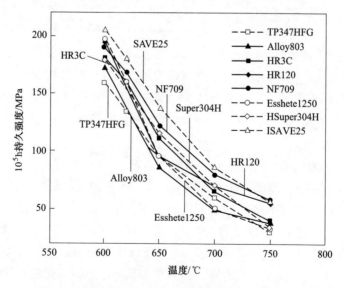

图 27-4　典型奥氏体耐热钢不同温度下 10^5 h 持久强度比较

表 27-3 典型奥氏体耐热钢的化学成分（质量分数） （%）

分类	级别	UNS钢号	C	Mn	Si	Ni	Cr	Mo	Ti	V	Nb	N	B	其他
15-18Cr	17-14CuMo		0.12	0.70	0.50	14.0	16.0	2.0	0.30	0.07	0.40	—	0.006	Cu3.0
	Esshete1250		0.12	6.0	0.50	10.0	15.0	1.0	—	0.20	1.0		0.006	—
18Cr-8Ni	TP304H	S30409	0.08	1.60	0.50	10.0	18.0	—	—	—	—	—	—	—
	TP321H	S32109	0.08	1.60	0.50	10.0	18.0	—	—	—	—	0.10		
	TP347H	S34709	0.08	1.60	0.50	10.0	18.0	—	—	—	0.80	—	—	—
	TP347HFG	S34710	0.08	1.60	0.60	10.0	18.0	—	—	—	0.80	—	—	—
	Super304H	S30432	0.10	0.80	0.20	9.0	18.0	—	—	—	0.50	0.10	0.003	—
	XA704		0.04	1.00	0.50	10.0	18.0	—	—	0.30	0.40			W2.0
20-25Cr	TP310H	S31009	0.08	1.60	0.60	20.0	25.0	—	—	—	—	—	—	—
	TP310HCbN（HR3C）	S31042	0.06	1.20	0.40	20.0	25.0	—	—	—	0.45	0.20		
	NF709		0.06	1.00	0.50	25.0	20.0	1.50	0.20	—	0.20	0.16	0.010	
	SAVE25		0.10	1.00	0.15	18.0	23.0	—	—	—	0.40	0.20		Cu3.0 W1.50
高Cr-高Ni	800H		0.08	0.80	0.40	34.0	22.0	1.25	—	—	0.40	—	—	—
	NF707		0.08	1.00	0.40	35.0	22.0	1.50	0.10	—	0.20	—	—	—
	CR30A		0.06	0.20	0.30	50.0	30.0	2.0	0.20	—	—	—	—	Zr0.03
	HR6W		0.008	1.20	0.40	43.0	23.0	—	0.08	—	0.18	—	0.003	W6.0

a 18Cr-8Ni 系奥氏体耐热钢

18Cr-8Ni 系奥氏体耐热钢的发展是在 AISI 302 0Cr18Ni9 不锈钢的基础上，通过优化、调整合金元素的含量，-C、+Ti、+Nb、+Mo、+Cr、+Ni 等方式，利用多元素复合强化的思想，通过析出相强化、固溶强化、细晶强化等方式，使18Cr-8Ni 系奥氏体耐热钢的持久强度不断提高。

当前，Super304H（S30432）、TP347HFG（S34710）等钢种以其优异的高温强度、耐腐蚀和抗氧化性能已经成功应用于超超临界机组高温段末级过热器、再热器等部件。但在腐蚀情况恶劣的环境下，18Cr-8Ni 系奥氏体钢的耐腐蚀、抗氧化能力还需要提高，例如采用细晶化、内表面喷丸等技术。为了提高机组安全性、稳定性，还是需要采用 20%Cr 以上奥氏体耐热钢。

b 20-25Cr 系奥氏体耐热钢

超超临界机组蒸汽温度为 600℃时，金属壁温最高可达到 650℃，在腐蚀比较严重的情况下，必须采用这一系列耐热钢。铬含量大于 20%时，可在钢管表面形成致密的 Cr_2O_3 薄膜，显著提高抗煤灰、抗蒸汽腐蚀能力。

HR3C 钢（TP310HCbN）原是开发用在垃圾燃烧电厂锅炉管，具有优异的抗腐蚀性能，在 2001 年通过 ASME 认证后，已在超超临界机组过热器高温段应用。

在 HR3C 钢的基础上开发的 NF709、SAVE25 等新钢种，抗腐蚀性能与 HR3C 钢相当，持久强度优于 HR3C 钢，在用于蒸汽温度 600℃超超临界机组时，将具有更高的安全裕度，也是用于蒸汽参数 620~650℃的候选材料，其中，NF709 钢已经纳入 ASME 标准，Code Case2581。

在 HR3C 和 SAVE25 钢基础上，瑞典开发了 Sanicro25 钢。该钢已经纳入 ASME SA213，UNS 钢的标号为 S31035。Sanicro25 钢具有高的抗氧化性、蠕变强度、加工性及组织稳定性，已经获得欧洲特殊材料（PMA）、美国工程机械协会（ASME）标准许可。Sanicro25 作为 650~700℃火电用钢的候选材料具有很大的应用前景。国内的上海锅炉厂、东方锅炉厂和哈尔滨锅炉厂、国华电力公司、西安热工院等也都在开展 Sanicro25 钢的研究。

在 Sanicro25 钢的基础上，国内研发了具有自主知识产权的 C-HRA-5 奥氏体耐热钢，并已经通过了全国锅炉压力容器标准化技术委员会的评审，可以用于超（超）临界锅炉的过热器、再热器等部件，以及类似工况的受压元件。

c　高 Cr-高 Ni 奥氏体耐热钢

含 25Cr 以上耐热钢主要有 HR6W 和 CR30A，主要瞄准应用于下一代更高参数的发电机组用材。由于合金含量高、成本高，其广泛应用还有一定距离。

27.2.3.2　汽轮机转子锻件材料发展和现状

转子作为汽轮机最重要的部件之一，其重量约为几十吨到上百吨，在运行中以 1500~3600r/min 速度高速旋转来带动发电机发电，将机械能转化为电能，其工作条件极其复杂，其工作寿命在相当大程度上决定了整个汽轮机的寿命。尤其对于高中压转子来说，工作环境非常恶劣，长期处于高温介质中并且高速旋转。一方面承受由转子本身和叶片质量的离心力引起的应力和温度分布不均匀引起的热应力；另一方面传递作用在叶片上的汽流力产生的扭矩；还承受工质的压力和自身重量产生的弯矩。同时，转子还要受到因振动所产生的附加应力和发电机短路时产生的巨大扭转应力及冲击载荷的复杂作用，以及由于机组的频繁启停、气流的扰动、电网周波的改变等因素的影响。因此汽轮机转子的工作环境对转子材料提出了十分苛刻的性能要求。

转子材料的力学性能包括强度、塑性、韧性和疲劳性能。对力学性能的要求取决于转子的工作应力及设计所选取的安全系数。对于中压以下汽轮机，转子工作温度一般不超过 400℃，均以常温及高温瞬时力学性能为主；高压汽轮机中在 400℃以上工作的转子，除常温及高温瞬时力学性能以外，更重要的是考虑高温长期性能，如持久强度、持久塑性和蠕变强度等。持久强度是评价高温段转子材料的主要指标之一。电站汽轮机一般都以 10 万小时的持久强度作为主要设计依据。转子在工作时允许的变形量很小，这是因为一方面转子的大变形会导致高速旋转时的不平衡，另一方面转子的变形会影响叶片尺寸精度，而叶片和汽缸之间的间隙很小。转子的不规则振动或剧烈振动会使得部件严重磨损，可能导致机器无法正常工作甚至破坏。因此转子材料要求具有较高的蠕变强度。除蠕变强度外，蠕变脆性也是主要考虑因素之一。钢的蠕变脆性指标主要是以持久塑性和持久缺口敏感性来衡量，它标志了材料塑性储备的大小。塑性储备越大，转子产生突然断裂的可能性越小。蠕变脆性是在温度、应力和时间的联合作用下产生的，在这种情况下钢的持久塑性显著降低，持久缺口敏感性显著增加，在高温长期断裂时呈脆性破坏。这种破坏结果使零件不是由于超应力，而是由于钢的持久塑性储备耗尽而产生突然断裂。

工况复杂的转子同时要求具有很好的疲劳性能。材料在交变应力作用下会出现疲劳。

疲劳断裂失效的类型有高周疲劳、低周疲劳、腐蚀疲劳、热疲劳等。高周疲劳发生在应力幅值不大但交变周数极高的情况，转子旋转运动和构件振动都是造成汽轮机高周疲劳的根源。低周疲劳是在很大的交变应力幅值下经过较少的交变周数发生的疲劳失效，汽轮机转子在其寿命期内必定有许多次的启动、停机、变速，少则数百次，多则上万次，比高周疲劳的应力循环次数差很多，这种疲劳属于低周疲劳。转子材料在交变应力和腐蚀介质的共同作用下产生的失效现象称为腐蚀疲劳。腐蚀疲劳是转子失效的一个重要原因。当转子的工作环境含有腐蚀因素时，材料的疲劳性能将显著下降。同时汽轮机组由于启动频繁和其他原因，使转子受激冷和激热的作用，这种温度的周期变化使材料内部承受交变的热应力，由此产生的损伤积累，最后导致部件断裂，这种破坏过程称热疲劳。因此转子材料要求具有良好的抗热疲性能，线膨胀系数小，导热系数要大。上述几种疲劳现象往往并非单独存在，而是复合作用于材料。例如热疲劳在一般情况下将产生许多细小裂纹，这些小裂纹可以成为高周和低周疲劳的断裂起源。当有腐蚀性介质存在时，热疲劳裂纹加速了腐蚀疲劳的产生，称为腐蚀性热疲劳。此外转子材料本身的冶金质量、夹杂物的数量和分布、热处理和加工工艺等都能影响材料的疲劳性能。

　　除了以上力学性能以外，还须考虑转子材料的耐蚀性。过热蒸汽中工作的中压与高压汽轮机转子，在正常运行条件下蒸汽中不含水分，所含盐分也不能溶解于水，因此一般不会出现氧化及电化学腐蚀。对这些转子来说，耐蚀性不是主要问题。在湿蒸汽区工作的转子，由于蒸汽的湿度大，转子会产生电化学腐蚀。燃气轮机转子的工作温度更高，高温燃气是含有腐蚀性成分的氧化性气体，因此对燃气轮机转子还提出了更高的抗氧化和抗腐蚀的要求。这些转子材料希望采用耐蚀性较好的材料制造，或在耐蚀性较差的转子材料上采用适当的表面防护处理。

　　目前，600℃超超临界电站汽轮转子采用的是先进的9%～12%Cr马氏体耐热钢。9%～12%Cr型马氏体耐热钢具有较高的持久强度、耐蚀性、热强性、韧性和冷变形性能，能在湿蒸汽及一些酸碱溶液中长期运行，且其减振性是已知钢中最好的。因此，马氏体耐热钢以其优良的综合性能被世界上高蒸汽参数发电机组所广泛采用，除了前述的锅炉部件中大截面尺寸的主蒸汽管道，还有蒸汽轮机转子及叶片等USC关键部件。现阶段新型高性能转子钢开发与研究主要是以现有9%～12%Cr型马氏体耐热钢为基础，进行合金的再设计、改进与优化。

　　9%～12%Cr型马氏体耐热钢的发展也是逐渐提升综合性能的过程。常规的12%Cr钢的许用应力极限是70～80MPa，虽然降低回火温度就可提高极限应力，但是伸长率、冲击值和抗应力腐蚀开裂性会降低，以致不能使用。早在20世纪40年代，为满足涡轮盘和汽轮叶片的要求，12%Cr钢得到了广泛的研究。20世纪50年代开发出H-46、Fv448及其他钢种，都具有良好的持久强度。1955年德国KWU公司制造出第一支用于汽轮机的12%CrMoV超临界转子钢。20世纪50、60年代在H46的基础上降低Nb含量来降低固溶处理温度和保证韧性，并减少Cr含量抑制δ铁素体得到10.5Cr1MoVNbN（GE）以及GE调整型，同时还在12CrMoV的基础上开发含W的12%Cr转子用钢AISI-422，这些钢与12CrMoV相比具有更好的性能。日本在H46基础上添加B开发了10.5Cr1.5MoVNbB（TAF）用于燃气轮机涡轮盘和小型汽轮机转子。此前AISI422合金虽成功地用于550℃，但在超超临界参数条件下常规的AISI422、H46等12%Cr耐热钢已经难以满足运行中蠕变强度要求，在更高温度下必须采用更高合金含量的新型 12%Cr 钢。鉴于运行到 593℃ 和 630℃ 的超（超）临界机组中，由于上述钢种的蠕变强度不足，日本在 20 世纪 70 年代开发了 12Cr-MoVNb 系列 593℃ 级别的 TR1100（TMK1）和 TOS101。欧洲也在 COST 501 下开发了 9.5Cr-MoVNbB（COST B）、10.5Cr-MoVNbWN（COST E）和 10.2Cr-MoVNbN（COST F）等一系列转子用钢。其中 COST E、COST F 已应用于欧洲的超超临界火电机组。

表 27-4 是典型高温汽轮机转子材料的化学成分。

表 27-4　典型高温汽轮机转子材料化学成分

合金	化学成分（质量分数）/%													温度 T /℃(℉)
	C	Mn	Si	Ni	Cr	Mo	V	Nb	Ta	N	W	B	Co	
X21CrMoV121（Alloy13）	0.23	0.55	—	0.55	11.7	1.0	0.30							560（1040）
11CrMoVTaN（Alloy17，TOS101）	0.17	0.60		0.35	10.6	1.0	0.22		0.07	0.05				575（1070）
GE（Alloy16）	0.19	0.50	0.30	0.50	10.5	1.0	0.20	0.085		0.06				
11CrMoVNbN（Alloy15）	0.16	0.62		0.38	11.1		0.57			0.05				
西屋（AISI422）	0.23	0.80	0.40	0.75	13.0	1.0	0.25				1.0			
10CrMoVNbN [TMK1,TR(1100)]	0.14	0.50	0.05	0.60	10.2	1.5	0.17	0.06		0.04				593（1100）
TMK2（TR1150）	0.13	0.50	0.05	0.70	10.2	0.40	0.17	0.06		0.05	1.8			
X18CrMoVNbB91（B2，Alloy e）	0.18	0.07	0.06	0.12	9.0	1.5	0.25	0.05		0.02		0.10		620（1150）
TR1200	0.12	0.50	0.05	0.8	11.2	0.3	0.20	0.08		0.06	1.8			
TOS110（EPDC Alloy B）	0.11	0.08	0.1	0.20	10.0	0.7	0.20	0.05		0.02	1.8	0.01	3.0	630（1166）
HR1200（FN5）	0.10	0.55	0.06	0.50	11.0	0.23	0.22	0.07		0.02	2.7	0.02	2.7	650（1200）

从转子材料合金设计与演进来看：最初转子材料主要以 CrMoV 为主，最大使用温度为 545℃。为满足更高的温度和耐腐蚀性的要求引入了 12CrMo 系的 X12Cr1MoV121，其最高使用温度为 560℃。由于 12Cr 钢存在偏析，不适合制造大锻件的汽轮机转子，同时 12Cr 钢还存在锻造性、焊接性能和断裂韧性差以及微观组织不稳定等缺点。随后在 12CrMoV 的基础上通过添加 Nb 和 Ta 形成碳化物来提高使用温度。日本通过添加 Ta+N、通用电气公司通过添加 Nb+N、美国西屋电气公司通过添加 W 形成了三种不同的转子用钢，分别为 11CrMoVTaN、11CrMoVNbN、12CrMoVW。这一级别的钢比常规的 12CrMoV 钢可以提高 15℃，但实际上只应用到 565℃，Nb 和 Ta 形成碳氮化物产生析出强化作用。80 年代随着汽轮机耐热材料研究的不断发展，新一轮开发主要是在 Nb-N 或 Ta-N 钢中添加 W 来提高固溶强化作用，如日本开发的 TOS107（也称为 GE 改良型）和欧洲 COST501 开发的 X12CrMoVWNbN101-1（E 型），这些钢种把允许的运行温度提高到 593℃。另一种途径是 TMK1 或 TR1100 合金，其是将 Mo 含量由 1% 提高到 1.5% 并降低 C 含量，由于 Mo 的固溶

强化作用以及对 M_6C 和 $M_{23}C_6$ 的稳定作用，可以在 593℃获得相近的性能。这类高 Mo 含量合金完全类似于前一类钢，但其所标榜的性能并未获得完全证实。

基于 X12CrMoVWNbN 钢的 620℃等级的转子钢的演变主要有两种不同的路线：一种路线是日本在 TOS107 的基础上，将 W 含量由 1%提升到 1.8%，所研制的 TMK2 同样能够满足 620℃蠕变强度不小于 65MPa。对于转子钢 TOS110 是在 620℃等级钢中添加 3%Co 和 0.01%B 获得。进一步继续合金调整包括将 W 含量由 1.8%增加到 2.7%，并添加 3%Co 和 0.01%B，并得到合金 HR1200 和 FN5。另一种路线是欧洲在 COST501 项目中研制的 X18CrMoVNbB91。X18CrMoVNbB91 是在 X12CrMoVWNbN 的基础上，添加 B 去除 W，达到 620℃下蠕变强度要求。

欧洲高于 600℃以上环境下应用的高温转子材料研究主要集中在 COST 项目，COST 计划研制的材料成分见表 27-5。该项目始于 1986 年，已经进行了 3 个阶段：COST501（1986~1997 年）、COST522（1998~2003 年）和 COST536（2004~2009 年）。此外 COST501 项目开发的转子用铁素体钢还包括 COST B 和 COST E（X12CrMoWVNbN1011）、COST F（X14CrMoVNb10-1）。前两种钢是在 9%~10%Cr 基础上分别添加 1.5%Mo 和 1%Mo+1%W，提高材料的蠕变强度，最终将使用温度提高到 600℃以上。COST F（与 TMK1 相似）是在 COST E 的基础上，将 Mo 含量由 1%提高到 1.5%，去除 W 元素而研制的。相比于常规材料，这类材料的蠕变强度和在制造和焊接过程中的抗脆裂性能大大增强。目前已用 COST E 制造出直径 1280mm、重 45t 的转子，用 COST F 制造出直径 1380mm、重 44t 的转子，这些转子已经应用于 600℃的高温环境中。

表 27-5 COST 钢种化学成分

COST	钢种	化学成分（质量分数）/%											使用温度/℃
		C	Cr	Mo	W	Co	V	Ni	Nb	N	B	Mn	
	1CrMoV	0.25	1.0	1.0			0.25						550
	12CrMoV	0.23	11.5	1.0			0.25						570
501	F	0.1	10	1.5			0.2	0.7	0.05	0.05			597
501	E	0.1	10	1.0	1		0.2	0.7	0.05	0.05			597
501	B	0.2	9.0	1.5			0.2	0.1	0.05	0.02	0.01		620
522	FB2	0.13	9.23	1.5		0.96	0.2	0.16	0.05	0.019	0.01		620
536	FB4	0.18	9.25	1.5			0.3	0.15	0.06	0.015	0.01	0.3	650

COST522 项目最终通过系统的成分优化设计，并添加少量 B 来稳定高 Cr 钢的回火马氏体组织，确定了一种成分为 9Cr-1.5Mo-1Co-0.010B 的转子钢锻件材料，并命名为 FB2，以及成分微调后的铸件材料 CB2。FB2 和 CB2 均满足 620℃级别汽轮机组铸锻件的设计选材要求，被广泛使用在德国和美国的火电厂。现阶段我国的超超临界电站中也广泛应用。

对于未来高参数 650~700℃超超临界汽轮机高压转子和中压转子将采用焊接转子。高温进汽部分为镍基高温合金，中温段部分为新型的 9%~12%Cr 耐热钢，采用镍基合金焊料进行焊接。因此通常还需要考虑转子耐热钢的焊接性能。

具体总结来看，对于 650~700℃级 USC 等级汽轮机转子耐热钢的要求如下：

（1）具有较高的韧性、强度、冲击韧性以及疲劳强度；

（2）650℃下的 10^5h 蠕变强度达到 100MPa；

（3）良好的抗氧化性和耐腐蚀性能；

（4）具有比较高的热导率和比较小的线膨胀系数；

（5）优良的铸造、锻造性，良好的焊接性能。

国内从 2003 年开始进行 600℃用 12%Cr 超超临界转子用钢的制造技术研究，截至目前，国内生产并投入使用的 12%Cr 转子约 40 余件，受制于市场需求减少及国内用户对转子技术指标的严格要求，2011 年以后很少有国内制造的转子，国产化转子锻件占比不到 10%。620℃超超临界用转子技术来源于欧洲 COST522 开发的 FB2 钢种，目前国内尚无制造业绩。

对于 600℃用 12%Cr 转子主要存在的问题为 12%Cr 钢的冶炼难度大，采用双真空钢锭的 12Cr 钢转子本身塑韧性较差，在钢纯度不高杂质较多的情况下冲击性能分散度大，因此需要采用电渣重熔以获得高纯净和均质钢锭，尽管国内大部分重机厂已拥有电渣炉，由于缺乏经验及成熟的冶炼工艺，易造成成分偏析及 δ 铁素体形成；转子锻件锻造变形难度大，很难锻透、压实；较高的锻造及热处理温度，加上大尺寸锻件的偏析极易产生粗晶或混晶组织；晶粒粗大导致大直径转子锻件芯部超声波探伤受限，难以发现芯部密集缺陷。

对于 620℃用 FB2 转子锻件除上述问题还包括：转子锻件添加了 B 元素，尽管适当的 B 和 N 元素比例可改善材料的强度并稳定 $M_{23}C_6$ 碳化物，但也增大锻件偏析的风险，B 和 N 元素形成的 BN 会降低材料韧性，使得材料冲击和 FATT 性能难以保证，B 元素在晶界的析出导致锻件可锻性降低，极易产生锻造裂纹，此外，B 元素还会在很大程度上降低转子轴颈及推力盘处的可焊性；由于 C、Ni 等元素含量降低，使其淬透性变差，导致整个锻件均匀性尤其是锻件芯部性能很难保证。

27.2.3.3　超超临界电站材料数据库

我国至今仍缺乏专业性强、全面覆盖超超临界电站材料研发、生产和服役性能的全寿命周期数据库。各发电集团的数据和材料均存在孤岛现象，不利于新材料的发展，限制了国产先进材料在设计中的选用。建立完整的超超临界电站关键材料研发、生产和服役性能数据库，对推动超超临界电站材料的发展和应用意义重大。

目前，钢铁研究总院基于多年的材料研发及与超超临界电站产业链上下游企业之间的紧密协作基础，已初步建立了专业性的耐热钢数据平台（见图 27-5），该平台目前已完成了数据采集、加工与管理、数据融合、智能搜索、材料对照、数据对比分析、智能选材、数据可视化分析等功能开发，其中超超临界电站材料相关数据积累已超过几万条。

A　数据采集、加工与管理

a　数据表结构设计

耐热钢数据来源繁多，单一固定的存取方式必定无法满足其数据增加而产生的数据融合的需求。随着数据分析技术的发展，传统的数据组织方式也难以完成对海量数据的精准分析。耐热钢数据库及数据表构建的灵活性，实现对数据组织方式和呈现方式的自定义和调整，同时允许用户根据自身需求重构材料数据库的结构，而不影响材料数据内容。此外耐热钢数据库扩展性允许用户对数据库层次结构进行扩展，以及结合不同来源的数据的字段形式和内容随时完善数据组织方式。耐热钢提供的多种数据字段属性，完全可以满足耐

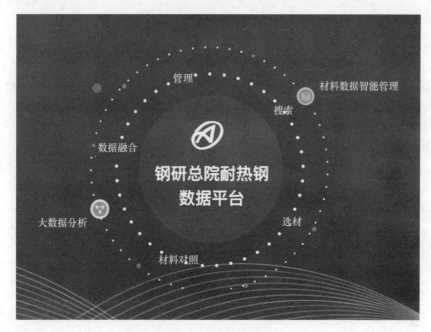

图 27-5　耐热钢数据平台

热钢研究与生产应用数据的管理需求。

耐热钢数据库的数据可以自定义多种展示方式，可根据用户的需要调整关注内容在数据表中的位置。

为了提高数据表设计效率，公有属性管理功能提取所有试验报告数据表中的共有的基本信息，形成数据库的公共属性进行管理，其他测试结果数据采用普通属性进行管理，避免重复定义共有信息，如图 27-6 所示。公共属性与普通属性以颜色进行区分。

序号	属性名称	属性类型	属性单位	是否可搜索	默认搜索匹配类型	属性权限	操作
1	报告编号	短文本		是	包含	公开	编辑 | 删除 | 复制 | 添加子属性
2	检测单位	枚举文本		是	包含	公开	编辑 | 删除 | 复制 | 添加子属性
3	委托单位	枚举文本		是	等于	公开	编辑 | 删除 | 复制 | 添加子属性
4	联系人	短文本		是	包含	公开	编辑 | 删除 | 复制 | 添加子属性
5	检验人	短文本		是	包含	公开	编辑 | 删除 | 复制 | 添加子属性
6	所属钢种	短文本		是	包含	公开	编辑 | 删除 | 复制 | 添加子属性
7	所属炉号	短文本		是	包含	公开	编辑 | 删除 | 复制 | 添加子属性
8	试验项目	枚举文本		是	等于	公开	编辑 | 删除 | 复制 | 添加子属性
9	试样数量	整数		是	等于	公开	编辑 | 删除 | 复制 | 添加子属性
10	样品规格（mm）	短文本		是	包含	公开	编辑 | 删除 | 复制 | 添加子属性
11	冶炼工艺	短文本		是	包含	公开	编辑 | 删除 | 复制 | 添加子属性
12	熔炼类型	短文本		是	包含	公开	编辑 | 删除 | 复制 | 添加子属性
13	热处理制度	短文本		是	包含	公开	编辑 | 删除 | 复制 | 添加子属性
14	试验设备	短文本		是	包含	公开	编辑 | 删除 | 复制 | 添加子属性
15	送样时间	日期时间		是	大于	公开	编辑 | 删除 | 复制 | 添加子属性
16	检验时间	日期时间		是	大于	公开	编辑 | 删除 | 复制 | 添加子属性
17	报告时间	日期时间		是	大于	公开	编辑 | 删除 | 复制 | 添加子属性

图 27-6　耐热钢数据库公共属性

b　数据导入与导出

耐热钢数据库提供两种数据自动导入技术，即电子文档数据自动导入和数据表数据自动导入。

对于试验与表征仪器、生产设备、历史数据等形成的数据结构固定的数据文件，如 EXCEL、CSV、TXT、XML 等格式的文件，耐热钢数据库通过配置自适应数据导入格式模板，实现材料数据的快速准确导入。

数据表数据自动导入指创建从多个不同的数据表的指定属性中引入数据创建新的数据记录，从而实现从数据表中导入已有数据创建数据记录。数据表数据自动导入可用于实现多源异构的耐热钢数据的汇聚融合。

耐热钢数据库数据自动导入技术实现数据的批量导入，大大节约时间。

为了实现项目团队研究人员的异地协作和数据的融合整合，耐热钢数据库提供数据库导入及导出功能，便于数据库结构和数据的整体迁移和重构。

c　数据清洗

数据质量的重要性不言而喻。由于录入人员的疏忽等原因造成的数值的非明显错误，对于存有大量数据的数据集难以发现。而数据的数值超过可能的取值范围或不合理的数值等明显错误，通过数据库建设时对数据的规范性约束，在存储等环节可以被计算机自动识别发现。数据参考功能可以解决数据明显错误识别的问题，从而实现对多源异构数据的识别和清洗。

B　数据深度搜索

耐热钢数据库深度搜索技术提供三种检索手段，即全文检索、标签检索和字段检索。

对于耐热钢数据库中的结构化数据，可以根据全文检索对数据库中所有可识别的信息（字、词、句）进行检索。

标签检索用于数字字段属性的标记，实现对数据记录的简单分类。用户可对于常用或重要的数据内容进行标签标记，从而实现数据记录的准确筛选、定位和查找。

字段检索借助高效的搜索引擎，采用数值、字符串组合搜索的模式，具有强大的检索能力。同时可自定义与保留搜索条件，便于下次使用。

C　数据对比分析

数据对比分析技术提供表格分析、散点分析、曲线对比分析等工具，见图 27-7 ~ 图 27-9。用于可从数据记录中直接选取数据进行分析，也可以配置 X 轴、Y 轴代表不同参数进行分析，帮助数据库用户洞悉数据规律，挖掘耐热钢多源异构数据的价值。

曲线对比分析功能支持用户选择需要进行对比的材料数据和曲线数据，生成对比曲线图进行展示，常用于分析不同样品的材料性能曲线的差异。

D　数据拟合

数据拟合功能支持对散点图进行统计和分组后绘制拟合线并给出相应的拟合方程，如图 27-10 所示。拟合方式支持多项式拟合、指数拟合和对数拟合。

E　锅炉钢专业数据库

耐热钢数据库从标准、手册、报告等不同来源的资料中整理了材料的化学成分、力学性能、持久蠕变性能、物理性能、热疲劳性能等数据入库，同一个牌号的不同类型的数据采用数据关联进行链接，如图 27-11 所示。

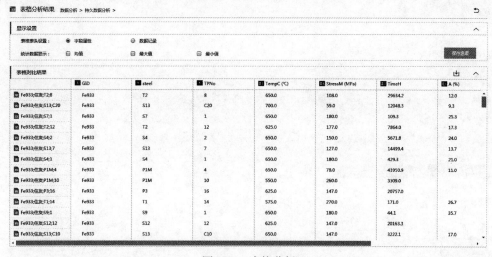

图 27-7　表格分析

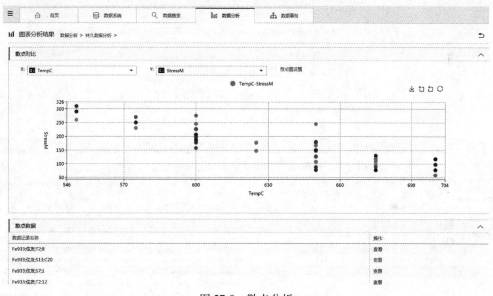

图 27-8　散点分析

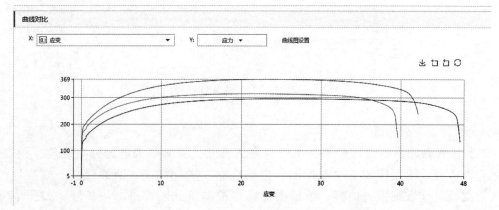

图 27-9　曲线对比

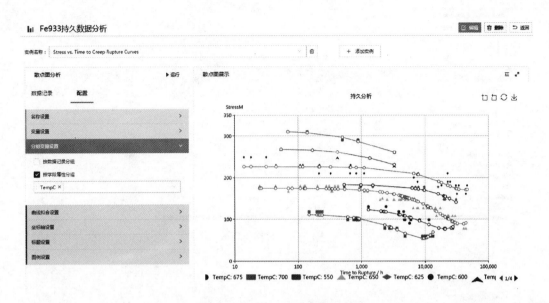

图 27-10　散点数据拟合

图 27-11　锅炉钢专用数据库结构与内容

F　试验报告数据库

试验报告数据库针对实验设备与材料测试表征仪器的结果进行分类管理，涵盖耐热钢化学成分、显微组织、物理性能、力学性能、疲劳性能、断裂性能、蠕变性能、持久数据及其他数据报告内容，数据内容还将根据研究内容进一步扩展，如图 27-12 所示。

图 27-12　实验报告数据库结构与内容

27.2.4　国内重点企业介绍

27.2.4.1　材料研发生产及部件生产企业

A　钢铁研究总院

钢铁研究总院创建于 1952 年，原为冶金行业最大最权威的综合性研发机构。1999 年转制为中央直属大型科技企业。2007 年初成为中国钢研科技集团公司的全资子公司和核心研发平台。钢铁研究总院秉承原有研发力量，在材料、工艺、测试三大领域不断创新与实践，成为行业国际一流研发中心。近 20 年来，钢铁研究总院所属研究机构及国家级研究中心在材料科学、冶金工艺与工程、分析测试等领域共取得了 4000 余项科研成果，包括国家级奖励 58 项、省部级科技进步奖 230 项、授权专利 240 项。多年来，承担了 50% 以上冶金行业发展的关键、共性和重大前沿技术的开发任务。钢铁研究总院作为中国钢研科技集团有限公司的核心研发平台，下设二级单位包括功能材料研究所、特殊钢研究所、工程用钢研究所、冶金工艺所、焊接研究所、舟山海洋腐蚀研究所六大研究所，"先进钢铁流程及材料国家重点实验室"一个国家级重点实验室，"连铸技术国家工程研究中心""先进钢铁材料技术国家工程研究中心""国家钢铁材料测试中心""国家钢铁产品质量监督检验中心" 4 个国家级工程技术研究中心。拥有数百套大型仪器设备，通过了 ISO 9001 质量管理体系认证、CNAS 实验室认可，具备武器装备科研生产许可证。

B　中国第一重型机械股份公司

中国第一重型机械股份公司建于 1954 年，是中央管理的涉及国家安全和国民经济命脉的国有重要骨干企业之一，是上海证券交易所上市公司（简称一重股份，601106.SH）。截至 2019 年末，主要控股股东中国一重集团有限公司控股比例 63.88%，其他控股股东控股比例 36.12%。公司主要产品有核岛设备、重型容器、大型铸锻件、专项产品、冶金设备、重型锻压设备、矿山设备和工矿配件等产品。60 多年来，共为国民经济建设提供机械产品 500 万吨，产品先后装备了中核、国电投、中广核等各大核电企业，宝钢、鞍钢、武钢等各大钢铁企业，中石油、中石化、中海油所属各大石油化工企业，一汽、东风、江淮等各大汽车企业，东北轻合金、西南铝业、渤海铝业等有色金属企业，神华、平朔、准噶尔等大型煤炭生产基地，带动了我国重型机械制造水平的整体提升，有力地支撑了国民经济和国防建设。

C　二重（德阳）重型装备有限公司

二重（德阳）重型装备有限公司（以下简称二重装备）隶属于国机重型装备集团股份有限公司（国机重型装备集团股份有限公司持股 100%），属于中央企业，是国家重大技术装备制造基地。公司主业涵盖成台套装备、高端大型铸锻件、核电设备、石化装备、物流与服务以及新兴领域装备，可为冶金、矿山、能源、交通、汽车、石油化工、航空航天等重要行业提供系统的装备研发、制造与服务。在成台（套）装备制造领域，公司是冶金成台（套）装备和智能化锻造装备工程总包的核心供应（服务）商，是大型冶金、水利传动件装备制造的优势企业和中国主要的大型风电增速机、风机主轴制造基地；在高端大型铸锻件领域，公司是 AP1000、华龙一号、CAP1400 为代表的第三代核电机型全套铸锻件材料供应商，是中国唯一能够提供"三峡级"70 万~100 万千瓦水电机组全套铸锻件和批量生产百万千瓦级超超临界火电机组关键成套铸锻件的顶尖供应商；在核电设备领域，公司具备 AP1000、华龙一号、CAP1400 为代表的第三代核电机型核电设备供应能力，是我国第一家具备 ASME 核级设备和材料设计和制造资质的供应商；在石化装备领域，公司具备制造单台 2500t 级以上超大尺寸重型压力容器整体装备制造能力，是化工重型压力容器的骨干供应商；在物流与服务领域，公司拥有丰富的重大技术装备多式联运、包装仓储等业绩，是具有一体化优势的综合物流服务商；在新兴装备领域，公司凭借高端装备及材料研发、制造的深厚技术底蕴，积极融入国家高端装备产业战略布局，正发展成为先进化工、储能与分布式能源、节能环保、军民融合、能源开发等多个新兴领域高端装备系统解决方案商和系统服务商。

D　宝武特种冶金有限公司

宝武特种冶金有限公司（简称宝武特冶）成立于 2018 年 7 月，是中国宝武钢铁集团宝钢特钢有限公司的全资子公司。公司位于上海市宝山区吴淞口创业园，注册资金人民币 5 亿元，拥有员工 859 人，专业从事特种冶金材料、高性能金属与合金材料的研发和制造。宝武特种冶金有限公司前身是 1958 年建立的上海第五钢铁厂，目前是中国宝武集团全资子公司。经过 60 年的持续创新、发展、壮大，已成为我国最重要的高品质特殊钢及特种合金研发生产基地之一。涉及高温合金、耐蚀合金、精密合金、钛及钛合金、特殊不锈钢、特种结构钢等扁平材、长材、管材、锻件四大专业品种，产品广泛配套应用于动力与能源二大核心产业链高端及先进装备制造业。

E　抚顺特殊钢股份有限公司

抚顺钢厂始建于 1937 年，是中国最早的特殊钢企业之一，被誉为中国特殊钢的摇篮，同时还是我国东北地区唯一的特殊钢行业上市公司。于 1999 年上市，上市名称为抚顺特殊钢股份有限公司（简称抚顺特钢），注册资本 197210 万元。企业股份构成为：东北特殊钢集团股份有限公司 29.25%，中国银行股份有限公司抚顺分行 6.23%。抚顺特钢具备雄厚的技术基础，拥有先进的冶金装备，长期承担国家大部分特殊钢新材料的研发任务，是中国特殊钢行业的领军者，国家高新技术企业。抚顺特钢拥有高温合金、超高强度钢、不锈钢、工模具钢、汽车钢、高速工具钢、钛合金、风电减速机用钢等八大品种 5400 多个牌号的生产经验，以"高、精、尖、奇、难、缺、特、新"的产品研发理念引领中国合金材料的发展，保证国家战略安全。

F　山西太钢不锈钢股份有限公司

山西太钢不锈钢股份有限公司是由太原钢铁（集团）有限公司于 1997 年 10 月独家发起、公开募集设立的股份有限公司。1998 年 6 月，公司对不锈钢生产经营业务等经营性资产重组后注册成立，在深圳证券交易所上市并发行 A 种上市股票，股票代码 000825。主营业务包括不锈钢及其他钢材、钢坯、钢锭、黑色金属、铁合金、金属制品。主要经营业务：冶炼、加工、制造、销售钢材、钢坯、钢锭、生铁、轧辊、铁合金、焦化产品、耐火材料、矿产品、金属制品、钢铁生产所需原材料、建筑材料、电子产品、冶金机电设备、备品备件；技术服务；公路运输；工程设计、施工；餐饮宾馆等服务业；承包本行业境外工程和境内国际招标工程及所需的设备、材料和零配件的进出口；对外派遣本行业工程生产及服务的劳务人员（国家实行专项审批的项目除外）。对采矿业、制造业、建筑业、房地产、技术服务和地质勘查业、交通运输仓储业、电力、燃气及水的生产和供应业、信息传输计算机软件的投资。

G　内蒙古北方重工业集团有限公司

内蒙古北方重工业集团有限公司为全民所有制企业，主营业务：特种钢（电站用大口径厚壁无缝钢管、模具钢、内燃机曲轴坯）、矿用车、防务装备产品等。

H　江苏银环精密钢管有限公司

企业类型：有限责任公司；所有制性质：混合所有制。

经营范围：无缝钢管、金属制品、焊接钢管的制造、销售；通用机械、金属材料、橡胶制品、塑料制品、皮革及制品、化学纤维、纺织品、陶瓷制品、建筑用材料、化工原料（不含危险化学品）的销售；黑色金属冶炼及延压加工的技术开发、技术转让、技术服务及技术咨询；自营和代理各类商品及技术的进出口业务（国家限定企业经营或禁止进出口的商品和技术除外）；普通货运（依法须经批准的项目，经相关部门批准后方可开展经营活动）。

主营业务：无缝钢管、金属制品、焊接钢管的制造、销售。

I　浙江久立特材科技股份有限公司

浙江久立特材科技股份有限公司（简称久立特材）创建于 1987 年，位于浙江省湖州市，是一家专业生产工业用不锈钢及特种合金管材、双金属复合管材、管件的行业领军企业，2009 年在深交所挂牌上市（股票代码：002318），现为全国制造业单项冠军示范企业、国家绿色工厂、国家技术创新示范企业、国家两化融合管理体系贯标试点企业、国家知识产权示范企业、中国民营制造 500 强企业、浙江省第一批"雄鹰行动"培育企业、浙江省"三名"培育试点企业等。

J　江苏武进不锈股份有限公司

江苏武进不锈股份有限企业（简称武进不锈）位于长三角中心地带常州市的东侧，创建于 20 世纪 70 年代初，90 年代跻身国内主要不锈钢管制造行列，2016 年 12 月，在上海证券交易所上市（证券代码：603878）。武进不锈是国内最大的不锈钢无缝钢管、不锈钢焊接钢管、钢制管件和法兰产品制造商之一，企业成立以来一直致力于能源行业、高端装备制造等行业用不锈钢及特种合金无缝管、焊接管和管件产品的研发、制造。企业产品广泛用于石油、化工、海洋工程、天然气、电力设备制造以及机械设备制造等行业，是国内能源、电站锅炉、核电、化工等行业知名企业的供应商，多次打破国外产品垄断。还通过一系列世界石油企业认证，由此获得了参与全球项目的资质。目前武进不锈已形成 10 万吨的产业规模，取得了国家特种设备制造许可证（压力管道）、民用核安全设备制造许可证等。其不锈产品出口到 40 多个国家和地区。

K　钢研纳克检测技术股份有限公司

钢研纳克检测技术股份有限公司企业性质为股份有限公司（外商投资、上市）。公司主要从事金属材料检测技术的研究、开发和应用。目前公司提供的主要服务或产品包括第三方检测服务、检测分析仪器、标准物质/标准样品、能力验证服务、腐蚀防护工程与产品，以及其他检测延伸服务。公司致力于成为中国金属材料检测行业的技术引领者。公司是国内钢铁行业最权威的检测机构，也是国内金属材料检测领域业务门类最齐全、综合实力最强的测试研究机构之一。公司拥有"国家钢铁材料测试中心""国家钢铁产品质量监督检验中心""国家冶金工业钢材无损检测中心"三个国家级检测中心和"国家新材料测试评价平台——钢铁行业中心""金属新材料检测与表征装备国家地方联合工程实验室""工业（特殊钢）产品质量控制和技术评价实验室"三个国家级科技创新平台。公司在高速铁路、商用飞机、航空航天工程、核电工业以及北京奥运会项目中承担了多项国家重点工程、重大项目的攻坚任务。

27.2.4.2　火电装备制造企业

A　东方电气集团东方汽轮机有限公司

东方电气集团东方汽轮机有限公司（简称东汽）是属于国有企业，主要从事火电、燃机、核电等电力设备设计、制造。东方电气集团东方汽轮机有限公司是我国研究、设计、制造大型电站汽轮机的高新技术国有骨干企业，是机械工业 100 强和全国三大汽轮机制造基地之一。

B　东方电气集团东方锅炉股份有限公司

东方电气集团东方锅炉股份有限公司（简称东方锅炉）是中国东方电气集团有限公司下属核心企业，是中国发电设备研发设计制造和电站工程承包特大型企业，是中央确定的涉及国家安全和国民经济命脉的国有重要骨干企业、国务院国资委监管企业。东方锅炉注册地位于四川省自贡市，研发营销服务中心位于四川省成都市，是中国一流的火力发电设备、核电站设备、环保设备、电站辅机、化工容器、煤气化等设备的设计供货商和服务提供商。

C　哈尔滨汽轮机厂有限责任公司

哈电集团哈尔滨汽轮机厂有限责任公司是我国"一五"期间 156 项重点建设工程项目中的两项——电站汽轮机和舰船主动力装置的生产基地，是以设计制造高效、环保、清洁能源为主的大型火电汽轮机、核电汽轮机、工业汽轮机、重型燃气轮机及 30MW 燃压机组、舰船主动力装置、太阳能发电系统设备、汽轮机控制保护系统设备、汽轮机主要本体辅机设备等系列主导产品的国有大型发电设备制造骨干企业。

D　哈尔滨锅炉厂有限公司

哈尔滨锅炉厂有限责任公司（简称哈锅）创建于 1954 年，是新中国"一五"计划 156 项重点工程中的两项，是哈电集团重要成员企业。60 多年来，哈锅高擎自主创新的"火炬"，有的放矢瞄准科技前沿产品，占领行业技术发展的制高点，创造了众多行业之最，华夏第一，填补了一项项空白，竖起了一座座丰碑。从 50MW 高压锅炉到 1000MW 超超临界（二次再热）锅炉的 70% 国产首台电站锅炉产品均在这里诞生。已成为电站锅炉、石化容器、舰船动力、环保设备、电站辅机、核电产品、海水淡化及水处理设备等产品设计制造及提供系统解决方案的综合服务商。

E　上海汽轮机厂有限公司

上海电气电站设备有限公司上海汽轮机厂（简称 STP）是由上海汽轮机厂和德国西门子公司共同投资组建的，是中国电站设备行业唯一大型合资企业。上海电气电站设备有限公司汽轮机厂建立于 1953 年，是中国第一家汽轮机制造厂。经营范围包括汽轮发电机组、汽轮动力机组、汽轮冷水机组、二回路系统和燃气轮机装置研发、制造、修理，发电和驱动设备的工程成套业务，工矿备件、一、二级压力容器制造，工业设计，设备维修，计量和理化设备检测，丙级建筑设计，纺织机械、鼓风、压缩、柴油、抽油机、食品机械、钢锭及铸件的生产、销售，公路、船舶货运，码头装卸，汽轮机动力机械四技服务，从事货物及技术的进出口业务。STP 以设计、制造火电汽轮机、核电汽轮机和重型燃气轮机为主，兼产船用汽轮机、风机等其他动力机械。产品国内市场份额占有率达到 35% 以上，汽轮机机组出口到东南亚多国。2006 年汽轮机产量 3600 万千瓦，达到了全球第一。企业在消化吸收国际先进技术和管理方法的基础上，博采众长、融合提炼，引进型 30 万千瓦汽轮机已达到当今国际先进水平，为我国机械行业唯一的国家优质产品金质奖；60 万千瓦汽轮机业绩卓越；超超临界 100 万千瓦汽轮机在全国首台投运成功，达到国际先进水平；STP 的主力产品已保持"上海市名牌产品"十二连冠。

F　上海锅炉厂有限公司

上海锅炉厂有限公司是中国电站锅炉设备制造的骨干企业，多年来创造我国多项第一。公司主营业务包括电站锅炉、工业锅炉、特种锅炉及其成套设备，生物质能发电设备，太阳能发电设备，核能发电设备，垃圾发电及其他能源设备，分布式能源及储能设备，化工设备，污泥及垃圾气化设备，海洋装备等。在国内电站锅炉行业，公司处于领先地位，占据了国内大约 1/3 市场，对整个行业具有企业领导和促进作用。

27.2.4.3　火电技术研究设计企业

A　中国大唐集团科学技术研究院有限公司

中国大唐集团科学技术研究院有限公司成立于 2013 年 12 月，是中国大唐集团公司 100% 控股的具有独立法人资格的中央研究院，是集团公司加快转变发展方式、提高科技创新能力、实现做强做优的重要保证。公司建立了区域全覆盖、专业职能全方位的布局，建成了热电联产供热研究中心、计量中心、锅检中心、酸洗中心、锅炉燃烧技术优化中心、空冷工程技术研究中心、大坝中心等。经过几年的发展，在技术监督、技术服务、优化运行、优化设计、科技研发、基建项目调试、网络安全与信息化业务等领域，得到了大唐系统内外各单位以及社会各界的广泛认可。公司经营范围包括工程和技术研究与试验发展；技术开发、转让、咨询、推广、技术服务；技术进出口；发电技术培训；软件开发；市场调查；经济信息咨询（不含中介服务）；环境监测；零售机械设备、化工产品（不含危险品）；技术检测；工程项目管理；工程造价咨询；工程技术咨询；工程预算、审计；计算机系统服务；专业承包；施工总承包；互联网信息服务。

B　神华国华（北京）电力研究院有限公司

神华国华（北京）电力研究院有限公司成立于 1999 年。神华国华（北京）电力研究院有限公司以实现电站服务产业化为目标，坚持走产、学、研、用相结合道路，为国华电力系统提供从电站建设到生产运营全过程中的科技研发、技术支持、业务咨询、管理增值服务。经营范围包括销售煤炭；电力、热力的技术开发；电力、热力设备检修、调试、改造；电力发电运行管理；新能源和节能技术开发、水处理技术、防腐技术、燃料物质技术开发；电力计量技术服务；工程项目管理；销售 7 号燃料油、机械电器设备、金属材料、木材、化工产品等。

C　西安热工研究院有限公司

中国华能西安热工研究院有限公司（简称西安热工院，英文缩写 TPRI），是我国电力行业国家级热能动力科学技术研究与热力发电技术开发的机构。主要专业于 1951 年在北京创建，1965 年迁址西安成立西安热工研究所，后随国家电力体制改革屡次更名。2003 年，成为由中国华能集团控股，中国大唐集团、中国华电集团、中国国电集团、中国电力投资集团参股的有限责任公司，并正式更名为西安热工研究院有限公司。华能西安热工院以提高火电机组安全运行的经济性和可靠性、提高能源转化利用率、减少污染物排放为目标，致力于洁煤发电技术、火电机组安全经济运行技术、机组自控技术、电厂化学水油处理技术和节水技术、新能源发电技术等领域的研究开发和推广。

D　中国华能集团清洁能源技术研究院有限公司

中国华能集团清洁能源技术研究院有限公司（简称清能院）于 2010 年建院，是华能集团直属的清洁能源技术研发机构，其中华能集团控股 90%，西安热工研究院有限公司占股 10%。清能院主要从事煤基清洁发电和转化、可再生能源发电、污染物及温室气体减排等领域的技术研发、技术转让、技术服务、关键设备研制和工程实施。清能院下设循环流化床锅炉技术部、低质煤清洁高效利用技术部、煤气化及多联产技术部、温室气体减排技术部、清洁能源系统设计优化技术部和可再生能源发电技术部等专业部门。重点研发方向涵盖近零排放燃煤发电、煤气化及煤基清洁转化、CO_2 捕集利用和封存、大型循环流化床锅炉、低质煤高效利用、水电、风电、太阳能发电、海洋能发电、生物质能发电、发电新材料、能源系统设计优化、页岩气和煤层气开发等技术领域。

E　中国电力工程顾问集团华东电力设计院有限公司

中国电力工程顾问集团华东电力设计院有限公司 1953 年创建于上海，是获得国家质量管理体系、环境管理体系、职业健康安全管理体系认证证书，并具有工程设计综合、工程勘察综合、工程监理、工程咨询、工程造价咨询、环境影响评价、测绘、水土保持方案编制、节能评审/评估等甲级证书和对外经营权的独立法人。华东院公司主要承担电力系统规划、火电、核电、新能源和输变电项目的勘察、设计、咨询、监理、总承包等业务。

华东院公司坚持发展高新技术，在 600MW 级亚临界/超临界/超超临界和 1000MW 级超临界/超超临界燃煤发电，洁净煤发电，天然气发电，超高压、特高压交直流输变电和大跨越高塔、同塔多回紧凑型线路、地下变电站等方面的设计技术水平处于国内领先地位。在电厂烟气脱硫/脱硝/脱碳、海水淡化、超大型冷却塔、大型直接空冷发电和煤矸石发电、垃圾焚烧发电、生物质发电、风力发电、太阳能发电、地热发电和余热发电技术等方面均取得了诸多业绩。

F 山东电力工程咨询院有限公司

山东电力工程咨询院有限公司成立于 1958 年，隶属于国家电力投资集团公司，是具有国家最高资质等级"工程设计综合甲级"的国际型工程公司。拥有一支以全国、行业及省级勘察设计大师为引领，专业技术带头人及中青年专家为核心的高端智力人才队伍，市场覆盖印尼、印度、巴西、巴拿马等 40 多个国家和地区。公司致力于打造业内电站服务业高端品牌，业务范围涵盖火电、新能源、电网和增量配网、核电、综合智慧能源以及非电业务 6 大板块，规划、咨询、勘察、设计、EPC 总承包、寿期服务、科技研发和投资运营 8 大领域。经营范围：拥有工程咨询、电力设计、工程勘察、工程总承包、工程监理、工程造价咨询、环保工程设计、安全评价、工程招标代理等甲级资质，拥有对外经济技术合作经营权和进出口权，拥有百万千瓦超超临界火电、特高压输变电、三代核电工程总承包能力和业绩。连续多年位居"中国勘察设计单位综合实力百强""中国勘察设计行业工程总承包营业额百强""中国勘察设计行业工程项目管理百强"前列，是山东省高新技术企业。

27.2.4.4 终端用户企业

大唐郓城发电有限公司：大唐郓城 630℃ 超超临界二次再热国家电力示范项目由大唐山东发电有限公司（简称大唐山东公司）和山东能源临沂矿业集团（简称临沂矿业集团）联合投资建设。企业经营范围包括电力、热力生产和销售；电力设备设施检修、调试、运行维护；电力技术咨询与服务；粉煤灰销售与综合开发利用，科学成果推广；新型材料生产与销售。

27.2.5 国内外市场竞争分析

面向 630℃ 及以上参数超超临界电站的新材料主要集中在马氏耐热钢大口径管和弯管、锻件，先进马氏体耐热钢汽轮机转子和气缸，以及新型奥氏体耐热钢和镍基耐热合金。国内新材料的研发走的是发展自主知识产权的道路，目前已基本构建了锅炉和汽轮机骨干材料的体系。

27.2.5.1 锅炉材料

自"十一五"以来，国内钢铁研究总院、宝武钢铁集团、抚顺特钢、中国一重等企业先后承担了"超超临界火电机组用关键锅炉管材技术开发"（2007~2011）"耐高温马氏体钢的组织稳定性基础研究"（2010~2014）"先进超超临界火电机组关键锅炉管开发"（2012~2015）等项目，逐步构建了我国自主的锅炉材料体系。

（1）G115 马氏体耐热钢已经通过全国锅炉压力容器标准化技术委员会评审，成为大唐郓城 630℃ 电站厚壁部件的唯一候选材料。正在进行 G115 铸锻件产品的产业化攻关。

（2）C-HRA-2、C-HRA-3 镍基耐热合金已经通过 700℃ 燃煤发电技术创新联盟技术评审，纳入候选材料。正在组织进行大口径管、小口径管产品的全国锅炉压力容器标准化技术委员会的评审，预计2020年底完成评审，获得市场准入资格。

（3）C-HRA-5奥氏体耐热钢产品已经通过全国锅炉压力容器标准化技术委员会评审，获得市场准入资格。

（4）C-HRA-1镍基耐热合金小口径管在组织进行全国锅炉压力容器标准化技术委员会的评审，预计2020年底完成评审，获得市场准入资格。

27.2.5.2　汽轮机材料

A　汽轮机转子

针对汽轮机侧难度最大的高中压转子材料，国内已经可以生产600℃汽轮机用12%Cr转子。对于更高等级的转子材料，通过系列研发也初步确定了中国自主的汽轮机转子材料体系（见图27-13）。

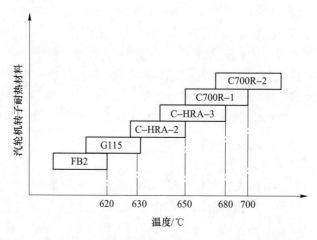

图27-13　中国自主先进超超临界电站汽轮机转子材料体系

（1）620℃汽轮机转子国产FB2产品，在重点研发计划课题"620℃超超临界火电机组汽轮机用耐热不锈钢转子研制"项目（2016~2020）支持下，国内具备制造能力，但尚无应用业绩，亟需经费支撑开展工业试制。

（2）630℃转子可以在G115钢成分体系上研发，G115钢大锭型的研发经验可以直接使用，国内企业计划开展工业化中试。

（3）650℃转子可以在C-HRA-2耐热合金基础上直接试制，现已经具备一轮次7t级锭型技术基础，掌握了冶金、锻造和热处理技术。

（4）650~680℃转子可以选用C-HRA-3耐热合金，该合金已经完成两轮次7t级锭型的技术基础，掌握了冶金、锻造和热处理技术。

（5）700℃汽轮机转子的研发，国内相关企业在能源局700℃燃煤发电技术创新联盟项目第一期经费支撑下完成700℃汽轮机转子材料C700R1和C700R2原型合金和5t级产品的中试、7t级C700R1产品的试制。因能源局课题第二期项目经费无法落实，现处于自筹经费研发，更大规格10t级试制尚未开展。

B　汽轮机气缸铸件

针对630℃以上参数汽轮机的气缸材料研发主要分为G115钢铸件和K325镍基耐热合

金铸。G115 钢铸件已经完成 5t 级产品试制。K325 镍基耐热合金，是在 IN625 合金基础上改进的自主材料，已经完成 3t 级产品试制。

C　汽轮机叶片及紧固件

针对汽轮机用叶片和紧固件材料，在"十二五"期间"先进超超临界火电机组关键叶片和护环钢开发"项目支撑下，已经完成叶片、紧固件原型材料的原型、工业试制，达到了持久蠕变性能要求。可在此基础上，开展多轮次工业试制，实现批次稳定。

27.2.6　关键材料和部件研制技术路线

27.2.6.1　先进超超临界电站汽轮机关键新材料

A　新型马氏体耐热钢与镍基高温合金转子锻件

通过对 CB2、COST-E 和 FB2 等铸件和锻件热处理设备的改造升级，使其满足 630℃ 及以上超超临界机组高温铸锻件热处理温度的需求。通过工艺性试验件的制造，掌握及固化 630℃ 及以上超超临界机组高温铸件冶炼、铸造、热处理、补焊和无损检测工艺与操作以及锻件的电极坯、电渣锭、锻造、热处理和无损检测工艺与操作。

主要突破合金成分设计精确控制技术、残余元素和钢水纯净度控制技术，特别是低 Si 和低 Al 条件下的 O 元素控制技术，以及窄范围的 B 元素控制技术，掌握 As、Sb、Sn、P、S 等微量有害元素控制、夹杂物去除技术。

高品质电渣重熔合金锭制备技术，630℃ 超超临界机组高温铸锻件及以上合金元素较620℃ 机组高温铸件有大幅提升，因此需要突破和掌握电渣重熔过程中保护渣制度、电制度、脱氧制度、气氛保护制度等。

稳定高效的锻造技术开发，掌握 630℃ 及以上转子锻件锻造过程中的裂纹控制技术、小当量探伤缺陷控制技术，建立合理的锻造变形火次（温度、锻比）分配次序，防止锻造过程中晶粒的过度长大，形成组织与第二相均质化锻造技术，为后期锻件的锻后热处理提供良好基础。

锻件组织遗传消除技术、组织精细化控制技术开发，为保证后期铸件和锻件超声波最小可探缺陷和韧性，必须对晶粒尺寸进行控制，因此需要掌握锻件的组织遗传消除技术，细化晶粒。并通过调整性能热处理工艺，掌握锻件高韧性匹配的性能热处理工艺和防止热处理裂纹产生，重点解决工程化制造过程中锻件中强化相尺寸和弥散度的控制，以及不同回火条件下，锻件力学性能与组织演变的关系。

B　新型马氏体耐热钢缸体铸件

目标是固化 9Cr-3W-3Co 系马氏体耐热钢缸体铸件关键生产制造技术，形成完备的生产加工制造能力。

新型马氏体耐热钢缸体铸件生产技术路线是：木模/造型—真空冶炼—气氛保护浇铸—清理—热处理—机加工—探伤—性能评价。主要技术难点是大型缸体铸件铸造工艺技术、热处理工艺、焊接工艺和机加工技术。

基于现有生产系统，根据新型马氏体耐热钢缸体铸件的需求进行设备购置和现有设备升级改造。

C　新型叶片合金生产应用示范线

为满足叶片合金型材生产示范应用，"热处理工艺及装备"是关系到叶片合金质量的关键核心技术之一，热处理炉的炉温均匀性、系统精度及配套的冷却能力直接关系到叶片合金的最终组织、性能控制。

D　新型螺栓合金

GH783G 合金为新一代低膨胀高温合金，是 630~680℃ 超超临界燃煤机组高温螺栓关键用材。在生产工艺中采用了高标准的双真空冶炼生产流程，改善钢锭的纯净度。需进一步提升真空感应冶炼过程对于微量元素及主要元素控制、空自耗冶炼过程杂质元素和气体元素控制及获得良好的铸锭组织、钢锭均匀化控制及制造全流程检化验分析能力。

27.2.6.2　先进超超临界电站锅炉关键新材料

A　G115 钢厚壁管、弯管/弯头

G115 是一种全新的用于 630℃ 超超临界机组的新型马氏体耐热钢，目前工业化大生产已工艺成熟，通过了全国压力容器标准化委员会的评审认证，并获得了相关的证书，具备了工程应用的条件。并制定了《电站用新型马氏体耐热钢 08Cr9W3Co3VNbCuBN（G115） 无缝钢管》（CSTM 00017—2017）《电站用新型马氏体耐热钢 08Cr9W3Co3VNbCuBN（G115） 管坯与型材》（Q/OAPD 2753—2017）和《电站用新型马氏体耐热钢 08Cr9W3Co3VNbCuBN（G115）无缝钢管》（Q/OAPD 2253—2017）等 CSTM 标准和企业标准。

研发团队经过十余年的系统研发和试制，经历了强化理论和机理研究、实验室研究、小炉子试制、中试、批量试制阶段，掌握了复合强化原理在 G115 中的应用、成分优化控制技术、高纯净钢水冶炼工艺、40t 电炉+电渣冶炼工艺、电极棒组织均匀化处理工艺、电渣渣系及保护气氛控制工艺、管坯多次镦粗拔长变形工艺、大规格厚壁管挤压工艺、大规格厚壁管弯管工艺、大规格厚壁管调质热处理工艺等。经过 36 轮大口径厚壁管的工业化试制，对全流程工艺进行了系统的优化调整，在现有装备条件下实现了最优的工艺，全流程工艺已成熟稳定，满足了大口径厚壁管的组织、性能和使用工艺要求。

但由于 G115 是全新的原创自主知识产权的钢种，技术难度大，加之现有装备有的年代久远、精度降低，有的产能较低，有的稳定性不足，导致在生产过程中出现质量不稳定、成材率低、产能不足（产线中的部分设备存在产能瓶颈）、检测能力不足等问题，需要全面提升 G115 钢弯管/弯头、厚壁管的生产能力、生产效率、检测能力、产品质量水平和稳定性。

B　C-HRA-5 奥氏体耐热钢薄壁管/厚壁管

C-HRA-5 钢的全流程的管坯及钢管稳定批量生产技术已突破，而且在国内经权威机构检测，质量与国外同类产品相当，通过国家锅炉压力容器标准化技术委员会认证，并制订了国家团体标准《电站锅炉用耐热不锈钢 06Cr22Ni25W3Cu3Co2MoNbN（C-HRA-5） 无缝管》（T/CSTM 00016—2017），为产业化奠定了坚实的基础。

C-HRA-5 薄壁小口径管/厚壁大口径管的工程化技术均已经突破，下一步重点对奥氏体钢抗力大、难变形、氧化皮薄难去除的特点，升级专用模具和装置，提高产品成型稳定性；提升高压水除鳞系统的工作压力，彻底去除氧化铁皮，保证钢管的表面质量。

C　C-HRA-2/C-HRA-3 镍基耐热合金厚壁管

C-2/C-3 镍基耐热合金为 630~680℃ 参数厚壁管、薄壁管及锻件的候选材料。已经攻克了成分设计、冶炼、制管和热处理关键工艺技术，并累计进行了近 20 万小时持久蠕变数据及相关评定数据，具备了工程应用的基础。需在此基础上提升生产工艺技术水平。

27.2.6.3　材料全寿命周期虚拟仿真评估平台

依托新材料的生产、应用、考核、服役全过程，构建"超超临界火电机组材料全寿命周期虚拟仿真评估平台"，通过现场数据与虚拟仿真平台的结合，构建适用、高效的数据模型，以实现计算机辅助设计研发、指导生产工艺优化。

"超超临界火电机组材料全寿命周期虚拟仿真评估平台"采用模块化设计，主要包括以材料化学成分优化模拟仿真工具模块、冶炼及浇铸过程模拟仿真工具模块、热加工及热处理模拟仿真模块、服役环境下失效行为模拟仿真模块等。通过仿真模块输出，构建材料组织性能预报系统、生产过程质量保障及早期判废系统、服役过程材料寿命预测系统。

27.2.6.4　材料全寿命周期数据库

超超临界火电机组材料产业链长、服役环境苛刻、设计寿命长、安全要求高，因此全寿命周期数据库非常重要。现在各发电集团的数据和材料均存在孤岛现象，不利于新材料的发展。必须建立起研发、生产和服役性能的全寿命周期数据库。

目前已有钢铁研究总院耐热钢数据平台、大唐科研院所数据库，以及各企业的生产数据单元，但目前还没有统一标准，无法完成全平台的数据整合利用。平台相互之间也没有端口连接，数据传输的安全可靠性也无法充分保障。为提升平台数据库能力，需要完成以下硬件内容的补充建设：同步辅助软件功能的深度开发，建立起超超临界火电机组材料全寿命周期数据库。

27.2.6.5　材料标准体系

将围绕超超临界火电机组材料及生产工艺过程和后期的服役使用建立系统的、先进的、适用的、动态的标准体系，从材料属性、应用属性和通用技术三个维度，形成以生产方与使用方相融合的材料全生命周期的指标标准体系，以及与指标相对应匹配的试验标准体系和材料性能与试验技术方法评价标准体系。

借助标准工作平台实现完善的超超临界火电机组材料指标标准、试验技术、表征方法、服役性能标准仓库的建立；建立超超临界火电机组材料研发、制备、选用、服役全链条标准化体系，实现科技创新技术、成果标准化协同转换创新模式；建立材料全生命周期的评价体系。

通过标准工作平台的建设，实现标准挖掘、试验数据共享互通，行业标准化专家及行业标准化资源共享，从而促进超超临界火电机组材料的质量符合性标准体系、超超临界火电机组材料生产流程稳定性标准体系、超超临界火电机组材料服役适用性标准体系的建设。

标准工作平台包括基于云计算和云存储的在线标准工作流、在线标准审批流程，基于大数据挖掘的标准数据库、标准化专家系统等。

27.2.6.6　公共服务能力

进一步提升研发、生产能力，并通过材料标准、规范体系建设、人才队伍建设、数据库建设，形成公共服务能力和对外服务能力。

（1）材料领域检测服务能力：包括高温长时组织稳定性评价、模拟服役工况蒸汽氧化、热疲劳试验、蒸汽疲劳损伤试验、无损检测评价试验等。

（2）材料标准、规范体系及技术成熟评价服务能力：制定 9Cr-3W-3Co 新型转子生产制造、9Cr-3W-3Co 新型气缸生产制造、G115 钢弯管生产制造、G115 钢弯头生产制造、C-HRA-5 厚壁管生产制造、金属材料近环境疲劳试验方法、材料现场无损检测试验方法、超超临界火电材料全流程数据等标准、规范。

开展全流程标准化的工作，为部件配套企业、电力建设公司、现场施工单位以及各发电集团提供标准、规范体系的服务。

（3）新材料生产制造体系评价能力：组建材料、冶炼、加工、热处理、检测、分析、标准、工程管理等领域专家，以新材料的标准和规范体系、行业标准和国家标准等为基础，对材料生产企业进行评价，建立评价标准体系。对企业生产的材料进行评价，对相应的生产、检测和管理体系进行评价服务。

27.3　成果与优势

27.3.1　技术优势

经过十余年的艰苦努力，我国成功建立了 630~700℃ 超超临界燃煤锅炉管耐热材料体系，并成功完成了电站锅炉建设所需上述新耐热材料全部尺寸规格锅炉管的工业制造，对上述产品按照 ASME 标准和 CSTM 标准有关规定进行全面考核，我国发明的 G115、C-HRA-3、C-HRA-2 和 C-HRA-1 的综合性能已满足或能满足 630~700℃ 超超临界燃煤锅炉管设计和使用要求。其中，C-HRA-3 和 C-HRA-1 锅炉管已用于华能集团建设的我国第一个 700℃ 超超临界燃煤电站锅炉实验台架，该台架于 2015 年投入运行考核。G115 锅炉管 2018 年已被设计选用为世界第一台 630℃ 超超临界燃煤示范电站支撑性主体材料，该示范工程将在大唐电力集团公司山东郓城电厂建设。

我国已成功研发了用于 630~650℃ 马氏体耐热钢 G115、用于 650~700℃ 固溶强化型镍基耐热合金 C-HRA-3 和 C-HRA-2 以及用于 700~750℃ 析出强化型镍基耐热合金 C-HRA-1，系统构建了我国 630~700℃ 超超临界燃煤锅炉耐热材料体系，并已成功制造了 630~700℃ 超超临界燃煤锅炉设计和建设所需上述新型耐热材料全部尺寸规格锅炉管，研制产品综合性能满足设计和工程使用要求。

G115 马氏体耐热钢已被设计选用为世界首台 630℃ 超超临界燃煤示范电站支撑性主体材料，该示范项目即将开工建设。我国也正在论证 650~700℃ 超超临界燃煤电站建设的可行性，为自主研制的耐热合金锅炉管材料工程化应用提供了有利条件。

27.3.2　产业链优势

国内已形成由材料研制生产单位、电站设计单位、电站电气装备制造企业和主要发电集团终端用户单位组成的较为完整的超超临界电站耐热材料创新链和产业链。

（1）终端用户：以"五大发电集团"，即国家能源投资集团有限公司、中国华能集团有限公司、中国大唐集团有限公司、国家电力投资集团有限公司、中国华电集团有限公司等央企为代表的火力发电企业。

（2）装备制造企业：哈尔滨电气集团有限公司、中国东方电气集团有限公司、上海电气（集团）总公司、内蒙古北方重工业集团有限公司等为代表的超超临界电站电气装备制造企业，负责制造包括电站锅炉、汽轮机、发电机等装备。

（3）研究设计单位：西安热工研究院有限公司、中国华能集团清洁能源技术研究院有限公司、神华国华（北京）电力研究院有限公司、中国大唐集团科学技术研究院有限公司、中国电力工程顾问集团华东电力设计院有限公司、山东电力工程咨询院有限公司等。

（4）材料研发生产及部件生产单位：钢铁研究总院、中科院金属所、抚顺特殊钢股份有限公司、中国宝武钢铁集团有限公司、山西太原钢铁（集团）有限公司、中国第一重型机械股份有限公司、中国第二重型机械集团公司、浙江久立特材科技股份有限公司等。

27.3.3　市场优势

700℃超超临界燃煤发电机组是超超临界发电技术发展前沿，近年来，欧洲、美国和日本已先后开展了700℃等级A-USC电站的研发计划。能够满足机组高温部件需求，具有更高的高温强度和抗氧化腐蚀性能的高温材料开发显得至关重要，并已成为实现机组可靠运行的关键。因此，在欧洲、美国和日本开展的700℃等级A-USC研究计划中，高温材料的选择、研发和评估都被列为整个研发计划的首位。但由于没有庞大的火力发电市场需求，目前进展缓慢，这给中国企业带来弯道超车的机会。

27.4　存在的主要问题与对策建议

27.4.1　主要问题

（1）超超临界火电机组关键新材料生产与应用相互脱节、关键领域保障不足的问题十分突出。许多新材料虽然实验室数据已达到国际先进水平，但产品应用领域尚在探索，在功能、工艺开发等方面还未能完全突破，产品稳定性、可靠性、使用寿命等还与国外有一定差距，导致下游用户不敢用或不愿用。

（2）目前国内外对630℃及以上机组的验证主要集中在锅炉侧，对汽机侧相关部件或材料的相关验证工作还未开展，尤其是利用电站实际蒸汽环境针对汽机侧相关部件或材料开展多类型高温损伤力学试验或性能验证的工作更是空白，致使630℃及以上机组的汽轮机发展严重滞后。

（3）超超临界电站耐热材料的考核评价体系、标准体系、服役寿命监督体系、全链条数据共享体系不完善。已有老的体系严重制约了新材料的应用、推广和管理，也需要更新。

导致上述问题的深层次原因包括：一是国产材料可靠性和成本控制与国外存在差距。为解决超超临界电站关键材料国产化急需，许多企业不计成本加大投入，斥巨资搞研发、改造生产线和新增设备，尽管经过努力生产出了产品，但产品稳定性、一致性差，且因前期投入大导致材料成本偏高，而国外材料已经商业应用多年，工艺成熟、生产线完善，市场稳定且已形成了垄断，成本压力不大。二是用户单位更倾向于采购进口成熟材料。尽管许多国产材料各项理化指标和应用性能满足要求，具备工程应用条件，但用户单位从安全、责任、价格等方面考虑，仍倾向于使用成熟的国外产品。如包括一些管材在内的材料，在整台超超临界燃煤锅炉电站中占比很小，业主偏向于采购国外产品。也有一些项目，出于责任、风险因素考虑，提出关键部件必须进口的要求。这均影响企业研发生产的积极性，导致国内高端大型铸锻材料工艺研究停止不前。三是超超临界火电耐热材料创新发展基础和支撑仍显薄弱。当前我国在耐热材料性能测试表征、考核验证、评价认证等方面能力条件还很薄弱。一方面是目前国内对于一些关键材料的工程化技术掌握不透，如超超临界机组用耐热材料大型铸锻件的生产制造工艺研究和应用性能评估技术研究存在明显短板；另一方面是对一些新研制的新型材料的性能评价和应用考核验证能力不足，甚至测试评价标准规范跟不上，造成"好材不敢用"现象。

27.4.2　亟待攻克的材料

27.4.2.1　锅炉材料

（1）G115 马氏体耐热钢（急需产业化）已经通过全国锅炉压力容器标准化技术委员会评审，成为大唐郓城 630℃ 电站厚壁部件的唯一候选材料。正在进行 G115 铸锻件产品的产业化攻关。

（2）C-HRA-2、C-HRA-3 镍基耐热合金（急需研发）已经通过 700℃ 燃煤发电技术创新联盟技术评审，纳入候选材料。正在组织进行大口径管、小口径管产品的全国锅炉压力容器标准化技术委员会的评审，预计 2020 年底完成评审，获得市场准入资格。

（3）C-HRA-5 奥氏体耐热钢（急需研发）产品已经通过全国锅炉压力容器标准化技术委员会评审，获得市场准入资格。

（4）C-HRA-1 镍基耐热合金小口径管（急需研发）在组织进行全国锅炉压力容器标准化技术委员会的评审，预计 2020 年底完成评审，获得市场准入资格。

27.4.2.2　汽轮机转子

（1）620℃ 汽轮机转子国产 FB2 产品（急需研发），在重点研发计划课题"620℃ 超超临界火电机组汽轮机用耐热不锈钢转子研制"项目（2016~2020）支持下，国内具备制造能力，但尚无应用业绩，亟需经费支撑开展工业试制。

（2）630℃ 转子可以在 G115 钢成分体系上研发（急需研发），G115 钢大锭型的研发经验可以直接使用，国内企业计划开展工业化中试。

（3）650℃ 转子可以在 C-HRA-2 耐热合金基础上直接试制，现已经具备一轮次 7t 级锭型技术基础，掌握了冶金、锻造和热处理技术（急需研发）。

（4）650~680℃ 转子可以选用 C-HRA-3 耐热合金，该合金已经完成两轮次 7t 级锭型的技术基础，掌握了冶金、锻造和热处理技术（急需研发）。

（5）700℃ 汽轮机转子的研发，国内相关企业在能源局 700℃ 燃煤发电技术创新联盟项目第一期经费支撑下完成 700℃ 汽轮机转子材料 C700R1 和 C700R2 原型合金和 5t 级产品的中试、7t 级 C700R1 产品的试制。因能源局课题第二期项目经费无法落实，现处于自筹经费研发状况，更大规格 10t 级试制尚未开展（急需研发）。

27.4.2.3　汽轮机气缸铸件

针对 630℃ 以上参数汽轮机的气缸材料研发主要分为 G115 钢铸件和 K325 镍基耐热合金铸件。G115 钢铸件已经完成 5t 级产品试制（急需研发）。K325 镍基耐热合金是在 IN625 合金基础上改进的自主材料，已经完成 3t 级产品试制（急需研发）。

27.4.2.4　汽轮机叶片及紧固件

针对汽轮机用叶片和紧固件材料（急需研发），在"十二五"期间"先进超超临界火电机组关键叶片和护环钢开发"项目支撑下，已经完成叶片、紧固件原型材料的原型、工业试制，达到了持久蠕变性能要求。可在此基础上开展多轮次工业试制，实现批次稳定。

27.4.2.5　超超临界电站材料全寿命周期数据库

（1）组织超超临界电站材料领域专家队伍，科学开展顶层设计，构建符合新材料大数据技术特点的、完善的、逻辑统一、物理分布、多节点融合的超超临界电站材料全寿命周期数据库平台系统框架。

（2）根据材料分类，组建工作组，牵头研究每一类材料的数据特点、数据现状，形成覆盖设计、研究、生产、工艺、性能指标、表征技术、应用和服役性能、环境影响等各环节的整套数据标准规范（包括元数据规范以及数据生产、获取、管理和应用等方面的标准规范）。

（3）深入到每类新材料的每一个环节，建设相应的数据标准，实现散落资源的互通互联，促进新材料研发、生产以及应用的进程。实现材料知识的大规模整合，建立数据抽取、分析、服务和应用标准，为新材料的研发提供数据支撑，为新材料的质量保障提供技术支持，为新材料的应用服役提供评价服务。

27.4.3　对策建议

（1）建立全产业链上下游协同创新机制。

组建超超临界电站新材料生产应用示范创新联盟，建设超超临界机组新材料生产应用示范平台，统筹超超临界机组新材料及部件领域研制生产单位、设计单位、装备制造企业和终端用户等各方面力量，协同开展先进超超临界发电技术研究，以及材料及部件研发生产、装备集成制造、电站机组建设的自主创新，促进新材料生产、设计、应用单位良性互动，加快科技成果转化，加速新材料生产应用迭代，推进超超临界机组新材料创新成果的产业化应用，促进产业链上下游各环节从中获得效益。

（2）夯实新材料产业创新体系薄弱环节。

填平补齐先进超超临界电站材料及部件研发、生产、应用方面的测试、检验装备能力条件短板，完善材料全尺寸考核、服役环境下性能评价及应用示范线等配套条件。建立以应用为导向的测试评价方法、标准和技术规范，实现对新材料准确和全面评价。建设超超临界电站材料全寿命周期数据库平台和全寿命周期虚拟仿真评估平台。培养专业团队，形成高层次人才梯队，并出台激励奖励机制，保证人才的稳定性。建议国家建立专业机构帮助企业和科研院所布局专利，形成知识产权保护。注重专利直接转让与专利资本化转化相结合，提高知识产权"含金量"。

（3）加大科技创新政策及资金的支持力度。

推动实施"重点新材料研发及应用重大项目"尽快实施。加强科技攻关配套，形成国家、地方、企业三级资金支持机制，以国家投入为主，地方和企业自主投入为辅，实现研发—生产—设计—应用—推广的持续推进机制。通过"重点新材料首批次应用保险补偿机制"及"首台（套）重大技术装备保险补偿机制"对先进超超临界电站关键新材料及重点装备适当倾斜，优先考虑。在国内机组存在需求时，政府主导优先采购国内产品。

（4）加快标准建设促进新材料高质量发展。

加快构建材料行业与用户行业相联合、优势互补的标准制定、修订与实施机制，提高标准的适用性，充分发挥标准对超超临界电站新材料研发、生产和应用的支撑和引导作用。组织开展与国际先进水平对标达标，全面开展质量提升行动。以标准促进超超临界电站新材料产业高质量发展，推动材料供应商和用户技术标准协调，实现材料领域技术进步、标准研制、产业发展协调同步，满足材料全生命周期服役性能及其演化规律对标准的需求。

27.5　发展目标与前景展望

围绕我国大容量高参数超超临界机组关键新材料及部件需求，补强关键材料及部件研发设计、工程化、产业化等方面的瓶颈短板，进行工程化、产业化关键技术攻关，提高新材料及部件的高质量、稳定化、低成本生产工艺水平，实现对新材料生产质量的有效控制和批量化稳定生产，提升国内外竞争能力和市场占有率。同时，积极部署新材料及前瞻性技术的研发及应用布局，抢占未来发展制高点。进一步提高我国火力发电装备研发、设计、制造和运行的技术水平，实现超超临界发电装备和材料的自主化，摆脱国外知识产权的束缚，提高我国在该技术领域上的竞争力，扩大我国机电设备在国际市场上的份额。

28 生物基材料调研报告

28.1 各领域发展现状

生物基材料是指利用谷物、豆类、油料等农产品，以及加工废弃物、秸秆或草、竹、木、藻类等可再生生物质为原料制造的新型材料和化学品等，包括了通过生物合成、生物加工、生物炼制过程获得的有机醇、有机酸、羟基酸、胺、非天然氨基酸、烷烃、烯烃等生物基化学品，以及通过聚合反应和加工过程获得的生物基合成材料（塑料、纤维、橡胶、复合材料、涂料、黏合剂、加工助剂、表面活性剂、糖工程产品）及其各类制品。生物基化学品和材料在轻工、纺织、交通、电子、生物医用、建筑、农业等领域的应用日益扩大。

近年来世界各主要国家都积极推动和鼓励生物基材料替代不可再生的化石基合成材料，作为应对全球气候变化、减少碳排放和构建循环经济发展模式的主要抓手。2018 年全球传统生物基材料（纤维素、淀粉、天然橡胶、纸等）和合成生物基材料的产能已达3000 万吨以上，其中生物基合成材料达到 750 万吨，约占全球石油基合成材料（3.75 亿吨）的 2%左右。另据欧洲 CAGR 公司预测，到 2023 年生物基合成材料总量将增加一倍。

从全球范围来看，日益形成以高效工业菌种构建制造生物基材料单体为龙头，融合单体绿色化学转化、树脂聚合工程、材料改性与加工的技术创新链和产业链。传统的大宗化石基树脂如聚对苯二甲酸乙二醇酯（PET）、聚乙烯（PE）、聚丙烯（PP）、尼龙 6（Nylon 6）等纷纷实现生物基化；新兴功能性树脂如聚乳酸（PLA）、聚对苯二甲酸丙二醇酯（PTT）、聚对苯二甲酸-己二酸丁二醇酯（PBAT）、聚丁二酸丁二酯（PBS）、聚羟基烷酸酯（PHA）、聚碳酸亚丙酯（PPC）、生物基聚酰胺（BioPA）、聚氨酯（BioPU）、聚氨基酸（PAA）等不断涌现，成为有机合成材料家族的新成员，实现市场引领与替代。

近年来，我国的生物基材料产业发展迅猛，技术创新链和产业链基本完善，关键技术突破不断，产能和产品种类速增，产品经济性增强，生物基材料正在成为产业投资的热点，显示了强劲的发展势头。以丁二酸、D-乳酸、戊二胺等为代表的生物基单体的生物制造技术已取得突破，总体技术水平国际领先；有机酸及醇等生物基原料都已经形成百万吨以上的规模，并迅速向化工材料领域渗透。我国生物基材料及其原料的总产量已在 550 万吨以上，PLA、PBAT、PBS、PPC、PHA、PA56、PTT 等已实现产业化生产，数十条 5 万吨以上的生产线已经或正在建设中。

在生物医用材料方面，伴随着临床应用的巨大成功，一个高技术生物医用材料产业已经形成，且是一个典型的低原材料消耗、低能耗、低环境污染、高技术附加值的新兴产业。医用聚合材料年消耗量高达 800 万吨，其中高性能、小品种的生物医用材料多数依赖进口。外科植入用聚合物材料、医用和药用聚合物辅料、医药用聚合物包装材料等，仍然主要采用传统石化原材料。生物基聚酯、生物基聚氨酯、生物基尼龙、生物基聚碳酸酯等在医用材料的应用研究有一定基础，中试和产业化开发正在开展。我国共聚酯可控降解外科缝线所用的聚合单体如丙交酯、乙交酯、己内酯等仍被美国、荷兰、日本、韩国等几家企业垄断；可降解外科补片的原料树脂或制品则完全依赖进口。此外，聚氯乙烯（PVC）用于医用材料年需求约 240 万吨，其中医用输注器械用软质 PVC 需添加 40%～60% 的邻苯二甲酸酯（DOP）增塑剂，随着 DOP 被逐步禁用，急需开发生物基无毒增塑剂。

与美欧等发达国家相比，我国在生物基材料的创新和产业能力呈现倒金字塔型，单体的生物合成与生物基树脂合成方面（除基于熔融缩聚法的生物可降解聚酯）与国外有差距；而处于产业末端的生物基材料改性与制品生产领域则和国外基本处于同一水平，并在国际市场上占据主要地位。

在目前生物基材料的源头以淀粉、糖、植物油等生物质为主体的条件下，美国基于其发达的农业产业水平，占据了生物质原料的成本优势；我国与欧盟相比具有更好的生物质来源与转化产业基础；但值得警惕的是，我国邻近的东南亚地区生物质资源丰富，已成为欧美公司进军全球市场的原料与转化基地。

我国是全球最大的化石基聚酯生产国，具有国际领先的工程转化与生产能力，因此与传统 PET 聚合工艺与装备高度相似的缩聚类树脂如 PBAT、PBS（聚丁二酸丁二醇酯）在我国已成功实现产业化，产能与产品质量上基本与国际先进水平相当，占据全球产能的 50% 左右，并由此推动了国内相关聚合单体如生物基丁二酸的技术发展；PLA 总体产能落后于美国、泰国（Total-Corbion）而位居世界第三，但高光学纯度丙交酯产业化技术的滞后，不但使专用牌号树脂的聚合落后于美国、荷兰、日本，而且也使国内已有的 D-乳酸技术不能与材料产业快速对接，制约了高性能 PLA 树脂的问世。日本 Kaneka 近来在 PHA 领域进步迅速，在产能和成本控制上已居于世界首位，美国和欧洲近来也加大了在低值碳源利用领域的研发力度，从而使我国 PHA 产业面临的国际竞争加剧；我国在基于二氧化碳的脂肪族聚碳酸酯的产业水平与产品开发上居于国际领先地位，约占 90% 的产能。

我国在生物基非降解材料领域的劣势凸显。据德国 Nova Institute 统计，非降解型树脂占全球生物基材料产量的 60% 以上，而其中份额最大的生物基 PET 和生物基 PE、PP 在我国尚属空白；作为生物基高端材料代表的生物基尼龙在我国也才刚刚开始产业化，品种、数量与树脂特性还有待提高。生物基聚氨酯材料是生物基材料领域重点发展多品种之一。我国在植物油基聚氨酯和 PPC 基聚氨酯方面与国际同步，但国际竞争对手已开始着手实现聚氨酯三大聚合单体，即异氰酸酯、多元醇和扩链剂的全生物基化。

依托居世界首位的传统高分子材料加工业的产业优势，我国已成为全球最重要的生物基材料制品生产基地。随着参与全球竞争的压力和劳动力成本的上升，部分大型企业如深圳虹彩、江苏龙骏、吉林中粮、浙江海正等企业已经将工业机器人和人工智能技术逐步引入到生物基材料加工工艺，开展机器换人，逐步提高劳动生产率。但目前我国的生物基材料的发展以满足国际市场为主，应用技术开发以替代一次性低价值制品为主，市场与品种较为单一，企业竞争压力巨大，亟需国内重大需求的牵引，实现产业以内循环为主。更为重要的是，改善国内在非降解型生物基树脂技术领域的短板，努力实现生物基材料在附加值高的汽车、电器、电子等领域的应用，推动产业的可持续发展。

28.2　各领域发展趋势

生物基材料按照开发路线可分为嵌入型（Drop-in）和创新型。嵌入路线是以具有完全相同化学结构的生物基单体对化石基单体进行替代，从而生产出部分或全生物基树脂，其典型产品有 bio-PET、bio-PE、PTT、bio-PVC 以及 bio-PA6 等。创新型则是以生物基化学品为基础，通过生物转化与化学合成，或直接生物合成制备出的新型功能性材料，代表品种有 PA11、PLA、PA56、PEF、PUR 以及 PHA 等。但无论如何，生物基材料市场化的成功还必须以自身性价比的不断提升为基础。

在生物合成技术进步、产业规模效益显现的共同作用下，生物基材料单体制备成本呈下降趋势，如 1，3-丙二醇、丁二酸、L-乳酸、D-乳酸、戊二胺等重要生物基材料单体的生物制造路线，已经或即将取得对石油路线的竞争优势。加之生物基材料聚合、改性与加工技术的日益成熟，市场政策环境向好，这使得生物基材料在高端功能性材料、医用材料、大宗工业材料和生活消费品领域都得到更为广泛的规模化应用，一个基于可再生原料的新经济增长点正在全球范围内快速形成。目前全球生物基材料每年的复合增长率超过27%，而我国生物基材料每年的复合增长率更是超过了30%，预计到2023年将超过200万吨以上。

生物基聚合物方面，发展较快的主要品种主要有生物基聚酯、生物基尼龙（BioPA）、生物基聚氨酯、PHA、二氧化碳共聚物、淀粉复合生物可降解材料等。

生物基聚酯方面，主要分为生物可降解与非生物可降解两类。PLA 由于兼顾了生物基、生物可降解以及生物相容等特性成为近20年以来最受瞩目的生物基聚酯产品，美国的 NatureWorks、欧洲的 Total-Corbion 公司占据了全产业链优势。国内近几年产业发展迅速，浙江海正、吉林中粮生物、中国恒天、安徽丰原、金发科技、河南金丹等相继投产或开始建设万吨级聚合装置；PLA 注塑、纤维、薄膜、涂敷制品加工业也围绕国际市场需求得以快速发展。但值得注意的是聚乳酸合成单体丙交酯产业化技术，特别是高光学纯度单体制备技术的梗阻已对国内投建聚合装置及制品加工业的良性发展造成了巨大的障碍。

除 PLA 之外，在生物可降解聚酯领域，德国 BASF、美国 Eastman、意大利 NovaMont、日本昭和、日本三菱在技术上具有一定优势。随着 1，4-丁二醇（BDO）生物法制备技术的产业化，BASF 和 NovaMont 正全力推动聚对苯二甲酸-己二酸丁二酯（PBAT）的生物基化，以其在欧盟的市场准入上构筑绿色壁垒。国内杭州亿帆鑫富、安庆和兴、珠海万通、新疆蓝山屯河、山西金晖陆续投产了万吨级的 PBAT/PBS 聚合装置，随着国内外对生物可降解制品需求的日渐旺盛，上海彤程、甘肃莫高、仪征化纤、烟台万华、华峰氨纶等开始了万吨级装置的建设。在生物基非降解聚酯领域，Dupont 公司基于生物基 1，3-丙二醇（PDO）推出的 Sorona 纤维产品在纤维领域获得了很好的应用；国内的江苏盛虹也建成了2万吨 PDO 装置，但采用的甘油路线与 Dupont 的葡萄糖路线相比在成本上具有明显的劣势，因而面临严峻的市场竞争。BASF 和 DSM 还将生物法 BDO 技术成功地嫁接于已有产品线，推出了生物基聚四氢呋喃和热塑性弹性体聚醚酯，不断增强市场竞争优势。

生物基尼龙是生物基高性能材料的代表性品种，自法国 Arkema 于20世纪40年代末推出生物基 Nylon 11 以来，日本 kuraray、荷兰 DSM、比利时 Solvay、德国 BASF、德国 Evonik、瑞士 EMS 等都实现了生物基尼龙的产业化；珠海万通也以蓖麻油为原料开发了生物基尼龙 10T，其在耐热性方面具备了与国外同类产品竞争的能力；近年来随着生物制造技术的发展，上海凯赛、中科院天津工业生物技术研究所与中科院微生物所分别形成了以赖氨酸为原料的制备戊二胺的技术，并开展了以此为单体的尼龙 5X 聚合与应用技术研究，其中上海凯赛首先完成了万吨级 PA56 聚合装置的建设。基于我国赖氨酸的产业优势，尼龙 5X 有望成为我国在尼龙材料领域的优势与特色品种。呋喃二甲酸作为美国能源部评选的 12 种绿色化合物之一，具有重要的应用价值，广泛用于制造精细化学品和生物基材料等领域。含呋喃环生物基聚酰胺与传统的石油基聚酰胺相比，具有相似的热学性能和力学性能，溶解性好，加工性能优异。但是，基于呋喃二酸类单体制备高性能的聚酰胺材料并扩大工业应用仍需解决呋喃二甲酸类单体的合成途径，降低成本；提高缩聚过程中含呋喃环生物基聚酰胺的产率和分子量；发展多功能聚酰胺材料，拓展应用。

生物基聚氨酯材料方面，以植物油为原料能有效解决传统聚氨酯产业对环氧丙烷的高度依赖，可有效实现聚氨酯产业的原料绿色化和制造过程本征安全性提升。德国 BASF、德国 Covestro、美国 DOW、美国 Lubrizol 等公司近年来逐步实现了植物油基聚氨酯的产业化，但与石化同类产品相比，还存在性能或成本限制。张家港飞航、南京工业大学通过对聚氨酯多元醇结构的精确设计以及制造过程的高效调控，实现了生物基聚氨酯硬泡、涂料、黏合剂、慢回弹等多个牌号新产品的开发，产业化正在稳步推进。DSM、BASF、Dupont 等则以生物基二元醇、二元酸为原料，发展了系列化的生物基聚酯和聚醚多元醇产品，丰富了既有的热塑性聚氨酯弹性体、泡沫、涂料等品种，实现了在汽车、电子、建筑等领域的应用。

生物制造聚羟基烷酸酯（PHA）方面，由于具有优异的海水可降解性，在沉寂一段时间后又受到广泛关注。美国 MHG、日本 Kaneka 等近年来的产业化步伐加快，国外公司在低值碳源的利用方面取得显著进展，初步突破了 PHA 规模应用的价格瓶颈。宁波天安已实现了 PHA 产业化生产，目前重点开展 PHA 在废水处理、抗菌材料等高附加值应用领域的技术研究；北京蓝晶依据新的菌种技术与中化合作大力推进产业化生产。

二氧化碳共聚物方面，以二氧化碳为原料与环氧化物共聚制备脂肪族聚碳酸酯是二氧化碳高值化利用的代表性品种，在国际上引起了广泛的关注。德国、美国、韩国在此领域均有布局，并已有产品推向市场；国内企业依据中科院长春应化所、广化所、中山大学和浙江大学的独创催化剂技术，已形成了高分子量和低分子量脂肪族聚碳酸酯的产业化生产。产品主要用于水性聚氨酯、可降解薄膜材料等领域。

淀粉复合生物可降解材料方面，淀粉作为价格低廉、用途广泛的生物基生物可降解原料长期以来广泛地与各类生物基可降解树脂复合，大幅度降低了各类制品的使用成本。通常使用的为高支链含量淀粉，其导致了复合材料力学性能的降低和性能的快速劣化。与之相对的高直链淀粉在环保材料与制品、居民生活用消耗品、食品与医药制造、纺织与造纸浆料、石油化工助剂、芯片制造等行业有着广泛的应用，附加值极高，因而被美国认定为国家战略物资。经过我国农业育种专家经过多年的努力，已经成功地定向培育出高直链淀粉玉米、豌豆等农作物品种，使高直链淀粉的成本降低至 5000~6000 元人民币/t，具备了在生物基材料中广泛应用的条件。瑞泰高直生物科技（武汉）有限公司已经具备了种植和高直链淀粉生产能力，产品成本和品质超过美国农业部标准，打破了美国 Ingredion 公司长期以来的垄断局面。该公司已经解决了高直链淀粉热塑加工关键技术，与 PLA、PBAT 等共混材料实现批量生产，生产农用薄膜、食品保鲜袋（膜）、一次性餐具等产品，成本低，品质好。

而生物医用材料，近十余年来以高达 20%以上的年增长率持续增长，对国家经济及安全具有重大意义，是世界经济中最具生气的朝阳产业。生物医用材料重要应用领域之一的医疗器械，2017 年全球医疗器械市场销售额为 4050 亿美元，同比增长 4.6%；预计 2024 年销售额将达到 5945 亿美元，年复合增长率为 6%左右。2018 年中国医疗器械市场规模约为 5304 亿元，同比增长 19.86%。高端聚酯类生物医用材料是植入器械制备的基础原料和战略必须。我国医用级聚酯材料从单体、树脂到量大面广的可吸收缝线制品均基本依赖进口，严重影响我国医疗健康事业的战略安全。通过对医用级聚酯材料全产业链的问题剖析，亟待解决五个关键技术问题：（1）聚酯单体高效制备关键技术突破，解决纯度低、生产安全性差等问题；（2）绿色仿生催化体系构建，解决金属催化剂残留对聚酯产品生物安全性影响问题；（3）高效聚合技术突破，解决结构精确构建、分子量及分布优化，进行材料性能和降解速率调控；（4）医用级聚酯及其单体制备工程化技术突破，解决我国医用级聚酯材料及单体的进口依赖问题；（5）可吸收缝线工程化加工技术突破，解决我国可吸收缝线自主生产问题。高品质聚乳酸在生物医用材料领域具有很好的发展和应用，但不仅面临着聚乳酸力学性能不足、流动性及热稳定性较差、亲水性较差及细胞在材料表面的黏附力低等问题；同时还要求根据材料植入部位的特殊要求实现材料强度、降解速率的可控，因此发展复合改性技术突破性能缺陷，实现材料功能化是该领域发展的重要技术方向。

28.3 存在的问题

我国生物基材料最先是在 20 世纪 80 年代开始获得科技部、国家自然基金委等部门的资助，在 20 世纪末"863"计划启动之初，生物降解节水地膜、聚乳酸就被列为计划中的重点项目。科技部"十一五""十二五""十三五"都有相应的规划及支持，国家发改委分别在 2004 年、2006 年及 2014 年进行了产业化专项的支持。但我国重点发展的生物基生物可降解材料在满足国家重大需求方面的能力不足，在解决环境污染等社会高度关注热点领域又缺乏系统性的技术解决方案和国家配套政策的支持，导致国家相关的应用基础研究和技术开发的投入强度有所减弱，值得重新重视。总结起来，存在以下主要问题：

（1）生物基材料成本偏高。生物基材料产业正处于发展的初期，产业链前端的单体规模和聚合能力偏小，缺乏规模效益，导致树脂制备成本高。

（2）原料瓶颈问题。原料问题越来越成为生物制造产业发展的瓶颈性因素，在不影响粮食安全的前提下，协调糖质、脂质原料，降低生物质原料加工处理成本，将成为产业健康发展的基础性问题。

（3）生物基材料品种单一，性价比低。我国目前重点发展生物基材料主要为生物可降解材料，主要应用领域为一次性制品，附加值低；竞争与替代对象为性价比极高的聚烯烃和聚酯材料。除去价格因素，生物基材料在加工性能与生产效率、物理及综合性能等诸多方面难以竞争。如在农业地膜大规模替代时，存在产品阻隔性能、抗老化性能不足的问题。全球生物基材料的发展趋势表明，非降解材料将越来越占据市场的主导地位，而此领域恰为我国行业发展的短板，因此在附加值高的工程塑料、功能材料等领域鲜有涉足。

（4）行业创新能力较弱，缺乏核心竞争力。我国生物基材料产业以中小企业为主，企业结构不合理，融资机制不健全，造成企业科技创新能力偏弱，技术和市场竞争能力不强，产品利润率低，应用领域面相对狭窄，涉及服务行业少，国际市场开拓能力弱等。此外，我国生物基材料企业高端人才的缺乏，也严重制约了产业的健康发展和国际化进程。知识产权问题日益凸显，我国在氨基酸、酶制剂、有机酸等大宗发酵行业的菌种知识产权问题，越来越引起国际关注。例如：氨基酸类手性医药中间体拆分效率低、生产工艺落后；酶制剂处于比较落后的地位，技术研究与开发滞后，导致产品技术含量不高；微生物菌种产酶水平和生产水平较低、酶种少、产品结构不合理，应用深度和广度不够；高端有机酸和新型有机酸产品少、产量低、技术相对落后，竞争力差；生物功能制品产业自主创新能力有待进一步增强，拥有自主知识产权的生物功能制品产品相对较少。

（5）产业链联动不够，科技平台建设与创新驱动不足。生物基材料领域目前以中小微民营企业为主，主导力量集中于后端的材料改性与制品加工，企业个体盈利水平低，研发投入少，以订单式技术开发为主，缺乏对整个产业链技术的研发规划，因此亟需引入国内高分子合成材料领域的骨干企业，提升产业规模和技术水平。另外，可以支撑培育产业技术创新能力的创新技术平台的建设不足，使得生物基材料制造的经济竞争力、化解技术风险能力不足。因此，加快生物基材料创新能力建设，提高生物基材料规模化产业化能力与产品竞争力，促进产业集聚化发展，推进生物基材料替代塑料、化纤的规模化应用，构建完善的产业链，是我国生物基材料产业发展面临的重要任务。

（6）缺乏宏观总体产业政策指引。目前生物基材料在产业政策引导方面，缺乏总体引领性政策来解决产业同质化、低价值竞争现象突出的问题。如目前生物发酵产业同质化现象突出的问题，产业差异化发展差，产业结构目录、项目审批关、大宗发酵产品准入门槛等缺少政策指引。

针对生物基材料目前阶段成本较高的现实，缺乏可以具体实施的优惠政策细则，如缺少其他一些战略性新兴材料类似的政府采购优先政策、财政补贴专项资金、免征所得税、增值税优惠等政策；几乎没有单独的税号、海关编码，以至于无法通过调整出口退税和关税率来鼓励或限制进出口，很难提高国际竞争力。由于缺乏相关的鼓励政策或者类似于欧洲的禁限政策，使得产业发展缓慢。

28.4 "十四五"发展思路

28.4.1 发展目标

紧密结合国家战略与市场规模化应用，重点开展工程化及产业化技术开发，着力突破生物基单体、生物基塑料、生物基纤维、生物基橡胶、生物基复合材料的关键工程化制备装备与技术；通过全产业链协调创新，推进创新成果产业化推广实施，实现生物基材料在大宗工业材料和生活消费品领域如汽车、电子电器、防腐涂料、建筑保温、日用塑料制品、纺织服装、农用地膜、特种橡胶等方面实现规模化应用；发展高性能、功能化生物基材料新品种，为我国战略性新兴产业、智能制造、军工等重大战略需求提供关键材料，最终为实现我国"到 2035 年跻身创新型国家前列"的战略目标提供材料支撑。

在 2025 年，建成完整的生物基轻工材料、生物基纺织材料产业链和技术链。掌握全产业链关键技术，重点突破困扰行业的关键技术。以聚乳酸为代表的生物基生物可降解材料产业在整体技术、产业规模、市场占有率上达到国际领先。面向轻工领域将重点开展制品的提质降本，使材料具有和传统产品相近的性能但应用成本较传统产品不高于50%，具备在一次性日用品和包装材料领域的大规模替代应用条件；面向农用地膜领域，重点提升材料的阻隔性与耐候性，满足农业生产的要求。生物基纺织材料将围绕纺织、染整与纺织品设计环节，加快进入市场应用的步伐。至2025年生物基可降解材料表观消费量突破200万吨。同时，以生物基尼龙、生物基聚氨酯、生物基聚酯产业链的建设为重点，补齐非降解生物基材料产业发展的短板，产业规模突破50万吨。

建设全国性生物基材料产业创新中心，以生物基材料全产业链技术研究为基础，重点突破以可再生廉价生物质制备生物基单体与生物聚合物技术，以实现大宗生物基材料的可持续发展；着力推进芳香族生物基单体的制备，发展单体绿色转化工艺，为高性能与功能化生物基材料的突破奠定基础。发挥创新中心在人才培养、平台支撑、金融服务方面的综合能力，助力于行业企业整体水平的提高。积极推动国家、地方、行业出台有利于生物基材料应用的法规与政策，促进产业的快速发展。

在生物基医用材料领域，突破关键催化剂技术，开发高品质、低残留、安全无毒、具有生物相容性和可吸收性的生物基医用材料，同时根据医用需求，实现多功能化材料的开发，将有效促进该领域产业的飞速发展。

28.4.2　重点任务

28.4.2.1　梳理"十四五"期间重点发展的材料品种

（1）聚乳酸（PLA）材料。推进D-乳酸、L-乳酸的菌种培育和生物合成技术，突破高光学纯度D和L型丙交酯产业化技术，发展PDLA均聚以及PLLA-PDLA共聚技术，丰富树脂品种。建设完备的PLA产业链，国内产能达到10万吨，成本大幅下降，实现注塑、挤出、纺丝级树脂的共线生产，重点突破以立构复合和长纤维增强为代表的新一代高耐热PLA树脂技术，HDT达到120℃以上，具备替代聚丙烯、ABS等石油基树脂的能力，并在耐久性与工程化产品上获得应用。

（2）二元酸与二元醇共聚酯（PBS、PBAT、PXT、PTF）。推进生物基PBS以及基于生物基丁二酸的共聚酯技术；开发具有自主知识产权的生物一步法与生物-化工两步法的生物基丁二醇路线，综合成本达到国际先进水平；建设单体产能达到10万吨PBAT聚合生产线，使成本下降至15000元/t以下。面向市场需求，开发差别化芳香族-脂肪族共聚酯聚合技术与产品；着力推进呋喃二甲酸高效绿色合成工艺，大幅度降低制备成本，具备市场化能力，开发呋喃系聚酯中试技术。

（3）生物聚酰胺材料。支持长链聚酰胺及其关键单体的研发与产业化，建设年产10万吨级生物长链二元酸、万吨级戊二胺单体能力，戊二胺成本控制在16000元/t；重点进行尼龙54、56、1212、12T产业化聚合反应工程化能力，形成万吨级生产能力，尼龙12T成本控制在7万元/t以内，生物基尼龙树脂性能满足工程塑料及纤维加工要求。

（4）二氧化碳共聚物树脂及多元醇。开发以二氧化碳为主要原料的聚合物技术，重金属锌含量不大于1000mg/kg，砷含量不大于30mg/kg，镉含量不大于10mg/kg，相对生物降解率不小于90%，成本控制在18000元/t，高分子量树脂玻璃化温度高于37℃，低分子量多元醇羟值为14～112mgKOH/g（$f=2$）、18～168mgKOH/g（$f=3$），酸值不大于

0. 5mgKOH/g。

（5）新型无卤阻燃可降解生物基复合材料。开发以林业生物质、农业秸秆为主要原料生产生物基的阻燃复合材料，抗弯强度不小于 30MPa；握螺钉力不小于 1200N；阻燃等级B1；烟释放量降低 60%；相对生物降解率不小于 90%。

（6）生物基材料助剂。建设年产 6 万吨环氧植物油脂类生物基增塑剂，4 万吨生物基树脂扩链剂、相容剂等系列化产品，应用于生物基纤维复合材料、热塑性生物质复合材料的改性与制品加工。产品符合欧盟 RoHs 指令、REACH 法规等要求。

（7）低成本生物降解多层共挤膜袋制备技术。以淀粉、PLA、PBAT 为主要原料，开发低成本生物降解多层共挤膜袋制备技术。成本低于 16500 元生物降解膜，拉伸强度不小于 20MPa、断裂伸长率不小于 200%，贮存保质期不小于 8 个月。

（8）高阻隔抗老化可控生物降解地膜及专用料。开发以高直链淀粉、PBAT 为主要原料的高阻隔抗老化降解可控的生物降解地膜及专用料，拉伸强度不小于 20MPa、断裂伸长率不小于 400%、紫外辐照 120h 后强度保留率不小于 60%；水蒸气透过率小于 500g/（m^2·24h）；贮存保质期不小于 9 个月。

（9）生物基纤维。开发以聚乳酸、生物基尼龙为主的生物基纤维。聚乳酸纺丝能力达到万吨级，纤维强度不小于 3.6cN/dtex；耐温型聚乳酸纤维，熔点不小于 220℃，150℃热收缩率不大于 3%；生物基尼龙短纤维生产能力突破万吨，纤维强度高于 4.0cN/dtex，吸湿率大于 3.0%，极限氧指数高于 30。

（10）生物基聚氨酯。开发以植物油多元醇为核心的生物基聚氨酯材料，包括生物基聚氨酯黏合剂、涂料、保温材料多元醇，其中，生物基聚氨酯黏合剂多元醇羟值（140±10）mgKOH/g，黏度（1000±100）mPa·s/25℃，相关黏合剂邵氏硬度 30A～80D，剪切强度 8～20MPa；生物基聚氨酯硬泡多元醇羟值（420±30）mgKOH/g，黏度（3500±500）MPa·s/25℃，相关保温材料导热系数低于 0.021W/（m·K）；生物基涂料多元醇羟值（200±20）mgKOH/g，黏度（600±100）MPa·s/25℃，相关涂料材料耐盐水浸泡（3% NaCl，40℃）大于 1000h，耐酸碱（5%NaOH/H_2SO_4，40℃）大于 1000h。上述品种均形成万吨以上生产规模。

以生物基二元酸、二元醇等为原料，建设万吨级生物基聚酯多元醇生产装置，实现对己二酸类聚酯多元醇的替代；开发功能化生物基热塑性聚氨酯树脂，满足薄膜、纤维、黏合剂等产品的需求。

（11）高直链淀粉基材料。重点发展高直链淀粉与 PLA、PBAT 等生物可降解树脂的共混与改性技术，共混材料在拉伸、延展、成膜、透光率、强度、柔韧度等方面达到替代现有塑料制品的要求。实现高直链淀粉基可控全降解农膜材料、滴灌材料、一次性餐具材料、食品与药品包装材料、电商包装材料，以及电子产品芯片及电池绝缘材料的产业化生产，材料性能分别达到以上各类产品的国标或行业标准要求。

（12）医用镁合金。基于营养元素 Mg、Zn、Ca 等组成的体内可降解吸收医用镁合金，制备用于骨科、普外、血管等领域医疗器械的关键型材（板、棒、丝、管），力学性能均达到拉伸强度不低于 180MPa，屈服强度不低于 130MPa，伸长率不低于 5%，显微硬度不低于 35Hv，降解性能达到 PBS 浸泡一周不超过 6% 失重率，满足不同植入要求。

（13）基于羟基脂肪酸酯的新型抗菌材料。材料抗菌性能按 AATCC100—2012，震荡法检测，抗菌率不小于99%；材料安全性符合国家《医疗器械生物学评价》标准；材料及其降解产物不产生耐药性，环境友好。

（14）天然多糖基功能辅料。抗菌性能和生物相容性达到国家相关检测标准要求；作为海绵及粉末快速止血材料时膨胀不小于30倍，凝血时间不大于3min；具有良好的黏附性，作为体表敷料时快速的黏附创面，形成保护层，降低渗血、排异和感染风险；具有体内可降解性，可用于体内复杂、深层动静脉出血伤口；开发植物源性天然多糖并申报Ⅲ类医疗器械，减少动物源性材料的免疫原性风险。

（15）有机/无机复合骨科植入材料。生物相容性评价试验满足GB/T 16886（ISO 10993）要求；力学性能满足骨科临床使用要求；可降解，且降解速度与骨组织的愈合速度相匹配，可调控；可替代部分金属植入物，应用于部分承重部位；弯曲强度不小于230MPa。

（16）胶原基组织再生材料。开发纯胶原组织修复材料、胶原复合组织修复材料。性能要求：良好的生物相容性、可调控的可降解性、低免疫原性、促进组织修复；根据不同修复组织的特点具有不同的力学性能。

（17）可注射医用水凝胶。生物安全性良好、可生物降解、体内吸收时间可控；可注射，注射后可于原位迅速成凝胶，凝胶化转变时间可控；水凝胶强度可控。

（18）高强度高性能医用高分子。生物可降解，人体内可以完全吸收代谢；生物相容性好，满足GB/T 16886要求；分子量为0.5万~60万可控；分子量分布不大于1.5；降解时间1周~5年可控；标准样件弯曲强度不小于230MPa；医用高分子材料满足医用标准要求：单体残留不大于0.1%、溶剂残留不大于0.01%、水分残留不大于0.5%、锡残留不大于100μg/g、重金属总量不大于10μg/g、硫酸盐灰分不大于0.1%；具有pH值敏感性、氧化还原敏感性、酶敏感性等。

（19）高生物相容性血液透析膜材料。超滤率大幅提升，肌酐、尿素清除率均在180mL/min以上，白蛋白的筛选小于0.01，β_2微球蛋白的筛选大于0.8。可承受500mmHg的跨膜压力；抗蛋白污染能力和生物相容性优于商品化的同类PSF血液透析膜。

（20）脱细胞基质材料。生物相容性评价试验满足GB/T 16886（ISO 10993）要求；拉伸强度、缝合强度及断裂伸长率满足临床使用要求；DNA残留量小于2pg/g，α-Gal抗原小于2pg/g。

（21）医用3D打印基础材料。无毒、透气、溶氧，细胞可吸收、可控凝聚、生物相容性好、组织结合能力强、生物活性高、抗感染、易除去。

（22）生物基材料支撑平台。针对生物基材料产业技术创新体系不完整、总体创新能力薄弱、关键核心技术缺乏等问题，建立先进的技术创新平台，培育我国生物基材料产业的自主创新能力。建设生物基材料生产菌种的构建、材料合成、材料加工成型、产品应用等环节4~5个国家工程中心等产业技术创新平台，形成产学研用紧密结合的协同创新机制，支撑我国生物基材料产业的持续发展。

28.4.2.2 针对发展目标和重点方向，研究提出"十四五"重大工程项目

生物基材料由于其绿色、环境友好、资源节约等特点，正逐步成为引领当代世界科技创新和经济发展的又一个新的主导产业。世界各国纷纷制定相关法律法规促进它的发展和使用，生物基生物可降解材料在日用塑料制品、纺织服装、农用地膜等方面逐渐实现规模

化应用，生物基非降解材料在汽车、电子电器等高端领域的应用也已拉开帷幕。生物基材料在整个合成高分子材料中所占的份额还微不足道，切实降低成本、提供更多的功能化品种是由实验室研发阶段快速进入工业化生产和规模应用阶段的主要路径。生物基材料逐渐替代石油基产品还有赖于构建工业菌种创制、生物基单体高效制备、生物基材料聚合以及材料成型与应用的技术创新链。

A　生物基生物可降解材料从单体到应用的全链条研究与产业化

突破我国聚乳酸产业的重要技术瓶颈，开发工业化高光学纯度丙交酯制备技术，发展以木质纤维素为原料的乳酸发酵技术，夯实聚乳酸可持续发展的原料基础；集成创新形成国产 10 万吨级聚乳酸聚合工程工艺包，发展聚乳酸多牌号、差别化树脂合成技术，满足注塑、挤出、纺丝、吸塑成型工艺对树脂的要求，拓展聚乳酸在耐久性、工程化领域的应用。进一步降低生物法丁二酸生产成本，打通生物法 BDO 制备路线。建设 10 万吨级单体聚合装置，实现 PBAT、PBS、PBST 等生物可降解聚酯的共线生产，从规模上降低树脂的生产成本。以上产业化生产线，PBAT 成本较目前降低 20% 以上，树脂质量达到注塑、挤出、吹膜等成型加工要求。

集成创新木质纤维素生物炼制关键技术，建立高效预处理组分分离技术、纤维素酶发酵技术、高固酶解技术以及 L-乳酸转化技术、可阶段变温汽爆预处理实现半纤维素脱除率达到 90% 以上，能耗降低到目前爆破技术的 40% 且抑制物降低到目前技术的 10% 以下。L-乳酸产量达到 160g/L，光学纯度达到 99.5% 以上，实现玉米秸秆来源的 L-乳酸的生产成本低于淀粉基乳酸成本 1000 元以上。建立 10 万吨以上 PLA 聚合装置，挤出级黏均分子量高于 7 万、特性黏度 2dL/g、熔融指数 2~10g/10min（190℃，2.16kg），注塑级黏均分子量高于 4 万、特性黏度 1.5dL/g、熔融指数 10~30g/10min（190℃，2.16kg），耐热级 HDT 温度不低于 120℃。

打通生物基丁二醇产业化工艺路线，建设万吨级生产装置，纯度达到聚合级，实现在国内生物可降解树脂聚合产业的规模化应用。

重点支持生物基生物可降解聚酯如 PBAT、PBS、PBST 等规模化建设，实现单体聚合装置能力突破 10 万吨，聚合成本降低至 15000 元/t，达到注塑、挤出、吹膜等成型加工要求。特性黏度大于 1.5dL/g，拉伸强度大于 15MPa，断裂伸长率大于 200%、酸值小于 20mol/t。

B　生物基高性能尼龙产业链构建与产品开发

发展以生物基戊二胺的新型生物基尼龙材料有利于形成具有中国特色的原料与材料合成与产品应用体系，培育战略性新兴产业，形成差别化的国际竞争优势。开发低成本高效的赖氨酸脱羧酶，实现以赖氨酸为原料高效生物合成戊二胺，开发戊二胺的精确分离提取工艺，获得聚合级原料；完善和优化基于戊二胺的尼龙 5X 合成技术，开展千吨规模纤维级 5X 切片中试和万吨级工业化放大，进行 5X 纤维和纺织材料制备技术研究，建立纤维级 5X 合成→纺丝→纺织加工应用技术示范链；开展基于低聚酰胺 5X 和丁二酸、癸二酸、十二碳酸、呋喃二甲酸及 PDO、BDO 等生物基化合物为原料的降解型膜级和纺丝级聚酯酰胺切片合成技术，建成千吨级聚酯酰胺切片中试线并稳定生产；建立高品质聚酯酰胺膜、纤维及其纺织材料制备与产业链应用示范。支持长链聚酰胺及其关键单体的研发与产业化，建设年产 5 万吨级生物长链二元酸，以及尼龙 1212、12T 生产能力，满足工程塑料性能与加工要求。

运用酶工程技术定向改进赖氨酸脱羧酶性能，探索生物催化剂制备工艺，实现低成本高效催化剂的制备；探索赖氨酸发酵生产工艺和戊二胺生物转化工艺的最佳衔接模式，提高转化率和催化剂利用率，获得有利于产品纯化的低成本的转化工艺。吨级戊二胺产量不小于 220g/L，转化率不小于 98%，产品纯度达到聚合级。形成以聚酰胺 56、54 为代表的 PA5X 合成技术，其中切片相对分子量大于 2.4；PA56 长丝纤维强度大于 3.5cN/dtex，断裂伸长率大于 30%，吸湿率大于 4.5%，极限氧指数（LOI）大于 30。完成降解型膜级脂肪族聚酯酰胺和纤维级聚酯酰胺的合成技术研发。聚酯酰胺黏均分子量高于 3 万，薄膜拉伸强度大于 40MPa，断裂伸长率大于 100%；生物可降解性达到标准 EN 13432 的要求；聚酯酰胺长丝纤维强度大于 3.0cN/dtex，断裂伸长率大于 30%，吸湿率大于 1.5%。

支持长链聚酰胺及其关键单体的研发与产业化，建设年产 5 万吨级生物长链二元酸，万吨级尼龙 1212、12T 生产能力，尼龙 12T 成本控制在 7 万元/t 以内，满足工程塑料及纤维加工要求。

C 低成本生物降解专用料与制品及其示范工程

配合国内垃圾分类与"禁塑"浪潮，开展以物理共混与填充为主要路线的低成本生物降解制品制备技术研究。发展新型高效、长效与安全增塑剂体系，大幅度提高低成本生物质与无机粉体的填充量，降低原料与制品使用成本，使相关产品价格较传统产品的溢价率不高于 50%，相关市场渗透率超过 30%。

为解决我国日益严重的地膜污染，以实现生物可降解地膜在国内不同气候带的示范应用为目标，以提高生物可降解农用地膜的耐候性与水蒸气阻隔性为研发重点，通过对影响耐候性与阻隔性机理的研究，实现地膜功能性、生物可降解性与经济性的统一。以地膜用量大，污染严重的地区为示范推广的重点区域，选取典型作物，累计实现 100 万亩的示范推广。

开发成本低于 16500 元/t 生物降解日用膜、袋成本低于 20000 元/t 的专用料，开发成本低于 20000 元/t 生物降解一次性餐饮具制品。发展新型增塑剂体系，安全卫生符合国家相关食品器具要求。生物可降解薄膜制品的拉伸强度不小于 20MPa、断裂伸长率不小于 200%，贮存保质期不小于 8 个月。生物可降解吸管、盘、碗、碟产品 HDT 达到 100℃以上。

开发出高阻隔抗老化降解可控生物降解地膜专用料，拉伸强度不小于 30MPa、断裂伸长率不小于 400%、紫外灯辐照 120h 后断裂强度保留率不小于 60%；水蒸气透过率小于 300g/（m² · 24h），可调；贮存保质期不小于 9 个月。

D 生物基聚氨酯示范工程

从多种生物基单体出发，面向黏合、建筑保温、涂料、纺织等用途，开发系列化生物基多元醇及其相关聚氨酯产品。使生物基聚氨酯系列产品的成本不高于传统产品，核心性能指标优于传统产品。

开发以植物油多元醇为核心的生物基聚氨酯黏合剂、涂料、保温材料多元醇。生物基聚氨酯黏合剂邵氏硬度 30A~80D，剪切强度 8~20MPa；生物基聚氨酯硬泡导热系数低于 0.021W/(m·K)；生物基聚氨酯涂料耐盐水浸泡（3%NaCl，40℃）大于 1000h，耐酸碱（5%NaOH/H₂SO₄，40℃）大于 1000h。上述品种累计形成 10 万吨以上生产规模。

发展热塑性聚氨酯纤维，在聚酯多元醇中引入生物基二元酸、二元醇，降低聚酯多元醇链规整性，抑制低温下结晶，赋予纤维优异的回弹性和低黏流温度特性，满足低 VOCs 功能纺织品成型的需求。TPU 纤维拉伸强度不小于 1.4cN/dtex，断裂伸长率不小于 45%，弹性回复率不小于 86%，热黏温度 80~120℃。

基于 CO_2 的 PPC 多元醇水性聚氨酯涂料，固含量大于 35%，耐盐雾大于 100h，漆膜耐冲击大于 50kg。

E　生物医用材料示范工程

在未来 20~30 年内，生物医用材料和植入器械科学与产业将发生革命性变化：一个为再生医学提供可诱导组织或器官再生或重建的生物医用材料和植入器械新产业将成为生物医用材料产业的主体；表面改性的常规材料和植入器械作为其重要的补充。重点支持生物可降解医用高分子材料规模化生产、可吸收医疗器械新产品开发与 3D 打印定制化医疗器械产品开发。以组织替代、功能修复、智能调控为方向，加快 3D 生物打印、材料表面生物功能化及改性、新一代生物材料检验评价方法等关键技术突破，重点布局可组织诱导生物医用材料、组织工程产品、新一代植介入医疗器械、人工器官等重大战略性产品，提升医用级基础原材料的标准，构建新一代生物医用材料产品创新链，提升生物医用材料产业竞争力。

开发基于营养元素 Mg、Zn、Ca 等组成的体内可降解吸收医用镁合金，制备用于骨科、普外、血管等领域医疗器械的关键型材（板、棒、丝、管），力学性能均达到拉伸强度不低于 180MPa，屈服强度不低于 130MPa，伸长率不低于 5%，显微硬度不低于 35Hv，降解性能达到 PBS 浸泡一周不超过 6% 失重率，满足不同植入要求。

开发基于羟基脂肪酯的抗菌材料。材料抗菌性能按 AATCC100—2012 震荡法检测，抗菌率不低于 99%；材料安全性符合国家《医疗器械生物学评价》标准；材料及其降解产物不产生耐药性，环境友好。

开发天然多糖基功能辅料。抗菌性能和生物相容性达到国家相关检测标准要求；作为海绵及粉状快速止血材料时膨胀不低于 30 倍，凝血时间不大于 3min；具有良好的黏附性，作为体表敷料时快速黏附创面，形成保护层，降低渗血、排异和感染风险；具有体内可降解性，可用于体内复杂、深层动静脉出血伤口；开发植物源性天然多糖并申报Ⅲ类医疗器械，减少动物源性材料的免疫原性风险。

开发有机/无机复合骨科植入材料。生物相容性评价试验满足 GB/T 16886（ISO 10993）要求；力学性能满足骨科临床使用要求；可降解，且降解速度与骨组织的愈合速度相匹配，可调控；可替代部分金属植入物，应用于部分承重部位；弯曲强度不小于 230MPa。

28.4.2.3　研究构建新材料协同创新体系

在已有的生产应用示范平台、测试评价平台、资源共享平台和参数库平台基础上，根据产业发展实际，研究提出"十四五"应创建的新平台思路。围绕提升新材料创新能力，提出发展思路。

针对生物基材料应用范围局限、推广普及程度低等问题，以农用地膜、日用包装材料、纺织化纤为重点，着力组织推进生物基材料的替代性应用示范，培育生物基材料下游产业链，从需求侧为上游产业的发展提供路径、扩大市场。

针对生物基材料产业技术创新体系不完整、总体创新能力薄弱、关键核心技术缺乏等问题，建立先进的技术创新平台，培育我国生物基材料产业的自主创新能力。重点建设发酵基因组学、工业系统生物学和工业合成生物学技术平台，建设超高通量筛选、快速测序、菌种计算设计、高通量基因组合成与编辑、大规模进化工程等前沿技术体系，建立基于基因组工程的新一代工业菌种库，为生物基材料的高效微生物合成提供核心菌种与先进技术，提升我国生物基材料产业的核心技术能力。重点进行生物基材料聚合、生物基材料助剂合成、生物基合成材料加工的技术与装备体系建设，建成生物基合成材料工程化研究与产业化开发平台，突破生物基合成材料的关键技术与核心工艺，为我国生物基合成材料的快速发展和产业转化提供工程技术支撑。重点建设生物基材料的性能改良、加工制造、应用拓展等方面的研发能力，开展生物基材料与原料的认定与评价方法研究、产品标准与技术标准体系研究，开展生物基材料工程技术验证和咨询服务，为生物基材料的产业化开发和推广应用提供技术支撑。

建设生物基材料生产菌种的构建、材料合成、材料加工成型、产品应用等环节 4~5 个产业技术创新平台，形成产学研用紧密结合的协同创新机制，支撑我国生物基材料产业的持续发展。

28.4.3　支撑保障

28.4.3.1　政策建议

（1）通过产业政策引导，解决目前生物基塑料产业同质化现象突出的问题，实行差异化发展。从性能优化、扩大应用、完善标准等多个角度全面提升主干材料的技术成熟度。在主干体系的基础上，再开发形成具有一定市场覆盖度的次级材料体系，主次分明，强势互补，最终形成规模应用、成本低廉、成熟度高的主干材料体系发展模式。

（2）制定生物基塑料产品财政补贴、税收优惠政策。一是制定财政补贴和政府采购优先政策。设立生物基塑料产品财政补贴专项资金，对于符合生物基产品认定的消费品给予财政补贴。在政府集中采购工作中，优先采购获得认定的生物基产品。二是由税务总局制定生物基产品所得税和增值税优惠政策。生物基产品生产企业自投产年度起免征所得税 5 年，增值税先征后返（100%返）；5 年后所得税率按 10% 计。对利用废气、废水、废渣等废弃物为主要原料进行生产的企业，免征所得税。三是由海关总署调整出口退税和关税率。单独设立生物基产品的海关编码；将生物基产品的出口退税率调整至 15% 或更高；在 3 年内零关税，以鼓励出口、参与国际市场竞争。四是对生物降解塑料相关企业提供低息贷款或贴息。五是对严重污染环境的产品完善法律法规，完全禁止生产使用或征收环境资源费，用以支持新产品的研发生产，鼓励产业升级。

（3）加强产业链的建设。虽然某些产品产业链初步形成，但建设仍显不足，产业集群内缺乏融合，同时也缺乏对上下游产业发展需求和推动的描述，需在组织产业集群的同时也充分考虑产业链的规划。作为新兴产业，由于技术、原料等诸多问题，其产品的价格仍偏高，产业链、集群建设和发展过程中，需要政府进一步推动和促进，出台具体的配套政策、支持政策。尤其是在示范应用方面，如何实现生物基材料产品市场占有率的有效提升、实现各方案中提及的替代目标和市场占有目标，如何实现生物降解地膜在不同地区、不同作物上的推广应用，仍需各地方政府在现有政策基础上，出台进一步细化、具体且带有一定强制性的行政指令或政策。

（4）加强人才培养和创新基地建设，提高科技创新能力。建立人才培养和创新基地的长效发展机制，突出"高精尖缺"导向，依托行业创新中心，着力培养前沿、基础科学、工程化研究、科技领军型人才，加大力度培养工程应用类"工匠"型人才；加强有关国家重点实验室、工程研究中心、公共技术服务平台等建设及其持续支持，加快提升我国生物基材料科研和产业的创新能力和应用水平，为我国生物基材料发展提供人才保障。

28.4.3.2　保障措施

（1）发挥科技引领，强化创新驱动。进一步加大培育产业技术创新能力的力度，部署和建设一批技术平台，加大关键技术攻关部署，抢先形成一批自主知识产权，提升产业总体技术水平，增强生物基材料的经济竞争力，化解技术风险。支持生物基材料技术创新及产业链联盟建设，建设公共技术服务体系，在充分整合各部门科技专项资源的基础上，进一步安排专门的引导资金，瞄准大规模产业化过程中的关键问题、共性问题组织跨学科协同创新，提高全行业解决重大配套装备问题和工程化问题的能力，化解产业发展的技术风险。

（2）大力开展国际合作、参与国际竞争。鼓励生产企业或技术研发机构把握国际和国内两个大局、瞄准国际和国内两个市场，利用国际和国内两种资源，开展国际合作、参与国际竞争，部分地化解产业发展的市场风险。设立"生物基材料国际化专项资金"，对于相关的人才、技术引进给予补贴，对于国内企业和研究机构申请和维护境外专利权给予补贴，对生物基材料及其制品的出口给予资助。

（3）推进生物基材料产品财政补贴、税收优惠政策出台。从转变增长方式、调整产业结构的高度，认真落实国家战略性新兴产业发展规划，推动生物基材料产品的认定机制与财政补贴、税收优惠政策的制定。用促进产业发展的政策，部分地降低和化解市场风险和资金风险。一是建议由财政部牵头制定财政补贴和政府采购优先政策。设立生物基材料制品财政补贴专项资金，对于符合生物基材料产品认定的消费品给予财政补贴。在政府集中采购工作中，优先采购获得认定的生物基材料产品。二是建议由税务总局牵头制定生物基材料行业所得税和增值税优惠政策。生物基材料生产企业自投产年度起免征所得税 5 年，增值税先征后返（100%返）；5 年后所得税率按 10%计。对利用废气、废水、废渣等废弃物为主要原料进行生产的企业，免征所得税。三是建议由海关总署调整出口退税和关税率。单独设立生物基材料及其制品的海关编码；将生物基材料及其制品的出口退税率调整至 15%或更高；在 3 年内零关税，以鼓励出口、参与国际市场竞争。

28.4.3.3　体制机制

由科技部、国家发改委、财政部、工信部等部门联合负责重大工程的方案制定、立项审查、过程监督和项目验收等工作，工程实施周期为 3~4 年。生物基材料重大工程将在着力推动重点任务、产业集群、产业链条式建设的基础上，推动生物基材料的创新发展，开展生物基材料的应用示范。以应用为牵引，以突出创新驱动、突出企业主体地位、突出组织机制创新、突出实施效果为目标，从全国范围内遴选和支持一批新的产业发展、应用推广与研发创新结合项目，解决生物基材料产业规模小、产品成本高和市场竞争力差等影响产业发展的关键问题。